# 数据安全治理实践

沈亚军◎编著

人民邮电出版社
北京

图书在版编目（CIP）数据

数据安全治理实践 / 沈亚军编著. -- 北京 : 人民邮电出版社, 2025. -- ISBN 978-7-115-65408-3

Ⅰ. TP274

中国国家版本馆 CIP 数据核字第 202423SM49 号

## 内 容 提 要

面对日益严峻的数据安全形势和日趋复杂的数据应用场景，本书全面系统地介绍了数据安全治理的理论、方法与实践，旨在帮助读者深入理解数据安全治理的重要性和复杂性，掌握构建和维护有效数据安全体系的关键技能。本书共 16 章，每章重点突出，为读者提供了从理论到实践的全面指导，帮助读者理解数据安全治理的背景与形势，掌握数据安全治理的基本理论、方法与实践，提升组织的数据安全治理能力，从而更好地释放数据价值，守护数据安全，助力数字经济健康有序发展。本书还探讨了新形势下数据安全治理面临的新威胁、法规政策发展和地缘政治挑战，展望了数据安全治理的未来发展趋势和创新方向。本书可以为数据安全领域相关行业从业者、研究者、政策制定者提供参考，也可以作为数据安全领域培训或能力认证参考图书。

◆ 编　　著　沈亚军

责任编辑　张　迪

责任印制　马振武

◆ 人民邮电出版社出版发行　　北京市丰台区成寿寺路 11 号

邮编　100164　　电子邮件　315@ptpress.com.cn

网址　https://www.ptpress.com.cn

固安县铭成印刷有限公司印刷

◆ 开本：787×1092　1/16

印张：27.75　　　2025 年 1 月第 1 版

字数：673 千字　　　2025 年 1 月河北第 1 次印刷

定价：158.00 元

**读者服务热线：(010) 53913866　印装质量热线：(010) 81055316**

**反盗版热线：(010) 81055315**

**广告经营许可证：京东市监广登字 20170147 号**

# 编　委　会

# 自序

编写这本《数据安全治理实践》的初衷，源于我个人的一次数据安全治理认证经历。在备考的过程中，我发现与数据安全治理相关的学习材料零散，缺乏系统性和深度，只有课件和简单的单选题，授课过程高度依赖讲师的个人理解和知识储备。而互联网上关于数据安全治理的资料浩如烟海，但它们大多零散，缺乏系统性的整合。同时，尽管关于组织如何进行数据安全治理的观点和理论层出不穷，但缺少严格意义上的统一标准。这对于企业提升数据安全治理能力来说，显然是不够的。

因此，我意识到，有必要编撰一本全面探讨数据安全治理的系统性图书，以满足学习和培训授课的需求。目标是帮助数据安全从业人员更深入地理解和掌握数据安全治理的核心内容，从而有效提升组织的数据安全防护能力。从 2023 年 12 月正式起笔，整个编写过程耗时大半年。这期间，多次因自身能力和知识储备不足而进度停滞，但最终我还是坚持了下来。

国家法律法规和标准主要从宏观角度，即从国家和社会层面对组织提出数据安全的要求，而较少从组织内部的实操角度出发来提供指导。因此，在编写本书时，我特意转换视角，以一家拥有跨境业务的大型组织为蓝本，详细探讨如何逐步构建和完善数据安全治理体系。对于中小型组织，可以根据自身实际情况，灵活选择和应用本书内容。当然，大型组织也需要根据自身的特点和需求进行取舍，毕竟“世上没有两片完全相同的树叶”。

此外，在某些行业和组织中，一提到数据安全或网络安全，可能只会强调安全技术的重要性。然而，安全技术固然重要，但若无妥善的管理与控制，技术的误用或管理不善反而可能引发更大的安全风险。最尖端的安全技术，若未能得到合理的配置与管理，其保护作用也会大打折扣，甚至可能转化为潜在的安全漏洞。因此，在本书中，我特别强调了管理与控制在数据安全治理中的核心地位，以期帮助组织建立起更加稳固和高效的数据安全防护体系。

最后，我衷心希望《数据安全治理实践》能够成为数据安全领域从业人员的参考手册，帮助大家更好地理解和应对数据安全治理中的各种挑战。同时，我也热切地期待与业内同人及广大读者共同探讨数据安全治理的未来发展，携手努力，共同为打造更加安全、可靠的数据环境贡献力量。

沈亚军<br>2024 年 6 月

# 前　言

数字时代的浪潮席卷而来，数据作为数字时代最宝贵的资源之一，其安全性直接关系到国家安全、社会稳定和经济发展。近年来，我国数字经济持续快速发展，数据在广泛流动中释放价值的同时，也面临着被窃取、泄露、篡改、破坏、滥用的巨大威胁。为规范数据处理活动，保障数据依法有序自由流动，我国陆续出台了一系列法律法规和标准，为各行各业落实数据安全治理、增强数据安全保障能力提供了指引。

然而，面对日益严峻的数据安全形势和日趋复杂的数据应用场景，单纯依靠某一项制度或技术已难以完全应对。这就需要组织从全局视角出发，构建一套科学、系统、高效的数据安全治理体系。数据安全治理是一项复杂的系统工程，涉及技术、管理、运营、法规等多个层面。组织需要在数据资产的开发利用、价值实现与安全保护、合规义务之间实现平衡，编制合理的制度策略，选取适宜的技术措施，并能够适应不断创新的数据应用场景，持续保护数据安全。

本书共 16 章，每章重点突出，为读者提供了从理论到实践的全面指导。

第一章是数据安全背景与形势，概述了数字化转型为数据安全带来的机遇与挑战，以及我国数据安全监管的新进展，强调了加强数据安全能力建设的必要性和紧迫性。

第二章是数据安全治理综述，从数据安全治理的概念出发，阐述了其内涵、意义，以及与数据治理、数据安全管理的关系，同时介绍了典型的数据安全治理框架。

第三章是数据安全治理建设思路，提出了数据安全治理的总体视图和实践思路，包括规划、建设、运营和评估与优化 4 个阶段，强调了迭代式建设的重要性。

第四章是数据生命周期的概念，介绍了数据生命周期的定义和 6 个阶段（采集、传输、存储、处理、交换和销毁），以及各阶段的典型业务场景，为数据安全治理提供了时间维度的视角。

第五章是数据安全合规要求，全面梳理了我国数据安全法律法规体系，涵盖《中华人民共和国网络安全法》《中华人民共和国数据安全法》和《中华人民共和国个人信息保护法》的核心内容，帮助读者构建符合法律法规要求的数据安全合规框架。

第六章是数据安全风险评估，介绍了数据安全风险评估的流程和方法，包括风险识别、风险分析与评估等关键环节，帮助读者识别和控制数据安全风险。

第七章是数据安全治理组织架构，阐述了构建数据安全治理组织架构的重要性，介绍了典型的组织架构设计和各层级的职能，为数据安全治理提供了组织层面的保障。

第八章是数据安全战略与策略，介绍了数据安全战略和策略的基本概念，阐述了制定数据安全战略的内容框架，并提供了具体案例和战略示例，指导读者制定符合组织实际的数据安全战略和策略。

第九章是数据分类和分级，详细讲解了数据分类分级的概念、作用和原则，以及实施数据分类和分级的具体方法、流程和框架，帮助读者实现对数据资产的精细化管理。

第十章是数据安全管理制度，讨论了数据安全管理制度的重要性、编写原则和具体内容，提出了一套四级文件架构，指导读者构建完整的数据安全管理制度体系。

第十一章是数据安全技术体系，介绍了数据安全技术体系建设的主要内容，包括数据全生命周期安全防护需求、通用安全防护需求，以及各类数据安全产品与应用场景。

第十二章是数据安全运营体系，阐述了数据安全运营的内涵与运维的区别，介绍了基于PDCA循环的数据安全运营思路，以及数据安全运营框架，指导读者构建高效的数据安全运营体系。

第十三章是治理成效评估和持续改进，介绍了数据安全治理成效评估的概念、原则、流程和具体方法，以及持续改进计划的制订与实施，帮助读者评估数据安全治理的成效，并推动持续改进。

第十四章是场景化数据安全治理策略，针对典型业务场景的特点和安全风险，提出了相应的数据安全治理策略，指导读者实现场景化的数据安全治理。

第十五章是行业案例分析，通过分析电信行业和金融行业的数据安全治理案例，展示了不同行业在数据安全治理实践中的共性问题和个性化解决方案，帮助读者更好地理解数据安全治理实践。

第十六章是趋势与发展，探讨了新形势下数据安全治理面临的新威胁、法规政策发展与地缘政治挑战，展望了数据安全治理的未来发展趋势和创新方向，为读者提供了前瞻性的思考。

通过学习本书内容，读者可以理解数据安全治理的背景与形势，掌握数据安全治理的基本理论、方法与实践，提升组织的数据安全治理能力，从而更好地释放数据价值，守护数据安全，助力数字经济健康有序发展。

本书主要面向组织内部与数据安全治理相关的人员，包括数据安全决策制定、规划、管理、执行、培训等岗位的工作人员。

鉴于编著者能力有限，且数据安全治理领域知识广泛，本书内容难免存在不足之处。真诚地希望读者能够提出宝贵的批评与建议。

# 目 录

## 第一章 数据安全背景与形势



## 第二章 数据安全治理综述

## 第三章 数据安全治理建设思路

## 第四章 数据生命周期的概念



## 第五章 数据安全合规要求

## 第六章　数据安全风险评估

## 第七章 数据安全治理组织架构

## 第八章 数据安全战略与策略

## 第九章 数据分类和分级

## 第十章 数据安全管理制度



## 第十一章 数据安全技术体系

# 第十二章　数据安全运营体系

## 第十三章 治理成效评估和持续改进

## 第十四章 场景化数据安全治理策略



## 第十五章 行业案例分析

## 第十六章 趋势与发展

# 第一章

# 数据安全背景与形势

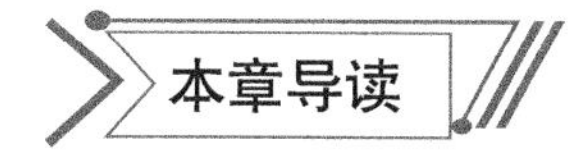

**内容概述：**

本章介绍了数据安全治理所处的背景与形势，包括数字化转型带来的机遇与挑战、数据安全面临的新威胁与新需求，以及我国数据安全监管的新进展。阐述在新形势下加强数据安全能力建设的必要性和紧迫性。

**学习目标：**

1. 了解数字时代数据安全的重要性。
2. 理解数据安全面临的新挑战和安全威胁。
3. 了解我国在数据安全领域的法律法规和监管要求，增强合规意识。
4. 理解提升数据安全能力的必要性。

---

在数字时代，大数据、人工智能（Artificial Intelligence，AI）、区块链和云计算等新兴技术的快速发展推动了数据的爆发式增长。这不仅催生了数据共享、流通和深度开发的需求，也带来了数据权属界定和管理层面的复杂性。这导致数据在释放巨大经济价值的同时，也极大地增加了其安全风险。

随着全球竞争的加剧，数据安全已不仅关乎单一组织，而是上升到国家安全战略的高度。我国对数据安全的重视程度日益提升，体现在《中华人民共和国网络安全法》（以下简称《网络安全法》）、《中华人民共和国数据安全法》（以下简称《数据安全法》）、《中华人民共和国个人信息保护法》（以下简称《个人信息保护法》），以及《数据出境安全评估办法》等一系列法律法规的制定与施行上，监管措施也在持续加强和完善。

当前，在数据的开发利用与安全保障之间找到恰当的平衡点成为一项重大挑战。为了促进数据的有序流动，建立起一个体系化、系统化的数据安全治理框架，需要采取一种多维度的综合策略。这一策略不仅包括技术创新、法律规制、标准制定，还应涵盖教育培训等各个方面，以确保数据资产能够得到安全、合规并高效的利用。通过这样的综合策略，方能构建一个坚实的数据安全治理体系，以应对日益严峻的数据安全挑战。

注 本书中“组织”一词主要指涉及数据的各种实体，例如企业、政府机构、非营利组织等。

## 1.1 数字化转型的深化阶段

当前，我国正处于数字化转型的关键时期，各类组织在技术应用、业务流程、组织结构和商业模式等方面都在经历全面而深刻的变革。在这一背景下，建立健全的数字基础设施[H1]已成为推动内外部循环经济体系发展的核心措施。经过多年的信息化和数字化高速发展，我国在多个领域已展现出显著的优势。

数字革命[H2]被视为第四次工业革命[H3]的引擎，数字经济将成为全球经济增长的主导力量[1]。积极参与并引导这一变革，不仅是我国应有的责任和担当，也是顺应历史潮流的必然选择。为了充分挖掘和释放数据作为生产要素的市场潜力，加快数据要素市场的培育和发展至关重要。这将有助于发挥数据在经济活动中的放大、叠加和倍增效应，成为贯彻新发展理念、构建新发展格局的战略选择。

近年来，为应对数字经济的挑战和把握机遇，我国已陆续颁布多项政策文件。其中，《中共中央　国务院关于构建数据基础制度更好发挥数据要素作用的意见》（以下简称“数据二十条”）为数据要素市场的健康发展提供了基本遵循。该文件强调了数据安全治理的重要性，并提出了一系列具体措施和要求。同时，《数字中国建设整体布局规划》则为数字中国建设的全面推进提供了顶层设计和战略规划，明确了数据安全治理在其中的重要作用。

2023 年 10 月 25 日，国家数据局正式揭牌，进一步凸显了国家对数据治理和数据要素市场的高度重视。国家数据局的主要职责包括协调推进数据基础制度建设，确保在有序、高效的基础上进行数据资源的整合、共享和开发利用；优化数据基础设施布局、强化数据安全保障能力；统筹推进数字中国、数字经济、数字社会的规划和建设，以确保我国在全球数字化竞争中保持领先地位。在这一大背景下，加强数据安全治理显得尤为重要和迫切。

## 1.2 数据安全的新挑战

随着数字经济的快速发展，数据的广泛性和实时流动性在释放价值的同时带来了前所未有的安全挑战。不仅面临传统的数据泄露、非法访问和破坏等威胁，还出现了以下新的风险动态[1]。

#### 1. 数据跨境流动的安全隐患

在经济全球化进程中，大量跨境流动的数据不再仅限于个人信息[H4]，还包括国家安全、社会治理和组织管理等敏感数据。这种无界限的数据流动过程中存在的技术漏洞、管理缺失和政策法规不完善等因素，可能导致系统性的重大风险，威胁国家安全、社会稳定和公民隐私。

#### 2. 数据垄断与个人信息滥用

互联网行业依赖数据驱动其业务增长，对个人数据进行大规模收集和利用。这不仅加剧了个人信息的滥采滥用和数据垄断问题，也对消费者的选择权和隐私权造成严重威胁。

#### 3. 大数据“杀熟”与价格歧视

利用大数据技术，组织能够对消费者行为进行精确分析，并采用差异化定价策略，未经用户同意悄无声息地实施价格歧视，损害了消费者利益。

4. 算法推送与信息茧房现象

推荐算法的过度单一化可能导致信息茧房[H5]现象，限制用户视野，加剧群体极化。

5. 人工智能的安全风险

人工智能技术面临模型攻击（Model Attack）、基于AI的新型攻击方式和生成式AI的数据泄露风险。这些风险不仅威胁数据的完整性和个人隐私，还可能被用于误导决策和欺诈行为。

针对这些挑战，组织应采取全面的、多层次的安全策略，包括加强技术防护、改进数据管理实践，并提升公众对数据安全的认识。通过这些措施，组织可以更好地保护数据资源，同时释放其潜在价值，推动社会和经济的健康发展。

## 1.3 新业务环境中的数据安全威胁与风险

在当前不断变化的业务环境中，数据安全威胁正变得越来越复杂和多样化。随着业务模式的创新和技术的飞速发展，数据安全所面临的挑战和风险也在不断加剧。以下是新业务环境中可能新增的数据安全威胁。

1. 新技术引入的风险

新技术（例如大数据处理、生物识别、公有云、机器学习和AI等）虽然极大地推动了业务的发展和效率，但同时也带来了新的安全隐患。这些技术的复杂性和高度互联性使得数据更容易受到攻击，且一旦出现问题，影响范围可能极为广泛。

2. 供应链攻击的威胁

由于现代软件开发大量依赖开源框架、第三方软件开发工具包（Software Development Kit，SDK）[H6]等，这些从外部引入的代码中可能隐藏恶意代码，通过软件供应链的方式渗透进企业内部网络，对企业的数据安全构成严重威胁。

3. 业务合作中的数据交互风险

在与合作伙伴进行数据交互时，组织如果没有足够的安全防护措施，可能会导致敏感数据的泄露或被非法利用。这种风险尤其在跨行业、跨地域的业务合作中更为突出。

4. 内部威胁的加剧

在新业务环境中，随着远程办公和数字化转型的推进，员工可能更加分散，这增加了内部数据泄露的风险。员工的不当操作、疏忽或恶意行为可能会导致敏感数据外泄，特别是在使用个人电子设备或在不安全的网络环境中工作时。

5. 网络攻击和恶意软件的演变

新业务环境通常涉及更多的数字化流程和在线交互，这使得组织更容易成为网络钓鱼、勒索软件（Ransomware）[H7]和其他网络攻击的目标。这些攻击手段在新业务环境中可能更加隐蔽和复杂，对数据安全构成更大的威胁。

6. 合规挑战的增加

随着全球数据保护法律法规的更新和加强，组织需要更加严格地遵守这些法律法规。违反数据保护法律法规可能会导致重大的法律和经济风险，特别是在涉及数据跨境传输和隐私保护等方面。

综上所述，新业务环境中的数据安全威胁是多方面的，组织需要采取综合性的安全防护措施。这包括但不仅限于更新技术防护手段、建立完善的数据安全管理制度、加强员工的数据安全意识培训，以及确保业务操作符合相关法律法规的要求。

## 1.4 数据安全监管的新进展

数据，作为现代经济的核心驱动力，其安全性已上升为我国国家安全战略的重要组成部分[1]。"数据二十条"强调在数据全生命周期中，从数据的获取、流通到使用，都应贯彻总体国家安全观，并持续加强数据安全保障体系的建设，明确监管的底线与红线。与此同时，《数字中国建设整体布局规划》进一步提出构建数字中国的关键能力，特别是建立可信且可控的数字安全屏障。为增强数据安全保障能力，应建立数据分类分级保护的基础制度，并不断完善网络数据监测预警和应急处置工作体系。

为贯彻落实《网络安全法》《数据安全法》和《个人信息保护法》等法律的要求，相关部门陆续发布和实施了一系列的数据安全规章、规范性文件和技术标准。

2021 年 6 月，GB/T 39335—2020《信息安全技术 个人信息安全影响评估指南》正式实施，明确了个人信息安全影响评估的基本原理，规范实施流程，为组织开展个人信息安全监督、检查、评估等工作提供参考。通过评估个人信息安全影响，有效加强对个人信息主体权益的保护，有利于组织对外展示其对于保护个人信息安全的重视程度，提升透明度，增进个人信息主体对组织的信任。

2021 年 9 月，《关键信息基础设施安全保护条例》施行，规定了关键信息基础设施运营者应在网络安全等级保护的基础上，采取技术保护措施和其他必要措施，应对网络安全事件，防范网络攻击和违法犯罪活动，保障关键信息基础设施安全稳定运行，维护数据的完整性、保密性和可用性。

2022 年 2 月，新版《网络安全审查办法》施行，规定了关键信息基础设施运营者采购网络产品和服务，或网络平台运营者开展数据处理活动时，影响或者可能影响国家安全的，应对其进行网络安全审查。

2022 年 9 月，《数据出境安全评估办法》正式施行，规范了数据出境活动，保护个人信息权益，维护国家安全和社会公共利益，促进数据跨境安全、自由流动。

2022 年 11 月，GB/T 41479—2022《信息安全技术 网络数据处理安全要求》正式实施，规定了网络运营者开展网络数据收集、存储、使用、加工、传输、提供、公开等数据处理的安全技术与管理要求。同月，GB/T 41391—2022《信息安全技术 移动互联网应用程序（App）收集个人信息基本要求》正式实施，规定了 App 收集个人信息的基本要求，给出了常见服务类型 App 收集个人信息的范围和使用要求。

2022 年 12 月，《网络安全标准实践指南——个人信息跨境处理活动安全认证规范 V2.0》

正式发布，规范了跨境处理个人信息应遵循的基本原则、个人信息处理者和境外接收方在个人信息跨境处理活动中的个人信息保护、个人信息主体权益保障等方面的内容。

2023 年 6 月，《个人信息出境标准合同办法》施行，规范了个人信息处理者通过与境外接收方订立个人信息出境标准合同的方式，保护了个人信息权益。

2024 年 3 月，《促进和规范数据跨境流动规定》施行，规定了在数据出境前，数据处理者应当按照相关规定识别、申报重要数据。保障数据安全，保护个人信息权益，促进数据依法有序自由流动。

2024 年 3 月，GB/T 43697—2024《数据安全技术 数据分类分级规则》发布，规定了数据分类分级的原则、框架、方法和流程，给出了重要数据识别指南，为数据处理者进行数据分类分级提供参考。

2024 年 9 月，国务院发布《网络数据安全管理条例》，规定了网络数据处理者在境内开展网络数据处理活动及其安全监督管理的各项要求，旨在规范网络数据处理活动，保障网络数据安全，促进网络数据依法合理有效利用，保护个人、组织的合法权益，维护国家安全和公共利益。

这些文件和标准的出台和实施，进一步提高了我国数据安全领域的监管和保障水平，为数据的合规和安全流动提供了有力支撑。

同时，为了推动产业发展，工业和信息化部、国家互联网信息办公室等 16 个部门于 2023 年 1 月联合印发《关于促进数据安全产业发展的指导意见》，明确了数据安全产业发展的顶层设计，包括其必要性、指导思想、基本原则和发展目标。

总体来看，一个由国家数据安全工作协调机制统筹协调，各行业主管部门按职责分工负责的数据安全监管体系正在逐步形成。网信部门、公安机关、国家安全机关在其职责范围内依法进行数据安全监管，这一多方协同的监管体系将不断得到深化与完善。

## 1.5　亟待加强的数据安全能力建设

随着信息技术的迅猛发展和数字经济的蓬勃壮大，海量数据的汇聚、融合及开发利用已成为推动社会进步的重要动力。这不仅加速了数据价值的实现，也带来了前所未有的数据安全挑战。

从全球视角来看，数据的重要性逐渐凸显，使得各国在数据领域的战略竞争日趋激烈，数据安全形势日趋严峻。在国内，高价值数据的泄露、个人信息的非法交易等问题，带来了新的安全隐患。针对数据的攻击手段层出不穷，从简单的数据窃取到复杂的数据劫持和滥用，对经济、政治、社会等领域产生了深远的影响。这反映出我国在数据安全整体管控上有待提升、安全建设与业务发展的脱节，以及迫切需要加强数据安全能力建设的现状。

从组织角度来看，安全是业务需求不可或缺的组成部分，它通过预防潜在的安全风险来保障业务的正常运行。然而在实际操作中，组织往往面临安全投入不足、安全与业务发展不同步等问题。这主要是因为数据安全在组织管理者的意识中通常处于次要地位。

对数据安全的忽视可以从两个方面解释。一是数据安全具有经济学上的外部效应，即保护数据的成本主要由组织承担，而数据泄露的损失主要由用户承担，这使得组织在没有外部约束的情况下缺乏保护数据安全的动力。二是组织管理者往往存在侥幸心理，认为数据泄露等风险不会发生在自己身上。然而，根据墨菲定律（Murphy's Law）[H8]，只要存在风险的可能性，无论这种可能性有多小，风险迟早会发生。

数据是业务价值的核心载体，数据安全需求来源于复杂业务处理过程中的风险映射。数据安全这一业务需求，需要通过制定和执行基于具体业务的安全访问规则来实现。因此，业务的边界决定了数据安全的边界。然而，在业务高度依赖信息化的领域，例如政务、金融、电信等，数据的快速流转和高度集中使数据泄露的风险显著增加。尤其是在业务网络存在地域分散、数据分散、系统繁多、环境复杂等特点的情况下，即使组织有意愿对所有潜在的风险点进行严格管控，实际操作中也面临诸多困难。

在当前的政策驱动和安全需求迫切的背景下，提升数据安全的覆盖度和连接能力、补齐安全短板无疑是数字化转型发展的重要任务。各行业和组织正在积极对自身安全状况进行梳理排查，试图通过整改潜在风险点，将数据安全保障能力和必要的隐私保护设计融入产品和运营流程中。但在实际建设和整改过程中发现，不同组织在相关环节的数据安全保障建设上存在明显的发展不平衡现象，包括相关数据安全产品配置不足、技术投入不够、管控监督不力等问题，导致安全能力参差不齐。这不仅影响了组织的整体安全水平，也为后续发展埋下了隐患，对数据安全防护构成严峻挑战。

综上所述，组织需要一套自上而下、全面覆盖的数据安全防护体系。这套体系应从决策层到技术层、从业务部门到信息技术（Information Technology，IT）部门、从管理制度到技术支撑，全方位贯穿，确保组织数字化支撑下的业务能够长期稳定发展。这一需求在一定程度上也为数据安全产业的发展提供了强大的驱动力。

# 第二章

# 数据安全治理综述

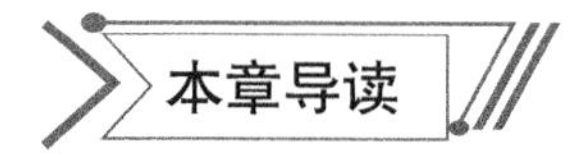

**内容概述：**

首先，本章阐述了数据和数据安全的重要性，分析了传统安全与数据安全的区别，明确了数据安全的定义。其次，从数据安全治理的概念出发，剖析了其内涵、意义，以及与数据治理和数据安全管理的关系。随后，分析了数据安全治理在实践中面临的挑战和痛点，最后介绍了几种主流的数据安全治理框架，包括微软的隐私、保密和合规性的数据治理（Data Governance for Privacy Confidentiality and Compliance，DGPC）框架、Gartner 的数据安全治理（Data Security Governance，DSG）框架、数据安全成熟模型（Data Security Maturity Model，DSMM），以及如何结合我国《数据安全法》来实施数据安全治理。

**学习目标：**

1. 理解数据安全的内涵及其重要性，把握传统安全与数据安全的区别。
2. 掌握数据安全治理的概念和内涵，理解其与数据治理、数据安全管理的关系。
3. 理解数据安全治理在实践中常见的误区、面临的主要挑战和痛点。
4. 了解典型数据安全治理框架，了解基于《数据安全法》的数据安全治理实施步骤。

## 2.1 数据的定义

在探讨数据安全治理之前，首先需要深入理解“数据”这一概念。数据，本质上是客观事物的数字化记录或描述，它涵盖事实、事件、事物、过程或思想等多个方面。这些未经加工的原始素材，在没有被赋予特定的结构和意义之前，处于一种无序的状态。

《辞海》（第七版）从更宽泛的角度定义了数据，认为它是描述事物的数字、字符、图形、声音等多种形式的表达。而《数据安全法》则更具体地指出，数据是以电子或其他方式对信息的记录。

**1. 数据的类型**

各种各样的数据可以被划分为结构化数据、非结构化数据和半结构化数据这 3 类。

结构化数据是指具有明确结构或格式的数据。这类数据可以方便地存储在关系型数据库中，并通过二维表结构进行逻辑表达。其每一列都预先定义了数据类型，例如整型、浮点型、日期型等，且每一行数据都应符合这种结构定义，例如银行的客户信息表、企业的员工资料库、电子商务网站的商品详情等。结构化数据的优点是查询效率高、数据一致性强，便于进行复杂的数据分析和挖掘。

与结构化数据相对应的是非结构化数据。非结构化数据没有固定的数据模型或格式，其结构是不规则或不完整的。这类数据在日常生活和工作中极为常见，例如社交媒体上的文本、图片、视频、医疗影像资料，以及各类办公文档等。非结构化数据蕴含着丰富的信息和价值，但由于其非标准化的特性，处理和分析的难度相对较大。随着大数据和人工智能的发展，非结构化数据的处理和利用正成为数据科学领域的研究热点。

半结构化数据是介于结构化数据（例如关系型数据库）和非结构化数据（例如声音、图片）之间的数据。它具有一定的结构性，但这种结构可能不那么严格或明确，例如电子邮件、简历表格等。此外，半结构化数据的特征还包括数据结构自描述性、数据与结构相交融、结构描述的复杂性，以及结构描述的动态性。在处理半结构化数据时，通常需要采用特定的技术和方法，例如使用超文本标记语言（Hyper Text Markup Language，HTML）、JavaScript 对象表示法（JavaScript Object Notation，JSON）等标记语言来描述和存储数据，以便更好地利用和管理这些数据资源。

**2. 数据的表现形式**

数据的表现形式多种多样，可以是具体的数值，例如温度的读数，也可以是更为复杂的观察结果，例如在人口调查中被访者的回答。数据在科学、商业、政府、技术等多个领域都发挥着不可或缺的作用。在不同的领域中，数据的定义和用途也会有所不同。例如，在计算机科学中，数据通常是指能被算法处理的符号或量化信息；而在统计学中，数据则是用于分析和解释的信息，可以辅助决策制定。

**3. 数据的价值**

数据的真正价值在于它能提供洞察力和知识。通过对数据的收集和分析，能够发现模式、趋势和关联，从而在科学研究、市场预测、健康诊断和政策制定等多个领域做出更为明智的决策。尤其在大数据和机器学习的推动下，数据分析技术的进步大幅扩展了数据的潜在用途和价值。然而，要充分发挥数据的价值，应确保数据的准确性、完整性和可靠性，不准确或误导性的数据可能导致错误的结论和决策。因此，要对数据采集、处理和分析的过程进行严格的质量控制和验证。

**4. 数据的属性和广泛应用**

数据具有多种属性，这些属性使数据在各个领域都有着广泛的应用。

① **多样性**：数据以数字、文本、图像、音频、视频等多种形式广泛存在，这种多样性使数据能够灵活地适应各种应用场景和需求。

② **可变性**：数据会随时间和环境的变迁而发生变化，这种可变性使数据能够实时反映现实世界的动态变化。

③ **可处理性**：通过各种算法和工具，组织可以对数据进行处理和分析，以提取有用的信息和知识，这种可处理性使得数据能够转化为有价值的资产。

④ **可解释性**：数据可以通过可视化和可解释性工具进行解读和理解，以辅助决策和沟通，这种可解释性使数据能够更好地被利用。

在商业和金融领域，数据分析被广泛应用于市场研究、客户分析、风险管理等方面，为组织提供了深入了解市场趋势和消费者行为的能力。在医疗健康领域，通过对医疗数据的分析，医生能够更准确地诊断疾病、制定治疗方案，从而提高患者的就医质量。政府和社会组织则利用数据开展政策制定、社会管理和公共服务等工作，以提高治理效率和民众福祉。科学研究领域更是离不开数据的支持，科学家们依赖数据进行实验分析、理论验证和创新探索。

**5. 数据与信息的区别**

在谈论数据时，常常会涉及另一个概念——信息。虽然数据和信息密切相关，但它们之间存在明显的差异。简单来说，数据是原始的、未经处理的材料或事实，而信息则是经过处理和组织的数据，用于传达特定的意义。信息是数据的具体解释并赋予数据意义，是将原始数据转化为有意义的内容的桥梁。

以天气预报为例，温度、湿度和风速等原始测量数据经过处理和分析后，可以转化为关于天气状况的信息，例如“明天天气晴朗，气温适宜”。医生在诊断疾病时会收集患者的各种数据，通过对这些数据进行综合分析和解读，可以得出关于患者疾病的信息。市场调研人员通过收集消费者的购买记录等数据来了解市场需求和竞争情况，并对这些数据进行统计分析和挖掘，可以得出关于市场趋势和消费者需求的信息。科学家在进行研究时会收集大量的实验数据或调查数据，通过统计分析、建模和解读这些数据，可以得出关于自然现象或社会现象的信息。

## 2.2 数据安全的定义

“数据安全”这一概念在《数据安全法》中被赋予了明确的定义，即指“通过采取必要措施，确保数据处于有效保护和合法利用的状态，以及具备保障持续安全状态的能力”。这一定义不仅凸显了数据安全的重要性，还着重强调了数据在合法利用和有效保护之间需要达到一种平衡。

从核心思想层面分析，该定义强调了数据开发利用与数据安全的协同和平衡。数字经济的蓬勃发展离不开坚实的数据安全保障，缺乏这一基础，数字经济将面临失控的风险。同时，数据的开发利用是释放数据价值的关键环节，过度的数据安全保护可能会阻碍数据的流动和共享。

在防护措施上，这个定义体现了“统筹安全与发展”的数据安全核心理念，它强调数据安全保护措施的必要性和持续性。必要性体现在根据数据处理活动和场景化需求，采取适当、灵活的管理和技术措施，以实现有效保护；持续性则要求随着业务发展和数据变化，不断调整和优化保护措施，以保持数据处于安全状态。

## 2.3 数据安全的重要性

随着信息技术的飞速发展与应用普及，数据已经成为当代社会不可或缺的元素，渗透到生产生活的各个层面，对全球经济、政治和社会文化产生了深远的影响。

2019 年 10 月，党的十九届四中全会首次将数据纳入生产要素范畴。

2020 年 4 月，中共中央、国务院印发《关于构建更加完善的要素市场化配置体制机制的意见》，这是中央关于要素市场化配置的第一份文件。对于形成生产要素从低质低效领域向优质高效领域流动的机制、提高要素质量和配置效率、引导各类要素协同向先进生产力集聚、加快完善社会主义市场经济体制具有重大意义。

2020年5月，中共中央、国务院发布《关于新时代加快完善社会主义市场经济体制的意见》，提出要加快培育发展数据要素市场，建立数据资源清单管理机制，完善数据权属界定、开放共享、交易流通等标准和措施，发挥社会数据资源价值。推进数字政府建设，加强数据有序共享，依法保护个人信息。

2022年12月，《中共中央 国务院关于构建数据基础制度更好发挥数据要素作用的意见》发布，提出以维护国家数据安全、保护个人信息和商业秘密为前提，促进数据合规高效流通使用、赋能实体经济；构建适应数据特征、符合数字经济发展规律、保障国家数据安全、彰显创新引领的数据基础制度，充分实现数据要素价值。

这些政策文件都标志着数据在经济社会中的角色发生了根本性变化。数据要素，特指那些电子化的、能够通过计算参与并推动生产经营活动的数据资源，其在数字经济中的地位可与传统生产要素，例如土地、劳动力、资本和技术相提并论。在这样的背景下，数据不仅仅是一种资源，更是一种战略资产。确保数据安全，已经成为维护国家安全、推动经济社会持续健康发展的基石。

从国家层面来看，数据的安全与稳定直接关系到国家主权、安全和发展利益。任何形式的数据泄露或损坏，都可能对国家的政治稳定、经济安全、社会秩序甚至国家安全构成严重威胁。

对于组织而言，随着数字化转型的深入推进，数据已经成为驱动组织创新发展的关键动力。数据不仅在数量上呈现爆发式增长，更重要的是，其作为组织的核心资产，蕴含着巨大的商业价值。通过大数据、云计算、AI等技术的加持，数据能够在组织战略制定、市场决策、用户服务等方面发挥核心作用。这种作用往往超越了传统的财务指标或经济指标所能衡量的范围。

数据要素投入生产的过程，包含三次价值的释放[6]。

**首先是“数据支撑业务贯通”，这是数据第一次价值的释放。**在这一阶段，数据通过业务系统的设计和运转而产生价值，为组织和政府的日常运营提供支撑。为了实现这一价值，业务数字化和各类业务信息系统的建设成为关键。

**其次是“数据推动数智决策”，这是数据第二次价值的释放。**通过对数据的深入加工、分析和建模，可以揭示出更深层的关系和规律，从而在生产、经营、服务和治理等各个环节实现更智慧、更精准的决策。这一过程要求组织具备更强的数据挖掘和洞察能力，借助数据挖掘、云计算、AI等技术，构建数据平台、数据仓库、数据中台等，进而实现全局性的经营分析与决策优化。

**最后是“数据流通对外赋能”，这是数据第三次价值的释放。**在这一阶段，数据流通到更需要的地方，不同来源的优质数据在新的业务需求和场景中融合，创造出双赢、多赢的价值。这一过程中，数据要素市场及其技术路径成为关注焦点，如何在保障数据安全的前提下实现数据的有序流通，成为释放数据要素价值的关键。

然而，随着数据的价值日益凸显，其面临的安全风险也日益加剧。一方面，由于内部人员的违规操作或恶意行为导致的组织数据泄露事件屡见不鲜；另一方面，来自外部的网络攻击和数据窃取行为也日益猖獗，不法分子利用技术手段非法入侵组织系统，窃取敏感信息，进而实施各种违法犯罪活动。

根据 IBM Security 发布的《2024 年数据泄露成本报告》，全球数据泄露事件的平均成本（涉及全球 604 家机构）已高达 488 万美元，而随着其破坏性越来越大，组织对网络安全团队的要求也进一步提高。与 2023 年相比，数据泄露带来的成本增加了 10%，是自 2020 年来增幅最大的一年；70% 的受访组织表示，数据泄露造成了重大或非常重大的损失。这一趋势不仅揭示了数据安全风险的严峻性，也凸显了加强数据安全治理的紧迫性。

综上所述，无论是从国家层面还是组织层面，确保数据安全已经成为一项刻不容缓的任务。我们需要深刻认识到数据安全的重要性，采取有效的措施加强数据安全治理，以应对日益严峻的数据安全风险挑战。

## 2.4　传统安全与数据安全的区别

随着技术的发展和数字化转型的深入，由组织内部和外部威胁引发的数据泄露（包括个人信息）事件不断增多。组织的数据资产已广泛分布于内部 IT 架构和多元化的云服务之中，不同技术与产品之间存在的不兼容问题，使得组织在制定统一、全面的数据安全与个人信息保护策略时面临重重困难，进而暴露于严重的风险威胁之下，传统安全模式在保护组织数据资产方面已显不足。

传统安全，通常被理解为网络安全（狭义），其核心目标在于通过一系列预防措施来抵御网络攻击、入侵、干扰、破坏及非法使用行为，从而确保网络的稳定运行，同时维护网络中数据的保密性、完整性、可用性（Confidentiality-Integrity-Availability，CIA[H9]）。传统安全侧重于边界防护，并主要从技术角度解决网络安全问题，例如病毒防护、访问控制、攻击防护和入侵检测等。然而，随着数据成为组织的核心价值驱动，传统安全技术已难以满足业务对敏感和重要数据资产的安全需求。

相较于传统安全，数据安全提供了更广阔的视角，传统安全与数据安全比较见表 2-1。根据《数据安全法》，广义的数据安全不仅关注保护数据本身，而且关注整个数据处理过程的安全，包括数据的采集、传输、存储、处理、交换、销毁等各个环节的安全问题，并应遵守相关法律法规对数据处理和使用的要求。

表2-1　传统安全与数据安全比较[4]

| | 传统安全 | 数据安全 |
|---|---|---|
| 目标 | 主要关注防止未经授权的访问、攻击和数据泄露，以网络架构和威胁防御为中心。目标是保护网络基础设施的完整性和可用性 | 以人和数据为中心，关注数据在整个生命周期中的安全。<br>目标是确保数据的保密性、完整性和可用性，同时满足合规性和业务需求 |
| 框架 | 采用安全域、区域隔离和纵深防御等策略，构建多层次的防御体系。重点关注网络边界的安全和内部网络的隔离 | 基于风险管理和业务需求的平衡，进行数据分类分级。<br>实施数据安全策略体系化落地，包括数据加密、访问控制、数据脱敏等。<br>强调数据流动的安全监控和审计 |

续表

| | 传统安全 | 数据安全 |
|---|---|---|
| 人员 | 主要关注外部黑客的威胁和访问用户的权限管理。<br>人员角色相对明确，如网络安全管理员、系统管理员等 | 内部涉及数据拥有者、数据处理者、数据使用者等多个角色，需要明确各自的职责和权限。<br>外部威胁包括数据窃取、滥用、非法访问等，需要建立相应的防御和应对措施。<br>还需要考虑第三方服务提供商、合作伙伴等外部实体的数据安全风险 |
| 过程 | 往往采用独立、松散、被动的管理方式，侧重于安全技术，如防火墙、入侵检测等。<br>缺乏整体的安全管理和流程整合 | 强调管理、技术与流程的融合，实现自动化、持续性和自适应安全。<br>采用数据安全治理框架，进行全面的数据安全管理和监控。<br>需要定期评估数据安全风险，并根据业务变化进行调整和优化 |
| 技术 | 管理与技术相对分离，缺乏统一的安全管理平台。<br>往往采用单点解决方案 | 需要统一的安全技术和安全平台来支持数据安全的全面管理。<br>采用有效的技术手段，如数据加密、数据脱敏、数据水印等，保护数据的安全性 |

由此可见，数据安全比传统安全更复杂。随着组织数字化进程的加速，其所面临的数据安全风险也日益严峻，数据安全已成为衡量组织关键资产保护水平的重要标尺。

## 2.5 数据安全治理的定义

数据安全治理由“数据安全”和“治理”两个核心部分组成，“数据安全”可理解为最终目标，“治理”可理解为实现该目标所需的手段。数据安全治理与数据安全、治理的关系如图 2-1 所示[1]。

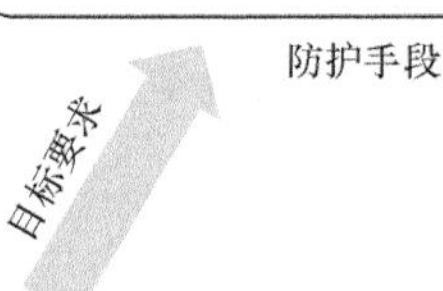
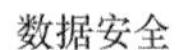


**图2-1　数据安全治理与数据安全、治理的关系**

“治理”一词源自拉丁文或古希腊语“Steering”，意为“引领导航”，对应的英文为“Governance”。这是一个涉及策略、法律法规、标准和协调机制的综合过程，旨在引导组织向着一致的目标前进。

根据全球治理委员会（CGG）的定义，治理是“个人与公私机构管理其自身事务的各种不同方式的总和；是使相互冲突或不同利益得以调和并且采取联合行动的持续过程”。该定义突出了以下 4 个关键特征。

① **过程导向性**：治理不局限于规则制定，更是一个持续的活动过程。

② **协调优于控制**：治理的核心在于协调各方，并非单一的控制或支配。

③ **跨领域参与性**：治理涵盖公共部门（例如政府部门）和私人部门（例如各类组织）的广泛合作。

④ **动态互动性**：治理是一个不断演变和适应的过程，并非一成不变。

因此，在理解治理时，应强调其协同和合作的本质，而非仅仅将其视为一套刻板的规则或制度。实际上，治理依托法律法规标准，借助各种协调机制，推动多个组织和部门之间的横向合作与持续优化，从而有效地实现既定的行动目标。

DSG 的核心目标是“让数据的使用更安全”[2]，只有妥善处理数据资产的使用与安全问题，国家与组织才能在数字时代稳健而高速地发展。数据安全治理是一项多层次、跨领域的综合性工作，旨在建立和维护一个安全、有序的数据环境[1]。从治理范围来看，可以分为广义的社会层面和狭义的组织层面[3]。

在社会层面，数据安全治理是在国家数据安全战略的指导下进行的。该过程涉及法律、法规的制定与实施，标准化体系的建立，关键技术的创新，以及多个利益相关方[H10]的协同合作。这些利益相关方包括政府机构、行业组织、研究机构、企业及公众个体等。核心活动包括但不限于以下内容。

① **建立和完善法律法规与政策**：制定全面的数据安全法律体系，使数据安全监管有法可依。

② **创新关键技术**：推动数据安全领域的技术进步和创新，提高信息系统的安全性和抗风险能力。

③ **实施政策和法规**：确保数据安全政策和法规得到有效执行，形成全社会广泛参与和共识。

④ **人才培养**：加强数据安全专业人才的培养，建立专业化、系统化的教育和培训体系。

⑤ **产业生态建设**：促进数据安全相关产业的健康发展，形成良好的产业生态环境。

在组织层面，数据安全治理关注的是组织内部及与其他组织之间的数据安全实践。这关乎组织内部的治理结构、技术体系及合规实践等。核心活动包括以下内容。

① **治理结构建设**：明确数据安全治理团队的职责与工作流程，确保多部门间的有效沟通和协作。

② **制度规范**：制定和实施一系列数据安全政策、流程和标准，形成统一的治理框架。定期审查和更新制度规范，适应变化的内外部环境和安全需求。

③ **技术体系构建**：采用数据安全技术和工具，例如数据分类分级、访问控制、数据加密、数据脱敏等，构建健全的数据保护体系。定期进行技术评估和更新，保持技术体系的有效性。

④ **运营体系**：从数据安全风险入手，通过一系列持续、动态的管理活动和技术手段，确保组织数据资产的安全、完整和可用。

**注** 本书主要聚焦于组织层面的数据安全治理实践，旨在助力组织构建并落实有效的数据安全机制，从而促进数据的安全使用和有效管理。

专业信息技术研究和分析机构 Gartner 在其报告《2017 年安全治理状况——我们下一步该何去何从？》（*State of Security Governance，2017—Where Do We Go Next?*）中指出，数据安全治理远超出一套简单的工具组合或产品级解决方案的范畴。它实际上是一个自上而下的策略，贯穿整个组织，涉及从决策层到技术层的所有层级。为了确保有效地保护数据资产，各层级需要对数据安全治理的目标和宗旨达成共识，并采取合理且适当的措施。可以进一步理解为依据顶层数据安全战略，从组织、人员、制度、工具等方面，内外部利益相关方协作实施的一系列治理活动的集合。具体活动包括建立数据安全治理组织架构、培养数据安全人才、制定数据安全制度规范、构建全生命周期技术防护体系等[1]。

然而，一种现状是很多组织仅在发生数据安全事件后，才进行数据安全的建设。这种“事件驱动”和“项目驱动”的方法，因有项目的明确目标和事件的紧迫性，往往会忽略整个体系的针对性设计和考虑。另一种常见的情况是，组织在没有明确战略目标规划的情况下，盲目跟随外部市场趋势进行项目化建设。这种方法只是简单地堆砌数据安全产品和服务，缺乏全局观。最终导致数据安全既无法为业务提供有效支持，也无法满足风险合规的要求，使数据安全部门在组织中的角色仅限于应急响应，而真正的价值被忽视。此外，这种分散的数据安全建设方法无法形成一个统一、完整的数据安全治理体系。

这正是组织缺乏数据安全治理的典型表现。数据安全治理不是单一的产品或平台的构建，而是一个覆盖数据生命周期和所有使用场景的综合体系建设。因此，它需要分阶段、有计划地推进，是一个持续的过程而非一次性项目。为了有效地推进数据安全治理并构建数据安全的闭环体系，组织需要采取系统化的方法来完成数据安全治理工作。

## 2.6 数据治理与数据安全治理的关系

数据治理是组织在数据使用方面贯穿数据整个生命周期的全面管理行为。根据国际数据治理研究所（The Data Governance Institute，DGI）的定义，数据治理是一个通过特定的信息相关流程来实现决策权和责任分配的系统。这些流程遵循一个已达成共识的模型（例如框架或蓝图等），明确了何种身份（Who）在何时（When）和何地（Where）依据何种信息，采取何种方式（How）执行何种行动（What）。其核心目的在于提高数据质量，进而提升数据的整体价值，因此与数据安全治理有明显的不同。数据治理与数据安全治理如图 2-2 所示。数据治理不仅是组织实现数字策略的基础，也是包含组织、制度、流程和工具等多个层面的管理体系。

数据治理被视为一种“制度化”[H11]的过程，即执行一个经过“正式批准”的体系。这个体系具有明确的价值目标、应遵守的规范和负责落实治理责任的组织机构。数据安全治理则从战略角度出发，在组织整体架构中自上而下地形成对数据安全治理目标的共识。它侧重于关注数据全生命周期的安全性，并强调管理与技术措施的并重。此外，数据安全治理还能够根据安全形势、技术发展和趋势变化等动态因素，对数据安全治理体系进行持续优化。

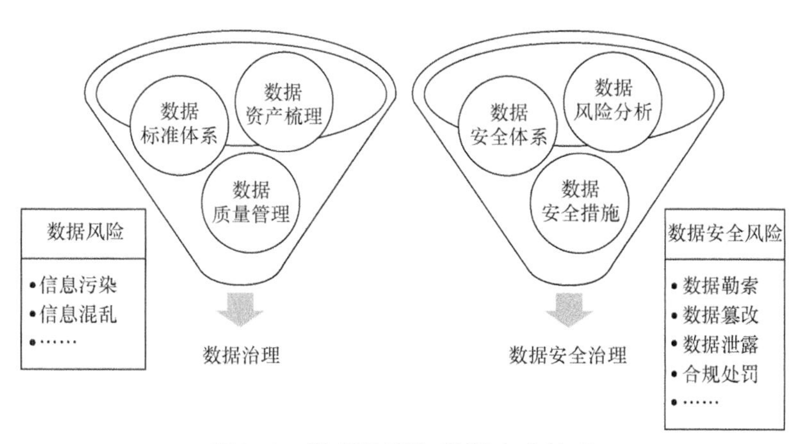


图2-2　数据治理与数据安全治理

目前，关于数据安全治理与数据治理的关系存在两种主流解读[1]。一种观点以国际标准ISO/IEC 38505《信息技术 IT 治理 数据治理》和国际数据管理协会（DAMA International）的DAMA 数据管理知识体系（DAMA-DMBOK）为代表，认为数据安全治理是整体数据治理的一个重要组成部分或子过程，DAMA 数据治理知识领域如图 2-3 所示。另一种观点则认为，尽管数据治理和数据安全治理有关联，但二者在本质上并没有直接的从属关系，而是平行发展的，即数据安全治理可以独立运作。

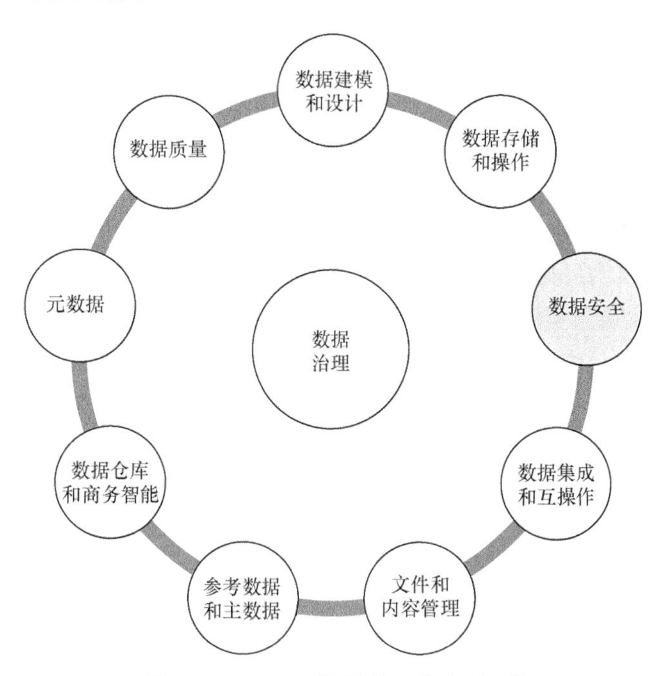


图2-3　DAMA数据治理知识领域

注 本书采用第二种观点，认为数据安全治理平行于数据治理。

在 GB/T 34960.5—2018《信息技术服务　治理 第 5 部分：数据治理规范》中，数据治理被明确定义为“数据资源及其应用过程中相关管控活动、绩效和风险管理的集合”。该标准还进一步阐述了数据治理的目标、任务和框架等内容。其中，指出数据治理源自组织的外部监管和内部数据管理及应用需求；其目标是确保数据及其应用过程中的运营合规、风险可控和价值实现。为了实现这些目标，组织应通过评估、指导和监督等方法，遵循统筹和规划、构建和运行、监控和评价，以及改进和优化的过程来实施数据治理任务。

在数据治理的3个主要目标中，运营合规和风险可控被视为约束条件，而价值实现则是追求的结果。运营合规和风险可控不仅是实现数据最终价值的前提，还是必要的保障措施。因此，数据治理框架包括数据管理和数据价值两套体系，前者负责运营合规与风险可控，后者支撑价值实现。在这个框架下，数据安全成为数据管理体系的重要组成部分。组织在实施数据治理的过程中应制定数据安全的管理目标、方针和策略，建立数据安全体系，实施数据安全管控，并持续改进数据安全管理能力。这里的数据安全概念相对狭义，主要局限于为数据及其价值实现过程提供安全保障机制的范畴。

如果基于狭义的数据安全概念，数据安全治理可以被诠释为一系列的风险评估和安全管控活动，其核心目的在于保护数据及实现其价值。从这一视角出发，数据安全治理可以被视作数据治理领域中一个专注于安全层面的子集。然而，从实际操作层面来看，两者之间存在显著的区别[1]。

① **发起部门差异。**数据治理通常由IT部门推动，着重于数据的整合、质量及有效利用。而数据安全治理则主要由安全合规部门负责，侧重于数据的保护、风险管理与合规性。尽管如此，无论是数据治理还是数据安全治理，都需要业务、运维、管理部门乃至决策层的广泛参与和协作。

② **目标差异。**数据治理致力于推动数据驱动的商业发展，管理与提升组织数据资产价值。相对地，数据安全治理的目标是确保数据使用的安全性，包括保护数据在共享与使用过程中的安全，但本质上也是为了保护数据资产价值并促进实现其价值。

③ **关注点差异。**数据治理关注数据的组织、质量、规范，以及在各业务场景中的应用流程与制度。相比之下，数据安全治理专注于保护数据在其生命周期内的可用性、完整性和保密性。

④ **工作产出差异。**数据治理工作的核心产出是提升数据质量，包括通过数据清洗和规范化流程获得高质量数据。而数据安全治理工作的关键产出包括对数据资产进行分类、分级，识别风险，制定相应的安全访问策略，以及规划有效的管控措施等。

⑤ **数据资产梳理差异。**数据治理生成的主要产出是元数据（Metadata）[H12]，为数据提供上下文和含义。在数据安全治理中，数据资产梳理工作则更加专注于明确数据分类与分级标准，以及清晰地理解敏感数据资产的分布、授权管理和访问情况。

⑥ **成果差异。**数据治理致力于通过数据清洗和规范化提升数据质量，获取高价值的数据；而数据安全治理则通过数据分类和分级实现动态防护，确保数据能被安全使用。

一方面，尽管当前在数据治理实践中也不断强调数据安全的重要性，但相比于数据安全治理，数据治理中的安全实践往往仍处于从属地位，缺乏系统性和深入性，类似于信息安全在信息化建设中的角色。另一方面，数据治理常被误以为仅涉及数据质量管理，而数据质量管理并非适用于所有组织场景。那些生命周期短暂、仅一次性生成和使用的数据往往被视为次要产物，此时，进行全面的数据治理是不必要的，仅需要实施基本的数据控制措施便已足够。然而，对于那些拥有敏感和重要数据资产的组织来说，任何涉及这类数据的使用、传输或存储的活动，都需要采取特殊的处理和保护措施。在这样的情境下，为了避免员工或部门各自为政，应在组织层面实施统一的安全策略框架，这正是数据安全治理的重要性所在。

## 2.7　数据安全管理与数据安全治理的关系

"管理"对应的英文是"Management"，是指为达到组织的既定目标而以人为中心对组织拥有的资源进行有效的决策、计划、组织、领导和控制的过程。安全管理更侧重于管控和执行，通过自上而下的制度和规范的垂直管理落地，达到安全防护目标。这通常会以制度和条例规范的形式加以表述和落实[1]。

传统的"数据安全管理"主要侧重于通过管理制度和技术手段来确保数据的保密性、完整性和可用性，例如保护数据不受未经授权的访问、泄露、修改或破坏。然而，在数字时代，数据已经成为一种关键的生产要素和战略资源，其价值日益凸显。数据不仅关乎组织的商业利益和竞争优势，更涉及国家安全和个人隐私。因此，仅依靠管理制度和技术手段已经难以应对日益复杂多变的数据安全威胁和挑战。

相比之下，"数据安全治理"的概念更加综合和全面。它不仅涵盖了数据安全管理的各个方面，还强调了数据安全的整体性、系统性和协同性。数据安全治理需要从组织战略高度出发，构建全面且系统的数据安全框架和体系，明确各个部门和人员的职责和权限，构建涵盖全员参与、全过程监管和全方位管理的综合数据安全治理模式。在治理框架下，组织能够确保数据安全策略与其总体业务目标和风险管理策略相一致，主要内容如下。

① **法律法规与合规性。**确保组织的数据处理活动符合国内外相关法律法规和政策要求，例如我国的《数据安全法》和欧盟的《通用数据保护条例》（GDPR）等。

② **组织架构与职责。**需要成立专门的数据安全治理机构或委员会，明确各个部门和人员在数据安全治理中的职责和权限，形成有效的协作机制。

③ **数据分类与标识。**对数据进行科学分类和标识，明确各类数据的保护级别和处理要求，为后续数据安全策略的制定和实施提供支持。

④ **安全风险评估与控制。**定期对组织的数据安全风险进行评估和审计，及时发现并处理潜在的安全隐患和问题。

⑤ **安全技术与防护措施。**实施一系列安全技术和防护措施，确保数据的全生命周期安全。

⑥ **应急响应与处置。**建立完善的数据安全应急响应机制和处置流程，确保在发生数据安全事件时能够迅速响应并妥善处理。同时，制定数据泄露通知机制，在发生数据泄露事件时及时通知受影响的组织或个人。

⑦ **持续改进与优化。**根据数据安全实践经验和反馈，持续改进和优化数据安全治理的策略和措施，不断提高数据安全治理的效率和效果。

⑧ **数据安全培训与意识提升。**加强员工的数据安全培训和意识提升，提高全员的数据安全意识和防范能力。

综上所述，“数据安全治理”比“数据安全管理”更能适应当前复杂多变的数据安全环境和需求。通过实施全面、系统、协同的数据安全治理策略，组织可以更有效地保护其数据资产的安全和完整性，以实现业务目标和可持续发展。

## 2.8 数据安全治理目标

《网络安全法》提出，应建设关键信息基础设施，确保其具有支持业务稳定、持续运行的性能，并保证安全技术措施同步规划、同步建设、同步使用，要求安全技术措施的落地应贯穿涉及关键信息基础设施[H13]的信息系统全生命周期。《数据安全法》提出，应坚持以数据开发利用和产业发展促进数据安全，以数据安全保障数据开发利用和产业发展。《个人信息保护法》明确提出，为了保护个人信息权益，规范个人信息处理活动，促进个人信息合理利用，根据《中华人民共和国宪法》制定本法。

根据以上 3 部法律的相关条款，可以将数据安全治理的总体目标表述为：以满足数据安全和个人信息保护的合规[H14]要求为基础，尽可能发挥数据价值，促进数据安全有序流动，提高全员安全意识，不断提高数据安全治理水平。

具体的数据安全治理目标包括以下 3 个。

① **安全合规目标。**一是提高法律法规适应性。随着国家对数据安全和个人信息保护的日益重视，出台的相关法律法规也在不断地更新和完善，组织需要理解和适应这些规范，以及遵守国家标准和行业标准。二是构建合规框架。通过构建一个包含解读安全标准、规范的合规项，并落实到具体策略和规则的合规库，组织可以更有效地管理和评估数据安全态势，确保业务的稳定性和合规性。

② **数据利用与风险管理目标。**一是平衡数据开发与安全保障。在数据高度流动的环境中，为识别和防范潜在的数据泄露、篡改和非法利用风险，组织需要采取有效的防护措施，同时确保数据的安全和有序流动，支持数字经济发展。二是风险识别与治理。组织应对持续产生的大量数据进行定期的风险评估，并建立健全的风险管理机制，以应对不断变化的数据安全挑战。

③ **个人信息的合理利用与保护目标。**一是高度重视个人信息保护。在个人信息价值日益凸显的今天，保护个人信息不仅是法律义务，也是维护国家安全和公众权利的关键，组织需要实施有效的个人信息安全策略，平衡个人信息的合理利用和隐私保护。二是建立健全的个人信息保护框架。通过实施全面的保护措施和策略，组织可以减少个人信息泄露和滥用的风险，同时增强公众对组织业务的信任。

## 2.9 数据安全治理要点

在探讨数据安全治理时，需要关注数据的核心地位、多元主体的协同参与，以及发展与安全的平衡这 3 个核心要点。

（1）数据的核心地位[3]

随着数字经济的蓬勃发展，数据的高效开发与利用变得尤为关键。这涉及数据的生命周期管理，包括采集、传输、存储、处理、交换和销毁等阶段。考虑到每个阶段都有其独特性和潜在的安全风险，建立一个以数据为核心的数据安全治理框架变得尤为重要。这一框架需要结合具体业务场景和数据的各个生命周期阶段，有效地识别和应对数据安全威胁，从而确保数据安全的持续性和稳定性。

（2）多元主体的协同参与[3]

数据安全治理不局限于单一主体的责任或行动。在宏观层面，国家和社会面对的数据安全挑战要求政府、行业组织、企业甚至个人都应肩负起数据安全治理的责任，这种协同治理模式与《数据安全法》中提倡的多元主体参与机制相契合。在微观层面，组织内部的数据安全治理策略需要得到从战略层到执行层的全面支持和参与，打破部门壁垒，形成统一的数据安全意识，并整合资源进行数据安全防护。

（3）发展与安全的平衡[3]

在数字化发展的背景下，政府机构和其他组织积累了大量数据。数据的真正价值在于其流动性和应用，但这应以坚实的数据安全基础为前提。《数据安全法》明确提到了在推进数据应用与产业发展的同时保障数据安全的重要性。因此，数据安全治理的目标不是追求绝对的数据安全，而是在确保数据安全的同时，促进数据的合理流动与应用，实现发展与安全的动态平衡。

## 2.10 数据安全的常见误区

在数据安全治理实践中，常存在一些误区。在深入探讨数据安全治理的各个方面之前，我们需要识别并澄清这些常见的误区。

### 2.10.1 数据安全合规不等于保障

在数据安全领域，实现“合规性”是安全的基本要求，它要求组织遵守国家及地方层面关于数据安全的各项法律法规和政策。它们不仅涉及网络安全的通用规定，还专门针对数据安全制定了更为详尽的条款。

2021 年，我国相继颁布了《数据安全法》和《个人信息保护法》，这两部法律为数据安全领域提供了核心的法律保障。此外，2024 年 9 月颁布的《网络数据安全管理条例》也对网络数据生命周期中的各项活动提出了详细的要求，进一步加强了对数据安全的监管。

2022 年，国家互联网信息办公室等十三部门修订发布《网络安全审查办法》，专门增加了与数据安全相关的内容，这对关键信息基础设施运营者的数据处理活动产生了重要影响。《互联网信息服务算法推荐管理规定》对算法推荐服务提供者的数据处理活动进行了规范，强调了用户权益的保护和算法透明性。《数据出境安全评估办法》正式实施，对数据处理者向境外提供数据的行为进行了明确规定，确保了数据出境活动的安全性。

除了国家级法规，各部门和地方政府也出台了适用于特定行业或地域的数据安全规章制度，例如中国银行保险监督管理委员会的《中国银保监会监管数据安全管理办法（试行）》、工业和信息化部的《移动互联网应用程序信息服务管理规定》等。

尽管合规在数据处理活动中不可或缺，但它仅是数据安全的起点，并不等同于安全。即使组织满足了所有法律法规的要求，也不能掉以轻心，认为其数据已处于无懈可击的安全状态。这是因为数据安全的本质遵循“木桶原理[II15]”，即数据的安全性取决于其最薄弱环节的防护水平。合规仅仅设定了一个基础的安全门槛，想要达到更高的安全标准，还需要付出更多的努力。

在数据安全治理实践中，合规性与安全性之间的差异表现得尤为明显。例如，法规可能要求数据采集事先征得数据主体的明示同意，但在实际操作中，这种授权可能只是通过公示而非明确的同意获得。此外，虽然法律法规要求对数据进行分类分级管理，但在实际执行时可能未覆盖所有数据，特别是关键数据是否得到了足够的保护，这一点在合规评估中并不能得到充分验证。

同时，合规评估的有效性也受评估人员专业水平和所用工具的限制。因此，尽管合规是数据安全的基础，但要构建全面的数据安全保障体系，还需要在此基础上进行更为深入和细致的工作。

### 2.10.2 数据安全方案不等于防护

在数字时代，数据已经成为组织不可或缺的核心资产，因此，数据安全治理变得尤为关键。然而，在实施过程中，很多组织会将数据安全方案等同于数据安全防护，这种观念上的混淆可能导致数据安全治理的实际成效难以达到预期。为了解决这个问题，组织首先需要明确数据安全方案与数据安全防护之间的区别与联系。虽然编制全面而详尽的数据安全方案是重要的一步，但仅仅依赖方案本身是远远不够的，方案的实施和执行同样重要，甚至更为关键。组织在精心编制数据安全方案时，更应着重于方案的落地实施，确保每一项数据安全策略都能在实际操作中发挥应有的效能。

为了确保数据安全治理的持续性和有效性，组织还应建立一套完善的数据安全运营机制，包含定期的数据安全审查、风险评估、策略调整和应急响应等方面。通过这些措施，组织可以及时发现并解决潜在的数据安全问题，确保数据安全策略能够适应组织的动态变化。

此外，加强员工的数据安全意识培养也是构建全面数据安全治理体系的重要环节。组织应定期开展数据安全培训与教育，使员工充分认识到数据安全的重要性，并掌握基本的数据安全操作流程。只有当全体员工都具备了必要的数据安全意识和技能，组织的数据资产才能得到全面而有效的保护。

综上所述，数据安全治理是一项系统工程，需要组织在方案编制、建设实施和运营维护等多个环节进行全面考虑和持续投入。只有将数据安全方案与实际的防护需求相结合，建立完善的数据安全运营机制，并加强员工的数据安全意识培养，才能确保组织的数据资产得到全面而有效的保护。

### 2.10.3 数据安全运维不等于运营

在数据安全领域，数据安全运维与数据安全运营两个概念经常被混淆和误解。在实际操作中，大多数项目过分强调数据安全运维的重要性，通常通过配置现场运维人员来保障数据安全相关软硬件产品的稳定运行以及故障的及时处理。然而，这种偏重于运维的做法往往忽视了数据安全运营的关键作用。

数据安全运营真正的价值在于充分挖掘并发挥数据价值，同时兼顾安全和合规。它与数据安全运维在某些方面存在交叉，但各自具有独特的焦点和目标。具体而言，数据安全运维的核心是维护并确保数据安全软硬件产品的正常运作，及时响应和处理相关的故障和警报，它的主要关注点是保障产品的可用性和稳定性。

相比之下，数据安全运营则更加注重优化产品的使用效果，确保数据安全策略与实际业务需求保持高度一致并持续有效。以数据库防火墙为例，数据安全运维的重点在于确保防火墙系统的平稳运行，避免任何故障或异常情况的发生；而数据安全运营的关注点则是保证防火墙的安全规则始终能够准确地防止潜在威胁，并及时更新或移除过时的策略。

此外，从技能角度来看，数据安全运维人员需要具备深厚的软硬件产品使用和维护知识，而数据安全运营人员则需要更加精通如何将数据安全策略与具体业务场景相结合，以实现最佳的安全效果。这种差异强调了二者在职责和专业知识上的互补性，同时也凸显了它们在数据安全治理体系中不可或缺的地位。

### 2.10.4 数据安全技术不等于治理

数据已成为现代组织的核心资产之一。为保障数据的安全性，单纯地依赖技术手段已不足以应对复杂多变的安全威胁。当前，许多组织在实践中将数据安全技术与数据安全治理相混淆，导致实际的安全防护效果大打折扣。数据安全技术例如加密、脱敏、数字水印和数据库审计等，虽然在现代应用中逐渐成熟并得到广泛使用，但技术本身的应用受限于特定的场景、运营人员的技能熟练度和责任心。

与技术手段相比，数据安全治理是一个综合性体系，更注重策略层面和操作层面的协同，确保技术能够在合适的场景中发挥其最大效用。然而，目前许多组织在实施数据安全措施时存在明显的“重技术、轻治理”的倾向，导致技术与业务场景脱节、运营能力不足及合规风险增加等问题。例如，组织在引进先进的安全产品后，缺乏有效的安全策略，导致投入与产出不成比例。

为加强数据安全治理，组织应明确治理策略，确保技术与策略的紧密结合；提升运营能力，通过培训和考核提高运营人员的技能水平和责任心；强化合规意识，定期进行合规性检查和审计，确保数据活动始终在法规的框架内进行。

因此，数据安全不仅仅是技术问题，更是一个涉及策略、人员、流程等方面的综合治理问题。唯有将技术与治理相结合，方能确保数据在生命周期内得到全方位、高效的保护。总体来看，技术是治理的重要组成部分和实现手段，治理为技术的应用提供方向和保障。

## 2.11 数据安全治理面临的挑战和痛点

数据安全治理是一项跨越管理、技术、运营与评估等领域的多维任务，其成功实施依赖多方的协作。为提升组织内的数据安全治理能力，应围绕数据的全生命周期，即采集、传输、存储、处理、交换、销毁等关键环节，进行顶层设计与全面的策略规划。此过程需要构建一个跨层级、多角色协作的数据安全治理组织框架，系统梳理各种业务场景，设计一套完整的安全制度与流程，并使用自动化的工具与平台。

为确保持续性与发展动力，组织应建立专门的人才团队及配套的培训体系，为数据安全治理工作提供充足的人才储备和支持。值得一提的是，数据安全治理不仅为应对眼下的安全威胁，更需要着眼于未来，实现长治久安。因此，数据安全治理被视为一项长期的、持续优化的工程。为实现这一目标，持续的制度体系和业务流程优化、技术与产品升级、人员安全意识培养，以及明确未来发展方向等都是不可或缺的要素。

然而，由于数据安全治理涉及多个复杂领域，当前阶段仍面临诸多挑战和痛点。

### 2.11.1 协同数据安全治理亟待强化

在提升跨组织和部门间的整体数据安全治理方面，关键是理解和应对组织内外数据处理活动的复杂性和多元性。数据安全策略需要与业务流程紧密结合，灵活适应不同数据活动场景。这涉及一个组织内多个部门的协调和合作，其中每个部门可能有不同的目标和利益。在这种情况下，需要确保数据的安全与发展、秩序与创新之间的平衡。

从法律和合规角度来看，尽管相关数据权属的法律法规和实施细则尚在进一步完善中，组织仍需要主动识别和履行其作为数据使用者的管理责任。这包括与外部组织或个人的数据所有者协商确定的义务，确保数据管理的透明度和责任归属。

从技术和操作层面上，组织应认识到，一旦数据离开其直接控制范围，例如通过交换、共享或委托等方式，就将面临新的安全风险。因此，组织应建立有效的防范措施和技术防护机制，来监控和保护数据流动过程。此外，组织应当实施数据安全管理义务的具体措施。这些措施包括合规性检测、安全取证，以及在数据安全事件发生后的责任鉴定等。

在数据所有权与使用权分离的背景下，确保数据的安全共享和利用变得更加复杂。组织需要使用有效的数据跟踪与溯源技术，例如区块链（Blockchain）[H16]、数字水印等，以应对数据离开组织后的监管挑战。同时，应在组织内部和组织之间建立一套全面的治理框架，明确各部门的治理授权和责任、实施数据生命周期管理、强化行业内外的协同治理，以及制定详细的安全管理标准和追责机制。

综上所述，组织需要采取一种综合性、多层次的方法来加强跨组织和部门间的数据安全治理，通过法律合规、技术保护、责任分配和协同治理等方面的措施，可以更有效地管理和保护数据资产，同时促进数据的安全共享和创新使用。

### 2.11.2 需重视个人信息利用与保护

在数字经济社会中，个人信息的合理利用与保护不仅是构建健全的数据要素流通市场的核心所在，也是维护公信力（公众对数据处理者的信任）与促进组织持续发展的关键所在。遵守相关的法律法规，是各级组织在个人信息处理过程中的基本义务[1]。

为了确保合规性，组织应建立综合的法律和监管要求知识库，并持续更新，以确保在个人信息的采集、处理和使用等各个环节均符合法律和监管的要求。同时，组织应建立和完善技术措施、管理制度和运营机制，以确保个人信息的完整性、保密性、可用性和可追溯性等。

然而，个人信息的保护与合理利用之间存在一定的矛盾和冲突。在追求商业利益的过程中，未经授权的数据共享或处理可能引发大数据“杀熟”[H17]、算法歧视[H18]等问题，从而导致数据隐私遭到侵害和用户权益受到损失。

因此，组织在合理利用个人信息的同时，亟须建立有效的内部控制和外部监督机制，以防数据滥用和不当使用。这需要结合技术手段、政策指导和公众教育等多方面的协同努力，共同营造一个既能保护个人隐私又能促进信息合理利用的良性生态。

### 2.11.3 需要行业背景下的场景化治理

在进行数据安全治理时，应该特别关注行业特定的治理需求。每个行业都有其独特的数据类型和业务流程，这些因素都会对数据安全要求产生直接的影响[1]。

例如，在医疗行业中，关键数据包括患者病历、药物信息和医疗研究数据等，这些数据体现了患者的健康状况以及医疗机构的治疗和服务活动。而在交通运输行业，则涉及行程记录、车辆信息和交通流量数据，反映运输动态和运营行为。差异化的行业运营模式、数据特性及价值，导致了显著的安全威胁差异与行业监管多样性。因此，把握数据要素的行业属性是精确实施数据安全治理策略的重要基础。

然而，由于各行业的信息化程度、对数据重要性的理解及业务运作模式的差异，采用一种通用的数据安全治理方法是不可行的。数据处理者面临的挑战包括如何准确识别数据的行业特性，并选择适当的技术和工具来维护数据安全。同时，数据安全产品和服务提供商需要应对不同行业产生的多样化数据形态以及数据的多来源性、异构性和高并发性，这增加了开发行业特定数据安全工具的难度与复杂性。

此外，随着数据安全从单一系统向多系统、多领域扩展，跨层级、跨地域、跨系统、跨部门和跨业务的数据安全问题成为新的挑战[1]。为了应对这些挑战，组织需要研究开发更加灵活和高效的数据安全治理方法和平台。

### 2.11.4 亟待实现分类与分级自动化与精准化

数据分类与分级是数据安全治理的重要前提。它不仅是数据风险评估、数据安全策略制定和数据权限控制等核心治理活动的基础，还是保障数据安全的首要条件。在实施数据分类与分级时，应紧密结合业务流程，因为不同的部门或组织可能采用不同的分类标准，导致不同类型的数据存在交叉或重叠，增加了数据管理的复杂性。

数据分类与分级并非一次性任务，而是一个持续性过程。随着业务活动的进行和数据的不断增多和变化，数据分类与分级也需要动态地调整和优化。然而，当前实践中缺乏标准化的分类分级工具，大多数情况下依赖人工进行分类与分级[1]，这不仅效率低下，而且容易出错。

尽管一些重点行业已经存在或正在制定行业内的数据分类分级标准，但在更广泛的范围内，特别是在跨行业和跨领域的数据交流中，仍然缺乏统一的标准。这导致数据共享、交换和使用过程中的标准可能出现混淆和不一致，增加了数据安全和管理的风险。

为了解决这一问题，亟须统一分类分级标准，并在此基础上开发自动化工具。通过这些工具，组织能够更高效地实施数据分类与分级，从而提高数据管理的整体效能和准确性。同时，行业内也应持续努力，制定和完善更具体、适应行业特性的分类分级标准。这将有助于构建一个更清晰、一致且可执行的数据分类分级框架，从而更有效地保障数据安全，促进数据的合规、高效使用。这不仅是数据安全治理的重要一步，也是实现数据驱动决策和优化业务流程的关键环节。

### 2.11.5 需要完善治理水平稽核评价体系

在数据安全治理领域，为确保数字经济的稳健发展与保护数据安全之间的动态平衡，需要构建一套原则性与灵活性相融合的监管体系。为达到这一目的，亟须进一步优化数据安全测评标准体系，同时，建立和完善数字技术应用审查机制也刻不容缓。在这一过程中，涉及算法规制、标准制定、安全评估和职业道德论证等多个方面的工作。

监管体系面临的常见问题体现在[1]过度监管可能抑制创新，阻碍数据资源的合法开发与利用，影响数据的正常流动。另外，监管机构也可能遭遇“监管迷茫”和“能力缺失”的困境，出现弱监管、慢监管甚至失效监管的现象，从而无法确保数据的安全。

当前的数据安全监管工作多依赖于访谈评估、人工检查等传统方式[1]，这些方式效率低下，难以实现量化和标准化。对于敏感数据识别、异常行为监测、数据泄露、非法越权访问、数据跨境传输及数据非法外联等核心检查内容，现有的技术，例如漏洞扫描、流量探测和应用程序接口（Application Program Interface，API）分析等均存在局限性，无法满足自检查评估与第三方检查评估的实际需求[1]。

因此，组织迫切需要研究和突破自然语言处理、数据溯源分析、算法合规性检测等技术在合规项解读、自动化检测、全链路流转监测等方面的应用能力。最终目标是通过高度自动化和智能化（例如应用机器学习技术）的检查和评估流程，不仅能够提升数据安全治理水平，而且最终实现“以评促建”[1]，即通过持续的评估和反馈促进组织的数据安全治理体系持续改进和升级。这要求组织不断投入资源，确保数据安全监管工作既符合当前需要，又能适应未来的发展和挑战。

### 2.11.6 合规性层面的痛点

随着《网络安全法》《数据安全法》《个人信息保护法》等法律法规及配套规范性文件的出台和实施，我国数据与隐私保护的法律框架日趋成熟。然而，组织在实际履行数据安全保护义务时仍面临诸多难题，整体数据安全治理水平仍有待提高。同时，组织数据泄露事件依然频发，大规模数据泄露次数增加，给组织带来了严重的经济损失和声誉受损[5]。因此，加强组织数据安全合规管理已成为组织发展的必要条件。组织在合规性层面主要面临以下痛点。

**（1）全生命周期的数据安全治理缺失[5]**

由于数据已被视为核心生产要素，以及《数据安全法》对数据开放共享和数据价值实现的强调，数据安全已不再局限于存储和处理环节的数据保护。组织需要构建覆盖数据生命周期的安全治理体系，以确保在合理的流动和使用过程中持续保护和有效监控数据。例如，传统的数据安全实践往往仅关注这些特定环节的安全，而忽视了对其他环节的管理（数据交换和销毁等），从而导致数据被合作方违规获取或超范围使用等风险。

**（2）不断细化的法律法规和监管要求**

随着《网络安全法》和《个人信息保护法》等相关法规的不断完善，组织在数据采集、传输、存储、处理、交换和销毁方面的规范也日益严格。组织在日常运营中应该更加谨慎地遵守这些法规，确保数据活动的合规性。例如，组织在设计新的业务系统或移动应用时，需要考虑如何针对不同类型的个人信息实施差异化的加密存储措施、如何在必要的数据使用场景中确保脱敏处理，以及在用户行使数据销毁权时，如何彻底清除相关数据并确保达到相应的删除标准等。这些实际操作问题都需要组织在技术和管理层面进行深入的研究和落实。

**（3）严格监管背景下的数据价值发掘**

在当前严格的监管环境下，业务需求的审核过程应符合一系列苛刻的数据安全和合规标准。特别是在涉及数据共享的场景中，数据的流通和利用都应建立在坚实的安全和合规基础之上。为了应对这些安全和合规挑战，组织需要积极探索和应用有效的技术解决方案，例如差分隐私（Differential Privacy，DP）[H19]保护、同态加密（Homomorphic Encryption，HE）[H20]技术、数据匿名处理技术[H21]、安全多方计算（Secure Multi-Party Computation，MPC）[H22]、联邦学习（Federated Learning，FL）[H23]等。不过，这些技术方案在合规性方面的完全适用性仍然是一个需要深入探讨的问题。这要求组织在设计技术方案时应进行严谨的论证，以确保不存在潜在的技术漏洞。这一领域的研究和探索，有望成为未来数据安全和合规领域的重要发展方向。

**（4）数据跨境流动的合规难题[5]**

数据作为国家重要的生产要素和战略资源，在跨境流动中潜藏着国家安全风险。组织在开展涉及数据跨境业务时，应严格遵守相关法律法规和国家监管要求，例如《数据出境安全评估办法》，并建立全面的风险评估和安全管理体系，这对组织的人才储备和技术能力提出了更高的要求。特别是在当前大量数据跨境流动已不仅仅影响组织业务的发展，更关系到国家安全的情况下，组织在处理数据跨境业务时，更需要审慎分析并采取有效的技术手段和管理措施，确保数据跨境流动的合规性。

总体而言，无论是应对法律法规的要求还是满足业务发展的实际需要，组织都需要全面加强对数据安全法治环境的认知和理解。

### 2.11.7　管理层面的痛点

在数据安全领域，组织的管理措施及能力对技术措施的实施和执行效果，起到决定性作用。通过合理的制度规划和管理手段，组织可以推动数据安全治理的深入发展。然而，在实际执行过程中，会遇到以下3个方面的痛点[5]。

**（1）数据安全责任落实困难**

无论是网络安全还是数据安全，组织在落实安全责任时往往困难重重。数据的无形、多态、流转等特性进一步加剧了这一难题。具体来说，包括数据安全责任人职级较低、缺少专门的数据安全管理部门、数据安全专项预算不足，以及数据安全管理手段相对粗放等问题，制约了数据安全责任的有效落实。

**（2）数据安全管理模式滞后**

当前，大部分组织的安全管理模式仍停留在传统的网络安全时代，主要表现为先建设后修补、事后修复等方式。同时，大部分组织普遍坚持业务优先原则，认为业务重要性高于安全。然而，业界现已普遍认同，“安全左移”[H24]是最佳实践。通过“安全左移”，组织可以在降低整体安全风险的同时，减少安全与业务的整体资源投入。

**（3）管理制度执行困难**

在法治合规环境日趋成熟的背景下，大部分组织难以将这些标准和最佳实践真正应用于组织的内部治理。昂贵的咨询项目往往仅能产生一套束之高阁的制度文档。组织需要投入大量资源来推动治理架构与安全管理的深度融合，以及业务战略目标与安全管理目标的匹配。

综上所述，组织的管理模式在数据安全治理中发挥着核心作用。面对数据安全责任落实的难题、管理模式的滞后和管理制度执行的困难，组织需要进一步加强数据安全治理工作与管理模式的创新和完善。

### 2.11.8 技术层面的痛点

在数据安全领域，技术层面的痛点尤为突出。由于数据安全关键技术直到近几年才开始受到重视，大多数组织的安全技术主要还集中在网络安全方面。数据安全技术需要直接对数据本身或其存储、传输、处理的载体进行操作和管控，因此其工程化和产品化需要时间和经验的积累。以下是组织在数据安全技术应用方面所面临的主要问题。

**（1）技术迭代加速带来新风险**

随着信息技术的飞速发展，组织为把握市场机遇，往往会积极采用新技术。然而，在积极采用云计算、AI 等新技术的同时，组织也面临着新的数据安全风险。

**（2）数据安全技术选择局限性**[5]

相比网络安全技术数十年的发展历史，数据安全技术在稳定性、业务兼容性、规模化部署等方面仍处于初级阶段。虽然融合了密码学、隐私保护技术、网络安全防护、内容识别技术、安全合规标准，以及风险管理理论等多学科的知识和技术，数据安全技术在组织内的普及程度仍然较低。

**（3）大数据时代的技术挑战**

随着组织数字化转型的推进，海量数据、每日拍字节（Petabyte，PB，1PB=1024TB）级新增数据量，以及频繁的数据流动成为常态。传统的数据管理手段以及基于人工和流程的风险识别评估方法已经无法应对如此庞大规模和频繁变化的数据场景。数据资产识别、数据分类分级等工作迫切需要相应技术的支持。

综上所述，组织在应对信息技术不断演进和产业数字化转型的过程中，应充分认识到数据安全治理与合规工作对数据安全技术的高要求，并积极寻求解决方案以应对这些挑战。

## 2.12 数据安全治理框架

### 2.12.1 数据安全治理框架的概念

数据安全治理框架是一个综合性、结构化的方法体系，可用于指导组织如何有效地管理和保护其数据资产。它提供了一套完整的理论、原则、标准、工具和实践体系，帮助组织在数据全生命周期的各个环节中，实施必要的安全控制措施，确保数据的保密性、完整性和可用性。

数据安全治理框架通常包括以下 9 个关键组成部分。

① **治理策略与目标：**定义数据安全治理的总体策略和所要达到的目标。

② **组织架构与职责：**明确参与数据安全治理的各个角色和职责，包括决策层、管理层、执行层和监督层。

③ **数据安全风险评估：**识别、评估和管理组织面临的数据安全风险。

④ **数据安全标准与合规性：**制定和实施数据安全标准，确保组织的数据处理活动符合法律法规和行业要求。

⑤ **数据安全管理体系：**基于需求和风险，设计并实施全生命周期的数据安全管理体系。定期审查、调整和完善管理体系，确保持续有效。

⑥ **数据安全技术与工具：**采用适当的技术和工具，以实施数据安全控制措施，例如加密技术、访问控制技术、数据防泄露（Data Loss Prevention，DLP）技术、身份和访问管理（Identity and Access Management，IAM）、安全信息和事件管理（Security Information and Event Management，SIEM）系统等。

⑦ **数据安全运营：**通过实时监控、应急响应和持续改进等技术手段，确保数据安全治理措施的实际执行效果，及时发现并处置安全事件，从而维护数据的安全状态。

⑧ **培训与意识提升：**提供数据安全培训，提高全员的数据安全意识。

⑨ **监控与审计：**对数据安全治理的实施情况进行持续监控和审计，以确保其有效性。

在实施数据安全治理工作时，组织参考相关框架的必要性体现在以下 6 个方面。

① **系统化方法：**数据安全治理框架提供了一个系统化、结构化的方法，帮助组织全面、有序地推进数据安全治理工作，避免工作遗漏或重复。

② **降低风险：**通过遵循成熟的治理框架，组织可以降低因数据安全问题导致的业务风险、法律风险和声誉损害风险。

③ **符合法律法规要求：**许多国家和地区的法律法规要求组织在处理数据时遵循相关的安全标准。参考标准中的治理框架可以帮助组织确保自己的数据处理活动符合这些法律法规要求。

④ **提升效率：**治理框架往往涵盖一系列最佳实践和建议，可以为组织在数据安全治理方面提供有效的指导，避免不必要的错误和试错过程，从而提高工作效率。

⑤ **增强信任与透明度：**采用公认的数据安全治理框架可以增强客户、合作伙伴和其他利益相关方对组织的信任和透明度，有利于组织的长期发展。

⑥ **持续改进：**治理框架通常包含了一套持续改进的机制，可帮助组织不断优化和完善其数据安全治理体系，以适应不断变化的威胁和业务需求。

总之，在进行数据安全治理时，参考一些成熟的数据安全治理框架对于组织来说非常必要，它能够助力组织系统化、全方位地推进数据安全治理工作，降低风险，提升效率，增强信任与透明度，并实现持续改进。

### 2.12.2 微软的 DGPC 框架

微软在 2010 年提出的 DGPC 框架，专注于数据的隐私性、保密性和合规性。此框架通过整合人员、流程和技术这 3 个核心能力领域，旨在为组织提供全面且系统的数据安全管理指导。同时能够与组织现有的 IT 管理和控制框架（例如 COBIT 信息系统审计标准），以及 ISO/IEC 27001 信息安全管理体系和支付卡行业数据安全标准（Payment Card Industry Data Security Standard，PCI DSS）等协同工作。

DGPC 框架致力于推动组织从传统的、部门间孤立的数据安全管理方式，转向统一、跨学科的数据安全治理方法。其核心目标如下。

① **增强数据保护。**在传统 IT 安全方法（主要关注边界和终端安全）的基础上，加强对存储数据的保护。

② **隐私保护措施。**在现有安全措施的基础上，强调隐私相关的保护措施，包括用户信息的收集、处理和第三方共享的行为措施。

③ **统一合规控制。**统一数据安全和数据隐私合规的控制目标和控制行为，以满足合规要求。

DGPC 框架围绕人员、流程和技术 3 个核心能力领域进行构建。

① **人员。**组建具有明确角色和职责的 DGPC 团队，并提供必要的资源。该团队可以是虚拟团队[H25]，需要负责定义行为原则、策略和流程，制定安全策略和监督数据管理。

② **流程。**定义清晰的流程，包括了解组织在数据安全和隐私方面的要求、制定数据隐私保护原则和要求、梳理数据流向、分析风险并采取控制措施。

③ **技术。**风险 / 差距分析矩阵见表 2-2，使用风险 / 差距分析矩阵，能够帮助识别并解决现有保护工作的不足，提供数据现有和未来的保护技术、措施和行为的统一视图。

表2-2　风险/差距分析矩阵

| | 通用控制行为 | 安全基础设施 | 身份和访问控制 | 信息保护 | 审计和报告 |
|---|---|---|---|---|---|
| 收集 | | | | | |
| 更新 | | | | | |
| 处理 | | | | | |
| 删除 | | | | | |
| 传输 | | | | | |
| 存储 | | | | | |

风险 / 差距分析矩阵为组织提供了系统化手段，以识别、量化和应对与数据相关的风险。以下 5 个分析步骤可以帮助组织找出当前保护措施中的差距并采取调整措施。

① **理解数据流动与核心要求。**此阶段涉及对组织内部数据流动的全面理解。具体来说，需要明确数据的业务目的和用途、涉及的业务系统和它们之间的交互、业务流程中对隐私、安全和合规性的核心要求。

② **执行威胁建模。**威胁建模[H26]是一个多阶段过程，它不仅关注传统的安全威胁，还考虑了更广泛的业务风险。主要包括以下两个方面。

数据流的可视化。通过创建数据流图（Data Flow Diagram，DFD）[H27]等技术手段，将数据流动以图形方式展现。在此过程中，引入“信任边界”的概念，用于区分不同的业务实体和 IT 基础架构，例如网络或管理域。这种划分有助于明确数据在不同信任级别之间的流动情况。

威胁识别。对威胁进行全面的系统分析，不仅限于技术威胁，还包括可能违反数据隐私性和保密性的任何因素。这些威胁根据通用控制行为原则进行分类，为组织提供了评估数据流动风险的标准。

③ **风险分析。**在此阶段，组织需要审视现有的数据安全措施，包括技术控制、策略和实践。利用风险 / 差距分析矩阵，对照通用控制行为原则，识别现有措施未能完整覆盖的各类威胁。完成这一步骤意味着组织已经明确当前自身的风险状况。

④ **确定缓解措施。**基于风险分析的结果，组织应确定必要的额外控制措施、技术和活动，以将风险降到可接受的水平。这需要综合考虑每项风险应对措施的成本和收益。完成此步骤后，组织应已制订出详细的风险缓解计划。

⑤ **评估缓解措施的有效性。**组织需要评估所采取的缓解措施的实际效果。如果仍然存在不可接受的风险，应重新审视之前的步骤并调整策略，可能包括重新进行风险评估或调整风险缓解措施。这一步骤确保了风险管理过程的持续性和适应性。

DGPC 框架将数据生命周期划分为数据收集、更新、处理、删除、传递、存储 6 个阶段。根据这些阶段，组织可以识别数据流动过程中的安全风险，并按阶段实施风险控制措施。要注意的是数据生命周期还有其他的划分方式，例如分为收集、使用、维护、存储、传递 5 个阶段，或者分为采集、传输、存储、处理、交换和销毁 6 个阶段。无论采用什么方式定义数据生命周期，目的都是识别信息在系统中流动的过程。

为确保数据安全和隐私得到妥善管理，DGPC 框架提出 4 项通用控制行为原则。

① **合规性承诺。**在整个数据使用期限内，组织应遵守适用的法规和政策保护用户隐私，征得用户同意和授权，并允许个人在必要时审查和更正其信息。

② **最小化风险。**组织应采取合理的管理、技术和物理保障措施，以最小化未经授权访问或滥用数据的风险，并确保数据的保密性、完整性和可用性。

③ **数据泄露应对。**为减少数据泄露的影响，组织应实施加密等合理的保护措施，并制订适当的数据泄露应对计划和响应机制。所有可能涉及的员工都应接受相关培训。

④ **控制与证明。**组织应记录并证明所实施控制措施的有效性。为确保责任落实，应通过适当的监督、审计和控制措施来验证组织对数据隐私和保密原则的遵守情况。此外，组织还应建立报告违规行为且定义明确的响应机制流程。

这些通用控制行为原则为组织提供了在数据全生命周期各个阶段管理数据安全和隐私的明确指导。通过遵循这些原则，组织能够提升数据安全治理体系的效能，进而建立用户和组织之间的信任。

为了确保组织数据的安全性和合规性，应对其数据保护技术进行全面评估。这种评估的目的在于确定当前的技术措施是否能充分保障数据安全，从而将相关风险降到组织可接受的水平。DGPC 框架为这一评估过程提供了 4 个技术领域的参考。

① **安全的基础架构是保护数据的基础。**一个健全且配置得当的安全基础架构能够尽可能抵御各种外部和内部的威胁，包括恶意代码、黑客攻击和内部人员的非法访问等。这涉及多个层面的保护，包括但不限于硬件安全模块、加密存储设备、安全加固的操作系统、经过安全审查的应用程序和具备防御措施的网络架构等。

② **身份和访问控制是确保数据安全的关键环节。**通过身份和访问控制技术，组织能够细

粒度地控制哪些用户可以访问哪些数据或资源。这不仅防止了未经授权的访问，同时也为合规性审计提供了有效支持。具体来说，这些技术包括单点登录（Single Sign-On，SSO）、多因素身份验证（Multi-Factor Authentication，MFA）、基于角色的访问控制（Role-Based Access Control，RBAC）、目录服务（Directory Services，DS）、特权访问管理（Privileged Access Management，PAM）等。

③ **信息保护策略应贯穿数据的全生命周期。**在组织内部，数据经常需要在不同的部门或系统之间共享。为了确保这些数据在传输和存储过程中的安全性，应对数据库、文档管理系统、文件服务器等关键数据存储和处理设施实施适当的加密措施，并对数据进行敏感性分类和标签化。

④ **审计和报告是验证数据安全措施有效性的重要手段。**通过自动化的审计工具和系统监控，组织可以实时了解数据和系统的访问情况，从而迅速识别并有效应对潜在的安全风险。此外，这些审计记录也是合规性检查的重要依据，有助于组织证明其数据保护措施符合相关法律法规和标准的要求。

DGPC 框架为组织提供了一种系统化、综合性的方法，以构建全面且一致的数据安全治理体系，此体系致力于确保数据的隐私、保密性和合规性在组织内部得到有效维护。通过实施 DGPC 框架，组织不仅能够应对日益复杂的数据安全威胁，还能增强公众对组织数据处理能力的信赖度。然而，DGPC 框架侧重于从方法论的角度阐述数据安全治理的目标。它虽然为组织提供了高层次的指导，但并未详细说明如何在数据生命周期的各个阶段具体执行数据安全治理措施。因此，在实际应用中，组织可能需要结合自身的业务场景和需求，进一步细化和完善数据安全治理的实施策略。

### 2.12.3 Gartner 的 DSG 框架

Gartner 的资深安全分析师马克 - 安托万 • 穆尼耶（Marc-Antoine Meunier）在 2017 年的安全与风险管理峰会上指出，将数据安全治理形象地描述为“风暴之眼”，这个比喻凸显了 DSG 框架在整体数据安全环境中的核心与关键作用。

Gartner 倡导的 DSG 框架是一种自上而下的策略方法，它需要技术和管理层面的融合。更重要的是，它从业务战略、合规监管、IT 战略和组织的风险容忍度等多个维度进行考虑。这一框架强调人与数据之间的动态交互，并主张构建以用户为核心的数据安全体系。还包括在探讨如何安全地保护数据之前，应先解决数据安全治理中的一些基础问题，例如数据资产的发现、分类分级等。为了实现有效的数据安全治理，以下 4 个关键环节必不可少。

① **数据分类与分级。**根据数据的敏感性、业务价值和其他相关属性对数据进行分类与分级。

② **数据保护。**确保数据在采集、传输、存储、处理、交换、销毁等生命周期的各个阶段都能得到适当的保护。

③ **监控与追溯。**对数据活动进行实时监控，确保能够迅速发现并响应任何潜在的安全威胁或数据泄露事件。

④ **身份鉴别。**确保只有经过授权的用户才能访问和使用数据。

综合上述环节，可以构建出一个完整的数据保护链。此外，还需要考虑到在数字化转型背景下可能出现的各种风险管理场景，这包括数据流管理、数据库管理、大数据处理、文件存储、云环境和各种终端设备等。

根据 Gartner 的建议，首席信息安全官和数据安全风险管理团队可以利用 DSG 框架来降低数据安全风险。

① 利用 DSG 框架可确定组织面临的数据安全风险的优先级，并执行相应的风险缓解措施。

② 根据业务风险的影响程度对数据资产进行分类和识别，并在数据的全生命周期中应用这些分类和分级结果以实现持续的安全保护。

③ 采用持续自适应风险和信任评估（Continuous Adaptive Risk and Trust Assessment，CARTA）[H28] 方法来制定和调整安全策略，以确保关键业务风险得到有效控制。

④ 定期审查和调整安全策略，确保这些策略能够随着业务风险环境的变化而及时进行更新和优化。

许多 Gartner 的客户在初涉数据安全治理时，常常将焦点集中在如何实施特定的安全产品或使某一产品符合合规性，这其实是走进了一个误区。DSG 框架如图 2-4 所示。Gartner 的 DSG 框架提供了一个更为全面和系统的视角。在 DSG 结构图中，可以明显看出它并不推荐从单一产品出发，而是强调从整体的治理策略开始。这是因为每种产品都有其独特的安全功能和所处的数据位置，只有将它们置于一个整体的治理策略框架内，才能确保数据的安全与合规。

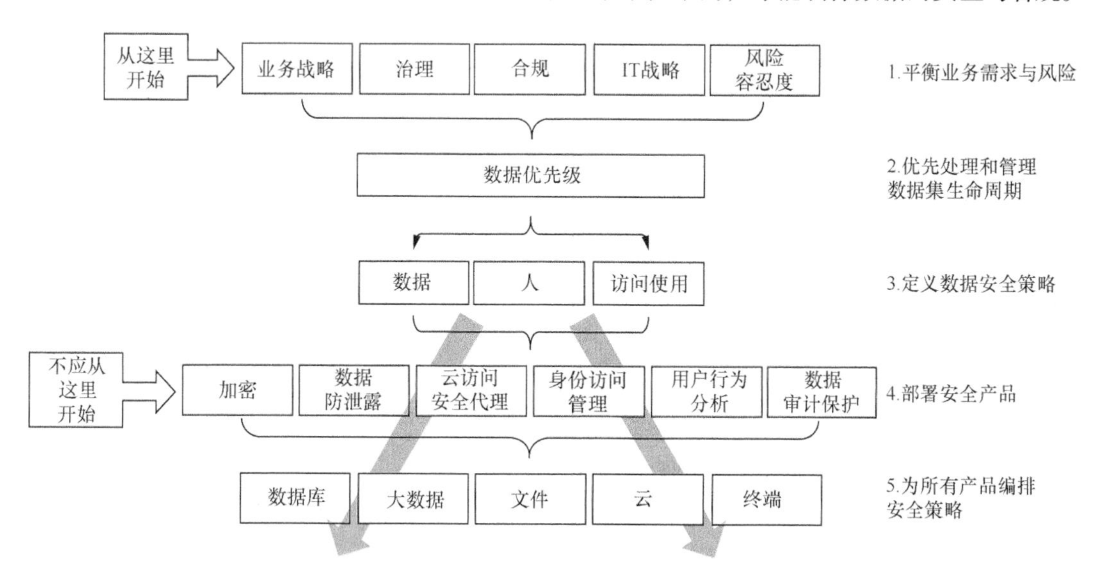


**图2-4　DSG框架**

因此，在实施任何数据安全措施之前，组织应先确立其数据安全治理的目标和策略，再选择合适的产品和工具加以实施。通过这样的方式，不仅可以确保数据的安全，还能使组织在面对日益严格的法规要求时，确保合规性。Gartner 的 DSG 框架通过以下 5 个步骤来实现。

① **业务需求与安全之间的平衡。**需要在业务策略、治理、合规、IT 策略和风险容忍度 5 个维度之间寻求平衡点。这些要素构成治理工作的基础，应在开展任何数据安全工作前达成一致意见。这些明确的业务需求和安全要求，可以为后续的数据分类和策略制定提供指导。

② **数据优先级划分。**在明确了业务需求和安全要求后，下一步是对数据进行分类和分级。通过对数据的敏感性和重要性进行评估，可以确定哪些数据需要采取更高级别的保护措施。数

据分类和分级是实现精细化数据安全管理的关键步骤，它有助于合理分配资源，确保重要的数据得到足够的保护。

③ **制定策略**。在数据分类和分级的基础上，需要制定相应的数据安全策略。这些策略应明确数据的访问者（例如业务人员、数据库管理员等）、访问对象和访问行为。同时，还需要基于这些信息制定有针对性的数据安全策略，以降低安全风险。这些策略可能包括访问控制、数据脱敏、加密等措施，旨在确保数据在存储、传输和使用等过程中的安全性。

④ **实施安全工具**。为了确保数据安全策略的有效实施，需要采用多种安全工具来支撑。Gartner 在 DSG 框架中提出了实现安全和风险控制的 6 类工具：加密（Crypto）、以数据为中心的审计和保护（Data-Centric Audit and Protection，DCAP）、DLP、云访问安全代理（Cloud Access Security Broker，CASB）、IAM、用户和实体行为分析（User and Entity Behavior Analytics，UEBA）。这些工具涵盖了不同的安全领域，并可能包含多个具体的技术手段，旨在提供全方位的数据安全保护。

⑤ **策略配置同步**。最后一步是确保数据安全策略的同步配置。这主要针对 DCAP 的实施而言，集中管理数据安全策略是DCAP的核心功能。无论是访问控制、脱敏、加密还是令牌化[H29]等手段，都需要保持对数据访问和使用的安全策略同步下发。策略执行对象应包括关系型数据库、大数据类型、文档文件和云端数据等数据类型，确保所有重要数据资产均得到妥善保护。

### 2.12.4 数据安全成熟度模型

2019 年 8 月 30 日，我国发布了 GB/T 37988—2019《信息安全技术 数据安全能力成熟度模型》，并从 2020 年 3 月起正式实施。该标准不仅是一个评估准则，更是一个系统化的方法论。数据安全成熟度模型（Data Security Maturity Model，DSMM）借鉴了软件能力成熟度模型（Capability Maturity Model for Software，SW-CMM）的核心理念，DSMM 以数据为核心，聚焦数据的全生命周期及通用安全，从组织建设、制度流程、技术工具和人员能力 4 个方面对数据安全进行综合评级，DSMM 架构如图 2-5 所示。其目标是协助各行业、组织，识别其在数据安全领域的不足，从而有针对性地提升数据安全水平。DSMM 主要由以下 3 个维度组成。

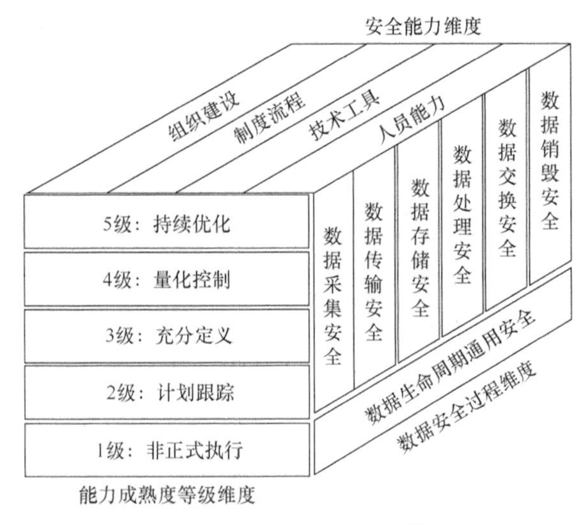


图2-5 DSMM架构[7]

**（1）安全能力维度**

这一维度明确指出组织在数据安全领域应具备的各种能力。这些能力涵盖了组织建设、制度流程的建立与完善、技术工具的采纳与应用，以及人员能力的培养与提升。

**（2）能力成熟度等级维度**

能力成熟度是指组织在数据安全方面的能力和实践的完善程度，被细分为 5 个等级，DSMM 能力成熟度等级划分如图 2-6 所示。1 级为非正式执行。在这一等级，组织可能刚认识到数据安全的重要性，但尚未形成正式的策略或流程。2 级为计划跟踪。组织已经开始制订数据安全计划，并跟踪其执行情况，但还没有全面实施。3 级为充分定义。在这一阶段，组织已经有了明确和全面的数据安全策略和流程，并在组织内部广泛实施。4 级为量化控制。除了策略和流程的实施，组织还能够量化和分析数据安全的风险，并控制措施的有效性。5 级为持续优化。这是数据安全能力的最高等级，组织不仅实现了全面的数据安全策略，还能够根据新的威胁和变化持续优化与改进其数据安全实践。

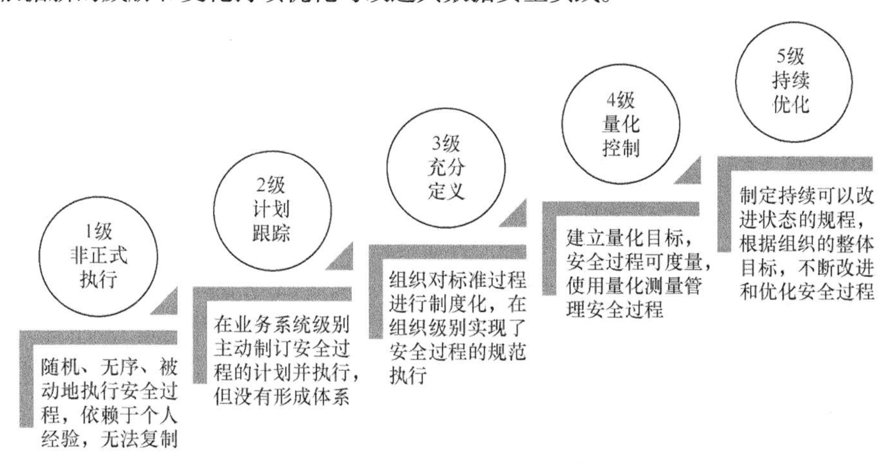


**图2-6 DSMM能力成熟度等级划分**

**（3）数据安全过程维度**

DSMM 的核心在于细致划分数据生命周期的各个阶段，并对应到具体的过程域（Process Area，PA），实现数据安全的全面管理和提升，这些安全过程域可分为两大类，数据生存周期（同生命周期）安全过程和通用安全过程。在此基础上，进一步细分出 30 个过程域，这些过程域分布在数据生命周期的各个阶段，数据安全 PA 体系如图 2-7 所示，确保数据在各个环节都得到充分保护。

数据生存周期安全过程域

| 数据采集安全 | 数据传输安全 | 数据存储安全 | 数据处理安全 | 数据交换安全 | 数据销毁安全 |
|---|---|---|---|---|---|
| •PA01数据分类分级<br>•PA02数据采集安全管理<br>•PA03数据源鉴别及记录<br>•PA04数据质量管理 | •PA05数据传输加密<br>•PA06网络可用性管理 | •PA07存储介质（又称存储媒体）安全<br>•PA08逻辑存储安全<br>•PA09数据备份和恢复 | •PA10数据脱敏<br>•PA11数据分析安全<br>•PA12数据正当使用<br>•PA13数据处理环境安全<br>•PA14数据导入导出安全 | •PA15数据共享安全<br>•PA16数据发布安全<br>•PA17数据接口安全 | •PA18数据销毁处置<br>•PA19存储介质销毁处置 |

通用安全过程域

| | | | |
|---|---|---|---|
| •PA20数据安全策略规划 | •PA21组织和人员管理 | •PA22合规管理 | •PA23数据资产管理 |
| •PA24数据供应链安全 | •PA25元数据管理 | •PA26终端数据安全 | •PA27监控与审计 |
| •PA28鉴别与访问控制 | •PA29需求分析 | •PA30安全事件应急 | |

**图2-7 数据安全PA体系**[7]

① **数据采集安全。**关注如何安全有效地从各种源头采集数据，包括以下 4 个过程域。

PA01 数据分类分级：确保在采集数据时就进行适当分类和标记，为后续处理奠定基础。

PA02 数据采集安全管理：建立规范的数据采集流程和安全标准。

PA03 数据源鉴别及记录：验证数据源的真实性并详细记录，确保数据可溯源性。

PA04 数据质量管理：保障采集到的数据准确性和完整性。

② **数据传输安全。**关注数据在传输过程中的保密性和完整性，包含以下 2 个过程域。

PA05 数据传输加密：采用加密技术确保数据传输过程中的安全性。

PA06 网络可用性管理：确保数据传输网络的稳定性和可用性。

③ **数据存储安全。**重点在于如何安全地存储和管理数据，包括以下 3 个过程域。

PA07 存储介质（又称存储媒体）安全：保障数据存储的物理介质安全，例如硬盘、磁带等。

PA08 逻辑存储安全：通过逻辑控制手段增强数据存储安全，例如访问控制、加密存储等。

PA09 数据备份和恢复：建立可靠的数据备份机制，确保数据的可恢复性。

④ **数据处理安全。**关注数据处理过程中的各种安全问题，包括以下 5 个过程域。

PA10 数据脱敏：对敏感数据进行脱敏处理，保护隐私信息。

PA11 数据分析安全：确保数据分析过程中的数据安全性和准确性。

PA12 数据正当使用：规范数据的合法使用范围，防止数据滥用。

PA13 数据处理环境安全：保障数据处理环境的整体安全性。

PA14 数据导入 / 导出安全：控制数据的导入 / 导出过程，防止数据泄露。

⑤ **数据交换安全。**涉及数据在不同系统或组织间的安全交换，包含以下 3 个过程域。

PA15 数据共享安全：建立安全的数据共享机制，确保共享过程中数据的安全性。

PA16 数据发布安全：规范数据发布流程，防止未经授权的数据发布。

PA17 数据接口安全：保障不同系统间数据接口的安全性，防止接口漏洞导致的数据泄露。

⑥ **数据销毁安全。**关注数据在生命周期结束时的安全销毁，包括以下 2 个过程域。

PA18 数据销毁处置：确保数据在销毁过程中的彻底清除，防止数据残留。

PA19 存储介质销毁处置：对存储过数据的物理介质进行安全销毁，防止数据恢复。

组织在规划数据安全治理策略时，可以将 DSMM 作为一个参考框架，依据其指导原则来构建和优化自身的数据安全治理体系。这样的做法不仅有助于组织加强数据安全防护，还能确保数据与业务战略相一致，共同推动组织的稳健发展。

DSMM 与 DSG 框架都以数据为中心，构建系统化的数据安全体系，并强调组织建设、制度流程和技术工具的综合作用，而非仅仅依赖技术手段。然而，虽然两者有相似之处，但在实际应用和理念上存在着显著的区别。

① **焦点差异。**DSG 框架的核心是数据的分级分类，根据数据的重要性和敏感性制定相应的安全策略。而 DSMM 则以数据生命周期为核心，确保在整个数据生命周期中都有相应的安全策略覆盖。

② **实施方法。**DSG 框架为数据使用或服务人员提供了明确的角色定位，针对不同角色和数据使用场景，给出了推荐的安全措施和安全工具。而 DSMM 提供的是一种评估手段，检查组织在数据使用过程中是否定义了清晰的控制措施，而不提供具体的实施方法。

③ **生命周期与安全措施。**与 DSMM 相比，DSG 框架并不过分强调数据的生命周期，而是反对在整个生命周期中采取无差别的安全措施，它更注重根据数据使用的具体场景和需求来实施有针对性的安全措施。例如，在开发测试环境中，推荐使用脱敏技术以获取高仿真数据，而不特别强调审计、管控和加密等措施。

④ **安全体系的构建与改进。**在 DSG 框架中，安全体系的构建被明确划分为安全策略的制定、技术支撑平台的建设、安全策略执行有效性的监督和安全策略的持续改善这 4 个循环过程。而 DSMM 则对安全成熟度进行了等级划分，将持续优化视为最高级别。在 DSG 框架的理念中，无论安全建设完成到何种程度，持续优化都是必不可少的环节。

⑤ **本质与应用。**从本质上讲，DSG 框架是一种方法论，指导组织如何快速而有效地构建一套健全的数据安全体系。而 DSMM 则是一种评估工具，类似于考试，用于组织或监管机构评估组织当前的数据安全建设水平。

总体上看，DSG 框架和 DSMM 在数据安全领域都发挥着重要作用，但它们的焦点、实施方法、对生命周期的看法、安全体系的构建方式和应用都存在着明显的差异。了解这些差异有助于组织根据自身需求选择合适的数据安全策略和方法，从而实现更全面、更高效的数据保护。

## 2.12.5 《数据安全法》与数据安全治理框架

数据安全治理的理念也符合我国《数据安全法》的要求。根据该法，数据安全治理的实施步骤可分为 6 个阶段,《数据安全法》治理实施步骤如图 2-8 所示。

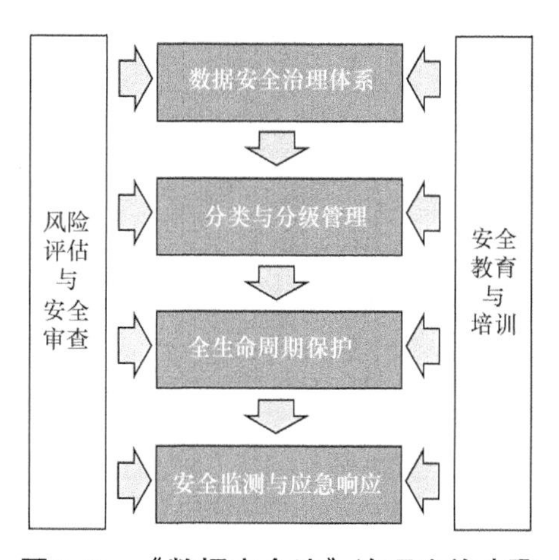


**图2-8 《数据安全法》治理实施步骤**

**（1）构建健全的数据安全治理体系**

明确组织架构与职责分工。明确组织内部的数据安全管理组织架构，包括决策层、管理层、执行层和监督层，并确保各层级之间的职责划分清晰。

建立制度与流程规范。结合组织所在行业的背景、要求，以及组织的风险承受能力和数据安全能力，制定一系列的数据安全管理制度和操作流程规范。

**（2）数据资产的分类与分级管理**

数据资产清查与建档。对组织的所有业务数据进行全面梳理，建立详细的数据资产清单。

数据分类与分级。分类分级依据包括但不限于数据的敏感性、重要性、业务价值等因素，对数据进行科学分类和合理分级，为后续的数据保护和风险评估提供基础。

**（3）数据生命周期的全方位保护**

识别业务应用场景中的风险。深入了解组织业务数据的各种应用场景，识别潜在的数据安全风险。

制定防护策略与方案。根据数据的分类分级结果和业务场景特点，设计针对性的数据防护策略和实施方案，确保数据在其全生命周期内得到持续保护。

**（4）数据安全监测与应急响应**

风险监测与预警。实时监测组织内部和外部的数据活动，结合数据分析技术，及时发现风险事件并进行预警。分析技术包括实时日志分析、用户行为分析、网络流量分析、威胁情报分析、数据泄露检测、基于统计的异常检测等。

应急响应机制构建与流程设计。建立完善的数据安全事件应急响应机制，包括应急响应流程的设计、演练，以及补救措施的实施和上报。

**（5）定期数据风险评估与安全审查**

风险识别与评估。定期对组织面临的数据安全风险进行全面识别和评估，依据内外部要求和组织实际情况，评估风险并提出整改建议。

风险缓解与持续改进。根据风险评估结果，制定相应的风险缓解措施，并持续优化数据安全管理体系和策略。

数据安全治理是一个持续演进的过程，需要持续的风险评估和安全审查来确保其有效性。在构建数据安全治理体系、数据资产管理、数据生命周期保护和数据安全监测与应急响应的过程中，定期的数据风险评估和安全审查都是不可或缺的环节。它们能够帮助组织及时发现新的风险点，验证现有控制措施的有效性，以及推动数据安全治理体系的持续改进。例如，在每个阶段，都应进行定期的数据风险评估，确保对新的或升级的风险有清晰的认识。并且通过安全审查，不断检验和调整数据安全控制措施，确保其与业务发展和法规变化保持一致。

**（6）数据安全教育与培训**

定制培训课程，针对不同岗位和职责的员工，以提升全体员工的数据安全意识和实操能力为目标，提供定制化的数据安全培训课程。

持续提升安全意识。通过定期的安全宣传、知识竞赛等活动，持续强化员工的数据安全意识，构筑坚实的数据安全防线。

随着数据安全治理工作的推进，员工对数据安全的理解和技能也需要不断提升。因此，数据安全教育和培训不应仅是一次性活动，而应贯穿于数据安全治理的始终。例如，在数据安全治理的每个阶段，都应有针对性地提供教育和培训，确保员工对当前阶段的数据安全要求和操作有充分的理解。通过持续的教育和培训，使员工养成良好的数据安全习惯，进而构建组织内部的数据安全文化。

第三章

# 数据安全治理建设思路

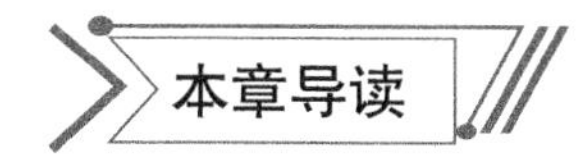

**内容概述：**

首先，本章介绍了数据安全治理的总体视图和设计思路。其次，本章详细阐述了数据安全治理的实践路线，包括数据安全规划、建设、运营和评估优化4个阶段。最后，本章提出了一种迭代式的数据安全治理建设思路，强调循序渐进、持续优化的重要性。

**学习目标：**

1. 理解数据安全治理的总体视图和设计思路。
2. 了解数据安全治理的4个核心阶段，即规划、建设、运营和评估优化。
3. 理解迭代式建设在数据安全治理实践中的重要性。

## 3.1 数据安全治理总体视图

### 3.1.1 总体视图

本书结合前期的大量调研，提炼出一套与后续内容一致的数据安全治理总体视图（治理框架），用以描绘数据安全治理的建设蓝图和实践路线。数据安全治理总体视图示意如图3-1所示。

### 3.1.2 设计思路

**（1）合法合规**

在数据安全治理中，合法合规是基础要求，是确保数据安全的首要原则。任何组织在进行数据安全治理时，都必须严格遵守国内外的法律法规、行业标准和监管要求。确保组织的所有数据处理活动均符合法律法规的要求，避免因违规操作而引发的法律风险。

对于国内业务，应着重关注国家颁布的法律法规，例如《网络安全法》《数据安全法》等，以及各行业监管部门的具体要求。同时，需要遵循国家和行业层面的相关标准，这些标准为数据的安全管理提供了具体的操作指南。

若组织涉及境外业务，还需要注意遵守国际法律法规，确保在全球范围内的数据处理活动均能符合合规要求。

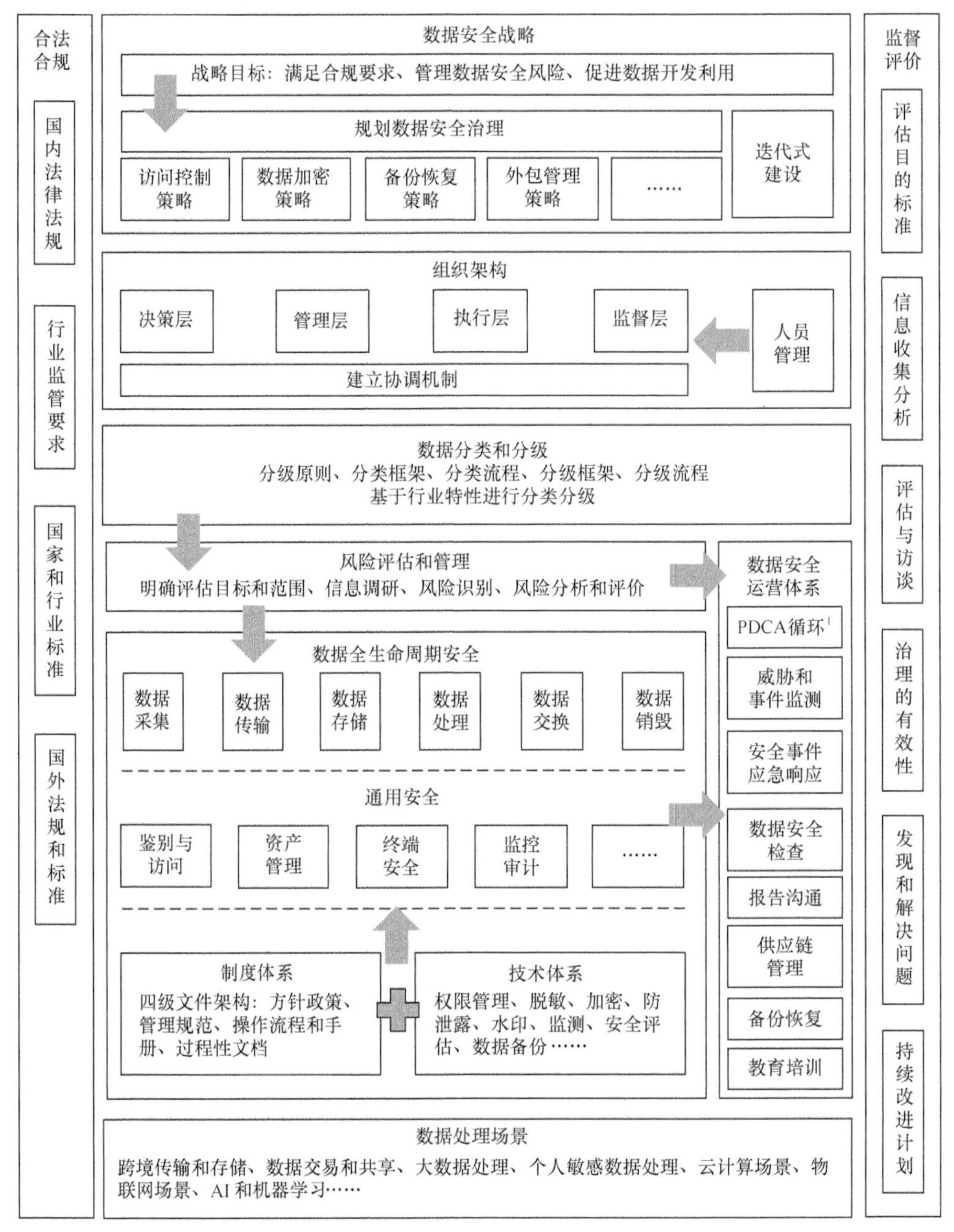


注：1. PDCA 循环，遵循计划、执行、检查、处理（Plan-Do-Check-Act）循环的管理理念。

**图3-1　数据安全治理总体视图示意**

### （2）数据安全战略

在确保遵守相关法律法规的前提下，组织应结合自身业务需求和实际情况，有针对性地开展数据安全治理工作。这一工作的首要环节就是制定高层级的数据安全战略。

数据安全战略的核心在于明确一系列的战略目标，这些目标不仅包括满足外部的法规遵从性要求，而且能有效管理数据安全风险，确保数据的机密性、完整性和可用性。同时，战略还应着眼于通过安全治理促进数据的合理开发和高效利用，使之成为推动组织创新和发展的强大动力。

为了实现这些战略目标，组织需要进行详尽的数据安全治理规划。在这一过程中，应制定一系列具体的安全策略，包括但不限于访问控制策略以确保只有授权人员能够访问敏感数据，数据加密策略以保障数据在传输和存储过程中的安全，备份恢复策略以应对可能的数据丢失或损坏情况，以及外包管理策略以规范与外部服务提供商的合作流程和数据交换标准等。

数据安全治理并非一蹴而就的静态工作，而是一个持续不断、迭代优化的动态过程。随着业务环境的变化、技术的发展和法律法规的更新，组织需要定期审查和更新其数据安全战略，确保其始终保持与时俱进，为组织的稳健发展提供坚实的数据安全保障。

**（3）组织架构**

组织在明确数据安全战略和制定详尽的安全策略后，必须设立专门的数据安全管理机构，以便将各项安全举措落到实处，从而确保数据安全工作的连续性和稳定性。

同时，没有专业且负责任的团队，再周密的战略和策略也难以发挥实效。因此，数据安全治理不仅需要安全部门的专业指导，还需要合规、风控、内审等部门的密切协作，以及业务部门的积极配合和人力资源部门的支持。这种跨部门的协同作战模式是保障组织数据安全的关键。

一个典型的数据安全治理组织架构通常包括决策层、管理层、执行层和监督层 4 个层级。这些层级之间通过定期的会议沟通、工作汇报等机制，确保信息的畅通与工作的协同。

① **决策层**。负责制定数据安全治理的总体方向和战略，对管理层提出指导性的意见和建议，并听取管理层的工作汇报，以便及时调整战略方向。

② **管理层**。根据决策层的指导，具体规划并执行数据安全管理的各项措施，对执行层提出明确的工作要求，并定期听取执行层的工作汇报，确保各项措施得到有效实施。

③ **执行层**。负责具体落实数据安全管理的各项措施，包括但不限于数据分类、访问控制、安全监测等，并定期向管理层汇报执行情况。

④ **监督层**。独立于其他层级之外，负责对管理层和执行层的工作进行监督，确保各项数据安全措施得到有效执行，并及时向决策层汇报监督结果。

另外，在人员管理方面，组织应重视员工能力的培养与提升，通过定期的培训和实践锻炼，提高员工在数据安全方面的专业素养。同时，加强员工的安全意识教育也是必不可少的环节，通过案例分析、模拟演练等方式，提高员工对数据安全的重视程度和应对能力。这样不仅可以提升整个组织的数据安全防护能力，还能在遭遇安全事件时迅速做出反应，减少潜在的损失。

**（4）数据分类和分级**

确立数据安全战略与策略并构建组织架构后，就进入数据安全治理的实施阶段。数据分类和分级是数据安全治理中的基础性工作，主要内容如下。

① **数据资产的发现与梳理**。需要对组织内的所有数据进行全面的清查和梳理，确保每份数据资产都被准确识别和记录。这一步骤为后续的数据分类和分级工作提供了基础数据支持。

② **数据分类和分级标识**。从业务视角出发，对数据进行细致的分类标识。同时，从数据安全的角度出发，为数据设定不同的安全级别。这一双重标识系统确保了数据的精细化管理，并为后续的差异化安全管理策略提供了依据。

③ **形成与审核数据分类分级目录。**在完成数据的分类和分级标识后，整理形成一份详尽的数据分类分级目录。这份目录不仅包括数据的类别和安全级别，还详细记录了数据的来源、用途等关键信息。为确保目录的准确性和完整性，组织需要遵守严格的审核流程，并在审核通过后正式发布。

④ **动态更新。**由于数据是随着业务活动的进行而不断变化和增加的，因此需要建立一套动态的数据分类分级更新机制。每当新数据产生或现有数据发生变化时，都需要及时更新，以确保数据分类分级的实时性和准确性。

⑤ **基于行业特性的分类分级。**不同行业对数据安全的需求和重点各不相同。因此，在进行数据分类分级时，应充分考虑所在行业的特性和法律法规要求，确保数据分类分级策略与行业的实际需求紧密相连。

**（5）风险评估和管理**

在完成数据资产的详尽排查、科学分类与合理分级之后，接下来是风险评估与管理环节。核心目标是对已确定类型和级别的数据资产进行全面且深入的风险评估，从而为制定针对性的风险控制措施提供依据。主要内容如下。

① **明确评估目标和范围**。需要清晰地界定风险评估的具体目标和涉及的数据范围，确保评估工作的针对性和有效性。

② **信息调研**。通过收集和分析组织内部的数据处理流程、系统架构、安全防护措施等关键信息，为后续的风险识别提供数据支持。

③ **风险识别**。识别数据资产中潜在的威胁源和脆弱点，包括但不限于技术漏洞、管理缺陷和策略不足等。

④ **风险分析和评价**。对识别出的风险进行量化和定性分析，评估其对组织数据安全的具体影响，以及可能造成的损失。

基于风险评估的结果，组织应制定一系列切实可行的控制措施。这些措施旨在将数据风险降至组织可接受的水平，从而最大限度地保障数据安全，具体内容如下。

① **技术控制**。采用可靠的安全技术（例如加密、入侵检测、日志分析等），以提升数据的安全防护能力。

② **管理策略**。完善数据安全管理制度，加强员工意识提升培训，确保数据处理流程的合规性。

③ **应急响应**。建立快速响应机制，以应对可能的数据泄露、篡改或破坏事件，减少潜在损失。

此外，风险评估的结果还将作为构建数据安全运营体系的重要参考，帮助组织确定工作重点，优化资源配置，实现数据安全的持续改进。

**（6）数据生命周期安全**

根据数据安全风险评估的结果，针对数据生命周期中各个阶段所面临的安全风险，实施细致的管理措施和安全控制，保障数据全生命周期的安全性。具体内容如下。

① **数据采集安全。**在数据采集阶段，重视数据的来源验证和采集过程中的数据完整性保护。通过严格的身份验证机制，确保采集到的数据源于可信赖的渠道。

② **数据传输安全。** 为确保数据在传输过程中的安全，需要采用可靠的加密技术，例如 TLS[1]/SSL[2] 协议，对数据进行加密处理。同时，还可以利用虚拟专用网络（Virtual Private Network，VPN）或专用网络通道，为数据的传输提供额外的安全保障，防止数据在传输过程中被截获或篡改。

③ **数据存储安全。** 在数据存储环节，通过实施访问控制策略、数据加密存储、备份恢复机制和定期的安全审计，确保存储的数据不被未授权访问，同时能够在面临各种风险时迅速恢复。

④ **数据处理安全。** 数据处理过程中，强调数据的合法性和准确性。通过实施严格的权限管理和审计跟踪，确保只有授权人员才能对数据进行处理，并且所有的处理操作都可追溯，防止数据被非法篡改或滥用。

⑤ **数据交换安全。** 在数据交换时，采用安全的数据交换协议和标准，确保数据在交换过程中的完整性和保密性。同时，对交换的数据进行严格的验证和审核，防止恶意数据的注入或数据的非法获取。

⑥ **数据销毁安全。** 当数据走到其生命周期的终点时，应按照相关的数据清除和销毁标准进行彻底的数据擦除。在这一过程中，采用专业的数据擦除工具和技术，确保数据无法被恢复，从而降低数据泄露的风险。

**（7）通用安全**

通用安全是指在数据安全领域中一系列基础且普遍适用的安全防护措施和要求，它贯穿于数据的整个生命周期，为各个环节提供基础性的安全保障。通用安全的重要性在于其可复用性和资源整合能力，确保了数据安全治理的高效与统一。通用安全的内容如下。

① **鉴别与访问控制。** 基于组织的数据安全需求和合规性要求，建立身份鉴别和数据访问控制机制，防范对数据的未授权访问和泄露风险。

② **数据资产管理。** 建立针对组织数据资产的有效管理手段，在资产类型、管理模式等方面实现统一的管理要求。

③ **数据供应链安全。** 建立数据供应链管理机制，保障数据在上下游供应链中的安全传输、存储和处理。

④ **元数据管理。** 元数据是描述数据的数据，对其进行有效管理可以帮助组织更好地理解和利用其数据资源。

⑤ **终端数据安全。** 保护终端设备上存储和处理的数据安全，防止数据泄露或被非法访问。

⑥ **监控与审计。** 对数据安全进行持续监控和定期审计，确保数据安全措施的有效性。防范数据生命周期各阶段中可能存在的未经授权访问、数据滥用、数据泄露等安全风险。

⑦ **安全事件应急。** 建立应急响应机制，以便在发生数据安全事件时能够迅速、有效地应对，以减少损失和影响。

**（8）制度体系**

制度体系是确保数据安全实践有效执行的基础。组织在实施涵盖数据全生命周期安全和通

1. TLS（Transport Layer Security，传输层安全协议）。
2. SSL（Secure Socket Layer，安全套接字层）。

用安全的安全策略时，必须依靠一套完善的管理制度来提供支撑和指导。

数据安全制度的建设首先需要从业务的数据安全需求出发，深入分析数据安全风险控制点，并确保所有措施均符合法律法规的合规性要求。通过这一系列梳理过程，组织可以确定数据安全防护的明确目标、管理策略，以及具体的执行标准、操作规范和程序。

数据安全管理制度文件呈现出层次化的结构，通常可以分为 4 个层级。

一、二级文件构成了制度体系的上层建筑，它们体现了组织对数据安全管理的高层次要求和战略方向，需要确保其科学性、合理性、完备性和普适性。一级文件由组织决策层制定，明确了数据安全管理的方针、战略、目标和基本原则，为数据安全管理活动提供了总纲领。二级文件则是由管理层在一级文件的指导下制定的通用管理办法、制度及标准，它们为具体的数据安全管理活动提供了更为详细的指导和规范。

三、四级文件则是对一、二级文件的细化和具体落实。三级文件主要由管理层和执行层根据二级文件的总体要求，针对各个业务和环节制定具体的操作指南和规范。这些文件为一线员工提供了明确的工作指引，确保数据安全管理措施能够得到有效执行。四级文件属于辅助性文件，记录了制度执行过程中的各种信息，包括工作计划、申请表单、审核记录、日志文件和清单列表等。这些文档不仅为数据安全管理制度的执行提供了详细的记录，也为后续的审核、改进和追溯提供了重要的数据支持。

**（9）技术体系**

在确立管理制度之后，还需要通过构建完备的技术体系实现确保数据安全的目标。这一技术体系不仅涵盖例如权限管理、数据脱敏、加密保护、防泄露控制、数据水印、安全监测、安全风险评估和数据备份恢复等一系列核心技术手段，更代表着一种综合的、多层次的安全防护策略。

数据安全技术体系的建立，并非简单地堆砌安全产品或平台，而是需要紧密结合组织的数据处理活动，以及具体的使用场景，来系统性地规划和部署。这一体系必须覆盖数据的全生命周期，从数据的采集（生成）、存储、处理到销毁等，每个环节都需要有相应的安全技术作为支撑。

另外，数据安全技术不应孤立存在，而应深深嵌入组织的整体信息系统架构中。这意味着，在信息系统的规划、设计、开发、实施、运维直至废弃的全过程中，数据安全技术的考虑和实施都需要同步进行，以确保数据安全与业务发展的紧密融合。

**（10）数据安全运营体系**

数据安全运营体系是数据安全治理中不可或缺的一环，它确保组织在构建数据安全管理体系和技术体系之后，能够进行持续、有效的安全运营。这一体系遵循 PDCA 循环的管理理念，通过一系列的措施，例如威胁监测、安全事件应急响应、数据安全检查、沟通与报告、供应链管理、数据备份与恢复和教育培训等，全面维护数据安全。

数据安全运营需要定期或基于特定数据处理场景的触发式数据安全风险评估。这一评估从风险识别、安全防护、风险监测、响应处置到流程优化 5 个维度出发，旨在构建一个常态化、集中化、规范化的运营流程。通过这种方式，组织能够从事前预防、事中管控到事后审计溯源，实现全方位、持续的数据安全防护。

此外，数据安全运营体系不仅将管理和技术体系紧密衔接，而且通过动态的数据安全管控策略，使整个治理过程更加灵活和高效。管理体系是驱动力，为整个运营提供方向和策略；运营体系则作为纽带，确保各项措施的有效执行和持续改进；而技术体系则是整个治理过程的落地支撑，为数据安全提供坚实的技术保障。

**（11）数据处理场景**

不同的业务场景面临的数据安全风险各不相同，因此组织需要针对一些特定场景，实施具有针对性的措施或者重点防御，才能更加有效地应对数字经济时代的数据安全挑战。典型的业务场景如下。

① 在数据跨境传输和存储过程中，数据可能面临被非法拦截、篡改或滥用的风险。因此，在跨境传输和存储数据时，必须采取加密、身份验证和访问控制等多重安全措施，确保数据的完整性和机密性。

② 数据交易和共享是数字经济时代的重要活动，但在进行上述活动时，应严格遵守相关法律法规，明确数据所有权和使用权，同时采用脱敏、匿名化等技术手段，保护个人隐私和商业秘密。

③ 大数据处理涉及海量数据的收集、存储、分析和挖掘，其中任何一个环节出现安全漏洞都可能导致严重后果。因此，在大数据处理场景中，组织需要建立完善的数据安全管理制度和技术防护体系，确保数据的合法性和安全性。

④ 个人敏感数据处理是数据安全治理的重点和难点。在处理个人敏感数据时，应严格遵守个人信息保护的相关法律法规，明确告知用户数据处理的目的、方式和范围，并获得用户的明确同意。同时，应采用加密、脱敏等技术手段，确保个人敏感数据不被泄露和滥用。

⑤ 云计算、物联网、AI 和机器学习等新技术的应用，为数据处理带来了前所未有的便利和效率，但同时也带来了新的安全风险。在这些场景中，应充分利用云服务商提供的安全防护措施，加强设备的安全配置和管理，避免数据泄露和被攻击。同时，针对 AI 和机器学习的特点，需要建立相应的数据安全管理制度和技术规范，确保数据的合法性和安全性。

**（12）监督评价**

组织在完成数据安全治理的基础构建和实施工作之后，还需要监督和评价的环节。该环节旨在对整个数据安全治理体系进行全面的监督、稽核和评价，确保治理策略的有效执行，及时发现潜在问题，并推动持续改进。

对于规模较大的组织而言，数据安全监督评价不仅是对已有治理工作的检验，而且是提升治理水平、确保数据安全的关键环节。通过定期评估与审核，组织能够系统性地识别数据安全治理中的薄弱环节，为后续的改进工作提供明确的方向。监督评价的主要内容如下。

① **确定评估目标和标准。**根据组织的数据安全需求和行业标准，明确评估的具体目标和达标的基准。

② **信息收集与分析。**全面收集与数据安全治理相关的数据和信息，包括策略执行情况、安全事件发生记录、员工培训和意识情况等，以便进行深入的数据分析。

③ **实施评估与访谈。**通过定量分析和定性分析，对数据安全治理的各个方面进行综合评估。访谈对象包括关键人员，例如数据安全管理员、IT 支持人员和普通员工，以获取不同层面对数据安全治理的感知和建议。

④ **治理有效性分析**。基于收集到的信息和访谈结果，深入分析当前数据安全治理体系的有效性，包括评估治理策略是否得当、执行是否到位，以及是否存在需要改进的地方。

⑤ **问题发现与解决**。在评估的过程中，一旦发现数据安全隐患或治理不足，应立即着手解决问题，这可能包括修改治理策略、提升技术防护手段、加强员工培训等多个方面。

⑥ **持续改进计划**。根据监督评价的结果，制订或调整数据安全治理的持续改进计划，包括定期更新治理策略、提升技术防范能力、加强员工的数据安全意识培训等。

## 3.2 数据安全总体规划

在这个数据驱动的时代，数据安全已不再是单纯的IT问题，而是上升到组织战略层面，一个全面、系统的数据安全规划对于任何希望长期发展并保持竞争力的组织来说都是十分重要的。它不仅能够帮助组织规避潜在的数据安全风险，还能确保组织在面临不断变化的威胁环境时能够迅速、有效地做出响应。

### 3.2.1 数据安全规划的重要性

首先，数据安全规划有助于组织明确其数据安全的目标和期望成果。通过规划过程，组织可以清晰地识别出哪些数据是最重要、最敏感的，并据此制订相应的保护策略。

其次，数据安全规划能够帮助组织合理分配资源。在有限的预算和人力资源条件下，如何优先处理最紧迫、最重要的数据安全问题，是每个组织都需要面对的挑战。数据安全规划通过风险评估和需求分析，为组织提供了资源分配的决策依据。

再次，数据安全规划是组织应对不断变化的环境威胁的关键。随着技术的快速发展和网络攻击手段的不断演变，组织应保持其数据安全策略的灵活性和适应性。完善的数据安全规划应包含持续监控、评估和改进的机制，确保组织能够及时发现新的威胁并作出响应。

最后，数据安全规划还能提升组织的整体安全文化，增强员工的安全意识。通过规划的实施和培训，员工将更加了解自己在数据安全方面的责任和义务，从而形成一个全员参与、共同维护数据安全的良好氛围。

### 3.2.2 数据安全规划的基础

数据安全规划是组织确保数据资产安全、完整、可用和合规的重要工作。在制订具体的规划之前，应首先建立坚实的规划基础。这一基础包括对现有数据安全环境的全面分析、对数据安全风险和需求的准确评估，以及明确的数据安全目标和期望成果。

**（1）现有数据安全环境分析**

在规划之前，组织应对当前的数据安全环境进行深入分析，包括但不限于以下内容。

① **技术环境分析**。评估当前使用的数据安全技术、工具和平台的有效性、可靠性等。了解这些技术在组织中的部署情况、使用频率，以及员工安全意识和操作能力。

② **策略与流程审查**。审查现有的数据安全策略和流程，包括数据分类、访问控制、加密

策略、备份和恢复计划等。分析这些策略和流程的执行情况，以及它们是否满足当前的业务需求和法规要求。

③ **组织架构与人员能力评估。**评估数据安全管理团队的组织架构、职责划分和人员能力。了解团队在数据安全领域的专业技能和知识储备，以及他们应对数据安全挑战时的表现。

**（2）数据安全风险和需求评估**

在分析现有环境之后，组织需要对面临的数据安全风险和需求进行详细的评估，评估内容如下。

① **风险识别。**通过风险评估、威胁建模、漏洞扫描、渗透测试等手段，识别组织数据资产面临的主要威胁和漏洞。这些威胁可能来自外部攻击者、内部员工或供应链伙伴。

② **影响评估。**评估这些威胁和漏洞可能对组织造成的影响，包括数据泄露、业务中断、法律合规风险等。这种影响评估有助于组织优先处理最严重的风险。

③ **需求确定。**基于风险评估的结果，确定组织在数据安全方面的具体需求。这些需求可能包括加强访问控制、提升加密强度、优化备份和恢复策略等。

**（3）数据安全目标和期望成果确定**

在明确现有的环境和风险需求之后，组织需要设定具体的数据安全目标和期望成果。这些目标应该是可量化、可实现的，并与组织的整体业务战略相一致。例如，组织可以设定以下目标。

① 在未来 1 年内将数据安全事件的数量减少 50%。

② 在未来 2 年内实现所有敏感数据的静态加密存储和动态加密传输。

③ 在未来 3 年内建立一支专业化的数据安全管理团队，提升组织的整体数据安全防护能力。

通过设定这些明确的目标和期望成果，组织可以为后续的数据安全规划制定和实施提供清晰的方向和动力。

### 3.2.3 制订数据安全规划

在制订规划阶段，组织需要基于先前的基础工作，例如现有数据的安全环境分析、风险评估和需求评估，以及已确定的目标和期望成果，具体地制订短期、中期和长期的数据安全规划。以下是各阶段的内容示例。

**（1）短期数据安全规划（1 ~ 2 年）**

① **关键任务与里程碑。**确定未来 1 ～ 2 年内应完成的关键数据安全项目，例如数据加密、访问控制或 DLP 系统的部署。设定项目实施的阶段性里程碑，以确保按时达成短期目标。

② **资源分配与优先级。**根据关键任务的重要性和紧急程度分配资源，包括人力、财力和技术资源。明确各项任务的优先级，确保高效地利用资源。

**（2）中期数据安全规划（3 ~ 5 年）**

① **战略方向与重点项目。**确立 3 ～ 5 年内的数据安全战略方向，例如完善数据安全治理体系、推广数据安全文化等。识别支持战略方向的重点项目，并规划其实施路径。

② **资源与预算规划。**根据中期规划的需求，预测并规划所需的资源类型和数量。制订详细的预算，确保项目的资金需求和组织的预算相匹配。

**（3）长期数据安全规划框架（5 年以上）**

① **愿景与长期目标。**描绘组织在数据安全领域的长期愿景，例如实现数据安全的全面自

主可控。设定与愿景一致的长期目标，这些目标应具有前瞻性和挑战性。

② **战略转型与持续发展**。根据技术、法律法规和市场环境的不断变化，规划必要的战略转型步骤，例如从传统的数据保护向数据安全治理和数据利用的方向转变。制订持续发展策略，确保组织的数据安全能力能够随着业务的发展而不断提升。

在制订规划的过程中，组织应确保各阶段的规划内容相互衔接、协调一致，形成一个系统、完整的数据安全规划体系。同时，规划应具有足够的灵活性和可扩展性，以便在未来的实施过程中能够根据实际情况进行必要的调整和优化。

## 3.3 数据安全治理的实践路线

基于数据安全治理总体视图，组织可以采用一种结合自顶向下和自底向上策略的实践路线。这种双向的方法能够确保既有全面的战略规划，又能迅速响应具体业务场景的需求。

从自顶向下[3]的角度，组织应以数据安全战略规划为纲领，遵循规划、建设、运营、优化的主线。在这一过程中，构建数据安全治理体系是核心目标。为实现这一目标，组织需要从组织架构、制度流程、技术工具和人员能力 4 个关键维度出发。这 4 个维度共同构成了全局的建设思路，确保数据安全治理工作有组织保障、制度支撑、技术实施和人员执行。

以自底向上[3]的角度针对各个具体的业务场景，灵活地部署和实施相关的数据安全能力点。这种方法的目的是快速满足业务场景对于数据安全的需求，从而降低因数据安全治理的长期性对业务开展可能造成的延误或阻碍。通过不断在各个场景中建设和完善数据安全能力，组织最终能够实现对其所有数据处理活动的全面覆盖。

这种双向的实践路线不仅有助于形成完整和连贯的数据安全治理体系，还能有效避免管理和技术之间的脱节。通过自顶向下的规划和自底向上的实施，组织能够确保数据安全治理工作既有全局的战略视野，又能紧密贴合业务实际需求，实现管理与技术的有机融合。

从总体上看，数据安全的治理工作是一个系统性、持续性的过程，它可以被分为 4 个紧密相连、互为支撑的阶段，数据安全规划奠定基石、数据安全建设构筑防线、数据安全运营保障效能、数据安全评估与优化提升能力。

### 3.3.1 数据安全规划阶段

在数据安全治理实践中，首要任务是确立一个明确且切实可行的规划。规划阶段旨在为组织的数据安全工作绘制蓝图、指明方向，这一阶段要求组织根据自身的整体发展战略，结合当前的实际情况，进行全面的现状分析。现状分析应涵盖组织的数据资产、数据处理流程、现有安全措施和潜在安全风险等方面。基于现状分析的结果，组织应制订详细的数据安全规划，该规划应明确数据安全治理的目标、原则、策略和实施路径。为确保规划的有效性和可行性，组织还应对规划进行充分的论证和评审。

**（1）分析现状**

在规划阶段，首先应进行现状分析，目的在于准确识别组织在数据安全治理方面的核心需求和存在的差距。这一过程可以从数据安全合规对标、风险现状分析和行业最佳实践对比这 3 个维度 [3] 展开。

数据安全合规对标着重于组织对外部法律法规、监管要求和标准规范的遵循情况。组织需要系统梳理适用的法律法规和标准，将其中的关键条款与自身现状进行对比，从而明确合规方面的差距和需求。

数据安全风险现状分析是组织有效管理数据安全风险的基础。通过结合具体业务场景，组织应全面评估数据在生命周期内可能面临的安全威胁和所处环境的复杂性。这一过程旨在形成一个详尽的风险问题清单，并从中提炼出数据安全建设中的优先需求。

行业最佳实践对比为组织提供了外部参考。通过分析同行业内其他组织在数据安全建设方面的成功案例，并与自身现状进行横向对比，组织可以汲取行业智慧，精准定位自身数据安全建设的方向和策略。

**（2）设计治理方案**

在方案设计步骤，组织应根据已制订的数据安全规划，设计具体可落地的数据安全治理方案。方案应细化治理目标和任务，明确实施步骤和时间表，以及所需的资源投入和预期成果。为确保方案的顺利实施，组织可以从组织架构、制度流程、技术工具和人员能力 4 个维度入手，逐步推进数据安全治理工作。

以一个数据安全治理建设刚起步的组织为例，实践路线可分为 3 个阶段，数据安全治理规划示例 [3] 如图 3-2 所示。

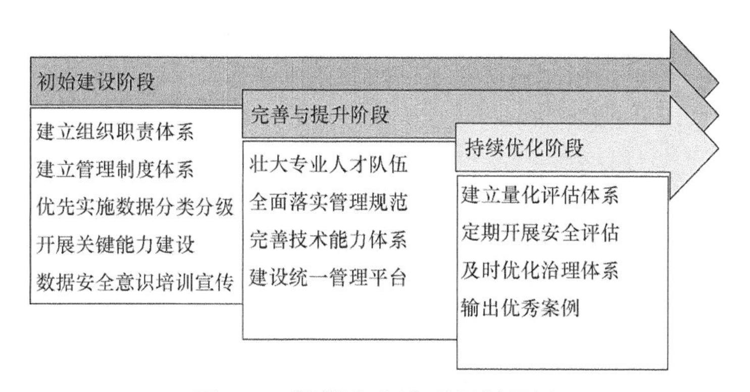


**图3–2　数据安全治理规划示例**

**① 初始建设阶段。**在此阶段，组织应着重建立数据安全治理的基础架构。这包括成立专门的数据安全组织机构，负责制定和执行数据安全策略；编制全面的数据安全制度体系，以规范数据处理活动；加强数据安全基础能力建设，例如数据加密、访问控制等；以及开展全员的数据安全意识培训，提升员工对数据安全重要性的认识。同时，组织应进行数据分类分级工作，为后续实施更精细化的安全管理措施奠定基础。

**② 完善与提升阶段。**在初步建立数据安全治理基础后，组织应进一步完善数据安全技术能力体系。这包括建设统一的数据安全管理平台，实现数据安全的集中监控和管理；全面落实数据安全管理规范及策略要求，确保各项安全措施得到有效执行；通过常态化的数据安全运营活动，例如定期的安全检查、风险评估和应急演练等，持续提升组织的数据安全保障能

力。此外，组织还应加强数据安全能力培训体系的构建，培养具备专业技能和知识的数据安全人才。

③ **持续优化阶段。**当组织初步建成数据安全治理体系并运行一段时间后，进入持续优化阶段。在此阶段，组织应建立数据安全治理的量化评估体系，定期开展数据安全评估评测工作，以监测各项指标的达标情况，并识别潜在的安全风险。根据评估评测结果，组织应及时调整和优化数据安全治理策略和实施路径，以确保治理工作的有效性和持续改进。同时，组织还应积极总结并分享成功经验，促进行业内的交流与合作，共同提升数据安全治理水平。

**（3）方案论证**

为确保规划方案能够顺利且有效地实施，应对其进行详尽的方案论证。这一论证过程应涵盖以下 3 个方面。

首先是可行性分析。需要基于组织当前的状况，对人力、物力及资金的投入与预期效益进行全面的对比评估。这一分析旨在协调数据安全管理机制、技术能力建设与业务系统之间的关系，确保在推动业务发展的同时，也能保障数据的安全。通过可行性分析，组织可以在业务发展与安全保障之间找到一个平衡点。

其次是安全性分析。在方案正式实施之前，应对其进行深入的安全性论证。这一分析旨在确保治理建设能够在不影响业务稳定运行的前提下进行。同时，还需要对治理过程中可能出现的新风险进行充分考虑，避免引入未知的安全隐患。

最后是可持续性分析。数据安全治理是一个持续的过程，需要随着业务的拓展和技术的进步而不断调整和优化。因此，在规划方案时，应考虑其与组织现有体系的兼容性，同时也要确保其能够适应未来的发展需求。这意味着数据安全治理方案不仅要满足当前的数据安全需求，还要具备足够的灵活性和可扩展性，以适应未来的变化和挑战。

### 3.3.2 数据安全建设阶段

在数据安全建设阶段，核心任务是将数据安全规划转化为实际操作和实践，进而构建与组织业务需求相匹配的数据安全治理能力。这一阶段的实施涉及以下多个关键方面。

① **组织架构的建设。**一个健全的数据安全组织架构是确保安全策略有效执行和管理层决策能够贯彻各个层级的基础。这包括厘清各级数据安全责任，设立专门的数据安全管理部门或岗位，并确保其在组织内部有足够的权威性和资源来履行职责。

② **完善制度体系。**数据安全治理需要一套完整、清晰的制度体系来指导和规范各类数据处理活动。这包括制订详细的数据安全策略、标准和流程，以及确保这些制度得到严格执行和定期审查的机制。

③ **技术工具的部署。**组织应基于其数据特性、安全需求及风险评估的结果，精心选择与自身业务相适应的技术工具，以保护数据的保密性、完整性和可用性，并确保有效支撑安全策略的实施。这些工具可能包括数据加密、访问控制、数据泄露检测与防护、安全审计等。

④ **人员能力的培养。**数据安全治理的成功在很大程度上取决于组织内部人员的数据安全意识和技能水平。因此，组织应定期开展数据安全培训和教育活动，提升员工对数据安全重要性的认识，并传授他们必要的安全操作技能和应急响应能力。

为了有效响应不同业务场景下的数据安全需求，组织应基于具体场景的风险评估结果来选择性部署技术工具，并制定相应的操作指南和记录模板。这些指南和模板应提供清晰的步骤和说明，以指导员工在不同场景下如何正确地处理和保护数据。通过逐个场景的数据安全建设和实践，组织可以逐步推动数据安全治理体系在整体范围内的全面落地和持续优化。其中，场景化的数据安全治理建设，总体上可以分为5个步骤[3]。场景化数据安全建设步骤如图3-3所示。

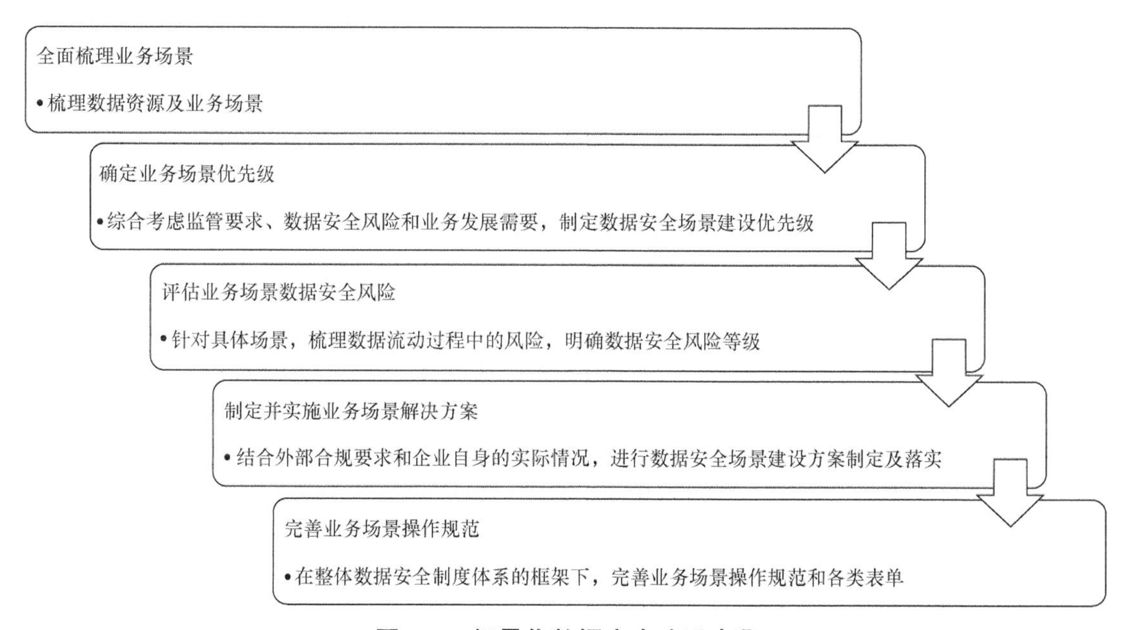


图3-3 场景化数据安全建设步骤

**（1）全面梳理业务场景**

全面梳理业务场景是组织进行场景化数据安全治理建设的前提，旨在帮助组织全面掌握数据安全治理的对象，并为后续的场景化治理策略提供清晰的行动指南。

目前，业务场景的分类标准尚不统一[3]。从数据安全供需的角度来看，主要可以根据数据生命周期或业务运行环境进行分类。第一种分类方法围绕数据生命周期展开。它涉及数据从采集、传输、存储、处理、交换到销毁的各个环节。基于数据生命周期的场景分类示例如图3-4所示。

在每个环节，都可以抽象出典型的应用场景。

在数据采集环节，场景包括客户注册信息的采集，如用户在电商平台或社交媒体平台注册时提交的个人信息；物联网设备的数据采集，如智能传感器实时捕捉的环境参数和设备状态；以及从第三方数据供应商处购买数据，以补充和丰富自身的数据资源。

在数据传输环节，场景涉及内部API调用，即不同系统之间通过API接口进行的数据交换；远程数据备份，将本地数据定期传输到远程服务器以确保数据安全；以及云服务数据传输，利用云服务进行数据存储、处理和交换。

在数据存储环节，场景包括数据库加密存储，对敏感数据进行加密处理以保护数据安全；

分布式文件系统的应用，如 Hadoop HDFS 用于存储大规模数据；数据归档处理，对不再频繁访问的历史数据进行归档，以节省存储空间。

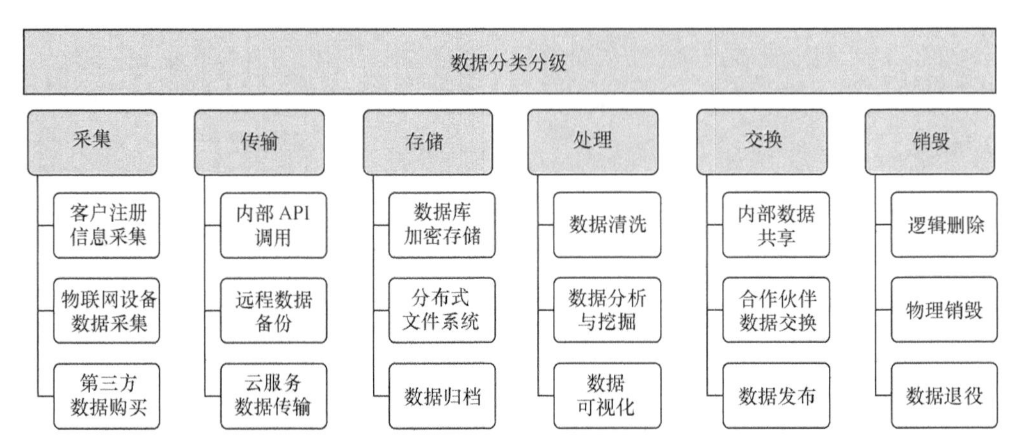


**图3-4　基于数据生命周期的场景分类示例**

在数据处理环节，场景有数据清洗与预处理，去除冗余和无效数据以提高数据质量；数据分析与挖掘，利用算法和模型对数据进行深入分析，以提取有价值的信息；数据可视化，将复杂数据以直观、易理解的形式呈现出来。

在数据交换环节，场景包括内部数据共享，如不同部门之间共享数据以支持业务决策；合作伙伴之间的数据交换，以实现数据互通和业务协同；数据发布与共享，将处理后的数据发布到公开平台或数据市场，供其他组织和个人使用。

在数据销毁环节，场景包括逻辑删除，即在数据库中标记数据为已删除状态，以便未来恢复数据；物理销毁，如对不再需要的存储介质进行粉碎、消磁等处理，以确保数据无法恢复；数据退役[H30]处理，将不再使用的数据从生产系统中移除，并存储到专门的退役数据存储区。

此外，数据分类分级作为基础性工作，应被纳入整体场景视图中，以确保在整个数据生命周期中实施一致的安全策略。

**（2）确定业务场景优先级**

在全面梳理业务场景之后，组织应基于监管要求、数据安全风险和业务发展需求，确立各个业务场景治理的优先级。这一步骤能确保数据安全工作与组织的整体战略和目标保持一致。

以数据生命周期的场景分类为例，数据分类分级作为数据安全的基础工作，已经得到行业的广泛认同[3]。随着行业数据分类分级指南的日益完善，组织应积极响应并紧跟行业趋势，将数据分类分级工作置于优先位置。这不仅有助于组织更有效地管理和保护其数据资产，也是满足不断增长的监管合规要求的关键。

例如，在数据采集环节，涉及个人信息采集场景时，会直接关系到个人信息权益的保护。由于这些场景在当前数据安全合规领域中属于高风险类别，且可能对组织的品牌形象产生重大影响，因此应被赋予较高的治理优先级。

此外，随着数字经济的蓬勃发展，数据流通共享已成为推动经济增长和创新的关键因素[3]。

然而，这一过程中也伴随着显著的安全风险。因此，组织在推动数据流通共享的同时，应高度重视相关场景的安全建设工作，以确保数据在流通共享过程中的完整性和保密性。这包括但不限于采用适宜的数据加密技术、建立严格的数据访问控制机制，以及实施定期的安全审计和风险评估等措施。

**（3）评估业务场景数据安全风险**

业务场景的数据安全风险评估是指针对特定的业务场景，全面考虑合规性要求、数据资产的重要性和潜在的数据安全威胁等因素，进而系统性地识别和梳理数据在整个流动过程中的风险点，并根据其潜在影响明确相应的风险等级。

在此评估的基础上，组织需要细致地分析和确定哪些风险点需要被优先进行整改，以确保全面提升数据安全水平。这些整改需求将作为后续数据安全治理建设的关键输入，为制定场景化的数据安全解决方案提供坚实、可靠的依据。这不仅能有效地降低数据安全风险，还能确保业务场景的顺利运行和对数据的全面保护。

**（4）制定并实施业务场景解决方案**

组织需要结合具体业务场景的数据安全风险评估结果，参照相关政策和标准，确保充足的资源支持，进而设计并推行切实可行的解决方案。业界在某些特定场景中已形成了一些受到广泛认可的解决方案范例，例如，在数据加密存储方面，使用成熟的加密系统，并在选择加密算法时避免使用已被认为不安全的加密算法；在终端安全领域，部署终端 DLP 方案已成为一种常见做法[3]。然而，每个组织的实际情况和业务需求都是独特的。因此，在很多情况下，组织不能仅依赖现成的解决方案，而是需要根据自身的具体情况，选择自主研发解决方案或精心挑选适合自身需求的供应商解决方案。这一过程，不仅要求组织具备深厚的技术实力和丰富的实施经验，还需要对数据安全领域的最新动态和最佳实践保持敏锐的洞察力。通过这一阶段的努力，组织将能够建立起一套既符合业务需求，又能有效保障数据安全的解决方案体系。

**（5）完善业务场景操作规范**

业务场景操作规范的目的在于确保业务场景中的数据安全管理和日常运营工作的规范性和系统性。组织在督促业务部门实施具体的技术措施后，不应忽视对于相关操作规范的及时完善。这些规范文件构成组织整体数据安全制度体系的重要组成部分，确保技术落地与制度流程的一致性。

### 3.3.3 数据安全运营阶段

在数据安全运营阶段，核心任务是通过不断适应业务环境和风险管理需求，持续优化安全策略与措施，以确保整个数据安全治理体系的高效运转。为实现这一目标，需要从以下 3 个方面着手。

**（1）风险防范**

为降低数据安全风险并预防安全事件的发生，应建立有效的风险防范机制。这一机制应涵盖数据安全策略的制定、数据安全基线的扫描和数据安全风险的评估。

在数据安全策略制定方面，应综合考虑数据生命周期的管理要求，制定既具有通用性又能满足特定业务场景需求的安全策略。通过结合部署通用策略与针对性策略，确保数据在流转过程中得到全方位、多层次的安全防护。

数据安全基线扫描是确保组织数据安全防护满足最低要求的重要手段。基于当前的风险形势，应定期梳理和更新相关安全规范及策略，并将其转化为安全基线。这些安全基线应直接落实到监控审计平台，并进行定期的扫描和检查，以确保各项业务的开展均符合安全基线的要求。

数据安全风险评估是识别和改进潜在安全风险的重要途径。通过定期开展数据安全风险评估，并将评估结果与安全基线对标，可以及时发现不满足基线要求的评估项。针对这些不足，组织应通过改进业务方案或强化安全技术手段的方式，实现风险防范和安全性的提升。

**（2）监控和预警**

为了确保组织内部数据的安全状态始终在掌控之中，组织有必要在数据生命周期的各个阶段实施严密的安全监控与审计措施。通过这些措施，组织能够有效地预防和控制数据安全风险。

态势监控是数据安全运营的基础，为了满足数据生命周期的安全管理需求，组织应构建一个统一的数据安全监控审计平台。该平台应具备实时监测风险态势的能力，在安全威胁出现时能够迅速触发警报并采取初步阻断措施。

日常审计则侧重于数据安全的日常管理，这包括对账号使用、权限分配、密码管理及漏洞修复等日常工作的安全性进行定期审查。通过利用监控审计平台，组织可以及时识别并处置潜在的安全问题，从而确保日常工作的安全进行。

此外，专项审计在数据安全运营中也扮演着重要的角色。专项审计以业务线为审计对象，定期对数据生命周期安全、隐私合规、合作方管理、鉴别访问、风险分析、数据安全事件应急等多个方面进行深入的审查。这种审计方式有助于组织全面评估数据安全工作的执行情况，及时发现执行中的问题并制定统筹改进措施。

**（3）安全事件应急处置**

当风险防范措施和监控预警系统未能有效发挥作用，导致数据安全事件发生时，组织应迅速、果断地进行应急处置。这不仅涉及对事件的直接应对，还包括事后的复盘分析、整改措施和内部的宣传教育，以防止类似事件再次发生。

首先，应急处置是首要任务。组织应依据制订的数据安全事件应急预案，对正在发生的各类攻击和安全威胁警报进行紧急处理。这一阶段的目标是确保迅速阻断数据安全威胁，防止事态进一步恶化。

其次，完成应急处置后，应立即进行复盘整改。这包括在业务层面组织专业人员对事件进行深入分析，以明确事件发生的根本原因。通过这一过程，组织可以总结经验教训，提炼有效的应急手段，并跟进落实必要的整改措施。同时，还应根据此次事件的实际情况，对现有的应急预案进行修订和完善。

最后，为了提高全员的安全意识和应急响应能力，组织应定期在相关业务部门或全组织范围内开展数据安全应急预案的宣传教育和培训。这有助于员工更好地了解和掌握应急预案的内容和操作流程，从而在面对数据安全事件时能够迅速、准确地做出反应。通过这种方式，组织可以显著降低发生类似数据安全事件的风险，有效保障业务的连续性和数据的安全性。

### 3.3.4 数据安全评估与优化

在数据安全治理的实践中，评估与优化是一个持续且重要的环节。本阶段的核心在于结合组织内部自评与第三方评估，全面审视组织的数据安全治理能力，识别存在的不足，并采取相应的措施进行动态调整和优化，以确保数据安全治理工作的持续进步和闭环管理。

**（1）内部自评估**

内部自评估是数据安全治理优化的基础。组织应建立一套定期的内部评估机制，由管理层、执行层和监督层协同实施，确保评估工作的深入和有效。评估结果应与组织的绩效考核体系相关联，从而避免评估工作浮于表面，确保其产生实质性的改进效果。内部评估可采用多种手段，包括但不限于自评自查、应急演练与对抗模拟等，这些手段应综合运用，以确保评估的全面性和深入性[3]。

① **自评自查方面**。组织应设计并使用评估问卷、调研表和检查工具等，对数据安全治理的各个方面进行全面自评。评估内容应覆盖数据生命周期的安全控制策略、数据安全风险分析、安全需求评估、监控与审计的执行情况、应急处置措施与安全合规性等多个维度。

② **应急演练方面**。应急演练是验证组织数据安全治理能力的重要手段，通过模拟内部人员数据泄露、外部黑客攻击等场景，组织可以检验其数据安全治理措施的有效性和应急响应能力。演练后应进行详细的复盘和总结，以便不断完善应急预案和提升数据安全防护水平。应急演练可以采用实战演练、桌面推演等多种形式，重点验证应急流程的顺畅性、技术工具的实用性和安全处置的及时性。

③ **对抗模拟方面**。对抗模拟则是一种更为高级的数据安全评估方法，通过构建仿真环境进行红蓝对抗或模拟黑客攻击，组织可以在更接近实战的条件下检验其数据安全防护能力。这种“以攻促防”的方式有助于组织更深入地发现潜在的安全漏洞和风险点，特别是针对内部数据泄露等高风险场景。根据对抗模拟的结果，组织可以有针对性地完善其数据安全治理机制和技术防御能力。

**（2）第三方评估**

除内部评估，还应引入第三方评估。第三方评估的价值在于其能够提供一个客观、真实的视角，来全面审视组织的数据安全治理水平。这些评估通常依据国家、行业及团体的相关标准开展，确保评估的权威性和有效性。

例如，一些来自第三方的数据安全治理能力评估服务，能结合具体的业务场景和数据生命周期的流程，从组织架构、制度流程、技术工具及人员能力等多个维度入手，深入剖析组织的数据安全治理能力。这类评估不仅关注组织当前的治理能力，还着眼于其持续运转和自我改进的能力，从而为组织提供一个全面而深入的自查与横向对比的机会。

对于组织而言，通过实施第三方评估，不仅可以更清晰地认识到自身在数据安全治理方面的优势和不足，还能及时获取行业最佳实践和标准，从而有针对性地进行自我优化和提升。

## 3.4　迭代式建设思路

在数据安全治理实践中，一步到位构建完善的数据安全体系往往面临着方案复杂度高、资源投入大、实施周期长、效果显现慢且难以预测等诸多挑战。此外，不同单位在数据安全建设方面的基础条件各异，因此，更为稳妥和有效的做法是采取循序渐进的策略，逐步推进数据安全治理建设工作的深入开展[1]。

1. 基础构建阶段

组织应首先建立数据安全治理的基础，包括明确数据安全目标和愿景、定义组织架构和职责、识别关键数据资产、评估现有数据安全风险等。此阶段不一定需要外部咨询服务，组织可以通过内部研讨会、风险评估和资产盘点等方式，自主构建数据安全治理的基础，外部咨询可以在需要专业指导或资源有限时作为辅助。

2. 策略制定与能力建设阶段

在基础构建完成后，组织应制定详细的数据安全策略，包括数据分类分级、访问控制策略、加密和脱敏规则等。同时，需要提升员工的数据安全意识和技能，以及建立或优化相关的管理流程。此阶段强调平衡技术产品和流程管理的重要性。技术产品（例如加密工具、数据防泄露系统等）是实施策略的重要支撑，但有效的管理流程和人员能力同样不可或缺。外部产品可以作为增强能力的手段之一，但不是唯一途径。

3. 持续运营与优化阶段

数据安全治理不是一次性活动，而是需要持续运营的过程。在这一阶段，组织应建立数据安全监测和响应机制，定期评估数据安全策略和流程的有效性，并根据实际情况进行调整优化。此阶段强调数据安全的持续性和动态性。组织需要建立一种文化，使保障数据安全成为每名员工的日常责任。同时，利用自动化工具和人工智能等新兴技术可以提高数据安全运营的效率和准确性。

第四章

# 数据生命周期的概念

本章导读

**内容概述：**

本章介绍了数据生命周期的概念，阐述了数据生命周期与《数据安全法》的对应关系，并详细讲解了数据生命周期的6个阶段，包括数据采集、数据传输、数据存储、数据处理、数据交换和数据销毁，同时列举了各阶段的典型场景。

**学习目标：**

1. 理解数据生命周期的定义和内涵。
2. 了解数据生命周期与《数据安全法》的对应关系。
3. 掌握数据生命周期6个阶段的内容，了解各阶段的典型业务场景。

---

在数字时代，数据已经成为组织的核心资产和战略资源。从数据的生成、存储到销毁，任何一个环节的疏忽都可能导致数据泄露、损坏或被非法利用。因此，对数据生命周期的全面保护不仅是必要的，而且是实现数据价值最大化的前提条件。

## 4.1 数据生命周期的定义

数据生命周期，这一概念在不同的标准中有着不同的定义，目前尚未形成统一的共识，具体可见以下各类标准。

**1. GB/T 35274—2017《信息安全技术 大数据服务安全能力要求》**

“3.2 数据生命周期（Data lifecycle）”中将数据生命周期定义为“数据从产生，经过数据采集、数据传输、数据存储、数据处理（例如计算、分析、可视化等）、数据交换，直至数据销毁等各种生存形态的演变过程”。

**2. GB/T 37988—2019《信息安全技术 数据安全能力成熟度模型》**

“5.4.1 数据生存周期”中将数据生命周期定义为6个阶段，包括数据采集、数据传输、数据存储、数据处理、数据交换和数据销毁。

**3. GB/T 22239—2019《信息安全技术 网络安全等级保护基本要求》**

“H.3.5 安全运维管理”中将数据生命周期定义为“包括并不限于数据采集、存储、处理、应用、流动、销毁等过程”。

**4. JR/T 0223—2021《金融数据安全 数据生命周期安全规范》**

“5.1 安全框架”中将金融数据生命周期定义为“对金融数据进行采集、传输、存储、使用、删除、销毁的整个过程”。

**5. YD/T 3956—2021《电信网和互联网数据安全评估规范》**

“6 全生命周期管理评估规范”中将数据生命周期划分为数据采集、数据传输、数据存储、数据使用、数据开放共享和数据销毁。

**注** 本书统一采用 GB/T 37988—2019《信息安全技术 数据安全能力成熟度模型》中的定义，将数据生命周期分为“数据采集、数据传输、数据存储、数据处理、数据交换、数据销毁”这 6 个阶段。

## 4.2 与《数据安全法》的对应关系

虽然《数据安全法》中没有直接定义“数据生命周期”的概念，但在第三条中提到数据处理活动，包括“数据的收集、存储、使用、加工、传输、提供、公开等”，从内容上看，可与“数据生命周期”的概念建立对应关系。

① GB/T 37988—2019 中列举的数据采集、数据传输、数据存储这 3 个阶段与《数据安全法》一致，但是顺序有所变化。

② 数据处理阶段可对应《数据安全法》中的“数据使用、加工”。

③ 数据交换阶段可对应《数据安全法》中的“数据提供、公开”。

④ 没有提及数据销毁阶段，这是主要的差异。

考虑数据处理活动针对的是关键场景，而数据生命周期强调的是全过程闭环，所以两者并没有本质上的矛盾。

## 4.3 数据生命周期阶段

数据生命周期可分为以下 6 个阶段[7]。

### 4.3.1 数据采集

数据采集阶段涵盖从不同来源获取数据的过程，无论是通过自动化系统还是手动数据采取方式，包括组织内部系统中产生新的数据，以及从外部系统收集数据的阶段。数据采集是数据处理和分析的基础，会影响数据质量和后续处理数据的有效性。以下是一些典型的数据采集场景。

**1. 电商平台的用户行为数据**

当用户在电商平台上浏览、搜索、添加商品到购物车、下单、支付等行为时，电商平台会收集用户的浏览路径、停留时间、点击行为、购买商品种类和数量、支付方式等。

**2. 社交媒体的用户内容发布与互动数据**

用户在社交媒体上发布内容（例如，文字、图片、视频等），以及与其他用户互动（例如，点赞、评论、转发等）时，社交媒体平台会收集用户发布的内容、发布时间、点赞数、评论内容、转发量等。

**3. 银行信用卡的交易数据**

银行每天都会收集信用卡用户的交易数据，包括交易时间、交易金额、交易类型（例如，消费、提现）等。

**4. 医疗机构的电子病历数据**

医疗机构使用电子病历系统，采集和记录患者的姓名、年龄、性别、就诊时间、诊断结果、治疗方案等。

**5. 智能家居设备的传感器数据采集**

智能家居设备（例如，智能灯泡、智能温度计等）通过传感器收集环境数据（例如，光照强度、室内温度等）。

**6. 气象监测站的观测数据采集**

气象监测站通过各种传感器收集气象数据，例如，温度、湿度、气压、风速等。

**7. 物流公司的货物追踪数据采集**

物流公司通过全球定位系统（Global Positioning System，GPS）、射频识别（Radio Frequency Identification，RFID）、条形码扫描等技术，实时收集货物的位置和运输状态信息。

在上述场景中，数据采集的方式和工具可能会有所不同，但目标一致——收集有价值、可靠、准确的数据，作为决策支持和进一步处理的基础，同时，数据采集应严格遵守相关的数据隐私保护法规的要求执行。

### 4.3.2 数据传输

数据传输阶段是指数据从一个实体（个人、组织、部门、服务器、应用程序等）传输到另一个实体的过程。在这个阶段，数据可能会跨越不同的网络和设备，因此，要确保数据在传输过程中的安全性，包括机密性、完整性和可用性等。以下是一些典型的数据传输场景。

**1. 组织内部数据传输**

在组织内部，不同部门之间经常需要共享和传输数据。例如，在月末结算时，财务部门可能需要将详细的销售数据传输给人力资源部门，以便后者基于销售业绩为员工制定相应的奖励方案。在这个场景中，数据从财务部门传输到人力资源部门，两个部门都是数据传输的实体。

**2. 云服务提供商与客户之间的数据传输**

当组织将数据存储在云服务提供商的服务器上时，需要在不同时间点将数据从云服务提供商的服务器传输到客户或用户的设备上。例如，组织员工可能需要在移动设备上访问云中的文件，此时数据从云服务提供商的服务器传输到员工的设备上。

**3. 外部合作伙伴之间的数据传输**

组织可能需要与外部合作伙伴共享数据以进行业务合作。例如，供应链合作伙伴需要将订单信息传输给制造商，以便制造商能够按照要求生产和交付产品。在这个场景中，数据从供应链合作伙伴传输到制造商。

### 4.3.3 数据存储

数据存储是数据以任何数字格式进行存储的阶段，此阶段需要保持数据的可用性和完整性，确保在必要时能够有效地访问和检索数据。以下是一些典型的数据存储场景。

**1. 组织数据存储**

一家大型零售组织需要存储其销售数据、客户信息和其他业务数据，以进行数据分析、汇总报告，以及满足合规性要求。该组织使用关系型数据库（例如，Oracle、MySQL 等）存储结构化数据，而对于非结构化数据（例如，文档、图片等），则使用分布式文件系统或企业级存储系统（例如，GlusterFS、Ceph 等）。数据存储在高性能的磁盘阵列上，例如，固态硬盘（Solid State Drive，SSD）或机械硬盘（Hard Disk Drive，HDD），以确保快速访问数据。对于需要长期归档的数据，则迁移到更经济的存储介质上，例如磁带库。

**2. 云服务提供商的存储服务**

一家云服务提供商提供在线存储服务，允许个人和组织在云端存储照片、视频、文档等。通常采用分布式文件系统，来提供具备高可用性和可扩展性的数据。数据在物理上被分散到多个节点，确保即使部分硬件发生故障，仍可访问数据。为了保证数据安全，云服务提供商使用加密技术对数据加密，并实施各种安全控制措施，例如，访问控制、数据完整性验证等。

### 4.3.4 数据处理

数据处理阶段涉及对数据的各种处理和分析操作，以提取有用的信息并支持组织的决策。以下是一些典型的数据处理场景。

**1. 计算销售数据**

组织收集了大量销售数据，需要计算数据以了解销售趋势和业绩。数据处理阶段包括对销售额、销售量、客户数量等指标的计算和分析，以便组织评估销售绩效并制定相应的策略。

**2. 分析市场调查数据**

组织进行市场调查以了解客户需求和市场趋势。在数据处理阶段，组织处理和分析调查数据，提取有用的信息，例如消费者偏好、竞争对手情况等，为产品开发、营销策略制定提供数据支持。

**3. 金融数据分析**

在金融行业中，数据处理包括对金融交易、市场趋势和客户行为的深入分析。例如，银行使用数据处理技术来识别金融欺诈行为，通过分析交易模式和异常行为来预防和降低欺诈风险。此外，分析客户消费习惯可以帮助银行更好地理解客户需求，从而提供个性化的金融产品和服务。

**4. 医疗保健数据管理**

在医疗保健行业，数据处理涉及患者的电子健康档案、治疗效果的分析和药物研发。例如，通过分析大量患者的医疗数据，研究人员可以发现疾病模式和风险因素，从而指导临床决策。此外，数据处理还被用于优化医院运营，例如通过分析科室流量和调整资源配置来提高医院的运营效率。

**5. 零售行业客户洞察**

在零售行业，数据处理阶段通常涉及对消费者购买行为的分析，以及对市场趋势的监控。例如，通过分析销售数据和客户反馈，零售商可以优化库存管理，调整产品定价策略，便于推出新产品以满足市场需求。数据处理也可帮助零售商通过个性化营销策略更有效地吸引客户，并增加客户黏性。

**6. 供应链优化**

在制造和物流行业，数据处理可用于优化供应链管理。通过分析供应商性能、库存水平和运输效率，组织可以发现瓶颈和改进点。例如，通过分析历史数据，组织可以预测需求趋势，从而更有效地管理库存，减少存货成本，并提高客户满意度。

**7. 网络安全监控**

在网络安全领域，数据处理是识别和防御网络威胁的关键环节。通过分析网络流量、用户行为和安全事件日志，安全团队可以及时发现异常活动，例如，发现尝试入侵的行为或防止内部数据泄露。这种分析有助于及时应对威胁，降低安全风险。

### 4.3.5 数据交换

数据交换通常是指数据在不同系统、应用、用户或组织之间传输的过程。以下是一些典型的数据交换场景。

**1. 跨组织协作**

当两个商业组织进行业务合作时，双方需要分享各自的客户数据以便进行市场分析。在这个过程中，涉及的数据交换可能包括客户的联系方式、购买历史和偏好。数据交换的过程需要确保遵守隐私法律和行业规定，同时要保证数据在传输过程中的安全性。

**2. 供应链中的信息交换**

在供应链管理中，多个组织（供应商、制造商、分销商等）需要交换订单、库存、发货和收货等信息以协调生产和物流。例如，使用电子数据交换系统标准化组织间的数据交换格式，可提高数据传输的效率和准确性。

**3. 部门间数据交换**

在一个组织中，销售部门需要将最新的销售数据提供给市场部门，以便市场部门根据销售情况调整市场策略。例如，建立一个集中的数据仓库或共享平台，销售部门将销售数据上传至该平台，市场部门则可以自行从该平台下载所需数据。

**4. 员工间数据交换**

在一个研发团队中，软件工程师之间需要频繁交换代码、设计文档和测试数据，以协同完成软件开发任务。

### 4.3.6 数据销毁

数据销毁是指通过特定操作方式彻底删除数据及破坏数据存储介质，确保这些数据无法通过任何方式恢复。在数据销毁过程中，应确保遵守相关的数据安全法规和行业标准，以保护个人隐私和数据安全。以下是一些典型的数据销毁场景。

1. 金融机构

银行在淘汰一台服务器时，应确保硬盘中的敏感信息（例如，信用卡号、交易记录等）都被彻底销毁。例如，使用多次覆写技术，将随机生成的数据多次写入存储介质，以确保原有数据被彻底覆盖，不可恢复，或者使用消磁等物理销毁技术。

2. 医疗机构

医疗记录包含大量的个人健康信息，当病历或医疗记录达到法定保存期限后，医疗机构需要采取物理销毁的方式（例如，粉碎硬盘或其他存储介质）或者使用专业的数据擦除软件，以确保这些敏感信息不会被未经授权的人员访问。

3. 政府机关

政府机关处理的数据通常涉及国家安全或公众利益，当涉密文件超过保存期限时，除了使用专业的数据擦除软件，还可能需要物理销毁存储设备。

4. 公司

对于一家公司来说，无论是内部员工信息还是商业秘密，都应在不再需要时安全销毁。例如，当一家公司更换其服务器或升级存储系统时，旧的硬盘需要被彻底擦除或物理销毁，防止敏感数据被泄露。

# 第五章

# 数据安全合规要求

本章导读

**内容概述：**

本章从数据安全合规的视角出发，全面阐述了我国数据安全法律法规体系的框架与核心内容。重点介绍了《网络安全法》《数据安全法》和《个人信息保护法》这3部重要法律在数据安全治理中的作用，以及它们之间的内在联系与差异。此外，本章还梳理了数据安全领域的重要行政法规、部门规章、地方性管理办法和技术标准。最后，从组织的视角，阐述了构建数据安全合规框架的必要性、核心要点和实施路径，并总结了组织在合规实践中常见的问题及应对建议。

**学习目标：**

1. 了解我国数据安全法律法规体系的总体框架。
2. 深入理解《网络安全法》《数据安全法》和《个人信息保护法》的立法宗旨、规范重点和三者之间的联系与区别。
3. 熟悉数据安全领域的主要行政法规、部门规章的核心内容及监管要求。
4. 理解数据安全标准在法律实施中的重要作用，了解当前的标准体系框架。
5. 掌握组织构建数据安全合规体系的必要性和实施路径，掌握合规框架的关键要素。
6. 理解组织在数据安全合规实践中面临的典型问题和应对策略。

## 5.1 概述数据安全合规体系

数据的开发利用应依法依规进行，这是数据安全的基本要求。2021年起，我国在数据安全立法方面取得了显著进展。以《数据安全法》和《个人信息保护法》为核心，结合《网络安全法》等上位法[H31]（特指网络空间领域），共同构建了全面、多层次的数据安全保护框架。这些法律不仅从国家重要数据保护、个人隐私权益维护、数据主权捍卫等多重角度出发，为数据处理活动提供了明晰的指引，而且奠定了数据安全治理的坚实法律依据。

《数据安全法》作为我国数据安全领域的基础性法律，确立了数据分类分级保护制度，将数据安全治理提升至国家战略高度，它强调“坚持总体国家安全观，建立健全数据安全治理体系，提高数据安全保障能力”。

《个人信息保护法》为保护个人信息安全提供了专门的法律依据，针对个人信息的处理活动设立了一系列严格的规范和标准，旨在确保在合法、正当和必要的情况下处理个人信息，防止个人信息被非法获取、泄露或滥用。

为进一步细化数据安全要求，国家互联网信息办公室于 2022 年 7 月发布了《数据出境安全评估办法》。该办法对数据出境活动进行了严格规范，要求数据处理者在向境外提供数据前，应依法进行安全评估，确保数据出境不会损害国家安全、公共利益和个人合法权益。

我国已逐步建立以法律、行政法规、部门规章及规范性文件、地方性管理办法为基础的综合性数据安全监督评价体系，该体系运用认证、评估、审计等多种手段，实现了对数据处理活动的全流程监管。数据安全相关法律、法规、标准见表 5-1。同时，《网络安全法》作为网络空间的“基本法”，也为数据安全治理提供了有力支撑，从法律层面保障了人民群众在网络空间的合法权益，维护了国家网络空间主权和安全。

此外，我国也初步建立了覆盖建设、认证、评估、审计等各环节的行业标准和指南。确保数据处理活动的合规性、安全性，并指引组织依法依规进行数据开发利用，严守数据安全底线。

**表5–1　数据安全相关法律、法规、标准**

| 层级 | 规范名称 |
| --- | --- |
| 法律 | 《网络安全法》《数据安全法》《个人信息保护法》等 |
| 行政法规 | 《关键信息基础设施安全保护条例》《网络安全等级保护条例（征求意见稿）》《网络数据安全管理条例》等 |
| 部门规章 | 《网络安全审查办法》《数据出境安全评估办法》<br>《个人信息出境标准合同办法》《互联网信息服务算法推荐管理规定》<br>《生成式人工智能服务管理暂行办法》《个人信息保护合规审计管理办法（征求意见稿）》等 |
| 规范性文件 | 《个人信息保护认证实施规则》《数据安全管理认证实施规则》<br>《网络产品安全漏洞管理规定》《汽车数据安全管理若干规定（试行）》<br>《工业和信息化领域数据安全管理办法（试行）》《工业互联网安全分类分级管理办法（公开征求意见稿）》<br>《银行业金融机构数据治理指引》《中国人民银行业务领域数据安全管理办法（征求意见稿）》《银行保险机构操作风险管理办法》<br>《国家健康医疗大数据标准、安全和服务管理办法（试行）》<br>《互联网政务应用安全管理规定》等 |
| 地方性管理办法 | 《北京市公共数据管理办法》《北京地区电信领域数据安全管理实施细则》<br>《深圳经济特区数据条例》《上海市数据条例》<br>《浙江省公共数据条例》《厦门经济特区数据条例》<br>《重庆市数据条例》《吉林省促进大数据发展应用条例》<br>《四川省数据条例》《陕西省大数据条例》《辽宁省大数据发展条例》<br>《安徽省大数据发展条例》《广西壮族自治区大数据发展条例》<br>《福建省大数据发展条例》《山西省大数据发展应用促进条例》<br>《山东省大数据发展促进条例》<br>《山东省工业和信息化领域数据安全管理实施细则》<br>《贵州省政府数据共享开放条例》等 |

续表

| 层级 | 规范名称 |
|---|---|
| 标准、指南等 | GB/T 37973—2019《信息安全技术 大数据安全管理指南》<br>GB/T 37964—2019《信息安全技术 个人信息去标识化指南》<br>GB/T 37932—2019《信息安全技术 数据交易服务安全要求》<br>GB/T 37988—2019《信息安全技术 数据安全能力成熟度模型》<br>GB/T 22239—2019《信息安全技术 网络安全等级保护基本要求》<br>GB/T 35273—2020《信息安全技术 个人信息安全规范》<br>GB/T 39335—2020《信息安全技术 个人信息安全影响评估指南》<br>GB/T 38667—2020《信息技术 大数据 数据分类指南》<br>GB/T 41479—2022《信息安全技术 网络数据处理安全要求》<br>GB/T 39204—2022《信息安全技术 关键信息基础设施安全保护要求》<br>GB/T 41391—2022《信息安全技术 移动互联网应用程序（App）收集个人信息基本要求》<br>GB/T 20984—2022《信息安全技术 信息安全风险评估方法》<br>GB/T 42460—2023《信息安全技术 个人信息去标识化效果评估指南》<br>GB/T 42447—2023《信息安全技术 电信领域数据安全指南》<br>GB/T 35274—2023《信息安全技术 大数据服务安全能力要求》<br>GB/T 42775—2023《证券期货业数据安全风险防控 数据分类分级指引》<br>GB/T 42926—2023《金融信息系统网络安全风险评估规范》等 |

# 5.2　数据安全主要法律和条例

## 5.2.1　《网络安全法》在数据安全治理中的作用

我国于2016年11月颁布并于2017年6月开始施行的《网络安全法》是网络空间领域的基础性法律。《网络安全法》旨在应对日益严峻的网络安全挑战，通过制度建设来强化网络空间的规范治理，确保网络信息的有序传播，并严厉打击网络违法犯罪行为。《网络安全法》为网络与信息安全治理设定了全面的基本规则，主要针对网络运营者及关键信息基础设施运营者，明确了他们在网络运行安全、网络信息安全、监测预警与应急处置等方面的法律责任。

近年来，随着网络攻击和数据泄露事件的频繁发生，各机构网络安全防护能力的不足日益凸显。《网络安全法》因此成为构建网络和数据安全保障体系的重要法律基础。

### 1. 确保网络运行安全

《网络安全法》第二十一条确立了网络安全等级保护制度。在组织架构和管理体系层面，要求制定内部安全管理制度和操作规程，明确网络安全负责人，全面落实网络运营者的安全保护义务。在技术体系层面，《网络安全法》规定了一系列技术措施，包括防范计算机病毒和网络攻击、网络侵入等危害网络安全的行为；监测并记录网络运行状态和网络安全事件，相关网络日志留存不少于六个月；实施数据分类、重要数据备份和加密；制订网络安全事件应急预案等。

对于关键信息基础设施的运营者，《网络安全法》在第三章第二节中规定了更严格的安全保护义务。特别是第三十七条，该条强化了对关键信息基础设施运营者数据跨境传输的监管，提出了数据本地化存储和跨境传输安全评估的要求。这明确要求在境内运营中收集和产生的个人信息和重要数据[H32]应当在境内存储；因业务需要，确需向境外提供的，应当按照国家网信部门会同国务院有关部门制定的办法进行安全评估。

**2. 保障网络用户信息安全**

在保障网络数据安全的总体要求上，《网络安全法》第十条强调了保障网络数据的完整性、保密性和可用性；第十八条则平衡了数据利用和数据安全之间的关系，鼓励开发和应用网络数据安全保护和利用技术。

为保障网络用户信息安全，《网络安全法》在管理体系上要求建立健全用户信息保护制度（第四十条）。在技术措施上，重点要求对网络运营者收集的用户信息严格保密，并采取技术措施和其他必要措施来确保其收集的个人信息安全（第四十条、第四十二条）。这些措施包括数据加密、访问控制等，旨在防止信息泄露、毁损和丢失。

同时，《网络安全法》第四十七条规定了网络运营者对其用户发布的信息负有管理责任。一旦发现法律、行政法规禁止发布或传输的信息，网络运营者应立即停止传输该信息，采取消除等处置措施来防止信息扩散，并保存相关记录向有关主管部门报告。这一规定确保了网络信息内容的合规性和规范性。

## 5.2.2 《数据安全法》构建综合的数据安全治理框架

鉴于数据安全对于国家安全和经济社会发展具有极其重要的影响，为有效应对非传统安全领域的数据所带来的国家安全风险与挑战，我国于 2021 年 9 月正式实施《数据安全法》。该法不仅致力于加强数据安全保护，维护个人和组织的合法权益，还充分发挥数据作为基础性资源和创新驱动引擎的重要作用，推动政务数据资源的开放与高效利用。

《数据安全法》作为数据安全治理的基础，系统确立了数据安全保护管理的核心制度和治理框架。它强调在保障数据安全的基础上促进数据的开发利用，构建了一个涵盖个人、组织及公共机构数据安全的综合保障体系，并实施对数据领域的全方位监管。

**1. 平衡数据利用与安全的关系**

《数据安全法》在立法之初就明确了“保障数据安全与促进数据开发利用并重”的原则。这一原则体现在法律的第一条中，并在第二章进一步阐述了数据安全与发展的关系。

为了实现数据安全的目标，《数据安全法》提出了以下关键措施和方针。

① 国家层面统筹发展与安全，确保数据开发利用和产业发展与数据安全相协调。

② 实施大数据战略，加快数据基础设施建设，鼓励和支持跨行业、跨领域的数据创新与应用。

③ 推动数据开发利用技术和数据安全标准体系的建设与完善。相关部门负责制定和适时修订相关标准，同时鼓励组织、社会团体、教育及科研机构等广泛参与标准制定过程。

④ 建立健全数据交易规范与管理制度，以规范市场行为、培育健康的数据交易市场为目标。

通过这些措施，《数据安全法》不仅为数据安全提供了坚实的法律保障，还为数据的合理开发利用和产业发展创造了有利的条件。

**2. 构建数据分类分级保护**

数据的分类分级保护是数据安全治理的一个重点。不同类型的数据具有不同的价值，会对国家利益、社会利益和个人利益产生不同程度的影响，因此需要对数据进行细致的分类分级，以保障核心数据的安全。为避免重要数据的泄露、损坏等引发影响国家安全和社会稳定的问题，《数据安全法》第二十一条明确要求根据数据的经济性和社会重要性，以及数据一旦发生篡改、破坏、泄露或被非法获取利用可能带来的风险，对数据进行分类分级保护。

在此基础上，第二十二条进一步强调了建立数据安全风险评估、报告、信息共享、监测预警机制及数据安全应急处置机制的必要性。数据处理主体应以数据分类分级为基础，构建起一套融合组织、管理和技术的数据安全治理体系。

**3. 实现全生命周期的数据安全保护**

针对数据处理过程中可能出现的风险，《数据安全法》第四章从数据生命周期的角度提出了严格的合规要求。这包括建立健全覆盖数据全流程的安全管理制度，采取技术和管理措施保障数据安全，加强风险监测，以及在发现数据安全缺陷和漏洞时立即采取补救措施等。此外，数据处理主体不得以任何非法手段获取数据。

为了满足全生命周期的数据安全保护要求，数据处理主体应采用集中策略管控与单点防护相结合的方式，统一部署防护策略，并在数据收集、存储、使用、加工、传输、提供、公开等各个处理环节中采取相应的防护技术和措施。

**4. 确保政务数据的安全并促进其开放利用**

《数据安全法》第五章明确了关于政务数据的安全与开放的核心指导思想，即提升数据服务经济社会发展的综合能力。

从保障政务数据安全的角度出发，《数据安全法》对国家机关提出了明确要求。国家机关应当依照法律、行政法规的规定，建立健全数据安全管理制度，落实数据安全保护责任，保障政务数据安全。国家机关委托他人建设、维护电子政务系统，存储、加工政务数据，应当经过严格的批准程序，并应监督受托方履行相应的数据安全保护义务。受托方应当按照法律、法规的规定和合同约定履行相应的数据安全保护义务，不得擅自留存、使用、泄露或向他人提供政务数据。

在推进政务数据开放方面，《数据安全法》同样给出了明确的指导原则。国家机关应遵循公正、公平、便利的原则，按照规定及时、准确地公开政务数据。国家制定政务数据开放目录，构建统一规范、互联互通、安全可控的政务数据开放平台，推动政务数据开放利用。这一举措不仅有助于提升政府透明度，还将为社会各界提供更加便捷、高效的数据服务，从而进一步推动经济社会的数字化转型和发展。

### 5.2.3　《个人信息保护法》全面保障个人信息权益

鉴于个人信息对个体权益的深远影响，相较于其他类型的数据，个人信息需要得到更细致和严格的保护。过去，一些组织、机构和个人出于商业利益或其他动机，存在随意收集、违法获取、过度使用和非法买卖个人信息的行为，这些行为不仅侵扰了人民群众的生活安宁，还对其生命健康和财产安全构成严重威胁。

为了从根本上解决这些问题，我国在2021年颁布并实施了《个人信息保护法》。这是国内首部专门针对个人信息保护的法律，它确立了个人信息处理应遵循的合法、正当和必要性原则，为个人信息权益保护提供了强有力的法律保障。

《个人信息保护法》以“个人信息”为核心规范对象，围绕其全生命周期的各个环节，设定了详尽的安全保护规则。这些规则旨在平衡个人信息保护与合理利用，促进数据有序流动和价值释放。

#### 1. 个人信息全生命周期的安全防护机制

基于《个人信息保护法》框架，个人信息的处理涵盖了从采集、传输、存储、处理、交换到销毁的全生命周期。在这一过程中，每一环节都伴随着潜在的安全风险。为了应对这些风险，《个人信息保护法》在“第一章 总则”和“第二章第一节 一般规定”中明确了个人信息处理的合法性基础，包括征得个人同意、告知完整处理事项等原则性要求。

同时，《个人信息保护法》对敏感个人信息和风险程度较高的个人信息跨境传输给予了特别关注。

对于敏感个人信息的处理，《个人信息保护法》第二章第二节规定，只有在具有特定目的和充分必要性，并采取严格保护措施的情形下，个人信息处理者方可处理敏感个人信息。

对于个人信息的跨境提供，《个人信息保护法》第三章明确了应当满足的条件。根据第三十八条的规定，个人信息处理者因业务等需要，确需向境外提供个人信息的，应当具备下列条件之一：依照本法第四十条的规定通过国家网信部门组织的安全评估；按照国家网信部门的规定经专业机构进行个人信息保护认证；按照国家网信部门制定的标准合同与境外接收方订立合同，约定双方的权利和义务；法律、行政法规或者国家网信部门规定的其他条件。

这些规定共同构成一个全面、立体的个人信息安全防护机制，旨在确保个人信息在全生命周期内得到充分的保护。

#### 2. 个人信息处理者的法定责任与措施

《个人信息保护法》第五章明确了个人信息保护的组织架构与管理体系。个人信息处理者被赋予了个人信息保护的核心责任。为了确保这一责任得到有效落实，《个人信息保护法》要求个人信息处理者内部应制定严格的内部管理制度及操作规程，并合理界定个人信息处理的操作权限。同时，指定专人负责个人信息保护，监督个人信息处理活动及其保护措施的实施情况。特别是对于那些重要互联网平台和个人信息达到一定规模的运营者，《个人信息保护法》规定了额外的个人信息保护义务，以提升保护水平。

在技术层面，《个人信息保护法》强调采取多种措施来防止任何未经授权的访问及个人信息的泄露、篡改或丢失。这包括对个人信息实行细致的分类管理，并采用相应的加密、去标识化[H33]等技术措施，确保个人信息的安全性。

#### 3. 个人信息权益的全面保障

《个人信息保护法》第四章明确赋予了个人对其信息的一系列权利。具体而言，个人有权知晓并决定其个人信息的处理方式，有权限制或拒绝他人对其个人信息的处理行为。同时，个人享有查阅、复制其个人信息的权利，并可以要求信息处理者更正或补充不准确、不完整的个人信息。在特定情形下，如果不再需要信息或处理信息的行为违反法律规定等，个人还有权要求删除其个人信息。此外，为了增强透明度和理解度，个人还有权要求处理者对其个人信息处理规则进行解释说明。

另外，《个人信息保护法》第五十条进一步规定了个人信息处理者应建立高效便捷的个人权利申请受理和处理机制。如果个人信息处理者拒绝了个人的权利请求，个人有权依法向法院提起诉讼。这些措施共同构建了一个完善的保护框架，充分保障个人在其个人信息处理活动中的各项权益。

### 5.2.4　“三法”的内在联系及差异

数据，因其固有的流动性、可复制性等属性，使其在使用过程中容易遭受泄露、篡改和滥用等风险，这些风险对个人隐私权、组织商业机密乃至国家安全都构成严重威胁。网络安全、数据安全和个人信息保护这三者都涉及数据这一核心要素。同时，它们也是确保数字经济持续健康发展、推动组织数字化转型顺利实施，以及依托数字技术提升国家治理体系和治理能力现代化水平的基础。这三者之间存在紧密的联系。

从层次和功能的角度来分析，网络安全、数据安全和个人信息保护均可视为广义信息安全的不同子领域[1]。网络安全主要关注的是数据所依赖的网络系统的稳定运行和安全性；而数据安全更侧重于数据本身不受未经授权的访问、使用、披露、篡改或破坏等；个人信息保护则进一步聚焦与个人相关数据的保密性、完整性和可用性。

在法律层面，《网络安全法》主要对网络系统的安全管理进行规范，旨在确保网络空间的国家主权不受侵犯和网络信息的有序流动；《数据安全法》着眼于数据全生命周期的安全管控，旨在维护国家安全、社会公共利益和各类组织的合法权益；《个人信息保护法》则从个人权益出发，旨在保护个人信息的合法权益，规范个人信息的处理活动，并促进个人信息的合理开发利用。

从技术角度分析，网络安全、数据安全与个人信息保护既存在共性，又具有独特的差异性[1]。个人信息通常以结构化数据或非结构化数据类型驻留在异构信息系统和数据库中。这类信息会经历一个完整的数据生命周期，包括采集、存储、处理、传输、交换直至销毁等各个环节。在这一周期内的每一阶段，个人信息都面临着与一般数据相似的风险挑战。因此，在技术手段上，保护个人信息与保护一般数据所采用的策略和方法具有很多的相似性[1]。体系化的数据安全技术，例如，数据加密、数据脱敏、数据的分类与分级管理，以及安全评估机制等，都能为个人信息保护提供有力的技术支撑。而网络安全作为数据存储和传输的基础，必然要求在前述个人信息生命周期的各阶段中，不断提升产品和服务的安全性能，确保个人信息和相关数据的安全得到根本保障。

然而，这三者之间也存在明显的差异。相较于专注个人信息处理的技术要求，数据处理者还需要在这些方面达到更高的技术要求：数据交易、中介服务、精细化分级分类管理、数据安全风险的实时监控与及时报告等。网络运营者则与前两者有所不同，他们更加注重网络安全等级保护制度的落实、网络安全认证与风险检测体系的完善，以及关键信息基础设施的安全运营等技术层面的要求。

从更深层次的角度来看，网络安全、数据安全与个人信息保护这三者不仅有着共同的目标，即确保信息资产的保密性、完整性和可用性（信息安全三要素），而且相互依存、相互促进，共同构成信息安全的基础。这三者的关系不局限于技术层面，更牵涉多个利益相关方的权益保障。

首先，个人是网络安全、数据安全和个人信息保护的基本主体。个人信息的泄露或滥用不仅损害个人权益，还可能引发连锁反应，影响整个社会的信任体系。因此，加强个人信息保护不仅是维护个人尊严和合法权益的必要手段，也是提升整体信息安全水平的关键环节。

其次，组织在网络安全、数据安全和个人信息保护中扮演着重要角色。组织不仅是数据的主要持有者和处理者，也是技术创新和应用的主要推动者。保障组织数据安全不仅关乎组织自身的商业利益和声誉，更是确保产业健康有序发展、维护市场竞争秩序的重要前提。组织应在合规的框架内收集和使用个人信息，确保相关数据的安全性和可追溯性。

最后，在国家层面，网络安全和数据安全已被提升至国家战略高度，成为事关国家安全与经济发展的核心问题之一。国家不仅需要通过立法和监管来确保数据的安全和合理利用，还需要积极参与国际合作与交流，共同应对跨国网络威胁和挑战。只有国家层面的网络空间安全和数据主权得到充分保障，个人信息保护才能得到最根本的支持和保障。

综上所述，网络安全、数据安全和个人信息保护是相互依存、相互促进的统一整体。任何一方的缺失或弱化都可能对整个信息安全体系造成不利影响。因此，在制定和执行数据安全治理策略时，应充分考虑这三者的内在联系和相互作用，确保各方利益得到有效平衡和保障。

### 5.2.5 《关键信息基础设施安全保护条例》实施重点防护

**1. 界定关键信息基础设施**

在数据安全的框架内，关键信息基础设施的安全保护被赋予了很高的优先级。我国在这一领域的立法思路明确，即“突出重点、保障关键”，以确保国家安全和公共利益不受损害。

自 2017 年 6 月 1 日起生效的《网络安全法》第三十一条，以明确列举的方式界定了关键信息基础设施的范围，包括公共通信和信息服务、能源、交通、水利、金融、公共服务、电子政务等对国家安全、经济和社会发展至关重要的行业和领域。此外，《网络安全法》还授权国务院制定具体的安全保护办法和范围划定标准。

为了进一步细化和实施《网络安全法》的相关规定，我国于 2021 年 9 月 1 日起实施《关键信息基础设施安全保护条例》。该条例在第二章中详细规定了关键信息基础设施的认定程序和责任主体。具体而言，包括公共通信和信息服务、能源、交通、水利、金融、公共服务、电子政务，以及国防科技工业等重要行业和领域的主管部门、监督管理部门被明确为负责关键信息基础设施安全保护工作的主要部门。这些保护工作部门负责制定本行业、本领域的关键信息基础设施认定规则，并根据这些规则组织认定工作。一旦完成认定，他们将及时通知相关运营者。

**2. 强调保护数据安全**

《网络安全法》《数据安全法》和《关键信息基础设施安全保护条例》中均对关键信息基础设施的数据安全给予了特别重视和严格要求。具体内容如下。

《网络安全法》第三十七条明确规定了关键信息基础设施的运营者在我国境内运营中收集和产生的个人信息和重要数据应当在境内存储，并对数据跨境传输进行安全评估，确保数据的跨境流动安全可控。

《数据安全法》第三十一条进一步阐明，关键信息基础设施运营者在我国境内运营中收集和产生的重要数据，出境安全管理应遵循《网络安全法》的相关规定，从而保障国家重要数据资源的安全。

《关键信息基础设施安全保护条例》在数据安全方面则提出了更为细致和严格的要求。关键信息基础设施运营者应确保数据的完整性、保密性和可用性，这是数据安全的基本要素，对于维护国家安全和社会稳定具有重要意义。运营者应切实履行个人信息和数据安全的保护责任，建立健全相应的保护制度，通过制度化管理来确保数据安全的持续和稳定。在发生重要数据泄露、较大规模个人信息泄露等严重情形时，运营者有义务及时向国家网信部门、国务院公安部门报告，以便相关部门及时采取应对措施，防止事态扩大。

《关键信息基础设施安全保护条例》还着重强调了责任落实的重要性。其中，第十三条明确规定:“运营者应当建立健全网络安全保护制度和责任制，保障人力、财力、物力投入。运营者的主要负责人对关键信息基础设施安全保护负总责，领导关键信息基础设施安全保护和重大网络安全事件处置工作，组织研究解决重大网络安全问题。”这一条款通过实行一把手负责制，确保了责任的有效落实和资源的充分投入。

为了及时发现和应对安全风险，《关键信息基础设施安全保护条例》第十七条还要求运营者应当定期（每年至少一次）自行或委托网络安全服务机构对关键信息基础设施进行网络安全检测和风险评估。对于发现的安全问题，运营者需要及时整改，并按照保护工作部门的要求报送相关情况。这一规定有助于提升运营者对安全风险的感知和应对能力，确保关键信息基础设施的持续稳定运行和安全。

### 5.2.6 《网络数据安全管理条例》细化治理规则

2021 年 11 月，为了更好地实施《网络安全法》《数据安全法》和《个人信息保护法》，国家互联网信息办公室发布《网络数据安全管理条例（征求意见稿）》。2024 年 8 月，《网络数据安全管理条例》经国务院第 40 次常务会议通过，此条例不仅为上述法律提供了具体的执行细则，还进一步推动了数据安全治理的体系化、规范化和法治化。

《网络数据安全管理条例》从数据安全合规的角度出发，明确了以下关键方面。

**1. 数据安全基础保障**

强调数据处理者应实施一系列安全措施，主要包括定期备份、加密存储和传输，以及实施严格的访问控制策略，确保数据的完整性、保密性和可用性。这些措施旨在全面保障数据安全，防止各类数据安全事件的发生（例如，泄露、盗窃、篡改、损坏、丢失和非法使用等）。此外，数据处理者还需要根据网络安全等级保护标准，加强数据处理系统、传输网络和存储环境的安全防护措施。

**2. 个人信息保护的细化规定**

详细阐述了获取个人同意的具体要求和流程，以及个人信息处理的各项规则，确保个人信息的合法、正当和必要处理。

**3. 重要数据的强化管理**

明确了数据安全管理机构的职责范围，并要求数据处理者不仅要制订和执行数据安全培训计划，还要在采购网络产品和服务时优先考虑安全性和可信度。

**4. 数据跨境传输的安全监管**

针对数据的跨境传输和使用，建立了完善的技术和管理措施，确保数据在跨境流动中的安全性和可控性。

**5. 互联网平台运营者的责任**

规定了平台运营者需要对其平台上的第三方产品和服务承担数据安全管理责任。特别是在利用人工智能、虚拟现实、深度合成等前沿技术处理数据时，应按照国家规定进行安全评估，确保应用新技术不会带来不可控的数据安全风险。

### 5.2.7 《中华人民共和国民法典》提供补充性规定

自 2021 年 1 月 1 日起实施的《中华人民共和国民法典》也对个人信息保护做出了相关规定，进一步确保了个人隐私的合法权益，主要包括以下 5 个方面。

**1. 个人信息的法律保护**

明确规定自然人的个人信息受法律保护，禁止任何组织或个人非法收集、使用、加工、传输、买卖、提供或公开他人个人信息。

**2. 隐私权保护**

确认了自然人享有隐私权，禁止任何组织或个人以刺探、侵扰、泄露、公开等方式侵犯他人隐私权。隐私被定义为自然人的私人生活安宁和不愿为他人知晓的私密空间、私密活动和私密信息。

**3. 个人信息的处理原则**

对处理个人信息提出了明确要求，必须遵循合法、正当、必要原则，并需要征得自然人或其监护人的同意。处理者需要公开处理信息的规则，明示处理信息的目的、方式和范围，且不得违反相关法律法规和双方约定。

**4. 个人信息的查阅、更正和删除权**

自然人被赋予依法向信息处理者查阅、复制其个人信息的权利，并在发现信息有误时提出异议并要求更正。若信息处理者违反法律或约定处理个人信息，自然人有权要求其及时删除。

**5. 信息处理者的义务**

信息处理者被要求保护其收集、存储的个人信息不被泄露或篡改，并应采取技术措施确保信息安全。在发生或可能发生信息泄露、篡改、丢失时，应及时采取补救措施并告知自然人。

## 5.3 数据安全相关规范性文件

### 5.3.1 数据安全需要协同治理

数据安全是维护国家安全的重要方面，对于维护国家利益、保障公民权益和促进经济社会发展具有重要的作用。随着信息技术的发展，数据安全问题日趋严峻，各行业各领域均面临严峻的数据安全挑战。因此，建立健全数据安全法规体系、实现多部门协同治理势在必行。

在国家层面，国家互联网信息办公室作为全国互联网信息内容管理和监督执法的主管部门，负责统筹协调全国的数据安全工作。各地区、各部门的网络安全保护和监督管理工作也在国家网信部门的统一指导和协调下进行，共同构建起数据安全的防御体系。

具体到各行业各领域的数据安全监管职责划分，国务院电信主管部门、公安部门和其他有关机关在各自职责范围内承担着数据安全监管的重要职责。同时，工业、电信、交通、金融、自然资源、卫生健康、教育及科技等诸多行业主管部门也结合本行业、本领域的特点和实际需求，制定并执行相应的数据安全监管政策和措施。

以关键信息基础设施保护为例，根据《关键信息基础设施安全保护条例》和《贯彻落实网络安全等级保护制度和关键信息基础设施安全保护制度的指导意见》等规范性文件的要求，国家网信部门在统筹协调的基础上，指导监督各有关部门做好关键信息基础设施的安全保护工作。公安部门、电信主管部门和其他有关部门也依照相关法规和政策的规定，在各自职责范围内，负责关键信息基础设施的安全保护和监督管理工作。省级人民政府有关部门依据各自职责，对关键信息基础设施实施更为具体的安全保护和监督管理措施。

此外，为了加强数据安全工作的规范性和有效性，网信部门、工信部门、公安部门，以及金融、卫生等行业主管机构均在各自职责范围内制定了数据安全相关的规章及规范文件。这些文件包括但不限于《网络安全审查办法》《数据出境安全评估办法》《工业和信息化领域数据安全管理办法（试行）》《银行业金融机构数据治理指引》《汽车数据安全管理若干规定（试行）》及《国家健康医疗大数据标准、安全和服务管理办法（试行）》等。这些规章及规范文件的发布和实施，为各行业各领域的数据安全工作提供了有力的法律保障和政策支持。

### 5.3.2 重要规章及规范性文件

目前，我国已构建了一系列的数据安全规范性要求。特别是 2021 年以来，我国相继出台了多部重要的规范性文件，进一步强化了数据安全的法治保障。

2021 年 12 月 28 日，由国家互联网信息办公室联合国家发展和改革委员会等十三个部门共同发布了新版《网络安全审查办法》。《网络安全审查办法》针对关键信息基础设施运营者在采购网络产品和服务、网络平台运营者在数据处理活动中可能产生的危害国家安全的行为，提出了明确的审查要求。此外，在网络安全审查中特别强调了数据安全的重要性。具体而言，它明确将“核心数据、重要数据或大量个人信息被窃取、泄露、毁损及非法利用、非法出境的风险”，以及“上市存在关键信息基础设施、核心数据、重要数据或大量个人信息被外国政府影响、控制、恶意利用的风险和网络信息安全风险”作为重点审查内容，不仅体现了国家对数据安全的高度重视，也为数据安全治理提供了有力的法规依据。

为了规范数据的跨境流动，保护个人信息权益和维护国家安全，国家互联网信息办公室于 2022 年 7 月 7 日发布《数据出境安全评估办法》。该办法详细规定了需要申报数据出境安全评估的具体情形，以及数据出境风险自评估和数据出境安全评估所需要考虑的各项要素。通过《数据出境安全评估办法》的实施，我国旨在建立一个更加完善的数据出境安全评估机制，确保数据在跨境流动过程中的安全性和可控性。

为进一步规范数据处理活动，保障数据安全，促进数据开发利用，我国在2022年对《数据安全法》进行了详细解读和实施指导，明确了数据处理者的职责和义务，强化了数据安全的监管力度。同时，针对个人信息保护领域的突出问题，发布了《个人信息保护认证实施规则》，通过引入认证机制，提升个人信息保护水平，保障公民个人信息安全。

为了保护消费者的合法权益，规范经营者的行为，并加强对消费者个人信息的保护，国务院于2024年3月15日公布了《中华人民共和国消费者权益保护法实施条例》。该条例明确规定了经营者在提供商品或服务时的相关责任与义务，着重强调了数据安全和消费者个人信息的保护。根据该条例，经营者必须以真实全面的方式向消费者提供信息，严禁虚假宣传，同时也不得在消费者不知情的情况下对同一商品或服务设置不同的价格或收费标准（大数据“杀熟”）。特别是在处理消费者个人信息方面，该实施条例要求经营者不得过度收集信息，更不能采用强制或变相强制的方式要求消费者同意收集、使用与其经营活动无直接关联的个人信息。对于敏感个人信息的处理，例如，生物识别、宗教信仰、特定身份等，必须严格遵守相关法律法规。通过这些规定，旨在构建一个更加安全、透明的消费环境，确保消费者的数据安全与隐私权得到切实保障。

总体来看，我国在数据安全规范方面始终保持着持续、深入的推进态势。

金融、工业、互联网、交通、电力等行业作为社会经济发展的核心支柱，其数据安全问题不仅关乎行业自身的稳健运行，更直接关系到国家安全、社会秩序及广大民众的根本利益。因此，需要针对行业特性制定细化的数据安全相关规范性文件，旨在保障行业数据的安全可控与合规使用，为行业的数字化转型和高质量发展提供坚实保障。

**（1）金融领域**

2018年5月21日，中国银行保险监督管理委员会（以下简称“银保监会”）发布了《银行业金融机构数据治理指引》，是为指导银行业金融机构加强数据治理，提高数据质量，充分发挥数据价值，提升经营管理水平，全面向高质量发展转变而制定的法规。《银行业金融机构数据治理指引》共七章五十五条，明确了数据治理架构，要求确保数据治理资源充足配置，明确董事会、监事会和高管层等的职责分工，提出可结合实际情况设立首席数据官。该指引还明确了监管机构的监管责任、监管方式和监管要求。对于数据治理不满足有关法律法规和监管规则要求的银行业金融机构，要求其制定整改方案，责令限期改正；或与公司治理评价、监管评级等挂钩；也可依法采取其他相应监管措施及实施行政处罚。《银行业金融机构数据治理指引》的实施将进一步提升银行业金融机构的数据治理能力，同时也对数据安全提出了最基本的要求。

2021年1月15日，银保监会发布《中国银保监会监管数据安全管理办法（试行）》，该办法旨在规范银保监会监管数据安全管理工作，提高了监管数据安全保护能力，目的是建立健全监管数据安全协同管理体系，推动银保监会有关业务部门、各级派出机构、受托机构等共同参与监管数据安全保护工作，加强培训教育，形成共同维护监管数据安全的良好环境。

2021年9月27日，中国人民银行（以下简称“央行”）发布了《征信业务管理办法》，并于2022年1月1日正式实施。明确征信机构采集个人信用信息应当采取合法、正当的方式，遵循最小、必要的原则，并明确告知信息主体采集信用信息的目的，取得信息主体本人同意。通过信息提供者取得个人同意的，信息提供者应当向信息主体履行告知义务。同时，《征信业务管理办法》也设独立章节对信用信息整理、保存、加工进行了规定，明确了征信机构采集的个人不良信息保存期限等。

2022 年 1 月 21 日，央行印发《金融科技发展规划（2022—2025 年）》，强调全面加强数据能力建设，在保障安全和隐私的前提下推动数据有序共享与综合应用，充分激活数据要素潜能，有力提升金融服务质效。

2022 年 12 月 30 日，银保监会发布《银行保险机构消费者权益保护管理办法》，明确规定，银行保险机构应当建立消费者个人信息保护机制，完善内部管理制度、分级授权审批和内部控制措施，对消费者个人信息实施全流程分级分类管控。

2023 年 2 月 27 日，中国证券监督管理委员会（以下简称“证监会”）发布《证券期货业网络和信息安全管理办法》，对证券期货业网络和信息安全监督管理体系、网络和信息安全运行、投资者个人信息保护、网络和信息安全应急处置、关键信息基础设施安全保护、网络和信息安全促进与发展、监督管理与法律责任等方面提出了要求。

2023 年 12 月 27 日，国家金融监督管理总局修订并发布了《银行保险机构操作风险管理办法》。该管理办法强调了规模较大的银行保险机构应基于良好的治理架构，加强操作风险管理，并确保与业务连续性、外包风险管理、网络安全、数据安全等体系机制的有机衔接，以提升运营韧性。其中，《银行保险机构操作风险管理办法》特别关注数据安全，要求银行保险机构制定数据安全管理制度，对数据进行分类分级管理，并采取保护措施，防止数据被篡改、破坏、泄露或非法获取与利用，同时重点加强个人信息保护，并规范数据处理活动。此外，《银行保险机构操作风险管理办法》还规定了银行保险机构在发生重大操作风险事件时，例如重要数据泄露或严重损毁，以及严重侵犯公民个人信息安全和合法权益的事件等，需要及时向国家金融监督管理总局或其派出机构报告。

**（2）工业和互联网领域**

2019 年 11 月 28 日，国家互联网信息办公室、工业和信息化部、公安部、国家市场监督管理总局联合制定了《App 违法违规收集使用个人信息行为认定方法》，该办法落实《网络安全法》等法律法规，明确了 App 违法违规收集使用个人信息的主要情形，为监督执法提供了参考依据，保护了用户的合法权益，促进了互联网行业的健康发展。

2021 年 3 月 12 日，国家互联网信息办公室、工业和信息化部、公安部、国家市场监督管理总局联合制定了《常见类型移动互联网应用程序必要个人信息范围规定》，该规定明确了 39 类常见 App 的基本功能服务和必要个人信息范围，这些 App 覆盖了日常生活的主要方面。并且明确要求 App 运营者不得因用户不同意收集非必要个人信息而拒绝用户使用 App 的基本功能服务，在保障 App 正常运行的同时，保障了用户对 App 基本功能服务的使用权，强调了用户对非必要个人信息的知情权和决定权。

2022 年 12 月 8 日，工业和信息化部发布《工业和信息化领域数据安全管理办法（试行）》。该管理办法的发布标志着工业和电信数据迈向全面行业监管，对规范工业和信息化领域数据处理活动，加强数据安全管理，保障数据安全，促进数据开发利用，保护个人、组织的合法权益，维护国家安全和发展利益起着重要指导作用。主要内容如下所示。

① 明确了工业和信息化领域数据处理者的概念和范围。

② 建立了数据分类分级保护体系，对一般数据、重要数据和核心数据进行了明确划定。

③ 规定了数据处理者的主体责任和数据生命周期安全管理制度。

④ 构建了工业和信息化领域数据安全监督评价体系。

⑤ 明确了重要数据和核心数据处理者的安全保护义务。

⑥ 建立了数据安全监测预警与应急管理机制。

⑦ 对数据开发利用提出了具体要求，包括自动化决策、数据共享和数据出境等方面。

⑧ 强调了维护国家安全和发展利益的重要性。

**（3）交通运输领域**

2022 年 3 月 29 日，工业和信息化部、公安部、交通运输部、应急管理部与国家市场监督管理总局五部门联合发布了《关于进一步加强新能源汽车企业安全体系建设的指导意见》，明确提出了新能源汽车组织在数据安全方面的具体要求，包括但不限于关键信息基础设施的安全保护、网络安全等级保护制度的落实、车联网卡实名登记管理和汽车产品安全漏洞管理等。此外，还要求组织对车辆网络安全状态进行持续监测，及时发现并有效应对网络攻击、入侵等威胁网络安全的行为。

2023 年 4 月 24 日，交通运输部发布《公路水路关键信息基础设施安全保护管理办法》，不仅详细阐述了公路水路关键信息基础设施的认定标准及相关责任部门的职责划分，还推动构建了一个多元共治的综合治理体系。在这个体系中，交通运输主管部门依法行使管理职能，组织运营者则负责实施主动防护措施，同时鼓励社会力量广泛参与，共同保障信息基础设施的安全运行。

**（4）电力领域**

2022 年 4 月 16 日，国家发展和改革委员会颁布了《电力可靠性管理办法（暂行）》，明确要求电力组织应落实网络安全等级保护制度、关键信息基础设施安全保护制度和数据安全制度。为确保这些制度的有效执行，电力组织还需要加强这些方面的工作：网络安全审查、容灾备份、监测审计、态势感知、纵深防御、信任体系建设和供应链管理。这些措施共同构成电力行业数据安全的坚固屏障。

2022 年 11 月 16 日，为进一步加强电力行业的网络安全管理，国家能源局接连发布《电力行业网络安全管理办法》和《电力行业网络安全等级保护管理办法》。这两项管理办法不仅明确了电力行业关键信息基础设施运营者的具体安保责任，还强调了组织主要负责人在关键信息基础设施安全保护中的总责地位。此外，两项管理办法还规定了电力组织应指定一名领导班子成员担任首席网络安全官，专职管理或分管关键信息基础设施的安全保护工作。这样的制度安排确保电力组织从上至下有明确的数据安全责任体系。

为确保这些法规和政策的有效执行，国家能源局及其派出机构还结合关键信息基础设施的网络安全检查，定期组织对运营等级保护三级及以上网络的电力企业开展抽查。这种监管方式旨在通过定期的检查和评估，确保电力组织的数据安全治理工作始终处于高水平状态。

**（5）物流领域**

2023 年 2 月 13 日，国家邮政局发布了修订后的《寄递服务用户个人信息安全管理规定》。该规定强化了寄递企业在个人信息保护方面的责任和义务，明确要求寄递企业建立健全个人信息安全保障制度和措施，仅限于完成寄递服务全流程操作目的的最小范围收集用户个人信息，不得过度收集，并依法保护用户姓名、身份证件号码、生物识别信息、住址、电话号码等敏感信息。同时，寄递企业需要采取技术手段（例如射频识别、虚拟安全号码等）对快递电子运单信息进行去标识化处理，防止信息泄露，并加强信息系统建设中的网络安全措施。此外，该规定还强调了寄递企业在委托第三方处理用户个人信息时的风险评估与监督责任，以及建立应急处置、投诉处理、实时监测等机制，确保用户个人信息在寄递过程中的安全、合法使用。

2023 年 12 月 17 日，交通运输部发布《快递市场管理办法》。该办法着重强化了快递企业在数据安全和个人信息保护方面的责任和义务。明确要求快递企业采取技术手段保证用户信息查询的安全性，并按照《个人信息保护法》的要求防止信息泄露。同时，规定快递企业收集个人信息应限于履行快递服务所必需的范围，不得过度收集；应依法建立健全个人信息安全管理制度，未经用户同意不得收集、使用、提供用户信息。在保护快递运单信息安全方面，要求快递企业建立相应管理制度，采取加密、去标识化等安全技术措施，实行单号、用户、物品信息的关联管理，保证快件可查询且运单不被非法使用。此外，若企业委托第三方处理用户个人信息，应事先评估影响并承担监管责任。

**注** 随着数字化转型的加速，各行业都在不断制定和完善数据安全相关规范，以应对复杂多变的数据安全风险。本书无法详尽无遗地列举所有行业的数据安全规范性文件，但是仍可通过几个典型行业的数据安全规范来洞察其共性与特性。

组织在进行数据安全治理时，首先应满足国家层面通用的法律法规要求。这些通用的法律法规往往规定了数据处理的基本原则、数据主体的权益保护、数据安全事件的报告与处置等核心内容，是组织构建数据安全体系的基础。

然而，组织仅遵循通用的法律法规是不够的。因为不同行业的数据类型、处理方式和风险等级各不相同，这就需要组织在遵循通用的法律法规的基础上，结合各自行业的具体特点，满足相应的详细监管要求。例如，金融行业的数据安全规范可能会重点强调客户隐私的保护，以及交易数据的加密存储和传输；而医疗行业则可能更注重病人健康信息的保密性和完整性。

因此，组织在实践数据安全治理的过程中，应保持高度的敏感性和灵活性。一方面，要密切关注国家法律法规的最新进展，确保组织的数据安全策略与之保持同步；另一方面，要深入了解所处行业的监管要求，结合自身的业务特点和风险状况，制定既符合法律法规要求又切实可行的数据安全治理方案。

### 5.3.3 地方性管理办法

随着我国对数据安全重视程度的日益提高，各地方也在积极响应并深入探索符合本地实际的数据安全规则与模式。已颁布的《深圳经济特区数据条例》《上海市数据条例》《浙江省公共数据条例》《贵州省大数据安全保障条例》等地方性管理办法，不仅体现了数据安全监管上的地方特色，并且在一定程度上推动了我国数据安全监管体系的创新与完善。这些地方性管理办法在数据安全保护、数据处理活动规范、数据权益保障和数据安全监督管理等方面提出了诸多创新且实用的治理举措。

**1. 创新数据安全治理模式**

《深圳经济特区数据条例》作为国内首部关于数据领域的地方性管理办法，不仅为深圳经济特区的数据活动提供了法律保障，同时也为其他地方的数据安全管理办法提供了重要的参考，具有里程碑式的意义。该条例详细阐述了个人数据保护的原则和措施，明确规定了自然人对个人数据所享有的人格权益，并对个人信息处理、告知与同意机制，以及个人信息权利的行使等方面进行了具体细化。在数据安全层面，该条例对数据处理的全流程记录提出了严格要求，强调了数据存储的分域分级管理，规定了重要系统和核心数据的容灾备份机制，并建立了数据销毁的规程，从而确保数据在生命周期的各个环节都能得到妥善保护。

同样值得关注的还有《上海市数据条例》。该条例聚焦于数据权益保障、公共数据管理、数据要素市场运作、数据资源开发和应用等多个维度，特别强调了数据资源的有效利用和深度开发，以及跨区域的数据合作。在保障数据安全方面，该条例明确了数据安全责任制，规定了开展数据处理活动所应履行的安全义务，并进一步完善了数据分类分级保护制度，为不同类别和级别的数据提供有针对性的安全保障措施。

除此之外，还有多个省市地区结合自身的实际情况和数据产业发展需求，制定了相应的数据发展与安全促进类法律文件。例如，《天津市促进大数据发展应用条例》《贵阳市大数据安全管理条例》《重庆市数据条例》《苏州市数据条例》等，这些条例在保障数据安全、推动数据产业健康发展等方面发挥了积极作用。

**2. 提供公共数据治理模式**

上述地方性管理办法不仅为政务数据的处理提供了明确的指导原则，还确保了公共数据共享和利用活动的合法性和安全性。

《深圳经济特区数据条例》强调了公共数据的分类管理，通过实施公共数据目录管理制度来规范数据的处理活动。确立了“以共享为原则，以不共享为例外”的指导思想，推动公共数据的广泛共享。该条例还构建了包括公共数据共享、开放和利用在内的全面治理体系，为政务大数据的共享和安全检测提供了坚实的法律基础。

《上海市数据条例》建立了公共数据共享和开放的机制，特别强调数据的授权运营模式。通过提高公共数据的社会化开发利用水平，该条例促进了数据的经济价值和社会价值的实现。

《浙江省公共数据条例》全面规定了公共数据平台的建设、数据的收集与归集、共享、开放与利用，以及数据安全等方面的内容。该条例旨在促进公共数据的应用创新，同时保护自然人、法人和非法人组织的合法权益，为数字化改革提供法律保障。

此外，《广东省首席数据官制度试点工作方案》中提出了政府首席数据官和部门首席数据官制度。这一制度创新体现了地方政府在公共数据资源开发利用方面的积极探索和尝试，旨在通过专业化的数据管理来提高政府的服务效率和透明度。

### 5.3.4 数据安全相关标准

“安全发展，标准先行”，除了法律法规，标准化工作也是保障数据安全的重要基础。为落实数据安全相关法律法规的要求，切实保障数据安全与个人隐私，全国信息安全标准化技术委员会（以下简称“信息安全标委会”）联合金融、电信、工业、互联网等关键行业及地区，制定并发布了一系列国家、行业及地方层级的技术标准与操作指南。这些技术标准与操作指南为法律法规中的原则性条款提供了具体化的实施指导。

从预防数据泄露、捍卫个人权益到增强数据安全能力，这些技术标准与操作指南提出了详尽的保护要求和保护措施，它们不仅为各行业组织在数据安全方面提供了实践标准和框架，而且对于促进数据的充分利用、有序流动和安全共享，进而推动数字经济的健康发展具有深远意义。例如，2016 年 4 月，信息安全标委会成立了大数据安全标准特别工作组（以下简称 SWG-BDS），专注于数据安全与个人信息保护两大核心领域的相关标准研制。该工作组已颁布了《信息安全技术 大数据服务安全能力要求》《信息安全技术 数据安全能力成熟度模型》等多部重要标准，为政务和行业领域的数据安全工作提供了具体的技术规范与操作指南。例如，《信息安全技术 大数据服务安全能力要求》为政务信息共享平台提供了明确的安全服务基准，确保了数据在共享过程中的保密性和完整性。此外，《信息安全技术 个人信息安全规范》等标准的出台，也为个人信息保护设定了明确的准则。

在合规的背景下，数据安全标准体系构筑了一个多层次、多维度的框架，该框架主要由以下四大类标准构成。

1. 基础共性标准

这一类别标准汇集了数据安全领域的基础概念和核心构成元素，包括但不限于术语的精确定义、数据安全的宏观框架和数据的详细分类与分级标准。这些标准为整个标准体系提供了理论基础和共同的参照基准，确保数据安全在基础层面的统一性和规范性。

2. 安全技术标准

该类标准专注于规范数据生命周期的安全技术，涵盖数据采集、传输、存储、处理、交换到销毁等各个环节。这类标准旨在确保数据在技术层面得到全面的保护，防止任何形式的数据泄露、篡改或损坏等。

3. 安全管理标准

从数据安全的管理视角出发，这一类别标准为行业提供了落实法律法规要求的明确指导，包括但不限于数据安全的具体规范、数据安全性的评估方法、监测预警与快速响应机制、应急响应与灾难恢复计划，以及安全能力的认证流程。这些标准为组织提供了全面的安全管理工具和方法论，助力其构建稳健的数据安全管理体系。

4. 重点领域标准

考虑不同行业和领域在数据安全方面的特殊需求和挑战，这一类别的标准结合了移动互联网、车联网、物联网、工业互联网、云计算、大数据、人工智能等重点领域的实际情况，为各行业定制了切实可行的数据安全保护方案。这些标准不仅反映了各行业的最佳实践，而且为行业的持续发展提供了有力的安全保障。

## 5.4 概述国外数据安全法规

随着数字经济的蓬勃发展，数据安全已上升为全球各行业稳健运行的核心要素。相应的，数据泄露或数据不当处理导致的风险及损失亦日益显著。

1. 公共安全领域案例

2022 年 1 月，美国新墨西哥州伯纳利洛县遭遇勒索软件攻击，该攻击导致多个公共事业部门和政府办公室系统下线，对社会层面构成严重威胁。此类事件凸显了公共安全领域数据保护的重要性。

2. 个人信息安全领域案例

2022 年 12 月，蔚来公司收到外部勒索邮件，声称掌握数百万条公司内部数据，包含车主的高度敏感信息，例如，身份证详情、贷款记录和亲密关系等。攻击者以泄露这些敏感信息为要挟，要求支付高达 225 万美元的比特币作为赎金。此事件对蔚来公司的声誉造成了损害，并且严重侵犯了用户的隐私权。

3. 组织数据安全案例

2023 年 1 月，根据《华尔街日报》的报道，推特遭遇重大数据泄露事件，超过 2.35 亿个用户账号的详细信息遭到泄露，并被一个在线黑客论坛公开发布。泄露的数据包括用户名、唯一标识符、账户创建日期、关注者数量及电子邮件地址等关键信息，这些数据被公开且可被免费下载和使用。此类大规模数据泄露事件对组织的数据安全提出了严峻挑战。

鉴于数据在当今社会的重要性和伴随而来的安全挑战，全球各国纷纷立法，通过组织和技术手段强化数据安全治理，旨在实现数据的合理开发利用、价值最大化与安全防护之间的平衡发展。截至目前，全球已有近 60 个国家和地区制定了与数据主权相关的法律法规 [1]，尽管这些法律法规在具体内容和执行上存在差异，但国际社会在数据安全管理方面的核心理念却相对一致：根据数据的重要性和敏感程度，实施分类分级的数据跨境管理策略，并在现有的国际合作框架内积极探索数据跨境流动的合规路径。

随着数据安全事件的频发和不断演变，全球各国对数据安全的关注度日益提高，并对那些导致不良后果的违规行为采取了严厉的惩处措施。以 2022 年 7 月为例，中国国家互联网信息办公室针对滴滴公司过度采集和滥用用户信息的行为，开出了高达 80.62 亿元人民币的罚单，彰显了我国对数据安全的坚定立场和严肃态度。美国移动通信头部公司 T-Mobile 被迫为 2021 年发生的大规模数据泄露事件支付 3.5 亿美元的赔偿、法律费用及管理费用，并同意在 2023 年投资 1.5 亿美元升级公司的网络安全。这些案例凸显了数据安全违规的沉重代价。

注 美国、欧盟、日本、韩国、新加坡的数据安全相关法规的内容，请参见附录 A。

## 5.5 数据安全合规框架

在大数据时代的浪潮中，数据资源已成为衡量一个国家竞争力、组织创新能力及市场地位的重要标尺。随着全球范围内对数据保护立法和执法力度的不断加强，组织面临的数据安全合规挑战也日益严峻。特别是在国际监管环境日趋严格的背景下，数据安全合规已成为组织有效开发数据资源、实现数据价值转化的先决条件。

数据安全合规框架是指一套系统的策略、控制和流程，旨在确保数据的安全和合法使用，同时遵守各国的数据安全法律和规定。数据安全合规是组织数据处理的核心原则之一，指的是组织在数据的全生命周期，包括数据的采集、传输、存储、处理、交换直至销毁的每一个阶段，都应严格遵循相关的法律法规、行业标准、监管要求和内部规章制度等，确保数据的合规性和安全性得到有效保障。这一框架要求组织在追求数据价值的同时，始终将数据活动置于法律法规的约束下，实现数据利用与数据保护的和谐统一。

对组织而言，建立一套健全的数据安全合规框架不仅是一项战略投资，更是平衡合规经营与数据资源利用的基础。忽视前期数据安全合规工作的组织往往会在后期面临巨大的法律风险，导致信誉受损并增加经济负担。因此，一个完善的数据安全合规框架不仅能够降低组织运营中的合规风险，还能帮助组织有效应对潜在的风险事件，从而保障组织业务的稳健增长，实现可持续发展。

从总体上看，无论是传统企业还是高新技术企业，都需要构建符合自身特点和需求的数据安全合规框架。组织通过量身定制的体系建设，不仅能保护重要的数据资产，还能在市场竞争中脱颖而出，赢得先机。

### 5.5.1　数据安全合规风险

构建组织数据安全合规框架，首要任务是识别并评估法律风险点。这些风险点源于组织不同业务的特殊性，主要表现为以下 9 个方面。

**（1）违反“告知—同意”原则**

这类风险主要涉及在数据采集、处理和交换等过程中，未能充分尊重并妥善保护用户的数据权益。具体表现为组织在未获得用户明确授权的情况下收集其个人信息，或超出必要范围收集与业务无关的数据，均可能构成违法行为。相关法律法规（例如，《个人信息保护法》《中华人民共和国民法典》）对此有明确规定，组织应确保在收集、使用用户数据时遵循合法、正当和必要原则，并获得用户的明确同意。

**（2）侵害国家数据安全**

随着全球网络的深度互联，本国组织的网络服务器可能面临被外国政府或机构监控的风险，这可能导致本国公民的个人隐私信息被获取。同时，数据跨境流动也可能导致敏感数据泄露或被滥用。组织在处理涉及国家安全的数据时应格外谨慎，确保遵守相关法律法规和监管要求，以维护国家数据安全和社会稳定。

**（3）数据泄露风险**

数据泄露是组织数据安全合规中另一个高发的风险点。数据泄露可能发生在组织内部或外部，涉及的数据类型可能包括个人信息、商业秘密、知识产权等敏感数据。一旦发生数据泄露，不仅会对组织声誉造成损害，还可能引发严重的法律后果。数据泄露的风险主要源于以下 3 个方面。

① 组织内部安全管理制度不完善或执行不到位。

② 组织员工安全意识薄弱或违规操作。

③ 外部攻击者利用漏洞（系统漏洞、安全配置不当等）非法入侵系统和窃取数据。

为了降低数据泄露的风险，组织需要构建健全的数据安全管理体系，包括制定严格的数据安全战略和流程、加强员工安全培训和教育、定期进行安全漏洞评估和修复等措施。

此外，组织还需要关注与数据泄露相关的法律法规和监管要求。例如，《网络安全法》规定了网络运营者应当采取技术措施和其他必要措施，确保其网络免受干扰、破坏或者未经授权的访问，防止网络数据泄露或者被窃取、篡改。组织应当遵守相关法律法规的规定，加强网络安全防护和数据保护，以防范数据泄露风险的发生。

**（4）数据跨境传输风险**

随着组织业务的全球化发展，数据跨境传输已成为组织日常运营的重要组成部分。然而，不同国家和地区的数据保护法律和标准存在差异，导致组织在数据跨境传输过程中面临以下主要风险。

① **法律冲突。**不同国家的数据保护法律可能存在冲突，组织在跨境传输数据时可能面临违反某一国家法律的风险。

② **数据泄露。**数据跨境传输过程中，如果保护措施不当，可能导致数据在传输过程中被截获、篡改或泄露。

③ **高昂的合规成本。**为满足不同国家的数据保护要求，组织可能需要投入大量的成本来满足各种合规要求。

**（5）第三方合作风险**

组织在与第三方合作伙伴共享或委托处理数据时，面临着数据安全和隐私保护的风险。主要包括以下风险。

① **第三方数据安全管理不善。**如果第三方合作伙伴的数据安全管理水平不足或存在漏洞，可能导致组织数据被非法访问或泄露。

② **滥用数据。**第三方合作伙伴可能在未经授权的情况下将数据用于其他目的，甚至将数据出售给其他机构或个人。

③ **连带法律责任。**一旦第三方合作伙伴发生数据泄露等事件，组织可能因此承担连带法律责任，损害组织的声誉和利益。

**（6）过期数据处理风险**

随着业务的发展和数据量的不断增长，组织可能积累大量过期数据（超过预定使用期限或保存期限）。这些过期数据如果未能得到妥善处理和管理，将带来以下风险。

① **数据泄露和滥用。**过期数据中可能包含敏感信息，如果未能及时删除或脱敏，可能导致数据泄露和滥用。

② **存储和管理成本增加。**大量过期数据将占用大量的存储空间和管理资源，增加组织的管理成本。

③ **监管处罚。**某些国家和地区的数据保护法律要求组织定期删除过期数据，否则可能面临法律处罚和声誉损失。

**（7）新技术应用风险**

新技术的广泛应用为组织带来了业务创新和效率提升的同时，也带来了新的数据安全挑战，主要包括以下常见风险。

① **人工智能算法“黑箱”。**人工智能算法的复杂性和不透明性，可能导致在数据采集、使用、决策过程中出现歧视、偏见等问题。

② **物联网设备安全。**由于物联网设备安全防护能力普遍较弱，容易成为非法攻击者攻击的目标，组织需要加强物联网设备的安全管理和防护。

③ **合规要求不明确。**新技术可能带来新的合规要求和挑战，组织在应用新技术时需要密切关注相关法规和标准的发展动态。

**（8）人员风险**

访问数据资产的各类人员（包括内部员工、外包人员等）也可能导致数据安全风险。

① **疏忽导致的数据泄露。**部分员工可能因疏忽大意导致敏感数据泄露，例如将包含敏感数据的文件发送给错误的收件人，在公共场合或社交媒体上讨论敏感数据等。

② **利益驱使。**部分员工可能因个人利益而故意泄露组织或客户数据，或通过滥用数据获取非法利益。

③ **误操作或恶意破坏。**部分员工误操作可能导致重要数据丢失或系统瘫痪；而恶意破坏则可能对组织的业务运营和声誉造成严重影响。

**（9）监管风险**

随着全球对数据保护的重视程度不断提高和相关法规的不断完善，组织在数据安全合规方面所面临的监管风险也日益突出。主要包括以下风险。

① **法规变化带来的合规压力。**全球范围内的数据保护法规不断更新和变化，组织需要密切关注并及时调整自身的合规策略以符合新的法规要求。

② **高昂的违规成本。**违反数据保护法规可能导致组织面临罚款、声誉损失甚至业务受限等严重后果。

③ **监管机构的严格审查。**监管机构可能对组织的数据处理活动进行严格的审查和监督，要求组织提供相关的证明文件和合规报告等。组织需要加强自身的合规管理能力以应对监管机构的审查要求。

综上所述，组织在开展数据安全工作时，应充分认识合规风险的重要性，并采取有效措施确保数据处理活动的合规性、正当性和必要性。同时，组织还应加强与监管机构的沟通协作，共同维护国家数据安全和个人隐私权益。

### 5.5.2　数据安全合规分类

在数据安全合规框架内，确保数据安全与合规性是组织不可忽视的责任。从风险管理的视角出发，数据安全合规可以被划分为外部合规与内部合规两大维度。外部合规主要指的是组织应遵循的外部法律、法规及行业标准。这些要求包括但不限于以下内容。

**1. 国家法律义务**

组织应严格遵守国家层面的多项法律法规，包括《网络安全法》《数据安全法》《个人信息保护法》等。这些法律法规明确界定了组织在数据处理活动中的行为准则和红线。

**2. 监管及部门规章制度**

除了国家法律法规，还有各类政府部门发布的规章和制度，例如《网络安全审查办法》《关键信息基础设施安全保护条例》等。此外，针对特定领域或行业的监管要求，例如《App 违法违规收集使用个人信息行为认定方法》等，也需要组织严格履行。

#### 3. 行业或团体基本要求

这些通常是由行业协会、标准化组织等制定的非强制性标准或指南，例如《信息安全技术 网络数据处理安全要求》《网络安全标准实践指南 网络数据分类分级指引》《信息安全技术 信息安全风险评估方法》等。虽然它们不具有法律的强制性，但遵循这些要求有助于提升组织的数据安全能力和信誉。

内部规则是组织内部根据自身风险管理需求制定的一系列管理制度和规范。这些内部规则旨在确保组织在日常运营中符合外部法律法规的要求，并有效控制数据安全风险。内部合规的内容包括数据安全策略、数据安全管理制度、员工行为规范等，旨在规范员工行为，防止数据泄露和其他安全风险。

为了确保数据安全合规的有效性，组织应建立详细的安全合规要求及建设标准清单，整理相关的法律法规条款，并梳理合规风险来源。这样不仅可以确保组织符合外部法律法规的要求，还可以提升组织内部风险管理的成效。

### 5.5.3 建立合规框架的意义

#### 1. 履行法定的合规义务

根据数据安全相关法律法规的明确要求，组织需要建立并执行数据安全合规制度，这是组织作为法律主体应履行的基本义务。

#### 2. 提高组织合规管理效率

一个健全的数据安全合规框架能够标准化、系统化地管理组织数据活动，从而提高内部合规操作的效率，减少支出不必要的合规成本。

#### 3. 有效规避风险与损失

通过确保数据活动的合规性，组织能够显著降低数据违规引发的法律风险和经济损失，以及因违规所带来的一系列连锁反应。

#### 4. 维护组织的良好声誉

在数据驱动的商业环境中，数据安全事件往往引发媒体和公众的广泛关注，对组织的品牌形象和声誉造成重大损害。建立数据安全合规框架有助于预防或减少此类事件的发生。

#### 5. 增强应对监管和诉讼的能力

在面临监管机构的检查或法律诉讼时，一个健全的数据安全合规框架可以为组织提供有力的证据支持，证明组织已经采取合理且充分的措施来保护用户数据，并确保落实了相关的安全义务。

#### 6. 提升用户信任度和市场竞争力

随着用户对个人信息保护意识的逐步提升，数据安全合规水平已经变成用户在选择服务或产品时的重要考虑因素之一。因此，强化数据安全合规管理有助于提升用户对组织的信任度，进而增强组织的市场竞争力。

### 5.5.4 构建合规框架的考虑

组织在构建数据安全合规框架时，应考虑多个关键要素，以确保框架的有效性、适应性和可持续性。这些要素涵盖了制度建立、高层参与、风险评估、尽职调查，以及持续的监督与审核等多个方面。

**（1）建立全面的制度和程序[8]**

组织应构建一套详尽的数据安全合规制度和程序，为整个合规框架提供基础支撑。这些制度和程序应包括但不限于以下内容。

① **组织行为准则。**这份纲领性文件应明确组织的价值观、愿景、使命和合规方针，为组织的经营管理和文化建设提供指导。

② **数据安全合规专项制度。**针对数据生命周期的各个阶段，组织应制定详细的管理规定和操作流程，确保所有操作均符合法律法规的要求。

③ **部门规章与业务流程。**各职能部门应根据自身业务特点，细化符合数据安全合规要求的管理规章和业务流程。特别是涉及个人信息和重要数据的部门，应与合规部门紧密合作，确保业务流程既满足业务需求又符合法律监管规定。

**（2）高层参与合规组织体系[8]**

组织高层管理者的参与是构建有效合规框架的重要保障，应积极参与合规策略的制定、推广和执行，以形成自上而下的合规文化。此外，组织应建立专门的合规组织体系，例如，设立合规岗位、合规部门等，有助于确保合规工作的专业性和独立性。

**（3）构建风险防范体系[8]**

为有效应对潜在的数据安全合规风险，组织应建立风险防范体系，包括以下 3 点。

① **风险评估机制。**组织应定期或不定期地对组织面临的数据安全合规风险进行评估，识别风险来源和影响程度，为制定风险应对措施提供依据。

② **尽职调查流程。**组织应针对已发现或潜在的数据安全风险进行深入的调查和研究，包括内部职能部门和外部客户及产品的审查，以形成全面的风险报告并提出降低风险的建议。

③ **培训与沟通策略。**组织应通过定期的培训和教育活动，提高员工对数据安全相关法律法规和组织内部规章制度的认识和遵守意识。同时，组织应建立有效的沟通机制，确保高层管理者的合规理念和态度能够传达给全体员工。

**（4）强化监督与审核机制**

为确保合规框架的有效执行和持续改进，组织应建立监督与审核机制。

① **持续监督机制。**在日常业务活动中嵌入合规监督职能，组织应确保所有活动均在合规框架内进行。这包括对员工行为的监督和对业务流程的定期检查。

② **独立审核流程。**由独立的合规部门或第三方机构对组织的合规情况进行定期审核，以评估合规框架的有效性和符合性，并提出改进建议。这样的审核流程有助于确保组织的合规工作不受内部利益冲突的影响。

### 5.5.5　数据安全合规的核心要点

根据《数据安全法》的相关规定，组织在处理数据中，有义务履行法定的安全保护责任。《数据安全法》不仅明确了这些安全保护义务，更在第六章中详细规定了若违反这些义务将要承担的法律后果，对各类违法行为均制定了对应的处罚措施。由此，数据安全合规已经从组织的可选项转变为应严格遵守的法律规定。

组织数据安全合规的核心要点包括以下内容。

**（1）制定数据安全管理机制**

在出现数据安全事件时，监管机构更关注组织采取的数据保护措施和行动，而非数据安全性本身。因此，组织需要建立一套合规的数据安全保护机制，它不仅能有效减少数据安全事件的发生，还能在事件发生后为组织提供减少责任的依据。健全的数据安全管理机制是开展数据安全合规工作的基础。组织在构建这一机制时应考虑以下 4 个方面。

第一，确立数据安全管理的组织架构，明确各级部门和相关人员的职责与要求，确保责任到人。法定代表人或主要负责人应承担起对数据安全的全面领导责任，包括为数据安全工作提供必要的资源支持。

第二，任命具备相关管理工作经验和专业知识的人员担任数据安全负责人，并设立专门的数据安全机构。这些人员应参与数据处理活动的重要决策，并直接向组织主要负责人报告工作进展。

第三，根据《个人信息保护法》和 GB/T 35273—2020《信息安全技术 个人信息安全规范》的规定，满足以下条件之一的组织应设置个人信息保护工作机构和专职的个人信息保护负责人。

① 主要业务涉及个人信息处理，且从业人员规模超过 200 人。

② 处理超过 100 万人的个人信息，或预计在 12 个月内处理超过 100 万人的个人信息。

③ 处理超过 10 万人的个人敏感信息。

第四，为确保数据安全保护负责人和工作机构能够独立、有效地履行职责，组织应提供充足的资源支持，包括资金、技术和人力。

**（2）数据分级分类管理**

根据《数据安全法》第二十一条的规定，组织应按照数据分类分级保护制度，对数据进行针对性的保护。这不仅有助于组织遵守法律规定，还能有效平衡用户（客户）与组织的利益，提高数据的利用效率。

在实施数据分级分类管理时，组织可采用以下方法和步骤。

① **业务细分**。首先对组织的业务进行细分，明确各业务领域的数据类型和特点。这一步骤有助于确定数据管理主体，确保数据分类和定级的准确性。

② **数据分类**。在业务细分的基础上，对数据进行详细分类。分类的依据可以包括数据的性质、用途、来源等。通过数据分类，组织可以更清晰地了解各类数据的特点和面临的风险。

③ **级别判定**。在数据分类的基础上，根据数据的重要性、敏感性等因素进行数据分级。分级的结果将直接影响后续的安全保护措施和数据处理策略。在进行级别判定时，还应明确数据所处的环境，例如所处的系统、存储媒介、物理位置等。

**（3）确定数据处理权限与员工安全教育**

在构建和维护组织数据安全合规体系时，需要合理确定数据处理的操作权限并定期对从业人员进行安全教育和培训。为此，组织需要采取以下关键措施对数据处理相关岗位的从业人员进行精细化管理。

① **签订保密协议与背景调查**。组织应与所有数据处理人员签订保密协议，并对那些可能

大量接触个人信息的人员进行严格的背景调查，评估其不良行为记录、诚信状况等因素。

② **明确安全职责与处罚机制。**组织应清晰界定内部不同数据处理岗位的安全职责，并建立一套针对安全事件的处罚机制，以确保责任到人、违规必究。

③ **保密义务的延续。**对于即将调离数据处理岗位或终止劳动合同的员工，组织应考虑是否要求其继续履行保密义务。

④ **外部服务人员的安全管理。**对于可能访问组织数据的外部服务人员（例如第三方供应商的员工），组织应明确其应遵守的个人信息安全要求，并与其签订相应的保密协议，同时进行必要的监督。

⑤ **内部制度和策略的建立。**组织应制定完善的内部制度和策略，为员工提供数据安全的明确指引和要求，确保所有数据处理活动均符合法律法规和组织的安全标准。

⑥ **定期培训与考核。**为确保数据处理相关的岗位人员能够熟练掌握并遵循数据安全政策和规程，组织应定期（建议至少每年一次）或在数据安全政策发生重大变化时，对这些人员进行数据安全专业化培训和考核。通过培训和考核的方式，不断提升员工的数据安全意识和操作技能，从而有效降低数据泄露和其他安全风险的发生概率。

**（4）制订并演练数据安全事件应急预案**

作为数据安全合规框架的重要组成部分，组织应制订详细的数据安全事件应急预案。这一预案应明确在发生数据安全事件时，组织如何迅速、有效地进行响应，以最大程度地降低事件对组织和个人的不利影响。

组织应至少每年组织一次应急响应培训和应急演练，确保员工熟悉并掌握应急预案中的各项职责和处置流程。在发生数据安全事件后，组织应按照应急预案进行以下处置。

① 详细记录事件，包括发现事件的人员、时间、地点，涉及的个人信息及影响人数，发生事件的系统名称，对其他互联系统的影响。

② 对事件可能造成的影响进行全面评估，并采取必要的技术和管理措施控制事态发展，消除安全隐患。

③ 按照相关法律法规的要求，及时向有关部门报告事件情况。报告内容应包括数据类型、数量、内容、性质等总体情况，事件可能造成的影响，已采取或将要采取的处置措施，以及事件处置相关人员的联系方式等。

④ 如果数据泄露事件可能给个人数据主体的合法权益造成严重危害，组织应尽快通过邮件、信函、电话、推送通知等方式告知受影响的个人数据主体。在难以逐一告知个人信息主体的情况下，组织应采取合理且有效的方式发布与公众有关的警示信息，以提醒公众注意可能存在的安全风险。

通过以上措施的实施和执行，组织不仅能够更好地履行数据安全法定义务，还能够有效提升自身的数据安全防护能力和应对突发事件的能力。

### 5.5.6　构建合规架构

一个健全且高效的数据安全合规架构，是组织实现合规治理的核心要素。合规架构不仅能够确保组织在各个层级上明确职权、优化资源配置，还能强化各管理部门和职能部门的合规责任，从而确保组织合规战略的有效实施。

在构建这样的架构时，组织可按需参照《中央企业合规管理指引（试行）》《企业境外经营合规管理指引》和 GB/T 35770—2022《合规管理体系 要求及使用指南》（等同于采用 ISO 37301：2021）等权威指引。

结合这些指引和组织的合规实践，数据安全合规架构应由以下 4 个层级构成。

① **决策层**由董事会下设的风险管理委员会构成（或相同职能的机构），负责制定组织的数据安全合规战略，并对重大合规风险进行决策。

② **管理层**包括经理层和合规负责人，他们负责执行决策层的合规战略，并监督合规体系在日常运营中的实施情况。

③ **执行层**主要由风险管理部门（包括风控、合规、审计等部门）组成，负责具体执行数据安全合规的相关工作，例如风险评估、监控、报告等。

④ **业务部门**在业务运营中需要遵循数据安全合规的要求，并配备合规专员以协助执行层的合规工作。

在组织架构的运作机制上，应形成纵向逐级汇报的工作链条。具体来说，各业务部门的合规专员需要向风险管理部门汇报日常的合规工作情况，风险管理部门再向高级管理层报告，最终由高级管理层向董事会下设的风险管理委员会（或相同职能的机构）提交总结报告。

同时，反向的监督机制也必不可少：风险管理委员会对高级管理层进行监管，高级管理层则监督和协助风险管理部门的工作，风险管理部门与各业务部门之间保持紧密的协作关系，共同为业务部门的合规运营提供支持。

此外，对于重大的数据安全合规事项，风险管理部门有责任直接向董事会下设的风险管理委员会进行汇报。该委员会有权对这些事项进行直接的监控和管理。为确保整个合规体系的有效性和透明度，组织的数据安全合规架构还需要接受外部监管部门的监管，并积极配合监管部门的检查工作。

### 5.5.7 制定合规制度的流程

合规制度是数据安全合规框架的根基。若没有完善的制度基础，则组织无法有效地执行数据安全合规措施。合规制度为组织提供了明确的指导和规范，确保员工在处理数据时遵循法律法规和组织的安全要求。在制定组织数据安全合规制度时，可按以下步骤进行。

#### 1. 数据清查与评估

初始阶段的核心任务是对组织现有的数据进行全面清查和评估，以全面了解组织数据的现状，为后续的风险识别和合规方案制定提供支撑。这一过程需要借助专业的数据安全工具，以识别系统内数据的种类、分布和敏感程度。例如，可利用有效的数据发现和分类工具，对各业务系统和员工计算机中的数据进行深入审查。这些工具通常基于机器学习算法，能够自动识别和分类结构化数据、半结构化数据和非结构化数据中的敏感数据，大幅提高工作效率。

#### 2. 风险识别与合规规划

完成数据清查后，组织需要结合相关法律法规和行业标准，对现有的数据处理活动进行差距分析和风险识别。这一过程应涵盖组织的信息技术系统、用户界面、业务流程和个人信息收集、使用和保护方面。在此基础上，组织应制定一套全面的数据安全合规规划，明确合规目标、策略和实施路径。

**3. 合规制度建设与落地实施**

根据前两个阶段的工作成果，组织应结合自身实际情况，建立一套完善的数据安全合规制度。这套制度应包括但不限于数据分类分级管理、数据访问控制、数据加密与脱敏、数据安全事件应急响应等方面。同时，组织需要开展全员的数据安全意识和合规培训，确保员工充分理解并能够在日常工作中落实这些制度要求。

**4. 持续监控与迭代优化**

合规制度制定后，持续的监控和迭代优化是不可或缺的。组织应定期评估数据安全合规制度的执行情况和效果，识别新的风险和挑战，并及时调整和优化制度。同时，组织还应积极关注法律法规和行业标准的最新动态，确保数据安全合规制度的与时俱进。

### 5.5.8　实施数据安全合规框架

为了确保数据安全合规框架有效融入日常业务，现以单项产品上线流程为范例，阐述数据安全合规框架的实施步骤。

**1. 产品策划初期阶段**

在产品构思和策划阶段，组织应主动邀请数据安全领域的专家参与产品开发讨论。专家可针对数据安全提供合规性建议，识别潜在的合规风险，并提出相应的风险缓解措施。为确保数据的透明度和可追溯性，所有专家建议和风险相关信息应通过正式的纸质会议纪要或电子文档进行记录和归档。

除了邀请数据安全专家参与讨论，还要与法务团队紧密合作，确保产品从设计之初就符合相关法律法规的要求。此外，可以制定一份详细的数据和个人信息保护指南，为产品团队提供明确的合规标准。

**2. 产品设计阶段**

进入产品设计阶段后，设计团队需要根据使用的数据和个人信息类型制定相应的控制措施和架构。这些措施应反映在产品设计初稿中，并明确如何解决在策划阶段识别的安全风险。

另外，组织可以引入数据最小化原则，即只收集和处理必要的数据，以减少数据泄露和被滥用的风险。同时，建立数据分类和标签体系，对不同类型的数据采取不同的保护措施。最后，还可以考虑使用加密、匿名化[H34]等技术手段来保护用户数据的隐私性。

**3. 数据安全影响评估**

在完成产品设计后，设计团队应进行全面的数据和个人信息安全影响评估。建议组织从产品研发到上线的全过程，都邀请数据安全专家介入。这些专家将从法律、业务、管理和技术等对安全风险进行综合评估，并出具详细的数据和个人信息安全影响评估报告。这一步骤不仅有助于组织规避数据安全风险，还能防止数据安全不合规引发的重大损失，从而保障组织业务的稳健发展。

组织在评估时，可以制定一份详细的评估清单，包括评估的目的、范围、方法、时间表等，以确保评估的全面性和准确性。同时，建立跨部门的协作机制，确保法务、技术、业务等相关部门共同参与评估过程。完成评估后，在正式的评估报告中应提出相应的风险缓解措施和建议。

**4. 产品最终审核与发布**

在产品最终发布前，应确保产品已妥善处理所有已识别的数据和个人信息安全风险，并明确相应的管理和技术保障措施，以及控制手段。组织应召开包含业务、法务、风控、合规和安全等部门在内的最终产品展示会议，对产品进行全面的论证和审核。只有通过这一严格审核流程的产品，才能获得批准并正式上线。

在最终审核时，组织可以建立一个多部门联合审核机制，确保产品符合组织的合规标准和业务需求。同时，制订一份详细的产品发布计划，包括发布时间、发布渠道、用户通知等内容。在发布后，建立持续监控和反馈机制，及时发现和解决可能存在的合规问题。

## 5.6 常见合规问题和建议

确保数据安全的合规不仅是组织稳健运营的关键要素，也是维护组织声誉和客户信任的重要基础。在数据安全治理领域，组织常面临一系列错综复杂的合规挑战，这些挑战不仅涉及技术层面的实施，还囊括法律政策、组织架构、操作流程等多个维度，具体包括以下内容。

**（1）法律法规环境的不确定性**

随着数据安全法律法规体系的不断完善和更新迭代，组织可能会遭遇法律条款不明确、执行标准模糊或法规频繁变动等情况，这些情况增加了合规的难度和不确定性。

建议组织建立专业的合规团队，该团队应包括法律专家、技术专家和业务专家，以持续跟踪和解读法律法规的最新动态。此外，通过建立有效的合规咨询和解决方案机制，确保组织在法律环境变动时能够迅速做出响应和调整。

**（2）数据跨境传输的合规性挑战**

组织在开展国际业务时，会出现数据跨境传输的场景。然而，不同国家和地区在数据安全法律方面存在显著差异，对数据的传输、存储和处理提出了各自独特的要求，这给组织带来了复杂的合规性挑战。建议组织考虑采取以下应对措施。

① **全面了解和评估涉及的法律法规要求。**组织需要深入研究数据跨境传输涉及的所有相关法律法规，包括数据目的地国家和数据来源国家的要求。特别要关注数据所在国家对某些类型数据的跨境传输限制，例如对敏感数据或关键信息基础设施数据的出境限制。要全面评估这些法律约束，以确保数据跨境传输的合规性。

② **与法律专家密切合作。**鉴于不同国家的法律差异和复杂性，组织应与专业人士合作，以确保合规方案的制定和实施符合相关法律要求。

③ **建立数据跨境传输的风险评估和审批机制。**在开展数据跨境传输前，组织应对传输行为进行全面的风险评估，并建立严格的内部审批流程，确保风险得到有效控制。

④ **与数据接收方签署合法、有效的数据传输协议。**通过与数据接收方签署符合监管要求的协议，明确双方在数据保护方面的责任和义务，为数据传输合法提供法律保障。

⑤ **持续关注法律法规的变化并及时调整策略。**数据安全领域的法律法规在不断演进，组织应持续关注变化，并根据最新要求及时调整数据跨境传输的合规策略。

**（3）个人信息主体权益的保护**

随着个人信息保护意识的日益增强，组织在采集、处理和交换个人数据时应充分尊重个人信息主体的各项权益，包括知情权、同意权和隐私权等。否则，一旦违反相关法规或行业准则，组织可能面临严重的法律后果和声誉损失。组织可考虑采取以下应对措施。

① 建立健全个人信息保护制度和流程，明确界定个人信息的范围，规范个人信息处理行为，保障个人信息主体的各项权益。

② 进行个人信息安全影响评估，全面评估组织的个人信息处理活动可能带来的风险，并采取相应的安全防护措施。风险评估应涵盖个人信息的全生命周期。

③ 确立个人信息主体权利保障机制，例如，个人信息查询、更正、删除，个人信息主体撤回同意，个人信息泄露通知等。为用户提供便捷的权利行使渠道。

④ 加强个人信息处理活动的透明性，向个人信息主体告知个人信息处理规则、个人信息安全事件处置方案等。

⑤ 开展个人信息安全和隐私保护相关的培训与教育，提升全员个人信息保护意识和能力，营造尊重个人信息主体权益的组织文化氛围。

⑥ 与第三方共享、转让个人信息时，应进行充分的安全评估，并与第三方签署相关数据安全协议，明确双方责任义务，确保个人信息安全。

**（4）数据安全技术和管理能力的不足**

一些组织在数据安全技术应用方面存在明显不足，例如，数据加密、匿名化、访问控制等关键技术未能得到有效应用。同时，由于缺乏完善的数据安全管理策略和流程，数据泄露风险显著增加。组织可考虑采取以下应对措施。

① 执行全面的数据安全战略并制定管理策略，涵盖数据生命周期的各个环节。制定明确的数据分类分级标准，并基于数据的敏感程度采取相应的安全防护措施。

② 加强关键数据安全技术的应用，例如，对敏感数据进行加密存储和传输，采用数据脱敏、去标识化、匿名化等技术保护个人隐私，严格的用户身份验证和细粒度的访问权限控制，以及全面的数据安全审计与监控等。

③ 建立数据安全管理的组织架构与明确的职责分工，配备专职的数据安全负责人，同时加强全员的数据安全意识教育培训。建立数据安全事件应急响应机制，制订详细的应急预案并定期开展应急演练。

**（5）第三方合作和供应链管理中的风险**

在与第三方服务提供商或供应链伙伴合作过程中，组织往往难以全面掌控对方的数据安全措施，从而可能引入未知的安全风险，并影响组织的合规状态。组织可考虑采取以下应对措施。

① 在选择第三方合作伙伴前，除了安全和合规尽职调查，还应评估其商业信誉、财务稳健性等，确保其有长期提供合规服务的能力。

② 合同中除了明确双方的数据安全责任义务，还应规定数据所有权、使用范围、保密措施、审计要求、违约赔偿等，并确保合同条款符合所适用的法律法规。

③ 签订合同后，应与第三方合作伙伴建立畅通的沟通机制，及时了解其数据安全情况，必要时可派驻安全管理人员。在定期审计中如果发现问题，要求限期整改，对屡教不改者应终止合作。

④ 在数据共享前，应进行数据分类分级，敏感数据应脱敏或匿名化处理。与第三方合作伙伴共享的数据要控制好授权的范围、方式和期限。

⑤ 完善供应链安全管理体系和风控机制，例如制定供应商行为准则，建立危机管理机制，以提高全链条应对网络安全事件的能力。

⑥ 提高组织自身的安全防护和监测能力，及时发现和阻断来自第三方合作伙伴的违规访问和数据泄露。

⑦ 加强员工安全意识培训，提高其甄别和管控第三方风险的能力。对涉及敏感数据的岗位人员还应开展针对性的培训。

**（6）数据泄露事件的应对准备不足**

一些组织缺乏详细的应急预案，导致在事件发生时无法迅速响应，从而加剧损失和影响范围。组织可考虑采取以下应对措施。

① **组建安全事件响应团队。**配备专职人员，明确职责与分工。

② **开展定期培训和演练。**提高相关人员的安全意识和事件处置能力。

③ **事件分类与分级。**根据数据泄露的性质、影响范围，对事件进行分类和分级，明确不同等级事件的判定标准和响应要求。

④ **应急响应流程。**明确事件发生后的响应流程，包括事件确认、启动预案、成立应急小组、信息收集、损失评估、制定解决方案、事件跟踪等关键步骤。

⑤ **技术措施。**针对不同类型的数据泄露事件，制定相应的技术处置措施，例如，修补漏洞、阻断非法访问、保存证据、分析泄露数据的范围和影响等。

⑥ **通知与公关。**明确需要通知的相关方（例如，监管机构、客户、合作伙伴等），以及通知的时间、方式。制定统一的公关口径和策略，及时、准确地向公众通报事件信息。

⑦ **事后评估。**事件解决后要及时总结评估，梳理事件应对过程中的经验教训，优化与完善应急预案。

**（7）数据可追溯性要求的提升**

随着监管法规对数据管理的日益严格，组织应对数据的来源、流向和处理情况进行全链路的跟踪和记录，以确保关键数据的可追溯性。这一要求促使组织重新审视现有的数据安全治理体系，优化数据操作流程，引入有效的技术手段，全面提升数据安全水平。建议组织考虑采取以下应对措施。

① **梳理数据全生命周期，明确关键环节。**组织应系统梳理数据从产生到使用再到销毁的全生命周期，识别其中的关键业务环节和控制点，为实现全链路追溯奠定基础。

② **优化数据架构和元数据管理。**合理规划数据架构，强化元数据管理，对数据的业务属性、技术属性、权限属性等进行统一定义和记录，为可追溯性管理提供基础数据。

③ **规范数据操作流程。**针对数据生命周期各环节，制定规范的操作流程，明确各岗位职责，并嵌入必要的记录和审计措施，使数据操作可控可追溯。

④ **引入数据溯源分析。** 借助数据溯源分析工具，自动捕捉数据流转过程中的关键事件，形成数据谱系图，直观展示数据的来源，为安全审计和故障分析提供依据。

**（8）数据流转与共享的合规性挑战**

在数字化转型的推动下，数据在组织内部和组织之间的流转和共享变得日益频繁。然而，这种复杂的数据流动和使用模式也带来了合规性的新挑战，如何确保数据在流动过程中的安全性、保密性和合规性成为一个亟待解决的问题。组织可考虑采取以下应对措施。

① **实施最小权限原则（Principle of Least Privilege）**[H35]。建立严格的访问控制机制，确保用户只能访问完成其工作职责所必需的数据，最大限度减少数据滥用的风险。

② **部署DLP解决方案。** 利用DLP工具对敏感数据的使用和传输进行实时监控和控制，防止数据的未授权流出。

③ **开展数据合规审计。** 定期对数据流转与共享过程进行合规性审计，识别潜在的合规风险并及时修正。审计过程中应重点关注敏感数据的跨境传输、第三方数据共享等高风险场景。

④ **加强供应商管理。** 对涉及数据共享的第三方供应商（例如云服务商）进行严格的资质审查和风险评估，通过合同约定和技术手段确保其符合组织的数据安全与隐私保护要求。

**（9）数据安全人才与投入的不足**

组织在数据安全领域面临的一个普遍问题是缺乏专业的数据安全和合规人才，以及必要资金的投入不足。这导致组织在应对数据安全挑战时往往力不从心，合规水平整体偏弱。组织可考虑采取以下应对措施。

① **制订数据安全人才战略规划。** 组织应全面评估现有的数据安全人才储备，明确未来一段时间内的人才缺口和需求。在此基础上，组织可制订中长期的人才培养和引进计划，并纳入整体发展战略。

② **加大数据安全专业人才的培养力度。** 组织可通过内部培训、轮岗、导师制等方式，提升现有员工在数据安全与合规领域的技能。

③ **吸引和保留高端数据安全人才。** 组织可完善薪酬福利体系，为数据安全人才提供有市场竞争力的待遇；营造尊重人才、鼓励创新的文化氛围；为人才搭建职业发展通道，满足其发展诉求。

④ **加大资金投入，夯实数据安全治理基础。** 组织可增加在数据安全技术研发、平台建设、威胁情报等领域的投入，为业务部门配备安全防护设施；引进第三方安全服务，弥补自身能力的不足。

⑤ **建立数据安全投入效益评估机制。** 组织定期评估各项数据安全投入产生的收益，合理配置资源，提高投资回报率；将数据安全作为考核指标，纳入业务部门绩效评价体系。

**（10）新兴数据应用的合规性评估缺失**

随着云计算、大数据、人工智能等新型数据应用的快速发展，组织可能会面临新的合规性风险。这些新兴技术在带来业务创新的同时，也可能引入未知的安全和合规问题。组织可考虑采取以下应对措施。

① 对新兴数据应用进行全面的合规性评估。评估内容应覆盖数据生命周期各个环节，重点关注个人敏感数据保护、数据跨境传输等高风险场景。

② 制定明确的数据合规评估标准和流程，并形成制度化的评估机制。评估过程中应全面识别潜在的合规风险点，并提出针对性的合规整改措施。

③ 加强与法务、合规等部门的协同配合，确保合规评估工作与最新的法律法规和监管要求保持同步。必要时可引入外部法律专家参与风险评估。

④ 加大数据合规培训力度，增强全员合规意识。定期开展数据合规培训，普及数据保护相关法律知识，强化员工责任意识。

⑤ 将数据合规评估嵌入新技术，引入全生命周期管理中。在立项阶段开展合规性评估，并贯穿需求分析、设计开发、测试上线等各环节，及早发现和消除合规隐患。

⑥ 建立数据合规问题发现和整改机制，对于评估中发现的问题，落实整改方案、责任部门和完成时限，并持续跟踪整改完成的情况。

第六章

# 数据安全风险评估

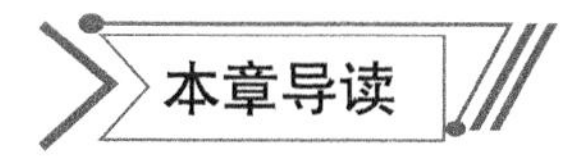

**内容概述：**

本章介绍数据安全风险评估的流程和方法。首先概述了信息安全风险评估的基本概念、原理和流程；然后聚焦于数据安全领域，阐述了数据安全风险评估的概念、风险要素及关系、评估流程，并对数据安全治理框架下的风险识别提供了详细的参考；最后提出编制风险评估报告和持续改进的要求。

**学习目标：**

1. 理解信息安全风险评估和数据安全风险评估的概念和基本原理。
2. 掌握数据安全风险评估的关键流程和内容。
3. 理解和识别数据安全管理、安全技术、数据处理活动、个人信息方面的常见风险。
4. 了解如何开展风险分析、判断可能性及其影响、确定风险等级。
5. 了解数据安全风险清单、整改措施、风险评估报告的内容。
6. 理解持续跟进整改落实、监测残余风险的要求。

## 6.1 概述信息安全风险评估

### 6.1.1 信息安全风险评估的概念

信息安全风险（Information Security Risk）[9]是由特定威胁利用单个或一系列资产的脆弱性所引发的潜在损害，这种损害的可能性及其潜在后果需要通过综合评估来确定。为了有效管理这些风险，需要对组织进行系统性的风险评估（Risk Assessment）[9]，包括风险识别、风险分析和风险评价。

“威胁”是指可能对信息系统或数据造成潜在损害的因素或力量。这些“威胁”可能源于各个方面，包括但不限于恶意软件、非法攻击、内部员工、物理环境等。在风险评估的过程中，组织应全面考虑其资产所面临的威胁、存在的脆弱性和已实施的安全措施等核心要素，这些要素之间存在密切的关联，风险要素及其关系如图 6-1 所示。只有充分理解这些风险要素及其相互关系，组织才能制定更加有效的安全措施。

风险的核心在于资产，资产可能是数据、系统或其他具有价值的资源（例如，数据库、信息系统、网络设备、人员等），资产不可避免地会存在脆弱性。脆弱性是指在资产本身存在的可能被利用或触发的弱点、缺陷或不足。这些脆弱性可能是由设计缺陷、配置不当、技术漏洞、过时的安全补丁或人为错误等原因造成的。

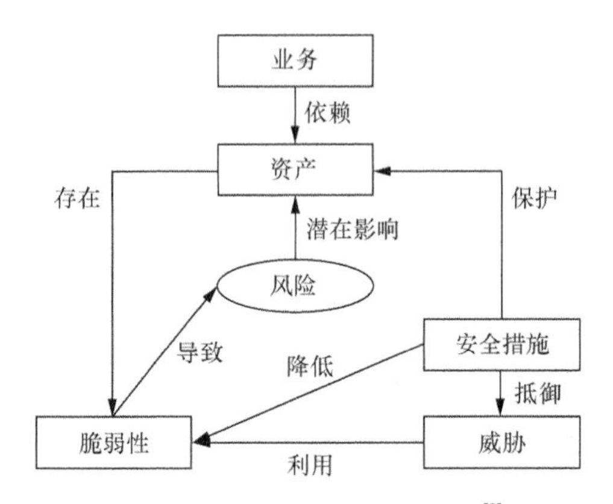


**图6-1　风险要素及其关系[9]**

为了降低这些脆弱性被威胁利用的风险，组织会采取一系列安全措施（Security Control）[9]。这些措施是一系列策略、规程和技术手段的综合体，旨在保护资产、抵御威胁、降低脆弱性、减小安全事件的影响，并有力打击信息犯罪，从而确保组织的信息安全得到全面保障。

即便有了这些安全措施，威胁仍然可能利用尚未被发现或已知但未及时修复的脆弱性来造成风险。这种风险一旦转化为实际的安全事件，将对资产的正常运行状态产生不良影响，可能导致数据泄露、系统瘫痪或其他严重的后果。

因此，在进行风险分析时，组织应综合考虑多个基本因素：资产的价值和重要性、脆弱性的性质和严重程度、威胁的来源和可能性，以及已实施的安全措施的有效性和可靠性。通过全面分析上述因素，组织能够更准确地评估风险，制定更有效的安全策略，从而确保数据资产的安全与稳定。

### 6.1.2　信息安全风险分析原理

为了更有效地实施风险评估工作，组织需要对风险分析的原理[9]有一定的理解。

首先，组织需要对威胁进行详尽的分析。这包括考察威胁的来源、种类及其背后的动机（动机仅适用于人为威胁）。为了更准确地量化威胁，组织应结合与威胁相关的历史安全事件、系统日志等数据，评估并分析威胁的实际能力和活动频率。

其次，组织需要评估系统的脆弱性。这涉及分析脆弱性的访问路径、触发条件和已部署的安全措施的有效性。通过这些分析，组织可以判断脆弱性被利用的难易程度，进而预测潜在的安全风险。

再次，组织需要确定脆弱性被威胁利用后可能造成的后果。这要求组织仔细分析安全事件发生后对重要资产（例如数据、系统、设备等）的具体影响程度和范围。

从次，组织需要综合威胁的能力、频率和脆弱性的被利用程度，来计算安全事件发生的可能性。这种可能性分析是风险评估中的重要步骤，它有助于优先关注那些更可能发生的风险。

此外，组织还需要对资产进行价值评估。这不仅要考虑资产在组织发展规划中的地位和作用，还要考虑其所承载的业务价值，以及一旦遭到破坏或泄露可能造成的损失来进行综合判断。

在上述分析的基础上，组织可以进一步估算安全事件发生后造成的预期损失。这种损失可能包括直接的经济损失、业务中断、声誉损害等多个方面。

最后，组织通过综合安全事件发生的可能性和预期损失来得出风险值，并依据风险评估准则确定风险等级，以便组织管理层做出相应的风险缓解决策。这一过程需要确保风险评估的客观性和准确性，为组织的数据安全提供有力保障。

### 6.1.3 信息安全风险评估流程

同其他工作一样，风险评估也需要一套固定且合理的评估流程来确保其有效性和准确性，风险评估实施流程如图 6-2 所示，具体内容如下。

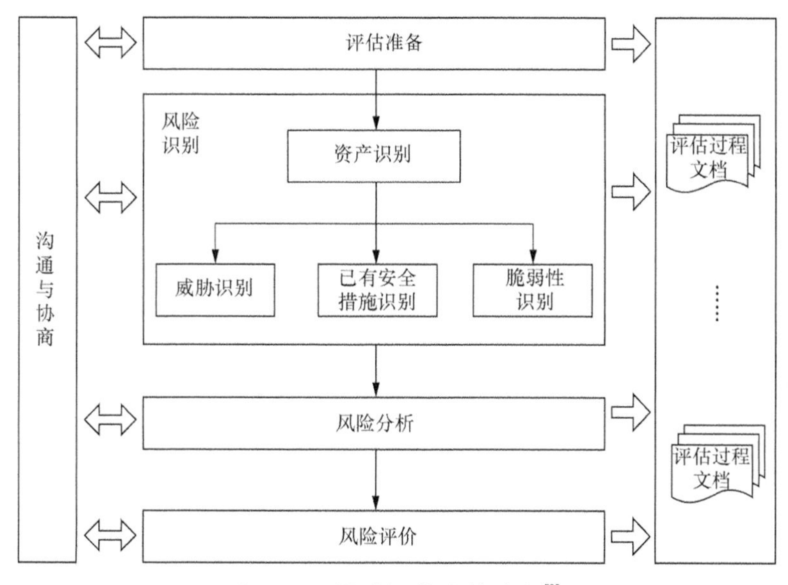


**图6-2 风险评估实施流程**[9]

在评估准备阶段，需要明确风险评估的具体目标，这为后续的工作提供了方向；再界定评估的对象、范围及边界，这有助于聚焦关键领域，避免资源的浪费；组建一支专业且多元化的评估团队，能够确保从多个角度全面审视潜在风险；开展前期调研和确定评估依据，为风险评估提供充分的数据支持和理论依据；建立风险评价准则和制定详细的评估方案，为后续的风险识别和处理提供明确的指导；为确保评估工作的顺利进行，组织应形成一份完整的风险评估实施方案，并获得最高管理者的支持和批准。

进入风险识别阶段后，重点转向具体的风险点。这包括资产识别，即明确组织的重要数据资产；威胁识别，即分析可能对这些资产造成损害的外部和内部威胁；已有安全措施识别，即审视当前的安全防护措施是否足够应对潜在威胁；以及脆弱性识别，即找出系统中可能存在的漏洞和弱点。

在风险分析和风险评价阶段，综合所有风险要素计算每个风险的风险值，并确定风险等级。

另外，在整个风险评估过程中，都会涉及沟通与协商、评估过程文档的管理，它们确保了信息的准确传递和评估记录的完整性，为后续的改进工作提供事实依据。

风险评估不是一次性活动，需要随着环境的变化而持续进行。每当组织的政策环境、威胁态势、业务目标或安全目标发生变化，都应重新开展风险评估，以确保风险控制措施的持续有效。

风险评估的最终目的是为风险处理提供决策支持。风险处理是一系列活动的总称，它包括降低风险、规避风险、转移风险和接受风险等策略。根据风险评估的结果，组织能够选择最合适的处理策略，从而确保组织的资产得到最大程度的保障。

## 6.2 数据安全风险评估的概念

### 6.2.1 数据安全风险的定义

从定义上看，数据安全风险（Data Security Risk）[10]是指各种威胁和漏洞导致的数据安全事件发生的可能性，以及这些事件对国家安全、社会公共利益、组织及个人的合法权益所产生的潜在影响。为了有效应对数据安全风险，有必要进行针对性的数据安全风险评估（Data Security Risk Assessment）[10]。组织应根据自身业务特点、数据资产价值、已知的威胁和漏洞等因素，确定评估的优先级和重点领域。这一评估过程涵盖了对数据和数据处理活动的深入信息调研、风险的精准识别、风险的详细分析、风险的客观评价，从而使组织清晰地认识到自身面临的主要数据安全风险，并据此制定有针对性的防范和应对策略，合理分配安全资源，最大程度控制和降低风险。

具体来讲，数据安全风险评估紧密围绕数据和数据处理活动的安全性，着重关注可能损害数据保密性、完整性、可用性及数据处理合规性的各种风险。数据安全风险评估的目的是全面掌握数据安全的整体状况，及时发现潜在的数据安全隐患，并为加强数据安全管理和提升技术防护能力提供建议。数据安全风险评估的总体内容包括以下 4 点。

① **信息调研。**全面识别数据处理者、相关的业务和信息系统、数据资产清单、数据处理活动的流程和标准、已采取的安全措施等关键要素。

② **风险识别。**从数据安全管理策略与实践、数据处理活动的安全性与合规性、数据安全技术的有效性与适用性、个人信息保护措施的充分性等多个维度，深入识别潜在的风险隐患。

③ **风险分析。**在风险识别的基础上，系统梳理风险源清单，深入分析每个风险源的性质、可能性和影响程度，进而确定风险的优先级。

④ **风险评价与建议。**根据风险分析的结果，客观评价数据安全风险的整体水平，并针对发现的问题和不足提出具体的整改建议和措施。

### 6.2.2 数据安全风险要素及关系

数据安全风险评估涉及数据、数据处理活动、业务、信息系统、安全措施、风险源等基本要素，数据安全风险要素关系如图 6-3 所示。

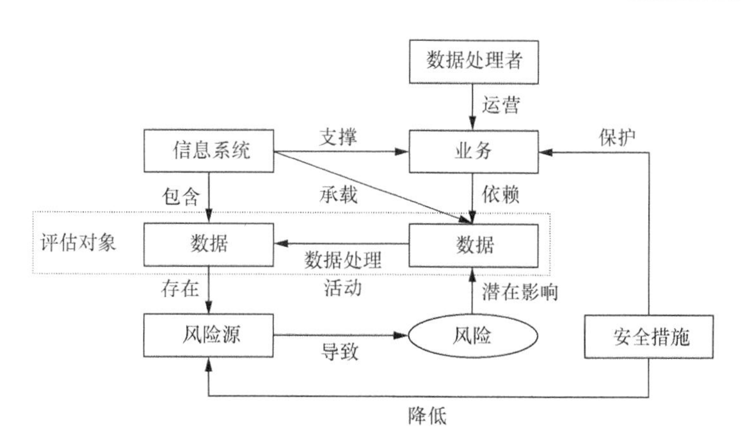


图6-3　数据安全风险要素关系[10]

这些要素之间构成一个复杂但逻辑清晰的关系网络。

① **数据**。作为风险评估的核心，数据本身具有多重价值属性。这些价值属性不仅反映了数据的重要性，还直接影响了数据安全风险可能带来的危害程度。因此，在评估过程中，需要对数据价值进行准确判断。

② **数据处理活动**。与数据紧密相关的是数据处理活动。这些活动包括数据的采集、传输、存储、处理、交换和销毁等各个环节。数据处理活动是数据安全风险评估的主要对象之一，其安全性和合规性直接影响数据安全的整体水平。

③ **业务**。数据处理者通常在特定的业务背景下运营数据，业务的有效开展往往高度依赖数据资源。因此，在评估数据安全风险时，应充分考虑业务对数据的需求，以及业务在运营过程中可能产生的风险。

④ **信息系统**。作为支撑业务运行的重要基础设施，信息系统承载着大量的数据处理活动，需要保障相关信息系统的安全性和稳定性。在风险评估中，对信息系统的安全审查是必不可少的环节。

⑤ **安全措施**。为了降低数据安全风险的发生概率和影响，应采取一系列有效的安全措施。这些措施应覆盖数据的全生命周期，确保在各个处理环节都能达到相应的安全标准。安全措施的实施效果是评估数据安全风险的重要依据之一。

⑥ **风险源**。风险源（Risk Source）[10] 是指可能导致危害数据的保密性、完整性、可用性和数据处理活动合理性（Rationality）[H36] 等事件的威胁、脆弱性、问题、隐患等，也称为“风险隐患”，包括安全威胁利用脆弱性导致数据安全事件的风险隐患，也包括数据处理活动不合理操作造成违法违规处理事件的风险隐患。

数据安全风险评估是一个涉及多个要素和环节的复杂过程。为了确保评估结果的准确性和有效性，需要对这些要素及其相互关系有深入的理解和准确的把握。

### 6.2.3　数据安全风险评估流程

数据安全风险评估是确保数据安全的关键环节，它坚持预防为主、主动发现和积极防范的原则 [11]。通过对数据处理者的数据安全保护措施和数据处理活动进行深入的风险评估，旨在全面了解数据安全的整体状况，及时发现潜在的数据安全隐患，并为提升数据安全防护能力（防攻击、防破坏、防窃取、防泄露、防滥用等）提供管理和技术上的建议。

数据安全风险评估主要聚焦于数据处理者的数据和数据处理活动，针对可能威胁数据保密性、完整性、可用性，以及数据处理合理性的安全风险进行细致的分析和评价。主要包括评估准备、信息调研、风险识别、风险分析与评估分析、评估总结 5 个阶段。数据安全风险评估实施流程见表 6-1。

表6-1 数据安全风险评估实施流程[10]

| 阶段 | 具体工作 | 主要工作成果 |
|---|---|---|
| 评估准备 | 1. 明确评估目标<br>2. 确定评估范围<br>3. 组建评估团队<br>4. 开展前期准备<br>5. 编制评估方案 | 1. 调研表<br>2. 评估方案 |
| 信息调研 | 1. 调研数据处理者<br>2. 调研业务和信息系统<br>3. 调研数据资产<br>4. 识别数据处理活动<br>5. 识别安全防护措施 | 1. 处理者基本情况<br>2. 业务清单<br>3. 信息系统清单<br>4. 数据资产清单<br>5. 数据处理活动清单<br>6. 数据流图<br>7. 安全措施情况 |
| 风险识别 | 1. 识别数据安全管理风险<br>2. 识别数据处理活动风险<br>3. 识别数据安全技术风险处理<br>4. 识别个人信息 | 1. 文档查阅记录文档<br>2. 人员访谈记录文档<br>3. 安全核查记录文档<br>4. 技术检测报告 |
| 风险分析与评估分析 | 1. 数据安全风险分析<br>2. 数据安全风险评估<br>3. 数据安全风险清单制作 | 1. 数据安全问题清单<br>2. 数据安全风险<br>3. 整改建议 |
| 评估总结 | 1. 编制评估报告<br>2. 提出风险缓解建议<br>3. 分析残余风险 | 风险评估报告 |

## 6.3 评估准备阶段

### 6.3.1 明确评估目标

在进行数据安全风险评估之前，首要任务是确立清晰明确的评估目标。这些目标既可以源于《数据安全法》《个人信息保护法》等法律法规的具体实施要求，也可以基于组织自身对数据安全的严格标准。通过全面审查数据安全管理实践、详细分析数据处理活动、深入评估所采用的数据安全技术，以及细致检查个人信息保护的现状，可以尽可能识别潜在的安全漏洞和风险隐患，这不仅有助于组织实现合规性目标，更能显著提升数据安全的整体防护能力。

具体而言，数据安全风险评估的目标可涵盖以下 5 个方面。

① **数据基本情况的摸查。**全面了解数据的种类、规模、分布等基本信息，为后续的风险评估提供基础的数据支持。

② **数据处理活动的审查。**深入了解数据处理者的数据处理活动，包括数据的采集、传输、存储、处理、交换、销毁等各个环节，以识别潜在的安全风险。

③ **安全问题和风险的发现。**重点关注可能影响国家安全、公共利益或个人、组织合法权益的数据安全问题和风险，确保这些风险得到及时有效的管理。

④ **特定处理活动的风险评估。**针对数据共享、交易、委托处理、向境外提供重要数据等特定处理活动，进行深入的风险评估，确保这些特定处理活动符合法律法规的要求，并采取相应的保护措施。

⑤ **数据安全保护措施的完善。**基于评估结果提出针对性的改进建议，帮助数据处理者完善数据安全保护措施，提升数据安全保护能力。

通过明确并细化这些评估目标，组织能够更加有效地开展数据安全风险评估工作。

### 6.3.2　确定评估范围

有了评估目标之后，还需要明确本次数据安全风险评估所涵盖的数据资产种类、数据处理活动类型、相关的业务与信息系统、涉及的人员和内外部组织。风险评估的核心应聚焦于数据和数据处理活动，既可以对整个组织内的数据和数据处理活动进行全面评估，也可以针对某一特定业务、信息系统或部门所涉及的数据和数据处理活动进行定点评估。

当决定对组织内的全部数据和数据处理活动进行评估时，可以采用“全面梳理、重点评估”的策略来确定评估范围。

① 对被评估方（指部门、子公司、项目或产品团队、特定职能或角色、第三方供应商等，下同）的数据安全状况进行全面梳理，包括但不限于其数据资产清单、数据处理活动的具体流程，以及数据的分类与分级情况。

② 在全面了解的基础上，结合数据的分类与分级结果，筛选出重点评估对象。特别是涉及个人信息、重要数据、核心数据的数据处理活动，应进行重点评估；同时，通过抽样方式选取其他具有代表性的一般数据处理活动，以确保风险评估的全面性和深入性。

③ 对于尚未进行数据分类与分级工作的组织，建议依据业务和信息系统的重要性和敏感程度来选定重点评估对象。例如，可以优先选择核心业务或重要信息系统的数据和数据处理活动进行评估。

当评估范围缩小至某一特定业务、信息系统或部门时，上述方法同样适用。在这种情况下，既可以依据实际情况选择部分关键数据和数据处理活动进行深入评估，也可以将所涉及的全部数据和数据处理活动一并纳入评估范围，以确保评估的准确性和完整性。

### 6.3.3 组建评估团队

在进行数据安全风险评估时，评估方肩负着确保评估活动具备专业性与有效性的责任。为此，评估方可以选择自行组建评估团队或委托具备相应专业能力的第三方机构来执行评估任务。

**1. 团队组成**

根据评估目标、范围、涉及的行业特点和专业要求，评估团队应由具备相关专业知识和技能的人员组成。这包括但不限于业务、安全、法务、合规、运维和研发等部门的人员。

评估团队的负责人应由数据安全负责人或经其授权的代表担任。在委托第三方机构进行评估的情况下，该机构应被授权并按照约定的职责和范围执行评估工作。

**2. 准备工作**

评估团队在开始评估之前，应完成所有必要的准备工作，包括但不限于准备风险评估文档、检测工具等，并确保这些工具和文档适用于当前的评估任务。

所有参与评估的人员都应签订保密协议，承诺在评估过程中获取的信息仅用于评估目的，并遵守数据安全相关的法律法规。

**3. 信息使用与保密**

评估团队在评估过程中获取的所有信息，包括但不限于数据、系统配置、安全策略等，只能用于完成评估任务和加强组织数据安全保护。这些信息不得用于其他目的，也不得在未经授权的情况下泄露、出售或非法提供给第三方。

对于委托的第三方机构，其在评估过程中获取的信息同样受到严格的保密要求。未经数据处理者的明确授权，第三方机构不得将评估信息用于其他目的或泄露给未经授权的个人或团体。

**4. 配合监管部门的评估**

当主（监）管部门进行数据安全风险评估时，被评估的数据处理者应成立专项工作团队配合评估工作。专项工作团队应按照主（监）管部门的要求，做好人员配备、设备准备和技术支持等工作，确保评估活动的顺利进行。同时，专项工作团队应积极响应主（监）管部门的询问和要求，提供必要的信息和协助。

### 6.3.4 开展前期准备

在启动数据安全风险评估之前，应执行一系列细致的准备工作。这些步骤应确保评估的有效性和效率，并为后续的评估活动奠定坚实的基础。以下是前期准备阶段的关键任务。

**1. 制订工作计划**

评估工作计划是整个评估活动的路线图，它详细规划了评估的各个方面。

工作计划应包括但不限于：明确评估目标，制订具体的评估要求、详尽的评估内容、有序的评估流程、周密的调研安排及合理的总体进度安排。评估团队应确保工作计划符合实际需求，并能够高效执行。

**2. 确立评估依据**

评估依据是评估活动的基础，它确定了评估的标准和参考。根据评估的目标和范围，评估团队应确定适用的评估依据。

评估依据通常包括但不限于：数据安全相关法律、行政法规和司法解释；网信部门及主（监）管部门发布的数据安全规章和规范性文件；地方性的数据安全政策规定和监管要求；数据安全和风险评估相关的国家标准和行业标准。此外，在进行自评估时，本组织的数据安全制度规范也应作为重要的评估依据之一。

**3. 明确评估内容**

评估内容是评估活动的核心，它直接反映了评估的目标和重点。评估团队应结合评估的目标、范围和依据，针对被评估方的实际情况，确定每个评估对象适用的具体评估内容。

这包括但不限于：对数据处理活动、数据安全管理、数据安全技术等方面的风险评估；涉及处理个人信息时，还需要特别针对个人信息保护开展风险评估。在评估过程中，评估团队应根据任务要求、评估重点、监管需要和评估依据的变化，及时调整和完善评估内容。

**4. 建立评估文档体系**

评估文档是记录评估过程和结果的重要载体。在前期准备阶段，评估团队应针对评估的目标、范围、依据和内容，建立完整的文档评估体系。这包括准备数据安全风险评估调查表、技术测试方案及工具说明等必要的评估文档。在评估过程中，评估团队应对所有评估工作相关文档进行统一编号和规范管理，确保文档的完整性、可追溯性和安全性。

### 6.3.5　编制评估方案

在启动数据安全风险评估之前，评估团队应编制一份全面、细致的风险评估方案。这份方案在提交给高层管理者后，应获得其充分的支持和认可。

评估方案的关键要素包括但不限于以下 7 点。

**1. 评估概要**

评估团队应明确评估的核心目标和基本依据，为整个评估流程提供方向性指导。

**2. 评估范围界定**

评估团队应具体说明评估对象的筛选标准、详细描述及评估的边界范围，确保评估的针对性和有效性。

**3. 评估内容与方法论**

评估团队应详细列举评估的关键内容、遵循的评估准则，以及采用的评估方法，确保评估的科学性和系统性。

**4. 评估团队组成**

评估团队应明确评估团队的组织架构，以及领导者和成员的职责分工，确保团队高效协作。

**5. 实施时间表与人员配置**

评估团队应规划详细的时间进度和人员分配，保障评估任务按计划有序推进。

**6. 操作规范与要求**

评估团队应强调评估工作的规范性，包括严格遵循评估内容及标准、最小化对被评估方正常工作的干扰、制定应急保障和风险规避措施等。同时，评估团队应明确告知被评估方可能产生的风险，并严格履行工作纪律和保密协议。

**7. 技术测试规程**

在技术测试前，评估团队应明确测试的具体方案，包括使用的技术工具、测试的内容和环境、应急响应措施等。测试方需要向被测方清晰揭示测试可能涉及的安全风险，并确保双方在测试方案上达成一致。此外，进行测试前应向相关部门报备，确保流程的合规性。

为确保评估方案的全面性和实用性，评估团队可邀请行业内的数据安全与网络安全专家对方案进行专业评议，评议的重点应集中在方案的内容完整性、风险管控的充分性、保护措施的适当性、操作流程的可行性和技术支持的可靠性等方面。经过专家的评议和反馈后，评估团队应进一步修订和完善评估方案，确保其能够高效、准确地指导后续的风险评估工作。

在编制评估方案时，评估团队还需要确定适用的评估手段，可以综合采用以下常见的评估手段。

① **人员访谈**。评估团队应与关键人员进行深入交谈，了解他们对数据安全的理解程度、现有制度规章的执行情况、已采取的防护措施，以及安全责任的落实情况。访谈将覆盖不同层级和部门的人员，以获得全面的视角。

② **文档审查**。评估团队应仔细审查所有相关的安全管理制度文档，包括风险评估报告、等级保护测评报告及其他证明材料。评估团队通过文档审查，可验证制度的完整性、有效性和实施情况。

③ **现场安全检查**。评估团队的检查工作应重点关注网络环境的安全性、数据库和大数据平台等关键系统的安全策略配置。另外，评估团队还需要检查所有相关设备和系统的防护措施是否得到妥善实施。

④ **技术测试**。评估团队在获得授权并严格控制风险的前提下，应利用专业的技术工具和渗透测试方法，深入检查数据资产的安全性。技术测试旨在发现潜在的安全漏洞，并验证现有防护措施的有效性。

## 6.4 信息调研阶段

信息调研（又称信息收集与分析）不局限于对数据处理者基本概况的了解，还需要对数据处理者的业务运营、信息系统架构和网络拓扑、数据资产分布和数据处理活动的全流程进行深入细致的分析。信息调研的目的是构建一个清晰、准确的数据全景图，从而精准把握组织内部数据流向，有效识别潜在的安全风险，并评估现有安全防护措施的效能与完备性。

### 6.4.1 调研数据处理者

为确保评估的准确性和全面性，评估团队首先要对数据处理者进行深入、细致的了解，包括但不限于以下内容。

**1. 基础信息收集**

评估团队收集数据处理者的基础信息，包括单位全称、组织机构代码、注册地址、实际办公地址、法定代表人姓名及职务等。这些信息是建立数据处理者档案的基础。

#### 2. 组织类型判定

根据收集的信息，评估团队判断数据处理者属于党政机关、事业单位、组织还是社会团体等类型。不同类型的组织在数据处理方式、安全需求和监管标准上可能存在明显区别。

#### 3. 特定类型数据处理者识别与标注

评估团队针对具有特殊数据处理需求或面临更高监管标准的组织，例如，政务数据处理者、大型网络平台运营者、关键信息基础设施运营者等，应进行特别标识和重点关注。这些组织的数据安全状况对整个社会和国家的安全具有重要影响。

#### 4. 行业归属与特性分析

评估团队应明确数据处理者所属的行业领域，例如，电信、金融、医疗、教育等，并分析该行业的数据安全特性、标准要求和风险点。不同行业的数据类型和敏感性各不相同，因此评估团队需要采取针对性的安全措施。

#### 5. 业务地域分布审查

评估团队应了解数据处理者的业务运营地区和数据处理活动涉及的地域范围。这有助于评估不同地域的法律制度、监管环境对数据安全的影响，并识别数据跨境流动可能带来的风险。

#### 6. 业务规模与复杂度评估

评估团队应通过对数据处理者的业务规模、业务类型、用户数量、数据量级等方面的了解，评估其数据处理的复杂性和潜在风险。业务规模越大、复杂度越高，数据安全管理的挑战也越大。

#### 7. 行政许可与合规性检查

评估团队应确认数据处理者是否取得开展业务所必需的行政许可，例如，数据出境前需要通过国家网信部门组织的安全评估。同时，评估团队应检查其业务运营是否符合相关法律法规和监管要求，以评估其合规性。

#### 8. 资本结构与实际控制人分析

评估团队应深入分析数据处理者的资本结构、股东背景及实际控制人情况。这有助于评估团队了解组织背后的利益关联方和潜在风险点，例如，外资背景、国资控股等可能对数据安全产生影响的因素。

#### 9. 境外上市与资本参与情况审查

评估团队针对已在境外上市或计划赴境外上市的数据处理者，以及有境外资本参与或采用可变利益实体（Variable Interest Entities，VIE）架构[H37]等方式实质性境外上市的情况，进行详细审查。这些情况可能增加数据安全监管的难度和复杂性，需要评估团队特别关注其法律责任和监管要求。

### 6.4.2 调研业务和信息系统

在了解数据处理者的情况后，评估团队需要厘清业务和信息系统的情况。调研内容至少应覆盖以下方面。

**1. 网络基础设施和信息系统的基本情况**

网络基础设施的情况，包括但不限于网络规模、拓扑结构、关键节点、网络边界、安全域划分、访问控制策略等。信息系统的部署细节，包括系统架构、关键组件、对外连接方式、运营维护策略等。确认是否属于关键信息基础设施，并评估其在国家安全、经济安全或社会稳定方面的重要性。

**2. 业务基础信息**

业务基础信息包括业务的详细描述、类型划分、主要服务对象及业务流程图。用户规模分析，包括活跃用户、注册用户等统计数据，以及业务覆盖的地域范围、涉及的部门及协作关系。

**3. 数据处理情况**

梳理业务中涉及的个人信息、重要数据和核心数据的处理流程。评估数据处理活动的合理性及可能的风险点。

**4. 服务范围**

确认业务是否涉及为政务部门提供服务，以及是否涉及向境外主体提供服务；分析数据跨境传输的合法性、正当性和必要性。

**5. 信息系统及应用细节**

审查信息系统的各项功能，特别是与数据处理相关的功能；各类应用程序的名称、版本信息、入口地址、系统间的连接关系和数据接口文档等。

**6. 数据中心与云平台使用情况**

数据中心的物理位置、安全防护措施及运营管理情况；使用的云服务平台详情，包括服务商、服务类型、安全配置等。

**7. 外部接入产品与服务**

接入的第三方产品、服务或软件开发工具包（SDK）的清单，包括名称、版本、提供方信息；接入目的说明、合同协议审查及权限管理情况。

以上调研内容有助于评估团队全面理解业务和信息系统的安全状况，为后续的风险评估工作提供坚实的数据基础。

## 6.4.3 调研数据资产

在厘清业务和信息系统的基础上，评估团队详细调研数据资产，需要系统地梳理结构化数据资产（例如，数据库表、数据仓库等）和非结构化数据资产（例如，图表文件、日志文件、多媒体文件等）。这一过程旨在了解组织内部的数据，并输出详细的数据资产清单。调研范围应覆盖生产环境、测试环境、备份存储环境、云存储环境、员工个人终端设备和数据采集设备等所有可能收集、产生和使用数据的环节。

调研内容应包括但不限于以下 5 个方面。

**1. 数据资产概况**

包括数据资产的类型、范围、规模、形态、存储分布和元数据等详细信息。这些信息对于全面理解数据资产的性质和价值具有重要的作用。

**2. 数据分类与分级**

详细了解数据的分类分级规则、各类别和级别的数据内容，以及一般数据、重要数据和核心数据的目录情况，这有助于确定不同数据的安全保护需求。

**3. 涉及个人信息的数据**

对个人信息的种类、规模、敏感程度、数据来源，以及在业务流转中与信息系统的对应关系等进行深入调研。个人信息的保护是数据安全的重要组成部分，需要特别关注。

**4. 重要数据与核心数据**

详细分析重要数据和核心数据的种类、规模、所属行业领域、敏感程度、数据来源，以及其在业务流转中与信息系统的对应关系。这些数据对于组织的运营和决策具有关键作用，因此其安全性尤为重要。

**5. 其他一般数据**

除了上述重点数据，还应关注其他一般数据的情况，以确保数据安全的全面性。

### 6.4.4　识别数据处理活动

有了数据资产的信息后，评估团队还需要对数据处理活动进行全面梳理和深入理解。这一环节要求评估团队针对既定的评估对象和范围，细致地整理数据处理活动的清单，并绘制数据流图来直观地展示数据的流转路径。数据流图应详尽地描述数据在各个环节的流动情况，包括涉及的利益相关方、信息系统和每个流动环节的数据类型等。

调研内容应至少涵盖以下 8 个方面。

**1. 数据采集概况**

评估团队需要详细了解数据的采集渠道、方式、范围及目的，采集的频率，以及外部数据源的具体情况。

评估团队应严格审查与数据采集紧密相关的合同协议和系统，特别关注被评估方在外部公共场所安装的图像采集、个人身份识别系统等的相关信息。

**2. 数据传输细节**

分析数据的传输途径和方式，既有网络传输（例如互联网、虚拟专用网络、物理专线）也有离线传输（例如使用存储介质）。还包括审查传输协议、内部数据共享机制和数据接口等相关内容。

**3. 数据存储情况**

调查数据的存储方式，包括使用的数据中心、存储系统（例如，数据库、大数据平台、云存储、网盘、物理存储介质等）的详情。考察外部存储机构、存储地点、存储期限和备份冗余策略等相关要素。

**4. 数据处理**

评估团队应了解数据的使用目的、方式、范围及具体应用场景，算法规则及相关系统和部门的参与情况。评估团队应考察数据的清洗、转换、标注等加工流程，应用算法推荐技术，以及为用户提供个性化互联网信息服务的情况。评估团队应特别关注核心数据、重要数据或个人信息被委托处理或共同处理的情形。

**5. 数据提供情况**

评估团队应审查数据提供（包括数据共享、数据交易，因组织合并、分立、解散、被宣告破产等原因需要转移数据等）的目的、方式及范围。评估团队还应详细了解数据接收方、相关合同协议，以及对外提供的个人信息和重要数据的具体种类、数量、范围、敏感程度和保存期限等。

**6. 数据公开情况**

评估团队应分析数据公开的目的、方式、对象范围，包括受众的数量、所属行业、组织及地域分布等。

**7. 数据出境情况**

评估团队应严格审查是否存在个人信息或重要数据出境的情况，特别是在跨境业务合作、异地办公、企业境外上市、利用境外云服务或数据中心存储数据，以及国际交流合作等多种场景中，均需严格审查数据出境的情况。

**8. 数据销毁机制**

评估团队应调查数据销毁的具体情形、删除方式，以及数据归档和存储介质的销毁流程。

注　本书将数据提供和数据出境视为数据生命周期中的数据交换环节，将数据公开视为一种特殊的数据共享方式，它也与数据交换有一定的联系。

### 6.4.5　识别安全防护措施

在信息调研的最后阶段，评估团队还需要识别并了解组织内部已有的安全防护措施。这些安全防护措施是数据安全的防线，也是后续风险评估工作的关键信息。识别内容应包括但不限于以下 10 个方面。

**1. 安全测评与审计整改情况**

评估团队应确认是否已进行包括等级保护测评、商用密码应用安全性评估、安全检测、风险评估、安全认证，以及合规审计在内的各项安全测评与审计工作。同时，要深入剖析上述工作中所发现的问题，以及针对这些问题所采取的整改措施和确认整改后的实施效果。

**2. 数据安全管理体系**

评估团队应识别并了解与数据安全相关的组织管理工作，包括数据安全管理的组织结构、责任分配、人员配置，以及现行的数据安全管理制度、流程和规范。

**3. 网络安全设备与策略**

评估团队应识别并了解组织部署的防火墙、入侵检测系统（Intrusion Detection System，IDS）、入侵防御系统（Intrusion Prevention System，IPS）等网络安全设备及其安全配置策略，以及网络隔离、访问控制等安全策略的实施情况。

**4. 身份与访问管理**

评估团队审核组织是否实施严格的身份鉴别机制，包括但不限于基于动态令牌、生物识别、静态密码等多因素认证方法。访问控制策略的制定和执行，确保数据访问的合理性和满足最小权限原则。

**5. 漏洞管理**

评估团队应检查网络安全漏洞的识别、报告、修复和验证流程，以及漏洞扫描、渗透测试等技术手段的使用情况。

**6. 远程访问管理**

评估团队应检查 VPN、远程桌面协议、安全外壳等远程访问工具的配置、使用和管理情况，以及远程用户身份验证和访问权限的控制。

**7. 账号与口令管理**

评估团队应了解设备、操作系统和应用程序的账号管理策略，以及口令复杂度、最小长度、更换周期、重复使用限制等安全设置。

**8. 安全技术应用**

评估团队应了解数据加密、脱敏、去标识化等保护技术的使用情况，以及安全技术与业务需求的匹配程度。

**9. 安全事件处理机制**

评估团队应了解近三年网络和数据安全事件的详细记录，包括事件名称、涉及数据类型和数量、发生原因、影响级别、处置和整改措施等，重大事件需要提供详细的事件调查或评估报告，通过检测工具、监测系统、日志审计等手段发现实际威胁。

**10. 威胁情报收集**

评估团队应了解近期发布的针对全社会或特定行业的威胁情报和预警信息。其他可能面临的数据安全威胁，包括数据泄露、窃取或非法获取，篡改、破坏或损毁，数据丢失，以及数据滥用、非法利用或非法提供等潜在安全威胁。

## 6.5 风险识别阶段

### 6.5.1 风险识别的概念和步骤

风险识别涉及对数据安全风险源和不合理数据处理活动的深入分析和评估。它围绕数据安全管理的体制和机制、数据处理活动的合理性、数据安全技术的部署与有效性，以及个人信息保护措施的全面落实等多个方面进行深入分析和评估。数据安全风险识别框架如图 6-4 所示，这一过程需要全面考虑数据安全管理策略、数据处理活动安全、数据安全技术防护措施、个人信息保护实践和信息调研等多个方面，以揭示潜在的数据安全漏洞和风险点。

数据安全风险识别阶段的主要内容包括：审视已有的风险评估报告，确认这些报告的真实性和有效性；识别数据安全管理风险、技术风险、数据处理活动风险、个人信息风险。

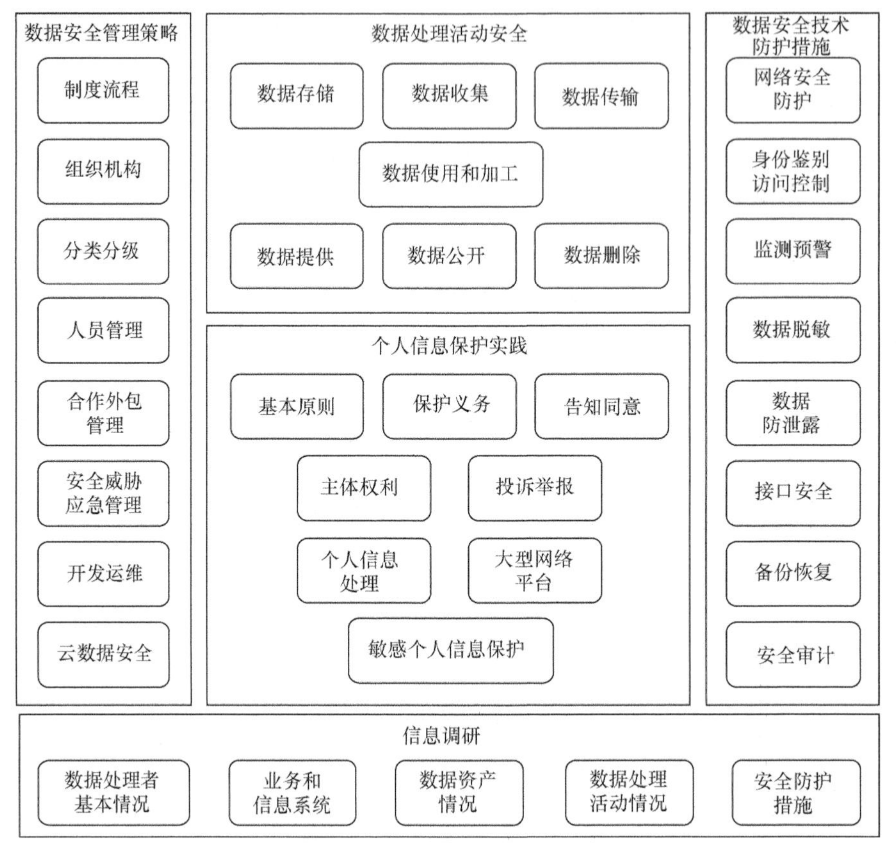


图6-4　数据安全风险识别框架[11]

## 6.5.2　分析已有的风险评估报告

被评估方应严格遵循国家法律法规、强制性国家标准、行业标准等文件的要求，确保所有相关的检测评估工作都得到规范执行。

在进行风险评估时，评估团队应详细记录被评估方按要求开展的检测评估工作及其实际执行情况，主要包括以下 3 个方面。

① 被评估方的数据处理活动涉及哪些必要的检测评估工作，明确这些要求的来源，以及这些工作的基本情况。

② 对于已开展的检测评估工作，需要验证其有效性。这包括确认这些工作是否由具备相应资质的机构按照规定的程序进行。

③ 评估团队还需要审查检测评估的具体内容和结果，以及这些工作的整体开展情况。

为了确保评估的准确性和公正性，被评估方应提供充分的证明材料。评估团队在分析这些证明材料的基础上，需要考虑评估结果的真实性和有效性，并据此做出相应判断。

如果被评估方未按要求开展检测评估工作，例如，等级保护测评、云计算服务安全评估、互联网信息服务算法推荐安全评估、数据出境安全评估等，则应判定存在未按要求开展检测评估工作的安全风险，并在评估报告中明确指出这一风险。这样的判定有助于被评估方及时识别并采取措施来降低潜在的安全风险。

### 6.5.3　识别数据安全管理风险

在数据安全领域，风险并不限于技术层面，还涉及管理层面。为了全面识别数据安全管理风险，应从数据安全管理制度、安全组织架构、分类分级管理、合作外包管理、安全威胁和应急管理、开发运维管理、云数据安全等方面，识别数据安全管理层面存在的风险[11]。

**1. 制度制定和执行风险**

**（1）数据安全管理制度体系**

“没有规矩，不成方圆”，数据安全管理制度体系不仅是一套规范、准则和流程，更是数据安全工作的根本依据和坚实保障。一个健全的数据安全管理制度体系能够为组织提供明确的操作指南，帮助员工树立正确的数据安全意识，从而维护组织的核心数据资产和市场竞争力。

针对数据安全管理制度的制定情况，应重点评估以下 5 个方面。

① **数据安全策略与指导原则的确立。**审查组织是否已明确制定数据安全的总体策略、基本方针、具体目标和实施原则。这些策略和原则为整个数据安全管理工作提供了方向和指导。

② **数据安全管理工作规划。**评估组织是否制订详尽的数据安全管理工作规划或实施方案。这些规划应涵盖数据安全管理的各个方面，确保各项任务能够有序进行。

③ **具体数据安全管理制度的构建。**详细检查与数据安全相关的各项具体制度的建设情况。包括但不限于：数据分类与分级制度、数据安全评估机制、数据访问权限的管理规定、数据生命周期的安全管理措施、数据安全应急响应计划、数据合作方的安全管理制度、数据脱敏与加密技术的应用标准、数据安全审计流程、数据资产的管理规范、数据备份与恢复管理制度、大数据平台的安全管理措施等。

④ **关键岗位操作规程的制定。**对于涉及数据安全的关键岗位，应评估组织是否制定明确且可行的数据安全操作规程。这些规程是确保关键岗位人员正确、安全地处理数据的重要依据。

⑤ **制度合规性审查。**对所有数据安全制度的内容进行合规性审查，确保其与国家和行业的数据安全法律法规以及监管要求一致，保障组织数据安全制度有效执行，避免造成法律风险。

**（2）落实数据安全管理制度**

管理制度的有效实施是确保其发挥效用的关键所在。在数据安全治理实践中，单纯依靠制度文本的完善是远远不够的。一个健全的数据安全管理制度体系，只有在被严格执行、全面渗透组织的日常运作中，经过持续的监督与审核，才能确保数据安全。针对数据安全管理制度的落实情况，应重点评估以下 6 个方面。

① **责任制落实情况。**考察数据安全责任制是否得到有效执行。这包括但不限于对数据安全事件的调查和责任追究情况，以确保责任体系在实际操作中的严密性和高效性。

② **制度建设及流程规范。**评估数据安全管理制度的建立过程，包括其制定、评审，以及发布流程是否完善，符合法律法规和相关标准的要求，并充分参考了行业最佳实践。这有助于确认制度框架的健全性和实施过程中的合规性。

③ **制度的定期审核与更新。**检查数据安全管理制度是否定期进行审核，并根据业务变化、技术演进或法规更新等影响进行相应的调整。这是确保制度持续有效和适合的关键步骤。

④ **制度发布与传播。**审查制度的发布范围是否全面覆盖所有利益相关方，并评估发布方式的正式性和有效性。这是确保所有利益相关方都能及时、准确地了解并遵循数据安全管理制度。

⑤ **制度执行证明材料。**验证数据安全管理制度的实际执行情况，包括是否配备了必要的操作规程、记录表单等证明文件。这些材料提供了制度执行的可追溯性和证明。

⑥ **监督检查机制的建立。**评估是否存在有效的监督检查机制，以确保数据安全管理制度的持续执行和违规行为的及时发现与纠正。

对于承担重要数据、核心数据处理任务的组织，还应特别关注以下方面。

① **定期的数据安全风险评估。**审查组织是否定期对其数据处理活动进行风险评估，并分析这些评估的深度和广度。建议组织每年至少开展一次数据安全风险评估工作。

② **风险评估报告的提交与内容。**核实组织是否按照要求向相关部门提交数据安全风险评估报告，并评估报告的质量。报告内容至少应包括重要数据和核心数据的种类、数量，数据处理活动的概述，面临的数据安全风险，以及为应对这些风险所采取的措施等详细信息。

#### 2. 组织架构风险

##### （1）数据安全组织架构

一个健全的数据安全组织架构可以确保从高层决策到基层执行的每一环节都有明确的安全责任与措施。针对数据安全组织架构的建设情况，应重点评估以下 5 点内容。

① **数据安全管理机构和职能配置。**评估团队应考察被评估方是否设立了专门的数据安全管理机构，并明确其职责范围。这包括但不限于制定数据安全政策、监督数据安全措施的执行，以及响应数据安全事件等。

② **数据安全负责人的确立与职能。**评估团队需要验证被评估方是否指定了数据安全负责人，并明确其在数据安全组织架构内的角色和职责。数据安全负责人应负责协调各方资源，确保数据安全策略和规程得到有效实施。

③ **高层管理者的数据安全参与度。**评估团队应关注被评估方的高层管理者在数据安全决策过程中的参与程度。高层管理者的支持和参与是确保数据安全战略与组织整体战略保持一致的关键所在。

④ **组织内部数据安全管理的执行与监督。**评估团队应了解被评估方如何对其内部的数据安全管理实践和数据操作行为进行安全监督。这包括定期的安全审计、风险评估，以及对不合规行为的纠正措施等。

⑤ **数据安全人员配备与资源投入。**评估团队应分析被评估方在数据安全人员配备和资源投入方面是否与其数据安全保护需求相适应。这包括对数据安全专业人员的培训、技能提升，以及必要的技术和工具投入等方面的考虑。

##### （2）数据安全岗位设置

针对数据安全岗位，评估团队应重点评估以下方面。

① **数据安全的各类关键职务。**关键职务包括但不限于数据库管理员、安全运维工程师、安全审计专员、备份管理员等。评估团队需要关注这些岗位的设置是否齐备、职责划分是否清晰、技能要求是否匹配、人员配置是否充足。

② **各部门数据安全岗位配置。**评估团队应对各部门中数据安全岗位的配置情况进行全面审查。这包括但不限于评估这些部门在数据安全方面的管理要求是否得到有效贯彻，以及人员配备是否充足、合理。

③ **特权账号的所有者和处理关键数据的岗位。**评估团队应特别关注组织是否遵循了“双人双岗”的操作原则。这一原则的实施，能够在很大程度上减少人为失误或内部恶意行为所带来的风险，确保数据安全。

④ **明确的岗位权限与职责。**评估团队应评估各数据安全岗位是否具有明确定义的权限和职责范围。权限的分配应与职责直接相关，且应遵循最小权限原则，即每个岗位仅被授予完成其职责所需的最小权限。评估团队应审查权限的分配、变更和撤销流程是否规范，并有相应的审批和记录机制，以确保权限管理的可追溯性。

⑤ **岗位培训与意识教育。**评估团队应评估数据安全岗位人员在任职前是否接受了充分的数据安全培训，并了解其在工作中可能面临的数据安全风险。评估团队应定期检查数据安全岗位人员的安全意识水平，确保他们能够识别潜在的数据安全风险，并采取适当的应对措施。

⑥ **岗位监督与审计。**评估团队应评估组织是否建立针对数据安全岗位的监督和审计机制，并评估这些岗位人员在执行数据安全政策和流程时的合规性和有效性。评估团队应对特权账号和关键数据处理岗位人员的操作进行实时监控和定期审计，确保“双人双岗”操作原则得到有效执行，并记录所有关键操作以供未来审查备用。

⑦ **岗位分离与内部制衡。**评估团队应评估组织是否在数据安全岗位设置中遵守岗位分离原则，确保不相容的职责不被分配给同一岗位，以减少内部欺诈和人为错误的风险。评估组织是否建立内部制衡机制，确保没有任何一个岗位或个人能够单独控制整个数据流程，从而增强整体的数据安全性。

### 3. 人员风险

#### （1）内部人员管理

导致数据安全风险的主要因素与“人”相关，在评估与“人”相关的风险时，评估团队应重点评估以下内容。

① **重要岗位员工背景调查情况。**评估团队要评估对于将要录用至重要岗位的员工，组织是否进行详尽的背景调查。这包括个人履历核实、教育背景验证、工作经历确认、信用记录检查、法律或财务问题的排查。背景调查的目的在于确保所录用员工具备必要的诚信和可靠性，降低人为因素导致的数据泄露或滥用风险。

② **数据处理人员安全意识及专业能力。**对于数据处理关键岗位的候选人（或拟聘人员），除了常规的背景调查，评估团队还应特别关注其数据安全意识和专业能力，评估组织是否设置专门的考核环节，例如，面试中增加数据安全管理相关问题的提问、要求候选人提供过往参与或主导的数据安全项目案例等。通过这些考核，可以确保所录用员工不仅具备数据处理的专业技能，还能充分理解和遵守数据安全管理的相关要求和标准。

③ **员工行为监控与异常检测。**评估团队在评估员工行为监控与异常检测方面，应首先检查组织是否部署了相应的监控工具和检测机制。评估团队应关注这些工具是否能够实时抓取和分析员工大量下载敏感数据、频繁访问无关系统等异常行为模式。此外，评估团队还应检查组

织是否建立了有效的异常行为响应流程，包括预警机制、调查程序和处置措施，以确保对潜在的数据安全风险做出及时响应。

④ **内部威胁防范策略及执行情况评估。**评估团队应重点检查组织是否制定了全面的内部威胁防范策略，并评估策略的执行情况。评估团队应关注策略中是否明确了对内部威胁的定义、识别方法、报告渠道和处置流程。此外，评估团队还应通过内部审计和安全检查等方式，验证组织是否能够及时发现和应对内部威胁，例如，员工违规操作、恶意行为等。对于发现的内部威胁，评估团队应检查组织是否采取了适当的处置措施，并对相关责任人进行处理。

**（2）保密协议内容与执行**

在评估保密协议时，评估团队应重点关注以下 5 个方面。

① **保密协议签订覆盖度。**评估团队应确保所有涉及数据资产的人员，包括但不限于数据传输、存储、处理等环节的员工，均已签订安全责任承诺书或保密协议。特别是对于担任数据安全关键岗位的人员，还应额外签订数据安全岗位责任协议，以进一步明确其职责和义务。

② **离职员工保密义务。**对于即将调离重要岗位或终止劳动合同的员工，评估团队应重点关注组织是否明确告知他们继续履行有关信息的保密义务，并获得其签订的保密承诺书，以防范数据泄露和保护组织知识产权。

③ **协议内容的完整性和有效性。**保密协议应包含明确的数据保护条款、保密期限、保密义务的范围、违约责任等内容。评估团队需要核实协议是否具备这些基本要素，以及条款是否清晰、合理。同时，评估团队还要确保协议内容符合相关法律法规的要求，以保证其有效性。

④ **保密协议的执行与监督。**仅签订保密协议是不完善的，关键是要确保保密协议得到切实执行。因此，组织需要建立监督保密协议执行的机制和流程，包括定期检查、违规处理等。评估团队要关注员工对保密协议的理解和遵守情况，以及组织是否提供了必要的保密培训和保密手段支持。

⑤ **保密协议的更新与修订。**随着组织业务的发展和外部环境的变化，保密协议可能需要进行相应的更新和修订。因此，在风险评估时，评估团队需要关注组织是否有相应的机制来定期审查和更新保密协议，确保其持续有效。

**（3）岗位变动与离职**

当员工岗位出现变动或离职时，往往容易带来数据安全风险，例如，数据泄露、数据篡改或破坏、非法访问和数据窃取、侵犯知识产权、破坏客户关系、不当的信息传播等。

针对员工岗位变动与离职环节，评估团队应重点关注以下 7 个方面。

① **数据权限管理。**在员工发生岗位变动（例如转岗）或离职时，评估团队应重点关注组织是否及时、准确地终止或变更该员工对相关数据的操作权限。此外，评估组织是否明确规定该员工后续对于已接触数据的保护管理权限和保密责任，防范数据出现不当使用或泄露。

② **权限回收与保密义务告知。**针对劳动合同已终止的员工，评估团队应重点关注组织是否立即终止其系统访问权限和数据操作权限，并及时回收相关权限凭证。同时，评估组织是否明确告知该员工需要继续承担的保密义务和保密期限，必要时应与其签订保密协议，以法律手段保障数据安全。

③ **数据交接与审计流程。**在员工岗位变动或离职过程中，评估团队应重点关注组织是否

建立数据交接与审计流程。这包括要求员工在离职前将其负责或接触到的敏感数据进行完整交接，并由指定人员对数据交接过程进行审计，确保数据的完整性和准确性。同时，评估组织对于离职员工在任职期间的数据操作行为，是否进行必要的审计，以发现潜在的数据安全风险。

④ **数据交接的详细记录。**评估团队应重点关注在进行数据交接时，组织是否要求变动员工提供详细的数据交接记录，包括但不限于数据的种类、数量、存储位置、访问方式等。这些记录不仅有助于审计，还可以在出现问题时提供追溯依据。

⑤ **离职员工的数据清除策略。**评估团队应重点关注对于离职员工在工作设备上留下的个人数据，组织是否制定明确的数据清除策略。这既保护了员工的个人隐私，也避免了数据泄露。

⑥ **数据权限的定期审查。**评估团队应重点关注在员工岗位变动或离职后，除了即时调整数据权限，组织是否定期进行数据权限的审查。这种审查旨在确保没有"僵尸账户"或未清理的权限存在，这些问题都可能导致安全风险。

⑦ **合规性检查。**评估团队应重点关注组织是否定期进行合规性检查，确保与数据安全相关的政策、流程、措施等符合法律法规的要求。特别是在员工岗位变动或员工离职时，合规性检查尤为重要。

**（4）数据安全培训**

为确保数据安全，组织定期对员工进行数据安全培训，评估团队应评估此类培训的有效性。以下是关于数据安全培训的风险识别要点。

① **数据安全培训计划与更新。**组织应制订全面的数据安全培训计划，并定期对其进行更新，以适应不断变化的数据安全威胁和法规要求。培训计划的制订应考虑到组织的业务需求、员工角色和技能差距，以确保提供有针对性的培训内容。

② **数据安全意识教育与记录保留。**组织应定期开展数据安全意识教育活动，旨在提高员工对数据安全重要性的认识，并培养他们良好的行为习惯。此外，组织应妥善保留相关培训记录，以便在需要时提供。

③ **专项培训与技能考核。**为了确保关键岗位人员具备足够高的数据安全技能，组织应对这些人员每年至少进行一次数据安全专项培训。此外，还应定期对关键岗位人员进行数据安全技能考核，以评估他们的技能水平是否满足岗位要求。通过专项培训与技能考核，组织可以确保关键岗位人员具备应对数据安全挑战的能力，从而降低数据泄露和其他安全风险发生的可能性。

④ **培训方式和成果。**评估团队应检查组织是否建立了持续的数据安全培训机制，并确保培训内容的全面性和时效性。应关注组织的培训频率、培训方式（例如线上课程、面对面培训、模拟演练等）及培训效果评估方法（例如测试、问卷调查等）。此外，评估团队还应检查员工参与培训的记录，以验证培训的覆盖率和员工的学习成果。

### 4. 分类分级管理缺失的风险

**（1）数据资产管理**

针对数据资产管理情况，评估团队应重点评估以下内容。

① **数据资产清单的建立与维护。**评估团队应检查组织是否建立完整的数据资产清单，以及组织是否定期检查其更新与维护情况。应检查台账是否清晰地记录数据资产的种类、数量、

存储位置等关键信息，以便在需要时能够迅速定位和管理相关数据。

② **数据资产的全面梳理与覆盖。** 为确保数据资产的安全，评估团队应检查组织是否对其进行全面梳理，确保覆盖所有的存储系统（例如数据库、大数据存储组件、云对象存储、网盘等）及存储介质（例如硬盘、U 盘、光盘等）中的数据。任何遗漏都可能增加数据泄露、损坏或丢失的风险。

③ **数据资产清单的及时更新与维护。** 随着业务的发展和技术的更新，数据资产会不断发生变化。因此，评估团队应检查组织使用数据资产管理工具的情况，以及及时更新和维护数据资产清单的情况。确保清单始终反映最新的数据资产状况，为风险管理提供准确依据。

④ **定期数据资产扫描与风险识别。** 评估团队应评估组织是否采用有效的技术手段，定期对数据资产进行扫描，以发现潜在的安全风险。特别是针对个人的重要数据，组织应具备高效的识别能力，确保这些数据得到重点保护。通过定期扫描和风险识别，组织可以及时发现并处理数据安全问题，确保数据资产的安全性。

⑤ **数据备份与恢复策略。** 评估团队应评估组织的数据备份和恢复策略是否完善。这包括备份的频率、存储位置、恢复流程等方面。一个健全的数据备份与恢复策略能够显著减少数据丢失或损坏的风险。

**（2）数据分类分级制度**

在评估数据分类分级制度的建设情况时，评估团队应重点评估以下内容。

① **制度符合性。** 审查数据分类分级制度是否严格遵循法律法规的要求进行设立。

② **管理实施情况。** 评估组织对数据的分类分级管理实践，尤其是核心数据和重要数据目录的建立、更新及维护是否妥善进行。

③ **策略明确性与执行。** 确认相关制度中是否清晰界定了数据的分类管理原则和分级保护策略，并检查这些措施是否在数据访问权限的申请、保护措施的部署等实际操作中得到有效执行。

④ **变更与审核流程。** 审视数据分类分级的变更流程是否规范，以及审核机制是否健全，能否确保数据分类分级的调整经过适当的审查和批准。

⑤ **个人信息保护。** 特别关注个人信息在分类分级管理方面的情况，包括个人信息是否根据其敏感度和重要性被恰当地分类。

**（3）数据分类分级保护**

在数据分类分级保护方面，评估团队应重点评估以下内容。

① **明确数据标识。** 确认核心数据、重要数据和个人信息是否被明确且适当地标识。检查是否有清晰的标签、元数据或其他识别机制，以便在处理、存储和传输过程中能直观地辨识数据类型和级别。

② **全流程安全措施。** 根据数据的不同级别，组织应建立覆盖数据采集、传输、存储、处理、交换和销毁等全生命周期的安全措施。评估团队应评估这些措施是否健全、是否得到有效执行，是否能应对潜在的数据泄露、篡改或丢失风险。

③ **数据分类分级工具与自动化能力。** 审查用于支持数据分类分级的标识系统或数据资产管理工具的建设情况。特别关注这些工具是否具备自动化标识能力，以及是否能支持数据标识结果的发布、审核等流程。数据分类分级工具与自动化能力有助于提高数据分类分级的准确性

和效率。

④ **重要数据保护。**评估团队应依据相关的重要数据目录或法规要求，对数据进行评估，并确认是否对重要数据实施了重点保护措施。这包括物理和逻辑上的隔离、加密、访问控制等增强型安全手段。

⑤ **核心数据严格管理。**针对核心数据，评估团队应按照相应的核心数据目录或规定进行评估，并确保实施了最严格的管理措施。核心数据通常是组织运营的关键，对其保护应按最高标准执行，包括但不限于专用存储、强身份验证、最小权限原则等。

#### 5. 合作外包风险

##### （1）合作方管理机制

在评估合作方管理机制时，评估团队应重点评估以下内容。

① **合作方安全管理机制成熟度。**评估合作方或外包服务机构的选择、评价、持续管理及监督机制方面的完善程度，这包括但不限于合作前的尽职调查、合作期间的安全表现评估及合作结束后的安全风险审查。

② **合作方安全能力。**核实组织是否已对数据合作方或外包服务机构的安全能力进行全面评估，包括但不限于其技术安全能力、组织安全能力和人员安全能力等方面。

③ **监督外包服务安全责任。**检查组织对外包服务机构及其人员履行安全责任和义务的监督检查机制，确保外包服务在数据安全方面与组织内部要求保持一致。

④ **审查外包人员的现场服务。**审查外包服务人员在提供现场服务时的安全管理实践，包括物理访问控制、系统访问权限管理和数据处理操作等。

⑤ **技术依赖与数据控制力。**分析组织对外包服务机构的技术依赖程度，例如分析关键业务系统、数据存储方式等，并评估在委托处理数据时组织对数据的控制能力和管理能力是否受到影响。这旨在确保组织在享受外包服务带来的便利时，不会丧失对核心数据、重要数据和业务流程的控制。

##### （2）合作协议约束

针对合作协议的约束条款，评估团队应重点评估以下内容。

① **审查合同与保密协议。**详细审查服务合同、承诺和安全保密协议的具体条款。关键在于确认这些文档是否充分约束了合作方在接收和使用本组织数据时的行为，确保数据的合规性和安全性。

② **明确数据处理与安全责任。**对合作协议中的数据处理条款进行严格把关。这包括但不限于明确数据处理的目的、方式、范围，以及安全保护的具体责任。同时，合作协议中应清晰规定数据返还和销毁的要求、保密义务的详细约定，以及违约情况下的责任和处罚措施。

③ **划分数据安全责任界限。**仔细厘清合同和合作协议中数据处理者、合作方及外包服务机构之间的数据安全责任界限。确保各方在数据处理过程中，各自承担明确的责任，有助于在发生安全问题时迅速定位并解决问题。

④ **合作方的信誉和历史记录。**在评估协议时，还需要考虑合作方的历史表现、行业声誉和任何已知的安全事件。这些因素可能会影响合作方对数据的处理和保护能力，从而增加数据泄露或被滥用的风险。

⑤ **数据跨境传输的合规性。**如果合作协议涉及数据的跨境传输，应特别关注数据传输是否符合国内外相关法律法规的要求，包括《数据安全法》《个人信息保护法》《数据出境安全评估办法》等。不合规的数据传输会遭到法律处罚和声誉损失。

⑥ **明确合作期限和终止条款。**验证合作协议中是否明确合作期限、终止条件及终止后的数据处理要求。模糊的终止条款可能导致数据在合作结束后仍被不当使用或保留，从而加大数据泄露的风险。

⑦ **数据泄露应急响应和通知机制。**评估合作协议中是否明确标明在发生数据泄露或其他安全事件时的应急响应流程和通知机制。这有助于组织迅速采取措施，减少损失，并及时通知利益相关方。

（3）外包服务人员访问权限

为防范外包服务导致的数据安全风险，外包服务人员需要在处理数据时遵守最小权限原则，并防止任何潜在的数据泄露或不当操作。具体而言，评估团队应着重评估以下 12 个方面。

① **外包服务人员的访问控制。**验证外包服务人员对数据及系统的访问和修改权限是否被严格限制在业务所需的最小范围内，这一措施直接体现了最小权限原则。

② **生产环境与测试环境的隔离。**需要确认外包服务人员是否仅在必要时才能获得生产环境的访问权限，以及是否优先使用测试环境或测试数据。这种隔离措施能够防止外包服务人员在未经授权的情况下访问或更改生产数据。

③ **数据导出与外发的监控。**外包服务人员进行数据导出或外发操作时，应有相应的监督和管理机制。这包括但不限于审批流程、操作记录和数据加密等措施，以确保数据的完整性和保密性。

④ **敏感数据操作的实时监控。**对于外包服务人员访问敏感数据的操作，应能进行实时监督或监测。这要求具备相应的技术手段，例如日志分析、行为监控等，以便及时发现和处置任何异常或违规操作。

⑤ **账号与访问权限的管理。**外包服务人员所使用的账号和访问权限应得到妥善管理。包括账号的创建、分配、撤销及权限的变更等全生命周期管理，确保相关数据只能被授权的外包服务人员访问。

⑥ **远程访问的安全控制。**针对外包服务人员远程访问信息系统或数据的情况，需要实施额外的安全控制措施。例如，采用认证机制、加密通信协议及远程访问会话管理等措施，防止数据在传输过程中被截获或篡改。

⑦ **权限的定期审查与更新机制。**评估外包服务人员数据访问权限的定期审查机制，确保其时效性与工作内容相匹配。检查撤销离职或转岗外包服务人员权限的流程。

⑧ **权限申请与审批流程。**评估外包人员申请新权限或变更现有权限的流程是否严格经过适当级别的审批，例如某公司为外包服务人员设置了独立的权限申请系统，并要求外包服务申请人提供详细的业务理由，经过两级以上主管审批后方可生效。检查权限的授予是否遵循了最小权限原则和知其所需（Need to Know）[H38] 原则。

⑨ **多因素身份验证的实施。**评估是否为外包服务人员的数据访问实施了多因素身份验证，以降低账户被非法使用的风险。检查多因素身份验证的配置和管理是否符合最佳实践或安全

基线。

⑩ **权限继承与孤立账户的风险。**评估在外包服务人员变动时，其访问权限的继承管理是否存在风险，是否有未撤销的权限或遗留的孤立账户。检查是否有流程来定期清理，并整合不再使用的账户和权限。

⑪ **安全意识和应急响应的准备。**评估外包服务人员对数据安全的意识和理解程度，以识别潜在风险。检查是否制订了针对外包服务人员访问权限的应急响应计划，并在必要时是否进行了演练和更新。

⑫ **合规性与法规要求的符合度。**评估外包服务人员的访问权限管理是否符合法律法规要求，例如数据安全、个人隐私权等。检查是否有机制追踪法律法规的变化，并及时调整权限管理策略以确保数据安全的持续合规。

**（4）第三方接入与数据回收**

在商业环境中，组织与合作方共享数据已成为常态。然而，在这一过程中组织应警惕合作方可能带来的数据安全风险，以下 6 个方面可作为评估团队的评估重点。

① **技术检测与安全报告。**在允许合作方接入系统或使用数据接口之前，要求合作方对其系统架构、网络配置、安全控制措施等进行全面的安全检测，并要求其提供由专业的第三方机构出具的数据安全评估报告，确保不会引入任何恶意代码，例如病毒、木马、勒索软件等，从而维护数据的完整性和保密性。

② **数据回收与删除。**合作结束后，无论是正常合作终止还是外包服务到期，对于为完成技术或服务目的而提供给合作方的数据，组织应确保数据的全面回收，并要求合作方彻底删除相关数据。数据回收和删除操作需要经过严格的审批和监督，以防范数据泄露和未经授权的访问，保护敏感信息不被滥用或泄露。

③ **停用系统权限与接口。**为确保数据安全，合作结束后，所有为完成技术或服务目的而提供给合作方的系统权限和接口应及时停用或下线。这一步骤有助于减少潜在的安全风险，并确保只有被授权的人员才能够访问敏感数据。

④ **持续监控与审计。**在合作期间，应对第三方接入的系统和数据进行持续监控和审计，包括定期检查合作方的安全控制措施是否有效。通过持续监控与审计，可以及时发现和解决潜在的安全风险。

⑤ **应急响应计划。**应确保与合作方共同制订完善的应急响应计划。该计划应明确说明在发生数据泄露、未经授权访问或其他安全事件时的响应流程、责任分配和协调机制。这有助于快速、有效地应对安全事件，降低潜在的损失和风险。

⑥ **法律与合规要求。**在涉及第三方接入和数据回收时，确保合作方遵守相关的法律法规要求，这包括数据安全法规、隐私保护政策、行业标准等。与那些严格遵守法律法规的合作方合作，可以降低违反法律法规要求引发的法律风险和声誉损害。

**（5）政务数据**

当政务部门或授权的具有管理公共事务职能的组织，选择委托第三方处理政务数据时，应严谨地进行风险评估，以确保数据安全。评估团队需要重点评估以下内容。

① **政务数据委托处理的批准与监督。**在委托他人建设、维护电子政务系统及存储、加工

政务数据的场景中，应确保政务数据经过严格的批准程序。此外，应通过合同等法律手段，监督受托方履行相应的数据安全保护义务，包括但不限于数据加密、访问控制、安全审计等措施的实施。

② **政务数据委托处理的合规性审查。**在政务数据委托处理的场景中，应对受托方进行合规性审查，包括但不限于检查受托方是否具备处理政务数据所需的资质和许可，是否遵守相关法律法规和行业标准，以及其在过去的数据处理活动中是否存在违法违规行为。通过合规性审查，可以确保受托方在数据处理过程中能够遵守法律法规，降低合规风险。

③ **评估政务数据受托方的履约情况。**针对政务数据受托方，应依照法律法规的规定和合同约定，对其履行数据安全保护义务的情况进行全面评估。尤其要关注受托方是否存在擅自留存、使用、泄露或向他人提供政务数据的行为，一旦发现违规行为，应立即启动问责机制，采取法律手段追究其责任。

④ **电子政务系统与服务的安全措施。**在评估电子政务系统的安全措施时，应重点关注支撑电子政务系统运行的相关服务或系统的安全性，包括但不限于网络架构、系统配置、软件更新、漏洞修复等方面，应符合电子政务系统的管理和相关安全要求。同时，应定期对这些安全措施进行审查和更新，以应对不断变化的安全威胁。

⑤ **政务数据委托处理的持续监督与审计。**为了确保政务数据委托处理的安全性，应建立持续监督与审计机制。这包括对受托方的数据处理活动进行实时监控、定期对其数据安全保护措施的实施情况进行审计，以及进行数据安全风险评估等。通过持续监督与审计，可以及时发现并纠正受托方在数据处理过程中存在的问题，确保政务数据的安全性。

**6. 云数据风险**

云计算作为当前热门的技术领域，被众多组织采用。通过使用云计算服务，组织能够显著提升业务效率、降低成本并实现灵活扩展。然而，上云并不意味着数据会更加安全。相反，由于云环境的复杂性和开放性，安全风险可能会随之增加。因此，为了确保数据的安全性得到妥善管理，组织应细致地审查云服务的各个方面。

当被评估对象采用云计算服务时，评估团队应重点评估以下内容。

① **云服务利益相关方的安全责任。**应明确界定云服务提供者、第三方支持厂商及云服务用户在安全保障方面的具体职责，并核实这些责任是否得到有效落实。这包括但不限于签订安全协议、实施安全措施及响应安全事件等。

② **云数据的安全控制。**对于迁移至云平台的数据，应严格进行安全审核，确保数据的合规性和安全性。同时，需要建立持续的数据管理机制，包括数据加密、数据备份、数据恢复等，以保障数据的完整性和可用性。

③ **云安全服务的配置与使用。**应评估云安全产品和云安全服务的部署状况，包括但不限于访问控制、身份验证、防火墙、入侵检测系统、数据泄露防护等。同时，需要确认这些云安全产品是否得到合理配置和优化，以提供最佳的安全防护效果。

④ **云操作行为的安全审计。**对于在云平台上进行的所有操作行为，应实施全面的安全审计，这包括记录操作日志、分析操作行为、检测异常活动等，以便及时发现并应对潜在的安全风险。

⑤ **云用户账号与权限管理。**云用户账号与权限管理是云数据安全的重要组成部分。评估团队应评估账号的创建、分配、使用和注销等流程是否规范。同时，评估团队需要核实权限的分配是否遵循最小权限原则，以减少数据泄露的风险。

⑥ **云环境远程运维安全。**应评估远程运维的访问控制、身份验证、加密传输、访问审计等措施是否得当，以确保运维活动的安全。

⑦ **重要与敏感数据的保护。**应重点关注云平台承载的用户个人信息、重要数据及核心数据的安全性。对于这些数据，应增强安全防护措施，包括但不限于数据加密、访问控制、数据脱敏等，确保数据的保密性、完整性和可用性。同时，需要定期对这些数据进行安全评估和审计，以发现并解决潜在的安全问题。

⑧ **云服务连续性与灾难恢复。**应评估云服务提供者的业务连续性管理能力，包括在服务等级协定（Service Level Agreement，SLA）[H39]中明确定义的服务可用性和性能标准。同时，需要核实灾难恢复计划的完备性，确保在发生意外事件时能够及时恢复数据和服务。

⑨ **云服务合规性与法律风险。**由于不同国家和地区的数据安全法律法规可能存在差异，应评估云服务提供者和被评估方在数据处理方面的合规性。这包括了解并遵守相关法律法规，例如《数据安全法》《通用数据保护条例》《加州消费者隐私法案》等，避免出现法律风险和数据泄露等潜在问题。

⑩ **供应链安全与第三方依赖。**云服务通常涉及多个供应商和第三方组件，应评估这些供应链环节的安全性。这包括了解供应商的安全实践、审查第三方组件的安全漏洞，并确保及时修复任何已知的安全问题。

⑪ **退出策略与数据迁移。**考虑到可能的云服务更换或业务调整，应评估退出策略和数据迁移计划的完备性。这包括确保数据的可移植性、迁移过程中的数据安全保护及最小化业务中断的措施。

当被评估方是云计算服务提供者时，需要评估更多的风险点，具体包括以下内容。

① **数据传输安全。**分析租户与云平台、数据中心之间的数据传输过程，评估其安全防护措施的充分性。

② **数据安全责任界限的划定。**针对不同的服务模式、部署模式及具体的产品和服务，明确云平台与利益相关方的数据安全责任界限，并验证其合规性。

③ **合同协议中的责任界定。**仔细审查与租户的合同协议，明确核实其中是否清晰划定了云数据安全责任边界，并验证平台是否按照约定履行了相应的数据安全责任。

④ **协同保障措施。**在发生数据安全风险或事件时，评估云平台为租户提供的事件报告、应急处置等协同保障措施的有效性。

⑤ **租户数据采集的审查。**审查云平台收集租户数据的行为，包括是否识别了敏感数据和个人信息、收集方式是否安全合理，以及是否存在超范围收集的情况。

⑥ **产品安全配置的验证。**对云平台的计算、存储、网络、数据库、安全等产品的安全配置进行验证，确保其符合安全标准。

⑦ **第三方组件的安全管理。**评估云平台对第三方组件的安全核查和漏洞修复情况，确保其安全性。

⑧ **漏洞管理。**审查云产品的漏洞更新和推送机制，评估其是否能及时提供补丁推送。关注并应对由用户环境或操作引发的安全漏洞，包括提醒用户更新软件、修补漏洞，或者提供技术支持帮助用户更安全地使用云产品。

⑨ **基础安全防护措施的评估。**评估云平台提供的基础安全防护措施是否充分和有效。例如硬件设备、网络设备及存储设备是否放置在安全的环境中，是否存在被非法入侵的风险。

⑩ **高风险操作的提示机制。**审查云安全产品对用户高风险操作的提示机制，确保其能够及时有效地提醒用户。高风险操作包括删除重要数据或关键资源（例如存储桶、虚拟机或数据库）、更改安全设置（例如防火墙规则、密钥管理策略）等。

⑪ **身份管理和访问控制。**评估云平台对云租户的身份管理和访问控制措施是否严格和有效，包括租户账号的创建、权限分配、角色管理及账号的生命周期管理等。

⑫ **云租户数据安全的保障措施。**一方面，审查云平台为保障云租户数据安全而制定的相关制度和采取的安全措施，确保其全面性，例如物理安全措施的覆盖、网络安全策略的完备性、数据加密的全面应用、数据备份与恢复策略、合规性与法律遵循等；另一方面，评估有效性，例如安全措施的实时更新与验证、安全漏洞的快速响应机制、租户安全教育的有效性、定期的安全审计和监控等。

⑬ **服务终止时的数据处理。**约定在服务到期、欠费、提前终止等情形下，评估云平台对云数据的删除和个人信息权益保障措施。

⑭ **数据备份和恢复机制的审查。**评估云数据备份和恢复机制的完善性，包括数据备份策略、备份周期、备份存储和数据恢复策略等方面是否符合安全需求和 SLA。

⑮ **安全风险评估的开展。**审查云平台开展数据安全风险评估和云服务安全评估的情况，确保其定期进行并采取相应的改进措施。

⑯ **基础设施部署和运维。**一方面评估云平台基础设施的部署情况，例如硬件选择与配置、软件平台与配置、网络架构与设计、数据中心与物理安全等；另一方面，评估运维情况，例如系统监控与性能优化、安全管理与漏洞修复、数据备份与容灾策略、身份验证与访问控制等，确保其稳定性和安全性。

⑰ **云安全管理与运营中心的管控。**审查云安全管理与运营中心的管控情况，确保其能够对云平台进行全面的安全管理和监控。

⑱ **数据迁移安全的保障。**评估数据迁移过程中的云安全保障措施，确保数据在迁移过程中不被泄露或损坏。

⑲ **数据出境安全。**审查云平台在数据出境方面的安全保障措施，确保数据出境符合法律法规的要求并保护数据的完整性和保密性。

⑳ **多租户环境下的数据隔离。**评估云平台在多租户环境下是否有效隔离不同租户的数据，确保数据不被非授权访问或泄露。

㉑ **安全审计和日志管理。**评估云平台的安全审计和日志管理机制，包括是否记录关键操作、是否能提供足够的审计追踪信息，以及是否提供日志保存和访问控制等。

㉒ **容灾和故障恢复能力。**审查云平台的容灾和故障恢复能力，包括是否有完善的备份恢复策略、是否能快速恢复服务，并验证其实际效果。

㉓ **供应链安全管理。**评估云平台对供应链安全的管理，包括对供应商的安全审查、对供应商的安全要求，以及对供应链风险的识别和应对等。

㉔ **合规性。**审查云平台是否遵循相关的法律法规、行业标准的要求，包括数据保护、隐私政策、数据跨境传输等方面的规定。

最后，针对云计算服务提供者，评估团队还需要评估以下内容。

① **安全培训和意识提升。**评估云平台对员工的安全培训和意识提升措施，确保员工具备必要的安全知识和技能，以减少人为因素导致的安全风险。

② **客户支持和服务响应。**审查云平台在客户支持和服务响应方面的表现，包括是否能及时响应客户的安全问题和需求，以及提供的解决方案的质量和效率等。

③ **新技术和新应用的安全评估。**评估云平台在引入新技术和新应用时是否进行了充分的安全评估，包括识别其潜在的安全风险和制订应对措施等。

④ **安全事件应急响应计划。**审查云平台是否制订了完善的安全事件应急响应计划，并验证其在实际安全事件中的执行效果，包括事件的发现、报告、分析和处置等环节。

#### 7. 开发和运维风险

开发和运维管理是数据处理和流转的重要环节，评估团队通过对各个环节的细致审查，能够及时发现潜在的安全隐患和漏洞，预防数据安全风险。应重点评估以下内容。

① **新应用开发审核机制。**应评估组织是否建立了健全的新应用开发审核机制，确保这些机制能够充分审核数据处理需求的安全性和合规性。

② **应用系统变更管理。**应审查应用系统的修改、更新和发布过程是否遵循了严格的批准授权和版本控制流程，以防止未经授权的更改和潜在的安全漏洞。

③ **项目实施的安全管理。**在项目实施、验收和交付的各个阶段，应评估安全管理措施的有效性，包括物理和逻辑安全措施的实施情况。

④ **代码和数据的安全管理。**程序代码和测试数据是潜在的安全风险点，应评估组织是否采取了适当的安全管理措施来保护这些资产，例如访问控制和数据泄露防护等。

⑤ **产品上线前的安全评估。**在新产品或新业务上线前，应进行全面的安全评估，确保不会有潜在的安全风险被引进生产环境中。

⑥ **开发测试环境与生产环境的隔离。**应评估开发测试环境和生产环境之间的隔离情况，以及测试数据和测试结果的控制措施，防止敏感数据泄露和未经授权的访问。

⑦ **敏感数据的处理。**在开发测试过程中，应评估是否使用了真实的个人信息、核心数据和重要数据，并确认在开发测试前已对相关数据进行了适当的去标识化或脱敏处理（除非测试确实需要真实信息）。

⑧ **对开发和运维人员的监督。**需要评估组织是否建立了有效的监督和审计机制来监控开发和运维人员的行为，防止内部威胁和不当操作。

⑨ **远程运维的安全管理。**远程运维活动应经过严格的审批和管理，并采取适当的安全防护措施来降低潜在的安全风险。

⑩ **第三方组件和开源软件的管理。**应评估组织对于第三方软件开发工具包（SDK）或开源软件的管理，以及开发技术资料的完备性，确保第三方组件的安全性和稳定性。

⑪ **配置管理和漏洞修复。**应评估组织在配置管理方面的严谨性，包括系统、应用和网络安全配置的标准化和文档情况。同时，还需要关注漏洞扫描、报告和修复流程的执行情况，确保已知漏洞得到及时修复。

⑫ **日志和监控措施。**运维过程中产生的日志是安全事件追溯和取证的关键。应评估组织是否建立了集中的日志管理和监控平台，以及是否能够实时检测和分析异常行为或潜在威胁。

⑬ **员工培训和安全意识。**员工是数据安全的第一道防线，应评估组织是否定期为开发和运维人员提供安全培训，并评估其安全意识水平，确保他们能够在日常工作中正确识别和应对潜在的安全风险。

#### 8. 威胁管理与应急响应缺失的风险

##### （1）数据安全威胁和事件

安全事件往往会重复发生，因此应对已经出现过的各类数据安全威胁和事件进行深入的分析和总结，这样才能准确识别并采取有效的预防措施来避免同类事件再次发生。

对于数据安全威胁和事件，评估团队应重点评估以下方面。

① **历史安全事件分析。**针对过去 3 年内发生的所有数据安全事件，应对其进行详细的信息收集和整理。信息包括但不限于事件的名称、受影响的数据或系统、具体发生的时间和频率、根本原因、威胁的来源和性质、事件的严重程度、当时采取的应对措施，以及后续的整改行动。对于重大事件，应提交给专家团队，由其撰写事件调查与评估报告，防范相同数据安全事件的再次发生。

② **近期安全威胁与违规行为。**评估团队需要审查过去一年内，通过各种安全工具、日志审计机制、安全测评流程及合规性自查所发现的所有安全威胁和违规行为。此外，还需要对这些安全威胁和违规行为的频率进行统计分析，了解其态势和可能的影响。

③ **实时监测与攻击威胁。**借助部署在业务环境中的监测系统和检测工具，应评估组织是否能够实时发现并响应各种攻击威胁。这要求组织安全团队保持高度警惕，并定期更新和调整检测策略，确保有效应对不断演变的数据安全威胁。

④ **行业威胁情报与预警。**应评估组织是否时刻关注同行业或业务模式相似的组织所面临的最新数据安全威胁情报和预警信息。这些信息可能来自政府机构、行业组织、安全研究机构等，对于预防潜在威胁和事件具有重要意义。

##### （2）安全应急管理

在数据安全应急管理领域，评估团队应着重从以下 11 个方面进行评估。

① **应急预案的制订与修订。**评估组织是否已制订数据安全事件应急预案，并对其进行定期审查。应急预案中是否明确定义了数据安全事件的类型，并针对不同类别和级别的事件明确了相应的处置流程和方法。

② **应急响应及处置机制。**审查在发生数据安全事件时，组织是否能立即启动应急响应，并采取必要的处置措施。验证组织是否按照法规要求，及时将数据安全事件通知用户，并向相关主管部门报告。

③ **应急演练的实施。**评估组织是否定期开展数据安全事件应急演练，以检验应急预案的有效性和员工的应急响应能力。

④ **安全风险监测与补救措施。**审查组织是否持续监测数据处理活动中的安全风险，在发现安全缺陷、漏洞等风险时，能否立即采取补救措施。

⑤ **安全事件通知与公告。**在安全事件对个人或其他组织造成危害时，评估组织是否将安全事件的具体情况、危害后果及已采取的补救措施等及时通知利害关系人，通知和公告的时限要求应符合相关法规标准；若无法直接通知，组织应采取公告等其他有效方式进行告知。

⑥ **投诉举报渠道与处置。**对于面向社会提供服务的数据处理者，评估其是否建立了便捷的数据安全投诉渠道，并审查其近 3 年的数据安全投诉举报记录、处置情况和整改措施，确认是否存在侵害用户个人信息合法权益的行为。

⑦ **应急资源配置与管理。**评估组织是否对应急响应所需的资源（例如人员、技术、设备等）进行了合理配置和管理。验证在应急响应过程中，这些资源是否能够被快速、有效地调动和使用。

⑧ **应急响应流程的优化与更新。**审查组织是否定期对应急响应流程进行优化和更新，以适应不断变化的数据安全威胁和环境。评估这些优化和更新是否基于实际的应急响应经验和教训，以及行业最佳实践。

⑨ **应急响应人员的培训与演练。**评估组织是否定期对参与应急响应的人员进行培训和演练，以提高他们的应急响应能力和协同作战能力。验证这些培训和演练是否涵盖了各种可能出现的数据安全事件场景，并对应急响应流程进行了充分模拟和检验。

⑩ **应急响应效果的评估与改进。**在每次应急响应结束后，评估组织是否对响应效果进行了全面、客观的评估。审查组织是否根据评估结果对应急预案、响应流程、资源配置等方面进行了必要的改进和优化。

⑪ **与第三方机构的协作与沟通。**评估组织是否与相关的第三方机构（例如安全咨询公司、网络安全厂商等）建立了有效的协作和沟通机制。验证在发生数据安全事件时，第三方机构是否能够及时提供必要的支持和协助。

## 6.5.4　识别数据安全技术风险

在数据安全领域，风险也会来源于技术层面。所以，还需要从网络安全防护、身份鉴别、访问控制、监测预警、数据脱敏、数据防泄露、数据接口安全、数据备份与恢复、安全审计等方面[11]识别数据安全技术层面的风险。

### 1. 网络安全防护层面的风险

针对网络安全防护情况，评估团队应重点评估以下内容。

① **网络资源管理。**评估网络拓扑结构的合理性、网络区域的划分是否遵循最佳实践、IP 地址分配的策略和合理性，以及网络带宽设置是否满足业务需求。

② **边界防护措施。**验证网络隔离和检测措施的有效性，包括防火墙、IDS/IPS 等边界防护设备的配置和运行状态。

③ **安全策略与配置。**仔细核查网络设备的安全策略和配置，确保其紧密符合行业安全标准，满足组织个性化的安全需求。

④ **网络访问控制与审计。**检查网络访问控制列表（Access Control List，ACL）的配置，

以及安全日志的记录和分析能力，确保只有授权用户才能访问网络资源。

⑤ **漏洞管理。**评估是否定期进行安全漏洞扫描，及时评估、修复和处置发现的漏洞，降低被攻击的风险。

⑥ **威胁检测与响应。**评估是否建立有效的机制以发现异常流量、恶意代码和钓鱼邮件等，并快速响应处置，遏制安全事件的蔓延。

⑦ **威胁管理。**检查持续监控外部和内部网络攻击，以及新型网络攻击的手段，确保组织的防御能力能够应对不断变化的威胁。

⑧ **监控未授权的连接。**定期检查是否存在未经授权的内网、外网或无线网络连接，防止数据泄露或未经授权的访问。

⑨ **关键设备冗余。**评估通信链路、网络设备等关键设备是否具有足够的冗余配置，维持网络通信的连续性。

⑩ **互联网暴露资产管理。**评估服务器、数据库、端口和数据资源在互联网上的暴露情况，并实施适当的安全措施来保护这些资产。

⑪ **网络协议的安全性。**分析信息系统所用网络协议（例如 HTTP、FTP、SMTP、SNMP、NTP、DNS 等）的配置和使用是否存在安全风险，例如不安全的版本、明文传输、默认配置未更改等。确保不存在已知的安全漏洞或缺陷。

⑫ **网络监控与日志分析。**验证网络监控系统的有效性和覆盖范围，评估是否能够实时发现异常行为和潜在威胁。评估日志分析工具的功能和使用效果，包括日志的完整性、保留期限和分析能力。

⑬ **网络设备的固件更新。**定期检查网络设备的固件版本，确保使用的是最新版本，减少已知的安全漏洞。建立网络设备的固件更新流程，包括测试、审批和部署等环节。

⑭ **网络隔离。**评估网络隔离策略的实施情况，例如将不同业务、不同安全等级的网络相互隔离。

⑮ **合规性与等级保护。**审查处理重要数据和核心数据的信息系统是否符合相关法律法规的要求，并根据数据的敏感性和重要性实施相应的网络安全等级保护措施。对于属于关键信息基础设施的系统，还需要满足更加严格的安全保护要求。

### 2. 身份鉴别层面的风险

身份鉴别的目的是确保只有经过授权的用户才能够访问特定的数据资源。通过实施一系列严谨的身份鉴别措施，不仅能够有效防范未经授权的访问和数据泄露，还能在很大程度上维护数据的完整性和保密性。

在评估身份鉴别措施时，评估团队应重点评估以下内容。

① **身份鉴别机制的建立与唯一性标识。**审查组织是否针对用户、设备和应用系统构建了完备且有效的身份鉴别机制。在此机制下，每个身份标识都应具有唯一性，确保无重复或模糊的身份存在，从而防止身份混淆或冒用风险。

② **身份鉴别信息的复杂度与定期更换策略。**身份鉴别信息的复杂度直接关系到其被破解的难度。因此，需要评估当前鉴别信息是否符合复杂性标准，例如字符长度、组合方式等。同时，定期更换策略的执行也是关键，它能够有效降低长期使用同一鉴别信息带来的安全风险。

③ **鉴别机制的绕过可能性分析。**需要仔细检查系统是否存在可被利用的漏洞或不当配置，从而导致鉴别机制被绕过。这要求安全团队持续监控系统日志、异常行为和潜在的安全威胁，确保鉴别机制的完整性和有效性。

④ **登录失败后的安全措施实施。**评估登录失败后的系统是否采取一系列安全措施，包括但不限于结束当前会话、限制登录尝试次数、设置账户锁定时间（即连续失败后的冷却时长）等。这些措施旨在防止暴力破解和恶意攻击，确保系统的安全稳定。

⑤ **远程管理时的鉴别信息保护。**当进行远程管理时，鉴别信息在网络传输过程中的安全性尤其重要。应评估是否采取了加密技术、安全协议等必要措施，防止鉴别信息被窃听或篡改。

⑥ **多因素身份鉴别的实施情况。**在评估身份鉴别风险时，还需要考虑是否实施了多因素身份鉴别。多因素身份鉴别结合了用户知道的信息（例如密码）、用户拥有的物品（例如智能卡）、用户特有的生物特征（例如指纹）等多个因素，这种鉴别方式能够显著提高系统的安全性，降低身份被冒用的风险，例如网上银行系统中采用“动态口令 +U 盾”的方式来提高交易的安全性。因此，需要审查组织是否根据业务需求和安全要求，合理选择了多因素身份鉴别的组合方式，并有效实施了这种鉴别机制。

⑦ **鉴别信息的存储与保护策略。**身份鉴别信息在存储时同样需要得到妥善保护。应评估组织是否采取了加密存储、访问控制等安全措施，防止鉴别信息被非法获取或篡改。同时，还需要关注鉴别信息的生命周期管理，包括其创建、使用、存储、共享、销毁等各个环节，确保鉴别信息在其整个生命周期内都获得有效保护。

⑧ **对第三方身份鉴别服务的依赖风险。**组织也可能会选择使用第三方提供的身份鉴别服务。这种服务虽然带来了便利，但也引入了新的安全风险。在风险评估中，需要关注组织是否对第三方身份鉴别服务进行了充分的安全审查，是否与服务提供商签订了明确的安全责任协议，以及是否制订了应急响应计划来应对可能发生的安全事件。

### 3. 访问控制层面的风险

访问控制旨在确保数据仅被有权访问的人员使用。访问控制的作用不仅在于限制未经授权的访问，更在于通过一系列详细的策略和机制，构建起一个安全、有序、可追溯的数据访问环境。

#### （1）访问控制

针对数据访问控制措施的情况，评估团队应重点评估以下内容。

① **访问控制机制的适应性。**应根据数据的敏感性和重要性级别，评估组织是否建立相应的访问控制机制。这要求组织对不同类别的数据实施不同级别的访问限制，确保用户只能访问被授权的数据范围。

② **访问权限与身份的关联性。**数据的访问权限应严格基于访问者的身份和职责进行分配。这意味着每个用户（User）或用户组（User Group）应根据其职责和业务需求被赋予相应的数据访问权限，评估团队应检查访问权限与身份的关联性。

③ **权限申请与审批流程的规范性。**评估组织是否建立一套完善的权限申请和审批流程，确保所有对数据访问权限的更改都经过适当的审查和批准，这有助于防止权限的滥用和误操作。

④ **最小权限原则的遵循情况。**在授权数据访问权限时，评估遵循最小权限原则。即只授予用户完成其工作任务所需的最小数据访问权限，以减少数据泄露和被滥用的风险。

⑤ **访问控制策略的定期审查与更新。**评估组织是否定期审查其访问控制策略，以确保它们仍然适应当前的业务需求和安全威胁。随着业务环境的变化，例如引入新的应用程序、更改员工角色或提出新的合规性要求，可能需要更新访问控制策略。此外，定期审查还有助于发现潜在的配置错误或过期的访问权限。

⑥ **特权账号的管理与监控。**特权账号，例如管理员账户，具有最高级别的系统访问权限。其可能会成为攻击者的主要目标。组织应根据业务需要，严格控制特权账号的数量，并为这些账户实施额外的安全控制，例如多因素身份验证、特权访问管理（PAM）工具和会话监控。此外，应定期审计特权账号的使用情况，以检测任何可疑活动。

⑦ **访问控制日志的保留与分析。**为了有效监控和响应潜在的安全事件，组织应保留和分析访问控制日志。这些日志提供了关于谁访问了哪些数据、何时访问，以及进行了哪些操作的详细信息。通过分析这些日志，组织可以检测可疑活动、确认访问的合规性并收集用于取证的数据。

⑧ **应急访问计划的制订与测试。**在紧急情况下，例如系统故障或灾难恢复，可能需要特殊的访问控制安排。组织应制订应急访问计划，明确在紧急情况下如何授予和管理访问权限。此外，应定期测试这些计划，以确保有效性。

**（2）授权管理**

针对数据权限管理的情况，应重点评估以下内容。

① **授权审批流程的规范性和落实情况。**评估组织是否建立了完善的数据权限授权审批流程，并明确规定了用户账号的分配、开通、使用、变更、注销等安全保障要求。此外，组织还应对数据权限的申请和变更进行严格审核，以控制管理员权限账号的数量，防止权限滥用。

② **人员角色分离和权限管理的有效性。**评估系统管理员、安全管理员、安全审计员等关键角色是否实现分离设置，确保相互之间的权限制衡和监督。同时，应定期审查这些角色的权限分配情况，确保其符合最小权限原则和职权分离原则。

③ **用户权限清单的准确性和及时性。**评估组织是否建立并持续更新用户权限清单，确保用户账号的实际权限与其工作职责相匹配，并满足最小权限原则。此外，组织还应定期验证权限清单的准确性，及时发现并纠正错误的权限分配。

④ **权限审批结果的一致性检查。**评估组织是否建立有效的机制来检查权限申请和审批结果与实际权限分配情况的一致性，防止出现权限错配或滥用的情况。

⑤ **多余、重复、过期账户和角色的清理。**评估组织是否定期清理系统中多余、重复或过期的账户和角色，减少潜在的安全风险。

⑥ **共享账户和角色权限冲突的避免。**评估组织是否明确禁止共享账户的使用，并采取措施避免角色权限之间发生冲突，确保每个用户只能访问其被授权的数据。

⑦ **离职人员账号和沉默账号的管理。**评估组织是否及时收回离职人员的账号，并定期检查系统中是否存在不活跃账号或权限违规变更等安全问题，确保数据的安全性和完整性。

⑧ **敏感数据操作的监督和审计。**对于数据批量复制、下载、导出、修改、删除等敏感操作，评估组织是否采取多人审批授权或行为监控的方式进行控制，并进行详细的日志审计，以便在出现问题时能够进行追溯和定责。

⑨ **检查权限继承情况。**在复杂的系统环境中，权限可能会因继承关系而自动传递（例如部门重组、人员调动等）。应评估这些继承性权限是否恰当，并检查是否存在不应继承权限的情况，从而避免数据泄露或未经授权的访问。

⑩ **权限提升与降级流程。**当用户职责变更时，其数据访问权限也应相应调整。评估组织是否有明确的流程来处理权限的提升（例如晋升或职责扩展）和降级（例如调岗或离职），并确保这些变更及时、准确地反映在信息系统中。

⑪ **定期权限复查机制。**为保持授权管理的持续有效性，评估组织是否建立定期的权限复查机制。这包括对现有权限的定期审查，以及根据业务变化和组织结构调整对权限进行及时调整。

⑫ **紧急权限授予与撤销流程。**在紧急情况下（例如系统故障、应急响应、自然灾害等），可能需要快速授予或撤销某些权限。评估组织是否有明确的流程来处理这些紧急情况，同时保持对紧急权限变动的严格控制和审计。

⑬ **跨系统权限同步问题。**对于使用多个系统的组织，跨系统之间的权限同步是一个重要问题。应评估组织不同系统间权限同步的准确性和一致性，并采取措施确保用户在所有相关系统中的权限都是恰当和最新的。

4. 监测预警层面的风险

① **数据安全监测预警机制。**评估组织是否建立完善的安全监测预警和信息报告机制，这要求明确对内部各类数据访问操作的日志记录标准，以及详细的安全监控要求。同时，应定期评估机制的有效性和执行情况，以确保其能够适应不断变化的数据安全威胁。

② **异常行为监测指标。**为了有效识别潜在的数据安全风险，评估组织是否构建全面的异常行为监测指标体系，其中包括但不限于 IP 地址、账号活动、访问时间、访问频率、访问数据量、数据使用模式和使用场景等关键指标。通过这些指标，能够实时识别、跟踪和监控异常行为事件，及时响应并降低潜在风险。

③ **敏感数据操作的安全监控。**对于批量传输、下载、导出等敏感数据操作，评估组织是否实施严格的安全监控和分析措施。这包括对数据异常访问和操作的实时告警功能，确保在发生不当数据访问或泄露时能够迅速做出反应。

④ **网络数据流量的安全分析。**评估组织对数据交换过程中的网络流量，是否进行不间断的安全监控和分析。这要求具备对异常流量和行为的实时告警能力，以便在发生网络攻击或数据泄露时能够及时阻断并展开调查。

⑤ **风险信息管理。**评估组织是否建立有效的风险信息管理体系，涵盖风险信息的获取、分析、研判、通报和处置等各个环节。这要求确保风险信息在组织内部得到及时共享和有效处理，从而提升组织整体的数据安全防护能力。

⑥ **数据安全缺陷与漏洞监测。**针对数据安全缺陷和漏洞等风险，评估组织是否加强监测预警能力建设。这包括定期进行数据安全漏洞扫描和评估，以及建立快速响应机制来修复已发现的安全问题。通过这些措施，可以显著降低因安全缺陷和漏洞导致的数据泄露风险。

⑦ **外部威胁情报的整合与应用。**在评估数据安全风险时，应重视外部威胁情报的整合与应用。这要求组织建立与外部安全机构、情报提供商等的合作机制，及时获取并整合最新的威

胁情报。通过将外部威胁情报与内部安全监控相结合，可以更准确地识别潜在的数据安全风险，并提前采取有针对性的防御措施。

⑧ **合规性与法规遵从。**在评估数据安全监测预警层面的风险时，应评估合规性与法规遵从。组织应确保自身的数据安全实践符合相关法律法规和行业标准的要求。这包括定期审查和调整数据安全策略，以适应不断变化的法律法规和行业标准要求。同时，组织需要建立有效的合规性监测机制，确保组织内部的数据安全活动始终符合法律法规和行业标准要求。

**5. 数据脱敏层面的风险**

针对数据脱敏（Data Masking）[H40] 的情况，评估团队应重点评估以下内容。

① **数据脱敏策略。**审查现有的数据脱敏规则，确保其符合行业最佳实践和法律法规要求；评估所采用脱敏方法的有效性和安全性，包括但不限于替换、扰乱、屏蔽、截断等技术；检查脱敏数据的使用限制，以及脱敏数据的存储、传输和销毁要求。

② **脱敏应用场景与处理流程。**确定哪些应用场景需要进行数据脱敏处理，例如生产环境、开发测试环境等；审查数据脱敏的处理流程，确保其逻辑严密、操作规范；检查脱敏操作的记录，确保所有操作均可被追溯和审计。

③ **技术能力建设。**评估组织在静态数据脱敏和动态数据脱敏方面的技术储备和实施能力；检查相关技术工具的部署和使用情况，确保其能够满足业务需求和安全要求。

④ **效果验证。**在开发测试、客户数据分析和共享等应用场景中验证数据脱敏的效果，确保其达到预期目标；定期进行脱敏效果的复测，以适应数据变化和新的安全威胁。

⑤ **风险再评估与保护措施。**分析经过匿名化或去标识化处理的个人信息重新被识别出个人信息主体的风险；根据风险评估结果，采取相应的保护措施，例如增强脱敏算法、限制数据访问权限等；定期对保护措施进行审查和更新，以应对不断变化的安全威胁。

⑥ **脱敏策略的持续更新。**审查脱敏策略是否随着业务和数据的变化而持续更新；评估更新策略的频率和有效性，确保其能够及时应对新的安全威胁和数据变化。

**6. 数据防泄露层面的风险**

针对数据防泄露情况，评估团队应重点评估以下内容。

① **已部署的数据防泄露技术手段。**数据防泄露技术手段包括但不限于对网络、邮件、终端等关键环节的监控能力，以及它们是否能够及时报告敏感信息的外发行为。这种监控应该是实时的，并且能够覆盖所有的数据流动路径。

② **数据市场泄露风险。**评估组织是否关注数据市场上存在非法售卖或泄露其业务数据的情况。这包括通过公开渠道、开源网站等途径查询是否有组织的业务信息被泄露，例如代码、数据库信息等。这种风险评估应该是定期的，以及时发现并应对任何潜在的数据泄露事件。

③ **数据防泄露技术措施的有效性验证。**对于已经实施的数据防泄露技术措施，需要验证其有效性。可以通过模拟攻击、渗透测试等方式进行，以确保这些措施能够在业务环境中有效地防止数据泄露。此外，还需要对这些措施进行持续的更新和优化，以应对不断变化的威胁环境。

**7. 数据接口安全层面的风险**

对外接口作为数据交互的门户，为确保安全性，评估团队应重点评估以下内容。

① **接口认证鉴权与安全监控能力。**应评估面向互联网及合作方的数据接口在认证鉴权和

安全监控方面的能力。这包括接口是否能够有效限制违规接入，是否具备对接口调用的自动监控和处理能力。同时，应对接口的类型、名称、参数等关键信息进行规范，确保接口的规范性、一致性。

② **API 密钥及安全存储。**API 密钥需要有安全的存储措施，应评估其是否能够有效防止密钥被恶意搜索或枚举，确保密钥的保密性。

③ **跨系统、跨区域数据流动安全。**对于不同安全等级系统间、不同区域间的数据流动，需要审查其安全控制措施的有效性，确保数据在传输过程中的安全性。

④ **传输接口审批流程。**涉及个人信息、重要数据、核心数据的传输接口，评估其是否实施严格的调用审批流程，确保数据传输的合规性。

⑤ **接口定期清查机制。**评估是否建立对外数据接口的定期清查机制，及时关停不符合安全要求的接口，降低数据泄露风险。

⑥ **数据接口防护措施。**评估数据接口是否部署身份验证、访问控制、授权策略、数据加密、接口签名、安全传输协议等多重防护措施，构建全方位的安全防护体系。

⑦ **与接口调用方明确责任。**评估与接口调用方是否明确数据的使用目的、供应方式、保密约定及数据安全责任等，确保双方对数据的安全使用达成共识。

⑧ **接口访问日志与告警机制。**评估是否对接口访问进行日志记录，同时对接口异常事件进行告警通知，以及时发现和处理潜在的安全风险。

**8. 数据备份与恢复层面的风险**

数据备份与恢复提供了在数据丢失或损坏时，还能确保业务连续性和数据完整性的能力。然而，这一过程并非万无一失，在实际操作中，数据备份和恢复策略可能存在漏洞，在执行过程中也可能出现偏差，这些都可能引发安全风险。

针对数据备份恢复情况，应重点评估以下内容。

① **备份策略和规程的完善性。**需要审查数据备份的策略和操作规程是否已建立、文档化，并得到有效执行。这些策略和规程应明确指导备份的流程、责任人、时间安排等关键要素。

② **备份细节分析。**审查是否对数据备份的具体方式（例如全量备份、增量备份、差异备份等）、执行频次、保存期限，以及存储介质的可靠性和安全性进行深入分析。这些因素直接影响数据的恢复效果。

③ **灾备功能验证。**核实系统是否提供本地或异地的数据灾备功能，以应对不同级别的灾难事件。灾备功能的可靠性和有效性是确保数据安全的关键因素。

④ **定期工作审查。**确认组织是否定期开展数据备份工作，并对这些工作的记录进行审查，确保备份流程得到持续、有效的执行。

⑤ **访问控制评估。**评估备份和归档数据的访问控制措施是否满足要求，是否能够防止未经授权的访问、篡改或删除。这包括身份验证、权限分配和审计跟踪等方面。

⑥ **技术验证措施。**审查是否定期采用技术手段对备份和归档数据的完整性和可用性进行验证。这包括数据完整性校验、恢复测试等，确保在需要时能够成功恢复数据。

⑦ **灾难恢复演练。**需要确认组织是否定期开展灾难恢复演练，以评估组织在实际灾难事件中的响应能力和数据恢复流程的有效性。演练的频率、范围和结果都应是评估的重点。

⑧ **加密与安全性考虑。**在数据备份过程中，应评估是否采用了适当的加密措施来保护备份数据，这包括在传输过程中的加密及在静止状态下的加密。同时，还需要考虑密钥管理的安全性和复杂性，确保密钥本身不会成为安全漏洞。

⑨ **备份数据的可移植性。**评估备份数据是否能够在不同的系统或平台上恢复。随着技术的不断演进，可能需要将数据从一个系统迁移到另一个系统，因此备份数据的可移植性成为一个重要的评估因素。

⑩ **备份数据的验证与监控。**除了定期验证备份数据的完整性和可用性，还应考虑实施持续的监控机制，以及时发现任何潜在的问题或异常。这可能涉及使用特定的工具或脚本来定期检查备份数据的状态。

⑪ **备份过程的自动化程度。**评估备份过程的自动化程度，包括自动触发备份、自动验证备份数据的完整性及自动报告备份状态等。自动化程度的提高可以减少人为错误，提高备份的可靠性和效率。

⑫ **备份数据存储的位置与物理安全。**考虑备份数据存储的物理位置，包括其存储环境的安全性，是否有适当的物理访问控制，以及是否有可能受到自然灾害或其他物理威胁的影响。

⑬ **合规性要求。**需要评估数据备份恢复策略是否符合相关的法律法规、标准或合规性要求。这可能涉及数据保留期限、数据跨境传输限制及特定行业的监管要求等方面。

#### 9. 安全审计层面的风险

##### （1）审计执行

为了确保审计活动的全面性和准确性，评估团队需要评估数据安全的审计执行情况。

① **审计实施情况分析。**审查审计计划的制订是否全面覆盖了组织的数据资产；评估审计活动的实施是否符合预定的计划和时间表；分析审计过程中所使用的工具和方法是否适当，能否有效发现潜在的安全风险。

② **审计策略与要求的合理性及有效性评估。**对审计策略进行审查，确认其是否符合行业最佳实践和组织的安全策略；评估审计要求是否明确具体，能否有效指导审计人员进行风险评估；检查审计策略和要求的更新情况，确保其能够适应不断变化的数据安全威胁和法规要求。

③ **数据访问权限与访问控制审计。**定期对数据的访问权限进行审计，核实用户的访问权限是否与其职责相符；检查实际访问控制情况，验证是否存在未经授权的访问或越权操作；审核用户实际使用权限与审批时的目的是否一致，防止权限的滥用或误用；及时发现并清理已过期的账号和授权，以减少潜在的安全风险。

④ **特权用户安全审计。**对特权用户（例如管理员、系统操作员等）进行针对性审计，其权限级别较高，因此可能带来更大的风险；审核特权用户的活动日志，确保其操作符合组织的安全策略和流程；监测特权用户账户的异常行为，例如频繁的登录尝试、非工作时间访问等，以及时发现并应对潜在的安全威胁。

⑤ **审计结果的跟踪与整改。**评估组织是否建立了有效的机制来跟踪审计结果，并确保发现的问题能够得到及时整改；检查审计结果报告是否清晰、准确地反映了审计发现，并提供了足够的证据支持；分析整改措施的合理性和有效性，验证其是否能够消除或降低已识别的安全风险。

⑥ **审计人员的专业能力与独立性。**评估审计团队的专业能力是否足够应对复杂的数据安全技术风险；检查审计人员是否接受了充分的培训，并持续更新其知识和技能；确保审计团队在组织架构中的独立性，避免潜在的利益冲突影响审计结果的客观性和公正性。

⑦ **技术更新与新兴威胁的应对。**审查组织是否定期评估新兴的数据安全威胁，并根据这些威胁的特点及时更新审计策略和方法；检查组织是否采用了近期发布或经过验证的、行业内公认的审计工具和技术，以提高审计的效率和准确性；鼓励组织与业界企业、监管机构保持沟通，共享情报和最佳实践，确保审计工具和技术的时效性，并加强组织对外部威胁的防御能力。

（2）日志留存记录

为确保数据安全的可追溯性和明确责任，评估团队应对日志留存情况进行全面评估。

① **重点环节日志管理情况。**评估在数据生命周期中的各类操作，例如采集、授权访问、批量复制、共享、公开、销毁及数据接口调用、下载、导出等关键操作环节，是否都实施了日志留存管理。这些日志是后续安全审计和事件追溯的重要依据。

② **日志记录内容完整性。**评估日志记录内容是否全面详实，包括但不限于执行时间、操作账号、处理方式、授权情况、IP 地址及登录信息等。这些信息共同构成数据操作行为的完整画像，是判断数据被合规处理的关键。日志记录应采用标准化的格式，例如 Syslog[H41]、JSON、CSV[H42]、XML、W3C[H43] 等，以便后续进行分析和处理。日志的存储应使用专门的日志管理系统，支持高效的索引、查询和长期归档。

③ **日志的追溯与支撑能力。**评估日志记录是否满足对数据操作和访问行为的识别和追溯。在发生数据安全事件时，这些日志应能够提供足够的信息来还原事件现场，从而快速定位问题，采取针对性的应对措施。

④ **日志备份与灾难恢复。**为防止因数据安全事件导致日志被篡改或删除，应评估组织是否定期对日志进行备份。同时，备份策略应考虑到灾难恢复的需求，确保在极端情况下日志的完整性和可用性。

⑤ **日志保存期限合规性。**评估日志的保存期限是否符合相关法律法规的要求。例如，对于网络日志，《网络安全法》规定了至少 6 个月的保存期限。组织应确保自身的日志保存策略不仅满足自身需求，还符合法律法规的强制性规定。

⑥ **日志的保密性。**考虑到日志中可能包含敏感数据操作的详细信息，应评估是否需要对日志进行适当的加密处理。加密可以确保即使日志被未经授权访问，攻击者也无法轻易读取其中的内容。同时，对于存储和传输过程中的日志，也需要确保其保密性。

⑦ **日志分析工具与流程。**评估组织是否配备了有效的日志分析工具，并建立了相应的分析流程。这些工具与流程应能够助力安全团队迅速识别异常行为、潜在威胁和数据泄露等风险。缺乏这些工具和流程可能会导致对日志信息的利用效率低下，无法及时发现安全问题。

⑧ **日志整合与集中管理。**随着组织规模的扩大和业务的复杂化，日志的来源更加多元，数量也会不断增长。因此，需要评估是否实现了日志的整合与集中管理。将不同来源的日志汇聚到一个统一的平台上进行分析和管理，可以提高安全审计的效率和准确性。

⑨ **日志访问权限控制。**日志本身也是一种敏感数据，因此应评估是否对日志的访问权限进行了严格控制。只有经过授权的人员才能够访问和使用日志数据，防止内部人员滥用或泄露日志数据。

（3）行为审计

行为审计作为安全审计的重要组成部分，旨在监控和评估与数据相关的各种活动。在评估数据安全行为审计情况时，评估团队应着重考虑以下 4 个方面。

① **网络活动的全面审计。**这包括对网络运维管理活动、用户行为的实时监控，以及对网络异常行为和网络安全事件的及时响应。通过这些审计，可以识别潜在的数据泄露风险或不当操作。

② **数据库和数据接口的访问监控。**审计应涵盖对数据库、数据接口的访问和操作行为，包括谁访问了哪些数据、何时访问，以及进行了哪些操作。这有助于发现未经授权的访问或潜在的数据篡改。

③ **高风险数据行为的审查。**特别关注数据的批量复制、下载、导出、修改、删除等高风险行为。这些行为往往与数据泄露或数据丢失等严重后果关系密切，因此需要严格的审计和审批流程。

④ **个人信息处理活动的合规性审计。**随着数据安全法规的不断加强，对个人信息处理活动的合规性审计显得尤为重要。这包括评估个人信息的采集、存储、处理和交换等是否符合相关法律法规的要求，确保个人隐私得到充分保护。

### 6.5.5 识别数据处理活动风险

在数字时代，数据处理活动日益频繁且复杂，它们贯穿于组织的日常运营、决策支持和产品创新之中。然而，随着数据价值的不断攀升，与之相关的安全风险也愈发凸显。因此，需要辨识数据处理活动的安全风险。这不仅是为了保护数据的保密性、完整性和可用性，更是为了维护组织的声誉、提升客户信任和满足合规要求。通过深入理解和评估数据在采集、传输、存储、处理、交换和销毁等各个环节中[11]可能面临的风险，能够建立更加有效的安全防护体系，从而确保数据资产的安全，为组织的稳健发展保驾护航。

1. 采集环节的风险

（1）数据采集的合规性

为确保数据采集活动的合规性，评估团队应严格评估以下 3 个方面。

① **数据采集的合规性与正当性。**确认数据采集行为是否符合相关法律法规的规定，评估是否存在非法窃取数据、超范围收集数据、未经合法授权或以其他非法手段获取数据的情况，同时确保其获得了数据主体的明确同意。核实数据采集的目的和范围是否明确、合法，并与组织的业务需求和法律义务相一致。组织应严格遵守法律法规对数据采集的规定，任何违规行为都可能引发合规风险，包括法律后果和声誉损害。

② **数据来源透明度和可追溯性验证。**在数据采集阶段，应确认数据来源的透明度，即数据提供方的身份和授权状态应清晰可查。此外，应建立数据采集的可追溯性机制，在必要时追踪数据的原始来源和流转路径，确保数据的合规性和真实性。

③ **隐私策略和用户同意机制。**在涉及个人数据的收集活动中，需要制定和执行隐私策略。应审查隐私策略是否充分，明确地告知用户数据采集的目的、范围和使用方式，以清晰、易懂的方式呈现并获得用户的明确同意。同时，应验证用户同意机制的有效性和合规性，确保用户

权益得到充分保护。

（2）通过第三方收集数据

当组织从合作方或第三方平台上收集业务所需要的数据时，应重点关注以下 4 个方面。

① **数据采集的合规性审核。**在通过第三方进行数据收集前，同样应严格遵守相关法律法规和监管要求。应审查是否通过正式的合同或协议等法律手段，明确规定从第三方收集数据的范围、方式、使用目的，并确保已获得数据主体的授权同意。

② **外部数据源的鉴别、记录与验证。**审查是否建立有效的鉴别机制，以验证数据源的真实性和可靠性，并对鉴别结果进行详细记录，以备后续审计和追溯使用。验证所收集数据的真实性及数据来源的可靠性，可以通过数据抽样、与数据源对比等方法实现。

③ **第三方服务提供商的安全性评估与选择。**在通过第三方服务提供商收集数据时，应对其安全能力进行全面评估，包括审查其安全策略、数据保护能力、合规性认证及历史安全记录等。在与服务提供商签订的服务协议中应明确界定双方的安全责任和义务。

④ **持续监控与再评估。**审查是否建立一个长期的持续监控和再评估机制，以确保第三方数据采集活动的安全性。这包括定期审查第三方数据源的安全性和服务提供商的合规性。

（3）数据采集方式

针对数据采集方式，评估团队应重点评估以下内容。

① **自动化工具访问与收集数据的合规性审查。**在使用自动化工具访问和收集数据时，应严格审查其过程。一方面，要确保遵守法律法规、部门规章和协议约定；另一方面，要避免侵犯他人的知识产权等合法权益。

② **自动化工具收集数据的范围与相关性评估。**在采用自动化工具收集数据时，包括爬虫、网络抓包工具等，应明确数据的收集范围，并避免收集与提供服务无关的数据，以减少数据泄露和滥用的风险。

③ **自动化工具对网络服务性能与功能的影响评估。**需要评估使用自动化工具收集数据对网络服务的性能和功能产生的影响，确保数据采集活动不会干扰或破坏正常的网络服务。

④ **人工方式采集数据的管理与安全性控制。**对于通过人工方式采集的数据，应审查是否实施严格的管理措施。这包括要求数据采集人员直接将采集到的数据报送到指定的相关人员或系统，并在采集任务完成后及时删除其留存的数据，防范数据泄露和滥用的风险。

⑤ **数据采集活动的监控与审计机制。**应审查是否建立数据采集活动的监控与审计机制，对数据采集过程进行实时监控和定期审计，确保数据采集活动的合规性和安全性。

（4）数据采集设备和环境安全

数据采集设备通常是指用于数据采集的硬件设备，例如物联网传感器、计算机终端、服务器等。这些设备负责生成、接收或处理数据。而环境一词则更为宽泛，它可以是与这些设备交互的软件环境，例如操作系统、应用程序、网络协议等，也可以是设备所处的物理环境，例如数据中心、办公室、远程地点等。因为在评估安全性时，物理环境同样重要，它可能受到诸如物理访问控制、自然灾害、电力供应、火灾等因素的影响。

在国家标准《信息安全技术 数据安全风险评估方法（征求意见稿）》[10] 中未给出设备和环境的定义，从上下文来看，该评估方法中的设备和环境是指硬件设备和与其直接相关的软件环境，因为这些元素直接涉及数据的生成、存储和传输等，从而造成数据采集过程中的风险点。

针对数据采集设备及环境的安全风险，评估团队应重点评估以下内容。

① **数据采集终端或设备的安全漏洞检测。**应定期检查数据采集所使用的终端或设备，以识别并修复可能存在的安全漏洞。这些漏洞可能会导致网络攻击和数据泄露。

② **人工采集数据的安全管理。**在人工采集数据时，存在数据泄露（复制、留存、转发等）的风险。为降低这种风险，应采取一系列措施，例如严格的人员权限管控、对敏感数据进行脱敏处理等。应评估人工采集数据的环境是否得到有效的安全管控。

③ **客户端敏感信息的留存。**在通过台式计算机、笔记本计算机、虚拟桌面等客户端完成业务处理后，应检查是否存在敏感个人信息或重要数据的留存。这类信息的留存可能加大数据泄露的风险，因此应确保这些数据被适当地处理或删除。

④ **设备物理安全与环境因素。**数据采集设备本身可能面临物理损坏、失窃或遭受恶意破坏的风险。同时，环境因素（例如电力波动、温湿度变化等）也可能影响设备的正常运行和数据的完整性。因此，应审查设备是否存放在安全的环境中，并采取适当的物理保护措施。

⑤ **设备更新与维护。**数据采集设备的软件和固件更新可能会引入新的安全漏洞。因此，在更新时，应谨慎评估更新内容的安全性，并在更新后重新进行测试。同时，设备的定期维护也应遵循严格的安全流程，防止数据泄露或损坏。

⑥ **设备配置与管理。**不当的设备配置和管理可能导致数据泄露或设备被恶意利用。例如，默认密码未更改、不必要的服务未关闭等都可能增加设备的安全风险。因此，应评估设备配置是否符合安全最佳实践或基线，并是否定期审查和管理设备的配置参数。

#### 2. 传输环节的风险

##### （1）传输链路的安全性

数据的每一次流动都可能隐藏潜在的风险。针对数据传输链路的安全性，应重点评估以下内容。

① **安全策略与规程实施。**审查数据传输安全策略的落实情况和操作规程的执行情况。包括评估策略的有效性、更新频率和员工的遵守程度等。

② **加密措施有效性。**深入分析敏感个人信息、重要数据和核心数据的传输加密状态。验证加密措施的实际效果，并确认是否采用了符合安全标准的加密算法，以及密码算法配置的正确性、密钥管理的严谨性等。

③ **数据完整性保护。**评估数据在传输过程中是否使用了完整性保护措施，防止数据在传输中被篡改或损坏。

④ **传输记录与安全审计。**审核数据传输和接收的记录，确保所有操作都可追溯，并对数据传输日志进行分析，从而检测潜在的异常活动。

⑤ **安全传输协议应用。**确认是否采用了安全传输协议（SSL、TLS 等）等必要的安全措施，保障数据在传输过程中的保密性、完整性和可用性。

⑥ **数据异常传输检测与处置。**评估系统对数据异常传输的检测能力，以及发现异常情况时的处置流程。

⑦ **跨组织传输管理。**检查是否制定了数据跨组织传输的管理规则，并评估跨组织数据传输安全技术措施的建立和实施情况，确保在不同组织间传输数据时也能维持相应的安全标准。

（2）传输链路可靠性

除了关注传输链路的安全性，可靠性也是重要内容，特别是当数据在复杂的网络环境中流动时，一个稳定、高效的传输链路能确保数据准确无误地到达目的地。针对数据传输链路的可靠性，评估团队应重点评估以下内容。

① **网络传输链路的可用性。**包括对关键网络传输链路和网络设备节点冗余建设情况的审查。冗余建设的目的是在主链路或设备发生故障时，能迅速切换到备用链路或备用设备，从而确保数据传输的连续性。此外，还需要审查是否建立了容灾方案和宕机替代方案，以应对自然灾害、人为破坏等因素导致的大规模网络故障。

② **数据传输中的第三方风险。**在数据传输过程中，可能会经过第三方网络或设备，或者被第三方缓存。这种情况可能会增加数据受到非法访问、篡改或泄露的风险。因此，需要评估传输过程中是否存在这类风险，并采取相应的安全措施，例如加密传输、使用安全协议等，确保数据在传输过程中的安全。

③ **传输链路的监控和告警机制。**检查是否建立了有效的监控和告警机制，实时监控数据传输链路的状态和性能，及时发现并处理潜在的安全风险。这有助于快速响应和处理安全事件，减少损失。

3. 存储环节的风险

（1）数据存储适当性

采集的数据需要被妥善存储，以备后续进行分析、应用与决策支持。因此，需要评估数据存储的适当性，包括以下内容。

① **存储策略和规程审查。**应对数据存储的安全策略和操作规程进行审查。这些安全策略和操作规程应明确数据的存储标准、访问控制、加密措施及备份和恢复流程等关键要素。通过审查这些安全策略和操作规程的建设和落实情况，可以评估数据存储环节是否存在安全风险，并确定是否需要进一步完善或调整相关安全策略和操作规程。

② **存储位置、期限和方式的评估。**应对数据的存储位置、存储期限及存储方式进行评估。存储位置的选择应考虑到数据的敏感性、访问频率及法规要求等因素，确保数据存储在安全、可靠的环境中。同时，存储期限的设定应合理，避免不必要的数据留存所带来的风险。此外，还需要评估存储方式的适当性，包括是否采用了加密存储、冗余存储等措施来加强数据的安全性和可用性。

③ **永久存储数据类型的审查。**应对永久存储的数据类型进行严格审查。并非所有数据都需要永久存储，数据过量积累可能会增加数据泄露、损坏或丢失的风险。因此，需要仔细评估每种数据类型的必要性，并根据业务需求、法规要求和数据价值等因素来确定哪些数据应该永久存储，哪些数据可以定期删除或归档。

（2）逻辑存储安全

逻辑存储安全是指存储在系统中的数据在逻辑层面上的保护和管理。它与物理存储（例如硬盘或服务器）不同，更多关注数据在存储和访问过程中的安全性和完整性。例如，文件系统将物理硬盘上的数据组织成文件和目录的形式，使用户可以更加方便地查找、读取和写入数据；数据库管理系统（Database Management System，DBMS）[H44] 将数据映射到物理存储上，同时提供逻辑层面的数据访问和操作接口等功能。

针对逻辑存储安全，评估团队应重点从以下 11 个方面进行评估。

① **数据库安全管理。** 评估数据库在账号创建、权限分配、角色管理等方面的实施情况，检查访问控制列表（ACL）的配置，确保只有授权用户可以访问敏感数据，以及验证日志记录是否详尽，包括对数据修改、删除等关键操作的记录，确保所有要求均得到严格落实。

② **安全漏洞检测与修复。** 对逻辑存储系统进行深入的安全漏洞检测，并查看已发现的安全漏洞是否得到及时有效的修复和处置。

③ **操作行为安全管理。** 评估针对数据库管理人员及运维人员操作行为的安全措施有效性，防止未经授权的访问和操作。

④ **数据脱敏与存储分离。** 检查脱敏后的数据是否与可用于恢复数据的信息分开存储。

⑤ **加密存储与措施验证。** 对敏感个人信息、重要数据和核心数据的加密存储情况进行评估，并验证所采取的加密措施的有效性，以确保数据在存储过程中的安全。

⑥ **外部存储安全管理。** 当数据存储在第三方云平台、数据中心等外部区域时，应评估其安全管理措施和访问控制机制的健全性与有效性。

⑦ **数据分域分级存储。** 数据域是指面向业务分析，将业务过程或者维度进行抽象的集合。数据域可以按照组织的部门划分，也可以按照业务过程或者业务板块中的功能模块进行划分。应根据数据的安全级别、重要性、量级和使用频率等因素，评估数据分域分级分层存储的安全管控情况，确保各类数据得到适当的保护。

⑧ **防勒索检测机制。** 对于重要数据和核心数据的存储，应评估其防勒索检测机制的完善性和有效性，以应对潜在的勒索攻击风险。

⑨ **数据备份与恢复策略。** 评估数据备份的完整性和可靠性，包括备份频率、存储位置和恢复流程的测试情况。同时，需要检查是否有针对关键业务数据的灾难恢复计划，并确保其能够在紧急情况下快速且准确地恢复数据。

⑩ **数据访问审计。** 评估是否有完善的数据访问审计机制，能够记录和监控所有对数据的访问行为，包括访问者的身份、访问时间、访问的数据内容及访问方式等，用于事后追溯和调查潜在的数据泄露事件。

⑪ **合规性要求。** 需要评估数据存储是否符合相关的法律法规和标准要求，例如《数据安全法》《网络安全审查办法》等。确保组织的数据存储实践不仅满足业务需求，还遵守法律法规，避免因违规而面临法律处罚和声誉受损。

**（3）存储介质安全**

存储介质作为数据的物理载体，虽然承载着组织的数据资产，但也是数据泄露、损坏或丢失等风险的来源之一。针对存储介质的安全风险，评估团队应重点从以下 6 个方面进行评估。

① **存储介质的使用情况与管理。** 评估存储介质（包括移动存储介质，下同）的整体使用情况，包括但不限于其分配、追踪、回收流程。同时，要审查资产标识的实施情况，确保每个存储介质都有明确、唯一的标识，以便管理和追踪。

② **存储介质的安全管理规范。** 检查组织是否建立了完善的存储介质安全管理规范，并且检查这些规范是否明确规定了存储介质上数据的保护标准，包括但不限于加密、访问控制、数

据保留和删除等。

③ **存储介质的安全检查机制。**应验证组织是否对存储介质进行了定期或随机的安全检查。这些检查旨在发现潜在的安全风险，例如恶意代码感染、未经授权的访问尝试或数据泄露的迹象。

④ **存储介质的访问和审计日志。**需要评估组织是否记录并审计了所有对存储介质的访问和使用行为。这些日志应保留足够长的时间，并可用于安全事件的事后分析和取证。此外，审计机制可检测到异常行为，并及时触发警报。

⑤ **存储介质的物理安全。**评估存储介质的物理存放环境，确保其符合安全标准，例如防火、防水、防尘等设施是否完备。检查是否有适当的访问控制措施，以防止未经授权的人员接触存储介质。验证组织是否有针对存储介质丢失或被盗的应急响应计划。

⑥ **存储介质的处置和销毁流程。**评估存储介质在达到使用年限时的处置和销毁流程是否符合安全标准。检查是否有适当的措施来确保在存储介质被重新使用或处置前，存储介质上的敏感数据已被彻底删除或覆盖。验证组织是否有对处置和销毁流程进行记录和审计的机制。

#### 4. 处理环节的风险

##### （1）数据处理的合规性

在数据使用和加工过程中，合规性不仅是法律法规的明确要求，更是保障数据安全、维护各方权益的重要基础。针对数据使用和加工的合规性风险，评估团队应重点评估以下内容。

① **遵守法律法规与职业道德。**评估数据的使用和加工是否严格遵守国家法律法规。此外，组织还应尊重社会公德、商业道德和职业道德，确保合法、正当和诚信使用数据。

要警惕任何可能危害国家安全、公共利益的数据使用和加工行为。同时，也应预防损害个人、组织合法权益的行为。

在数据的使用和传播过程中，严禁制作、发布、复制、传播任何违法信息。这包括但不限于涉及暴力、色情、欺诈等内容的信息。

② **遵循特定技术应用的监管要求。**对于应用算法推荐技术、深度合成技术等提供互联网信息服务的情况，以及利用生成式人工智能技术提供服务的情况，应评估组织是否严格按照《互联网信息服务算法推荐管理规定》《互联网信息服务深度合成管理规定》等相关规定的要求开展相关工作。这包括但不限于算法的透明度、可解释性、公平性等方面的要求，以确保合理、公正和安全应用此类技术。

③ **数据处理活动的透明度和可审计性。**数据处理活动应保持一定的透明度，应审查相关人员是否能够了解数据的处理目的、方式、范围等关键信息，有助于增强数据处理活动的可信度和可接受性。为确保数据处理活动的合理性和可追溯性，应实施数据审计机制。通过定期审查和评估数据处理活动，可以发现潜在的风险和问题，并及时采取纠正措施。

④ **数据安全与隐私保护的措施。**在数据使用和加工过程中，应审查是否采取必要的安全措施，确保数据不被未经授权的人员访问、篡改或泄露。应尊重和保护数据主体的隐私权，避免在数据使用和加工过程中侵犯其合法权益。对于涉及个人隐私的敏感数据，应采取脱敏、匿名化等处理方式，降低隐私泄露的风险。

##### （2）数据正当使用

数据正当使用不仅意味着符合法律法规的要求，还意味着在处理过程中要尊重和保护数据主体的权益，确保数据的安全性。针对数据正当使用情况，评估团队应重点评估以下内容。

① **数据使用的安全策略及规程落实情况。**应审查数据使用与加工的安全策略及操作规程是否已经建立并得到切实执行。这些安全策略及操作规程是指导数据操作行为的基础，其落实情况直接影响到数据的安全性。

② **数据使用授权验证。**应审查数据的使用是否获得数据提供方、数据主体及其他利益相关方的明确授权。未经授权的数据使用不仅可能违反法律法规，还可能损害利益相关方的权益。

③ **数据使用行为与承诺的一致性。**需要验证数据使用行为是否与事先的承诺或用户协议保持一致。这有助于确保数据处理活动遵循既定的规则和约定，维护数据的完整性和可信度。

④ **社会影响评估。**在数据处理活动及研究开发数据新技术的过程中，应评估这些活动是否有利于促进经济社会发展、增进人民福祉，并符合社会公德和职业道德。这是确保数据技术健康发展、避免滥用的准则之一。

⑤ **数据驱动的业务风险。**对数据驱动的用户画像、信息推送等业务，需要评估其是否可能导致不公平价格、损害用户正当权益等风险情况。这些风险不仅关乎用户体验和平台声誉，还可能引发更广泛的社会问题。

⑥ **防范数据滥用风险。**需要警惕个人信息、重要数据和核心数据被滥用的风险。这类风险可能导致严重的隐私泄露和权益损害，应审查是否采取严格的安全措施和监控手段来加以防范。

⑦ **数据使用加工的责任追溯机制。**为确保数据的正当使用和在出现问题时能够进行有效的责任追溯，应建立一套完善的责任追溯机制。这包括明确数据处理各阶段的责任主体，记录详细的数据使用加工日志，以及在必要时进行数据使用的审计和回溯分析。

**（3）数据导入 / 导出**

在业务运作中，数据导入 / 导出虽然是常规操作，但也存在着安全风险。从数据导入时的验证到导出后的责任追踪，每一个环节都可能是数据泄露或损坏的潜在隐患。因此，为了确保数据的安全性，应对数据的导入 / 导出情况进行风险评估，评估团队应重点评估以下内容。

① **数据导出安全评估与授权审批。**在数据导出前，应进行安全评估，确保导出的数据不包含敏感或受保护的信息。同时，建立授权审批流程，确保只有经过授权的人员才能执行数据导出操作。

② **导入 / 导出审计与日志管理。**实施导入 / 导出操作的审计策略，记录所有相关操作，包括操作时间、操作人员、操作类型等信息。建立日志管理机制，定期审查和分析日志，以检测潜在的安全风险。

③ **导出权限与操作记录管理。**严格控制导出权限的分配，确保只有具备相应权限的人员才能执行导出操作。同时，记录所有导出操作，以便在需要时进行追溯。

④ **导出数据存储介质管理。**对用于存储导出数据的介质（例如 U 盘、硬盘、光盘等）进行标记、加密和管理。确保这些介质在超过使用年限时能够被安全地销毁，防止数据泄露。

⑤ **验证接收方身份。**应验证数据接收方的身份，确认其获取数据的正当理由，并审查其数据安全保护能力。

⑥ **导出后的数据追踪和责任归属。**应建立机制来追踪导出的数据（例如数据水印技术），

确保能够确认数据的使用情况和责任归属。这有助于在发生数据泄露或其他安全事件时迅速响应，并进行事后追溯与责任认定。

⑦ **定期安全审计。**定期对数据导出行为进行安全审计，以验证控制措施的有效性，并识别潜在的安全风险。

⑧ **导入数据校验。**在导入数据前，对数据进行格式、安全性和完整性的校验。确保导入的数据不会破坏系统的完整性或引入安全风险。

**（4）数据处理环境**

数据处理环境是指对数据进行采集、传输、存储和处理等一系列操作所依赖的技术基础设施和条件。它包括硬件、软件、网络及存储等多个技术层面，共同确保数据在处理过程中的完整性、可用性和保密性。

对于数据处理环境的安全性，风险评估工作应围绕以下 5 个要点展开。

① **安全措施的实施情况。**详细审查在数据处理环境中是否已经部署了必要的身份鉴别机制、访问控制策略、隔离存储方案、数据加密技术及数据脱敏措施。

② **安全配置与核查的合规性。**验证是否已按照法律法规、行业标准或组织内部的安全基线要求，对大数据平台等关键组件进行了安全配置。这包括对配置项的逐一核查，确保它们符合既定的安全标准和最佳实践。

③ **安全漏洞的管理与响应。**分析当前处理环境是否存在安全漏洞，以及针对这些漏洞所采取的修复和应对措施。这包括对漏洞发现、报告、修复和验证的整个流程的审查，以确保组织能够迅速且有效地响应新出现的安全威胁。

④ **数据流动监控与审计。**在数据处理环境中，数据的流动与交换是常态。因此，评估是否部署了有效的数据流动监控机制，以及是否能够对数据处理活动进行全面审计，是识别潜在风险的重要手段。这有助于发现数据泄露、滥用等不当行为，并提供事后追溯与责任认定的依据。

⑤ **供应链安全管理。**数据处理环境中可能涉及多个供应商和第三方服务。因此，评估供应链安全管理情况，包括供应商的安全资质审查、合同条款的安全性审查及供应商访问控制等，是识别潜在风险的重要方面。这有助于防范供应链攻击等外部威胁，确保数据处理环境的整体安全。

**（5）数据处理的安全措施**

针对数据处理时的安全措施情况，评估团队应重点评估以下内容。

① **安全技术部署情况。**评估数据在清洗、转换、建模、分析、挖掘等加工环节是否配备了必要的安全技术手段，包括但不限于数据脱敏、水印溯源、加密存储、访问控制等。重点关注是否存在安全技术缺失的环节。

② **安全措施有效性。**评估已部署的安全技术是否得到有效实施和管理，包括脱敏规则是否合理、水印是否具备可追溯性、安全审计是否能有效记录数据操作等。重点关注安全措施在实际运行中是否存在失效或被绕过的风险。

③ **数据使用权限的精细管理。**检查数据使用权限的分配情况，确认是否存在未经授权访问、超范围授权、权限未及时收回和特权账号设置不当等问题。验证是否建立了记录和定期审计加工过程中对敏感数据（例如个人信息、重要数据、核心数据等）的操作行为的机制。

④ **高风险行为的监控与回溯。**评估组织是否开展了针对高风险行为的审计工作，并具备回溯能力，以便在发生安全事件时能够及时响应和处置。

⑤ **委托加工数据的安全管理。**在委托外部机构进行数据处理时，应明确约定受托方的安全保护责任，并采取必要的技术和管理措施，确保受托方不会非法留存、扩散或滥用数据。

**5. 共享环节的风险**

数据交换是指为满足不同平台、应用、部门或组织间数据资源的传送和处理需要，依据一定的原则，采取相应的技术，实现数据资源流动的过程。进一步细分后的场景包括数据共享和数据公开。其中，数据共享可以分为对内数据共享和对外数据共享两个大类。

对内数据共享是指在组织内部共享和使用数据。这种数据共享通常是为了支持内部决策、运营流程、产品研发、市场营销等活动。因为数据在内部流动，所以也需要关注数据的安全性和隐私保护，防止数据泄露和滥用。

对外数据共享则是指将数据共享给外部机构或个人使用，这种数据共享可能涉及数据交易。对外共享数据时，需要更加谨慎地处理数据安全和隐私问题，因为数据一旦离开组织边界，就会面临更大的泄露和滥用风险。所以需要明确数据的用途、接收方身份、数据共享范围等要素，并采取相应的安全措施和技术手段来保护数据安全。

**（1）数据共享的安全原则**

合规性、正当性与必要性是评估数据共享的基本原则。针对这些原则应重点评估以下内容。

① **目的、方式与范围审查。**审查对外数据共享的目的、方式及范围，确保其符合法律法规的规定，具有明确的业务需求和合理的处理范围。

② **依据与目的明确性。**验证数据共享的依据是否充分，目的是否合理且明确，避免因为数据共享的随意性导致出现不必要的风险。

③ **法律法规与监管政策遵守情况。**确保数据共享行为全面落实相关法律法规和监管政策的要求，遏制非法买卖、共享他人个人信息、重要数据或核心数据等违法行为。

④ **最小必要原则应用。**在对外共享个人信息时，应严格遵循最小必要原则[H45]，即仅限于实现处理目的所需的最小数据范围，以减少数据泄露和滥用的风险。

⑤ **数据源与授权审查。**对数据来源进行合规性审查，确保数据是通过合法途径获得的，不存在非法采集、盗取或其他不正当手段。验证数据共享方是否获得数据主体的明确授权，且授权范围、期限和目的等要素清晰、合法，没有超出数据主体授权的范围。

**（2）数据共享的安全管理**

数据共享环节涉及内部数据共享、外部数据传输、数据跨境流动等高风险场景。因此，建立健全的数据共享管理制度和操作规程是保障数据安全的基础。

针对数据共享的管理情况，评估团队应重点评估以下内容。

① **安全策略与操作规程的完善性。**评估组织是否建立了明确的数据共享环节安全策略，并制定了相应的操作规程。这些策略和规程应涵盖数据分类、数据访问控制、数据脱敏、数据加密等关键安全措施。

② **数据对外共享的审批机制。**组织应建立严格的数据对外共享审批流程，确保所有数据共享行为都经过授权和审批。审批过程应记录详细，包括合理的事由、审批人、审批时间、审

批结果等信息。

③ **风险评估与影响评估。**在数据共享活动开展前，应进行全面的安全风险评估。评估过程应首先对数据共享的必要性和合理性、共享范围的适当性进行评估，识别潜在的安全威胁和漏洞，并评估共享对象的数据安全保护能力。对于涉及个人信息的数据共享，应开展个人信息保护影响评估，确保共享行为符合个人信息保护相关规定。针对数据交易、委托处理、跨境传输等高风险数据处理活动，应重点评估数据的敏感程度、规模、用途等固有风险因素，同时评估数据传输方式的安全性、接收方的数据安全管理能力和技术防护水平，并确保满足国内外相关法律法规要求。此外，还需评估是否存在数据泄露、未授权访问、数据滥用等风险，并评估现有安全控制措施的有效性。基于评估结果，应确定风险等级并制定相应的风险控制措施，同时持续监控共享过程中的安全状况，定期复查评估结果，及时调整安全措施。

④ **合同协议中的数据安全条款。**在与外部组织共享、交易或委托处理数据时，应在合同协议中明确双方的数据安全责任和义务。这包括但不限于处理数据的目的、方式、范围、数据安全保护措施、安全责任义务及处罚等。

**（3）数据共享的安全技术措施**

为了确保数据共享环节的安全性，除管理手段，还需要采取一系列技术措施来降低安全风险。针对数据共享技术措施的情况，评估团队应重点评估以下内容。

① **数据加密及其有效性评估。**对外共享的敏感数据是否进行加密处理；加密算法的强度和安全性是否符合行业标准，例如是否符合国家密码管理部门认定的商用密码算法等；密钥的管理、分发和存储是否安全可靠。

② **数据共享过程的监控与审计。**是否对所共享的数据进行了实时监控和审计；监控和审计的范围是否覆盖数据的全生命周期；是否建立有效的机制来检测和响应异常行为。

③ **数据流量与操作记录的追踪。**是否跟踪记录了数据流量、接收者信息及处理操作等信息；这些记录是否完备，是否足以支撑数据安全事件的溯源分析；是否有相应的日志管理和分析工具来支持这一过程。

④ **数据对外共享的安全保障措施。**是否制定了完善的数据对外共享的安全保障措施；这些措施是否覆盖了数据的传输、存储和处理等各个环节，例如签名、添加水印、脱敏等；是否有定期的安全评估和审查机制来确保措施的有效性。

⑤ **新兴技术的应用安全评估。**在使用MPC、FL等新兴技术时，是否进行了充分的安全评估；这些技术在实际应用中是否存在潜在的安全风险；是否有相应的应对策略和措施可以降低这些风险。

**（4）数据接收方的责任和义务**

数据接收方不仅是数据资源的受益者，更是数据安全链条中不可或缺的一环。因此，强调数据接收方应履行其安全责任和义务，是确保整个数据流转过程安全、可控的关键要素之一。针对数据接收方的情况，评估团队应重点评估以下内容。

① **诚信与合规基础审查。**评估数据接收方的诚信记录，检查其历史违法违规行为，确保其具备良好的信誉。深入审查数据接收方是否始终遵守相关法律法规、行业规定等合规性和监管要求，这是评估其信誉和合规性的重要方面。

② **数据处理目的、方式和合规性的审查。**严格审核数据接收方处理数据的具体目的、方式和范围，确保其与数据共享时的初衷保持一致。数据接收方处理数据时必须遵循数据的合规性、正当性和必要性原则，不能超出原始共享目的的范围而使用数据。

③ **数据保护能力评估。**要求数据接收方明确承诺具备保障数据安全所需的管理和技术措施，并具备相应的能力以履行其责任和义务。全面评估数据接收方的数据保护能力，包括其网络安全和数据安全的历史表现，特别关注其过往网络安全、数据安全事件的处置情况和效果。审查接收方数据存储环境的安全性，包括物理安全、网络安全和数据加密等措施，确保数据在存储过程中不被非法访问或泄露。

④ **数据泄露和应急响应能力。**评估数据接收方在应对数据泄露和其他安全事件时的应急响应能力，包括其是否制订了详细的安全事件响应计划和是否进行了相应的演练。在发生安全事件时是否能够迅速、有效地响应以降低损失。

⑤ **数据保留和销毁策略。**审查数据接收方对于数据的保留和销毁策略是否符合相关法律法规的要求和行业标准，以确保数据在不再需要时能够被安全地销毁，避免数据泄露和滥用的风险。

⑥ **供应链安全管理。**考虑数据接收方对其供应链的安全管理能力，包括对其供应商和数据处理合作伙伴的安全要求和监督。这是因为供应链中的安全漏洞可能会对整个数据处理过程造成风险。

⑦ **持续监督与审计机制。**建立对数据接收方数据使用、再转移、对外共享和安全保护的持续监督和审计机制，确保其在整个数据处理过程中始终遵守数据安全要求和约定。

**（5）数据转移安全**

当组织因合并、分立、解散、破产等原因需要向外转移数据，或承接其他数据处理者转移的数据时，评估团队应重点评估以下内容。

① **报告义务。**应确认是否已向相关的主管部门报告了数据转移的情况，包括但不限于向数据保护机构、行业监管机构或其他相关政府部门提交必要的通知和申请。

② **数据转移方案。**在进行数据转移之前，应制订详细的数据转移方案。该方案应明确数据转移的目的、范围、时间表、安全保障措施和应急预案等内容。

③ **接收方安全保障能力评估。**对接收方提供的数据安全保障能力进行全面评估。这包括评估接收方的技术、管理和合规等方面的能力，确保其能够在数据转移后至少维持与转移前相同的数据安全保护水平。此外，还应考虑与接收方签订数据处理协议，明确双方的权利和义务。

④ **无合适接收方时的数据处理。**如果数据转移因故未能完成或没有合适的接收方，应对相关数据进行安全删除或匿名化处理。在处理过程中，应确保原始数据不可恢复，避免数据泄露和滥用。

⑤ **数据分类与敏感性评估。**在进行数据转移之前，应对数据进行分类，并评估各类数据的敏感性。这有助于确定哪些数据可以转移，哪些数据需要更高级别的保护，以及哪些数据可能因法律或合规要求而不能转移。

⑥ **合规风险评估。**评估数据转移是否符合相关的法律法规和行业标准，特别是涉及数据跨境转移时，应充分考虑不同国家和地区的法律差异和合规要求。

（6）数据出境安全

为了确保数据在跨境共享时的安全性，应重点评估以下内容。

① **出境场景梳理**。需要评估组织对数据出境场景的梳理是否充分且合理，包括检查是否所有涉及数据出境的业务场景和产品类别均已被涵盖。

② **出境线路审查**。要对数据出境的线路进行审查。这包括评估公网出境、专线出境等不同出境方式是否均被考虑，并确保每种方式的合理性、安全性。

③ **合规性检查**。对于涉及数据出境的情况，应按照相关法律法规的要求进行数据出境安全评估。此外，还需要检查个人信息保护的情况，以及是否签订了符合标准的个人信息出境合同。

④ **数据出境目的和接收方审查**。仔细审查数据出境的目的与接收方的身份和信誉。确保数据出境是为了合法的业务目的，且接收方具备充分的数据保护能力，能够按照合同约定保护数据的安全性和隐私性。

⑤ **数据脱敏与加密措施**。评估在数据出境前是否采取了适当的数据脱敏和加密措施。数据脱敏可以去除或修改数据中的敏感信息，减少数据泄露的风险，还能降低数据被滥用的可能性。加密措施则可以确保数据在传输和存储过程中的安全性，防止未经授权的访问和篡改。

⑥ **出境数据留存与备份策略**。评估组织是否制定了合理的出境数据留存与备份策略。这包括确定哪些数据需要出境，哪些数据可以本地留存，以及出境数据的备份和恢复机制。

⑦ **出境数据监测**。针对通过网络传输的出境数据，需要实施监测以核查实际出境的数据是否与事先申报的内容一致。这是确保数据出境活动符合法律法规要求的重要步骤。

6. 公开环节的风险

数据公开是数据交换中的另一类主要场景。数据公开是将原本可能受限或敏感的数据向特定用户群体或公众进行发布的行为。这一过程涉及多方面的考虑，包括但不限于数据内容的选择、公开方式、目标受众及潜在的风险。通常，数据公开旨在提升透明度、促进信息共享、推动科学研究或支持政策决策。例如，政府为了提升行政透明度和公众参与度，可能会公开某些公共数据；研究机构为了推动科学进步，也会共享其研究成果数据。但在这些情况下，数据公开并不意味着可以随意而为，而是需要遵循一系列严格的标准和程序，确保数据的安全性、隐私保护和合规性。

针对数据公开的管理情况，评估团队应重点评估以下内容。

① **目的、方式与范围的合理性**。审查数据公开的具体目的，确保其符合组织策略和社会利益。同时，公开的方式和范围应经过细致的分析，确保其与数据的敏感性及潜在影响相匹配。

② **行政许可与合规性**。数据公开行为应严格遵循相关的行政许可要求，并确保与所有涉及的合同授权条款保持一致。公开的数据内容应严格符合国家和地方的法律法规要求，包括但不限于数据安全、隐私权和信息安全等方面的规定。随着法律法规和监管政策的不断更新，应定期对已公开的数据进行审查，确保数据的持续合规性。对于因法律法规变化而不再适宜公开的数据，应采取适当的处置措施。

③ **数据公开的风险评估**。在进行任何形式的数据公开之前，应首先进行全面的风险评

估。这包括但不限于评估数据公开的条件、环境、访问权限，以及数据内容本身可能带来的风险。风险评估的目的是确定数据公开是否会导致敏感信息泄露，或出现不合规行为和其他安全隐患。

另外，还需要深入分析数据公开后可能引发的聚合性风险。例如链接攻击（Linkage Attack），即利用已公开的数据结合其他渠道的数据源，进行推断和挖掘，从而推断出个人身份或其他敏感信息。

④ **安全制度与策略实施。**确保组织有明确的数据公开安全制度、策略，并制定相应的操作规程，并且这些制度和策略在实际操作中得到有效执行。此外，组织应建立审核流程以监督数据公开活动的合规性。

⑤ **数据公开条件与程序。**明确规定数据公开的条件和必要的批准程序。对于涉及重大基础设施的信息公开，应确保获得主管部门的批准；对于涉及个人的信息公开，应事先获得个人的明确同意。

⑥ **数据保护措施。**对于公开的数据，应采取必要的脱敏处理、数据水印、防爬取技术和权限控制等措施，确保数据在公开环境中的安全性和可追溯性，防范未经授权的获取或滥用。

#### 7. 销毁环节的风险

数据销毁是指根据组织的安全策略和既定规程，彻底擦除或使数据无法恢复的过程，主要针对不再需要或存在风险的数据。这一过程不仅涉及活动数据销毁，还包括与之相关的备份、日志、缓存等数据的处理。在数字时代，随着数据量的爆炸式增长，合理、安全地删除数据尤为重要。

##### （1）数据销毁管理

针对数据销毁的管理情况，评估团队应重点评估以下内容。

① **数据销毁流程与审批机制。**组织应确保建立了严谨的数据销毁流程，并且所有删除操作都要经过适当的审批，防止未经授权的删除或误删除。

② **数据销毁安全策略与操作规程。**组织应制定清晰的数据销毁安全策略，明确哪些数据需要销毁、销毁的原因、销毁的方式方法、销毁的具体要求及相应的操作步骤，确保所有相关人员都能按照规程正确执行。

③ **法规遵从与合同约定的数据销毁。**组织应确保所有数据的删除都符合法律法规的要求，同时遵守与数据处理相关的合同约定和隐私规定，及时删除不再需要或不允许保留的数据。

④ **第三方数据处理后的数据销毁监督。**如果组织委托第三方进行数据处理，应在委托关系结束后监督第三方彻底删除或返还相关数据，确保数据不被非法留存或滥用。

⑤ **数据销毁的有效性与彻底性验证。**组织应建立数据销毁验证机制，确保删除操作的有效性和彻底性，同时要注意可能存在的数据多副本同步删除问题，防止数据残留导致泄露风险。

⑥ **数据存储期限与到期删除管理。**组织应明确各类数据的存储期限，并在存储期限到期后按时删除数据。对于需要长期保存的数据，应明确其类型并说明原因，确保数据管理符合法规和组织战略要求。

⑦ **缓存数据与到期备份数据的定期清理。**除主动存储的数据外，组织还应关注缓存数据和到期备份数据的删除情况，确保这些非活动数据不会成为数据泄露的源头。

⑧ **删除操作的审计与日志记录。**为了追溯和验证数据销毁操作，组织应确保对删除操作进行详细的审计和日志记录。这些记录应包括删除的时间、执行人员、删除的数据内容等信息，以便在需要时能够重建事件经过并证明合规性。例如，使用专门的日志管理系统来集中收集和分析删除操作的日志，并设置合适的日志保留期限，以满足合规性要求和事后审计需求。

**（2）存储介质销毁**

存储介质是数据的物理载体，包括硬盘、磁带、闪存等。数据生命周期结束时，对于可公开的数据可以简单地删除；但对于敏感或关键数据，销毁其存储介质则成为必要措施。这是因为即便数据看似被删除了，但通过特定的技术手段仍有可能被恢复。为了防止潜在的数据泄露风险，应确保彻底销毁存储介质，从而杜绝数据被恢复。

针对存储介质的销毁情况，评估团队应重点评估以下内容。

① **管理制度与审批机制。**组织对于存储介质销毁的管理制度和审批机制是否健全，是否确保其得到严格执行。这包括明确的责任人、审批流程和操作规范，确保每一步销毁操作都有据可查。

② **销毁策略与操作规程。**组织应明确各类存储介质的销毁流程、方式和具体要求。针对不同级别的数据，明确适当的销毁措施。例如核心数据应采用严格的存储介质销毁方式，确保数据得到彻底删除且无法恢复；对于一般数据，则要避免采用过度销毁的方式，以免造成不必要的浪费。

③ **过程监控与记录。**在销毁过程中，组织应实施严格的监控并记录每一步操作。这包括视频监控、人员监督及销毁日志的记录等，确保销毁过程的透明性和可追溯性。

④ **销毁措施的有效性验证。**为确保销毁措施的有效性，应对被销毁的存储介质进行数据恢复验证（粉碎性销毁的除外）。这包括采用专业的数据恢复工具和技术，对销毁后的存储介质进行尝试性恢复，以验证其是否已被彻底销毁。

⑤ **销毁人员的资质与培训。**组织负责存储介质销毁的人员是否具备相应的资质和技能，以及是否接受了充分的培训。销毁人员应了解数据安全的重要性且熟悉销毁流程，并能够正确操作销毁设备。此外，组织还应定期对这些人员进行复训和考核，确保其能力始终符合要求。

⑥ **外部供应商的管理与监督。**当组织选择将存储介质销毁工作外包给外部供应商时，应对供应商进行管理和监督。应评估供应商的资质、信誉和服务质量，确保其具备提供安全可靠的销毁服务的能力。同时，还应与供应商签订明确的合同和保密协议，并定期对其服务进行审计和检查。

⑦ **法规遵从与合规性检查。**组织的存储介质销毁活动是否符合相关的法律法规和标准要求，如《个人信息保护法》《数据安全法》等。组织应确保其销毁活动不仅符合内部安全需求，还能够通过外部合规性检查，避免因违反法律法规而面临法律风险。

**8. 特定行业的风险识别要求**

对于即时通信、快递物流、网上购物、网络支付、网络音视频及网络预约汽车服务等领域的数据处理活动，在进行风险评估时，应参照相关的国家标准和行业标准，并依据这些标准中具体细化的要求来全面评估潜在的风险。

### 6.5.6 识别个人信息风险

在评估涉及个人信息处理的场景时，评估团队应全面审视并识别与个人信息保护相关的风险。包括个人信息处理基本原则、个人信息告知同意机制、个人信息处理活动、敏感个人信息处理、个人信息主体权利、个人信息安全义务、个人信息投诉举报渠道、大型网络平台个人信息保护的特殊要求[11]。

**1. 四项基本原则**

**（1）合法、诚信原则**

根据法律法规的要求，个人信息处理者应遵守合法、诚信原则，针对遵守情况，评估团队应重点评估以下内容。

① **评估不当手段的使用情况。**审查是否存在通过误导性手段、欺诈行为或胁迫等方式非法获取个人信息的情况。

② **非法个人信息处理活动。**检查在个人信息的采集、传输、存储、处理等环节是否存在违反法律法规的行为。

③ **个人信息非法交易与泄露。**严格监控是否存在未经授权买卖、提供或公开披露他人个人信息的违法行为。

④ **评估对国家和公共利益的潜在威胁。**审查个人信息处理活动是否有可能危害国家安全或公共利益。

⑤ **合规性基础。**核实个人信息处理活动的合规性基础，例如是否获得个人同意、是否属于法律法规规定的例外情形等。

⑥ **透明度和用户知情权。**检查是否存在故意隐瞒产品或服务中的个人信息收集功能，从而侵犯用户知情权的情况。

⑦ **移动应用合规性审查。**针对移动互联网应用（包括但不限于移动应用程序、软件开发工具包、小程序等），全面评估其是否存在违法违规收集使用个人信息、侵犯用户合法权益等行为，并确保其符合相关法律法规的要求。

⑧ **第三方共享与披露。**审查个人信息是否被共享给未经授权的第三方，包括评估共享行为的合规性、必要性和安全性。确认在共享或披露个人信息前，已获得了信息主体的明确同意，并告知了共享或披露的目的、方式和范围。

⑨ **数据跨境传输。**对于涉及将个人信息传输到境外的情况，需要评估该传输是否符合法律法规关于数据跨境传输的规定。确认组织是否进行了必要的安全评估，并采取了相应的保护措施来确保个人信息在境外得到同等保护。

**（2）正当、必要原则**

除合法、诚信外，正当、必要也是法律法规要求遵守的原则，针对遵守情况，评估团队应重点评估以下内容。

① **目的明确性与合理性。**处理个人信息前，应明确且合理地界定处理的目的。这要求处理活动不仅要有明确的目标，而且该目标应当是合理和合法的，符合法律法规的要求和社会公认的道德标准。

② **相关性与最小影响。**个人信息的处理应当与处理目的直接相关，且应当采取对个人权益影响最小的方式。这意味着在实现处理目的的过程中，应尽可能减少对个人信息主体权益的干扰和侵害。

③ **最小范围与防止过度收集。**收集个人信息时，应严格将收集范围限制在实现处理目的所必需的最小范围内。这包括收集信息的类型应尽可能少，收集频率应尽可能低。同时，要坚决避免任何形式过度收集个人信息的行为，确保对个人信息的合理使用和保护。

④ **同意原则与拒绝权保障。**除非收集的个人信息是提供产品或服务所必需的，否则不得以个人不同意处理其个人信息或撤回同意为由，拒绝提供产品或服务，或阻碍个人正常使用服务。这一原则保障了个人信息主体的自主权和选择权，确保了其在个人信息处理活动中的主体地位和权益。

**2. 履行告知义务**

在个人信息采集的过程中，透明度和用户知情权是法律法规的基本要求，也是建立用户信任、保障数据安全合规性的关键环节。针对个人信息告知情况，应重点评估以下内容。

① **清晰透明地告知。**在处理个人信息之前，组织应以明确且易于理解的方式，向信息主体公开个人信息处理的相关规则。这些规则应真实、准确、完整地反映个人信息的处理流程和标准。

② **告知处理者信息。**除非法律法规另有规定，组织应向信息主体告知个人信息处理者的法定名称、联系方式等基本信息，确保信息主体在必要时能够与处理者取得联系。

③ **处理目的和方式的明确。**组织在告知个人信息处理规则时，应明确说明个人信息的处理目的、处理方式、处理的个人信息种类及保存期限。这有助于信息主体了解个人信息将被如何使用及存储的时间。

④ **权利行使方式和程序的告知。**组织应告知信息主体行使《个人信息保护法》所赋予的各项权利的方式和程序，包括但不限于查阅、更正、删除、撤回同意等权利，确保信息主体能够有效行使个人信息保护的权利。

⑤ **变更告知的及时性。**当个人信息处理规则发生变更时，组织应及时将变更部分告知信息主体，确保信息主体对个人信息处理规则的最新情况保持了解。

⑥ **规则的可访问性。**信息主体应随时查阅和保存个人信息处理规则。

⑦ **紧急情况下的特殊处理。**在紧急情况下，为保护自然人的生命健康和财产安全，组织可能无法及时向信息主体告知个人信息处理情况。但组织应在紧急情况消除后及时履行告知义务，确保信息主体的知情权得到保障。

⑧ **跨境传输的告知义务。**如果组织需要将个人信息传输至境外，或者由境外的个人信息处理者进行处理，那么在告知环节中，组织应明确说明这一跨境传输的情况，包括传输的目的、接收方的身份和联系方式、个人信息的种类及可能产生的风险。这是确保信息主体对其个人信息的跨境流动有所了解，并能够做出相应决策的关键步骤。

⑨ **自动化决策的告知和解释。**当组织使用个人信息进行自动化决策时，例如使用算法进行广告推广、市场预测等，应在告知环节中明确说明自动化决策的使用情况，并提供相应的解释和理由。这有助于信息主体理解自动化决策的过程和可能的结果，并在必要时提出异议或要

求人工干预。

⑩ **敏感个人信息的特殊处理。**对于敏感个人信息，例如生物识别信息、宗教信仰、健康数据等，组织在告知环节中应给予额外的关注和保护。除满足一般个人信息的告知要求外，还应明确说明敏感个人信息的处理目的、方式和保护措施，并确保这些信息得到信息主体的明确同意。

⑪ **儿童和未成年人的特殊保护。**如果组织处理的个人信息涉及儿童和未成年人，那么在告知环节中应特别注意使用易于理解的语言和方式，确保儿童和未成年人能够理解并同意个人信息的处理规则。此外，组织还应采取额外的措施，例如获取父母或监护人的同意，以确保儿童和未成年人的个人信息得到充分的保护。

**3. 征得用户同意**

在采集个人信息之前，除了履行告知义务，确保用户充分了解信息采集的目的、方式和范围，更重要的是要征得用户的明确同意。用户的同意应当建立在充分知情和自愿的基础上，而非仅仅是一种形式上的授权。针对个人信息主体同意的情况，评估团队应重点评估以下内容。

① **个人同意的合规性与有效性。**在处理个人信息之前，组织应获得个人的明确同意。这种同意应在个人充分知情的前提下，自愿且明确地做出。同时，应排除法律规定的任何例外情形，确保同意的合规性与有效性。

② **撤回同意的权利与机制。**对于基于个人同意处理个人信息的情形，组织应提供便捷的方式，允许个人随时撤回其同意。个人应享有并有权行使这一权利，且其撤回同意的行为不应影响在撤回前已基于个人同意进行的个人信息处理活动的效力。

③ **同意变更的重新获取。**在个人信息处理过程中，若处理目的、处理方式或处理的个人信息种类发生变更，组织应重新获取个人的明确同意。例如，在变更发生前或变更后的合理期限内，通过邮件、短信、弹窗等方式重新获取个人同意，这是确保个人信息处理活动始终符合个人意愿和法律法规要求的关键措施。

④ **透明度和可理解性。**在获取个人同意的过程中，组织应确保所提供的信息足够透明且易于理解。这意味着，同意请求应以清晰、简洁的语言表述，避免使用过于复杂或模糊的法律术语，确保个人能够充分了解其同意的内容和影响。

⑤ **时效性和更新。**个人同意应具有时效性，并在必要时进行更新，例如每年审查一次。组织应定期审查已获得的同意，确保其仍然符合处理活动的当前目的和法律规定。若处理目的或法律环境发生变化，应及时重新获取个人同意。

⑥ **儿童等特殊群体的同意。**对于儿童、精神或行为能力受限的特殊群体，他们的同意可能无法完全代表其真实意愿或理解处理活动的后果。因此，在处理这些特殊群体的个人信息时，组织应采取额外的措施，例如获得其法定监护人的同意或授权，以确保其个人信息的合法和安全处理。

**4. 处理个人信息**

**（1）妥善保存个人信息**

针对个人信息的保存情况，评估团队应重点评估以下内容。

① **个人信息保存期限的合理性。**评估个人信息的保存期限是否为组织实现处理目的所需

的最短期限。这意味着个人信息的保存时间应严格限制在满足法律、业务需求的最小范围内，以降低数据泄露和滥用的风险。同时，组织也需要考虑法律法规对个人信息保存期限的特别规定，确保合规性。

② **分开存储生物识别信息与身份信息**。评估是否将个人生物识别信息与个人身份信息分开存储。生物识别信息例如指纹、面部特征等具有高度敏感性和唯一性，一旦泄露将给个人带来严重的隐私安全风险。因此，将其与身份信息分开存储可以降低数据泄露时的风险扩散范围。组织应采用加密、访问控制等技术手段，确保分开存储的生物识别信息和身份信息的安全性。

③ **物理存储环境和传输的安全性**。包括物理存储环境方面和网络传输环境方面两个方面。在物理存储环境方面，应确保存储个人信息的服务器、存储设备等位于安全可控的场所，采取适当的物理防护措施，例如门禁系统、监控摄像头等，防止未经授权的访问和物理破坏；在网络传输环境方面，应采用数据加密算法（AES、RSA 等）、防火墙、入侵检测系统等安全措施，确保个人信息在传输和存储过程中的保密性、完整性和可用性。

④ **逻辑访问权限的控制**。评估对个人信息访问权限的控制情况。应建立严格的访问控制机制，根据最小权限原则为每个角色分配访问权限，确保只有经过授权的人员才能访问相应的个人信息。同时，应定期审查和更新访问权限，及时撤销不再需要的权限，避免权限滥用和数据泄露的风险。

⑤ **个人信息备份和恢复能力的评估**。评估个人信息备份和恢复的能力。应建立完善的备份和恢复机制，定期对个人信息进行备份，并确保备份数据的完整性和可用性。同时，应制订详细的应急响应计划，明确在发生数据丢失、损坏等紧急情况下的恢复流程和责任人，以快速恢复个人信息的正常访问和使用。

**（2）共同处理个人信息**

当多个处理者共同决定个人信息处理方式时，评估团队应关注并评估以下 8 个方面。

① **各方的权利和义务**。各方是否已明确约定各自在处理个人信息过程中的权利和义务；这种约定是否确保了个人信息主体在向组织行使权利时，不会受到任何不合理的限制或影响。

② **处理活动的透明度**。共同处理个人信息时，应评估各方是否向个人提供了充分、透明的信息。这些信息包括处理目的、方式、范围等，目的是确保个人知情并同意。

③ **最小化原则**。评估共同处理个人信息的各方是否仅处理为达到特定、明确、合法目的所必需的最少个人信息，避免过度收集和处理个人信息。

④ **数据安全能力**。各方应具备与处理个人信息类型和数量相称的安全能力，包括技术、组织和管理措施，以保障个人信息的安全。

⑤ **数据泄露和事件响应**。应评估共同处理个人信息时是否存在有效的数据泄露通知和事件响应机制，以便在发生安全事件时及时通知个人信息主体和相关监管机构，并采取必要的补救措施。

⑥ **数据留存和删除**。共同处理个人信息时，应明确个人信息的留存期限，并在达到留存目的后或在法律要求的期限内删除或匿名处理个人信息。

⑦ **数据跨境传输**。如果涉及将个人信息传输至境外的情况，应评估该传输是否符合数据出境的要求，包括数据出境的必要性、接收方的数据安全保护能力、个人信息主体的权益保

障等。

⑧ **合同约束和监管义务**。共同处理个人信息的各方应签署合同，明确各自的安全保护责任和义务，并接受相关监管机构的监督和管理。

**（3）个人信息委托处理**

在个人信息委托处理的场景中，评估团队应确保对以下 7 个关键方面进行评估。

① **委托处理协议的明确性**。组织应与受托方明确约定委托处理的目的、期限、处理方式、涉及的个人信息种类、所采取的保护措施，以及双方在此过程中的权利和义务。此外，组织需要对受托方的个人信息处理活动实施必要的监督，确保其符合法律法规和双方约定的要求。

② **受托方处理行为的合规性**。组织应验证受托方是否严格按照双方约定的目的和方式处理个人信息。任何超出约定范围的处理行为都可能构成违规，并可能引发个人信息的泄露、滥用等风险。

③ **委托关系终止后的数据处置**。在委托合同不生效、无效、被撤销或终止的情况下，组织应确保受托方按照约定将个人信息返还给组织，或在确保安全的前提下予以删除。同时，需要防范受托方违规保留或泄露个人信息的风险。

④ **转委托行为的限制**。未经组织明确同意，受托方不得擅自将个人信息转委托给第三方处理。组织应建立相应的监测和追责机制，防止个人信息的非法流转和滥用。

⑤ **安全能力评估**。在委托处理个人信息前，组织应对受托方的数据安全能力进行评估，评估内容包括但不限于技术防护手段、内部管理制度、人员安全意识等，确保受托方具备足够强的能力保护个人信息的安全。

⑥ **应急响应与数据泄露通知**。组织和受托方应明确在发生个人信息泄露等安全事件时的应急响应流程，包括如何及时通知对方和如何协同处理等。同时，受托方在发现数据泄露等安全事件后，有义务及时向组织报告。

⑦ **数据跨境传输的限制**。如果涉及跨境委托处理个人信息，组织应确保其符合法律法规关于数据跨境传输的限制和要求，包括但不限于评估出境安全、签订标准合同等。

**（4）个人信息转移**

当组织因合并、分立、解散、破产等原因需要转移个人信息时，评估团队应进行全面的风险评估。评估重点包括但不限于以下几个方面。

① **告知义务履行情况**。是否已向涉及的个人明确告知接收方的名称（或姓名）和有效联系方式，确保个人对其信息转移有明确的知情权。

② **接收方义务连续性**。接收方是否承诺并有能力继续履行原个人信息处理者的法定义务，这是保障个人信息持续安全的重要环节。

③ **处理目的和方式变更同意**。若接收方计划变更原先的个人信息处理目的或处理方式，是否已重新获得相关个人的明确同意，确保个人对其信息的后续处理有合法的控制权。

④ **转移过程的安全性**。在个人信息转移过程中是否采取了适当的安全技术措施和组织管理措施，确保个人信息在传输、存储和处理等各个环节中不被泄露、篡改或毁损。例如，是否使用了加密技术来保护数据的传输安全，是否有严格的数据访问控制和审计机制等。

⑤ **接收方的数据处理能力**。接收方是否具备足够的数据处理能力，包括技术能力和管理

能力，确保其能够安全、合规地处理接收到的个人信息。例如，接收方是否有完善的数据安全管理制度和操作规程，是否有专业的数据安全团队等。

⑥ **跨境转移的特殊风险。**如果个人信息需要跨境转移，还需要特别关注跨境转移可能带来的特殊风险。例如，不同国家和地区在法律体系、监管要求、数据保护标准等方面存在差异，这可能导致个人信息在跨境转移后面临更高的被泄露、滥用等风险。

**（5）向他人提供个人信息**

当涉及将个人信息提供给第三方时，评估团队应谨慎评估以下内容。

① **处理的透明度。**是否已明确、全面地将接收方的详细信息告知个人，包括接收方的名称或姓名、有效联系方式、处理个人信息的目的、处理方式及所涉及的个人信息种类。这是确保个人在充分了解的基础上做出同意决定的前提。

② **同意的合规性。**在处理个人信息前，是否已获得了个人明确、自愿且具体的同意。这种同意应基于个人对信息处理目的和方式的充分理解。

③ **接收方处理的合规性。**接收方在处理个人信息时，是否严格遵循了事先约定的处理目的、处理方式和个人信息种类。若接收方需要变更这些信息，是否重新获得了个人的同意。这是确保个人信息在第三方处得到妥善处理的关键。

④ **接收方的信誉和安全性。**在选择个人信息接收方时，应对其信誉和安全性进行全面评估。这包括了解接收方的历史记录、业务实践、安全措施及是否曾发生过数据泄露等安全事件。确保接收方具备足够的能力和措施来保护接收到的个人信息。

⑤ **合同约束和法律责任。**在与接收方共享个人信息之前，确保与接收方签订具有法律约束力的合同。合同应明确规定双方的权利和义务，包括个人信息保护、使用限制、数据保留期限、安全事件告知和违约责任等，有助于在发生争议或违规行为时维护个人和组织的权益。

⑥ **持续监督和审计。**个人信息提供给第三方后，并不意味着风险管理的结束。组织应建立持续监督和审计机制，确保接收方始终按照约定的处理目的、方式和范围处理个人信息。这包括对接收方的安全措施、数据处理活动及合规性进行定期检查和评估。

**（6）自动化决策**

自动化决策系统在现代数据处理中扮演着重要角色，然而，其不透明性和潜在的偏见也引发了众多问题。自动化决策技术的不透明性往往源于其复杂的算法和数据处理过程，这使其内部逻辑和决策依据很难被理解。而潜在的偏见则可能来自多个方面，包括数据采集过程中的偏差、算法训练过程中的不公正性等，这些都可能导致自动化决策系统在做出决策时存在偏见。为了确保自动化决策的合规性和公平性，评估团队应着重从以下 6 个方面进行评估。

① **决策透明度和结果公正性。**应确保自动化决策过程具有足够的透明度，且决策结果公正、无偏见。并且，这要求对数据采集、处理和决策逻辑进行细致审查，从而消除潜在的歧视性因素。

② **个人选择权的保障。**当通过自动化决策方式向个人推送信息或进行商业营销时，应同时提供不针对个人特征的选项。此外，个人应拥有便捷的拒绝方式，避免被强制接受基于自动化决策的服务或信息。

③ **算法推荐服务的透明度和用户知情权。**对于应用算法推荐技术提供互联网信息服务的

情形，应以显著方式告知用户正在接受算法推荐服务。同时，应以适当方式公示算法推荐服务的基本原理、目的意图和主要运行机制等关键信息。这有助于用户理解算法如何影响其接收的信息，并增强其对算法推荐系统的信任度。

④ **自动化决策的验证与监控。**为了确保自动化决策系统的准确性和可靠性，应实施定期验证与监控机制。这包括对决策模型的性能进行评估，确保其在实际应用中的表现符合预期。同时，还需要监控系统的稳定性和安全性，及时发现并处理任何潜在的问题或漏洞。

⑤ **个人数据权利的保障。**在自动化决策过程中，应充分尊重和保护个人的数据权利。这包括确保个人有权访问、更正和删除被自动化决策系统使用的数据。此外，个人还应有权拒绝自动化决策对其产生的任何不利影响，并有权要求人工介入进行复核和解释。

⑥ **隐私保护措施的落实。**自动化决策系统往往需要大量的个人数据，因此应采取有效的隐私保护措施来防止数据泄露和滥用。这包括对数据进行加密存储和传输，限制对数据的访问权限，以及定期进行隐私影响评估等。同时，还应确保自动化决策系统遵守相关的隐私法规和政策要求。

**（7）个人信息公开**

在某些特定场景下，组织可能需要公开或共享用户的个人信息，例如，响应法院命令、政府调查或监管机构的要求时，需要提供用户的个人信息。在提供联合服务、进行市场推广活动或实现技术集成时，需要与合作伙伴共享用户的某些信息。在用户参与竞赛、抽奖或公开可用的用户评价、评论等场景中，可能会公开用户的姓名、照片或其他信息。

针对个人信息公开的情况，评估团队应重点评估以下内容。

① **获得个人同意。**确认个人信息的公开是否已经获得了相关个人明确的单独同意（在司法调查、法院命令或监管机构要求等特定情况下，可能存在例外）。这是遵循信息主体权利的基本原则，确保个人对其信息拥有充分的控制权。

② **处理范围的合理性。**评估在处理个人自行公开或其他已经合法公开的个人信息时，是否在合理且必要的范围内进行。这一评估旨在防止对信息的过度收集和处理，同时尊重个人对于其信息公开范围的选择权。如果个人明确拒绝公开其信息，则任何处理行为都应被禁止。

③ **对个人权益的影响及同意。**当已公开的个人信息可能对个人权益产生重大影响时，应再次获得个人的明确同意。这一措施为个人信息提供了额外的安全保障，确保在处理敏感或重要信息时，个人的意愿和权益得到充分的尊重和保护。

④ **公开渠道的安全性。**在评估个人信息公开风险时，应考虑公开渠道的安全性。这包括评估信息传输和存储的安全性，以及第三方访问和共享的限制。确保公开渠道具备适当的安全措施，防止个人信息被未经授权访问、篡改或泄露。

⑤ **信息主体的知情权。**个人信息公开后，信息主体应有权知道其信息被公开的情况。因此，风险评估时应充分告知信息主体，以便他们能够了解并控制其个人信息的公开范围和用途。

⑥ **公开目的应明确和合规。**个人信息公开的目的应明确且合规。风险评估应验证个人信息公开是否符合法律法规的要求，并评估公开目的是否与信息处理的目的一致。确保个人信息的公开不会超出原始同意的范围，且不会用于不合法或不道德的目的。

（8）处理敏感个人信息

敏感个人信息是指一旦被泄露或者非法使用，容易导致自然人的人格尊严受到侵害或者人身、财产安全受到危害的个人信息，包括生物识别、宗教信仰、特定身份、医疗健康、金融账户、行踪轨迹等信息，以及不满 14 周岁的未成年人的个人信息。

敏感个人信息不仅关乎个人的隐私权，还可能涉及人身安全、财产权益乃至社会公共利益。针对敏感个人信息的处理规则，评估团队应重点评估以下内容。

① **目的与必要性评估**。处理敏感个人信息具有明确、特定且充分的业务必要性，并已经实施了与该敏感性相匹配的保护措施，防止数据的不当泄露、篡改或损坏。

② **单独同意获取**。已经获得个人信息主体明确且单独的同意，用于处理其敏感的个人信息问题。这种同意应当是自由给出的、具体的、知情的，并且是可以撤回的。

③ **书面同意验证**。如果法律法规规定处理敏感个人信息应获得书面同意，那么组织应确保已经获得了个人信息主体的书面同意，并妥善保存相关记录。

④ **信息告知义务**。个人信息主体已被充分告知处理其敏感个人信息的必要性、目的及可能对其权益产生的影响。这种告知应以清晰、易懂的语言进行，并确保个人信息主体能够真正理解。

⑤ **未成年人特殊保护**。如果处理的个人信息涉及不满 14 周岁的未成年人，那么组织应确保已经获得了该未成年人的父母或其他法定监护人的明确同意，并已制定和实施了专门的未成年人个人信息处理规则，以提供额外的保护。

⑥ **法律法规遵从性**。组织严格履行所有适用的法律法规对处理敏感个人信息的相关规定，包括但不限于数据生命周期等各个环节。

⑦ **数据跨境传输风险**。如果敏感个人信息需要传输到境外，评估是否进行了充分的数据跨境传输风险考量，并确保接收方所在国家或地区具有足够的数据保护水平，或者接收方已采取了有效的保护措施。

⑧ **数据处理透明性**。是否建立了透明机制，确保个人信息主体能实时了解其敏感信息的处理情况，包括处理的目的、方式、范围及接收方等，这种透明性有助于增强个人信息主体的信任感。

⑨ **安全事件响应计划**。是否制订了针对敏感个人信息的安全事件响应计划，并进行了定期的演练和更新，确保在发生安全事件时能够迅速、有效地进行应对，以减少损失。

⑩ **第三方服务提供商管理**。如果涉及将敏感个人信息委托给第三方服务提供商进行处理，是否对第三方服务提供商进行了充分的尽职调查，并签订了具有法律约束力的协议，明确规定了双方的权利和义务，特别是关于数据保护和安全的要求。

⑪ **技术和管理措施的持续更新**。是否建立了持续更新与改进技术和管理措施的机制，以应对不断变化的数据安全威胁和合规要求，确保敏感个人信息的持续安全。

敏感个人信息中的生物特征识别信息由于其独特性和不可更改性，更需要格外关注。对于人脸识别信息的安全性，评估团队应从以下 9 个方面进行评估。

① **合规性与必要性评估**。在公共场所部署图像采集和个人身份识别设备时，应首先评估其是否为维护公共安全所必需。同时，需要确保组织相关操作符合国家法律法规的规定，并在显眼位置设置提示标识，以保障公众的知情权和隐私权。

② **数据使用目的限制**。收集的个人图像和身份识别信息应严格限定在维护公共安全的目的范围内使用。任何超出此目的的使用，都应事先获得个人的明确同意，确保个人数据的合法、正当使用。

③ **身份验证方式的多样性**。在开展业务活动时，组织应避免将人脸识别技术作为身份鉴别的唯一方式。当用户拒绝使用人脸识别时，应提供其他替代性的身份验证方式，确保用户能够正常使用服务，同时避免频繁请求授权对用户造成不必要的干扰。

④ **数据的及时删除与保留**。一旦完成身份鉴别，组织应立即删除鉴别过程中收集和使用的人脸相关数据，仅用于比对的生物特征模板或法律法规另有规定的除外，以确保个人数据的最小化保留和及时处理。

⑤ **政策与法规遵从性**。所有人脸识别的相关操作都应严格遵守政策与法规要求，确保数据处理的合规性。

⑥ **技术安全性评估**。对生物特征识别系统进行全面的技术安全性评估，包括系统的抗攻击能力、数据加密存储和传输措施等。确保系统能够抵御各类网络攻击，防止数据被泄露、篡改或损坏。评估系统是否存在已知的安全漏洞，并及时更新补丁，降低系统被利用的风险。

⑦ **人员权限管理**。严格限制对生物特征识别数据的访问权限，例如最小权限原则、权限分离、定期审查等，确保只有经过授权的人员才能访问相关数据。定期对授权人员进行安全培训和审查，提高其对数据安全的认知和处理能力。

⑧ **应急响应计划**。制订完善的应急响应计划，以应对生物特征识别数据泄露、滥用等安全事件。明确应急响应流程、责任人、通信方式等关键信息，确保在发生安全事件时能够迅速、有效地响应和处理。定期进行应急演练，以检验应急响应计划的有效性。

⑨ **第三方合作与供应链管理**。在与第三方合作时，应评估其生物特征识别数据处理能力和安全性，确保合作方具备相应的安全保障措施。组织对供应链中的关键环节进行安全审计及监督，确保整个供应链的安全性。

对于步态、基因、声纹等其他类型的生物特征信息，其安全处理同样重要。在处理这些数据时，组织应参照相应的国家标准和行业标准，结合具体的应用场景和风险点，制订细化的安全策略和措施，以确保对个人数据的全面保护。

#### 5. 个人信息主体权利

个人信息主体权利是指个人信息所对应的自然人，即个人信息主体，依法对其个人信息享有的控制、支配并防止他人非法侵害的权利。

##### （1）查阅、复制和可携带的权利

为确保个人信息主体能够充分行使其对个人信息的管理权，评估团队应重点评估以下内容。

① **查阅权保障**。组织应为个人提供便捷的途径，以查阅其被处理的个人信息。这包括但不限于在线平台、客服支持等渠道。同时，处理者应对请求查阅的个人身份进行必要的验证，在合理时间内响应个人的查阅请求，确保信息的及时性、准确性和安全性。

② **复制权保障**。个人信息主体应被赋予复制其个人信息的权利（提供副本）。组织需要明确提供复制个人信息的途径，并确保该过程的安全性和可追溯性。此外，处理者还应确保其在合理时限内完成复制请求，不得无故拖延或拒绝。

③ **可携带性权利保障**。当个人请求将自己信息转移至指定的其他个人信息处理者时，原

处理者应遵循国家网信部门的相关规定，提供有效的转移方法。这不仅要求在技术上支持数据的转移，还要确保转移过程的透明度和个人信息主体的知情权。通过这种方式，个人信息主体能够更自由地管理其个人信息，促进数据的安全流动和高效利用。

（2）更正和补充的权利

在评估个人信息主体数据修正与完善的权益保障时，评估团队应重点评估以下内容。

① **提供修正途径的评估。**组织是否已为个人提供有效途径，以便其能够请求对个人信息进行修正或完善。

② **信息处理及时性的评估。**当个人提出请求以修正或完善其个人信息时，组织是否已经采取必要的措施核实相关信息，明确处理个人信息更正、补充请求的流程与时限。

③ **权利告知的透明度评估。**组织是否明确告知个人有关信息更正、补充的权利和途径。若个人信息主体对更正、补充个人信息的权利缺乏了解，可能会导致信息不准确、不完整的风险增加。因此，评估时应关注组织是否通过隐私策略、通知或其他方式，清晰、明确地告知个人这一权利及其行使方式。

④ **请求处理公正性的评估。**组织在处理个人信息更正、补充请求时，是否存在不合理拒绝或故意拖延的情况。若处理者对请求进行不当拒绝或拖延处理，不仅损害了个人信息主体的权益，还可能导致信息过时、失效的风险。因此，需要评估处理者是否建立了合理的处理机制，确保对请求进行及时、公正的处理。

（3）删除的权利

① **承担删除个人信息的责任。**在涉及个人信息删除的权利的保障方面，应深入评估组织在以下列出的情形下，是否主动承担起删除个人信息的责任：当个人信息的处理目的已经达成、无法达成或不再为处理目的所必需时；当组织终止提供产品或服务，或规定的保存期限已满时；当个人明确撤回先前的同意时；当组织的处理行为违反法律、行政法规或违反与个人信息主体之间的约定时。

同时，对于法律、行政法规规定的保存期限尚未届满，或从技术层面难以删除个人信息的情况，应重点评估组织是否仅限于存储信息，并采取必要的安全保护措施，而停止其他形式的个人信息处理。

此外，为全面保障个人信息主体权利，组织还应建立有效的机制，响应个人信息主体的删除请求，并在合理期限内完成删除操作。同时，组织应定期审查个人信息处理情况，确保不再需要的信息得到及时删除，降低数据泄露和滥用的风险。

② **删除操作的透明性和可验证性。**组织是否能提供明确的证据，证明个人信息已从系统中被彻底删除，而不仅仅是被标记为删除或隐藏；个人信息主体是否有途径验证其个人信息已被删除，例如通过接收删除确认告知或通过独立的第三方进行验证查询。

③ **删除操作的时效性和延迟风险。**评估组织在收到删除请求后，执行删除操作的时效性。包括：组织是否有明确的流程和时间表，以确保在合理期限内完成删除操作；是否存在因技术限制、系统繁忙或其他原因导致的删除延迟，以及这种延迟可能对个人信息主体权利造成的影响。

④ **删除操作的完整性和残留数据风险。**评估组织在执行删除操作时，是否能确保数据的完整删除，并避免残留数据的风险。包括：组织是否采取了适当的技术和组织措施，以确保删

除操作不可逆，并且不会留下可被恢复的残留数据；是否存在因系统备份、日志记录或其他原因导致的残留数据，以及这种残留数据可能对个人信息主体权利造成的潜在威胁。

（4）其他权利

除上述内容外，针对个人信息主体权利的保障情况，评估团队还应评估以下内容。

① **阐释个人信息处理规则**。评估组织是否为信息主体提供了详尽的途径，以解释和说明其个人信息的处理规则。这不仅要求处理者提供透明、易于理解的信息，而且需要确保这些信息在需要时能够方便地被信息主体获取。

② **死者个人信息权益的保护**。对于已故自然人的个人信息，其近亲属基于合法、正当的利益，有权对死者的个人信息进行查阅、复制、更正或删除等必要的处理，但死者生前另有安排的除外。这一评估点旨在平衡死者个人信息保护与近亲属合法权益之间的关系。

6. 个人信息安全义务

个人信息安全义务是指组织在处理个人信息时应当承担的一系列法律和道德责任。这些义务能够保护个人信息的安全性和隐私性，防止信息被滥用、泄露或受到其他不法侵害。如果不履行个人信息安全义务，组织可能会面临法律责任、信任危机、业务损失、合规风险和数据泄露等风险。

（1）个人信息保护措施

针对个人信息保护措施的部署情况，评估团队应重点评估以下 8 个方面。

① **内部管理制度与操作规程**。评估个人信息保护内部管理制度和操作规程的建立与落实情况。包括制定明确的策略、规定和流程，确保个人信息的安全性和隐私性。

② **个人信息分类管理**。评估个人信息分类管理的实施情况和效果。分类管理有助于更好地理解信息的重要性、敏感性和风险，从而采取适当的保护措施。

③ **安全技术措施**。评估加密、去标识化等安全技术措施的应用情况。这些技术是保护个人信息的重要手段，应得到充分应用和实施。

④ **操作权限管理**。评估是否合理确定个人信息处理的操作权限。确保只有经过授权的人员能够访问和处理个人信息，防止未经授权的访问和泄露情况出现。

⑤ **应急预案制订**。评估个人信息安全事件的应急预案制订及组织实施情况。需要制订一套完善的应急响应机制，在发生个人信息泄露等安全事件时，确保能够迅速、有效地应对。

⑥ **去标识化处理**。评估是否在展示、公开等环节，对个人信息直接标识符进行去标识化处理，可以降低个人信息被不当利用的风险，保护个人隐私。

⑦ **数据备份和恢复机制**。评估是否有完善的数据备份和恢复机制，以应对可能的数据损坏或丢失事件。

⑧ **合规审计**。定期对组织处理个人信息时遵守法律法规的情况进行合规审计。确保操作符合相关法律法规的要求，降低法律风险。

（2）个人信息保护的负责人

针对个人信息保护负责人的设置情况，评估团队应重点评估以下内容。

① **个人信息保护负责人的监督与合规**。对于处理个人信息数量达到国家网信部门规定的组织，要关注其个人信息保护负责人的设置情况。该负责人应对个人信息处理活动及相关保护

措施进行有效监督。

② **个人信息保护负责人的公开与报送。**评估个人信息保护负责人是否公开其联系方式，以便利益相关方能够及时了解有关个人信息保护情况。此外，组织还应将个人信息保护负责人的姓名、联系方式等报送至网信部门，便于监管机构进行监督和检查。

③ **个人信息保护负责人的专业能力和经验。**评估个人信息保护负责人是否具备足够的专业知识和经验，能够胜任个人信息保护的职责。负责人应具备信息安全、隐私保护等方面的专业背景和技能，以便能够制定和执行有效的个人信息保护措施。

④ **个人信息保护负责人的职责明确性。**确保个人信息保护负责人能够清楚地了解自己的职责范围和责任。负责人应能清晰地界定自己的角色和任务，并与相关部门和利益相关方进行有效的沟通和协作，共同维护个人信息安全。

⑤ **个人信息保护负责人的培训和教育。**个人信息保护负责人应接受过相关的培训和教育，从而不断提高个人信息保护技能，并应定期参加相关的培训课程和研讨会，了解最新的个人信息保护法律法规和技术，确保能够应对不断变化的个人信息风险。

**（3）个人信息保护影响评估**

个人信息保护影响评估是法定的义务，针对评估工作的开展情况，评估团队应关注以下内容。

① **处理敏感信息前的评估。**评估是否存在下列情形之一：处理敏感个人信息；利用个人信息进行自动化决策；委托处理个人信息、向其他个人信息处理者提供个人信息、公开个人信息；向境外提供个人信息；其他对个人权益有重大影响的个人信息处理活动。出现这些情形时，组织应当事前进行个人信息保护影响评估，并对处理情况进行记录。

② **评估内容的合规性。**评估个人信息的处理目的、处理方式等是否合法、正当、必要；对个人权益的影响及安全风险；所采取的保护措施是否合法、有效并与风险程度相适应。

③ **记录与保存。**个人信息保护影响评估报告和处理情况记录应至少保存 3 年。这是为了确保评估工作的连续性和可追溯性，以便在需要时进行回顾和优化。

**（4）个人信息安全应急措施**

为确保个人信息安全应急措施的有效性和及时性，评估团队应重点关注以下 5 个方面。

① **应急预案的制订和组织实施情况。**在制订应急预案时，应充分考虑各种可能出现的个人信息安全事件，并确保预案具有足够的灵活性和可扩展性，以应对未来可能出现的新型安全威胁。同时，确保预案的组织实施得到充分的培训和演练，以提高应对个人信息安全事件的效率和效果。

② **安全事件的补救措施。**在发生或可能发生个人信息泄露、篡改、丢失等安全事件时，应立即采取有效的补救措施，以降低事件对个人信息的潜在危害。这些补救措施包括管理手段、技术手段、法律手段等，以及时恢复个人信息的安全性和完整性。

③ **事件的通知和报告机制。**一旦发生个人信息安全事件，应及时通知所涉及的个人，并向有关部门报告。在通知中，应提供个人信息的具体种类、事件原因、可能造成的危害、补救措施及组织的联系方式等信息。此外，还应建立有效的外部沟通机制，以便及时向相关部门和机构报告个人信息安全事件，共同应对潜在的安全威胁。

④ **应急响应团队的建设和培训。**为了确保个人信息安全应急响应的及时性和有效性，组织应建立专业的应急响应团队，并进行定期的培训和演练。应急响应团队应具备相应的技术能力和应急处理经验，以便在发生个人信息安全事件时能够迅速响应，并采取有效的措施进行处置。

⑤ **遵守法规和合规性检查。**组织应严格遵守个人信息保护相关的法律法规，确保个人信息安全应急措施符合法律法规的要求。同时，应定期进行检查，确保应急措施的有效性和合规性。

**7. 个人信息投诉举报**

针对个人信息投诉举报，评估团队需要重点评估以下内容。

① **投诉举报渠道建设。**组织应建立便捷的投诉举报渠道，并确保这些渠道便于用户及时且有效地使用。同时，需要关注渠道响应的及时性，确保相关行为能够得到迅速和适当的处理。

② **公开联系方式。**组织应公开接受投诉和举报的联系方式，公开的联系方式应明确且便于获取，并且能够提供有效的反馈。

③ **投诉举报处理时效。**在用户进行投诉或举报后，组织应在承诺的时限内进行受理和处理。处理时限的承诺应当明确、合理，并且在实际操作中得到遵守。

④ **投诉举报处理公正性。**评估组织的投诉举报处理过程是否公正、客观，避免出现主观偏见或利益冲突的情况。处理结果应当基于事实和证据，并且能够得到用户的认可和信任。

⑤ **隐私保护措施。**在处理投诉举报的过程中，组织应采取充分的隐私保护措施，保护用户个人信息不被泄露或滥用。这包括对个人信息的安全存储、传输和销毁等环节的管理和控制。

⑥ **投诉举报处理质量。**评估组织处理投诉举报的质量和效果，包括处理结果的准确性和完整性。同时，也需要关注处理过程中是否能够提供专业的建议和解决方案，以提高用户满意度。

⑦ **反馈机制的完善性。**评估组织关于投诉举报处理后的反馈机制是否完善，包括对处理结果的告知、解释和沟通等环节。有效的反馈机制能够提高用户满意度，并增强用户对机构的信任度和忠诚度。

**8. 大型互联网平台**

大型互联网平台指同时具备较大用户规模、较广业务种类、较多业务范围、较大经济体量和较强限制能力的平台。其中，较大用户规模，即平台上年度国内年活跃用户不低于 5000 万人；较广业务种类，即平台具有表现突出的主营业务；较大经济体量，即平台上年年底市值（估值）不低于 1000 亿元人民币；较强限制能力，即平台具有较强的限制商户接触消费者（用户）的能力[12]。针对大型互联网平台的个人信息保护情况，应额外评估以下内容。

① **合规制度体系。**按照国家规定建立健全的个人信息保护合规制度体系；成立主要由外部成员组成的独立机构，对个人信息保护情况进行持续监督。

② **平台规则制定。**遵循公开、公平、公正的原则，制定清晰的平台规则；规则中明确规定平台内产品或服务提供者处理个人信息的规范和保护个人信息的义务。

③ **停止服务。**对于严重违反法律、行政法规处理个人信息的平台内的产品或服务提供者，平台应采取有效措施，停止提供服务。

④ **社会监督**。平台应定期发布个人信息保护社会责任报告，接受社会各界的监督，以提高透明度并增强公信力。

## 6.6　风险分析与评估阶段

通过风险识别形成风险源清单之后，还需要进一步开展风险分析工作，根据实际情况对风险进行评估，确定影响程度和优先级。最后，根据风险评估的结果，提出切实可行的整改建议，以全面提升数据安全水平。

### 6.6.1　数据安全风险分析

在分析数据安全风险时，主要关注数据的保密性、完整性、可用性和数据处理活动的合理性这 4 个方面。这些方面不仅反映了数据安全的多种属性，而且有助于全面评估风险源可能引发的数据安全风险。

风险分析需要深入评估风险源的性质及其可能导致的后果，包括风险影响程度和发生的可能性。为了确保风险分析的准确性和完整性，如果多项数据安全问题可能引发相同的数据安全风险，应当将其与其他问题合并进行风险分析。这样的分析方法有助于避免遗漏，并确保全面覆盖相关风险。

**1. 风险归类**

在风险识别环节，形成了风险源清单，为了进一步分析这些风险源可能引发的安全风险，需要根据风险类型对它们进行归类。

风险大类的划分示例如下。

① **合规风险**。涉及违反法律法规、政策规定或组织规章制度的风险。

② **技术风险**。与网络设备、操作系统、应用软件、基础硬件、安全设备等相关的风险。

③ **管理风险**。涉及组织管理、人员操作等方面的风险。

④ **个人信息风险**。涉及个人信息泄露、滥用等专项风险。

在此基础上，可进一步划分风险子类，例如，数据泄露、数据篡改、数据破坏、数据丢失、数据滥用、数据伪造、违规获取、违规出售、违规保存、违规利用、违规提供、违规公开、违规购买、违规出境、超范围处理、缺乏正当性、缺乏公平公正、数据抵赖、数据不可控、数据推断等风险 [10]。

通过风险归类，可以更好地理解和管理这些风险，采取相应的措施来降低或消除它们对组织数据安全的影响。

**2. 分析安全风险的危害程度**

在分析数据安全风险时，需要深入剖析数据的价值、重要性、规模、种类，以及数据处理的各个环节，包括其目的、方式和范围等关键要素。通过综合评估这些要素，预测数据安全风险一旦发生，可能对国家安全、经济运行、社会秩序、公共利益或组织、个人的合法权益造成的潜在危害程度。根据危害程度的高低，可将风险划分为低、中、高 3 个级别，或轻微、低、中、高、很高 5 个等级，划分的等级数量可以根据需要调整。在分析风险影响程度时，应遵循“就高从严”和“整体分析”的原则。当一个风险涉及多个数据资产时，应进行累加判断，并按照最高的危害等级进行评估。

为了全面评估风险的危害程度，应仔细考虑以下 3 个核心因素：数据价值、数据重要性和风险源严重程度。首先，应从数据资产的经济效益、业务效益和投入成本等方面来分析数据的价值。数据的价值不仅体现在经济贡献上，还体现在对业务运营和决策支持的贡献上。其次，数据的重要性主要通过数据分级来衡量。级别越高，数据越重要。在确定数据安全级别时，可以参考 GB/T 43697—2024《数据安全技术　数据分类分级规则》、GB/T 35273—2017《数据安全技术　个人信息安全规范》等标准。此外，个人信息规模和数据的敏感程度也是衡量数据重要性的关键因素。最后，风险源严重程度的评估主要考虑风险源对数据处理者可能造成的危害程度。需要对风险源的性质、影响范围、潜在后果进行深入分析，以便更准确地评估其潜在的危害程度。危害程度示例见表 6-2。

表6-2　危害程度示例

| 危害程度 | 参考说明 [10] |
|---|---|
| 高风险 | 可能导致组织受到监管部门的严重处罚，例如取消经营资格、长期暂停相关业务等。可能导致重要或关键业务无法正常开展，从而造成重大的经济或技术损失，严重破坏机构声誉，甚至可能导致组织破产 |
| 中风险 | 可能导致组织受到监管部门处罚，例如一段时间内暂停经营资格或业务等。可能影响部分业务的正常开展，造成较大的经济或技术损失，并对机构声誉造成一定的破坏 |
| 低风险 | 可能仅导致个别诉讼事件，或在某一时间造成部分业务中断，使组织的经济利益、声誉、技术等受到轻微的损害 |

当风险的影响对象涉及国家安全、经济运行、社会秩序、公共利益、个人权益时，数据处理者还需要细化危害程度分析。

**3. 分析安全风险发生可能性**

在数据安全风险分析中，要判断风险发生的概率。为此，需要综合考虑多个因素，包括风险源的发生频率、安全措施的有效性和完备性，以及风险源之间的关联性。

首先，对于风险源发生频率的评估，应从多个角度考虑。可以参考被评估对象过去发生数据安全事件的次数及频率，同时也可以参考同行业或业务模式相似的单位的数据安全事件记录，以及各类相似数据安全事件的统计数据。一般来说，风险源或安全事件的发生频率越高，潜在风险发生的可能性也越大。

其次，应评估安全措施的有效性和完备性。这要求深入了解现有数据安全措施是否能够有效应对各类风险源，并检验这些措施是否覆盖了所有潜在的风险点。特别是对于核心数据和重要数据处理活动，应确保其采取了足够严格的安全防护措施，以降低风险发生可能性。

此外，风险源之间的关联性也不容忽视。通过深入分析风险源清单，可以发现多个风险源组合后可能引发的数据安全风险。对于这种情况，应将其与其他风险源进行合并分析，从而更全面地评估风险发生的可能性。

综合考虑上述因素，可将风险可能性划分为高、中、低 3 个级别或更多等级，风险可能性等级示例见表 6-3。

表6-3　风险可能性等级示例

| 可能性 | 参考说明 [10] |
|---|---|
| 高 | 涉及违法违规行为、缺少数据安全措施或安全措施有效性较弱，被评估对象或同类组织多次高频发生相关风险源，或容易与其他风险源结合引发风险，风险隐患发生可能性高（例如出现频率高、在大多数情况下几乎不可避免、可以证实经常发生） |
| 中 | 有一定数据安全措施，但是保护不足，被评估对象或同类组织出现过相关风险源，或有一定概率与其他风险源结合引发风险，风险隐患发生的可能性一般（例如出现频率中等，在某种情况下可能发生，或被证实曾经发生过） |
| 低 | 数据安全措施比较到位、完备，被评估对象或同类组织很少发生相关风险源，或很难与其他风险源结合引发风险，风险隐患发生可能性低（例如几乎不可能发生，或仅可能在非常罕见和例外的情况下发生） |

## 6.6.2　数据安全风险评估

在进行数据安全风险评估时，应基于实际情况灵活地评估数据安全风险。这一过程需要结合评估对象的实际情况，基于风险可能造成的损失程度和发生的概率，对安全风险进行综合评估。

数据安全风险评估结果可分为以下 5 个等级。

**1. 重大安全风险**

通常指可能直接威胁组织核心业务运行、造成重大经济损失、泄露核心敏感数据或导致组织声誉严重受损的数据安全风险。这类风险影响程度极高，需要立即采取紧急应对措施。

**2. 高安全风险**

通常指可能对组织正常业务运营、客户数据保护、合作伙伴关系等造成较大影响，或对组织形象和信誉造成一定损害的数据安全风险。这类风险也需要引起高度重视，并采取相应措施来降低风险。

**3. 中安全风险**

通常指可能对组织业务运营、客户数据保护、员工隐私等造成一定影响，或对组织形象和信誉造成一定损害的数据安全风险。这类风险应得到合理关注，并采取相应措施来控制风险。

**4. 低安全风险**

通常指可能对组织业务运营、客户数据保护、员工隐私等方面造成较小影响，或对组织形象和信誉造成轻微损害的数据安全风险。这类风险虽然较低，但仍需采取措施进行管理。

**5. 轻微安全风险**

通常指可能对组织业务运营、客户数据保护、员工隐私等方面造成轻微影响，或对组织形象和信誉造成微小损害的数据安全风险。这类风险相对较小，但仍需采取一定措施进行管理。

**注** 在现行的法律法规和标准中，对于数据安全风险的等级评估，通常是从国家、社会和监管角度出发的，那些主要对组织自身产生影响的风险往往被界定为中低风险。本书从组织自身的立场出发，重新评估各类风险的实际影响程度，这种评估方式更贴近组织的实际需求。

组织的数据安全风险可能对国家、社会和个人权益产生影响，因此，在评估风险等级时，需要适当考虑这些外部因素，并相应调整风险等级。例如，虽然某个风险对组织的影响是轻微的，但如果它涉及大量的个人数据泄露或违反法律法规，那么从更广泛的角度来看，这个风险应该被视为高风险或重大风险。同样，如果某个风险虽然对组织的影响较大，但并未涉及敏感的个人数据或违反法律法规，那么这个风险可能被视为中等风险或较低的风险。因此，在评估数据安全风险时，需要全面考虑组织内外的影响因素，并采取适当的措施来管理和降低风险。

此外，组织也可以用更加量化的方式来评估风险的大小，具体如下。

**1. 重大安全风险**

可能造成组织核心业务中断超过 $X$ 小时，直接经济损失超过 $Y$ 百万，或导致超过 $Z$ 万客户数据泄露，严重损害组织信誉和品牌形象。这类风险影响程度极高，需立即采取紧急应对措施。

**2. 高安全风险**

可能导致组织业务运营受到较大影响，客户数据泄露数量达到 $W$ 万级别，或对合作方、供应商等关系造成重大损害。这类风险也需要引起高度重视，并采取相应措施降低风险。

**3. 中安全风险**

可能对组织业务运营、客户数据保护等造成一定影响，例如业务中断 $X$ 小时内可恢复，客户数据泄露数量达到 $U$ 万级别。这类风险应得到合理关注，并及时采取相应措施控制风险。

**4. 低安全风险**

可能对组织业务运营、客户数据保护等造成较小影响，例如业务中断 $X$ 小时内可恢复，客户数据泄露数量达到 $T$ 千级别。这类风险虽然较低，但仍需采取措施进行管理。

**5. 轻微安全风险**

可能对组织业务运营、客户数据保护等造成轻微影响，例如业务中断 $X$ 小时内可恢复，客户数据泄露数量达到 $S$ 百级别。这类风险相对较小，但仍需采取一定措施进行管理。

注 $X$、$Y$、$Z$、$W$、$U$、$T$、$S$ 均为量化指标，具体的数值需要根据组织实际情况进行设定。例如某业务的数据库遭到勒索软件加密，导致业务中断 5 个小时，涉及 50 万敏感数据泄露，直接经济损失 500 万元，可判定为重大风险。通过这种具体化的描述方式，可以更准确地评估和管理数据安全风险。

前述的风险分析方式，被称为定性分析。这种方式主要依赖于分析者的经验、直觉，以及业界的标准和惯例，对风险各要素的大小或高低程度进行定性分级（3 级、5 级等）。这种评估方法具有较强的主观性，更多依赖专家、专业知识和组织对其所面临的数据安全风险的理解和判断。这种方式适合风险数据不充分的场合。

然而，当组织能够准确地为构成风险的各个要素和潜在损失的水平赋予数值或货币金额时，可以采用更为精确的定量分析方式。这种方式通过具体的数据来评估风险，从而提供更具体、更客观的决策依据。不过在实际操作中，还是以定性分析为主。这主要是因为风险数据通常不充分或难以精确量化，例如，很难准确判断风险发生的概率是 50% 还是 60%。

### 6.6.3 数据安全风险清单

结合数据资产和数据处理活动清单，针对每个评估对象分析存在的风险隐患，形成数据安全风险清单。数据安全风险清单可包括以下内容。

① **序号**：用于标识各个风险项的唯一序号。

② **风险类型**：例如技术风险、管理风险、操作风险等，用于描述风险的性质。

③ **风险源**：引发风险的具体原因或来源。

④ **风险源描述**：详细阐述风险源的特性，以增进理解和应对能力。

⑤ **风险影响程度**：该风险可能导致的最坏结果或影响的严重性。

⑥ **风险发生概率**：该风险发生的概率，以评估其紧迫性。

⑦ **风险等级**：基于危害程度和发生可能性，对风险进行等级划分。

⑧ **涉及的数据及类型**：受该风险影响的数据种类和范围。

⑨ **相关数据处理活动**：与该风险相关的数据处理活动或操作。

⑩ **评估情况描述**：对当前风险的状况进行简要描述，例如是否已被控制、应对措施等。

## 6.7 评估总结阶段

### 6.7.1 编制评估报告

在完成数据安全风险评估后，评估团队需根据评估情况编制一份详尽的评估报告。此报告旨在准确、清晰地描述评估活动的主要内容，并附上必要的证据或记录，以提供具体可行的整改建议。报告的内容应至少包括以下 8 个方面。

**1. 评估概述**

明确评估的目的、依据、对象和范围，以及评估结论。

**2. 评估工作情况**

详细说明评估人员、评估时间安排、使用的评估工具和环境情况等。

**3. 信息调研情况**

涵盖数据处理者、业务和信息系统、数据资产、数据处理活动及安全措施等方面的信息调研结果。评估过程中形成的数据资产清单、数据处理活动清单和数据流图等文件，可以视情况放在报告正文或附件中。

**4. 数据安全风险识别**

针对数据安全管理、数据处理活动、数据安全技术和个人信息保护等方面，识别并记录风险源。

**5. 风险分析与评估**

根据风险的可能性和影响程度，对每个风险进行评级，并确定其优先级。这有助于决策者了解哪些风险需要优先处理，以及如何合理分配资源，并进行风险管理和应对。

**6. 数据安全风险清单**

整理并列出完整的数据安全风险清单，同时附上关键的记录和证据。若证据无法在附录中完整列出，则应列出证据的关键信息和序号，并在提交评估报告时作为附件一并提交。

在风险涉及个人信息、重要数据和核心数据时，应详细列出处理的数据种类和数量（不包括数据内容本身），以及数据处理活动的情况。

**7. 整改建议**

根据发现的数据安全风险或问题，提出具体的整改措施或风险缓解建议。这些建议包括改进数据安全策略、流程和技术的方法，可降低数据安全风险并提高组织的数据安全水平。

**8. 由第三方机构开展的评估**

此类评估报告应由评估组长和审核人签字，并加盖评估机构公章，以确保报告的权威性和有效性。

### 6.7.2 风险缓解建议

风险评估的目的不仅在于发现风险，更在于进一步控制风险。因此，根据发现的安全风险，需要提供一系列具有针对性的风险缓解建议。这些建议应涵盖组织架构、安全管理、安全技术、人员能力等多个层面，以确保全面降低面临的数据安全风险。

在提出缓解建议后，还可以邀请数据安全、网络安全等相关领域的专家，对风险分析过程、风险清单、评估结论、缓解建议等内容进行深入的评议。这不仅能确保评估结果的准确性、科学性、合理性，还能借助专家的专业知识和经验，进一步完善和优化后续的整改措施。

被评估方应根据风险缓解建议，制定明确整改步骤、责任人、时间表的详细整改方案，确保整改顺利进行。同时，被评估方还需要在限定期间内完成整改工作，尽早防范相应数据安全事件的发生。

在制定风险整改方案时，被评估方需要充分考虑各种可能的风险缓解措施。这些措施包括但不限于：停止收集某些类型的数据、在处理后销毁某些类型数据、缩小数据处理范围、缩短数据存储期限、采取额外的技术措施、加强数据处理岗位人员的培训、进行数据匿名化或去标识化处理、完善相关管理制度、采用其他数据处理技术，以及补充签订协议（例如数据转移时）或修订隐私条款等[10]。

综上所述，风险缓解建议需要从多个角度全面审视数据安全问题，提出具有针对性的建议和风险缓解方案，并确保被评估方能在限期内完成整改工作，防范数据安全事件的发生。在这个过程中，还需要充分利用专家资源和各种可能的风险缓解措施，以确保评估和整改工作的准确性和有效性。

### 6.7.3 分析残余风险

在完成风险识别和评估后，评估人员需根据数据处理者所采取的风险缓解措施，对措施的有效性进行预判，并分析可能产生的残余风险。这一过程需形成详细的记录，以确保后续的追踪与审查。一旦被评估方完成所要求的风险整改工作，评估方应考虑重新进行数据安全风险的评估工作。在此过程中，应重点关注风险缓解后的残余风险，以及任何额外控制措施可能引发的次生风险。这些分析将有助于确保数据安全风险得到全面、有效的控制。

残余风险是指采取了风险控制措施后仍然存在的风险。即使数据处理者采取了各种控制措施来降低或消除风险，但仍有可能存在一些未能被完全消除的风险，这些风险就被称为残余风险。

残余风险的存在可能是多种原因导致的，具体如下。

① **风险性质的复杂性：**某些风险可能非常难以被完全消除，它们的产生原因复杂或者影响范围广泛。

② **信息不对称：**在某些情况下，数据处理者可能无法完全了解或预测风险的来源和影响，导致难以制定有效的控制措施。

③ **资源限制：**由于资源（例如时间、人力、财力）的限制，数据处理者可能无法实施完美的控制措施，从而导致存在残余风险。

④ **技术局限性：**目前的技术水平可能无法完全消除某些风险，即使采取了最佳的控制措施，仍有可能存在残余风险。

安全成本是指为了实现或维持一定的安全水平所付出的代价。残余风险与安全成本之间往往呈现一种平衡关系。一般来说，降低残余风险需要付出更多的安全成本。例如，为了降低数据泄露的风险，数据处理者可能需要投入更多的资源来加强数据保护措施，例如加密、访问控制和员工培训等。这些措施的实施需要付出人力、物力和财力等成本。因此，在制定数据安全策略时，需要权衡安全成本和残余风险之间的关系，以确定经济和有效的安全措施。

绝对安全是指没有任何风险的理想状态。然而，在现实世界中，不存在绝对的安全。即使数据处理者采取了所有可能的控制措施，仍然可能存在一些未被识别的风险或未知的风险来源。因此，在评估数据安全时，不应过分追求绝对安全或者完美，而要在可接受的残余风险水平下实现安全目标。

# 第七章

# 数据安全治理组织架构

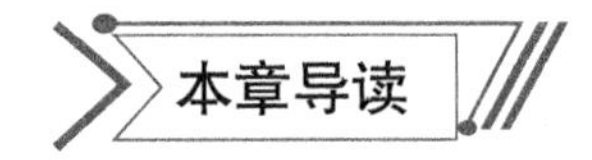


**内容概述：**

本章阐述了构建数据安全治理组织架构的重要性、典型的组织架构设计，以及各层级的具体职能。同时，介绍了数据安全协调机制的基本原则、组成要素，以及面临的挑战并提出相应的对策。此外，还强调了在数据安全治理中，人员管理的核心理念，以及在定岗定员、人员能力提升、权限控制、监控审计、员工离职管理和安全文化建设等方面的关键措施。

**学习目标：**

1. 理解构建数据安全治理组织架构的重要性和基本原则。
2. 了解典型的数据安全治理组织架构设计和各层级的具体职能。
3. 掌握数据安全协调机制的基本原则、组成要素，以及面临的挑战与对策。
4. 理解人员管理在数据安全治理中的重要性。
5. 了解定岗定员、能力提升、权限控制、监控审计、离职管理和安全文化建设等关键措施。

## 7.1 组织架构

### 7.1.1 组织架构的重要性与设计原则

数据安全治理不仅是一项技术任务，更是一项涉及组织战略、管理、执行和监督多个层面的综合性工作。为了有效地实施数据安全治理，组织应从战略层面着手，构建一个清晰、高效的组织架构，明确各方职责，打破部门间的沟通壁垒，形成内部统一的数据安全共识。

组织架构的建设应基于相关法律法规要求，建立各方共同参与的工作机制，确保数据安全治理工作的合规性。同时，组织架构应以数据为中心，面向业务场景，纵向和横向连通各部门间的合作，实现资源的有效整合和协同作用。

在构建数据安全组织架构时，应考虑以下基本原则。

① **最高层领导参与和承诺。**组织的最高层领导应直接参与并支持数据安全治理工作，并做出明确承诺，负责制定数据安全策略，提供必要资源，并监督重大决策的执行。

② **明确的职责与权限分工。**确立清晰、合理的岗位设置、职责分配和人员配置，确保每个岗位和人员都明确自己的数据安全职责和权限，避免职责重叠或遗漏。

③ **避免利益冲突。**人员在数据安全角色分配上应避免潜在的利益冲突，不应同时担任可能产生利益冲突的两个不同层级的职位。

④ **最小权限与知其所需原则。**遵循最小权限原则，仅为每个人员分配完成工作所需的最小数据访问和操作权限。同时，实施知其所需原则，需要确保人员只能访问其工作需要的数据。

⑤ **双人双岗或职责分离。**对于关键数据安全岗位和敏感操作，实施双人双岗或职责分离（Segregation of Duties，SoD）[H46]机制，确保没有单一人员能够独立完成关键任务，实现互相监督。

⑥ **跨部门协同与沟通。**建立有效的跨部门协同与沟通机制，确保所有相关部门（例如业务部门、技术部门、法务部门、合规部门等）在数据安全治理方面保持密切合作，共同应对数据安全挑战。

⑦ **明确的数据安全责任体系。**确立清晰的数据安全责任体系，从最高层领导到基层员工，明确各层级人员在数据安全方面的具体责任，包括数据所有者对其业务领域内数据安全负有的直接责任。

## 7.1.2 典型组织架构

一个典型的数据安全治理组织架构通常包括决策层、管理层、执行层，以及贯穿整个数据安全治理过程的监督层[3]。数据安全治理组织架构示例如图 7-1 所示。

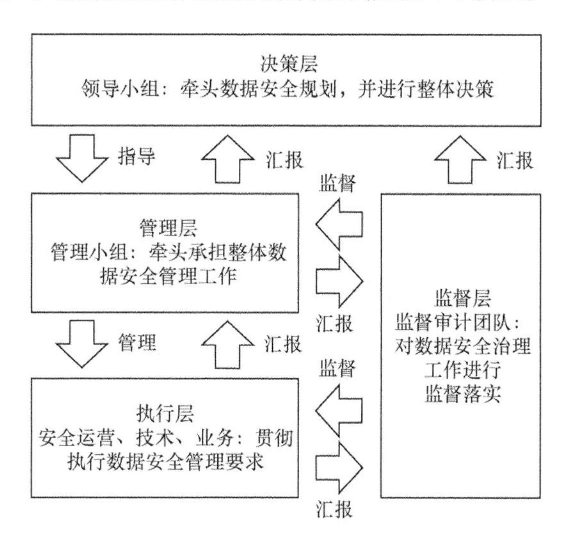


**图7-1 数据安全治理组织架构示例**

**注** 由于不同组织的部门设置都有不同，涉及实际的组织架构建设时，不同单位还需根据现有组织架构进行适度的调整和补充。

## 7.1.3 组织架构的具体职能

### （1）决策层

在数据安全治理的组织架构中，决策层是数据安全管理策略的核心制定者，它要求组织高层领导的深度参与和持续支持。

决策层通常以虚拟组织的形式存在，例如数据安全领导小组、数据安全治理委员会等，成员一般由组织的高层领导及相关部门负责人共同构成。在某些情况下，负责数字化转型或新兴业务拓展的高级副总裁也可能担任这一角色[1]。决策层需要统筹决策数据安全的重大事项，牵头制定数据安全规划，并确保这些规划与业务发展决策相协调。

为确保数据安全工作的有效实施和持续改进，建议实施"一把手负责制"。这意味着业务、技术、法务等部门的直接领导将共同承担数据安全相关责任，负责制定数据安全整体目标及发展规划，并确定数据安全治理的战略目标和优先事项。

决策层的主要职责包括但不限于以下内容[1]。

① 制定和明确组织的数据安全战略目标和具体任务，以及发布相关的数据安全管理制度和规范。

② 负责全面规划和协调数据分类分级工作，为数据安全治理的各个阶段，包括规划、设计、建设、实施和运营等提供必要的资源支持，包括但不限于预算和人力资源分配。

③ 对管理层在数据安全方面的工作提供指导和监督。

④ 在面临重大数据安全事件时，负责协调各方并进行统筹决策。

⑤ 负责审核和发布数据安全策略、规划、制度及规范等关键文件。

⑥ 对组织内数据安全治理的体系目标、实施范围等核心议题进行最终决策。

⑦ 审核并批准重大数据安全事件的应对方案。

通过这些职责的明确和履行，决策层将确保数据安全治理工作在组织内部得到有效实施并持续推进。

**（2）管理层**

管理层不仅要为数据安全工作制定具体的实施方案，还应在业务发展与数据安全之间寻求平衡。具体而言，管理层需结合行业的监管要求和组织的业务发展需求，来制定与组织整体目标相契合的数据安全管理制度和管理方式。

管理层在确保数据安全措施全面实施方面发挥着核心作用，承担着组织整体数据安全管理的重任。通常由数据安全部门、数据资产管理或数据治理部门牵头，协调各相关部门开展数据保护工作，监督数据安全管理制度和措施落地执行情况等。

管理层的职责包括但不限于[1]以下内容。

① 对组织现有的数据资产进行全面的梳理，深入分析数据使用部门与数据安全相关的业务需求和安全风险。

② 制定并推广数据安全管理策略、规划、制度和规范，确保其在组织内部得到有效实施。

③ 负责构建、运营和维护数据安全治理体系，确保其持续、稳定、高效地运行。

④ 开展数据安全风险的监测、预警，及时发现并应对潜在的安全威胁。

⑤ 组织数据安全教育和培训活动，提升员工的数据保护意识和技能水平；同时负责安全技能的考核与评估。

⑥ 对执行层进行管理和指导，明确数据安全的要求和标准。

⑦ 定期开展数据安全评估和审查工作，确保数据安全措施的有效性和合规性。

⑧ 建立并维护数据安全应急管理机制，确保在发生安全事件时能够迅速、有效地进行响应和处理。

⑨ 与外部的利益相关方保持沟通与合作，包括国家及行业监管机构、第三方咨询服务商（例如安全咨询公司、安全厂商等）和测评机构（例如认证及认可机构、安全测评机构等），以确保数据安全治理体系能够适应外部环境的变化并保持有效性。

⑩ 负责数据安全的日常管理工作，同时负责维护数据安全制度的持续运转，并根据业务发展的需要及时对其进行更新、调整和优化。

**（3）执行层**

执行层与管理层紧密配合，共同确保组织在业务开展过程中的数据安全需求得到满足。执行层的主要职责是深入理解和贯彻管理层提出的数据安全要求，对制定的流程进行逐一落实，并就数据安全执行情况和重大事项向管理层进行汇报。

此外，执行层还需细致分析和评估管理层提出的数据安全操作规程等制度的可行性与易用性，将评估结果反馈给决策层，为决策层提供有力的决策支持。在数据安全制度正式发布实施后，执行层要严格履行数据安全操作规程，并在日常工作中积极发现和报告制度规范中的漏洞和潜在风险，以促进管理层及时响应，并对数据安全的制度和措施进行更新、调整和优化。

执行层的组成通常包括业务和行政部门，以及 IT、研发等技术部门[1]。

考虑到不同组织的数据应用场景可能有所不同，执行层的范围也可能相应扩充。例如，在某些金融单位中，执行层可能由科技、业务、行政、风险管理等部门中具体负责数据安全岗位的人员构成。这些人员既是数据的使用者、管理者、维护者和分发者，也是数据安全策略、规范和流程的重要执行者和管理对象[1]。

组织应当对执行层中的每个职能角色制定明确的责任和授权规定。这些规定应明确各职能角色在数据安全治理中的具体职责和权责，包括但不限于以下内容[5]。

① 负责数据安全制度及规范的具体执行，确保各项数据安全措施得到有效落实。

② 负责数据安全事件的检测、处置和分析，及时发现并应对数据安全事件，防止事件扩大和升级。

③ 负责数据安全的风险评估，定期评估组织的数据安全风险状况，提出针对性的风险防控措施。

④ 负责反馈合理的数据安全需求，积极参与数据安全防护工作的改进和优化。

⑤ 积极参与数据安全意识培训、能力培养及考核工作等，增强自身的数据安全意识，提升数据安全技能水平。

⑥ 全面落实数据安全政策和规定，保证数据的安全和隐私，发现数据安全事件后及时报告并协助处理。

⑦ 对接并监督内外部（合作方）的数据安全工作。

⑧ 提出数据安全培训需求和建议，促进人员的能力不断提升。

**（4）监督层**

为确保数据安全治理工作的高效与规范，组织不仅需要各部门间的协同配合，而且应构建健全的监督审核机制。这一机制的核心目标在于全面监测和审核组织在数据采集、处理及交换等各个环节的行为，从而及时识别并纠正任何潜在的数据安全问题。

为确保监督层的有效性和公正性，其成员应保持独立性，不得兼任其他管理或执行小组的职务。这样的设置旨在防止监督层的审计和核查工作受到其他层级（特别是管理层和执行层）的干扰。通过这种方式，组织能够更准确地发现数据安全制度在实际执行层面的问题和风险。

监督层承担着对管理层和执行层数据安全工作进行定期监督的重要职责，并需要将监督结果定期向决策层进行汇报，这有助于确保数据安全治理工作的持续改进和有效实施。

通常监督层由风险管理、内部控制与合规，以及审计部门的专业人员组成[1]。他们不仅负责定期对数据安全治理体系进行自我评估和审计，还需要与管理层和执行层保持紧密沟通，协助他们理解问题的严重性，提出改进建议，并监督改进措施的实施过程，以确保问题得到及时且有效的解决，其主要职责如下所示。

① 对数据安全相关的制度、策略和规范等进行定期的审查与审核，以确保这些要素在组织内部得到正确的贯彻和执行，并将审核结果详细汇报给决策层，为其提供决策支持。

② 对数据安全技术措施的实际应用和实施情况进行监督，确保其按计划和要求有效落实，并评估这些工具在保障数据安全方面的效果。

③ 对数据安全风险评估的全过程进行严格的监督审计，包括风险评估的方法论、流程、结果及应对措施，以保障评估的准确性和公正性。

④ 审核数据安全培训和意识提升活动的有效性，确保组织内的员工都具备足够的数据安全意识和技能，能够在实际工作中正确处理和保护数据。

⑤ 参与数据安全政策和标准的制定与修订，基于监督层的实践经验和行业最佳实践，为数据安全政策和标准的制定提供有价值的建议。

⑥ 与外部监管机构、行业组织等保持沟通协作，持续关注外部的数据安全要求和标准变化，确保组织的数据安全治理工作与外部要求保持一致。

## 7.2 数据安全协调机制

### 7.2.1 概述协调机制

#### 1. 协调机制的定义与重要性

**（1）定义**

在数据安全治理领域，协调机制是指为确保组织内各部门、各层级之间在数据安全事务上能够高效、有序地协同工作而建立的一套规范化、系统化的工作方式和流程。这种机制通过明确各方职责、加强沟通协作、促进资源共享和信息互通，目的是构建一个统一、联动的数据安全防护体系。

**（2）重要性**

构建有效的数据安全协调机制是组织稳健运营和持续发展的基础，其重要性主要体现在以下 5 个方面。

① **风险防控**：通过协调机制，组织能够及时发现和应对数据安全风险，防止数据被泄露、损坏或丢失等，从而保障组织核心资产的安全。

② **资源优化**：协调机制有助于组织合理配置数据安全相关的技术、人力和资金，避免重复投入和浪费，提高资源利用效率。

③ **效率提升**：明确的协调流程和职责分工能够提升数据安全事件的处理效率。

④ **法规遵从**：随着数据保护法规的不断完善，组织需要通过协调机制确保自身业务活动符合法律法规要求，避免出现合规风险。

⑤ **增强信任**：有效的数据安全协调机制能够增强组织内部员工、外部合作伙伴和客户对组织数据安全能力的信任，有利于维护组织品牌声誉和拓展业务。

**2. 在数据安全治理中的作用**

数据安全协调机制在数据安全治理中发挥着整合资源、促进合作、优化决策、强化防控和提升应急响应能力等重要作用，是组织构建和完善数据安全治理体系不可或缺的重要组成部分。数据安全协调机制在数据安全治理中的作用主要体现在以下 5 个方面。

**（1）整合资源与能力**

在组织内部，不同的部门或团队可能掌握着不同的数据资源和技术能力。数据安全协调机制能够整合这些分散的资源与能力，确保在数据安全事件发生时，可以迅速调动所需的资源来有效应对。

**（2）促进跨部门合作**

数据安全不是单一部门的责任，需要组织范围内各部门的协同努力。数据安全协调机制通过明确的沟通协作流程，促进不同部门之间的信息共享、风险共担和协同响应，从而提升组织整体的数据安全防护水平。

**（3）优化决策过程**

在面临复杂的数据安全问题时，往往需要快速而准确的决策。数据安全协调机制通过明确的决策与审批流程，可以确保决策过程的高效性和科学性，避免由于决策延误或失误造成不必要的损失。

**（4）强化风险防控**

数据安全协调机制不仅关注已经发生的数据安全事件，更注重预防潜在的风险。通过定期的检查与审计流程，可以及时发现并纠正数据安全措施中存在的漏洞和隐患，从而有效降低数据安全风险发生的概率。

**（5）提升应急响应能力**

在数据安全事件发生时，需要迅速而有效的应急响应。数据安全协调机制通过明确的事件响应流程，可以确保组织第一时间启动安全事件响应程序，调动必要的资源和技术手段进行快速处置，最大程度地降低损失和影响。

**3. 协调机制的基本原则**

在构建数据安全协调机制时，为确保其有效性和可持续性，应遵循一系列基本原则。这些原则为机制的设计、实施和维护提供了理论基础和实践指导。

**（1）战略一致性原则**

数据安全协调机制应与组织的整体战略目标和业务发展方向保持一致。这意味着机制的设计不仅要解决当前的数据安全问题，还要预见未来的挑战，确保组织的数据安全战略能够随着业务的发展而灵活调整。

**（2）全面覆盖原则**

机制应涵盖组织内所有与数据安全相关的方面，包括人员、流程和技术。每个组成部分都应在机制中得到充分的考虑和安排，确保没有遗漏任何可能影响数据安全的因素。

**（3）明确与可操作性原则**

机制中的每个组成部分都应具有明确的定义和职责，确保在实际操作中能够准确执行。此外，机制应提供具体的操作流程和指南，使相关人员能够在遇到问题时迅速找到解决方案。

**（4）灵活性原则**

数据安全威胁和合规要求不断变化，因此机制应具有一定的灵活性，能够快速适应这些变化。这要求机制在设计时应考虑未来可能出现的新情况，并预留出足够的调整空间。

**（5）持续改进原则**

数据安全是一个持续的过程，而不是一次性的任务。因此，机制应包含定期的评估和审计流程，以便及时发现存在的问题并进行改进。这有助于确保机制始终保持最佳状态，能够有效应对不断变化的数据安全挑战。

通过遵循上述基本原则，组织可以构建一个健全、有效的数据安全协调机制，为数据安全治理提供坚实的组织保障。

### 7.2.2 协调机制的组成要素

**1. 明确的数据安全角色与职责**

明确各个参与方的角色与职责是建立有效协调机制的基础。不同的角色在数据安全治理中承担着不同的责任，共同确保组织数据的安全与合规。关键角色的职责划分如下。

**（1）数据所有者**

数据所有者是指对特定数据集拥有所有权和管理权的个人或部门（例如业务部门、产品部门或产品经理等）。他们负责确定数据的价值、访问策略及长期保存或处置的决策。数据所有者的主要职责包括以下内容。

① 定义和维护数据的使用目的、业务价值和敏感度分类。

② 审批数据访问请求，确保只有经过授权的人员才能访问敏感数据。

③ 监控数据的使用情况，确保数据被合规和安全地使用。

④ 在数据生命周期结束时，决定数据的最终处置方式。

**（2）数据管理者**

数据管理者是负责数据日常管理和维护的专业人员或部门（例如 IT 部门或运维人员、数据库管理员等）。他们确保数据的准确性、完整性、可用性和安全性。数据管理者的主要职责包括以下内容。

① 实施数据所有者制定的数据策略。

② 负责数据的日常存储、备份和恢复工作。

③ 监控数据的质量，确保数据的准确性和完整性。

④ 响应数据使用者的请求，提供必要的数据支持和服务。

（3）数据使用者

数据使用者是组织内部需要使用数据来完成业务任务的员工或部门（例如市场部门、客户服务部门或各业务部门的员工、数据分析师等）。他们有责任按照数据所有者和数据管理者制定的规则来访问和使用数据。数据使用者的主要职责包括以下内容。

① 在授权范围内访问和使用数据。

② 遵守数据保护规则，确保数据不被泄露、滥用或损坏。

③ 及时向数据管理者报告数据使用中发现的问题或异常。

（4）数据安全专员

数据安全专员（又称数据安全工程师）是负责数据安全的专业人员，具备深厚的数据安全知识和实践经验。数据安全专员的主要职责包括以下内容。

① 管理和执行数据安全策略，确保所有数据处理活动符合相关的法律法规和标准。

② 对数据进行分类和分级，以确定哪些数据需要特别保护。

③ 定期进行数据安全审计，评估现有安全措施的有效性，并根据需要进行调整。

④ 监控和分析潜在的安全威胁，及时发现并处理数据安全事件。

⑤ 组织和实施数据安全培训和宣传活动，增强员工的数据安全意识。

通过明确这些角色的职责和权限，组织可以确保在数据安全治理过程中各个参与方能够协同工作、各司其职，共同维护组织的数据安全。同时，这种角色划分也有助于在出现数据安全问题时迅速定位责任、采取有效措施应对。

2. 跨部门的沟通协作流程

跨部门的沟通协作流程确保数据在各部门间的安全、高效流动，以及在面临数据安全威胁时能够迅速、准确地做出响应。以下是构建这一流程时需要考虑的核心内容。

（1）事件响应流程

发生数据安全事件时，需要有一套清晰、高效的事件响应流程。这一流程通常包括以下 4 个步骤。

① **事件发现与报告**。员工在发现数据安全事件（例如数据泄露、非法访问等）时，应立即向数据安全专员或指定的数据安全管理部门报告。报告应包含事件的性质、严重程度、影响范围等关键信息。

② **初步分析与评估**。数据安全专员在接到报告后，应迅速对事件进行初步的分析与评估，确定事件的严重程度和影响范围，并决定是否启动应急响应计划。

③ **应急响应与处置**。根据事件的严重程度和影响范围，数据安全专员应协调相关部门和资源，进行应急响应和处置。这可能包括隔离受影响的系统、恢复损坏的数据、修复安全漏洞等。

④ **后续调查与改进**。事件处置完成后，应进行后续的调查和分析，查明事件的原因和责任，并据此对现有的数据安全措施进行改进和优化，防止类似事件再次发生。

**（2）数据使用审批流程**

数据使用审批流程的目的是确保所有涉及敏感数据的操作都经过适当的审查和批准，以防止数据被滥用或泄露。

① **数据使用申请**。员工在使用敏感数据前，应向数据管理者提交数据使用申请。申请应说明使用数据的目的、范围和方式等。

② **审批与授权**。数据管理者在收到申请后，应根据组织的数据安全战略和规定进行审查。如果申请符合战略要求，数据管理者应予以批准，并授予申请人相应的数据访问和使用权限。

③ **使用监控与合规检查**。在使用数据的过程中，数据管理者应对申请人的操作进行日常监控，确保其符合申请时的承诺和组织的数据安全要求。

**（3）定期检查与审计流程**

为了确保数据安全治理的有效性，还需要建立定期的检查与审计流程。

① **定期自查**。各部门应定期进行数据安全的自查工作，检查本部门的数据安全措施是否完善、是否存在安全隐患等。自查结果应及时向数据安全专员报告。

② **专项审计**。数据安全专员应定期组织专项审计，对各部门的数据安全管理和操作进行全面的检查和评估。审计结果应作为改进和优化数据安全治理的重要依据。

③ **整改与跟进**。对于检查和审计中发现的问题和隐患，各部门应积极配合整改和跟进工作。数据安全专员应对整改情况进行监督和验证，确保问题得到彻底解决。

通过以上跨部门的沟通协作流程的建设和完善，可以大幅提升组织在数据安全治理方面的能力和效率，有效应对各种数据安全的挑战和威胁。

## 7.2.3 面临的挑战与对策

### 1. 内部利益冲突与协调难题

在数据安全治理过程中，内部利益冲突与协调难题是不可避免的挑战。不同部门、角色和个体在数据安全方面的利益诉求和优先级存在差异，这些差异可能会引起数据安全策略执行、资源配置和事件响应等方面的分歧。

**（1）利益相关方分析与管理**

首先，要全面分析利益相关方，例如业务部门、IT 部门、法务和合规部门、风险管理部门等。每个利益相关方都可能从自身的角度出发，对数据安全提出不同的要求和期望。

在进行利益相关方分析时，需要明确以下 3 点。

① **利益诉求识别**。了解每个利益相关方的主要利益诉求，例如对业务连续性的保障、对个人信息保护的要求、对合规风险的规避等。

② **影响力评估**。评估每个利益相关方在数据安全治理中的影响力和决策权，以便在制定协调策略时给予相应的重视。

③ **利益平衡策略**。制定策略来平衡不同利益相关方的利益诉求，确保数据安全治理目标的实现不会过分损害任何一方的利益，例如业务部门和安全部门的诉求往往会不一致。

**（2）设计冲突解决机制**

在明确利益相关方的利益诉求和影响力后，需要设计有效的冲突解决机制来应对可能出现的分歧和摩擦。这些机制应包括以下内容。

① **沟通协调平台**。建立专门的沟通协调平台，例如数据安全委员会或跨部门的工作小组，负责在出现分歧时进行调解和协商。

② **决策与审批流程优化**。优化现有的决策与审批流程，确保在涉及数据安全的重大决策时能够充分听取各方意见，并做出符合整体利益的决策。

③ **加大培训力度**。通过定期的培训，增强内部员工对数据安全重要性的认识，减少因误解或不了解而产生的冲突。

④ **激励与约束机制**。建立激励与约束机制，对在数据安全治理中做出积极贡献的部门和个人给予奖励，对违反数据安全规定的行为给予惩罚。

#### 2. 技术更新与人员能力不匹配

在快速发展的数字时代，数据安全领域的技术不断推陈出新，这就要求组织内的数据安全人员应持续更新其知识和技能。然而，现实中往往存在技术更新速度与人员能力提升速度不匹配的情况，这种不匹配可能会给组织的数据安全带来各种隐患。

##### （1）技术培训计划与实施

为迎接技术更新的挑战，组织应制订全面的技术培训计划。首先，要定期评估现有技术人员的知识水平，确定他们在哪些领域存在知识缺口。其次，根据评估结果设计培训课程，课程内容应涵盖最新的数据安全技术、操作实践及相关法律法规。培训形式可以多样化，包括线上课程、线下研讨会和工作坊等。最后，要确保培训计划的实施效果，可以通过考试、实操演练等方式对参训人员进行考核，并根据考核结果调整培训计划。

##### （2）人才引进与激励机制

除了内部培训，组织还需要通过外部引进的方式来补充新的力量。在招聘过程中，应注重对候选人的技术背景、项目经验及学习能力等多方面的考察。同时，为了留住人才并激发其工作热情，组织应建立合理的激励机制。这包括提供具有竞争力的薪资待遇、良好的职业发展前景及丰富的团队文化活动等。

此外，组织还可以考虑与高校、研究机构等建立合作关系，共同培养数据安全领域的人才。这种合作模式不仅可以为组织提供持续的人才输入，还可以促进“产、学、研”之间的交流与合作，推动数据安全技术的创新与发展。

#### 3. 外部威胁与合规性压力

外部威胁和合规性压力也是数据安全协调机制所要面对的主要挑战之一。这些外部因素不仅可能影响组织的数据安全和业务连续性，还可能引发法律风险和声誉损失。因此，组织应建立有效的协调机制来应对这些挑战。

##### （1）威胁情报与应急响应

数据安全协调机制应包含一套完善的威胁情报收集和应急响应流程。威胁情报能够帮助组织及时了解外部安全威胁的动态，包括新型攻击手段、恶意代码和漏洞利用等，从而提前采取防范措施。应急响应流程则能够在发生安全事件时，迅速调动资源，进行事件分析、处置和恢复，最大限度地减少损失。

为了更有效地应对各种外部威胁，组织需要采取一系列措施来提升威胁情报的收集和应急响应的效率，具体如下。

① 建立与专业的网络安全机构、行业组织，甚至政府部门的合作关系，共享威胁情报和资源。

② 定期进行安全演练，模拟各种可能的安全事件场景，检验应急响应流程的有效性和员工的应急反应能力。

③ 采用主流技术工具，例如 IDS、IPS、威胁情报平台（Threat Intelligence Platform，TIP）等，提高威胁检测和响应的自动化水平。

**（2）合规性监测与策略调整**

合规性压力主要来自数据保护和隐私法规的不断增加和变化。组织需要遵守这些法规，否则可能面临法律处罚和声誉损害。因此，数据安全协调机制应包括合规性监测和策略调整两个方面。

合规性监测是指对组织的数据处理和保护活动进行持续的监督和检查，以确保其符合相关法律法规的要求。这包括定期评估组织的隐私规定、数据保护措施、第三方数据共享协议等是否符合最新的法规要求。

策略调整是根据合规性监测的结果，及时调整组织的数据安全策略和措施。例如，当发现组织的某些数据处理活动可能违反新的法规时，应立即暂停这些活动，并对相关策略和流程进行修订，以确保组织的数据安全和合规性。

为了有效地进行合规性监测和策略调整，组织可以考虑以下措施。

① 设立专门的合规性监测团队或职位，负责跟踪和解读相关法律法规的变化，并及时向高层管理和其他相关部门报告。

② 建立与法律顾问的紧密合作关系，确保组织的数据安全策略和措施符合法律法规的要求。

③ 通过培训和宣传，鼓励并提升员工积极参与合规性监测和策略调整的过程，从而增强员工的合规意识。

## 7.3 人员管理

组织的管理工作涉及多个方面，包括战略规划、流程设计和资源配置等，这些方面都需要通过人员来执行和实现。人员是组织的核心要素，他们的知识、技能、态度和行为对组织的绩效和安全性有直接影响。因此，组织管理本质上就是人员管理。

在数据安全治理组织架构中，人员管理的核心理念在于将具备适当技能和资质的人员配置到相应的岗位上，并确保他们能够高效、准确地执行分配的任务，从而实现“人岗匹配，才尽其用”的目标。这一理念是数据安全管理体系的稳固和高效运行的基础。

从总体上看，人员管理在数据安全治理中主要体现在以下两个方面。

**（1）人员流动管理**

鉴于组织内部不同部门、层级和来源的员工可能在不同工作场景中直接或间接地接触到敏感数据资产，因此数据安全风险与员工的行为和态度紧密相连。为了降低个人因素导致的数据安全风险，用人部门应与人力资源部门紧密协作，在员工的招聘、入职、转岗 / 调岗以及离职等各个环节实施严格的风险控制措施。这些措施包括但不限于背景调查、安全培训、权限管理和离职后访问撤销等，旨在确保员工在整个雇佣周期内的行为符合组织的数据安全规定和标准。

**（2）人员安全意识和综合素质培养管理**

随着数据安全领域的快速发展和威胁的不断演变，数据安全领域对人员的数据安全知识和安全意识提出了更高的要求。组织应致力于培养员工的数据安全意识，建设数据安全文化，将数据安全视为每个员工的共同责任，而非仅仅是安全团队的职责。为此，组织需要定期开展数据安全培训和教育活动，提升员工对潜在风险的认识和响应能力。同时，鼓励员工在日常工作中积极践行数据安全原则，从而逐步形成良好的数据安全习惯。

## 7.3.1　人员登记、审查与保密制度

数字时代，数据已成为国家基础战略资源，其面临的窃取、泄露和篡改等风险不容忽视。数据安全事件可能由多重因素引发，例如内部系统缺陷、外部恶意攻击，或是人为的有意或无意的行为。而在这些潜在原因中，人为因素尤为关键，因为不论是恶意攻击行为，还是系统管理行为，其背后都涉及“人”这个主体的行为或决策。

为确保数据安全，组织应制定全面的人员管理制度，明确数据使用、访问等具体管理措施。对于数据安全管理机构的负责人、关键岗位人员，以及能够接触个人信息、重要数据和核心数据的人员，应进行严格的背景审查，包括但不限于身份核实、背景调查、专业资格和资质验证等。同时，上述人员需签订保密协议，以法律形式约束其操作数据的行为。

在日常管理中，组织应落实审批和登记流程，明确每位人员访问数据的范围、操作权限，以及在重要岗位在人员调岗、离职等情况下的保密要求、保密期限和违约责任等。此外，定期审查人员的行为是必不可少的，通过定期审查来确保每位人员始终遵守数据安全管理的规定。

为便于事后审查和追溯，组织应保留数据安全人员的履职记录，例如数据安全管理人员的监督检查记录、数据安全责任人的事件信息报送记录等。这些记录不仅有助于追踪潜在的数据安全问题，还能作为发生数据安全事件时责任判定的依据。

## 7.3.2　定岗与定员

在确立了数据安全治理团队的职能架构后，为确保高效且规范地实施相关管理制度和操作规程，并有效履行部门的职责，组织应优先解决定岗定员与专业化分工[1]的问题。

定岗是指将数据安全职能架构中各层级内的具体职责进行细化分配，把一系列紧密相关的工作任务整合成一个独立的岗位。而定员则是明确指派特定个人或团队来承担某一岗位的全部职责。简而言之，定岗侧重于工作的分工，而定员则侧重于职责的明确。二者共同作用于提升组织效率、降低运营成本这一根本目标[1]。

在进行定岗与定员时，应遵循以下关键原则。

**（1）避免人员跨层交叉**

数据安全治理团队的职能架构包括决策层、管理层、执行层和监督层，这些层级间既需要密切协作，又应保持相互制约与平衡，这种制约与平衡有助于减少人为因素带来的潜在风险。

因此，应严格禁止任何人在不同层级内兼任多个角色，以防止因个人利益冲突而降低工作标准或产生不正当的妥协。例如，若同一人既负责管理层中的数据安全技术方案起草，又参与决策层中的方案可行性审批，则可能出现方案质量不高或预算使用不当的问题。同样，若有人同时担任监督层和其他层的职务，将严重影响监督层的独立性和审计效果。

**（2）最小权限原则**

在分配岗位权限时，应仅授予相关人员完成其岗位职责所必需的最小权限。对于关键岗位或涉及操作敏感数据的岗位，应严格实施权限分离，确保不同职责之间不会形成冲突或存在滥用权力的可能。例如，在一个财务管理系统中，负责录入账单的员工不应该有权限修改或删除已经录入的账单数据，而审核账单的员工则应该仅有审核权限，无法进行修改操作。这样可以防止单一员工对数据进行非法篡改或误操作。同时，对于涉及高度敏感数据的操作，例如修改客户资料或资金转账，应实施多人操作、审批和复核制度，以确保数据的完整性和安全性；在更改客户银行账户信息时，需要至少两名员工共同确认，其中一名员工负责输入更改信息，另一名员工进行审核确认，从而形成一个有效的内部制衡机制。

**（3）基于职能和角色的信任**

组织应致力于提升每一位员工的数据安全意识，并实施一种“默认不信任”的策略，即不对任何人给予无条件的信任。除非根据定岗定员的原则，经过严格的权限分配流程，明确授予了特定人员相应的数据访问或使用权限。否则，即便是组织内的高层领导，也不得违反数据安全制度所规定的操作规程，尤其是不能越权访问或使用敏感数据。

这一原则着重强调了信任的基础应该是明确的职能和角色划分，而非简单地依赖个人的身份或职位。这意味着，在数据安全领域，没有人可以获得特权，所有人都必须严格遵守数据安全制度和规程，确保数据的安全性。通过这样的方式，组织能够建立一个更加公正、透明且高效的数据安全管理体系。

**（4）岗位与技能匹配原则**

在进行定岗时，需要细致分析每一个岗位的具体职责和技能要求。这种分析不仅应基于岗位的日常工作内容，还应考虑在紧急或特殊情况下可能需要应对的问题。例如，在数据安全领域，一个负责监控安全事件的岗位，除了日常的数据分析技能，还需要具备应对突发安全事件的能力。

确保每个岗位的要求与所分配人员的技能、知识和经验相匹配，是实现高效工作的基础。当员工的技能与岗位要求高度契合时，就可以更加自如地应对工作中的挑战，从而提高整体的工作效率。反之，员工被分配到了一个与其技能不符的岗位，那么在工作中可能会感到力不从心，甚至可能因为技能不足而出现错误的判断或操作。

在数据安全领域，一个小的失误都可能导致严重的数据泄露或其他安全问题。因此，岗位与技能的匹配不仅关系到工作效率，更直接关系到组织的数据安全。为了确保这种匹配，组织在招聘和选拔人才时，应该明确每个岗位的技能要求，并对应聘者的相关技能进行严格筛选。

**（5）职责明确与可追溯原则**

职责明确与可追溯是指组织内每个岗位的职责都得到清晰、明确的界定，并在相关文档中详细记录。

明确的职责划分有助于提高工作效率。当每个员工都清楚自己的职责范围和工作目标时，他们可以更加专注和高效地完成任务。这种明确性减少了工作重叠和不必要的沟通成本，从而提升了整体的工作效率。同时，还有助于增强团队协作。当团队成员都明确各自的角色和责任时，他们可以更好地协同工作，减少冲突和误解。这种团队协作的增强有助于组织更好地应对复杂的数据安全挑战。

在出现安全事件或问题时，可追溯性能够确保组织迅速且准确地找到问题的根源和责任人，是及时解决问题、防止问题扩大的关键。通过明确记录的岗位职责，组织可以迅速定位问题，找到相应的责任人，并采取有效的纠正措施。这不仅有助于及时止损，还能为未来的数据安全管理提供宝贵的经验和教训。

此外，可追溯性还有助于完善数据安全管理中的问责制。当每个岗位的职责都明确无误时，员工会更注重自己的工作表现和责任担当。问责制有助于增强员工的安全意识和责任感，从而进一步加强组织的数据安全防护能力。

**（6）定期评估与调整原则**

随着业务的发展和外部环境的变化，以及新技术的不断涌现，数据安全的治理策略和措施必须保持同步更新。这就要求组织不仅要有前瞻性视野，还需要建立起一套灵活且响应迅速的岗位和人员调整机制。

具体而言，定期评估岗位设置和人员配置意味着需要审视现有的数据安全团队是否能够满足当前和未来的业务需求。例如，随着云计算、大数据和人工智能等新技术的应用，可能需要对数据安全岗位进行细分，增设“云安全工程师”“数据安全分析师”等专门职位，以应对新技术带来的挑战。

同样，人员配置也需要根据业务发展和技术变迁进行调整。这可能包括增加或减少特定岗位的人员数量，提升或调整人员的专业技能，甚至对数据安全团队的整体结构和运作模式进行根本性的改革。

通过定期评估和调整，组织可以确保其数据安全治理策略始终保持最佳状态，从而有效应对不断变化的外部环境和技术挑战，最大程度地减少潜在的数据安全风险。

**（7）岗位备份与冗余设计原则**

关键岗位的持续稳定直接关系到数据的安全性，因此组织需要考虑岗位备份和冗余设计。

岗位备份意味着为关键岗位指定合适的备份人员。这些备份人员应接受与关键岗位相同的培训和技能提升，以便在主要人员缺席或离职时，能够迅速、准确地接管工作，确保数据处理的连续性和安全性。这不仅涉及日常的数据处理任务，还包括应急响应和恢复操作，以应对可能的数据安全事件。

冗余计划是指除了人员备份，还应制订详细的工作交接和培训计划，以及应急预案。这些计划应明确在关键人员缺席或离职时，如何快速、有效地将工作任务和责任转移给备份人员。同时，预案还应包括在紧急情况下的应对措施，以最小化服务中断和数据风险。

通过实施岗位备份与冗余设计原则，不仅有助于减少人员变动对数据安全的潜在影响，还能确保在面临各种挑战时，组织的数据安全体系始终能保持高效、稳定地运行。

**（8）遵守法律与合规性原则**

在定岗与定员的过程中，需要遵守法律法规和行业标准。这不仅是为了避免法律纠纷和处罚，更是为了确保组织的数据安全治理活动能够在合规的框架下进行。

组织需要确保其定岗与定员的实践符合《数据安全法》《个人信息保护法》等相关法律法规的要求。这意味着在设定岗位和分配人员时，必须考虑数据的敏感性、重要性和处理流程，以确保所有操作都在法律允许的范围内进行。

除了法律要求，组织还应参考行业标准来指导定岗与定员的实践。这些标准通常提供了一套全面的数据安全管理框架，包括岗位设置、人员配置和访问控制等方面，有助于组织建立更加完善的数据安全治理体系。

### 7.3.3 人员能力提升与考核

随着新的法律法规、行业标准的不断出台与更新，数据安全人员需要持续更新知识，不断提升技能，确保将最新的法规和标准要求转化为实际的数据安全管控策略。

同时，业务系统的变化也可能导致数据资产的分类分级发生变动，进而要求相应调整安全策略。此外，安全事件的经验教训应被及时吸纳，推动安全运营团队持续优化数据安全实践，全面提升数据安全防护能力。

为确保数据安全人员的专业能力与时俱进，需重视以下 7 个方面的能力提升。

**（1）巩固基本知识**

包括但不限于法律法规与标准、信息安全基本原理、数据安全管理框架、数据安全技术应用、数据安全检测和评估方法等。

**（2）掌握生命周期技能**[1]

在数据的采集、传输、存储、处理、交换和销毁等生命周期各环节中，应具备采取适当措施以保障数据安全的能力。特别是个人信息，应按照合规要求实施重点保护。

**（3）明确岗位职责**[1]

根据数据安全管理的不同角色，明确各岗位的具体职责与技能要求。

**（4）领导力与决策能力**

位于决策层、管理层的人员，应额外注重领导力和决策能力的培养。提供数据安全管理培训，帮助他们有效管理团队、制定策略，并在复杂情况下做出有效的决策。

**（5）持续学习与发展**

鼓励数据安全人员参与行业会议、研讨会和安全竞赛等，以吸收最新的安全知识和实践经验。搭建内部学习平台并引入外部优质学习资源，定期开展培训，例如最新安全形势、安全事件、技术更新和法规变化等。

**（6）跨领域协作与沟通**

培养数据安全人员的跨部门、跨领域协作能力，确保他们能与 IT、法务、业务和行政等部门有效沟通。提供沟通技巧和团队协作培训，减少因误解或信息不畅导致的安全风险。

**（7）职业道德**

加强数据安全人员的职业道德教育，确保他们在处理敏感数据和个人隐私信息时始终遵循法律和道德标准。提供隐私保护相关的培训，使数据安全人员了解如何在保护个人隐私的同时实现数据的价值和安全。

为确保数据安全人员的专业能力，不仅需要重视其能力提升，还需建立一套科学、公正和透明的考核机制。

**（1）考核内容**

考核内容应围绕数据安全人员的核心技能和知识进行设计，包括但不限于以下内容。

① 对数据安全法律法规、标准和最佳实践的理解和掌握程度。

② 数据安全技术和工具的应用能力，例如加密技术、数据脱敏和数据泄露防护等。

③ 对数据生命周期管理的理解和实施能力，包括数据的采集、传输、存储、处理、交换和销毁等环节。

④ 应对数据安全事件和威胁的能力，包括应急响应、事件处理和恢复等。

⑤ 与其他部门协作和沟通的能力，以及向非技术人员解释数据安全概念和风险的能力。

**（2）考核方式**

考核方式应多样化，以全面评估数据安全人员的综合能力。建议采用以下考核方式。

① **书面测试**：通过选择题、判断题和简答题等形式，考核数据安全人员的基础知识和理论水平。

② **实操考核**：设置模拟的数据安全场景，要求数据安全人员在实际操作中展示技能水平。例如，模拟一起因云数据库配置错误导致的客户数据泄露事件，观察数据安全人员应急响应和处理能力。

③ **案例分析**：提供真实的数据安全事件案例，要求数据安全人员进行分析，并提出解决方案，这可以考核安全人员分析问题和解决问题的能力。

④ **团队协作评估**：通过团队协作任务或模拟演练，评估数据安全人员与其他部门的协作和沟通能力。

**（3）考核周期与频率**

建议定期进行数据安全人员的考核，例如每季度或每半年进行一次。同时，当新的法律法规或标准出台时，也应及时组织相关考核，以确保数据安全人员对新规定的理解和掌握。

**（4）考核结果应用**

考核结果应作为数据安全人员晋升、奖惩的重要依据。

对于考核优秀的人员，应给予相应的奖励和晋升机会；对于考核不合格的人员，应提供针对性的培训和辅导，帮助其提升能力。对于经过培训和辅导后仍多次考核不合格者，视情况给予处罚或劝退。形成“奖优罚劣”的正向激励机制，激发数据安全人员的工作热情。

**（5）持续改进**

考核不仅是对数据安全人员能力的评估，也是对数据安全治理组织架构和流程的检验。因此，应根据考核结果及时调整和完善组织架构、优化提升计划和培训内容，以实现人员能力的持续改进和提升。

综上所述，建立科学、全面、灵活的数据安全人员考核机制，并形成配套的激励约束措施，持之以恒地优化人才队伍建设，是数据安全治理工作的重要一环。

### 7.3.4　权限与访问控制管理

为确保数据安全，组织应制定全面的权限与访问控制管理策略，明确不同岗位和角色的数据访问权限。这一策略应基于最小权限原则，即仅授予员工完成工作所需的最少数据和系统访问权限。这种做法可以显著降低内部威胁和数据泄露的风险。

在实施权限与访问控制策略时，应考虑以下6个关键方面。

**（1）角色划分与权限分配**

根据不同的业务需求和工作职责，将员工划分为不同的角色，并为每个角色分配相应的数据访问权限。这种角色划分应尽可能细化，以实现更精细的权限控制。

**（2）访问控制模型**

选择适合组织需求的访问控制模型，例如自主访问控制（Discretionary Access Control，DAC）、强制访问控制（Mandatory Access Control，MAC）或RBAC等。RBAC因其灵活性和可扩展性而被广泛采用。

**（3）权限审批流程**

建立规范的权限申请和审批流程，确保只有经过适当授权的人员才能获得相应的数据访问权限。这一流程应包括申请、审批、实施和定期审查等环节。

**（4）定期权限审查**

权限设置不是一次性的活动，而应是一个持续的过程。组织应定期审查和更新员工的权限设置，以确保它们与工作职责的变化保持一致。这种定期审查还应考虑员工角色变更、离职或升职等情况，确保权限的及时撤销或调整。

**（5）技术实现与集成**

在实施权限与访问控制策略时，组织还应采用有效的技术工具，例如使用IAM系统以简化权限管理过程。这些工具可以提供更高级别的安全性和效率，帮助组织更有效地管理数据访问权限。同时，还应将IAM系统与其他安全工具（例如SIEM系统、DLP等）进行集成，以实现更全面的安全监控和管理。

**（6）访问日志审计**

建立完善的访问日志审计机制，记录用户的数据访问行为，包括访问时间、访问内容和访问方式等信息。定期对访问日志进行分析和审计，及时发现和处置异常访问行为，例如超出权限范围的访问、非工作时间的访问等。

### 7.3.5 监控与审计机制

组织可从以下5个方面考虑建立更加全面和有效的监控与审计机制。

**（1）实时监控系统**

通过部署SIEM系统，实时监控员工访问敏感数据的行为。该系统应能够收集和分析各种日志数据，包括用户身份验证、数据访问和文件传输等，并利用机器学习算法和行为分析技术，及时发现异常活动和潜在的安全威胁。

**（2）细粒度访问控制**

实施RBAC和属性访问控制（Attribute-Based Access Control，ABAC）相结合的策略，对敏感数据的访问进行细粒度的控制和限制。确保员工只能访问与其工作职责相关的数据，并对高风险操作（例如大量数据下载、非常规时间访问等）进行特别关注和监控。

**（3）用户行为分析**

利用 UEBA 技术，建立员工正常访问行为的基线，并持续监测其行为模式的变化。通过分析用户的登录时间、访问频率、数据量等指标，识别可疑的行为，例如异地登录、越权访问、数据泄露等，并及时采取应对措施。

**（4）数据安全审计**

定期开展全面的数据安全审计，评估数据访问控制措施的实际效果，确保其符合预期的安全标准。审计内容应涵盖数据安全策略、访问控制机制、加密技术和员工安全意识等方面。

**（5）持续改进机制**

根据监控和审计过程中发现的问题和风险，持续优化和改进数据安全控制措施。定期回顾和更新数据安全策略和程序，引入新的安全技术和最佳实践，并加强员工的安全意识教育和培训。

### 7.3.6 员工离职管理

员工离职是组织运营中常见的现象，但同时也是数据泄露的高风险环节。为确保在员工离职过程中的数据安全，组织应考虑采取以下措施。

**（1）立即取消访问权限**

当员工提交离职申请或组织决定终止其合同时，应立即启动权限撤销流程。IT 部门或系统管理员应确保离职员工的所有系统访问权限，包括但不限于内部网络、云存储、数据库、业务应用系统等，在离职生效日之前被完全撤销。同时收回物理访问权限，例如办公室门禁卡、机房钥匙等。

**（2）日志分析与行为审计**

在员工离职前，应对其工作计算机、邮箱和其他相关系统的使用日志进行详细分析。通过日志分析，可以检查员工在离职前是否有异常的数据下载、复制或删除行为。行为审计不仅包括员工的计算机活动，还应监控其网络活动，确保没有数据被非法外传。

**（3）数据备份**

对离职员工的工作数据进行完整备份，以防数据丢失或被篡改。确保备份数据的加密和安全存储，只有在必要时才能由授权人员调取。

**（4）敏感数据清理**

检查离职员工的工作计算机、移动设备及企业云存储空间，删除或加密所有的敏感数据。对于存储在共享文件夹或公共区域的敏感数据，也应及时进行清理或变更权限。

**（5）设备归还与检查**

离职员工必须归还所有组织设备，包括但不限于计算机、手机和存储设备等。归还的设备应进行详细的安全检查，确保没有恶意软件或后门程序，同时检查设备中的数据是否被完全清理。

**（6）保密协议与竞业禁止**

针对接触敏感数据的员工，特别是那些处于关键岗位的员工，需签订严格的保密协议，明确在离职后的一段时间内不得泄露组织的敏感信息。根据需要，也可以与员工签订竞业禁止协议，限制员工在一定时间内加入直接竞争对手的组织。

**（7）安全培训与意识提升**

在员工离职前，可考虑有针对性地培训其数据安全意识，强调数据安全的重要性和法律责任。

**（8）持续监控与响应**

在员工离职后的一段时间内，持续监控组织的数据安全状况，确保没有数据泄露的迹象。若发现任何可疑活动或数据泄露风险，则应立即启动应急响应计划，减少可能的损失。

综上所述，确保离职管理流程中的数据安全需要综合考虑技术、管理和法律等多个方面。通过明确的策略和流程，结合有效的技术手段，可以大幅降低员工离职带来的数据安全风险。

### 7.3.7 数据安全文化建设

随着数字经济的蓬勃发展，数据的价值日益凸显，它不仅是基础性战略资源，更是组织核心竞争力的关键。因此，数据安全的保障不能仅依赖个别技术人员或特定工具，而需要建立一种根植于组织内部的数据安全文化。

为了培育这种文化，需要采取多元化的措施，具体如下。

**（1）建立完善的数据安全教育培训机制**

设定明确的培训周期，确保所有员工都能定期接受数据安全相关的教育。针对不同层级的员工设计差异化的培训内容：对于全体员工，提供基础的数据安全意识和法规教育；对于数据安全管理和技术人员，则进行更深入和专业的培训，例如标准规范解读、技术技能提升等。每次培训后都进行严格的考核，确保培训效果，并详尽地记录培训的过程和结果。

**（2）开展数据安全宣传活动**

定期组织数据安全知识竞赛，提高员工对数据安全的兴趣和参与度。制作并分发数据安全手册和海报，增强员工在日常工作中的数据安全意识。

**（3）实施数据安全激励机制**

设立数据安全奖励计划，表彰在数据安全方面做出杰出贡献的员工。鼓励员工提出数据安全改进建议，对有效建议给予物质和精神奖励。

**（4）建立数据安全沟通机制**

设立专门的数据安全沟通渠道，鼓励员工报告数据安全事件和隐患。定期召开数据安全分享会，让员工之间交流数据安全经验和教训。

综上所述，数据安全文化的建设除了教育培训，还需要宣传活动、激励机制及沟通机制等多方面的共同努力，营造一个全员参与、全面维护数据安全的组织氛围。最终，将数据安全文化深度融入组织的核心价值观，为组织的稳定发展提供坚实的保障。

# 第八章

# 数据安全战略与策略

**内容概述：**

本章介绍了数据安全战略和策略的基本概念，阐述了数据安全战略对组织数据安全的重要意义；详细说明了数据安全战略的内容框架，包括确立愿景与目标、确定治理范围与责任、设计组织架构与角色、制订沟通与培训计划等；提供了数据安全战略的具体案例，以及编写数据安全策略的基本思路；列举了包括访问控制、数据加密、事件应急响应、外包管理、合规审计，以及安全意识培训在内的数据安全策略示例。

**学习目标：**

1. 理解数据安全战略和策略的基本概念与内涵。
2. 掌握数据安全战略的主要内容。
3. 理解数据策略的编写思路。
4. 了解典型的数据安全战略和策略的主要内容。
5. 提升对数据安全战略与策略的理解和实践应用。

## 8.1 数据安全战略与策略的概念

### 8.1.1 组织管理中的战略与策略

从组织管理的角度来看，战略和策略是两个不同层次但密切相关的概念。

战略是组织为实现长期目标而制定的总体规划和方向。它涉及组织的整体定位、发展方向、资源配置和竞争优势的构建等方面。战略具有全局性、长远性和指导性等特点，是组织发展的蓝图和纲领。

策略则是为了实现战略目标而采取的具体行动计划和手段。它是在战略的指导下，根据市场环境、竞争态势和组织资源等因素制定的短期或中期的实施方案。策略具有灵活性、针对性和可操作性等特点，是实现战略目标的重要保障。

通俗来讲，战略是“大方向”或者“长远计划”，战略主要解决“为什么要做这件事”及“究竟要做什么”的问题。策略则是具体实现这些战略的方法或路径，解决“怎么做”的问题。

### 8.1.2 数据安全战略的概念

数据安全战略是组织为了保障关键数据资产的安全而制订的一套高层次的计划和指导原则，不仅涉及技术和操作层面，还包括策略、人员、流程和合规等多个方面。

数据安全战略中的内容包括但不限于以下 8 个方面。

**（1）顶层设计与规划**

数据安全战略首先从组织的顶层开始，明确数据安全的目标和愿景，确保这些目标与组织的整体战略目标一致。以此作为数据安全治理体系的建设方向，包括制定数据安全策略、建立数据安全组织架构和明确各级职责等。

**（2）风险评估**

数据安全战略中应明确风险评估的要求，包括定期开展数据资产分级分类、识别和评估可能存在的安全威胁及其影响程度、评估现有控制措施的有效性、建立风险评估标准、制订基于风险的资源分配策略、形成动态的风险评估报告机制，为后续的安全管理与防护措施提供决策依据。

**（3）全生命周期管理**

数据安全战略强调数据在全生命周期中各阶段的安全性，包括数据的采集、传输、存储、处理、交换和销毁等。

**（4）基础安全保障**

战略中还包括建立和维护基础安全设施的要求，这些设施是保障数据安全的基础，涉及物理安全、网络安全和系统安全等方面。

**（5）合规遵循**

数据安全战略必须考虑相关的法规和标准的要求，确保组织的数据处理活动的合规性，例如明确如何遵守《数据安全法》《网络安全法》等法律法规。

**（6）人员与培训**

战略中应强调对人员的培训和教育，增强员工的数据安全意识，包括定期的数据安全培训、模拟演练等，以确保员工能够了解并遵循数据安全策略和流程。

**（7）应急响应与恢复**

数据安全战略需包含应急响应和恢复计划的要求，以应对可能的数据安全事件，涉及应急响应流程、建立恢复机制，以及定期进行测试和更新，以确保在真实事件发生时能够快速有效地响应。

**（8）持续改进与评估**

数据安全是一个持续优化的过程。战略中会设定评估机制和改进措施，以便根据实际情况调整和完善数据安全策略。

### 8.1.3 数据安全策略的概念

数据安全策略是组织为确保数据资产的保密性、完整性和可用性而制订的一系列具体规则和行动计划。这些策略通常源于并支撑着组织的数据安全战略，为实施数据保护措施提供了明确的指导和依据。

数据安全策略可以涵盖多个方面，包括但不限于访问控制、数据加密、数据备份与恢复、安全事件应急响应，以及合规性要求等。这些策略不仅定义了应该如何处理和保护数据，还明确了在数据安全事件发生时应该如何应对，以及违反了数据安全规定将会受到哪些处罚（以原则性表述为主）。

一个有效的数据安全策略应当具备以下 4 个特点。

**（1）清晰明确**

策略中的规定应清晰明了，以便所有相关人员都能准确理解并遵守。

**（2）全面覆盖**

策略应覆盖组织内所有类型的数据和所有可能涉及的数据安全风险，不留盲区。

**（3）灵活适应**

策略应能够随着业务环境的变化和技术的进步而及时调整，保持其时效性和有效性。

**（4）强制执行**

策略一旦制定，就应得到严格执行，任何违反策略的行为都应受到相应的处罚。

数据安全策略的制定通常涉及多个部门和利益相关方，包括但不限于信息技术部门、数据安全部门、法务部门、合规部门、业务部门及高级管理层等。这些部门和人员需要共同协作，确保策略既能满足组织的业务需求，又能达到所需要的安全标准。

此外，数据安全策略还需要定期进行审查和更新，以适应不断变化的外部安全威胁和内部需求。通过持续的策略管理和优化，组织可以确保数据资产得到持续有效的保护。

### 8.1.4　比较数据安全战略与策略

数据安全战略与策略都是为实现组织数据安全目标而服务的，但它们在组织数据安全治理中所处的层次、涉及的范围和具体的实施方式却有所不同。

**（1）两者的关系**

① **层次关联。**数据安全战略是组织数据安全治理的最高指导原则，它为组织数据安全设定了长远的目标和愿景，而数据安全策略是在战略指导下制定的具体行动方案。

② **目标一致。**无论是战略还是策略，其核心目标都是以数据安全为基础，进而实现组织业务的稳定与高效运行。通过确保数据的保密性、完整性和可用性，组织不仅能够保护核心数据资产，更能为达成业务目标提供坚实的数据支撑，从而推动组织的持续发展和创新。

③ **相互支持。**数据安全策略需要依据数据安全战略来制定，确保其与组织的整体安全方向保持一致；同时，有效的数据安全策略也是实现数据安全战略的重要支撑。

**（2）两者的区别**

① **范围与深度。**数据安全战略通常是宏观的，着眼于组织数据安全的整体布局、长远规划和发展方向。而数据安全策略则更加具体，涉及数据安全的各个方面，包括数据的存储、传输、处理和访问控制等，为这些方面提供详细的操作指南和规则。

② **制定与实施。**数据安全战略通常由组织的高层管理团队或数据安全治理委员会制定，它需要考虑组织的整体业务战略、市场环境和技术发展趋势等因素。数据安全策略的制定则可

能涉及更多的技术团队、安全团队和业务团队，需要确保策略既符合战略要求，又满足实际操作的需要。

③ **稳定性与灵活性。**数据安全战略关注的是长期目标，因此它相对稳定，不会频繁变动。数据安全策略需要根据外部环境的变化、新技术的出现、业务模式的调整等因素进行适时的调整和优化，以确保始终能够有效支撑数据安全战略的实现。

## 8.2 规划数据安全战略

在数据安全的工作中，数据安全战略扮演着关键角色。为确保数据安全的防护效果达到最优，组织在启动数据安全治理流程时，应优先制定一套前瞻性和可操作性兼具的数据安全战略。这一战略不仅为数据安全防护体系的建设提供了明确的指导方向，还是后续所有安全工作的基石。

在设定战略目标与总体任务时，应综合考虑安全价值的 4 个核心维度[1]：经济性、系统性、长远性和动态性。这意味着战略制定者需要深谙经济学原理，特别是安全成本（包括安全投资和其他相关投入）、安全收益（体现为安全价值的实现）及总投资收益率（Return on Investment，ROI）方面的内容。最终目标是实现安全投入与 ROI 的最佳平衡，确保在有限的资源投入下达到最高的安全水平。同时在满足特定安全标准的前提下，尽可能降低安全成本。

在构建数据安全战略时，组织需全面考虑其业务战略、信息技术（IT）战略、风险承受力以及合规性要求[1]。这些要素构成了制定数据安全战略的基础，具体体现在以下 4 个方面。

**（1）业务战略对齐**

数据安全战略应与组织的业务发展战略和数字化转型战略保持高度一致，确保安全举措能够支持并促进业务目标的实现。

**（2）IT 战略整合**

数据安全战略需要与组织整体的信息化战略相协调，确保数据安全措施能够无缝融入现有的技术架构和操作流程。

**（3）安全风险评估**

组织应明确其对数据篡改、泄露、破坏，以及非法获取和利用等安全风险的容忍度，并据此制定相应的风险缓解策略。

**（4）合规性要求遵循**

数据安全战略应充分考虑组织所面临的法律、法规、监管办法和标准等合规性要求，确保所有安全活动均符合相关法律法规的规定。

在制定数据安全战略的过程中，组织应寻求业务发展需求与安全风险、威胁及合规性之间的平衡。这包括明确数据安全治理的总体目标、关键性原则、适用对象和实施场景，阐明实现这些目标的主要战略，以及需要遵守的相关合规性法律、法规和标准要求。最终，组织应形成一套基于目标的治理规划和具体任务。其中，安全合规性不仅是数据安全治理的重要驱动力，也是指导整个数据安全治理体系建设的核心指引。

## 8.3　数据安全战略内容框架

### 8.3.1　制定数据安全愿景、使命与目标

数据安全愿景、使命与目标是组织数据安全战略的基础，它们为组织的数据安全工作提供了明确的方向和动力，确保各项数据安全措施与组织的整体战略和目标保持一致。

**（1）明确数据安全的长期愿景**

数据安全的长期愿景是对组织未来数据安全状态的期望和描述。它应该是一个宏观的、方向性的指引，能够激发组织内部对数据安全的共同追求。例如，一个典型的数据安全愿景可能是："旨在构建一个稳健、高效的数据安全保障体系，确保组织数据资产的安全性、完整性和可用性；致力于通过有效的技术手段、完善的制度和专业的人员队伍，为组织提供全方位的数据安全保护，以支持业务的持续发展和创新。"

**（2）确立数据安全治理的使命**

数据安全治理的使命阐述了组织为什么要进行数据安全治理，以及数据安全治理工作的核心价值和目的。使命陈述应该简洁明了，能够概括数据安全治理工作的精髓。例如："通过建立和维护一个健全的数据安全治理体系，保护组织的数据资产免受威胁和损害，确保业务的连续性和客户的信任。"

**（3）设定具体、可衡量的战略目标**

战略目标是数据安全愿景和使命的具体化，是组织在一定时期内期望达到的数据安全成果。根据 SMART 原则，战略目标应该是具体（Specific）、可衡量（Measurable）、可达成（Attainable）、相关性强（Relevant）和有明确时限（Time-bound）的。

一些可能的数据安全战略目标如下。

① 在未来两年内，将敏感数据泄露事件的数量降低 50%。

② 在所有业务部门中实施统一的数据分类和分级标准，确保数据得到适当的保护。

③ 将员工对数据安全战略和流程的认知和遵守率提高至 95% 以上。

④ 建立一个完善的数据安全事件应急响应机制，确保在发生安全事件时能够迅速、有效地应对。

通过明确数据安全的长期愿景、确立数据安全治理的使命，以及设定具体、可衡量的战略目标，组织可以为数据安全治理工作奠定坚实的基础，并确保各项工作都围绕着实现这些目标而展开。这将有助于提高数据安全治理的有效性和效率，从而更好地保护组织的数据资产。

### 8.3.2　治理范围和责任的确定

明确数据安全治理的范围和责任是为了确保组织的数据安全策略能够得到有效实施和执行。例如，当发生数据泄露事件时，组织需要迅速启动问责机制，查明原因并追究相关责任人的责任。这不仅可以起到惩戒的作用，更重要的是可以借此机会完善数据安全治理体系，防止类似事件的再次发生。

确定治理范围和责任的关键步骤如下。

**（1）明确数据安全治理的范围和边界**

组织需要清晰地定义数据安全治理的范围，这包括但不限于哪些数据类型、哪些业务流程、哪些技术系统，以及哪些人员应被纳入治理范围内。通过清晰地界定治理范围、合理地分配责任和角色，以及建立完善的责任追究和问责机制，组织可以确保数据安全治理工作的有效实施并降低潜在的风险。例如，敏感个人数据、关键业务数据和重要技术数据（例如系统配置参数、网络架构、密钥等）可能都需要被纳入治理范围。此外，与数据处理相关的所有业务流程，也应被纳入治理范围。在IT基础设施方面，可能还包括数据库、云服务和大数据平台等。

在定义治理范围时，组织还需考虑数据的全生命周期管理，从数据的产生到销毁的每一个阶段都应被涵盖。同时，对于数据跨境传输、第三方数据共享等特殊情况，也应有明确的规定。

**（2）分配数据安全责任和角色**

在明确了数据安全治理范围后，组织需要细致地分配数据安全的责任和角色。这一过程涉及多个关键部门和层级，包括但不限于以下内容。

① **高级管理层：**承担制定数据安全整体战略和原则的责任，确保为数据安全工作提供充分的资源与支持。

② **IT部门：**除了负责日常的技术实施和系统运维，还需要确保技术层面的安全措施得到有效执行。

③ **业务部门：**需要在日常业务操作中严格遵守数据安全规定，确保业务数据与流程的安全性。

④ **数据安全部门：**负责整体的安全策略制定和实施，以及对安全事件进行应急响应。

⑤ **风险管理部门：**评估数据安全风险，为组织提供风险管理建议，并制定风险缓解策略。

⑥ **合规部门：**确保组织的数据活动符合相关法律法规和标准的要求，避免合规风险。

⑦ **数据所有者：**对所拥有的数据承担安全责任，确保数据的完整性、保密性和可用性。

为了进一步提高数据安全管理的效率和效果，组织可以考虑设立数据安全专员或数据安全工作小组等。这些角色或机构应具备足够的权威和资源，以协调和监督各部门在数据安全方面的工作，确保各项安全措施得到有效执行。

**（3）建立责任追究和问责机制**

为了确保数据安全责任和角色的有效执行，组织需要建立责任追究和问责机制。这包括制定明确的数据安全违规处罚措施，例如警告、罚款、降职甚至解雇等。同时，对于严重的数据安全事件，组织应启动内部调查程序，查明原因并追究相关责任人的责任。

此外，组织还应建立数据安全绩效考核机制，将数据安全工作纳入员工绩效考核体系，从而激励员工更加重视和参与数据安全工作。

### 8.3.3 组织架构和角色分配

组织架构和角色分配为实施战略提供了必要的组织基础和人力资源保障。

**（1）设计支持数据安全治理的组织架构**

确立集中式或分散式的数据安全治理架构，根据组织的规模、业务复杂性和数据安全需求来定制。设立专门的数据安全治理委员会或领导小组，负责监督和协调整体的数据安全工作。确立清晰的组织层级和汇报关系，确保数据安全决策能够迅速传达和有效执行。

**（2）分配关键角色和职责**

任命首席数据安全官或类似的高级管理职位，负责整体数据安全策略和愿景的制定。指定数据安全管理员、分析师和技术专家等角色，负责具体的数据安全控制和措施实施。明确各部门在数据安全治理中的职责，例如IT部门负责技术支持、业务部门负责数据使用的合规性等。

**（3）确保组织架构与战略目标相匹配**

定期评估现有组织架构与数据安全战略目标的契合度，并根据评估结果进行相应的调整。建立灵活的组织机制，以应对数据安全威胁和业务需求的变化。通过定期地组织审计和绩效评估，评估组织架构和角色分配的有效性。在组织架构和角色分配的过程中，需要充分考虑组织的文化、员工能力和资源限制等因素。同时，通过建立明确的职责划分和协作机制，可以促进组织内部各部门之间的有效沟通和协同工作，从而共同推动数据安全战略的实施。

### 8.3.4 跨部门协作与沟通机制

在数据安全治理的过程中，需要重视跨部门的协作与沟通。有效的跨部门协作与沟通机制能够确保数据安全战略的顺利实施，加快整个组织对数据安全威胁的响应速度。以下是构建这一机制的关键要素。

**（1）建立跨部门的数据安全协作框架**

确立一个中央协调机构或指定一名数据安全官，负责领导和协调跨部门的数据安全活动。

制定协作流程和指南，明确在数据安全事件发生时各部门应如何协同工作。

建立定期的跨部门会议机制，以讨论数据安全相关问题、分享最佳实践，并共同制定改进措施。

**（2）明确各部门在数据安全治理中的职责**

为每个部门分配明确的数据安全职责，确保责任到人。

制定职责矩阵或责任清单，详细列出各部门在数据安全方面的具体任务和期望成果。

鼓励各部门之间建立合作关系，共同应对数据安全挑战。

**（3）促进有效的信息共享和沟通**

建立一个安全的信息共享平台，用于各部门之间交换数据安全相关的情报、威胁信息和最佳实践。

制定信息共享的标准和程序，包括信息的分类、访问控制和传输方式。

加强员工间的沟通技能培训，提升跨部门沟通的效率和质量。

定期组织数据安全意识活动和模拟演练，提高员工对数据安全问题的认识和响应速度。

通过构建跨部门协作与沟通机制，组织能够更有效地实施数据安全战略，降低数据泄露和其他安全风险发生的可能性，同时提升整体业务的连续性。此外，这种机制还有助于培养以数据安全为核心的组织文化，使员工在日常工作中始终牢记数据安全的重要性。

### 8.3.5 法规遵从与行业标准

在构建和执行数据安全战略时，组织应充分考虑现行的法律法规和行业标准，以确保其战略不仅符合内部需求，还能够适应外部的法律和行业要求。

**（1）确保数据安全战略符合法规要求**

① **深入理解：**组织应深入研究并理解与其业务相关的国家、地区和国际数据保护法规，包括但不限于《个人信息保护法》《网络安全法》、行业特定的法规等。

② **映射到战略：**在制定数据安全战略时，组织应确保所有措施都符合这些法规的要求。任何与法规相冲突的战略元素都需要被修改或删除。

③ **合规性监测：**组织应建立持续的合规性监测机制，以确保其数据安全实践始终与法规要求保持一致。

**（2）遵循相关的行业标准和最佳实践**

① **行业标准：**除了法规，组织还应关注并遵循与其行业相关的数据安全和隐私保护标准。例如《金融数据安全 数据生命周期安全规范》《移动互联网应用程序（App）收集个人信息基本规范》《支付卡行业数据安全标准》等。

② **最佳实践：**组织应参考行业内的最佳实践，以提升数据安全治理水平。这可以通过参与行业论坛、研究报告以及与同行交流等方式来实现。

③ **整合到战略：**组织应将其遵循的行业标准和最佳实践整合到数据安全战略中，确保战略既符合法规要求，又能达到或超越行业标准。

**（3）定期进行合规性审查和更新**

① **定期审查：**组织应定期对其数据安全战略进行合规性审查，以确保其始终符合最新的法规和行业要求。审查的频率应根据法规和行业标准的更新速度，以及组织的风险承受能力来确定。

② **及时更新：**一旦发现数据安全战略存在不合规的情况，组织应立即进行更新和调整，以确保其持续符合法规和行业要求。

③ **记录保留：**组织应保留所有合规性审查的记录，以便在需要时向监管机构或利益相关方证明其合规性。

综上所述，法规遵从与行业标准是数据安全战略中不可或缺的一部分。组织应致力于确保其战略既符合内部需求，又能够适应外部的法律和行业要求，以维护其数据资产的安全和合规性。

### 8.3.6 风险评估与优先级设定

数据安全治理的核心环节之一是全面而深入地理解组织的数据安全风险。这一理解不仅涉及技术的层面，还包括流程、人员和战略等多个维度。风险评估的目的在于识别这些风险，并基于其潜在影响和发生可能性来设定应对的优先级。

**（1）对组织数据安全风险进行全面评估**

① **数据资产识别：**组织需要清晰了解其拥有的数据资产，包括数据的类型、存储位置、访

问方式和使用目的等。

② **威胁识别**：分析可能对数据资产造成威胁的内部和外部因素，例如恶意代码、内部泄露和供应链攻击等。

③ **脆弱性评估**：检查系统、应用、网络、流程和人员中存在的可能被威胁利用的安全漏洞或配置弱点。

④ **影响分析**：如果特定威胁利用了某个脆弱性，评估可能对数据资产的保密性、完整性和可用性造成的影响。

**（2）基于风险评估结果设定优先级**

① **风险评估矩阵**：利用风险评估矩阵（例如可能性—影响矩阵）对识别的风险进行排序，这有助于直观展示哪些风险需要优先处理。

② **设定和跟踪关键风险指标**：确定和跟踪关键风险指标，这些指标可以量化风险并提供持续的风险态势感知。

**（3）确定关键风险领域和应对措施**

① **关键风险领域**：根据风险评估结果，确定组织面临的关键风险领域，例如数据泄露、不合规和业务中断等。

② **风险应对措施**：为每个关键风险领域制定具体的风险应对措施，这些措施应涵盖预防、检测和响应 3 个方面，并确保与组织的战略目标相一致。

③ **资源配置**：基于风险的优先级和应对措施的需求，合理分配资源（例如资金、人员和技术），以确保最重要的风险得到妥善管理。

风险评估是一个持续的过程，需要随着组织环境的变化和技术的发展而不断更新。通过定期的风险评估，组织可以及时了解数据安全态势，并调整其战略和策略以应对新风险。

### 8.3.7　制定数据安全策略和原则

数据安全策略和原则是构建组织数据安全治理体系的基石，它们为组织的数据安全活动提供了明确的指导和规范。在制定这些策略和原则时，组织应确保其与整体的战略目标保持一致，并能够有效地应对当前和未来的数据安全风险。

**（1）根据组织需求制定具体的数据安全策略**

数据安全策略是组织在数据安全方面所遵循的基本规定。这些策略应基于组织的数据安全需求、风险评估结果，以及相关的法规和标准来制定。数据安全策略可以包括但不限于以下内容。

① **数据分类和标记策略**：明确数据的分类标准、标记方法及不同类别数据的处理方式。

② **数据访问控制策略**：规定谁可以访问哪些数据，以及在何种条件下可以访问。

③ **数据加密和传输策略**：确保数据在存储和传输过程中的保密性和完整性。

④ **数据备份和恢复策略**：定义数据备份的频率、存储位置及恢复流程。

⑤ **数据处置和销毁策略**：规定应如何安全地处置和销毁不再需要的数据。

⑥ **应急响应策略**：明确数据安全事件发生时的应急响应流程、责任分配，以及与外部机构的协调机制，确保迅速有效地应对安全事件。

**（2）确立数据安全治理的核心原则**

核心原则是组织在数据安全治理过程中应始终遵循的基本理念。这些原则为组织的数据安全活动提供了方向，并有助于培养一种积极的数据安全文化。常见的核心原则如下。

① **保密性原则：**确保数据仅被授权的人员访问和使用。

② **完整性原则：**保护数据免受未经授权的修改或破坏。

③ **可用性原则：**确保授权用户在需要时能够访问和使用数据。

④ **责任原则：**明确数据安全责任，建立问责机制。

⑤ **预防原则：**采取主动措施预防数据安全事件的发生。

**（3）确保策略和原则与战略目标相一致**

为了确保数据安全策略和原则的有效性，组织应确保它们与整体的战略目标保持一致。这意味着策略和原则的制定应基于组织的数据安全愿景、使命和目标，以及相关的法律法规要求。组织应支持这些目标的实现，并定期审查和更新数据安全策略和原则，以确保它们能够应对不断变化的数据安全挑战和需求。

通过制定明确的数据安全策略和原则，并确保其与战略目标相一致，组织可以为自身的数据安全治理活动提供坚实的基础和指导。这不仅有助于降低数据安全风险，还能够提升组织的数据安全能力。

### 8.3.8 成本效益分析与预算规划

在构建和实施数据安全战略的过程中，成本效益分析与预算规划是重要的环节。组织需要确保其在数据安全方面的投资能够获得相应的回报，并且合理分配资源以达到最佳的治理效果。

**（1）对数据安全投资进行成本效益分析**

进行数据安全的成本效益分析是为了帮助组织理解其安全控制措施的投入与预期收益之间的关系。这涉及估算各种数据安全措施（例如技术采购、人员培训和安全审计等）的成本，并与预期的收益（例如减少数据泄露风险、提高业务连续性和增强客户信任等）进行比较。成本效益分析应该考虑短期和长期的成本及收益，并可能使用定量和定性的评估方法。

**（2）确定满足数据安全要求的预算**

基于成本效益分析的结果，组织需要确定一个合理的预算，以支持数据安全战略的实施。预算应该充分考虑所有必要的安全控制措施，包括技术、人员和流程相关的投入。同时，预算的制定还需要考虑到组织的财务状况和业务发展计划，确保投资在可承受的范围内。

**（3）规划资源分配和支出计划**

确定了预算后，应规划如何分配这些资源。组织需要制订详细的支出计划，明确各项费用（例如硬件采购、软件许可、咨询服务和培训费用等）的预算分配。此外，还需要考虑资源的时间分配，即何时投入哪些资源以实现数据安全战略中的不同阶段目标。通过合理的资源分配和支出计划，组织可以确保数据安全投资能够获得最大的回报。

### 8.3.9 实施时间表与关键里程碑规划

在实施数据安全战略的过程中，需要有一个明确且切实的实施时间表及关键里程碑规划。

它们不仅能够为组织提供战略执行的路线图，还有助于监控进度、确保资源及时到位，并在必要时做出调整。

**（1）制订数据安全战略的实施时间表**

基于战略目标和优先级，制订一个详细的时间表，列出所有关键活动、任务和子任务。对每项任务进行时间估算，并考虑任务间的依赖关系，以确定合理的开始和结束时间。将时间表与组织的业务周期和关键业务活动相协调，确保战略实施不会对业务造成不必要的干扰。

**（2）设定关键里程碑和目标日期**

识别实施过程中的关键阶段或重要事件，例如策略发布、培训完成和技术部署等，并设定相应的里程碑。为每个里程碑设定明确的目标日期，这些日期应具有现实意义并有助于保持项目的整体进度。里程碑的设定应与组织的其他重要事件（例如财年末、产品发布等）相协调，以确保资源的有效利用。

**（3）监控进度并及时调整实施计划**

建立有效的监控机制，定期评估实施进度，确保各项活动按计划进行。当遇到实施障碍或未预见的情况时，及时调整时间表和资源分配，以确保战略目标的实现不受影响。保持与所有利益相关方的沟通，及时提供进度更新，并在必要时寻求他们的支持和协助。通过实施时间表与关键里程碑规划，组织可以更加有序和高效地推进数据安全战略，确保各项任务得到有效执行，并在必要时做出灵活的调整以应对变化。

### 8.3.10 沟通和培训计划

在数据安全战略的制定和执行过程中，为了确保各利益相关方了解并支持数据安全战略，同时增强员工的数据安全意识，组织需要制订一套全面的沟通和培训计划。

**（1）制订沟通计划**

首先，组织应明确沟通的目标、受众、内容和方式。沟通目标可能包括提高认识、促进合作、解释战略等。受众则包括组织内部的员工、管理层和股东，以及外部的合作伙伴、监管机构等。沟通内容应涵盖数据安全战略的核心要素，例如愿景、使命、目标、策略和原则等。沟通方式可以包括会议、报告、培训、公告和内部网站等。

在制订沟通计划时，组织应考虑以下 4 点。

① 确保信息的一致性和准确性，避免误解和混淆。

② 根据受众的特点和需求定制沟通内容，以提高沟通效果。

③ 选择适当的沟通时机和频率，以保持信息的及时性和相关性。

④ 利用多种沟通渠道和方式，以扩大沟通范围和影响。

**（2）与内外部利益相关方沟通**

组织应采取有效措施向内部和外部利益相关方传达数据安全战略信息。内部传达可能包括向员工解释数据安全战略的重要性、他们在其中的角色和责任，以及如何执行相关策略和措施。外部传达则可能涉及向合作伙伴、客户和监管机构解释组织的数据安全战略，以及相关的合规性和风险管理措施。

传达战略信息时，组织应注意以下 4 点。

① 使用清晰、简洁、易于理解的语言，避免使用专业术语和复杂句型。

② 强调数据安全战略与组织整体战略和目标的关系，以显示其重要性和相关性。

③ 提供具体案例和实例，帮助受众更好地理解和应用战略信息。

④ 鼓励受众提出问题和反馈，以便及时解答和调整沟通策略。

**（3）提供培训和支持**

为了确保数据安全战略的高效实施，组织需要提供必要的培训和支持。培训内容可能包括数据安全战略和原则的解释、数据安全操作规程和最佳实践、应急响应和事件处理等。培训对象应涵盖所有与数据安全相关的员工，包括管理层、技术人员和普通员工。培训方式可以包括面对面培训、在线课程和模拟演练等。

在提供培训和支持时，组织应注意以下 4 点。

① 根据员工的角色和职责定制培训内容，以满足其实际需求。

② 采用互动式教学方法，以增强培训效果和员工参与度。

③ 定期对培训效果进行评估，以便及时调整和改进培训计划。

④ 提供持续的技术支持和资源，以帮助员工解决在实施数据安全战略过程中遇到的问题。

### 8.3.11 持续改进与战略调整

在数据安全治理的实践中，需要进行持续的改进与战略调整。由于技术环境、业务需求和外部威胁的不断变化，数据安全战略不能是一成不变的，而应当是一个动态适应的过程。

**（1）建立数据安全治理的持续改进机制**

为了确保数据安全战略的长效性和适应性，组织需要建立一套完善的持续改进机制，包括以下内容。

① **设立定期审查流程**：定期对数据安全治理的实践、策略和技术部署等进行全面评估和审查，查找现存问题、不足之处和改进机会。

② **鼓励反馈文化**：促进员工、利益相关方及合作伙伴提供数据安全相关的反馈和建议，并将其作为改进的依据。

③ **设立改进项目库**：将审查中查找的改进机会转化为具体的改进项目，并进行优先级排序和资源分配。

**（2）定期评估战略实施效果并进行调整**

战略实施效果的评估是确保数据安全战略有效性的关键，组织应做到以下 3 点。

① **制定评估标准**：基于关键绩效指标（Key Performance Index，KPI）、业务目标和风险指标等，制定明确的评估标准。

② **收集和分析数据**：通过安全事件报告、审计日志和用户反馈等渠道系统地收集数据，并对其进行深入分析，以评估战略实施的实际效果。

③ **进行战略调整**：根据评估结果，对数据安全战略进行必要的调整，包括重新分配资源、修订策略和更新技术等。

**（3）应对新出现的数据安全挑战和机遇**

随着技术的发展和业务环境的变化，新的数据安全挑战和机遇不断涌现。组织应做到以下 3 点。

① **建立情报收集机制**：通过订阅安全情报服务、参与信息共享和分析中心等方式，及时获取最新的数据安全威胁和漏洞信息。

② **进行影响分析**：对新出现的数据安全挑战和机遇进行影响分析，评估其对组织数据安全战略的影响。

③ **制定应对策略**：根据影响分析结果，制定相应的应对策略，例如修订安全规则、引入新技术和开展培训项目等。

总之，持续改进与战略调整是数据安全战略中不可或缺的组成部分。通过建立完善的改进机制、定期评估战略实施效果，以及积极应对新挑战和机遇，组织可以确保其数据安全战略始终与业务目标保持一致，并有效应对不断变化的数据安全环境。

## 8.4 数据安全战略示例

注 数据安全战略示例的内容，请参见附录B。

## 8.5 编写数据安全策略的思路

**（1）理解业务需求**

明确组织的业务目标和数据安全需求。了解数据的类型、价值、存储位置、使用方式和共享对象。

**（2）分析风险**

进行数据安全风险评估，识别潜在的威胁和漏洞。考虑数据的保密性、完整性和可用性可能受到的影响，确定风险级别和可接受的风险水平。

**（3）确立策略目标**

根据风险评估结果，制定策略的目标和预期成果。这些目标应与组织的整体安全战略和业务目标一致。

**（4）规划安全控制**

为实现策略目标，规划适当的安全控制措施。这些措施可能包括技术控制（例如加密、访问控制）、管理控制（例如策略、流程）和物理控制（例如门禁、温 / 湿度、消防和监控等）。其中，对于资产管理策略，控制措施可能涉及数据分类、标记、处理和存储的规范。对于风险评估策略，控制措施可能包括定期的风险评估流程、方法和工具的选择。

**（5）明确职责与分工**

指定数据安全策略的执行负责人和团队，界定各个角色和部门的职责与分工。

**（6）制订实施计划**

制订策略的实施路线图，包括时间表、里程碑和资源需求。确定如何逐步推出策略，以及如何监测和评估其效果。

**（7）持续监控与改进**

设定KPI以监控策略的执行情况。定期进行策略审查，根据反馈和新的风险调整策略内容。鼓励员工提供关于数据安全策略的反馈和建议，以便持续改进。

## 8.6 数据安全策略示例

注 数据安全策略示例的内容，请参见附录C。

第九章

# 数据分类和分级

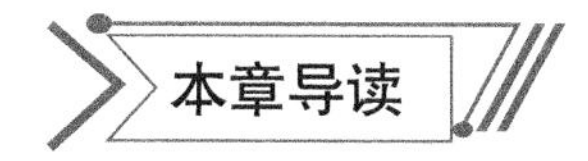

**内容概述：**

本章介绍了数据分类分级的概念、作用和原则，重点阐述了实施数据分类和分级的具体方法、流程和框架，同时给出了详细的分类分级示例。此外，本章还特别讨论了个人信息、公共数据和公共传播信息，以及对衍生数据的识别与分类分级方法。

**学习目标：**

1. 理解数据分类分级的概念、作用和原则。
2. 掌握通用的数据分类分级方法和流程。
3. 了解行业数据的分类分级方法和流程。
4. 了解个人信息、公共数据的识别与分类分级。
5. 提升根据组织的实际情况开展数据分类分级实践的能力。

## 9.1 数据分类分级的概念

### 9.1.1 数据分类的概念

数据分类是根据数据的内在属性、特征及其对组织的价值，采用系统化、规范化的方法，对组织内的数据进行细致区分和归类的过程。这一过程不仅涉及对数据的识别和标记，更在于建立一套清晰、有序的分类体系，确保数据在整个生命周期内都能得到妥善管理和有效利用。

数据分类的核心目标在于提升数据管理的效率和效果。通过分类，组织能够建立起统一、准确的数据架构，为后续的集中化、专业化和标准化数据管理奠定坚实基础。同时，数据分类也是实现数据保护、合规遵从和风险防控等关键目标的重要手段。

在实践中，数据分类需要遵循一定的原则和方法，例如根据数据的敏感性、重要性和访问频率等因素进行分类。此外，随着业务的发展和数据的增长，分类体系也需要不断更新和优化，例如定期评估分类规则的有效性，根据数据的变化动态调整类别等。

### 9.1.2 数据分级的概念

数据分级是指组织根据其数据资产的重要性、敏感性及业务价值等因素，对数据进行不同保护级别的划分。这种划分是为了确保组织能够针对不同级别的数据，实施相应的安全策略和保护措施，以保障数据的保密性、完整性和可用性。数据分级是数据安全治理的重要组成部分，它有助于使组织在面对各种内外部威胁时，实现精细化的访问控制和权限管理，更精准地保护关键数据资产，进而确保组织的核心竞争力和业务连续性不受损害。

通过对数据进行分级，组织可以明确哪些数据需要最高级别的保护，哪些数据可以适当放宽安全要求，从而实现资源的最优配置和风险管理的平衡。同时，数据分级也有助于使组织在满足合规要求的前提下，更高效地处理和使用数据，促进业务的创新和发展。

### 9.1.3 数据分类分级的作用

数据分类和分级是数据安全治理的基石，它们为整个数据生命周期的安全管理提供了指导和依据。具体来讲，数据分类和分级对数据安全治理具有以下关键作用。

**（1）指导策略制定**

通过对数据进行细致的分类和分级，组织能够针对不同级别的数据制定更精确的安全策略和措施：核心数据需要更严格的控制措施，例如强化访问控制、加密存储和数据备份等；而一般数据则可以采取较为宽松的安全措施。

**（2）优化资源分配**

基于数据的风险等级，组织可以合理分配安全资源（硬件资源、技术资源、管理资源等），确保资源得到有效利用，避免浪费或分配不当。

**（3）支持数据生命周期管理**

数据分类为各级别数据的生命周期管理提供了框架。例如，核心数据需要更频繁的备份、操作和审核，而一般数据则可以定期归档或按需清理。

**（4）合规性评估的基础**

通过数据分类，组织可以评估现有数据保护措施是否满足各类数据的安全需求，进而确保其符合行业标准和法规要求。

在面临监管审查或内部合规性检查时，详细的数据分类和分级记录可以为组织提供有力的合规性证明。这些记录可以展示组织在数据安全方面的努力，以及组织对法规和行业标准的遵守情况。

**（5）增强风险识别能力**

数据分类和分级有助于组织更准确地识别数据资产中的潜在风险。通过对数据的细致分析，组织可以了解哪些数据最可能受到攻击或泄露，从而集中资源加强对这些数据的安全防护。

**（6）提升应急响应效率**

在发生数据泄露或丢失事件时，数据分类和分级信息能够帮助组织迅速评估风险，并采取适当的响应措施：对于高风险数据事件，应优先处理并及时上报管理层；对于低风险数据事件，按照常规流程处理即可。

**（7）提升员工安全意识**

公开数据分类和分级策略有助于提升员工对数据敏感度和重要性的认识，从而增强员工的数据安全保护意识，推动员工主动采取安全措施。

**（8）加强跨部门协作与沟通**

明确的数据分类和分级有助于打破组织内部的“信息孤岛”，促进不同部门之间的协作。当各部门对数据的重要性和保护需求有共同认识时，更有可能开展协同工作，共同维护组织的数据安全。

**（9）促进技术创新和应用**

明确的数据分类和分级标准可以推动安全技术的创新和应用。组织可以根据数据的不同级别，采用相应的加密技术、访问控制机制和数据脱敏技术等，提高数据保护的效率和效果。

**（10）助力数据价值最大化**

除了保护数据安全，合理的数据分类和分级还可以帮助组织更好地利用数据价值。通过对数据进行细分和管理，组织可以更有效地挖掘数据的潜在价值，支持业务决策和创新发展。

### 9.1.4　数据分类分级的原则

在遵循国家数据分类分级保护要求的基础上，根据数据所属行业领域进行分类分级管理，依据以下原则对数据进行分类分级[13]。

**（1）科学性与实用性原则**

数据分类应基于稳定且常见的属性或特征，以便管理和使用。分类方法应结合实际业务需求，确保其实用性和可操作性。

**（2）清晰性原则**

数据分级应明确各级别的界限，确保不同级别的数据有清晰的区分。各级别的数据应采取相应且明确的保护措施。

**（3）从严与高标准原则**

在确定数据分级时，应优先考虑可能造成的最高风险。当数据集包含多个级别的数据项时，应按最高级别定级。

**（4）综合性原则**

数据分级应综合考虑单项数据，以及多个领域、群体或区域数据的汇聚效应。采用定量与定性相结合的方法，全面评估数据的重要性和安全风险。

**（5）动态性原则**

数据分类分级应随着业务环境的变化、策略调整或安全事件的发生进行定期审核和更新。建立持续监控和动态调整机制，确保分类分级的时效性和准确性。

**（6）合规性原则**

数据分类分级应符合国家法律法规、行业标准及组织内部策略的要求。优先识别和管理有专门管理要求的数据，以满足相应的数据安全管理标准。

**（7）多维分类原则**

数据分类应从国家、行业和组织等多个视角和维度进行，以支持全面的数据管理和使用需求。

**（8）明确分级保护原则**

不同级别的数据应明确相应的保护措施和访问控制策略。确保数据分级保护措施与业务需求和法律法规要求一致。

**（9）业务导向原则**

数据分类分级应紧密结合组织的实际业务需求，确保分类分级结果能够支持业务的高效运作和决策需求。分类分级体系应随着业务的发展而调整，保持与业务战略的同步。

**（10）可扩展性原则**

数据分类分级体系应具备一定的灵活性和可扩展性，能够适应未来数据类型和业务场景的变化。分类分级的维度和标准应易于扩展和调整，以支持新数据的快速归类和定级。

**（11）最小化原则**

在满足业务需求的前提下，应尽量减少数据分类分级的复杂性和级别数量，以降低管理和操作成本。每个数据级别应尽可能精确地定义，避免级别定义之间的模糊和重叠。

**（12）互操作性原则**

数据分类分级体系应考虑与其他系统和平台的互操作性，确保数据在跨系统、跨平台流转时能够保持一致的分类分级标准和处理方式。分类分级标准应与相关行业标准或国际规范对接，以支持数据的外部共享和交换。

**（13）用户友好性原则**

数据分类分级应易于被用户理解和应用，避免过于复杂或专业的术语和定义。应提供分类分级的指南和培训材料，以帮助用户正确理解和执行分类分级的要求。

## 9.2 实施数据分类

### 9.2.1 通用数据分类方法

在数据安全治理实践中，数据分类构成了其基础框架的重要部分。通过合理、细致的分类，组织能够明确各类数据的特性、价值及安全风险，从而实施有针对性的安全措施。实施数据分类时常用的方法如下。

**（1）基于数据格式**

① **结构化数据**：例如关系型数据库中的数据，具有明确的字段和数据类型。

② **非结构化数据**：例如文档、图片和音视频等，其内容不遵循固定的数据模型。

③ **半结构化数据**：例如程序日志、XML 文件 [H47] 和 JSON 字符串等，介于结构化与非结构化之间，具有一定的数据格式但又不失灵活性。

这种分类方式用于确定数据存储方案、数据提取技术及安全控制策略。

**（2）基于数据生命周期**

数据在其生命周期的不同阶段会面临不同的安全风险。因此，根据数据所处的生命周期阶段进行分类，有助于实施与阶段相匹配的安全措施。

**（3）基于业务系统**

不同的业务系统（例如企业资源计划系统、客户关系管理系统和办公自动化系统等）处理和存储的数据类型、数据量和数据敏感性各不相同。根据数据所属的业务系统进行分类，有助于根据特定系统的数据特点制定安全策略。

**（4）基于数据内容**

数据内容的不同直接决定了其敏感程度和安全级别。例如，个人信息、金融交易数据等通常属于高敏感数据，需要更加严格的安全保护。

**（5）基于信息来源**

组织内部生成的数据、用户提供的数据及第三方合作伙伴提供的数据在安全责任和管理措施上存在差异。根据数据生产者的不同进行分类，有助于明确各方的安全职责。

**（6）基于访问权限**

不同用户或用户组对数据的访问权限不同。根据数据的访问权限进行分类，可以确保只有授权用户才能访问相应级别的数据。

**（7）基于存储位置**

数据可能存储在本地服务器、云端或边缘计算环境中。这些不同的存储位置带来了不同的安全风险和挑战。根据数据存储位置进行分类，有助于实施针对性的安全防护措施。

**（8）基于价值或敏感度**

数据对于组织的价值和敏感程度是制定安全策略的重要因素。根据数据的价值和敏感度进行分类，可以确保对重要和敏感数据给予足够的安全关注。

在实施数据分类时，建议首先根据数据的属性特征（例如结构化 / 非结构化、内部 / 外部等）进行粗粒度分类。随后，在每个大类中根据内容、生命周期、所属系统、生产者和访问权限等细粒度属性进一步细分。分类过程应既不过于笼统也不过于烦琐，以贴近实际的安全管理需求为准。

通过构建分类树或类似的分类框架，可以系统地组织和展示不同类型的数据及其安全属性。这种分类成果为制定针对不同数据类型的安全策略和控制措施提供了有力依据。例如，对于高度敏感的数据，可能需要实施更加严格的访问控制和加密措施；而对于公开数据，可以采取较为宽松的管理策略。

总之，通过科学合理的分类方法，组织能够更有效地识别和管理数据资产，从而确保数据的安全、合规和高效利用。

### 9.2.2 通用数据分类流程

在进行数据分类时，应遵循一套严谨、细致的流程，以确保分类的准确性和有效性。具体流程如下。

**（1）数据资产梳理**

组织需要对其持有的所有数据资产进行全面的盘点和梳理。这包括对数据的来源、存储位置和使用情况等进行详细记录，并形成统一的数据资产清单。

**（2）明确分类目标与基准**

清晰界定分类的目标，可基于数据安全、信息管理等因素确定。同时，还应确定分类的基准，例如基于数据格式、内容深度和生命周期阶段，以及其他的核心属性等。这些基准将用于生成分类方案的框架。

**（3）构建分类架构**

建立一个逻辑清晰、结构化的分类架构。通常采用树状结构，从宽泛的类别逐步细分到具体的子类别。例如，首先区分结构化数据与非结构化数据，进而在每个主要类别下细分出更多具体的子类别。这种架构应满足实际的管理和安全控制需求。

**（4）深入剖析数据属性**

对于不同类型的数据，需要深入分析其格式特性、内容敏感性、生命周期阶段、所处的IT基础设施环境、应用系统环境及访问权限等关键属性。这些属性将决定数据的安全级别和所需的控制措施，并为后续的分类提供依据。

**（5）确立分类主题**

在分类架构的基础上，确定需要划分的核心主题类别。这些主题应与之前确定的分类基准和属性紧密匹配，形成分类方案的主体框架。例如，如果按照业务领域进行分类，那么“人力资源数据”“财务数据”“客户数据”等就可能成为分类主题。

**（6）细化分类规则**

一旦确定了分类主题，就需要为每个主题下的数据制定明确的归属规则。这些规则应综合考虑数据属性、管理需求和安全控制标准，确保数据的准确归类。例如，对于“用户个人数据”这一主题，所有包含个人隐私信息的数据都应归入此类。

**（7）数据归类与标注**

依据分类架构和规则，对现有数据进行系统的划分和归类。每条数据都应根据其属性被准确匹配到相应的类别。这一过程是实施数据分类的关键环节。

**（8）分类方案的持续优化**

数据分类方案并非一成不变的。随着数据内容的演变和安全需求的更新，应定期对分类架构、归属规则及数据的实际归类进行调整和优化，确保分类方案始终保持最佳状态。

数据分类的最终目标是构建一个层次分明、类别清晰的数据资源目录树，实现数据的高效管理和安全保障，数据资源目录树如图9-1所示。

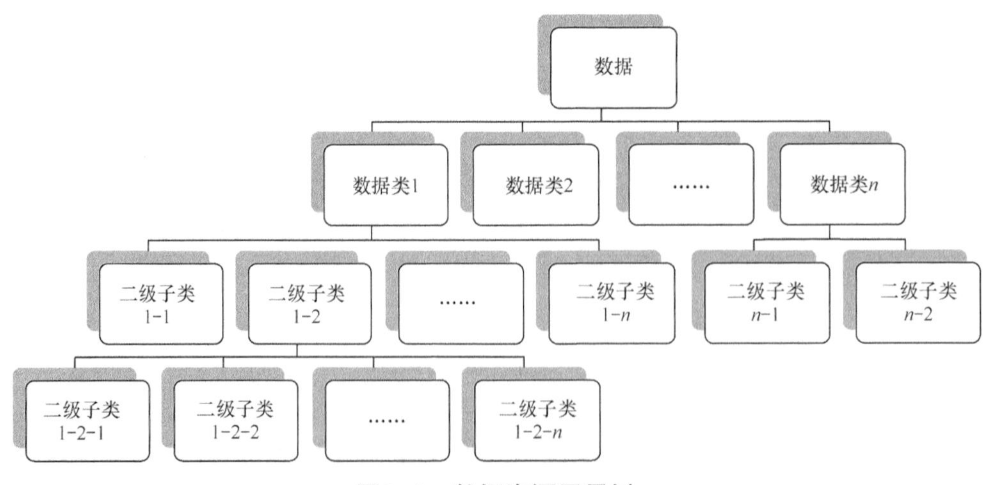


**图9-1　数据资源目录树**

### 9.2.3 行业数据分类框架

在数据安全治理实践中，数据分类是确保数据有效管理和保护的基础。针对行业数据，可按以下框架[13]遵循“先按行业领域分类，再按业务属性细化”的原则。

**（1）行业领域分类**

首先，根据数据所属的业务行业领域，将其划分为工业数据、电信数据、金融数据、能源数据、交通运输数据、自然资源数据、卫生健康数据、教育数据、科学数据等类型（参考 GB/T 4754—2017《国民经济行业分类》）。

**（2）业务属性细化分类**

组织应根据行业主管部门或监管机构的要求和指导，进一步根据业务属性对数据进行细化分类。常见的业务属性分类维度包括以下内容。

① **业务领域**：依据具体的业务范围或种类进行划分。

② **责任部门**：按照数据管理职责或部门分工进行分类。

③ **描述对象**：根据数据所描述的具体对象进行区分。

④ **上下游环节**：按照业务运营流程中的不同环节进行划分。

⑤ **数据主题**：根据数据内容的主题或核心进行分类。

⑥ **数据用途**：明确数据使用的目的或应用场景进行分类。

⑦ **数据处理**：根据处理数据的实体或处理活动的类型进行划分。

⑧ **数据来源**：根据数据的原始来源或产生渠道进行分类。

**（3）特殊数据类别的识别与分类**

对于涉及法律法规特别管理要求的数据类别，应严格遵循相关规定或标准进行识别和分类。这包括但不限于将数据分为个人信息和非个人信息以及敏感个人信息，敏感个人信息需要特别处理。

**（4）多维度分类方法**

在遵循国家和行业数据分类要求的基础上，组织可采用多维度分类方法，例如面分类法（也称平行分类法），从多个角度对数据进行分类，分成相互之间没有隶属关系的“面”。不同维度的数据类别应明确标识，每个维度内的数据分类也可采用线分类法（也称等级分类法）进一步细分，不同层级之间的数据构成隶属关系。

此外，根据数据管理的不同需求，还可以从公民个人维度、公共管理维度、信息传播维度及组织经营维度等进行数据分类。这些分类方法有助于组织更全面地理解和管理数据，确保数据的安全和合规使用。

注 以上分类框架仅供参考，实际应用时应根据具体情况进行调整和完善。同时，数据分类应定期进行更新和审查，以适应法律法规的变化和业务的发展。

### 9.2.4 行业数据分类流程

在数据分类的过程中，重点行业的数据处理者应严格遵循国家和行业相关的数据分类规范。为确保数据分类的准确性和合规性，以下是推荐的数据分类流程。

**（1）确定行业领域及适用性规则**

明确组织所从事的业务活动涉及的具体行业领域，针对这些行业领域，应查找是否存在由行业主管部门制定或行业内广泛采用的数据分类标准。若存在此类规则，组织应按照这些行业数据分类标准对其数据进行分类。

**（2）业务数据分类与标识**

依据确定的行业数据分类规则，对业务运营过程中收集到的，以及产生的所有数据进行细致的分类。若数据处理活动跨越多个行业领域，强烈建议对每个行业领域的数据应用相应的数据分类规则，并进行清晰的分类标识，以确保各类数据的正确归属和管理。

**（3）法律法规与监管要求的识别**

组织需仔细识别是否存在特定的法律法规或主管监管部门的管理要求，这些要求可能针对某些敏感数据类别，例如个人信息、公共数据和公共传播[H48]信息等。对于上述受到特别关注的数据类别，应明确区分，并在数据分类过程中给予相应的标识，以确保数据得到适当的保护和处理。除了识别敏感数据类别外，还需要识别法律法规和监管要求对数据生命周期各个环节的具体要求。

**（4）补充组织特定分类**

在完成基于行业规则的数据分类后，组织可能会发现一些数据类型未被现有分类规则覆盖。在这种情况下，建议从组织的实际经营角度出发，结合自身的数据管理策略和使用需求，对这些未覆盖的数据类型进行适当的分类。这样的补充分类有助于组织更有效地管理和利用其数据资产，同时确保符合法规要求。行业领域数据分类示例见表 9-1。

**表9-1　行业领域数据分类示例[13]**

| 数据类别 | 类别定义 | 示例 |
|---|---|---|
| 用户数据 | 在开展业务服务的过程中，从个人用户或组织用户处收集的数据，以及在业务服务过程中产生的归属于用户的数据 | 个人用户信息（即个人信息）、组织用户信息（例如组织基本信息、组织账号信息、组织信用信息等） |
| 业务数据 | 在业务的研发、生产、运营过程中收集和产生的非用户类数据 | 参考业务所属的行业数据分类分级，结合自身的业务特点进行细分，例如产品数据、合同协议等 |
| 经营管理数据 | 在组织机构经营和内部管理过程中收集和产生的数据 | 经营战略、财务数据、并购及融资信息等 |
| 系统运行和安全数据 | 网络和信息系统运维及网络安全数据 | 网络和信息系统的配置数据、网络安全监测数据、备份数据、日志数据和安全漏洞信息等 |

## 9.2.5　个人信息的识别和分类

### 1. 个人信息识别

个人信息识别涉及对特定自然人与相关信息之间关系的准确判断。在这一过程中，主要依据以下两种情形来判定信息是否属于个人信息[14]。

**（1）可识别特定自然人**

依据信息的特殊性，能够直接或间接地识别出特定自然人的信息。这类信息可以根据标识程度进一步细分为直接识别信息和间接识别信息两类。

① **直接识别信息**：在特定环境下，这类信息能够单独、唯一地识别出特定自然人。例如，在一个具体的学校环境中，学号就是直接识别信息，因为它可以直接对应一个具体的学生。常见的直接识别信息还包括身份证号码、护照号、手机号码和电子邮箱等。这些信息具有高度的个人指向性，一旦泄露或被滥用，可能对个人隐私和安全造成严重威胁。

② **间接识别信息**：这类信息在特定环境下无法单独唯一标识特定自然人，但结合其他信息后可以实现这一目标。例如，性别、出生日期和国籍等信息单独使用时无法确定具体个人，但与其他信息（例如姓名和地址等）结合后，就可能形成完整的个人画像。因此，间接识别信息同样需要得到妥善保护。

如果个人信息经过匿名化处理，使得信息无法再识别（重标识）出特定自然人，并且该匿名化效果是不可逆的，那么这些处理后的信息将不再被视为个人信息，从而降低了数据被泄露和滥用的风险。

**（2）与特定自然人关联**

由已知的特定自然人在活动中产生的信息。例如，个人的位置信息、通话记录和网页浏览记录等。虽然这些信息可能不直接包含个人的姓名、身份证号码等直接识别信息，但由于与特定自然人活动紧密相关，同样属于个人信息，需要受到相应保护。在数据安全治理实践中，对这些与特定自然人关联的信息的收集、使用和处理也需要严格遵守相关法律法规和行业标准。

**2. 个人信息分类**

个人信息可以根据其涉及的自然人特征进行分类，具体如下。

**（1）个人基本资料**

包括姓名、生日、年龄、性别、民族、国籍和籍贯等用于识别个人基本情况的数据。

**（2）个人身份信息**

身份证、军官证和护照等官方文件上的信息，用于确认个人身份。

**（3）个人生物识别信息**

包括人脸、指纹和声纹等生物特征数据，常用于身份验证和安全控制。

**（4）网络身份标识信息**

在线账户、用户 ID 和固定的 IP 地址等，用于在网络环境中识别个人身份。

**（5）个人健康生理信息**

医疗记录和健康状况等。

**（6）个人教育工作信息**

教育背景和工作经历等。

**（7）个人财产信息**

银行账户、房产信息和虚拟财产等，涉及个人的财产安全。

**（8）身份鉴别信息**

用于验证用户身份的密码和个人识别码等。

**（9）个人通信信息**

通信记录和内容，例如电话、短信和电子邮件等。

**（10）联系人信息**

通讯录和好友列表等，反映了个人的社交网络。

**（11）个人上网记录**

网页浏览历史、软件使用情况等。

**（12）个人设备信息**

与个人使用的设备相关的信息，但不包括设备的基本规格信息。

**（13）个人位置信息**

通过 GPS 等技术获取的个人地理位置数据。

**（14）个人标签信息**

基于个人在线行为构建的标签，例如兴趣爱好等。

**（15）个人运动信息**

步数和运动数据等，反映了个人的健康活动。

**（16）个人偏好信息**

包括个人的消费偏好、娱乐偏好（例如音乐、电影类型）和阅读偏好等。

**（17）家庭和社会关系信息**

可以涵盖家庭成员信息、亲属关系、社交网络中的朋友和同事等。

**（18）个人旅行信息**

包括旅行历史、预订记录、航班信息和酒店信息等。

**（19）个人信用和信誉信息**

涉及个人的信用评分、信用历史、任何与金融机构或其他贷方的交互记录等。

**（20）个人设备使用偏好**

包括常用的软件、操作系统、设备使用习惯（例如左手或右手使用）和屏幕亮度偏好等。

**（21）个人专业技能和证书**

个人的专业技能、资格证书和获得的奖项等。

注 这些分类并非一成不变的，且各类别间可能存在交叉重叠。此外，随着技术的进步和新的应用场景的出现，可能还需要不断更新和调整这些分类。在处理这些信息时，应始终遵守相关的数据保护法规，并确保采取适当的安全措施来保护个人信息。

### 9.2.6 公共数据的识别和分类

**1. 公共数据识别**

公共数据是指那些在履行公共管理和服务职能过程中产生和收集的数据。具体来说，符合以下任一情形的数据可被视为公共数据。

**（1）政务数据**

政务数据即各级政务机关在依法执行公共管理和服务职责时所收集和产生的数据。这类数据通常涉及公民的基本信息、行政事务、政策实施等方面，是公共管理和决策的重要依据。

（2）公共服务机构数据

具有公共管理和服务职能的企事业单位及社会团体，例如公立医院、学校和公共交通机构等，在履行其职责过程中收集和产生的数据。这些数据对于提供公共服务、优化资源配置，以及保障社会福祉具有重要的作用。

（3）公共服务过程中的数据

提供公共服务的组织，如供水、供电、供热、供气、教育、医疗、公共交通、通信、邮政、养老和环保等，在服务过程中收集和产生的数据。这些数据有助于组织了解公共服务的需求、使用情况和服务质量，是改进和优化公共服务的重要依据。

（4）参与公共服务和基础设施建设的数据

在为国家机关提供服务、参与公共基础设施和公共服务系统建设、运维管理，以及利用公共资源提供服务的过程中所收集和产生的数据。这些数据对于评估项目效果、优化资源配置、提升服务效率具有重要意义。

（5）法律法规明确规定的公共数据

某些数据可能由特定的法律法规明确规定为公共数据，无论其来源、用途如何。这些数据可能涉及国家安全、公共卫生和环境保护等关键领域。

（6）公共资金支持的研究项目数据

由公共资金（例如政府拨款、科研基金等）支持的研究项目所产生的数据，特别是那些对社会有益且不涉及个人隐私和商业机密的数据，通常也应被视为公共数据。

（7）公共场所采集的数据

在公共场所（例如街道、公园和广场等）通过监控摄像头、环境监测站等设备采集的数据，若用于公共安全、城市管理或环境保护等公共目的，则可被视为公共数据。

（8）公共利益相关的数据

在某些情况下，即使数据最初不是为公共目的而收集的，但如果其披露和使用符合公共利益（例如保护消费者权益等），这些数据也可能被视为公共数据。

（9）开源数据和共享数据

在开放政府和数据共享的倡议下，越来越多的数据被主动公开或共享，以促进透明度和创新。这些数据通常也被视为公共数据的一部分。

综上所述，公共数据的识别涵盖多个维度和应用场景，包括政务机关、公共服务机构和公共服务过程，以及参与公共服务和基础设施建设的各个方面。这些数据的收集和使用应遵循相关法律法规和隐私保护原则，以确保数据的合规性、安全性和有效性。

2. 公共数据分类

公共数据是指由政府或其他公共机构产生、收集或管理的数据，这些数据通常具有公共利益性质，需要在保障安全的前提下进行适当的共享和开放。对于公共数据的分类，建议遵循以下方式[14]。

（1）政务数据分类

应优先参考国家或地方的电子政务信息资源目录进行分类。这些目录通常基于数据的来源、性质、用途等多个维度，有助于促进政务数据的规范化管理和共享。同时，也可以参考相关的电子政务国家标准，例如 GB/T 21063.4—2007《政务信息资源目录体系 第 4 部分：政务信息资源分类》等，以确保分类的规范性和一致性。

**（2）公共数据目录存在的情况**

如果存在公共数据目录，应按照目录中的规则进行分类。这些规则可能包括数据的主题、部门或行业领域等维度，有助于实现数据的精细化管理和利用。

**（3）公共数据目录不存在的情况**

如果不存在公共数据目录，可以根据数据的主题、部门或行业领域等属性进行分类。此外，还可以从数据共享和开放的角度进行分类。

① **无条件共享的开放数据**：可以无限制地共享和开放给公众的数据。

② **有条件共享的开放数据**：满足一定条件时可以共享和开放的数据。

③ **禁止共享的开放数据**：由于安全、隐私等不能共享和开放的数据。

这种分类方法有助于明确数据的共享和开放条件，确保数据的合理共享和保护。

**（4）敏感性分类**

公共数据中可能包含一些敏感信息，例如个人隐私和商业机密等。因此，可以根据数据的敏感性程度进行分类，将敏感数据与一般数据区分，以便采取更加严格的安全保护措施。

**（5）更新频率分类**

公共数据的更新频率因数据类型和用途而异。一些数据可能需要实时更新，而另一些数据则只需要定期更新。因此，可以根据数据的更新频率进行分类，以便制订合理的数据更新策略和管理计划。

**（6）数据格式分类**

公共数据可能以不同的格式存在，例如文本、图像和视频等。不同格式的数据的存储、处理和传输方式各有不同。因此，可以根据数据的格式进行分类，以便选择适当的数据处理技术和工具。

**（7）数据来源分类**

公共数据可能源于不同的机构或部门，每个机构或部门有自己的数据标准和规范。因此，可以根据数据的来源进行分类，以便更好地理解和整合不同来源的数据，并确保数据的一致性和准确性。

#### 3. 公共传播信息识别

公共传播信息是指那些具有公共传播属性的信息。为了准确识别这类信息，可以参考以下原则进行判断[14]。

**（1）已合法公开的信息**

如果信息已经通过合法渠道公开，且没有明确的限制或保密要求，那么它可以被视为公共传播信息，例如，政府公开的文件、新闻报道和公开发表的学术论文等。

**（2）以广泛传播为目的发布的信息**

如果信息的发布是为了广泛传播，而不仅仅是针对特定的接收者，那么它也可以被视为公共传播信息，例如，社交媒体上的公开帖子、公开演讲、广告等。这些信息的发布者通常不针对特定接收者，而是希望信息能够触达更广泛的受众。

（3）在传播过程中事实上被广泛传播的信息

有些信息在发布时可能并没有明确的广泛传播意图，但在实际传播过程中却被广泛传播。这类信息也可以被视为公共传播信息，例如，某些病毒式传播效应的视频和网络流行热词等。这些信息的传播速度和范围远远超出了发布者的预期，成为公众关注的焦点。

（4）即时通信服务平台的非个人通信信息

在即时通信服务平台上，除了个人之间的私密通信，还存在大量的非个人通信信息，这些信息包括群聊记录、公众号文章和小程序数据等。按照相关规定，这些信息应按照公共传播信息的要求进行管理。

（5）信息来源的公共性

如果信息来源于公共机构、公共媒体或公开渠道，且这些来源本身就是为了向公众传播信息而设立的，那么这些信息也可以被视为公共传播信息。例如，来自政府官方网站的通知、新闻机构的报道、公共图书馆的公开资料等。

（6）信息内容的公共性

某些信息的内容本身涉及公共利益、公共安全或公共事务，即使它们并不是通过公共渠道发布的，也可以被视为公共传播信息。这是因为公众对这些信息具有知情权和参与权，需要广泛传播和讨论这些信息，例如，涉及公共卫生事件的环境污染的监测报告等。

（7）公众关注度

如果某些信息在短时间内引发了公众的广泛关注和讨论，无论其发布初衷如何，这些信息都可以被视为公共传播信息。这是因为这些信息已经对公众产生了重要影响，需要采取相应的管理措施来确保信息的准确性和公正性。

（8）法律法规的规定

某些国家或地区的法律法规可能直接规定了哪些信息属于公共传播信息。因此，在识别公共传播信息时，还需要参考相关的法律法规，确保信息的分类和处理符合法律的要求。

综上所述，公共传播信息的识别是一个复杂而多维度的过程，需要考虑多种因素。通过准确识别公共传播信息，可以更好地理解数据的特性和处理要求，从而制定更有效的数据安全策略。同时，这也有助于更好地遵守相关法律法规和行业标准，保障用户的数据安全和隐私权益。

4. 公共传播信息分类

从信息传播类型的角度出发，可以将公共传播信息划分为以下 3 类[14]。

（1）公开发布信息

公开发布信息是指通过公共渠道，例如新闻媒体、官方网站和社交媒体平台等，公开发布并供大众获取的信息。由于其公开性，这类信息通常需要经过严格的审查和管理，以确保其内容的准确性和合规性。

（2）可转发信息

可转发信息允许接收者在一定条件下进行转发或分享。这类信息在社交媒体平台上尤为常见，例如带有特定版权声明的文章或图片。管理这类信息的重点在于确保转发过程中信息的完整性和版权保护，防止未经授权的信息被传播和滥用。

**（3）无明确接收人信息**

无明确接收人信息在传播时没有明确的指定接收人，例如广播、电视等。由于其传播范围广且接收对象不确定，对这类信息的管理需要特别关注内容安全和社会影响，以防止不良信息的广泛传播。

除了从信息传播类型的角度进行分类，还可以考虑从以下维度对公共传播信息进行分类。

**（1）信息涉密程度**

涉密信息：涉及个人隐私、商业秘密和国家安全等的信息。

非涉密信息：一般性的公开信息，例如天气预报和新闻动态等。

**（2）信息受众范围**

局部信息：仅在特定区域或群体内传播的信息。

全球信息：面向全球传播的信息。

**（3）信息时效性**

实时信息：需要即时传播和接收的信息，例如股市行情和紧急通知等。

非实时信息：不需要即时响应的信息，例如历史数据和统计分析等。

**（4）信息来源**

官方信息：由政府或权威机构发布的信息。

非官方信息：由个人、组织或其他非政府机构发布的信息。

**（5）信息格式**

文本信息：以文字为主要内容的信息。

多媒体信息：包含图片、视频和音频等多媒体元素的信息。

**（6）信息交互性**

交互式信息：允许用户进行评论、点赞和分享等互动操作的信息。

非交互式信息：仅供用户查看，不支持互动的信息。

综上所述，可以从多个维度考虑和细化公共传播信息的分类。这些分类维度互为补充，有助于组织更全面地了解其数据资产的性质和价值，并制定相应的安全策略来确保数据的安全性和合规性。同时，随着技术的不断发展和应用场景的不断变化，数据分类方法也需要不断更新和完善，以适应新的安全挑战和需求。

## 9.3 实施数据分级

### 9.3.1 通用数据分级方法

**（1）基于数据敏感度**

① **高敏感数据**：这类数据包括个人信息、财务数据和知识产权等，一旦泄露可能导致严重的隐私侵犯或财务损失，因此被划分为最高级别。

② **中敏感数据**：通常指那些对业务运营有一定重要性，但泄露后不会造成灾难性后果的数

据，例如一般业务数据和市场分析报告等。

③ **低敏感数据**：这类数据可公开性强，例如组织新闻、对外发布的市场数据等，泄露风险相对较低。

**（2）根据系统重要性**

① **核心系统数据**：支撑组织关键业务运营的系统所产生、处理或存储的数据。例如，金融机构的交易清算系统数据、电信运营商的计费系统数据、医疗机构的电子病历系统数据等。

② **一般业务系统数据**：支撑组织日常运营但非核心业务的系统所涉及的数据。例如，人力资源管理系统数据、办公自动化系统数据、资产管理系统数据等。

③ **辅助系统数据**：指支撑非业务性质工作的系统所涉及的数据。例如，内部即时通信工具数据、会议预约系统数据、访客管理系统数据等。

**（3）根据影响程度**

① **造成严重影响的数据**：数据的丢失或泄露将对组织造成重大财务损失、声誉损害或法律风险，这类数据被归为高级别。

② **造成有限影响的数据**：泄露后影响较小，可能仅涉及操作上的不便或轻微损失。

**（4）根据合规要求**

① 遵循《数据安全法》《个人信息保护法》等法规要求，对涉及的数据实施严格保护，确保符合法律的标准。

② 特定行业（例如金融、医疗、能源和通信等）对组织数据和客户数据的保护有额外的行业规定。在数据分级时需要优先满足行业主管部门制定的分级标准或要求。

**（5）根据数据存储和使用特性**

① **热数据**[H49]：频繁使用且存储在高性能存储介质上的数据，通常业务价值较高，需要更高级别的保护。

② **冷数据**[H50]：长期存储在磁带或低成本的存储介质上，访问频率低，但仍需确保其安全性。

**（6）根据数据完整性和真实性**

① **高完整性要求数据**：对于需要确保 100% 完整性和真实性的数据，例如财务报表和合同文件等，保护级别将被相应提升。

② **低完整性要求数据**：在某些场景下，对数据的完整性要求不那么严格，例如社交媒体上的非正式讨论。

**（7）知识产权和商业机密**

① **机密数据**：包含组织核心知识产权和商业机密等的数据，级别最高，确保严格控制访问和传播。

② **公共信息**：已经公开发布的信息，例如公开的报告和新闻稿等，数据保护级别相对较低。

综上所述，数据分级需要综合考虑多个维度。在实际操作中，组织可能需要根据自身的业务特点、法规要求和风险承受能力，结合多种分级方法来确定最终的数据保护策略。数据分级的准确性和合理性是构建有效的数据安全防护体系的基础。

### 9.3.2 通用数据分级流程

数据分级建立在数据分类的基础上，通过对数据进行分析和定级，确保不同安全级别的数据能够获得与之相对应的保护措施。

数据分级的主要步骤如下。

**（1）数据定级准备**

在准备阶段，组织需要明确数据分级的颗粒度，即确定数据分级的基本单位（例如数据库、数据表和数据字段等）。同时，还需要识别数据安全定级的关键要素，这些要素将作为后续安全级别判定的依据。

**（2）数据安全级别判定**

在判定阶段，组织需要依据国家及行业相关法律法规、规章、标准及内部制定的数据分级规则，初步判定数据的安全级别。在此过程中，需要综合考虑数据的规模、时效性和处理方式（例如是否经过汇总、加工、统计、脱敏或匿名化处理等）等因素。经过初步判定后，还需要进行复核和调整，最终形成数据安全级别评定结果及定级清单。

**（3）审核数据安全分级**

审核阶段负责对数据安全级别判定过程和结果进行复核和严格把关，以确保评定结果的准确性和合理性。若有必要，则重复进行数据安全定级准备及其后续工作，直至安全级别的划定与组织的数据安全保护目标一致。

**（4）批准数据安全分级**

在批准阶段，组织中负责数据安全管理的高层决策机构，对数据安全分级结果进行最终审议和批准。这一过程旨在确保数据安全级别的划定得到组织高层的认可和支持，从而推进后续数据安全保障工作。

### 9.3.3 通用数据分级框架

遵循《数据安全法》的指引，数据的分级是依据其遭受篡改、破坏、泄露或非法获取、利用时，对国家安全、公共利益，以及个人和组织合法权益所产生的潜在危害程度来确定的。基于此，其划分标准由高至低依次为核心数据、重要数据和一般数据[13]。

**（1）核心数据**

此类数据的重要性极高，一旦遭受泄露、篡改、破坏，或是被非法获取、利用、共享，都可能对政治安全、国家安全的关键领域（如国防、外交等）、国民经济的主要支柱（如关键基础设施、金融系统等）和民生的重要方面（如医疗、教育等），以及广泛的社会公共利益造成直接且严重的危害。

**（2）重要数据**

这类数据在安全性上同样具有显著的重要性，一旦面临泄露、篡改、破坏的风险，或被非法手段获取、利用、共享，都可能对国家安全、经济运行和社会稳定，以及公共健康（如疫情数据、医疗记录等）和公共安全（如交通、环境等数据）产生直接的危害。

**（3）一般数据**

相较于前两类数据，一般数据在安全性上的要求相对较低。尽管如此，一旦这些数据被不当处理，例如泄露、篡改、破坏，或是遭受非法获取和利用，仍然可能对特定范围内的组织或个别公民的合法权益造成影响，但这种影响通常局限在较小的范围内。

上述 3 个级别是从国家数据安全角度给出的数据分级基本框架，建议组织优先按照基本框架进行定级，在基本框架定级的基础上，可以结合行业数据分类分级规则或组织生产经营的需求，进行细化分级。

从组织的视角出发，数据分级框架需要更加细致地考虑数据的业务价值、敏感性及其对组织运营的重要性，以下是可参考的分级框架。

**（1）公开数据**

公开数据是指可以公开发布、无须任何保密措施的数据。这类数据通常不会对组织的运营或安全构成直接影响，也不会泄露任何敏感信息。例如，组织可能公开发布的新闻稿、市场宣传资料和产品手册等。

对于公开数据，组织需要关注数据的准确性和一致性，以便于公众和客户正确理解。因此，管理措施主要集中在数据的发布流程和审核机制上。

**（2）一般数据**

一般数据是指仅在组织内部流通、供员工日常工作使用的数据。这类数据对于组织的运营具有一定的价值，但不包含高度敏感的信息。例如，部门的工作报告、项目进展文档和员工通讯录等。

对于一般数据，组织需要确保数据在内部的安全传输和存储，防止未经授权的访问和泄露。管理措施包括建立适当的访问控制机制、数据加密和监控一般数据的使用情况。

**（3）重要数据**

重要数据是指包含个人隐私信息、组织商业秘密或可能对组织安全产生重大影响的数据。这类数据需要受到严格的保护，防止被泄露给未经授权的个人或组织。例如，客户个人信息、财务数据和研发资料等。

对于重要数据，组织需要采取更加严格的安全措施，包括高级加密技术、严格的访问控制策略、定期的安全审计和监控等。此外，还需要对员工进行安全意识培训，确保他们了解如何正确处理重要数据。

**（4）核心数据**

核心数据是组织最重要的数据资产，通常包括组织的核心商业秘密、战略规划和关键业务运营数据等。这类数据的泄露或破坏可能会对组织的生存和竞争力产生毁灭性的影响。

对于核心数据，组织需要采取最高级别的安全措施，包括物理隔离、多因素身份验证、端到端加密、定期的安全评估和渗透测试等。此外，还需要建立应急响应计划，以便在发生安全事件时能够迅速响应并将损失降至最低。

**注** 这个分级框架并不是一成不变的，随着组织业务的发展和外部环境的变化，数据的分级也可能需要相应调整。因此，定期的数据分类和定级评审是非常有必要的。

# 9.4 行业数据分级方法

对于一般企业而言，通用的数据分级方法能够提供一个初步的数据保护框架。然而，在重点行业中，由于数据的敏感性、复杂性和其对国家安全、社会秩序、个人隐私的潜在影响，需要更细致的数据分级方法。

重点行业的数据处理者应当遵循国家和行业相关的数据分类分级规范，通过综合运用定量与定性的分析方法，有效地识别和评估数据的敏感性和重要性。此过程首先着眼于识别关键的数据分级要素，进而开展深入的数据影响分析，以确定在数据遭受泄露、篡改、破坏或非法访问、利用及共享等情况下，可能受影响的实体及影响程度。最终，根据这些综合分析结果，确定数据的具体级别。

## 9.4.1 数据分级要素

在进行数据分级时，需考虑多种要素，这些要素因业务场景的不同而有所差异。主要包括数据涉及的业务领域、所涉群体、覆盖区域、数据精度、规模大小、处理深度、覆盖度和数据的重要性以及潜在的安全风险。其中，业务领域、所涉群体、覆盖区域、数据的重要性和潜在的安全风险通常通过定性的方式来评估，而数据精度、规模大小和覆盖度则更多采用定量的分析方法。此外，对于经过复杂处理（例如统计、关联分析、数据挖掘或数据融合等）的衍生数据，“深度”也是一个关键的分级要素[13]。

**（1）业务领域**

业务领域是指数据所描述或关联的业务领域，例如特定行业、业务线、经营活动、产业链环节或内容主题等，这些都是在确定数据涉及的业务领域时需要考虑的因素。

**（2）所涉群体**

所涉群体是数据描述或关联的主体，可能包括特定的人群、组织机构、网络及信息系统、资源物资或设备设施等。

**（3）覆盖区域**

数据所覆盖的地理范围，可能包括特定的行政区划、地区或物理场所等。

**（4）数据精度**

数据的精确程度，即数据的准确性或详细程度，高精度数据通常意味着其描述或测量的误差范围较小。在考虑数据精度时，需要关注数值的准确性、空间分辨率和时间戳的精确度等因素。

**（5）规模大小**

指数据的存储量，也包括数据描述的对象范围或能力的大小。评估数据规模时，需要考虑存储容量、所涉群体的广泛性、覆盖的区域大小、领域的广泛性，以及相关的生产或处理能力等因素。

**（6）处理深度**

处理深度反映了数据在经过复杂处理后所揭示的隐含信息或多维度细节。深度分析可能涉及对经济状况、发展趋势、行为轨迹、活动历史、关系网络、背景信息或供应链动态等方面的洞察。

**（7）覆盖度**

覆盖度描述了数据在不同领域、群体、区域或时间段的分布和密集程度。评估覆盖度时，需要考虑数据在特定领域、群体、区域或时间周期内的覆盖比例和分布情况等因素。

**（8）数据的重要性**

数据的重要性衡量了数据在社会经济发展中的关键性程度。在评估数据的重要性时，需要考虑数据在经济、社会、政治、文化和生态文明建设等各个方面的影响力和作用。

**（9）潜在的安全风险**

安全风险评估是对数据可能面临的泄露、篡改、破坏或非法访问、利用及共享等威胁的全面评估，安全风险是确定数据级别和保护措施的关键因素。

### 9.4.2　数据影响分析

数据分级主要从数据安全保护的角度出发，根据数据泄露或遭受破坏后可能影响的对象及其影响程度进行分级。

**（1）影响对象**

主要关注的是数据遭受篡改、破坏、泄露或非法获取、非法利用等安全事件后，可能受到危害的对象，这些对象包括国家安全、公共利益、个人合法权益和组织合法权益。针对这些不同的影响对象，需要细致分析数据泄露或篡改可能带来的具体后果，针对各个危害对象的危害程度示例见表 9-2，以确定相应的数据保护级别。

**（2）影响程度**

除了考虑影响对象，还需要评估数据安全事件可能造成的危害程度。这种危害程度可以从高到低划分为严重危害、一般危害、轻微危害和无危害 4 个等级。这种划分有助于组织更精确地理解不同类型数据的重要性，并为制定具有针对性的安全策略提供依据。

**表9-2　针对各个危害对象的危害程度示例**

| 影响对象 | 影响程度 | 参考说明 |
|---|---|---|
| 国家安全 | 严重危害 | 对国家安全构成重大且全面的威胁，涉及多个核心领域，并可能导致重大损失或功能丧失。<br>例如：对政治稳定、国土完整、军事安全、经济体系、文化传承、社会秩序、科技创新、网络安全、生态平衡、资源供应以及核安全等关键领域产生深远威胁；对海外利益的维护、生物安全的保障、太空探索的进展、极地活动的开展、深海资源的开发利用，以及人工智能的发展应用等方面造成严重影响；对关键行业、领域的重要组织、基础设施和资源造成重大损害，可能导致大范围的停工停产、网络与服务的大面积瘫痪，以及业务处理能力的严重丧失 |
| | 一般危害 | 对国家安全构成一定威胁，可能影响某些领域的正常运行和利益，但尚未达到全面或灾难性的程度。<br>例如：对政治、经济、社会和文化等多个方面产生威胁，并可能影响海外利益和生物、航空航天和人工智能等新兴领域的安全；对特定地区、部门或行业的生产活动、经济运行和利益造成损害；产生的连锁反应可能波及多个行业、区域或组织，或持续时间较长，对行业发展、技术进步和产业生态产生一定的不良影响 |
| | 轻微危害 | 对国家安全的影响较小，通常局限于特定领域或短期内。<br>例如：对某些地区、部门或行业的生产、运行和经济利益造成轻微影响，不涉及核心领域或重大损失；影响持续时间较短，对长期发展、技术进步和产业生态的整体影响有限 |
| | 无危害 | 对国家安全不构成任何影响或威胁。<br>例如：国家安全各领域均保持正常状态，无任何不良影响或潜在风险 |

续表

| 影响对象 | 影响程度 | 参考说明 |
| --- | --- | --- |
| 公共利益 | 严重危害 | 影响跨越一个或多个省市的大部分地区；引发广泛的社会动荡，可能导致公众对政府和相关机构失去信任；对经济建设产生极其恶劣的负面影响，可能包括投资减少、组织倒闭和失业率上升等 |
| | 一般危害 | 影响涉及一个或多个地市的大部分地区；引发社会恐慌，但未达到全面动荡的程度；对经济建设产生重大的负面影响，可能导致经济增长放缓或局部经济崩溃 |
| | 轻微危害 | 影响限于一个地市或地市以下的部分地区；扰乱局部社会秩序，但不影响整体社会稳定；对经济建设产生一定的负面影响，可能表现为局部投资减少或消费下降 |
| | 无危害 | 无明显影响范围；对公共利益不造成明显影响，社会秩序保持稳定；无明显经济影响，经济活动正常运行 |
| 个人合法权益 | 严重危害 | 个人信息遭受严重泄露或滥用，信息主体会面临重大、深远且难以消除的影响。此类情况极易侵害自然人的人格尊严，并严重威胁其人身与财产安全。例如，因个人信息泄露而背负无法承受的债务、丧失工作能力，或是因此导致长期心理创伤和生理疾病，甚至在最极端的情况下可能导致死亡 |
| | 一般危害 | 个人信息受到一定程度的不当处理时，信息主体会遭受较大的影响。这些影响往往难以自行克服，且消除其带来的负面影响需要付出较大的代价。常见的情形包括因诈骗而遭受经济损失、资金被盗用、被金融机构列入黑名单、信用评分受损、名誉受到损害、遭受歧视、被雇主解雇和被法院传唤，以及健康状况的恶化等 |
| | 轻微危害 | 个人信息受到轻微的不当处理时，信息主体会遇到一些不便或困扰，但这些影响通常是可以被克服的。例如，需要付出额外的成本来处理个人信息泄露带来的问题，或暂时无法使用本应提供的服务。此外，轻微的误解或由此产生的短暂害怕和紧张情绪，以及导致的不太严重的生理疾病等，也属于这一类 |
| | 无危害 | 个人信息的处理可能不会对信息主体的合法权益造成任何实质性的影响，或者即使有影响也是极其微弱的，以至于可以忽略不计。这通常意味着信息处理行为是在合法、正当且必要的范围内进行的，且已采取了充分的安全措施来保护个人信息的完整性和隐秘性 |
| 组织合法权益 | 严重危害 | 组织的数据安全受到严重威胁，可能面临监管部门的重大处罚，这些处罚可能包括取消经营资格、长期暂停核心业务等。此外，这种危害还可能阻碍重要或关键业务的正常运作，导致重大的经济或技术损失，对机构的声誉造成严重破坏，甚至使组织面临破产的风险 |
| | 一般危害 | 数据安全受到一般威胁，组织可能会受到监管部门的处罚，例如短期内暂停经营资格或特定业务。此外，部分业务的正常开展可能受到影响，导致较为显著的经济或技术损失，并对机构的声誉产生负面影响 |
| | 轻微危害 | 数据安全受到轻微威胁，组织可能会面临个别的法律诉讼事件，或在特定时间内经历部分业务的中断。这种情况可能对组织的经济利益、声誉和技术造成一定程度的损害，但这种损害相对较轻 |
| | 无危害 | 数据安全的威胁可能对组织的合法权益几乎不产生影响，或即使有影响也是极为微弱的。在这种情况下，组织的各项合法权益和正常运营都不会受到实质性影响 |

### 9.4.3 基本分级规则

数据的分级应从国家视角和组织视角分别进行，从国家视角可将数据从低到高分成一般数据、重要数据和核心数据 3 个级别。国家视角的数据基本分级规则见表 9-3。

表9-3　国家视角的数据基本分级规则[14]

| 基本级别 | 影响对象 | | | |
|---|---|---|---|---|
| | 国家安全 | 公共利益 | 个人合法权益 | 组织合法权益 |
| 核心数据 | 一般危害、严重危害 | 严重危害 | — | — |
| 重要数据 | 轻微危害 | 一般危害、轻微危害 | — | — |
| 一般数据 | 无危害 | 无危害 | 无危害、轻微危害、一般危害、严重危害 | 无危害、轻微危害、一般危害、严重危害 |

从组织的视角来看，根据数据在面临篡改、破坏、泄露或非法获取及利用时，对个人及组织合法权益的潜在危害程度，可从低到高将数据划分为一级、二级、三级和四级[14]4个等级。这4个等级不仅体现了数据在组织运营中的价值差异，同时也反映了数据泄露或损坏对组织可能造成不同程度的影响。

**（1）一级数据**

此类数据在遭受篡改、破坏、泄露或非法利用时，不会对个人或组织的合法权益造成危害。尽管一级数据具有公共传播属性，并可以对外公开发布和传播，但仍需要慎重考虑公开的数据量和类型，以防大量或多样化的数据被用于不当的关联分析。

**（2）二级数据**

当这类数据受到篡改、破坏、泄露或非法利用时，可能会对个人或组织的合法权益造成轻微危害。在通常情况下，二级数据在组织内部及其关联方之间共享和使用，只有在获得数据所有者授权后，才能向组织外部共享。

**（3）三级数据**

此类数据一旦遭受不当处理，可能会对个人或组织的合法权益造成一般危害。因此，三级数据仅限授权的内部机构或人员访问。若需要将数据共享至外部，应满足特定条件并获得利益相关方的明确授权。

**（4）四级数据**

这是最高级别的数据，四级数据一旦受到损害或泄露，可能会对个人或组织的合法权益造成严重危害，尽管这种危害不会扩展到国家安全或公共利益层面。对于这类数据，应按照严格批准的授权列表进行管理，并且只能在受控范围内，经过严格的审批和评估流程后，才能共享或传播。

### 9.4.4　个人信息的分级

个人信息是一类特殊的数据，法律法规对其有进一步的要求。根据《个人信息保护法》的相关规定，组织需对个人信息进行细致的分类和定级。根据信息泄露或非法使用可能对个人合法权益造成的潜在危害程度，个人信息被划分为一般个人信息与敏感个人信息两大类。

**（1）一般个人信息**

一般个人信息指的是被泄露或非法使用后，仅可能对个人信息主体的权益造成轻微或一般影响的数据，这类数据通常不会直接威胁个人的人格尊严、人身或财产安全。例如，网络身份标识信息就属于此类。

（2）敏感个人信息

敏感个人信息是指一旦泄露、非法提供或滥用可能危害人身和财产安全，极易导致个人名誉、身心健康受到损害或歧视性待遇等的个人信息。以下任一情况，均可作为判定信息为敏感个人信息的依据[14]。

① 信息的泄露或非法使用可能直接侵犯信息主体的人格尊严。例如，个人的特定身份、医疗健康信息或犯罪记录等，这些信息的泄露很可能会对个人的人格尊严造成直接伤害。

② 信息的泄露或非法使用虽不直接侵犯信息主体的人格尊严，但可能会因社会偏见或歧视性待遇而间接伤害其人格尊严。例如，个人的种族、宗教信仰等信息的泄露，可能导致信息主体受到不公平的对待。

③ 信息的泄露或非法使用可能直接或间接威胁信息主体的人身或财产安全。例如，家庭住址、家庭成员关系等信息的泄露可能被用于入室抢劫或绑架等犯罪活动；而身份证复印件的非法使用则可能导致冒名注册手机号码、银行账户等严重后果。

除了上述信息外，敏感个人信息还包括个人生物识别信息、银行账户、通信记录和内容、财产信息、征信信息、行踪轨迹、住宿信息、交易信息和 14 岁以下（含）儿童的个人信息等[15]。

在进行个人信息定级时，首先判断其是否属于敏感信息，敏感个人信息示例见表 9-4。若确认为是敏感个人信息，则直接将其定为组织数据（一般数据）的最高级别；若信息属于一般个人信息范畴，则需依据一般数据的分级规则，进一步分析其对个人合法权益的潜在影响程度，从而确定其具体的级别。

表9-4　敏感个人信息示例[14]

| 类别 | 示例 |
|---|---|
| 特定身份 | 身份证、军官证、护照、驾驶证、工作证、出入证、社保卡、居住证和港澳台通行证等 |
| 生物识别信息 | 个人基因、指纹、声纹、掌纹、耳廓、虹膜、面部识别特征和步态等 |
| 金融账户 | 金融账户及金融账户相关信息，包括但不限于支付账号、银行卡磁道数据（或芯片等有效信息）、证券账户、基金账户、保险账户、其他财富账户、公积金账户、公积金联名账号、账户开立时间、账户余额以及基于上述信息产生的支付标记信息等 |
| 医疗健康 | 个人因生病医治等产生的相关记录，例如，病症、住院记录、医嘱单、检验报告、手术及麻醉记录、护理记录、用药记录、药物食物过敏信息、生育信息、过往病史、诊治情况、家族病史、现病史和传染病史等 |
| 行踪轨迹 | 基于实时地理位置形成的个人行踪和行程信息，例如实时精准定位信息、GPS 车辆轨迹信息、出入境记录和住宿信息（定位到街道、小区甚至更精确位置的数据）等 |
| 未成年人个人信息 | 14 岁以下（含）未成年人的个人信息 |
| 身份鉴别信息 | 用于验证主体是否具有访问或使用权限的信息，包括但不限于登录密码、支付密码、账户查询密码、交易密码、银行卡有效期、银行卡片验证码（CVN 和 CVN2）、口令、动态口令、口令保护答案、验证码、密码提示问题答案和随机令牌等 |
| 其他敏感个人信息 | 种族、婚史、宗教信仰和未公开的违法犯罪记录等 |

### 9.4.5　衍生数据的分级

衍生数据是指通过对原始数据进行一系列处理、转换或分析操作后得到的新数据。这些数据经过特定的加工处理，以满足不同的需求，例如隐私保护、模型训练、统计分析或信息整合等。不同类型的衍生数据可能具有不同的价值，但它们共同的目标是更好地支持决策制定、优化业务流程或提升数据使用的效率和安全性。

衍生数据的安全级别，原则上应参考其原始数据集的级别，并根据数据处理的复杂性和敏感性进行相应的调整。在特定情况下，如数据的加工处理增加了其敏感性或可识别性，其安全级别可能需要提升；反之，如果处理降低了这些数据的风险，其安全级别则可能下调。

**（1）脱敏数据**

是指对原始数据中的敏感信息进行特殊处理，以去除或替换掉能够直接识别个体身份的敏感信息，从而保护个人隐私的数据。脱敏处理可以包括替换、删除、模糊化和哈希化等操作，以确保数据在分析和共享的过程中不会泄露个人隐私。这类数据的安全级别通常可以低于其原始数据集，但去标识化的个人信息应建议达到二级安全标准，而匿名化的个人信息则可以适当降低安全级别。

**（2）标签数据**

是指在原始数据上添加额外的标签或注释，以提供更多的信息或分类。这些标签可以是手动添加的，也可以是通过算法自动生成的。标签数据通常用于机器学习的监督学习任务中，作为模型训练的目标变量或分类标准。通过标签数据，可以将原始数据划分为不同的类别或组，从而更好地理解和分析数据。其安全级别虽然可以比原始数据集低，但涉及个人的标签信息应建议保持在二级或以上的安全标准。

**（3）统计数据**

是指通过对原始数据进行统计分析而得到的数据。统计分析可以包括计数、求和、平均值计算、方差计算、频次分析和相关性分析等。统计数据可以提供对原始数据的整体描述和概括，帮助人们更好地理解数据的分布、趋势和关系。统计数据通常用于报告、可视化展示和决策支持等场景，其安全级别通常比原始数据集更高，特别是涉及大规模群体特征或行动轨迹的数据。

**（4）融合数据**

是指将来自不同数据源或数据类型的原始数据进行整合和合并，形成一个更完整、更全面的数据集。融合数据可以包括多个数据库、传感器和时间点的数据等。通过数据融合，可以综合利用不同来源的信息，提供更丰富的数据维度和视角。融合数据在大数据分析、多模态感知、智能决策等领域具有广泛的应用。对于这类数据的安全级别划定，需要综合考虑其汇聚结果。如果融合后的数据包含了更多的原始信息或挖掘出了更敏感的内容，其安全级别应相应提升；反之，如果数据的融合降低了其可识别性或敏感性，则安全级别可以降低。

还有一些其他的衍生数据类型，包括聚合数据、特征数据、预测数据和降维数据等，也应根据数据处理的情况进行相应的调整。这些衍生数据类型的划分并不是绝对的，有时会根据具体的应用场景和需求进行不同的分类或组合。

### 9.4.6 数据的重新分级

在完成数据分类分级之后，鉴于数据的动态性和多变性，当数据的业务属性、重要性，以及潜在风险程度发生显著变化时，应对其进行适时的更新或重新分级。以下是需要考虑进行重新定级的主要情形。

**（1）数据内容或属性的变化**

① 数据内容发生实质性变化，使得原先确定的数据安全等级无法再准确反映当前数据的保护需求。

② 多个原始数据集合并成一个新的数据集，由于数据的组合效应，新的数据集可能具有与原始数据不同的安全需求。

③ 从多个数据源中选择部分数据合并，形成的新数据集的安全等级可能与原始数据的安全等级不匹配。

④ 不同类型的数据经过整合或融合，产生了新的数据类别，这些新类别的数据可能需要独立评估其安全等级。

⑤ 对数据进行了脱敏、关键字段删除、去标识化或匿名化处理，这些处理可能降低数据的敏感性和风险等级。

**（2）数据处理和使用环境的变化**

① 尽管数据内容保持不变，但数据的时效性、规模、使用场景或处理方式发生了重大变化，这些变化可能会对数据的价值和风险等级产生影响。

② 发生数据安全事件，如数据泄露或未经授权的访问，这些事件可能揭示先前未知的数据敏感性或风险。

③ 国家或行业主管部门发布新的数据保护标准或要求，导致原先确定的数据安全等级需要相应调整。

④ 组织内部的结构变更，例如部门合并、分拆或职责调整，会影响数据的访问、使用和共享方式，从而需要重新考虑数据的安全级别。

⑤ 业务模式的创新，组织推出新的产品或服务，或者改变现有的业务模式，会导致数据类型、来源、使用方式和存储位置的变更，进而需要重新评估数据的安全级别。

⑥ 第三方合作和数据共享，与新的第三方进行合作或共享数据时，需要根据第三方的安全能力和业务需求重新评估数据的安全级别，并确保适当的安全措施得到实施。

**（3）外部因素的变化**

① **技术进步和新型攻击方式。**随着恶意攻击工具和技术的演进，原本被认为安全的数据处理方式可能会变得不再安全。因此，当出现新的安全威胁或攻击方式时，需要重新评估数据的安全级别。

② **法律法规的更新。**除了国家或行业主管部门的直接要求外，相关的数据保护和隐私法律法规也会更新或变更，导致原先的数据安全级别需要进行相应调整以满足新的法律要求。

③ **数据跨境传输。**当数据跨境传输时，可能会受到不同国家和地区的法律法规限制，因此需要重新评估数据的安全级别，并采取必要的安全措施以满足跨境传输的要求。

# 9.5 行业数据分类分级示例

## 9.5.1 行业数据分类

在数据安全治理的实践中，数据的分类深受其所在行业特性的影响。不同行业因其独特的业务模式和运营需求，其数据类型往往呈现出鲜明的行业特点。例如，在电信、证券期货和工业行业等领域，已经形成相对明确和具体的数据分类方法和要求，这些分类体系为行业内的组织提供了标准或参考依据。

在进行数据分类时，类别定义通常会根据行业领域的不同而有所调整，进而衍生出符合该行业特性的分类方法。在这一过程中，不同类别之间的划分应当保持清晰和独立，避免出现重复和交叉的情况，以确保数据分类的准确性和有效性。

对于那些尚未形成统一分类模板的行业，组织在进行数据分类时，可以从自身的经营维度出发，参考通用的数据分类模板（例如用户数据、业务数据、经营管理数据、系统运行数据和安全数据等）。通过这种方式，组织能够初步建立起符合自身业务需求的数据分类体系，为后续的数据安全治理工作提供重要参考。

各行业数据分类示例见表 9-5，这些示例仅供参考，实际的数据分类应根据具体业务需求、行业特点和法规要求进行调整和完善。同时，还需考虑数据的敏感性、重要性，以及隐私保护等因素。

**表9-5　各行业数据分类示例**

| 行业领域 | 一级分类 | 二级分类 |
|---|---|---|
| 电信行业 | 用户相关数据 | 用户身份相关数据（例如，姓名、身份证号码和手机号码等）<br>用户服务内容数据（例如，通话记录、短信记录和上网记录等）<br>用户服务衍生数据（例如，用户位置信息和用户偏好分析等）<br>用户统计分析类数据（例如，用户消费行为分析和用户群体画像等） |
| | 组织自身数据 | 网络与系统的建设与运行维护类数据（例如，基站位置、网络拓扑和设备状态等）<br>业务运营类数据（例如，业务开通 / 关闭记录和服务订购信息等）<br>组织管理数据（例如，员工信息、财务数据和行政文档等）<br>其他数据（例如，合作伙伴信息和市场调研数据等） |
| 证券期货 | 市场数据 | 实时行情数据（例如，股票价格和成交量等）<br>历史行情数据（例如，股票历史价格和历史成交量等）<br>市场新闻与公告（例如，上市公司公告和政策变动等） |
| | 客户数据 | 基本信息（例如，姓名、身份证号码和联系方式等）<br>资产信息（例如，账户余额和持仓情况等）<br>交易偏好与风险承受能力评估数据 |
| | 交易数据 | 委托记录（例如，买入 / 卖出委托信息和委托状态等）<br>成交记录（例如，买入 / 卖出成交信息和成交价格等）<br>资金流水（例如，资金转入 / 转出记录等） |
| 工业行业 | 生产数据 | 生产计划数据（例如，生产排程和物料需求等）<br>生产过程数据（例如，生产进度和工艺流程参数等）<br>产品质量数据（例如，检验记录和合格率等） |

续表

| 行业领域 | 一级分类 | 二级分类 |
| --- | --- | --- |
| 工业行业 | 设备数据 | 设备状态监测数据（例如，设备运行状态和故障预警等）<br>设备维护记录（例如，维修历史和保养计划等）<br>设备能耗数据（例如，电量消耗和水资源使用等） |
| | 供应链数据 | 供应商信息（例如，供应商基本信息和合作历史等）<br>采购订单数据（例如，订单详情和交货日期等）<br>库存管理数据（例如，库存量和库存变动记录等） |
| 医疗行业 | 患者数据 | 基本信息（例如，姓名、性别、年龄和联系方式等）<br>病史数据（例如，既往病史和家族病史等）<br>健康监测数据（例如，体温、血压和血糖等） |
| | 诊疗数据 | 诊断记录（例如，疾病名称、诊断时间和诊断医生等）<br>治疗方案（例如，用药信息、手术记录和康复计划等）<br>疗效评估（例如，治疗结果和患者反馈等） |
| | 医疗资源数据 | 医疗机构信息（例如，医院名称、科室设置和医生资源等）<br>医疗设备数据（例如，设备类型、使用状态和维护记录等）<br>药品库存数据（例如，药品名称、库存量和有效期等） |
| 教育行业 | 学生数据 | 基本信息（例如，姓名、学号和班级等）<br>学业成绩（例如，考试成绩和作业评分等）<br>个性化发展数据（例如，兴趣爱好和特长等） |
| | 教学数据 | 课程信息（例如，课程名称、教材版本和教学计划等）<br>教学资源（例如，教案、课件和教学视频等）<br>教学评价（例如，学生评价和同行评价等） |
| | 科研数据 | 科研项目信息（例如，项目名称、项目组成员和经费预算等）<br>研究成果数据（例如，论文、专利和研究报告等）<br>学术交流与合作数据（例如，学术会议记录和合作单位信息等） |
| 政府部门 | 公民数据 | 个人身份信息（例如，姓名、身份证号码和户籍等）<br>社会保障数据（例如，社保缴纳记录和福利待遇等）<br>教育与就业数据（例如，学历信息和职业资格等） |
| | 政务数据 | 政策法规数据（例如，法律法规文本和政策解读等）<br>政府服务数据（例如，行政审批记录和公共服务事项等）<br>财政与税收数据（例如，财政预算和税收收入等） |
| | 监管数据 | 市场监管数据（例如，组织注册信息和经营许可等）<br>环境监管数据（例如，环境质量监测和污染物排放等）<br>公共安全监管数据（例如，治安案件记录和消防安全检查等） |
| 能源行业 | 能源生产数据 | 产量数据（例如，煤炭、石油、天然气和可再生能源等产量）<br>生产设施运行数据（例如，发电厂、炼油厂、矿井等的运行状态和产能）<br>生产过程中的安全与环保数据（例如，排放物监测和事故记录等） |
| | 能源消费数据 | 行业消费数据（例如，工业、交通和居民等各行业的能源消耗量）<br>地区消费数据（例如，各地区的能源消费结构和消费量）<br>能源效率与节能数据（例如，能效指标和节能项目效果等） |
| | 能源设施与资源数据 | 能源基础设施数据（例如，输电网、天然气管网、加油站等的分布和容量）<br>能源资源勘探与开发数据（例如，煤炭、石油、天然气等资源储量和开发情况）<br>新能源与可再生能源发展数据（例如，风能、太阳能、生物质能等的项目进展和产能） |

续表

| 行业领域 | 一级分类 | 二级分类 |
| --- | --- | --- |
| 交通行业 | 交通运行数据 | 交通流量数据（例如，车辆通行量和客流量等）<br>运输效率数据（例如，平均速度、准时率和运输成本等）<br>交通模式与行为数据（例如，出行方式选择和出行时间分布等） |
| | 交通安全数据 | 交通事故记录（例如，事故时间、地点、原因和伤亡情况等）<br>交通违章与执法数据（例如，违章记录和处罚情况等）<br>安全风险评估与预警数据（例如，道路安全状况评估和危险路段提示等） |
| | 交通设施与资源数据 | 交通基础设施数据（例如，道路、桥梁、隧道、车站、机场等的布局和状态）<br>交通工具与装备数据（例如，车辆类型、数量和运行状态等）<br>交通资源利用与管理数据（例如，停车位、加油站、充电站等的分布和利用情况） |

## 9.5.2　行业数据分级

在数据分级过程中，由于不同行业在业务运营、数据类型和使用场景等方面存在显著差异，因此在影响对象和影响程度的划分标准上也会有所不同。这种行业间的差异导致了数据分级结果的多样性和特异性。在进行数据分级时，应充分考虑行业的特性和需求，以确保分级结果的准确性和有效性。组织应根据实际情况完成定级工作，各行业数据分级示例见表 9-6。

**表9-6　各行业数据分级示例[3]**

| 行业领域 | 影响对象 | 影响程度 | 分级示例（从高到低） |
| --- | --- | --- | --- |
| 电信行业 | 国家安全、社会秩序、组织经营管理和公众利益 | 严重、高、中、低 | 第四级、第三级、第二级、第一级 |
| 金融行业 | 国家安全、公众权益、个人隐私、组织合法权益等 | 严重损害、一般损害、轻微损害、无损害 | 5 级、4 级、3 级、2 级、1 级 |
| 证券期货行业 | 行业、机构、用户 | 严重、中等、轻微、无 | 4（极高）、3（高）、2（中）、1（低） |
| 工业数据 | 工业生产、经济效益 | — | 三级数据、二级数据、一级数据 |

# 第十章

# 数据安全管理制度

## 本章导读

**内容概述：**

本章讨论了数据安全管理制度的重要性、编写原则和具体内容。首先介绍了管理制度的基本概念、作用及其在数据安全治理中的重要地位。其次，详细阐述了编写管理制度应遵循的基本原则，并给出了具体的编写步骤和技巧。在此基础上，本章提出了一套四级文件架构，覆盖了从纲领性文件到执行记录的完整制度体系。最后，通过大量示例，展示了各级文件的主要内容框架和要求。

**学习目标：**

1. 理解数据安全管理制度的重要性和作用。
2. 掌握编写管理制度的基本原则、步骤和技巧。
3. 了解数据安全管理制度的四级文件架构。
4. 了解各级制度文件的主要内容和要求。
5. 提升数据安全管理制度的建设能力。

## 10.1 概述管理制度

管理制度是指组织内部为了规范成员行为、维护秩序、保障权益、促进发展而制定的一系列规章、规则、流程和机制的总和，旨在确保组织内部的各项工作有序进行，人员行为得到有效约束和引导，从而实现组织的目标和使命。

管理制度通常包括组织结构、职责权限、工作流程、行为规范和奖惩机制等多个方面的内容，构成一个完整的制度体系，为组织的管理和运作提供了明确的指导和依据。通过实施这些管理制度，组织可以提高工作效率、减少决策失误、降低风险、增强竞争力，确保组织的稳定和持续发展。

管理制度并非一成不变的，而是需要根据组织的实际情况和外部环境的变化进行不断调整和优化。这样才能确保管理制度始终与组织的发展需求相适应，为组织的持续发展提供有力的保障。

数据安全管理制度是专门为了保障数据的安全性而制定的。它构成组织内部数据安全管理活动的核心框架，全面覆盖数据安全战略、操作流程、技术控制，以及员工培训等多个层面，旨在确保组织敏感数据在采集、传输、存储和处理等各个阶段的安全性。这一制度的建立不仅是组织遵循法律法规和行业标准的体现，更是组织维护数据安全、保障核心竞争力的重要措施。

## 10.2 管理制度的重要性及作用

建立健全的数据安全管理制度，能实现以下 6 个方面的作用。

**（1）风险管理与合规保障**

通过实施完备的数据安全管理制度，组织能够更有效地识别和评估潜在的数据安全风险，并确保组织的数据处理活动符合法律法规和行业标准的要求。这不仅有助于降低组织面临的法律风险，还能避免潜在的经济损失。

**（2）保障核心数据资产的安全**

组织的核心业务数据是关键资产之一，数据安全管理制度能够确保这些关键数据资产得到充分的保护，防止内、外部威胁对其造成损害，从而保障组织业务的持续稳定运行。

**（3）增强员工的安全意识与操作技能**

明确的数据安全管理制度能够规范员工在数据处理过程中的行为，并通过定期的培训和教育活动提高员工对数据安全的认识和操作技能。这有助于降低人为因素引发的数据安全问题，提升组织的整体安全防护水平。

**（4）整合技术与流程资源**

数据安全管理制度将技术手段、操作流程和人员资源紧密结合在一起，通过规范化的操作流程和有效的技术控制手段，确保数据安全的全面覆盖。这种整合有助于组织更有效地应对日益复杂和多样化的数据安全威胁。

**（5）提升组织声誉与品牌价值**

健全的数据安全管理制度有助于提升组织在数据安全领域的声誉和品牌价值。通过彰显组织在数据安全方面的专业能力，组织能够赢得用户和合作伙伴的信任，从而增强其在市场中的竞争力。

**（6）安全管理效率提升**

数据安全管理制度不仅能够帮助组织识别和评估数据生命周期中的安全风险，制定相应的防范措施以降低安全事件的发生概率；而且还能够通过制度化的管理方式提高安全管理的效率和效果，明确各部门和人员的职责与权限，优化资源配置。

综上所述，在组织数据安全治理体系中，数据安全管理制度发挥着指导和规范数据处理活动、明确安全责任与义务，以及促进技术与管理的融合等重要作用。同时，这一制度体系还应具备动态性和适应性，能够根据外部环境的变化和组织内部的需求调整进行持续改进与优化，以保持其时效性。

## 10.3 编写适用的管理制度

### 10.3.1 编写管理制度的基本原则

**（1）合规性原则**

合规性原则要求管理制度应符合相关法律法规和行业标准，确保组织的数据安全实践在法律允许的框架内进行。

具体而言，合规性原则体现在以下 5 个方面。

① **遵守法律法规。**管理制度应严格遵守国家的数据安全法律法规，包括但不限于《网络安全法》《数据安全法》《个人信息保护法》等。这些法律为数据处理活动划定了红线，任何违反法律的行为都可能导致严重的法律后果。

② **符合行业标准。**除了法律法规，管理制度还应参考并符合所在行业的标准和最佳实践。行业标准通常反映了行业内的共识和要求，遵循这些标准可以提升组织的数据安全水平，并提升其在行业内的竞争力。

③ **及时更新调整。**由于法律法规和行业标准会随着时间和环境的变化而更新，管理制度也应相应地进行调整。组织应定期审查其管理制度，确保与最新的法律法规和行业标准保持一致。

④ **明确法律责任。**管理制度应明确违反规定可能导致的法律责任。这不仅可以增强管理制度的约束力，还可以提高组织内部员工对数据安全重要性的认识。

⑤ **培训和宣传。**为确保合规性原则得到有效落实，组织应定期对员工进行数据安全相关法规、行业规范和标准的培训，提升整个组织对数据安全的认知和重视程度。

**（2）全面性原则**

全面性原则要求管理制度应涵盖组织内部所有与数据安全相关的方面。为了实现这一原则，需要确保制度内容具备以下 3 个方面的特点。

① **覆盖范围的广泛性。**全面性原则要求管理制度应全面覆盖组织内部的数据资产、数据处理活动、数据安全风险及相关人员等方面。这包括数据生命周期的安全管理，以及数据安全的组织架构、人员职责、培训教育、安全审计和应急响应等方面的内容。

② **细致入微的规定。**为了确保全面性原则得到有效贯彻，管理制度还应对各个细节进行详尽的规定。例如，针对不同类型的数据资产，应制定相应的分类分级保护措施；对于数据处理活动，应明确各环节的安全要求和操作流程；对于数据安全风险，应进行全面的风险评估，并制定相应的风险处置策略和措施。

③ **与相关法律法规和标准的衔接。**在遵循全面性原则的同时，管理制度还应与相关法律法规和行业标准保持紧密衔接。这意味着管理制度在涵盖组织内外部利益相关方诉求的同时，还需确保其与法律法规和行业标准的要求相符合。因此，在编写管理制度时，应充分参考和借鉴相关法律法规和行业标准的内容。

**（3）实用性原则**

实用性原则强调管理制度应根据组织的实际情况来制定，以确保其可操作性和有效性。具体来说，在制定管理制度时，应充分考虑以下 3 个方面。

① **与组织的业务需求和目标相契合。**管理制度应紧密围绕组织的实际业务需求和目标来构建。这意味着需要深入了解组织的运营模式、业务流程及数据安全需求，确保所制定的管理制度能够切实满足这些需求，并为组织目标的实现提供有力支撑。

② **具备可操作性。**管理制度应明确、具体、易于理解且便于执行。应提供具体的操作指南、步骤和标准，避免使用笼统或模糊的语言表达。此外，制度还应包含明确的责任分配和执行机制，以确保各项规定能够得到有效落实。

③ **注重实效。**在制定管理制度时，应始终关注其实际效果。这不仅要在制度设计上做到科学合理，还要在实施过程中进行持续监控和评估。通过收集反馈、分析执行情况和定期审查等方式，可以及时发现问题并进行相应调整，从而确保管理制度持续发挥实效。

**（4）适应性原则**

适应性原则强调管理制度应能够适应组织的发展和外部环境的变化，以便及时调整和更新，确保制度的时效性和适用性。

遵循适应性原则，管理制度的编写应具备以下 5 个方面的特点。

① **前瞻性考虑。**在编写管理制度之初，应充分考虑未来可能出现的变化和挑战。这要求制度的编写者具备敏锐的市场洞察力和丰富的行业经验，以便在制定制度的过程中预留出足够的调整空间。

② **模块化设计。**管理制度可以采用模块化设计，使不同的部分相对独立，便于根据实际需求增删改查。这样，当组织结构、业务流程或外部环境发生变化时，可以迅速调整相应的制度模块，而不影响其他部分的稳定性。

③ **定期评估与修订。**为了确保管理制度的适应性，应定期对制度进行全面评估，这包括审查制度与实际操作的契合度、制度执行效果，以及外部环境变化对制度的影响等。评估结果应作为修订制度的依据，确保制度与时俱进。

④ **反馈机制。**建立有效的反馈机制，鼓励员工和相关利益方对管理制度提出建议和意见。这些反馈可为制度优化迭代提供重要参考，确保管理制度更贴近实际需求。

⑤ **持续学习与改进。**组织应保持对行业动态和最佳实践的关注，不断学习和借鉴先进的管理理念和方法。通过持续改进，提升管理制度的适应性，为组织的数据安全提供坚实的保障。

### 10.3.2 管理制度的编写步骤

**（1）明确编写目的和目标受众**

在编写数据安全管理制度时，要先明确编写目的和目标受众，这是确保制度针对性和实用性的关键步骤。

编写数据安全管理制度的核心目的在于为组织内部的数据安全管理工作提供明确的指导和规范，确保数据资产的保密性、完整性和可用性。具体而言，编写目的主要包括以下 4 个方面。

① **遵守法律法规和行业标准。**通过制定管理制度，确保组织的数据安全实践符合相关法律法规和行业标准的要求，避免因违规操作而引发法律风险。

② **保障数据安全。**通过建立完善的管理制度，明确数据安全管理的职责、流程和要求，降低数据泄露、篡改或丢失等安全事件发生的概率。

③ **提高数据安全管理水平。**通过制度化的管理，推动组织内部形成统一的数据安全管理理念和操作规范，提升整体的数据安全管理水平。

④ **促进业务发展。**在确保数据安全的前提下，合理利用和保护数据资源，为组织的业务发展提供有力的支持。

组织中的各层级员工都有可能是数据安全管理制度的目标受众，例如，组织内部的数据安全管理人员、业务人员、技术人员及其他相关人员。不同受众对制度的需求和关注点可能有所不同，因此在编写过程中需要充分考虑不同受众的特点和需求。

① **数据安全管理人员。**数据安全管理人员是数据安全管理制度的主要执行者和监督者，需要全面了解制度的各项规定和要求，以确保数据安全管理工作能够有效实施。

② **业务人员。**业务人员在日常工作中会接触和处理大量数据，需要了解与他们工作相关的数据安全管理规定和操作要求，以确保业务活动的合规性和安全性。

③ **技术人员。**技术人员负责业务（信息）系统的设计、开发和维护工作，需要关注与技术实现相关的数据安全管理要求和技术标准，以确保系统的安全性和可靠性。

④ **其他相关人员。**其他相关人员包括法务人员、审计人员等，他们需要对数据安全管理制度进行审查和评估，以确保制度符合相关法律法规和组织内部战略的要求。

在明确编写目的和目标受众后，编写者可以有针对性地分析和设计管理制度的内容、框架和结构，以确保制度满足组织的实际需求并得到有效执行。

**（2）分析组织现状和需求，确定制度内容**

在编写数据安全管理制度的过程中，分析组织现状和需求、确定制度内容是一个重要的步骤。这一步骤的有效执行，将为整个管理制度的实用性和针对性奠定基础。

首先，应全面而深入地分析组织现状。这包括对组织当前的数据安全状况进行详细的梳理和评估，了解现有的数据安全防护措施、技术手段、管理流程，以及存在的安全风险和隐患。同时，还需要了解组织的数据类型、存储方式、访问权限等基本情况，以便更好地把握数据安全的整体状况。

其次，需求分析应具体且明确。在了解组织现状的基础上，需要进一步分析组织在数据安全方面的实际需求。这包括对数据保密性、完整性和可用性的保护需求，以及对数据安全事件的预防、发现、处置和恢复的需求。同时，还需要考虑组织在合规性、业务发展和技术创新等方面的需求。

最后，确定制度内容时应科学而合理。在分析组织现状和需求的基础上，需要结合相关法律法规、行业标准及最佳实践，科学合理地确定管理制度的内容。这包括制定数据安全的基本方针、原则和目标，明确数据安全的组织架构、职责和权限，规定数据安全的日常管理流程和规范，以及制定数据安全事件的应急预案和处理机制等。同时，还需要注意制度内容的可操作性，确保各项规定能够得到有效执行。

**（3）制定制度框架和结构，确保逻辑清晰**

数据安全管理制度需要有清晰、严谨的框架和结构，帮助组织有序地安排制度内容，确保员工迅速理解并遵循制度规定。以下是关于如何制定制度框架和结构的具体步骤。

① **确定主题和范围**。首先，需要明确管理制度的主题和涵盖的范围，例如，针对的数据类型、适用的人员和部门等。这有助于确保制度内容的集中性和一致性。

② **梳理关键要素**。根据数据安全的特性和组织需求，梳理出管理制度中应包含的关键要素，例如数据分类、访问控制、数据备份与恢复、加密与解密、监控与审计等。这些要素应构成制度的基本框架。

③ **设计层级结构**。为了确保制度的逻辑性和易读性，需要设计一个合理的层级结构。通常情况下，管理制度可以分为总则、分则和附则 3 个部分：总则部分阐述制度的目的、原则和适用范围；分则部分详细规定各个关键要素，可以进一步细分为章节、条、款、项等层级；附则部分包括制度的解释权、修订程序等附加说明。

④ **建立交叉引用和索引**。为了方便员工查找和理解制度内容，可以在制度中建立交叉引用和索引。例如，当某个条款涉及其他条款或相关文档时，可以添加引用说明；同时，可以为制度建立一个索引表，列出各个章节和条款的主题和页码。

⑤ **遵循标准化格式**。在编写管理制度时，应遵循一定的标准化格式，例如使用统一的标题、字体和编号等。这有助于提高制度的专业性和可读性。

⑥ **进行逻辑校验**。在完成制度初稿后，应进行逻辑校验，确保各个部分之间的逻辑关系正确、内容连贯。可以邀请相关部门或专家进行审阅，并提出修改建议。

**（4）编写制度条文，注重语言简洁明了**

在编写制度条文时，为了确保制度的有效性和可操作性，编写者应注重使用简洁明了的语言来表达相关要求和规定。

首先，制度条文应避免使用过于复杂或晦涩难懂的词汇和句子结构。相反，应使用简单、直接的语言，以便所有受众都能轻松理解。这有助于确保制度被广泛接受。

其次，每条制度条文都应明确表达一个具体的要求或规定。这有助于避免歧义和误解，并使受众清楚地了解需要遵守的标准。

此外，编写者还应注重条文的逻辑性和条理性。相关制度条文应按照一定的顺序进行排列，以确保整个制度的连贯性和一致性。同时，每个条文都应独立成段，以便员工能够迅速找到并理解相关信息。

最后，为了确保制度的准确性和完整性，编写者在完成初稿后应仔细校对和修改制度条文。这包括检查语法错误、拼写错误，以及可能出现的歧义或遗漏。

**（5）征求相关部门和人员意见，进行修改完善**

在编写数据安全管理制度的过程中，需要征求相关部门和人员的意见并进行修改完善。这不仅有助于确保制度的实用性和可操作性，还能提高组织内部对制度的接受度和遵守意愿。具体来讲，征求意见的重要性包括以下 3 个方面。

① **提升制度的实用性**。相关部门和人员通常直接参与数据安全管理工作，能够深入了解组织的实际情况和需求。征求他们的意见可以帮助组织发现制度中可能存在的问题和不足，从

而进行有针对性的修改和完善。

② **增强制度的可操作性。**通过征求相关部门和人员的意见，可以确保制度中的各项规定和措施符合实际工作流程和操作习惯，从而提高制度的可操作性和执行效率。

③ **促进组织内部的沟通与协作。**征求意见是一个沟通和协作的过程，有助于增强各部门和人员之间的理解和信任，为制度的顺利实施创造良好的内部环境。

征求意见的步骤有以下 3 个。

① **确定征求意见的对象。**根据制度的内容和涉及范围，确定需要征求意见的相关部门和人员。这些对象应包括数据安全管理工作的直接参与者、利益相关方，以及具有专业知识和经验的人员。

② **制定征求意见的方案。**明确征求意见的方式、时间和反馈渠道。可以通过会议讨论、问卷调查、面对面访谈等方式收集意见。同时，要确保给予足够的时间供相关部门和人员思考和反馈。

③ **收集和整理意见。**在征求意见的过程中，要认真收集和记录各部门和人员的意见和建议。整理和分析这些意见，找出制度中需要修改和完善的地方。

根据收集的意见和建议，修改和完善制度。这个过程可能包括调整制度框架和结构、增删改制度条文、优化工作流程和措施等。在修改的过程中，要保持与相关部门和人员的沟通，确保修改内容符合他们的期望和需求。同时，也要注意平衡各方利益，确保制度的公平性和合理性。

**（6）审核和发布制度，确保正式实施**

在编写完成数据安全管理制度后，经过审核和发布，确保其正式实施。这一过程涉及多个环节，包括制度审核、修订完善、最终批准、正式发布及实施监督。

首先，制度审核是确保管理制度质量和合规性的重要环节。审核过程应由专业的数据安全团队或委员会负责，他们将对制度内容进行逐条审查，以确认制度是否符合编写原则。同时，审核还将关注制度条文是否清晰、逻辑是否严谨，以及是否能够有效解决组织内部的数据安全问题。

在审核过程中，如果发现制度存在不足或需要改进的地方，应及时进行修订和完善。这可能需要调整、补充或删除制度条文，以确保制度更加符合组织的实际需求和最佳实践。在修订过程中，同样需要征求相关部门和人员的意见，以确保制度的实用性和可操作性。

经过审核和修订后，管理制度需要获得高层管理人员的最终批准。这是制度正式生效前的必要程序，也是组织对制度认可和承诺的体现。高层管理人员应对制度进行全面评估，确认其符合组织的战略目标和数据安全需求。

一旦获得批准，管理制度就可以正式发布并实施。发布过程中应确保所有相关部门和人员都能够及时获取并了解制度内容，这可以通过内部通知、培训会议、在线平台等多种方式进行传播和宣传。同时，还应建立制度实施的监督机制，定期检查和评估制度的执行情况，确保制度得到有效执行和持续改进。

### 10.3.3　编写管理制度的技巧

**（1）以问题为导向，针对性地解决数据安全问题**

在编写数据安全管理制度时，应以问题为导向，有针对性地解决组织内部存在的数据安全问题，从而有效提升数据安全管理的水平。以下是运用这一技巧时需要考虑的 5 个方面。

① **识别关键问题。**全面梳理组织内部的数据安全状况，通过风险评估、安全检查、事件分析、数据资产盘点、数据分类分级等方式，识别出当前面临的关键数据安全问题。这些问题可能涉及数据泄露、非法访问、恶意篡改和数据丢失等方面。

② **分析问题成因。**针对识别出的问题，要深入分析其产生的根本原因。这包括技术层面的漏洞、管理层面的缺失、人为操作失误等方面。通过成因分析，可以更加准确地定位问题所在，为制定解决措施提供依据。

③ **制定针对性措施。**在明确问题及其成因后，需要制定相应的解决措施。这些措施应具体、可行，并明确责任人和执行时限。例如，针对技术漏洞，可以采取升级系统、打补丁等措施；针对管理缺失，可以完善相关管理制度和流程；针对人为操作失误，可以加强培训和监督。

④ **明确化制度条文。**将针对性措施转化为制度条文时，要确保语言表述清晰、准确，避免歧义和模糊性。制度条文应明确规定各项措施的具体要求、执行标准和监督方式等，以便相关人员能够准确理解和执行。

⑤ **持续监控与改进。**在编写完以问题为导向的管理制度后，还需要建立持续的监控和改进机制。通过对制度执行情况的定期检查、评估，以及收集员工反馈和建议，及时发现制度存在的问题和不足，并进行修订和完善。

**（2）借鉴行业最佳实践，提高制度质量**

在编写数据安全管理制度时，借鉴行业最佳实践是提高制度质量的技巧之一。通过参考和学习其他组织的数据安全管理制度，可以吸取其经验和教训，避免重复犯错，快速提升自身制度的质量和效果。

首先，要广泛收集和研究行业内的优秀数据安全管理制度。通过查阅相关文献资料、参加行业会议和研讨会、与同行交流等方式，获取其他组织的数据安全管理制度信息。重点关注在实践中被证明有效且得到广泛认可的安全管理制度，分析其优点和特点，了解它们是如何解决类似的数据安全问题的。

其次，要结合自身组织的实际情况，对收集到的最佳实践进行筛选和适配。不同组织的数据安全需求和环境可能存在差异，因此不能盲目照搬其他组织的制度。要在理解自身组织的数据安全目标、业务特点和人员状况等基础上，选择适合自身的最佳实践，并进行必要的调整和改进，以确保在本组织中的适用性和有效性。

最后，要将借鉴到的最佳实践融入自身组织的数据安全管理制度中。在编写制度条文时，可以借鉴其他组织的语言和表述方式，确保制度清晰明了、易于理解。同时，要注重制度间的衔接和协调，确保新引入的最佳实践与原有制度相互补充、相互支持，共同构成一个完整、统一的数据安全管理体系。

**（3）注重制度间的衔接和协调，避免冲突和矛盾**

制度间的衔接和协调，是确保整个制度体系有效运行、避免冲突和矛盾的关键。以下是在编写管理制度的过程中，实现制度间衔接和协调的建议。

① **建立清晰的制度层级结构。**要确立一个明确的制度层级体系，包括总体战略、具体管理制度、操作规程等。每个层级的制度都应有其特定的目的和范围，相互之间形成有力的支撑和补充。

② **明确各制度间的关系。**在编写管理制度时，应明确每个制度与其他制度之间的关系（例

如是互补还是互斥关系，是平行还是隶属关系）。这样有助于形成一个有机统一的制度体系，避免制度间的重复、交叉或矛盾。

③ **保持制度内容的连贯性。**在制度内容上，应确保各项规定之间具有内在的逻辑联系和一致性。不同制度中的相关条款应相互呼应，避免出现矛盾或歧义。

④ **制度更新时的衔接。**随着组织发展和外部环境的变化，管理制度可能需要适时调整和更新。因此，应建立一种有效的制度更新和维护机制，确保在修改或新增制度时，能够充分考虑到与其他制度的衔接和协调问题。

⑤ **加强制度间的沟通与协调。**在编写和实施制度的过程中，应加强不同部门和相关人员之间的沟通与协调。通过定期的会议、讨论等方式，共同审议和解决制度间可能存在的冲突和矛盾。

⑥ **建立制度审查机制。**为确保制度间的衔接和协调，还应建立一种制度审查机制。在制度发布前，应组织专家和相关人员进行审查，重点检查制度内容是否与其他相关制度相协调、是否存在冲突或矛盾。

**（4）使用图表，提高制度可读性**

在编写数据安全管理制度时，使用图表等辅助工具可以显著提高制度的可读性。以直观、清晰的方式展现复杂的信息和流程，帮助员工更好地把握制度的核心内容和要求。

图表是一种非常有效的信息展示工具，它可以将大量的数据或信息以简洁、直观的形式呈现。在数据安全管理制度中，可以使用各种类型的图表来辅助说明相关内容。

① **组织架构图。**展示组织的架构，包括各部门之间的关系及职责划分。这有助于员工了解组织的内部结构，明确各部门在管理制度执行中的角色和责任。

② **职责划分表。**以表格形式明确列出各部门或岗位的职责和权限，帮助员工清晰了解各自的责任范围。

流程图是一种用于描述系统、过程或操作顺序的图形表示方法。在数据安全管理制度中，流程图可以帮助员工更好地理解数据处理流程、安全控制措施及应急响应流程等。

① **数据处理流程图。**通过流程图展示数据的采集、传输、存储、处理、交换和销毁等全过程，明确各个环节的安全要求和操作规范。

② **安全事件响应流程图。**通过流程图展示安全事件发生后的报告、评估、处置和总结等流程，确保相关人员能够迅速、有效地应对安全事件。

在使用图表等辅助工具时，需要注意以下 3 个方面。

① **简洁明了。**避免过于复杂或冗余的信息，以免干扰员工的理解。

② **一致性。**在同一份管理制度中，图表的风格、符号和标注应该保持一致，以便员工能够快速理解其含义。

③ **解释说明。**对于较为复杂的图表，可以在旁边添加简短的解释说明文字，帮助员工更好地理解其内容和意义。

**（5）定期评估和修订，确保持续有效**

为了确保管理制度持续有效，适应组织发展和外部环境变化，需要定期评估和修订数据安全管理制度。

制度评估的目的是检查现有管理制度的执行情况、效果及存在的问题，为后续的修订提供依据。

评估工作应全面、客观，涉及制度设计的合理性、实用性，以及执行过程中的难点和痛点。在评估过程中，可以采用问卷调查、访谈、案例分析等多种方法，收集来自不同部门和人员的反馈意见。

修订管理制度是基于评估结果对制度进行必要的调整和完善。修订工作应重点关注以下 3 个方面。

① **法律法规和行业标准的变化。**随着法律法规和行业标准的更新，管理制度需要相应地进行调整，以确保合规性。

② **组织发展和业务变化。**当组织的业务范围、技术架构和人员结构等发生变化时，管理制度需要相应地进行优化，以适应新的环境和需求。

③ **执行中的问题和挑战。**针对制度执行过程中遇到的问题和挑战，需要深入分析原因，并通过修订制度来解决这些问题。

为确保管理制度的持续有效性，除了定期评估和修订，还需要建立长效的维护机制，主要包括以下 3 个方面。

① **建立专门的维护团队或指定负责人。**负责制度的日常监督、问题收集、修订建议及组织实施修订工作。

② **制定明确的修订周期和流程。**根据组织实际情况和外部环境的变化频率，制定合理的修订周期，并明确修订流程，确保修订工作的顺利进行。

③ **加强培训和宣传。**每次修订后，都需要对相关人员进行培训，确保他们了解并遵循新的制度。同时，通过内部宣传、会议等方式，提高全员对管理制度的认知度和执行力。

### 10.3.4　编写管理制度的常见误区

#### （1）将编写管理制度视为一次性工作

在数据安全治理实践中，一个常见的误区是将编写管理制度看作一次性工作，即初次建立后就不再进行系统的更新和维护。这忽视了信息技术和数据安全环境的动态变化，以及组织内部流程和策略的调整需求。

数据安全管理制度不是一成不变的。随着技术的演进、新威胁的出现、法律法规的更新，以及业务需求的变化，应相应地调整和完善管理制度。否则，过时的制度将无法有效指导当前的安全实践，甚至可能成为阻碍安全提升的障碍。

例如，随着云计算和大数据技术的广泛应用，数据处理方式和存储环境发生了显著变化，若制度中仍然只有传统物理环境的安全要求，则可能会导致云环境中的数据处理和存储过程中存在管理和技术层面的安全漏洞，甚至导致严重的数据泄露事件。

为确保数据安全管理制度的时效性和适应性，组织应定期评估其与当前技术环境、法律法规和业务需求的符合程度，并及时进行更新。

① 设立专门的制度管理团队或指定负责人，负责制度的日常维护和更新工作。

② 定期全面审查制度，评估其与当前技术环境、法律法规和业务需求的符合程度。

③ 鼓励员工在日常工作中提出对制度的改进建议，并设置相应的反馈渠道。

④ 在发生重大技术变革或安全事件时，及时修订制度。

⑤ 通过培训、宣传等方式，确保更新后的制度得到员工的广泛理解和有效执行。

通过以上措施，组织可以确保数据安全管理制度始终保持与时俱进，有效指导数据安全治理实践。

**（2）管理制度内容过于笼统或复杂**

当管理制度表述过于宽泛、缺乏具体细节时，员工往往难以明确其具体要求和操作标准，导致制度执行的不一致和低效率。相反，如果制度设计得过于复杂，充斥着大量难以理解的条款和烦琐的流程，则会阻碍员工的有效执行。

一个有效的管理制度应提供清晰的操作指南，明确各个环节的责任人和职责范围。缺乏这些要素的制度往往导致实际工作中出现责任推诿、流程混乱等问题。例如，某大型机构在数据安全管理方面制定了一套详尽的制度，但由于太复杂和缺乏明确的责任划分，员工在执行过程中经常遇到困惑，未能准确理解制度中的某项规定。一名员工错误地将敏感用户数据传输给了外部合作方，导致一起严重的数据泄露事件。事后调查发现，该员工在面临不明确的制度指导时，未能找到合适的咨询途径，最终作出了错误的决定。

编写有效的管理制度需要在全面性和简洁性之间找到平衡。

① **明确目标**。明确制度的目的和需要解决的问题，确保每一项条款都服务于这些目标。

② **细化流程**。对于关键流程，应提供详细的步骤说明和操作指南，以便员工能够准确无误地执行。

③ **责任到人**。明确各个环节的责任人和职责范围，确保每项任务都有明确的负责人。

④ **简化语言**。使用简洁明了的语言，避免过于专业和复杂的术语，确保制度易于理解。

⑤ **反馈机制**。建立员工反馈机制，鼓励员工对制度提出改进建议，以便不断完善和优化管理制度。

**（3）忽视员工的参与和培训**

在实施数据安全管理制度的过程中，员工是最直接的执行者，他们的行为将直接影响到管理制度的有效性。然而，在实际操作中，许多组织忽视了员工的参与和培训，这成为管理制度执行中的一个重大误区。

当员工对管理制度缺乏了解和认同时，他们可能会在执行过程中产生抵触情绪，甚至故意违反制度规定。这种情况往往源于组织在制定管理制度时，未能充分征求员工的意见和建议，导致员工对制度内容感到陌生和不理解。例如，在某些组织中，由于员工对数据安全的重要性认识不足，他们在处理敏感数据时可能会忽略必要的安全措施，从而引发安全事故。

为了提升员工对管理制度的认知和遵守度，组织需要采取积极的措施。首先，组织应该在制定管理制度的过程中广泛征求员工的意见和建议，让员工参与制度的制定。这不仅可以增加员工对制度的认同感，还可以帮助组织发现潜在的问题和漏洞。其次，组织需要定期为员工提供数据安全培训，提高他们的数据安全意识和技能水平。培训内容可以包括数据安全的基本知识、管理制度的具体内容及实际操作中的注意事项等。通过培训，员工可以更好地理解和执行管理制度，减少违规行为的发生。

此外，组织还可以通过建立激励机制来鼓励员工遵守管理制度。例如，可以设立数据安全奖励计划，对在数据安全方面表现突出的员工进行表彰和奖励。这不仅可以增强员工的荣誉感和归属感，还可以提高他们对管理制度的重视程度。

**（4）管理制度与实际执行脱节**

在数据安全领域，一个常见但易被忽视的问题是管理制度与实际执行之间的脱节。即便拥有完善且详尽的管理制度，若无法确保其有效执行，这些制度也将形同虚设，难以发挥应有的效用。

管理制度的有效执行依赖于监督和考核机制的支撑。然而，许多组织在制定数据安全管理制度后，却未能建立起相应的监督和考核机制，或者这些机制存在缺陷，无法对制度执行情况进行全面、客观、及时的评估。这导致管理制度在实际操作中无法得到有效贯彻，甚至可能因缺乏监督而逐渐被忽视。

例如，某大型组织在数据安全管理制度方面投入了大量精力，制定了一系列详尽的规章制度。然而，由于缺乏有效的监督和考核机制，这些制度在实际操作中并未得到严格执行。员工对数据安全的重要性认识不足，违规行为频发，例如随意共享敏感数据、使用弱密码等。最终，该组织遭受了一起严重的数据安全事件，造成重大经济损失和声誉损害。

为确保管理制度的有效执行和监督，组织应采取以下措施。

① 建立专门的监督机构或指派专人负责数据安全管理制度的执行监督。这些人员应具备相应的专业知识和技能，能够定期对制度执行情况进行检查和评估。

② 制定明确的考核标准和奖惩机制。通过对员工在数据安全方面的表现进行量化评估，对表现优异的员工给予奖励，对违规的员工进行惩罚，强化员工对遵守管理制度的意识。

③ 定期对数据安全管理制度进行审查和修订。随着组织环境和业务需求的变化，管理制度可能需要进行相应的调整。通过定期审查和修订，可以确保制度始终与组织的实际情况保持一致。

④ 加强员工的数据安全教育和培训。通过提升员工的数据安全意识和技能，使其更好地理解和遵守管理制度，从而减少违规行为的发生。

**（5）过度借鉴或跟从其他组织的制度**

通过借鉴其他成功组织的数据安全管理制度，确实可以快速建立起一套看似完善的管理体系。但是，不能忽视了组织自身的独特性、业务需求、文化背景、行业特点，以及法律法规的要求，否则会导致所借鉴的制度与实际脱节。

每个组织都有其独特性，因此不能直接复制其他组织的制度，否则可能会因为与组织的特性不匹配而导致制度难以落地实施。例如，一家高度依赖云计算的初创公司与一家拥有庞大内部数据中心的成熟组织，在数据安全管理制度上的需求则存在显著的差异。

某医疗机构在数据安全管理制度建设上，直接照搬了一家大型银行的管理制度。然而，由于医疗行业的特殊性和严格的隐私保护要求，该制度在实际操作中遭遇了巨大阻力。员工对制度的不理解、不遵守，以及制度与实际业务流程的冲突，导致数据安全管理工作陷入混乱。最终，该机构不得不花费大量的时间和资源重新修订制度。

为了避免出现过度借鉴或跟从其他组织制度的情况，组织应该首先对自身的特性进行全面的评估。在充分了解自身情况的基础上，组织可以借鉴其他成功组织的经验和做法，但要确保这些经验和做法与组织的实际情况相匹配。此外，组织还应该建立一套制度的修订和完善机制，定期审查和更新管理制度，以适应组织发展和外部环境的变化。

## 10.4 四级文件架构

与信息安全管理体系类似，不同组织在数据安全领域的文件体系划分和命名也可能有所不同。所以，在实际应用中，建议参考组织自身的数据安全管理规定或实施指南，并结合最新的数据安全标准和相关指导文件，构建符合组织实际情况和需求的数据安全制度体系。

在构建数据安全管理制度时，可以借鉴信息安全管理体系（Information Security Management Systems，ISMS）中的四级文件架构。四级文件架构如图 10-1 所示。这种层级分明的文档结构有助于确保数据安全管理的所有层面均得到充分的阐述和切实的执行。

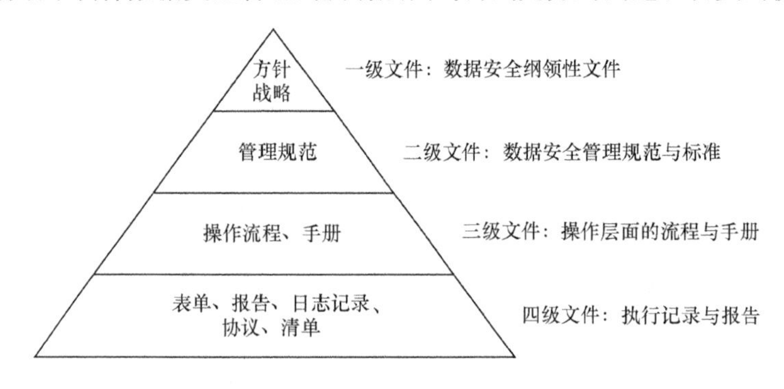


图10-1 四级文件架构

**（1）一级文件：数据安全纲领性文件**

一级文件主要是由组织的高层领导根据组织的长远规划、组织战略及核心业务需求制定的，涵盖了数据安全治理的核心方针、基本原则、主要策略及所追求的目标。例如，确立“以数据分类与分级为基础，通过严格的权限控制，实现管理与技术双轮驱动”的数据安全治理方针。这些高级别的文档奠定了组织数据安全工作的基调，并提供了宏观层面的指导。

**（2）二级文件：数据安全管理规范与标准**

为了将一级文件中确立的方针和战略落到实处，管理层需要制定更详细的管理规范和技术标准。这些规范应包括数据安全管理制度的详细条款、组织内部各岗位的职责划分、应急响应的具体流程、监测与预警机制、合规性评估的准则、定期的检查与评价体系，以及教育培训的计划与内容等。

**（3）三级文件：操作层面的流程与手册**

三级文件则细化了数据安全管理在各个执行层面的操作流程和工作手册。例如，制定数据分类与分级的详细操作指南、数据安全治理能力自评手册、技术防护措施的实施规范及数据安全审计的详细步骤等。这些文件为一线工作人员提供了明确的操作指引，确保数据安全的各项控制措施能够在实践中得到有效执行。

**（4）四级文件：执行记录与报告**

四级文件主要包括数据安全管理制度执行过程中产生的各种记录、报告和日志等。例如，数据访问的申请表单、安全事件的记录日志、定期的安全审计报告、相关的会议纪要，以及与合作方签订的合同和协议等。这些文件不仅记录了数据安全管理的实际运作情况，还为组织提供了监控和评审的依据。通过定期分析和评审这些文件，组织可以及时发现潜在的数据安全风险，并为后续的数据安全工作提供实证支持和持续改进的方向。

# 10.5　管理制度体系

## 10.5.1　制度体系框架

根据四级文件架构，组织可以形成完整的管理制度体系，数据安全管理制度体系示例如图10-2所示。不同组织在数据安全领域的实际需求和制度体系划分上可能存在差异，因此在构建数据安全制度体系时，组织应充分考虑自身的实际情况和需求，参考业界最佳实践和相关标准，制定出一套既符合规范又具有可操作性的数据安全管理制度。

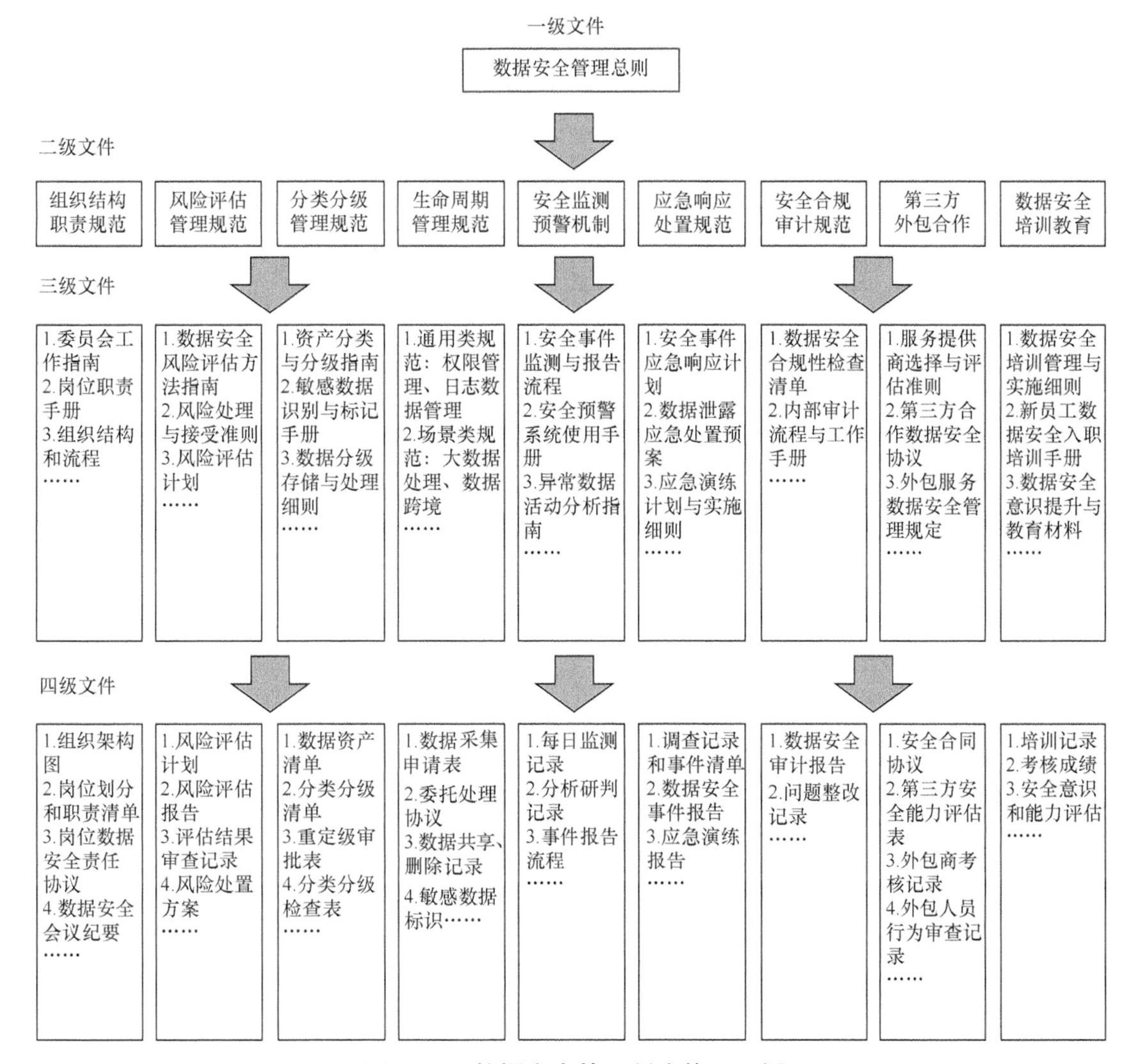


图10-2　数据安全管理制度体系示例

注 在实际工作中，二级文件有可能与一级文件合并，形成大而全的管理制度。三级文件与二级文件的界线容易混淆，也会出现合并的情况。另外，文件的名称也可能出现较大的差异。

### 10.5.2 一级文件内容框架

一级文件内容框架的示例内容，请参见附录 D。

### 10.5.3 二级文件内容框架

二级文件内容框架的示例内容，请参见附录 E。

### 10.5.4 三级文件内容框架

三级文件内容框架的示例内容，请参见附录 F。

### 10.5.5 四级文件内容框架

四级文件详细记录了数据安全的实际操作、事件响应、审计结果，以及与合作方的约定等，具体来说，四级文件主要包括但不限于以下内容。

**（1）操作记录与申请表单**

涵盖了数据的全生命周期，例如数据生命周期各环节的申请和审批表单。这些表单不仅记录了数据的使用目的、范围和处理方式，还确保了数据的合规性。

**（2）合同与协议模板**

在与外部合作方进行数据交互时，签订数据安全协议是保障双方权益的关键。这些模板化的协议，例如数据采集协议、数据共享协议等，明确了双方的数据安全责任和义务，降低了数据泄露和滥用的风险。

**（3）安全报告与审计结果**

定期对数据安全进行审计和评估是确保数据安全的重要手段。这些报告详细记录了审计的过程、发现的问题及改进建议，为组织的数据安全策略调整提供了科学的决策依据。

**（4）日志与培训记录**

详细的数据操作日志、安全事件响应日志，以及数据安全培训和考核记录，共同构成组织内部数据安全意识和技能提升的保障。通过对这些记录的分析，组织可以及时发现员工在数据安全方面的不足，并采取相应的补救措施。

**（5）各类清单**

为了确保数据安全的全面性和系统性，组织需要维护一系列清单，例如，数据分类分级清单、数据资产清单、安全事件和调查记录清单，以及数据安全相关岗位角色和权限清单等。这些清单为组织的数据安全治理提供了清晰的视角和便捷的管理手段。

第十一章

# 数据安全技术体系

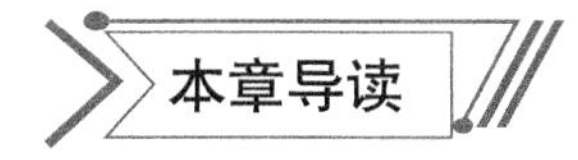


**内容概述：**

本章主要介绍了数据安全技术体系建设中的内容，包括数据全生命周期各阶段的安全需求、通用安全防护需求，以及各类数据安全产品及其应用场景，内容涵盖数据分类分级、加密、脱敏、备份恢复、审计监控、访问控制等技术领域；讨论了安全技术在数据安全治理中的局限性及“安全技术悖论”问题。

**学习目标：**

1. 掌握数据生命周期各阶段防护需求的内容。
2. 掌握通用安全防护需求的内容。
3. 了解常见的数据安全产品类型，及其核心功能、关键技术和典型应用场景。
4. 理解安全技术在数据安全治理中的局限性。

## 11.1 概述数据安全技术需求

依据国家标准 GB/T 37988—2019《信息安全技术 数据安全能力成熟度模型》所定义的安全过程域（如图 2-7 所示），数据安全技术需求可以详细划分为数据生命周期安全需求和基础安全需求两大核心部分。

在构建数据安全技术架构的过程中，组织应结合自身的业务特性和实际需求进行深入考虑，从而制定数据安全建设的指导原则。组织需要为各类数据处理活动设定明确的安全标准，并构建相应的技术能力，确保技术与管理制度的紧密结合，以充分发挥安全技术的效能。

此外，组织应对数据在其全生命周期内的各种应用场景中的风险进行持续监控。这一举措的目的是评估当前数据安全控制策略是否有效，并发现其可能存在的安全隐患。一旦发现安全隐患，应立即采取措施进行整改，并解决问题的根本原因，完善数据安全管理制度、技术和流程。通过持续的改进和优化，组织能够不断提升数据安全保护能力。

## 11.2 安全技术与安全产品的区别

安全技术是指那些用于确保数据、网络及其他相关领域安全性的技术手段。这些技术手段具有多样性，涵盖了加密技术、身份验证技术、访问控制技术及漏洞扫描技术等多个方面。安全技术的主要特点包括以下 4 个方面。

① **通用性**。安全技术通常具有广泛的适用性，可以灵活应用于不同的场景和产品。

② **动态性**。安全技术具有动态性，需要随着威胁环境的演变和技术进步进行持续更新与调整。

③ **灵活性**。安全技术具备灵活性，可以根据不同的安全需求进行个性化定制和组合，从而满足多样化的安全防护要求。

④ **基础性**。安全技术是安全产品的基础，产品的开发和实现都需要以技术为支撑。

安全产品指的是市场上提供的或自主研发的专门工具或设备，其基于一定的安全技术开发而成，旨在解决特定领域的安全问题。常见的安全产品包括防火墙、IDS、SIEM 系统及数据加密工具等。安全产品的主要特征有以下 3 个。

① **具体化**。安全产品通常是针对特定安全问题或场景的解决方案，具有明确的应用范围和目标。

② **商业化**。这些产品往往由专业的安全厂商开发并提供，用户需要通过购买或许可的方式来获得使用权。

③ **集成性**。安全产品可能集成了多种安全技术，以提供全面、综合的安全防护能力。

在理解安全技术与安全产品的关系时，需要注意它们之间是一种多对多的映射关系。即一种安全技术可以应用于多个不同的安全产品中，而一个安全产品也可能结合了多种安全技术来实现其防护功能。

**注** 本书侧重于讲解安全产品和工具，而非深入探讨安全技术的原理。

首先，产品化的内容更加直观易懂。对非技术专业的人员来说，具体的产品通常比抽象的技术更容易理解。产品具有明确的界面、功能和用途，使读者能够更快速地掌握其应用方法和实际效果。

其次，结合实际应用进行讲解有助于加深理解。在实际应用中，安全技术往往是通过具体的安全产品来实现的。因此，在讨论产品时不可避免地会涉及相关的技术内容。这种以产品为载体的讲解方式有助于读者更好地理解技术的应用场景和实际效果。

最后，将安全产品按照不同的类型（例如终端安全产品、网络安全产品等）进行分类和组织，有助于读者更好地理解和比较不同产品之间的特点和优势。这种分类方式也符合市场上常见的产品划分方法，有助于读者更好地与实际工作相结合。

然而，在深入学习数据安全治理的过程中，需要加深对安全技术的理解。只有充分理解了安全技术的原理和应用场景，才能更好地选择和使用合适的安全产品来保障数据的安全性。

## 11.3 全生命周期安全防护需求

### 11.3.1 数据采集安全

数据采集阶段的安全需求涉及数据的分类分级、采集流程的安全管理、数据源的鉴别与记录及数据质量管理。满足这些需求是确保数据采集活动安全、高效的基础。

**（1）数据的分类分级**

开发或采购能够自动标识数据分类分级的工具，确保数据在生成或导入时即被正确分类分级。工具应支持分类分级结果的审核功能，并记录自动与人工审核之间的差异，以便定期分析并改进工具的准确性。对于数据的分类分级操作及变更，实施日志记录，并利用日志分析技术定期审计变更操作，确保数据分类分级的可追溯性。

**（2）采集流程的安全管理**

建立统一的数据采集流程和工具，确保数据采集的一致性，并具备详细的日志记录能力，以完整记录数据采集的授权过程。在数据采集的过程中使用技术手段，防止个人信息和敏感数据被泄露。对采集到的数据实施完整性、有效性等校验，以确保数据的准确性。实现数据采集和获取全过程的跟踪和记录，以支持操作过程的可追溯性。

**（3）数据源的鉴别与记录**

针对关键业务系统，建议集成或开发数据源鉴别工具，以确保准确识别和记录数据的来源。对于从外部收集的数据，实施技术手段识别和记录其数据源。关键的追溯数据应实施定期备份，并采用加密、访问控制等技术手段，以确保其存储、传输和访问的安全性。数据管理系统应提供相关功能，允许对数据源类型进行标记，以支持后续的统计和分析。

**（4）数据质量管理**

部署数据质量监控工具，对关键数据进行实时监控，确保数据的准确性、完整性和一致性。在检测到数据异常时，触发告警，并提供更正或修复的建议。

### 11.3.2　数据传输安全

在数据传输阶段，组织应确保数据在传输过程中的保密性、完整性及网络的可用性。因此，数据传输的安全需求涉及加密技术的应用、网络可用性的管理，以及相应的监测和恢复机制。

**（1）数据传输加密**

数据传输加密用于保障数据在传输过程中不被未授权访问和篡改。

① **主体身份鉴别和认证。**实施有效的身份鉴别和认证机制，确保传输通道两端的主体身份真实可靠。采用适合的认证技术，例如多因素认证，以增强身份鉴别的安全性。

② **数据传输加密方案。**使用加密技术对传输的数据进行保护，根据业务需求和系统性能考虑加密算法的选择和实现方式，SSL 和 TLS 是目前广泛使用的安全传输协议。加密方案覆盖整个数据传输通道，确保数据在传输过程中的保密性。根据数据类型和级别选择合适的加密算法和密钥管理策略。

③ **数据完整性保护。**实施数据完整性检验机制，防止数据在传输过程中被篡改。采用安全哈希函数（例如 SHA-256、SHA-512）等技术手段来确保数据的完整性和可验证性。

④ **安全配置和监控。**部署安全配置审核和监控工具，确保通道安全配置、密码算法配置、密钥管理等符合安全要求。监控工具具备实时检测和报警功能，以便及时发现和处理安全事件。

⑤ **节点身份鉴别。**每个传输链路上的节点都配置独立的密钥对或数字证书，用于实现节点间的身份鉴别。建立证书管理系统，对数字证书进行签发、更新、吊销等全生命周期的管理。

⑥ **统一的数据加密模块。**组织提供统一的数据加密模块，供开发人员调用，并确保不同类型和级别的数据都能得到适当的加密处理。数据加密模块经过严格的安全测试和验证，确保其安全性和稳定性。

**（2）网络可用性管理**

网络可用性管理是保障数据传输稳定和连续的基础。

① **冗余建设。**关键的网络传输链路和网络设备节点实施冗余建设，以提高网络可用性和故障恢复能力。定期检测和维护冗余设备，确保其处于良好的工作状态。

② **网络可用性分析。**通过相关指标，定量分析网络可用性的现状，例如网络时延、丢包率等。根据定量分析的结果，有针对性地解决问题。

### 11.3.3 数据存储安全

数据存储安全用于保障组织数据资产不受损失、泄露或篡改。安全需求涉及物理存储介质、逻辑存储控制，以及数据备份与恢复 3 个层面，需要综合运用加密技术、访问控制、审计与监控、备份与恢复等多种手段。

**（1）物理存储介质**

存储介质作为数据的物理载体，其安全性直接关系到数据的保密性、完整性和可用性。

① **存储介质性能监控。**实施技术工具以持续监控存储介质的性能状态，包括但不限于使用历史、性能指标，以及错误或损坏的实时情况。当存储介质的性能参数接近或超过预设的安全阈值时，系统能自动触发预警机制。

② **存储介质访问审计。**为确保存储介质的数据安全，应详细记录和定期审计所有访问和使用存储介质的行为。这要求实施的技术工具具备有效的日志记录和审计功能。

③ **存储介质管理系统。**建立一套完善的存储介质管理系统，例如磁带库管理系统，以确保存储介质在整个生命周期内的使用和传递过程都能得到严密跟踪和管理。

**（2）逻辑存储控制**

在逻辑存储层面，数据的安全存储要求更复杂。

① **逻辑存储系统安全管理。**采取必要的技术工具来加强逻辑存储系统的安全性，包括但不限于身份鉴别及细粒度的访问控制等。

② **安全配置扫描。**定期利用专业的配置扫描工具对主要数据存储系统的安全配置进行全面扫描，确保它们始终符合组织定义的安全基线要求。

③ **监测数据使用。**实施技术工具来持续监测逻辑存储系统中的数据使用情况，以确保所有数据的存储都遵循组织的相关安全策略和标准。

④ **敏感数据加密存储。**为保护个人信息、敏感数据的安全，应具备对这些数据进行加密存储的能力。这要求实施的技术工具支持各类常用的加密算法（例如对称和非对称加密算法等）和密钥管理功能。

⑤ **安全配置统一管理。**建立一套集中化的安全配置管理系统，以实现对所有数据存储系统安全配置情况的统一管理和控制。

⑥ **可伸缩数据存储架构。**为满足数据量持续增长和数据分类分级存储的需求，建立一个

灵活且可伸缩的数据存储架构。

**（3）数据备份与恢复**

数据备份与恢复机制是应对数据丢失、损坏等风险的重要防线。

① **自动化数据备份与恢复工具**。实现自动化的数据备份与恢复，确保备份过程的连续性和恢复的高效性。该工具应具备定期自动执行备份任务的能力，并能够在需要时快速恢复数据。

② **备份数据的安全性管理**。实施访问控制机制，以保护备份数据免受未经授权的访问。备份数据进行加密管理，确保在传输和存储过程中的保密性。采用完整性检查机制，定期验证备份数据的完整性和可用性。

③ **过期数据处理**。建立安全的数据销毁或匿名化机制，确保过期存储数据及其备份数据的安全处理。针对个人信息的删除或匿名化过程应可验证，确保数据无法恢复或无法识别到个人。应通知数据控制者和数据使用者关于数据销毁或匿名化的操作。

④ **误删除保护**。采取技术手段，防止非过期数据的意外删除。提供一定时间内误删除数据的恢复能力，确保数据的可用性和业务的连续性。

⑤ **存储系统容错性**。存储系统设计为具备跨机柜或跨机房的容错部署能力，确保在硬件故障或安全事件中的数据完整性。

⑥ **数据归档与分层存储**。实现多级数据归档方式，支持大量数据的长期保存、高效恢复和使用。根据数据的时效性要求，实行分层存储策略，实现数据的自动迁移和管理。

⑦ **数据压缩与容灾能力**。提供多种数据副本和备份数据的压缩策略，以优化存储空间并提高备份效率。存储系统具备跨地域的容灾能力，防范灾难性事件（例如自然灾害、火灾等）。

⑧ **合规性标识与数据时效性管理**。使用工具对需要符合特定存储合规要求的数据进行标识和管理。实现数据时效性的自动检测机制，包括告警、自动删除和访问控制等，确保数据的合规性和有效性。

### 11.3.4　数据处理安全

数据的处理安全不仅关乎个人隐私的保护，更是组织遵守法规、维护公众信任、降低合规风险、确保业务持续稳健运行的重要基础。

**（1）数据脱敏**

数据脱敏是通过对敏感数据进行变形、替换或删除（置空）等技术处理，使其在不改变数据使用价值的同时，降低数据敏感性的过程。这要求脱敏算法既要保证数据的有效性，又要确保脱敏后的数据无法还原和关联到原始敏感信息。

① **统一脱敏工具与联动机制**。组织应部署一个统一的数据脱敏工具。该工具需要与数据权限管理系统无缝集成，实现权限与脱敏的协同工作。在数据被访问或使用之前，该工具能够自动执行脱敏操作，确保敏感信息不被非授权人员接触。

② **多样化脱敏方案**。为了满足不同数据类型和业务场景的需求，脱敏工具应提供多种脱敏方案。这些方案允许根据数据的敏感性、使用场景等因素自定义脱敏规则，确保脱敏过程既灵活又高效。

③ **数据格式与属性保留**。数据脱敏后，数据的原始格式和关键属性（例如数据结构、数

据类型等）应得到保留。这样脱敏后的数据才能继续用于开发、测试和其他合法用途。

④ **脱敏操作审计**。所有涉及数据脱敏的操作都应被详细记录，包括脱敏的时间、执行者、脱敏的数据类型和数量等信息。这些记录满足安全审计的要求，确保脱敏过程的透明度和可追溯性。

⑤ **脱敏效果验证**。组织应实施脱敏数据识别和脱敏效果验证机制，利用服务组件和技术手段定期或实时检查脱敏数据的有效性和合规性。这有助于及时发现和纠正脱敏过程中可能出现的问题或漏洞。

⑥ **多种脱敏技术支持**。数据脱敏工具支持多种脱敏技术，包括但不限于泛化、抑制和去标识化等。这些技术根据数据的具体情况和脱敏目标灵活应用，以实现最佳的脱敏效果。

⑦ **动态脱敏方案部署**。针对特定的数据使用场景和脱敏策略，组织应部署动态脱敏方案。这些方案能够在数据被实时访问或处理时自动应用脱敏规则，并提供实时的数据保护，同时满足业务的连续性和实时性需求。

**（2）数据分析安全**

数据分析安全要求建立安全的数据分析环境，采取访问控制、数据加密、数据完整性校验等措施，确保只有被授权的用户能够访问和分析数据，同时防止分析过程中的数据被泄露和篡改。

① **隐私保护技术**。组织需要考虑实施差分隐私保护、K-匿名（K-Anonymity）等隐私增强技术，以减少数据分析时个人信息的泄露风险。

② **敏感数据操作监控**。组织需要建立机制来记录并分析所有涉及个人信息和敏感数据的操作行为，确保可追溯性。

③ **统一的数据处理与分析系统**。组织应部署一个集中的系统来管理数据处理和分析流程，同时能够清晰地展示数据变换的映射关系。

④ **安全风险识别与降低**。结合机器学习技术，自动识别重要数据，并设计安全的数据分析算法，以降低分析过程中的安全风险。

⑤ **输出结果控制**。采取技术和管理措施，确保数据分析的输出结果不包含可恢复的个人信息、关键数据等敏感内容，以防止对个人隐私、商业利益、社会公共利益和国家安全造成损害。

⑥ **安全风险监控系统**。建立一个安全风险监控系统，用于批量分析和跟进数据分析过程中可能出现的风险。

**（3）数据正当使用**

数据正当使用是指建立完善的数据使用规范和审批流程，明确数据的合法使用范围和使用目的，对数据使用者进行身份验证和授权管理，确保数据不被用于非法或未经授权的目的。

① **访问控制机制**。依据法规和合规要求，实施适当强度和粒度的访问控制，以确保用户只能访问其被授权的数据。

② **操作日志记录**。需要完整记录数据使用过程中的所有操作日志，以便在发生违规行为时能够进行责任识别和追究。

③ **数据滥用监控与预警**。组织应部署技术手段或机制，用于有效识别、监控和预警任何形式的数据滥用行为。

**（4）数据处理环境安全**

数据处理环境安全要求建立完善的安全防护体系，包括物理访问控制、网络安全防护、系统安全加固等措施，确保数据处理环境不受外部威胁的影响，同时防止内部人员滥用权限或泄露数据。

① **身份鉴别与访问控制。**数据处理系统应实施有效的身份鉴别机制，确保只有被授权用户能够访问。实现细粒度的访问控制，确保用户只能访问其被授权的数据和处理功能。

② **多租户（Multi-tenancy）[H51]隔离。**在多租户数据处理环境中，实现租户间的数据、功能、会话、调度和运营环境的完全隔离，以防止未经授权的跨租户数据访问或功能混用。

③ **数据处理日志管理。**部署日志管理工具，记录所有用户在数据处理系统上的操作，包括数据的加工、计算等，以便后续的审计和追溯。

④ **数据完整性与一致性保障。**在分布式处理环境中，定期检测不同数据副本节点的数据完整性和一致性，确保数据在处理过程中的准确性和可靠性。

⑤ **节点与用户安全属性确认。**定期验证分布式处理节点和用户的安全属性，例如身份、权限等，确保系统的安全性不被破坏。

⑥ **服务组件自动维护与管控。**实现分布式处理节点服务组件的自动监测、故障确认和自动修复功能，以减少人工干预，确保系统的持续稳定运行。

⑦ **外部服务组件注册与使用审核。**任何外部服务组件在注册和使用前都经过严格的安全审核，确保不会对系统安全造成威胁。

⑧ **密文数据处理能力。**系统应具备对密文数据进行透明处理的能力，包括搜索、排序、计算等，以满足数据处理的安全性和功能性需求。

⑨ **数据泄露控制。**在分布式处理过程中，实施严格的数据泄露控制措施，防止调试信息、日志记录等敏感数据的非受控输出，保护个人信息和重要数据的安全。

**（5）数据导入 / 导出安全**

数据导入 / 导出是数据处理过程中安全风险较高的环节之一。需要采取加密、校验、审计等措施，确保数据在导入 / 导出过程中的安全性和可追溯性。

① **行为记录与审计。**组织应实施技术措施，确保所有数据导入 / 导出行为被完整记录，包括但不限于操作时间、操作人员、操作类型、涉及的数据内容及其敏感性等级。此外，应定期进行审计，以确保这些行为符合既定的数据使用策略和授权范围。

② **访问控制与身份鉴别。**对于涉及数据导入 / 导出的终端设备、用户或服务组件，实施严格的访问控制策略。这包括使用多因素身份鉴别技术，确保只有经过授权的人员或组件能够执行导入 / 导出操作。同时，实时监测并应对任何尝试绕过这些控制措施的行为。

③ **数据清除。**在完成数据导入 / 导出操作后，系统应自动清除所有在通道缓存中遗留的数据，并确保无法通过任何手段恢复这些数据。这是为了防止敏感数据在不被察觉的情况下泄露或被不当使用。

④ **冗余备份与故障恢复。**为确保数据导入 / 导出操作的连续性和可靠性，实施冗余备份策略。这意味着在主通道发生故障时，能够迅速切换到备用通道，继续执行操作，从而最小化故障导致的业务中断。

⑤ **流量监控与过载保护。**所有数据导入 / 导出接口都应配备流量监控机制，能够实时检测并应对流量异常或过载情况。这有助于防止由于流量过大导致的服务中断或数据丢失，并确保在高峰时段操作仍能平稳进行。

⑥ **统一管理平台与在线审核。**组织应建立一个统一的数据导入 / 导出管理系统，该系统具备安全风险提示和在线审核功能。通过这一平台，管理员可以实时监控所有导入 / 导出活动，及时发现潜在的安全风险，并对高风险操作进行在线审核和干预。

⑦ **标准化机制与最低安全防护要求。**制定并强制执行规范的数据导入 / 导出机制和服务组件标准。这些标准应明确数据导入 / 导出过程中的最低安全防护要求，包括但不限于加密、完整性校验和错误处理等，以确保数据在整个过程中的安全性和完整性。

### 11.3.5 数据交换安全

数据交换安全是确保数据在不同系统或组织间的进行交换、共享和发布时，仍能处于安全的状态。

**（1）数据共享安全**

在建立数据共享机制时，应优先考虑数据的安全性。

① **数据保护措施。**为确保个人信息在共享过程中的安全和合规，需要实施数据脱敏和数据加密等措施，以防止敏感信息未经授权被访问或泄露。

② **安全传输通道。**在数据共享的过程中，应建立安全通道，例如使用 SSL 或 TLS，确保数据在传输过程中的保密性和完整性。

③ **共享监控与审计。**实施共享数据及共享过程的监控和审计机制，确保共享的数据符合业务需求，并且没有超出数据共享使用授权的范围。

④ **数据格式规范。**为确保数据共享的一致性和可读性，明确共享数据的格式规范，例如采用标准化的数据交换格式。

⑤ **统一的数据共享交换系统。**组织应建立统一的数据共享交换系统，具备安全风险提示和在线审核功能，确保数据共享的安全性和合规性。

⑥ **数据共享机制与服务组件。**配置数据共享机制或服务组件，明确数据共享的最低安全防护要求，包括但不限于访问控制、数据加密和日志记录等。

**（2）数据发布安全**

规范数据发布流程能防止未经授权的数据发布。

① **数据发布系统。**建立数据发布系统，实现公开数据的登记、用户注册等发布数据和发布组件的验证机制，确保发布数据的准确性和合规性。

② **统一的数据发布审核机制。**组织应建立统一的数据发布系统，该系统具备数据发布安全风险提示和在线审核功能，可防止出现未经授权或不合规的数据发布行为。

**（3）数据接口安全**

保障不同系统间数据接口的安全性能防止接口漏洞导致的数据泄露风险。

① **身份鉴别与访问控制。**为确保数据接口的安全，应实施严格的身份鉴别机制。所有对数据接口的调用请求都要经过身份验证，确保只有合法的、已授权的用户或系统能够访问数据

接口。此外，应实施细粒度的访问控制策略，根据用户的角色和权限来限制其对数据接口的访问。

② **输入参数安全性。**对于接口接收的输入参数，应具备相应的安全性检测和处理机制，这包括对不安全或恶意的输入参数进行限制、过滤，防范 SQL 注入（Structured Query Language Injection）、跨站脚本攻击（Cross-Site Scripting，XSS）、跨站请求伪造（Cross-Site Request Forgery，CSRF）、XML 外部实体注入（XML External Entity Injection，XXE）、不安全的反序列化等常见安全威胁。同时，接口应具备异常处理能力，能够合理地处理非法或异常的输入参数，避免系统崩溃或数据泄露。

③ **审计与日志记录。**为了追踪和监控数据接口的使用情况，需实施全面的审计机制。所有对数据接口的访问和调用都应被详细记录，包括访问时间、访问来源、访问目的、操作内容等关键信息。这些审计日志能够为数据安全审计提供必要的数据支持，帮助组织及时发现和应对潜在的安全风险。

④ **跨安全域（Security Zone）[H52] 数据传输安全。**当数据接口需要在不同的安全域之间进行调用和传输时，采取额外的安全措施来保护数据的安全性，包括使用安全通道进行数据传输，例如采用 HTTPS、SSL/TLS 等加密协议及使用时间戳机制防止重放攻击等。

⑤ **安全监控与自动处理。**为了及时发现和处理针对数据接口的安全威胁，应建立全面的安全监控措施。这包括对接口调用的实时监控，以及对异常或可疑行为的自动检测和报警。同时，应具备自动处理机制，对于某些已知的安全威胁自动进行阻断或隔离，以减少人工干预的需求和响应时间。

## 11.3.6 数据销毁安全

数据的销毁并不仅是简单的删除操作，而是需要确保数据在生命周期结束后无法被任何手段恢复或重构。数据销毁的安全需求涉及多个方面，包括销毁的彻底性、存储介质的物理销毁、销毁过程的可验证性，以及合规性与审计要求。为了满足这些需求，组织需要建立完善的数据销毁管理制度，采用专业的销毁工具和方法，并定期对销毁过程进行审查和验证。

**（1）数据销毁处置**

① 实施有效的数据擦除技术，确保核心业务存储介质上的数据内容被彻底覆盖或删除，以防止数据恢复和泄露。

② 针对网络存储数据（指通过网络存储技术保存和管理的数据，例如网络附加存储、存储区域网络等），建立“硬”销毁和“软”销毁两种数据销毁方法：“硬”销毁应涉及物理破坏或消磁等手段，使存储介质无法被再次使用；“软”销毁则应通过加密、覆盖或其他技术手段确保数据内容无法被访问或被恢复。

③ 对于分布式存储的网络数据，应采用基于安全策略、分布式杂凑算法等销毁策略与机制，确保数据在各个节点上均被有效销毁。

④ 数据资产管理系统应具备对销毁需求进行明确标识的功能，并能够提醒数据管理者及时发起销毁流程。此外，系统还应支持对销毁操作的跟踪和验证，确保数据能够被正确销毁。

⑤ 应采取技术手段防止数据的误销毁，例如，实施数据备份和恢复策略、建立数据销毁

前的确认机制等。同时，应对误销毁事件进行及时响应和处理，以降低潜在的安全风险。

**（2）存储介质销毁处置**

① **物理销毁。**对于核心业务所使用的存储介质，为确保数据彻底不可恢复，建议实施物理销毁。使用专业的物理销毁工具或设备，例如，消磁机、破碎机等，确保存储介质被完全破坏，数据无法被任何手段恢复。物理销毁过程应由经过认证的机构或专业人员进行监督和执行，确保销毁工作的有效性和合规性。完成销毁后，应提供物理销毁的证明文件或证书，以供审计和追溯。

② **“软”销毁。**对于某些不适合物理销毁或需要先行清除数据的存储介质，应实施“软”销毁。建立针对不同类型存储介质（例如闪存盘、硬盘、磁带和可擦写光盘等）的数据擦除或覆盖方法，确保数据被彻底删除且无法恢复。使用可靠的数据擦除工具或软件，确保擦除过程的有效性和安全性。“软”销毁过程应记录详细的操作日志，包括销毁时间、操作人员和销毁方法等，以供后续审计和验证。

③ **统一管理需求。**为确保数据销毁工作的规范性和一致性，组织应实施统一的存储介质销毁管理。提供统一的存储介质销毁工具和设备，确保各类介质都能得到有效销毁。建立完善的数据销毁流程和规范，明确各类存储介质的销毁方法、审批流程、执行人员等。定期对数据销毁工作进行审查和评估，确保销毁工作的合规性和有效性。

## 11.4 通用安全防护需求

### 11.4.1 组织和人员管理

通过设立专门的数据安全管理团队和岗位，以及对人力资源管理过程中各环节进行安全管理，防范人员管理过程中存在的数据安全风险。

**（1）自动化人力资源管理**

为确保数据安全管理的效率和一致性，组织需采用技术工具，例如人力资源信息系统（Human Resource Information System，HRIS）或IAM解决方案，以自动化方式实施与数据安全相关的人力资源管理流程。

**（2）动态管理员工数据权限**

组织需要建立机制，通过自动化的工具或流程，在员工离岗、转岗或者应基于角色和职责的变化时立即终止或变更其数据操作权限。此外，当人员变动发生时，相关系统应能自动通知到数据安全负责人及其他利益相关方，确保信息及时更新和响应。

**（3）入职分配最小权限**

在员工入职时，应根据其角色和职责，按照最少够用原则分配数据访问和操作权限。这要求使用精细化的权限管理系统，能够确保新员工仅获得完成工作所必需的最小权限集合。

**（4）公开数据安全部门架构**

组织应维护一个可公开访问的信息平台，例如，OA平台或组织内部门户网站，用于发布数据安全职能部门的组织架构信息。此平台应支持组织成员的查询功能，确保所有员工都能了解数据安全职能部门的结构、职责和联系方式。

**（5）员工数据安全意识与评估**

为提高员工的数据安全意识和技能，组织应建立一套客观的评价机制，并通过在线的人力资源管理系统或其他相关工具来实施。该机制应能定期评估员工的数据安全意识等级，识别并量化管理人力资源安全中的风险点和改进点，为进一步的培训和提升提供依据。

### 11.4.2　合规管理

跟进组织需符合的法律法规要求，以保证组织业务的发展不会面临个人信息保护、敏感数据保护和数据跨境传输等方面的合规风险。

**（1）建立合规资料库**

构建一个综合的数据安全合规资料库，该资料库需要能够实时更新并包含所有与数据安全相关的法律法规要求。此资料库应确保相关人员能够随时查询并获取最新的合规信息。

**（2）实施个人信息保护技术**

实施符合法律法规要求的个人信息保护技术措施，包括但不限于数据匿名化、去标识化处理和个人信息脱敏等，以确保个人信息的隐私和安全。这些技术措施应能够防止数据泄露、未经授权的访问和非法使用。

**（3）重要数据监控与报警机制**

需要建立一套完善的敏感数据监控与报警机制，实时监控敏感数据的访问、使用、传输和存储情况，及时发现并响应任何异常行为或安全事件，以确保敏感数据的安全性和完整性。

**（4）合规情况量化与报告**

开发并实施合规情况量化评估机制，通过自动化工具收集、整合并分析合规相关数据，定期生成合规报告，并以直观的图表形式呈现给管理层，以便管理层能够快速了解组织整体的合规状况。

**（5）风险监测与操作审核**

部署专门的风险监控工具，实时监测个人信息保护、敏感数据保护和数据跨境传输等关键风险点，并定期审核相关操作记录，确保所有操作均符合法律法规要求和组织的安全策略。

**（6）多源数据集安全风险分析与控制**

应实施多源（多个不同的数据源或系统）数据集汇聚和关联后的安全风险分析，识别并评估潜在的安全风险（可能增加数据的复杂性和安全风险）。应建立相应的保护控制措施，包括但不限于访问控制、数据加密、数据隔离和数据使用审计等，确保个人信息在利用过程中的安全性和合规性。

### 11.4.3　数据资产管理

通过建立针对组织数据资产的有效管理手段，从资产的类型、管理模式方面实现统一的管理要求。

**（1）统一数据资产管理与标识**

组织应部署一个统一的数据资产管理系统，该系统应通过集成各种技术工具实现对数据资产的全面管理，确保所有新增和变更的数据资产都能够被及时捕获并记录。

管理系统应能够明确标识每个数据资产的属性，例如分类标签、重要性级别等，以及与之相关的管理方属性，确保在跨部门和跨系统的数据交互中能够维护数据的一致性和完整性。

**（2）数据资产清单管理与更新**

应建立一个集中化的数据资产清单，该清单应易于索引和查询，提供数据资产的详细信息，包括但不限于类型、来源、使用者和访问权限等。

应具备实时或定期的自动更新机制，确保数据资产清单中的信息始终与实际数据资产的状态保持一致。

**（3）密钥生命周期安全管理**

应实施一个健壮的密钥管理系统，该系统应能够支持对密钥进行全生命周期管理，包括安全生成、安全存储、使用授权、分发控制、定期更新和安全销毁。

密钥管理系统应设计严格的访问控制和审计机制，确保只有授权人员才能访问和管理密钥，且所有密钥活动都有详细的日志记录。

**（4）数据资产量化统计与展示**

数据资产管理系统应提供量化统计功能，能够自动计算和展示组织内部数据资产的整体情况，例如总数据量、各分类或等级的数据量分布情况等。系统还应支持可视化的数据展示功能，通过图表、仪表盘等形式直观展现数据资产的统计信息，以便于管理人员快速了解和掌握组织数据资产的现状。

**（5）评估数据资产管理者参与情况**

数据资产管理系统应能够量化评估数据资产相关管理者在数据安全流程中的参与情况，包括但不限于流程执行的频率、效率和准确性等。

基于评估结果，系统应支持能灵活调整管理者的职责和权限，确保数据安全管理流程的有效执行和持续改进。

### 11.4.4 数据供应链安全

通过建立组织的数据供应链管理机制，防范组织上下游数据供应过程中的安全风险。

**（1）数据供应链库建立与维护**

需要设计一个综合的数据供应链库，该数据供应链库应能够存储和管理数据供应链的完整目录，以及与之相关的数据源数据字典。该数据供应链库应支持实时数据更新，并提供即时的数据查看和检索功能，确保组织对上下游数据链路的整体情况有清晰、即时的认知。考虑到事后追踪与分析的需求，该库应实现历史版本控制和审计日志功能，从而能够回溯分析数据供应链的合规性。

**（2）数据供应链量化与风险识别**

应采用技术工具对数据供应链进行量化评估，包括对上下游数据供应需求、交互对象和交互方式的详细分类与整理。这些工具应具备风险识别功能，能够基于预设的风险指标或模型，及时发现并报告数据供应链管理过程中发现的潜在风险。风险识别结果应能够自动触发预定义的风险应对流程，并确保相关责任人或团队及时得到通知。

**（3）数据服务合规性审核**

应对数据供应链上下游的数据提供者和数据使用者的实施行为进行合规性审核。审核过程应支持自动化进行，包括但不限于对数据传输、存储、处理和交换等各个环节的合规性检查。审核结果应详细记录，并作为后续安全策略调整和改进的依据。

**（4）安全审核与分析**

利用技术工具，基于数据供应链的相关记录，对数据供应链上下游的利益相关方进行全面的安全审核和分析。分析内容应包括但不限于数据完整性、保密性和可用性。安全审核的结果应定期汇总并报告给管理层，以支持决策制定和持续改进数据供应链的安全管理。

### 11.4.5 元数据管理

建立元数据管理体系，实现对组织内元数据的集中管理。

**（1）元数据管理工具**

应支持数据表的安全导航和搜索功能，确保在检索和浏览数据表时不会泄露敏感信息或引发安全风险。工具应提供表间关系、字段信息、使用说明、其他关联信息的安全访问机制，确保只有授权用户能够访问和修改这些信息。

**（2）元数据访问控制和审计**

应建立严格的元数据访问控制策略，基于 RBAC 或类似的机制，确保只有经过授权的用户才能访问和操作元数据。应实施审计机制，记录所有对元数据的访问和操作活动，包括用户身份、操作类型和时间戳等详细信息，以便进行追溯和审查。

**（3）元数据统一管理**

应建立一个安全、集中的元数据管理系统，具备统一管理和维护组织内所有元数据的能力。系统应采用安全的数据存储和传输技术，确保元数据在传输和存储过程中的安全性。

**（4）基于元数据管理的可视化功能**

在元数据管理系统上实现的可视化功能应遵守最小权限原则，确保用户只能访问其被授权的数据标签和相关信息。可视化功能应支持对数据存储、访问、所属业务等信息的有效展示和管理，同时确保这些信息在可视化时保持安全。

**（5）数据上下游关系链路**

在元数据管理系统上建立的数据上下游关系链路应满足安全要求，防止未经授权的访问和篡改。应量化管理字段级、表级、应用级的数据上下游关系，并采用适当的安全措施保护这些关系的完整性和准确性。

### 11.4.6 终端数据安全

终端通常是指连接到网络并可以进行数据交互的电子设备，例如台式计算机、笔记本计算机、服务器、智能手机和打印机等。这些设备是用户与网络和信息系统进行交互的界面，也是潜在的数据安全风险点。为了满足组织在终端设备层面对数据保护的要求，应实施一系列措施，确保内部工作终端的安全性。

**（1）打印输出设备安全管控**

所有打印输出设备应实施严格的身份鉴别机制，确保只有授权的用户才能访问。同时，需要实施细粒度的访问控制策略，限制用户使用设备的特定功能。设备应详细记录所有用户对数据的操作，包括打印、复制和扫描等，以便后续的安全审计和事件追溯。

**（2）终端设备防护工具部署**

组织内部的所有入网终端设备应按照统一的安全标准部署防护工具，包括但不限于防病毒软件、硬盘加密工具和终端入侵检测等。为确保防病毒软件的有效性，应定期更新软件版本和病毒库，并进行必要的维护和调优（查杀规则、配置参数等）。

终端设备应被纳入组织的整体访问控制体系，实现与网络层、应用层等其他安全控制措施的协同工作。

**（3）终端数据防泄露方案实施**

应部署专门的技术工具，对终端设备上存储、处理和传输的数据进行实时监控，检测潜在的数据泄露风险，例如，终端检测和响应（Endpoint Detection and Response，EDR）。

一旦发现数据泄露事件或风险，应立即启动应急响应机制，采取必要的处置措施，降低损失并防止事态扩大。

**（4）终端安全解决方案整合**

为实现更精细化的管理，应确保每台终端设备与特定员工账户绑定，实现设备使用责任明确化，每台设备都有明确的责任人。

在终端设备系统上安装各类防控软件时，应遵循统一的部署标准和配置规范，确保安全策略的一致性。应定期对终端设备的安全状态进行评估，及时发现并修复潜在的安全漏洞。

**（5）终端数据安全自动化工具**

自动化工具应具备对数据安全泄露风险进行量化统计的功能，为安全决策提供数据支持。还应以直观的方式向管理人员展示相关风险，并定期生成详细的安全报告，帮助组织持续改进终端数据安全管控。

### 11.4.7 监控与审计

需要确保数据生命周期各阶段的访问和操作均得到有效的监控和审计，防范可能出现的未授权访问、数据滥用和数据泄露等安全风险。

**（1）自动与人工审计结合**

为确保高风险的数据操作得到有效监控，应实施自动审计与人工审计相结合的策略。自动审计通过预设规则和算法，实时监控和分析数据操作行为；人工审计则通过专业人员的定期或事件驱动的审查，对自动审计结果进行验证和深入分析。

**（2）日志监控与告警**

应建立全面的日志监控机制，日志监控技术应能实时收集、存储和分析数据访问及操作日志。特别是对敏感数据和特权账号的访问操作，应实施重点监控。一旦发现异常或高风险操作，系统应立即触发告警，通知相关人员进行及时处置。

**（3）数据防泄露监控**

为防止数据泄露风险，应部署实时监控技术，该技术应能检测并报告个人信息和敏感数据的非授权外发行为。此外，还应具备对可疑外发行为的拦截和阻断功能。

**（4）数据交换服务安全监控**

在数据交换服务的过程中，应采用专门的技术工具对流量数据进行实时监控和分析。该技术应能识别并记录数据交换服务接口调用事件信息，包括来源、目的、数据类型和数量等关键要素。同时，还应具备检测恶意数据获取和数据盗用等风险功能。

**（5）统一日志监控与风险量化**

为实现对数据安全风险的整体感知，应建立统一的数据访问和操作日志监控技术工具。该技术工具应具备对各类日志进行标准化处理、关联分析和风险量化的功能。通过风险量化模型，将访问和操作行为映射为具体的安全风险值，为风险管理和决策提供支持。

**（6）异常与高风险操作识别预警**

该系统应具备对数据的异常或高风险操作进行自动识别和实时预警的功能。通过机器学习、行为分析等技术手段，建立异常操作识别模型，对不符合正常行为模式的操作进行自动检测和预警。同时，预警信息应详细记录异常操作的类型、发生时间、来源等关键信息，以便后续处置和分析。

### 11.4.8　鉴别与访问控制

通过基于组织的数据安全需求和合规性要求建立身份鉴别和数据访问控制机制，降低数据的未授权访问风险。

**（1）身份标识与鉴别**

关键业务系统应实施用户身份的唯一性标识，并确保鉴别信息的复杂度满足组织的安全策略要求。鉴别信息（如密码）应定期更换，以防止密码猜测或其他未授权访问风险。该系统应至少支持两种鉴别技术，以增强身份鉴别的安全性，同时，其中一种鉴别技术应基于可靠的密码学技术。

**（2）访问控制**

关键业务系统应具备可靠的访问控制功能，确保仅授权用户可以访问和操作数据。访问控制的粒度应足够细，能够控制到用户级别，以及系统、文件、数据库表或字段级别。系统应提供登录失败处理机制，例如多次登录失败后实施账户锁定或增加额外的验证步骤。

**（3）统一安全管理**

组织应建立统一的身份鉴别管理系统，支持关键业务应用的接入，实现单点登录和数据资源的统一访问控制。应建立统一的权限管理系统，对人员访问数据资源进行集中管理和控制，确保权限分配的最小化原则。身份鉴别管理和权限管理系统应与人力资源管理相结合，实现离岗、转岗人员权限的及时撤销。

**（4）数据应用访问控制**

建立面向数据应用的访问控制机制，包括访问时效的管理和验证，确保数据访问的合规性和时效性。该系统应能够验证数据应用接入的合规性，并采取必要的安全措施来保护数据在传输和存储过程中的安全性。对于敏感数据的访问，应采用额外的技术手段进行访问控制，例如数据加密、数据脱敏或数据访问审计等。

**（5）联动控制**

身份鉴别和权限管理应实现联动控制，确保用户的身份和权限在跨系统、跨应用的情况下保持一致性和准确性。当用户的身份或权限发生变化时，相关系统和应用应能够自动或被动同步更新用户的访问权限。

### 11.4.9 安全事件应急

建立针对数据安全事件的应急响应体系，对各类安全事件进行及时响应和处置。

**（1）统一的安全事件管理**

部署集中的安全事件管理系统，用于收集、存储、分析和报告与数据安全相关的事件。该系统应具备对多源日志（例如操作系统日志、数据库日志、应用日志和网络安全设备日志等）和流量数据的实时采集能力。该系统应支持对收集到的数据进行关联分析，以识别潜在的安全威胁和异常行为。

**（2）预警与自动化响应**

安全事件管理系统应能够根据预定义的规则或机器学习算法，对分析的结果进行风险评估，并在检测到潜在安全事件时触发预警机制。系统应支持自动化响应功能，并能够根据预警的严重性和类型，自动执行一系列应急响应措施，例如隔离受影响的系统、阻断恶意流量和通知相关责任人等。自动化响应策略应事先经过严格的测试和审批，以确保在真实安全事件中能够有效、准确地执行。

**（3）事件处置与报告**

建立详细的安全事件处置流程，包括事件的报告、确认、分析、处置和关闭等步骤。安全事件管理系统应支持生成详细的事件报告，包括事件的时间、地点、影响范围和处置过程等信息，以便于后续的审计和改进。系统应提供事件统计和分析功能，帮助安全团队识别常见的安全威胁和薄弱环节，为制定更有效的安全防护策略提供依据。

## 11.5 数据安全产品与应用场景

在数据安全领域，安全产品和技术层出不穷。不同的厂商往往会根据市场定位和客户需求，研发并采用不同的技术路线和产品策略，期望在市场竞争中脱颖而出。但目前市场上，对于数据安全产品和主要技术并没有统一的行业标准。相似的安全功能可能会通过各式各样的产品或工具来实现。

通过了解数据安全领域常见安全产品的核心功能、关键技术及典型的应用场景，可以帮助组织更好地根据安全需求，灵活选择、合理配置并持续优化各类数据安全产品或工具。然而，没有任何一款产品或技术能够独自应对所有的数据安全问题，关键问题在于如何根据组织的具体情况，组合使用这些产品和技术，构建一个完善、高效、可持续的数据安全防护体系。

### 11.5.1　数据资产识别工具

数据资产识别工具是一类专门用于发现、识别和分类组织中各类型数据资产的软件工具。随着数字化转型的不断深入，组织积累的数据资产日益增多，数据资产的种类和存储位置也越来越复杂。数据资产识别工具可以自动梳理组织的 IT 系统，发现结构化、半结构化和非结构化等各种形态的数据资产，并对其进行分类和标记。

数据资产识别是开展数据安全、数据治理和数据价值挖掘的基础性工作。只有全面识别出组织拥有哪些数据资产、存储在何处、由谁负责管理、用于何种业务目的，才能有针对性地制定数据分类分级、数据生命周期管理和数据安全防护等一系列策略。这是合规性、安全性和数据价值变现的共同需求。

数据资产识别工具一般采用自动化爬取和智能分析的技术路线，支持对结构化数据库、非结构化文档、大数据平台等存储的数据进行识别分类，并可与数据溯源分析、数据权限管控等产品联动，形成全面的数据资产地图和管控能力。

**（1）核心功能**

① **自动化数据发现与采集。**可连接多种异构数据源，包括关系型数据库、文件系统、大数据平台和云存储等。采用爬虫或 API 自动提取数据源的元数据信息（例如数据库表名、字段名等）和部分数据内容。支持增量同步，可定期更新数据源的变更情况。

② **数据分类与标签。**自动对采集到的数据进行分类，例如，结构化、非结构化等。可根据数据内容智能提取各类标签，例如，个人敏感信息（姓名、手机和身份证等）、密码、IP 地址和财务信息等。部分工具还支持根据业务术语、自定义分类标准等对数据进行自动或半自动的语义化标注。

③ **数据溯源分析与映射。**分析不同数据表和字段之间的依赖和流转关系，梳理数据来源。可自动生成实体关系图，直观展示数据表之间的关联。与抽取、转换和加载工具联动，还原数据从源头到数据仓库、数据应用的完整链路。

④ **可视化的数据地图呈现。**从不同维度（部门、业务流程和安全级别等）直观呈现数据资产的分布情况，生成数据资产的详细属性、来源和变更历史。部分工具支持数据地图的分享和协作，便于跨部门联合进行数据治理。

⑤ **灵活的元数据检索与管理。**全局检索数据资产的各类元数据及标签，支持元数据的人工编辑、更新和审批等管理流程。可导入 / 导出元数据，与其他数据治理工具进行集成。

**（2）关键技术**

① **多种异构数据源的连接器技术。**采用通用或定制化的连接器，与关系型数据库、大数据平台、NoSQL、文件系统、API 等异构数据源建立连接。利用数据源原生的元数据提取机制，高效采集数据资产的结构化信息。部分连接器支持断点续传、增量同步等高级特性，提高元数据采集的效率和实时性。

② **爬虫技术。**对于没有现成接口的数据源，可以采用网络爬虫技术主动抓取数据。利用解析引擎对 HTML、XML、JSON 等格式的数据进行解析，提取关键字段，支持定制化的爬虫规则和模板。

③ **数据解析与转换技术。**采用 Hadoop、Spark 等大数据并行计算框架，对大量数据进行解析和转换。将非结构化数据转换为结构化的标准模型，方便后续对其进行分析和处理。支持自定义解析规则和插件，灵活应对复杂多变的数据格式。

④ **知识图谱技术。**对数据资产的概念、关系进行建模。构建知识图谱，呈现数据资产、业务术语之间的语义关联。利用知识推理技术，智能补全数据资产的属性信息。

⑤ **数据溯源分析技术。**通过数据依赖分析、影响分析等技术，自动发现数据资产之间的关系。采用图数据库、图计算引擎等技术，高效存储和分析大量数据关联。与数据质量、元数据管理等工具联动，实现端到端的数据溯源。

⑥ **元数据管理技术。**采用统一的元数据存储机制，对异构数据资产的元数据进行标准化管理。支持元数据的版本化管理，记录元数据的变更历史。通过可视化的建模工具，方便用户参与元数据维护和更新。

**（3）应用场景示例**

① **金融行业的合规与风险管理。**银行利用数据资产识别工具梳理客户信息、交易记录等敏感数据，确保符合法规要求。保险公司通过数据资产盘点，识别理赔、核保等环节的风险数据，提升欺诈识别和风险控制能力。券商梳理投资者的个人信息、交易信息等金融数据资产，防范内幕交易等违规风险。

② **电信行业的业务创新与运营优化。**电信运营商利用数据资产识别工具，洞察用户需求，开发个性化增值服务。对网络设备、服务质量等数据进行梳理和关联分析，优化网络部署和运维策略。识别不同业务系统的数据，打通“数据壁垒”，实现全流程、全渠道的业务协同。

③ **制造行业的产品创新与质量管理。**盘点产品研发、生产、售后等环节的结构化和非结构化数据，赋能产品全生命周期管理。识别质量检测、供应商管理等关键数据，优化产品质量管控流程。利用数据资产推动产品创新，例如，识别用户反馈的数据优化产品设计。关联销售和库存数据，优化需求预测。

④ **零售行业的客户洞察与精准营销。**全面盘点客户的基础标签、购买记录和浏览记录等数据，精准刻画客户画像。识别不同渠道的客户数据，打通线上线下“数据孤岛”，实现全渠道客户识别和服务。关联商品、库存和物流等数据，优化商品推荐和供应链管理策略。

⑤ **医疗行业的临床研究与智慧医疗。**利用数据资产识别工具梳理大量的电子病历、影像和临床试验等医疗数据，便于开展临床科研。关联患者的检查、用药和手术等数据，优化临床路径和质量控制。促进不同医疗机构之间的数据共享和协作，推动分级诊疗和远程医疗落地。

⑥ **政府行业的数据治理与民生服务。**盘点公安、税务、社保等部门的数据资产，推进政府数据有序共享和开放，促进精准民生服务。打破“数据烟囱”，促进部门间的协同监管和联合执法，提升政府治理的水平。

### 11.5.2 数据分类分级工具

数据分类分级是数据安全管理的基础，是实现数据精细化管理和安全防护的关键手段。数据分类分级工具能够根据数据的敏感性和重要性等属性，自动对组织的大量异构数据进行分类分级。通过对数据的分类分级，可以明确不同类别级别数据的安全保护要求，有针对性地采取管控措施，从而满足合规要求，防范数据泄露的风险。

一个完善的数据分类分级工具，需要具备对结构化和非结构化数据的识别分类能力，能够覆盖多种数据类型（例如文档、图片和数据库等），并支持自定义的分类分级规则。同时，为了数据分级的准确性，工具需要具备内容识别、指纹提取等多种技术手段。此外，可视化的管理界面和自动化的执行能力也是现代数据分类分级工具的核心要素。

随着数据安全的受重视程度与日俱增，以及数据安全法律法规日趋严格，数据分类分级工具在各行业得到广泛应用。金融、医疗和政府等行业需要重点保护敏感数据，利用数据分类分级工具梳理数据资产，满足数据安全、隐私保护及合规监管的要求。

**（1）核心功能**

① **多维度数据分类**。根据数据的内容、属性和业务场景等不同维度，对数据进行自动化、智能化分类。支持用户自定义分类规则，满足不同行业和组织的数据分类需求。

② **数据分级**。根据安全防护需求和业务重要程度，自动对数据进行分级，级别越高，数据越敏感，防护手段也应更严格。分级可以提高精准度。

③ **分类分级结果评估**。可视化呈现数据分类分级的结果，提供数据资产地图、分布统计等多种视角，助力组织全面评估数据安全的现状。

④ **安全策略配置**。根据数据的分类分级，自动匹配和推荐相应的安全防护策略，包括访问控制、权限管理、加密存储和泄露防护等，简化安全管控流程。

⑤ **持续数据发现**。对数据进行持续扫描，及时感知新增数据并开展分类分级，确保数据全生命周期的安全管控与合规。

⑥ **审计与报表**。详细记录数据分类分级相关的用户操作和处理行为，提供丰富的统计报表，满足安全运营和合规审计的需求。

**（2）关键技术**

① **文本分析技术**。利用自然语言处理（Natural Language Processing，NLP）等技术，对非结构化文本数据进行内容理解和分析。通过关键词匹配、正则表达式、语义分析等手段，识别文本中的敏感信息，例如个人身份信息、财务数据和商业机密等，为数据分类提供依据。

② **数据指纹技术**。对文件或数据内容提取唯一的指纹特征值，实现快速、准确的内容比对和识别。基于指纹技术可以高效地识别重复数据，发现敏感数据的变种、衍生副本，提高分类的全面性。

③ **图像识别技术**。针对图片、视频等多媒体数据，采用图像识别技术进行内容理解和分类。通过光学字符识别提取图片中的文字信息，利用目标检测、图像分割等算法识别敏感图像，结合人脸识别等技术判断是否包含个人信息。

④ **模式匹配技术**。基于预先定义的数据模式，例如，正则表达式和关键词字典等，在数据中进行快速匹配和识别。常用于识别结构化的敏感数据，例如，身份证号码和银行卡号等。灵活的模式定义和管理，可以满足组织特定的合规需求。

⑤ **机器学习技术**。引入机器学习算法，通过对已标注数据的训练，自动学习和总结数据分类规律。常见算法包括支持向量机（Support Vector Machine，SVM）、决策树和深度学习等。

机器学习可以提高分类的准确率和效率，同时不断优化模型，适应新的数据模式。

⑥ **大数据处理技术**。面对大量的组织数据，采用大数据处理框架（例如 Hadoop 和 Spark 等），实现分布式数据存储和并行计算，以及快速处理和分析 TB/PB 级数据，提供准实时的分类分级结果。

⑦ **元数据抽取技术**。从数据源中提取元数据信息（例如文件名、创建时间和所有者等），作为分类分级的辅助依据。元数据抽取技术可以高效获取数据的属性标签，丰富分类的维度，提高分类精度。

⑧ **可视化技术**。借助图形化、交互式的可视化技术，直观展示数据分类分级的结果和统计信息。通过饼图、柱状图等图表，呈现数据资产分布、数据脱敏率、分类命中率等关键指标，为安全决策提供参考。

**（3）应用场景示例**

① **金融行业合规与风险管理**。金融机构如银行、保险等处理大量的客户隐私数据和交易数据。利用数据分类分级工具，对客户个人信息、账户信息、信用记录等敏感数据进行识别和分级，确保对数据的合规存储和使用。

② **医疗行业患者隐私保护**。医疗机构需要严格保护患者的隐私信息，例如，病历、诊断报告和体检数据等。数据分类分级工具可以帮助医院对患者的数据进行细化分类和分级管理，基于数据的敏感级别实施严格的访问控制和加密策略。只有获得授权的医生和医疗人员才能访问特定级别的患者数据，最大限度地保障患者的隐私。

③ **政府部门数据安全治理**。政府部门掌握大量的数据资产。通过部署数据分类分级工具，对政务数据进行系统梳理和分类分级，可明确不同部门和人员的数据使用权限。

④ **互联网企业数据资产管理**。互联网企业拥有大量的用户数据，包括注册信息、行为日志、社交内容等。使用数据分类分级工具，对企业的核心数据资产进行全面盘点和分级。将用户隐私数据划分为最高级别，采取严格的数据隔离和脱敏措施。同时对业务数据、产品数据等进行分类，为大数据分析、个性化推荐等应用提供可靠的数据支撑。

⑤ **制造业知识产权保护**。制造业企业的核心竞争力在于产品设计、工艺流程和专利技术等知识产权。利用数据分类分级工具，对研发资料、设计文档、图纸和工艺参数等进行分类分级，划定商业机密的范围。针对关键知识产权数据，实施严格的访问权限控制、数据加密等防护，并及时发现和阻止泄密事件，维护企业的核心机密不外泄。

⑥ **教育行业学生隐私保护**。教育机构需要收集和管理大量学生的个人信息，例如，身份信息、学籍档案和成绩数据等。通过数据分类分级工具，对学生数据进行分类分级管理，区分公开数据和隐私数据。

### 11.5.3 数据水印工具

数据水印工具是一种用于保护数字内容版权和检测非法复制的技术解决方案。它通过在原始数据中嵌入不可见的水印信息，实现对数据的版权声明、溯源追踪和篡改检测等。数据水印技术已广泛应用于图像、视频、音频和文字等多种类型的数字内容保护领域。

数据水印的嵌入和提取过程不会对原始数据造成明显的质量损失，且水印信息难以被移除或篡改。这使数据水印工具成为版权保护和数据安全领域的重要技术手段之一。

**（1）核心功能**

① **水印嵌入。**将水印信息（例如版权声明、所有者 ID 等信息）无感知地嵌入原始数据。嵌入过程通过特定算法实现，使水印信息与原始数据融为一体，不会对数据的质量产生明显影响。

② **水印提取。**版权所有者可以从携带水印的数据中提取出嵌入的水印信息，用于版权声明、所有权证明等。可靠的水印提取算法可以保证即使数据经过一定程度的处理或攻击，水印信息仍能被成功提取。

③ **水印攻击抵抗。**为保证水印的安全性，数据水印工具可提供多种抗攻击机制。这些机制可以使水印信息抵抗各种常见的数字内容处理操作（例如压缩、裁剪和滤波等），以及恶意的水印删除或篡改攻击，保证水印的健壮性。

④ **水印检测。**对携带水印的数据进行检测，判断其是否遭到非法篡改。通过比对提取出的水印信息与原始嵌入的水印，可以实现数据完整性校验和篡改定位，为数据安全审计提供依据。

⑤ **盲水印。**盲水印是一种无须参考原始未经水印嵌入的数据，就能从携带水印的数据中提取水印信息的技术。数据水印工具支持盲水印技术，使水印提取更加灵活和便捷，特别适用于原始数据不可获取的应用场景。

⑥ **水印容量控制。**数据水印工具可以根据应用需求，灵活控制嵌入水印的数据量。在保证水印健壮性的同时，通过优化水印嵌入容量，可以最大限度地减少水印对原始数据质量的影响，实现水印嵌入和数据质量的平衡。

⑦ **多种数据格式支持。**支持对多种类型的数字内容进行水印嵌入和提取，例如图像、视频、音频和文本等。不同数据格式可能需要采用不同的水印嵌入和提取算法。

⑧ **多重水印。**支持在同一数据中嵌入多个不同的水印信息，以满足不同的应用需求。多重水印可以用于实现多级版权保护和身份验证等功能。

**（2）关键技术**

① **水印嵌入算法。**水印嵌入算法是数据水印工具的核心，决定了水印的隐蔽性和健壮性。常见的水印嵌入算法包括最低有效位嵌入、离散余弦变换域嵌入和离散小波变换域嵌入等。不同的嵌入算法在数据隐蔽性、水印容量和抗攻击能力方面各有优势，可根据具体应用场景进行选择。

② **扩频技术。**扩频技术通过调制水印信息，使其在更广的频带内传播，从而提高水印的健壮性。数据水印工具采用扩频技术，可以有效抵抗各种信号处理操作（例如压缩和滤波等）对水印信息的破坏，保证水印的可提取性。

③ **加密技术。**为保护水印信息的安全性，防止未经授权的提取和篡改，数据水印工具通常集成加密技术。采用加密算法对水印信息进行加密，只有拥有相应密钥的授权用户才能成功提取水印，确保水印信息的机密性。

④ **同步技术。**同步技术用于解决水印提取过程中的定位问题。数据水印工具通过在水印信息中嵌入同步码或采用自同步机制，实现水印的准确定位和提取，即使在数据遭到几何攻击（例如旋转、缩放和裁剪等）的情况下，也能保证水印的可提取性。

⑤ **人眼 / 听觉模型。**为了提高水印的隐蔽性，数据水印工具引入人眼 / 听觉模型，根据人类视觉 / 听觉系统的特点，优化水印嵌入的位置和强度。通过将水印信息嵌入人眼 / 耳不敏感的数据区域，或调整水印嵌入强度以匹配人眼 / 听觉的掩蔽阈值，最大限度地降低水印对数据质量的影响。

⑥ **压缩域水印。**传统的水印嵌入多在原始数据上进行，在数据压缩的过程中，水印信息可能会受到破坏。压缩域水印技术直接在压缩后的数据中嵌入水印，确保水印能经受压缩攻击。数据水印工具支持压缩域水印，提高了水印的适应性和健壮性，特别适用于图像和视频等多媒体数据的保护。

**（3）应用场景示例**

① **图片版权保护。**摄影师或图片版权所有者可以使用数据水印工具，在图片中嵌入版权信息或所有者标识。当图片被他人未经授权使用时，可以通过提取水印信息证明自己的所有权，并采取相应的法律行动。

② **视频内容分发跟踪。**视频内容提供商（例如在线视频平台）可以在视频中嵌入特定的水印信息，用于跟踪视频内容的分发和传播。通过提取水印，可以了解视频的传播路径、观看次数等信息，有助于分析用户行为，并进行版权管理。

③ **文档泄密溯源。**政府机构、企业等组织可以在敏感文档中嵌入水印，用于追踪文档的传播和识别泄密源。每份文档可以嵌入唯一的水印信息，一旦发生泄密事件，可以通过提取水印来确定泄密的文档版本和责任人。

④ **音乐版权维权。**音乐创作者或版权所有者可以在音频文件中嵌入水印，标识音乐的所有权。当音乐作品被非法复制、传播或剽窃时，可以通过水印信息来维护权利人的合法权益。

⑤ **数字证据保全。**在电子取证、知识产权诉讼等场景中，数字水印可以用于保全数字证据的完整性和真实性。通过在证据文件中嵌入水印，并在法律程序中验证水印的一致性，可以证明证据未被篡改，从而增强证据的法律效力。

⑥ **医疗影像数据保护。**医疗机构可以在医学影像（例如 X 射线、CT 和核磁共振等）中嵌入患者身份信息的水印，确保医疗数据的隐私性和安全性。同时，水印技术也可以用于发现医疗影像数据的非法复制和传播。

### 11.5.4 数据库加密系统

数据库加密是保护数据库中敏感数据的重要手段。数据库加密系统通过对存储在数据库中的数据进行加密，以防止未经授权的访问，确保数据的机密性。即使攻击者获得了数据库的访问权限，如果没有相应的密钥，也无法破解加密数据，获取明文信息。

一个完善的数据库加密系统需要在数据的整个生命周期提供保护，包括数据存储、数据传输和数据使用等各个阶段。它需要与数据库管理系统、应用程序紧密结合，提供方便的加密管理功能，并且要尽量减少对数据库性能的影响。此外，还要考虑密钥管理的安全性和合规性等因素。

**（1）核心功能**

① **透明加密。**自动对数据库中的敏感数据进行加密和解密，对应用程序和用户透明。应

用程序在处理密文数据时，无须进行额外的加解密操作，简化了开发和使用的流程。

② **细粒度加密**。支持列级加密、行级加密等多种粒度的加密方式，可以根据实际需求对特定的表、列进行选择性加密，兼顾安全性和性能。

③ **多种加密算法支持**。提供多种加密算法选择，满足不同的加密强度和标准要求。

④ **密钥管理**。提供完善的密钥管理功能，包括密钥的创建、轮换、存储、备份、恢复和销毁等。通过集中管理密钥，提高密钥的安全性，方便密钥的使用和维护。

⑤ **访问控制**。与数据库的权限体系结合，根据用户角色和权限控制对加密数据进行访问，仅允许授权用户访问解密后的明文数据，防止内部人员滥用权限。

⑥ **审计日志**。详细记录数据加密、密钥管理、用户访问等关键操作日志，满足安全审计和合规性要求，为事后追溯提供依据。

⑦ **性能优化**。采用优化的加密算法和实现，尽量减少加密操作对数据库性能的影响，提供批量加密、并行计算和缓存等性能优化手段。

⑧ **跨平台支持**。支持主流的数据库平台，例如，Oracle、MySQL、SQL Server 和 PostgreSQL 等，以及不同的操作系统，提供统一的管理界面。

⑨ **灾备和恢复**。与数据库的备份、恢复机制结合，确保加密数据的可恢复性。通过冷备份密钥等方式，保障密钥的安全存储和恢复。

**（2）关键技术**

① **对称加密算法**。使用单个密钥对数据进行加密和解密，例如 AES 和 SM4 等。这些算法计算效率高，适合大量数据的加密。系统通常采用安全的随机数生成器产生密钥。

② **非对称加密算法**。使用公钥和私钥对来进行加密和解密，例如 RSA 等。通常用于加密会话密钥等短小敏感数据，以及数字签名等。

③ **哈希算法**。将数据映射到固定长度的唯一值，常用于验证数据的完整性，例如 SHA-2、SM3 等。

④ **格式保留加密**。加密后的密文保留了明文的格式和数据类型，使应用程序无须修改即可处理密文，这通过定制的加密算法和填充方案实现。

⑤ **激活数据加密**。数据在使用时才解密，不使用时以密文形式存储在内存中。这通过修改数据库内存管理器实现，可以保护数据库进程内存中的明文数据。

⑥ **密钥管理**。集中存储和管理密钥的系统。使用层级密钥体系，用主密钥加密数据密钥，通过硬件安全模块（Hardware Security Module，HSM）等存储主密钥，支持自动密钥轮换。

⑦ **密文索引**。在不解密数据的情况下通过密文进行快速搜索。常见方法有盲索引，即将明文数据通过确定性加密产生密文索引。

⑧ **可搜索加密**。通过特殊的加密算法，在密文上执行搜索操作。代表性方案有可搜索对称加密。这样可以将数据的存储和搜索委托给可信的服务器。

**（3）应用场景示例**

① **金融行业**。银行、证券和保险等金融机构处理大量的客户隐私数据和交易数据，使用数据库加密系统对敏感数据（例如身份证号码、银行卡号、交易记录等）进行加密，以防止数据泄露，符合金融监管的要求。

② **医疗健康行业。**医疗机构存储患者的电子病历、处方、检查结果等隐私数据，使用数据库加密对这些数据进行保护，特别是遗传基因数据等高度敏感信息，保护患者隐私，符合相关法规的要求。

③ **政府公共事业。**政府部门掌握公民的大量隐私数据，使用数据库加密可以防止内外部人员窃取滥用这些数据，保障国家安全和社会稳定。

④ **电信运营商。**电信运营商存储用户的实名信息、通话记录、上网记录和位置信息等数据，使用数据库加密可以防止这些数据被用于广告推送和诈骗等行为，符合行业监管的要求。

⑤ **互联网企业。**互联网企业掌握大量用户隐私数据，例如用户资料、行为记录和消费记录等数据，使用数据库加密能够有效保护这些数据，防止外部攻击和内部人员滥用，建立良好的口碑。

⑥ **物联网平台。**物联网平台汇聚了大量设备产生的数据，包括工业数据、车辆数据和居民生活数据等，使用数据库加密能够确保这些数据在存储和使用过程中的安全性和隐私性。

### 11.5.5 数据库脱敏系统

数据库脱敏系统是一种保护敏感数据隐私的重要安全技术。它通过对敏感数据进行变形、替换和加密等处理，在确保数据可用性的同时，有效防止敏感信息的泄露。

组织每天都在生成和处理大量数据，其中不可避免地包含组织、员工和客户等主体的敏感数据。一旦外泄，轻则导致机密信息泄露、声誉受损，重则可能引发法律诉讼。因此，数据库脱敏已成为数据安全领域的必备技术之一。

数据库脱敏系统在提升数据安全性的同时，还能确保脱敏后数据的可用性，为大数据分析、软件测试、数据挖掘等场景提供可靠的数据支撑。然而，数据安全技术始终处于不断发展和对抗的过程中，即使经过脱敏处理的数据集仍可能面临隐私泄露的风险。攻击者可能利用背景知识、网络公开信息或其他渠道获取的数据集，对脱敏数据进行重标识攻击[H53]，以恢复真实信息。为了应对这种风险，数据库脱敏系统需要不断采用新的防护技术，例如，K-匿名技术和差分隐私技术等，以提高脱敏数据的安全性。

数据库脱敏系统根据脱敏处理的实时性和应用场景的不同，主要分为动态数据脱敏和静态数据脱敏两类。

动态数据脱敏一般用于生产环境，实时处理敏感数据。当运维人员或应用侧用户访问敏感数据时，该系统能够即时对敏感部分进行替换或变形。动态脱敏通过部署在数据访问路径上的脱敏网关或代理，按照预定义的脱敏规则，对外部访问请求的数据进行实时处理，并返回脱敏后的结果。这种脱敏方式在降低数据敏感度的同时，最大限度地减少了获取脱敏数据的时延。

静态数据脱敏主要用于非生产环境，例如，软件开发、测试或数据分析等场景。它将生产环境中的敏感数据抽取出来，经过脱敏处理后用于非生产环境。静态脱敏通过批量数据处理技术，例如抽取、转换和加载，按照脱敏规则一次性完成大批量数据的变形转换处理。这种方式在降低数据敏感度的同时，最大限度地保留了原始数据集的数据内在关联性等可挖掘价值。

**(1) 核心功能**

① **敏感数据发现与识别。**数据库脱敏系统利用正则表达式、机器学习等技术，能够自动

扫描并识别出数据库中存在的各类敏感数据，例如，姓名、身份证号码、手机号码和银行卡号等。敏感数据发现与识别是数据脱敏的基础，它确保了脱敏对象的全面性和准确性。

② **多种脱敏算法支持。**针对不同类型、不同安全级别的敏感数据，数据库脱敏系统提供多种脱敏算法，包括数据加密、数据替换、数据混淆、数据截断和数据掩码等。组织可以根据实际需求灵活选择脱敏算法，在满足合规要求的同时，最小化对数据可用性的影响。

③ **细粒度脱敏规则配置。**支持对脱敏对象、脱敏算法、脱敏参数等进行细粒度配置。组织可以针对不同数据库、不同表和不同字段设置个性化脱敏规则，实现对敏感数据的精细化保护。灵活的规则配置确保了脱敏方案与业务需求的无缝贴合。

④ **脱敏流程管理与监控。**数据库脱敏系统提供可视化的脱敏流程管理界面，涵盖脱敏规则配置、脱敏任务调度和脱敏结果审计等环节。可以实时监控脱敏作业进展，例如，脱敏数据量、任务执行状态、异常告警等，以便及时掌握脱敏全流程，确保脱敏工作平稳有序进行。

⑤ **数据质量检测。**为了保障脱敏数据的质量，数据库脱敏系统提供数据质量检测功能，对脱敏后的数据进行统计属性校验，确保脱敏结果的准确性和一致性。

⑥ **丰富的数据源类型支撑。**数据库脱敏系统能够支撑多种主流数据库脱敏，同时对大数据平台、非结构化数据也提供完善的脱敏方案。全面的数据源覆盖可以帮助组织实现对数据安全防护的统一管理，避免多系统割裂导致的安全风险。

**（2）关键技术**

① **正则表达式技术。**数据库脱敏系统广泛使用正则表达式技术，通过预先定义敏感数据的正则模式，实现快速、精准的敏感信息识别。正则表达式是数据脱敏的基础技术之一，能够显著提高脱敏的效率。

② **格式保留脱敏算法。**格式保留脱敏算法在保护隐私的同时，可以确保脱敏后的数据格式、长度和分布等特征与原数据高度一致。

③ **泛化技术。**泛化技术是一种常用的数据脱敏方法，它在保留数据局部特征的同时，使用更一般、更宽泛的值来替代原始数据。例如，将具体的年龄值替换为年龄段。这种脱敏后的数据通常不可逆，即无法从脱敏数据中还原出原始的详细信息，从而保护了数据的隐私性。

④ **随机化技术。**随机化技术通过随机修改数据属性的值来实现脱敏。这种方法确保脱敏结果与原始数据在统计上保持一定的相似性，即脱敏后的数据仍然服从原始数据的概率分布。这种技术适用于需要保持数据一定随机性的场景。

⑤ **抑制技术和扰乱技术。**抑制技术通过隐藏数据中的部分信息来保护敏感数据。而扰乱技术则更复杂，包括加密、数据重排、均值化处理、散列函数应用、数据替换及局部混淆等方法。扰乱技术的目的是通过对原始数据进行一系列复杂的变换，使脱敏后的数据在结构和内容上与原始数据存在明显区别，从而增加数据的安全性和保护级别。

⑥ **有损技术。**有损技术是通过故意损失部分数据来保护整体数据集的安全性。这种技术通常适用于只有在数据集整体汇总后才可能构成敏感信息的场景。通过有目的地删除或修改部分数据，可以降低数据泄露的风险。

⑦ **差分隐私技术。**差分隐私是一种隐私保护技术，它在数据发布前向原始数据中引入一定量的随机噪声或扰动。这种扰动的目的是确保即使攻击者拥有关于数据集的背景知识，也无

法通过差分攻击准确地推断出特定个体的敏感信息。差分隐私提供了一种可量化的隐私保护程度，是目前隐私保护研究的前沿领域。

⑧ **K- 匿名技术。** K- 匿名技术是一种通过降低数据精度和增加数据泛化程度来保护个人隐私的方法。它要求在发布的数据集中，任何一个准标识符（例如姓名、地址的组合）至少与 K 个不同的记录关联。因此，观察者无法通过准标识符将记录与具体的个体联系起来，从而保护了个人隐私不被泄露。K- 匿名技术可以根据泛化的范围分为全局算法和局部算法两种类型。全局算法对整个数据集进行统一处理，而局部算法则针对数据集中的特定部分进行脱敏处理。

⑨ **令牌化技术。** 令牌化是一种将数据元素（例如信用卡号和身份证号码等）替换为非敏感“令牌”的过程，这些令牌在系统内部使用以引用原始数据，但不透露实际敏感信息。令牌化允许在需要时通过安全的方式访问原始数据，同时减少数据泄露的风险。

⑩ **数据掩码技术。** 数据掩码是一种通过替换部分数据内容来隐藏敏感信息的技术。它通常用于隐藏数据库中的敏感字段，例如，电话号码或电子邮件地址的最后几位数字。数据掩码允许系统在处理数据时保留一定的功能性，同时减少敏感信息的暴露。

**（3）应用场景示例**

① **金融行业征信数据脱敏。** 金融机构在开展征信业务时，需要采集和使用大量的个人隐私数据。利用数据库脱敏系统，可对姓名、身份证号码、手机号码和信用卡号等敏感信息进行实时脱敏。脱敏后的征信数据在确保合规性的同时，也能支撑数据分析、风控建模等业务创新，助力普惠金融的发展。

② **政府数据安全共享脱敏。** 政府部门拥有公民的大量隐私数据，跨部门数据共享时面临较大隐私泄露风险。引入数据库脱敏系统，可在数据共享前对公民隐私数据进行脱敏处理，确保共享数据的安全合规，促进政府数据价值最大化。

③ **企业内部测试数据脱敏。** 企业在进行内部系统测试时，往往需要使用真实的业务数据，而这将导致测试人员接触客户的隐私数据。利用数据库脱敏系统，可在保留数据特征的前提下，对生产数据进行隐私保护，为测试环境提供安全可用的仿真数据，确保在测试有效的同时合规合法。

④ **教育行业学生信息脱敏。** 教育机构掌握大量学生隐私数据，例如，身份信息、成绩信息和行为信息等。数据库脱敏系统可对学生隐私数据进行脱敏处理，脱敏后的数据支持教学管理、学情分析和科研项目等，助推智慧教育发展。同时，脱敏技术最大限度保护了学生隐私安全，为教育数字化保驾护航。

⑤ **数据开发测试。** 在软件开发、系统测试或数据分析过程中，往往需要使用到真实的业务数据。为确保这些数据中的敏感信息不被泄露，数据脱敏系统能够通过静态脱敏技术（例如，替换和变形），对源数据中的敏感部分进行处理。例如，将真实的身份证号码替换为具有相同格式但无实际意义的随机数字串，这样脱敏后的数据既能满足测试需求，又避免了敏感信息的泄露。

⑥ **数据分析与挖掘。** 在进行复杂的数据分析时，需要保持数据间的关联性和分析结果的准确性。数据脱敏系统可以通过采用抑制、泛化等静态脱敏技术，确保脱敏后的数据仍保留原有的数据关系和格式。这样即使数据经过了脱敏处理，分析师仍然能够得出准确的分析结果。

例如，在处理包含多个表格的人员信息时，脱敏系统能确保不同表格中同一人员的信息在脱敏后保持一致。

⑦ **敏感数据访问控制。** 当组织的运维人员或应用侧用户需要访问敏感数据时，数据脱敏系统能够提供动态脱敏功能。通过实时替换、变形等技术，系统可以在数据被访问的瞬间对敏感部分进行脱敏处理。例如，运维人员在查看数据库中的用户手机号码时，系统可以自动将手机号码的部分数字替换为星号或其他符号，确保敏感信息不直接暴露。

⑧ **内部培训与教育。** 在组织内部进行员工培训或教育时，经常需要使用实际业务数据。然而，直接使用包含敏感信息的原始数据可能会带来泄露风险。数据脱敏系统可以对这些教学用的数据进行处理，确保敏感信息不被泄露，同时保持数据的真实性和教学价值。

⑨ **故障排查与系统日志分析。** 在IT运维和系统管理中，故障排查和系统日志分析是常见的任务。这些任务通常需要访问和分析包含敏感信息的系统日志或数据库记录。数据脱敏系统可以对这些日志和记录进行脱敏处理，使运维人员和管理员能够在不暴露敏感信息的情况下进行故障排查和日志分析。

### 11.5.6 数据备份和恢复工具

数据备份和恢复工具通过创建数据的副本，确保在发生硬件故障、软件崩溃、网络攻击、人为错误或自然灾害等意外情况时，组织的关键数据不会丢失，业务连续性得以维持。

随着数据量的急剧增长和数据类型的多样化，数据备份和恢复面临着新的挑战。云计算、大数据等新技术的兴起，也对备份和恢复工具提出了更高的要求。现代化的数据备份和恢复工具需要支持多种数据源和存储介质，提供高效的数据传输和压缩机制，具备智能化的数据管理和恢复能力。

此外，随着勒索软件、内部威胁等新型威胁的出现，数据备份和恢复工具也在安全特性方面不断强化，提供数据加密、访问控制、异常行为检测等功能，为备份数据的机密性、完整性和可用性提供更可靠的保障。

可靠的数据备份和恢复工具已经成为组织数据安全体系的重要组成部分。它们不仅能最大限度地降低数据丢失和业务中断的风险，还可以帮助企业满足日益严格的数据合规要求，

**（1）核心功能**

① **自动化备份。** 按预定的策略和时间表自动执行数据备份任务，无须人工干预。支持全量备份、增量备份和差异备份等多种备份方式。备份操作可在后台静默进行，不影响正常的业务运行。

② **多数据源支持。** 能够备份各种类型的数据，包括文件、数据库、虚拟机和应用程序等。支持物理服务器、虚拟化平台和云环境下的数据备份。兼容主流的操作系统、数据库和应用软件。

③ **灵活的备份存储。** 可将备份数据存储到本地磁盘、NAS、SAN等各种存储设备。支持备份数据异地存储，提高数据的可靠性和可恢复性，支持主流云存储服务。

④ **高效数据传输。** 采用数据压缩、重复数据删除等技术，减少备份数据的存储空间和网络带宽占用。支持并行数据传输和流式数据传输，加快备份和恢复速度。自适应网络带宽管理，

避免备份数据传输影响生产网络。

⑤ **快速数据恢复。**提供多种数据恢复方式，包括文件级恢复、卷级恢复和裸机恢复等。支持恢复到原位置或指定位置，保证灾难恢复的灵活性。集成应用程序感知恢复功能，确保应用数据的一致性和完整性。

⑥ **集中管理与报告。**通过统一的管理平台实现备份策略配置、作业监控和报警通知等。提供丰富的报表功能，展示备份任务执行情况和资源使用状态。支持基于角色的访问控制，保障备份管理的安全性。

⑦ **安全与合规。**提供备份数据加密功能，防止备份数据泄露和非授权访问。支持数据级、用户级的细粒度访问控制。内置审计与日志功能，满足合规性要求等。

⑧ **灾难恢复演练。**提供数据恢复演练功能，定期验证备份数据的可恢复性。自动生成灾难恢复计划和流程文档。支持无中断的数据恢复演练，不影响生产系统。

（2）关键技术

① **快照技术。**通过记录特定时间点的数据状态来创建数据副本，不影响系统的运行。增量快照只记录自上一个快照以来发生变化的数据，节省存储空间。通过快照可快速恢复到历史时间点的数据状态。

② **连续数据保护（Continuous Data Protection，CDP）。**实时捕获数据的每一次更改，可将恢复点目标（Recovery Point Object，RPO）缩短至秒级。将数据更改持续记录到日志文件中，在发生故障时可精确恢复到任意时间点。相比传统的定期快照，CDP 提供更高的数据恢复能力。

③ **重复数据删除。**识别并消除备份数据中的冗余数据，大幅减少备份存储空间。支持固定长度和可变长度的数据块划分方式。跨备份作业和跨存储介质实现重复数据删除，提高存储的利用率。

④ **源端数据压缩。**在数据源端对备份数据进行压缩，减少数据的传输量和存储容量。采用高效的压缩算法，平衡压缩率和 CPU 开销。压缩操作与备份过程并行，避免延长备份窗口。

⑤ **变更块跟踪（Changed Block Tracking，CBT）。**跟踪虚拟磁盘或卷的数据块级变化，准确识别需要备份的增量数据。与虚拟化平台（例如 VMware、Hyper-V）深度集成，高效捕获增量数据。大幅减少备份数据量和备份时间，缓解虚拟环境下备份窗口的压力。

⑥ **合成备份。**自动将全量备份与增量备份合并生成新的完整备份，无须重新进行全量备份。消除了传统的周期性全量备份，节省了网络带宽和存储空间。加速恢复操作，无须依次应用增量备份。

⑦ **存储层快照集成。**与存储阵列硬件紧密集成，利用存储层快照实现数据保护。卸载备份操作到存储阵列，降低服务器 CPU 和 I/O 开销。配合存储复制和 CDP 功能，实现存储层的连续数据保护。

（3）应用场景示例

① **金融行业数据保护。**银行、证券和保险等金融机构需要严格保护客户数据和交易记录。使用数据备份与恢复工具，确保关键财务系统和数据库的高可用性和数据一致性。满足监管机构对数据留存、灾难恢复等方面的合规性要求。

② **医疗行业数据安全合规。**医疗机构需要保护患者的电子病历（Electronic Medical

Record，EMR）和医疗影像数据。数据备份与恢复工具可确保医疗数据的长期保存和可恢复性，满足相关法规的要求。通过数据加密和访问控制，防止敏感医疗信息泄露。

③ **制造业数据防护。**制造业企业的研发数据、设计文件、生产记录等是核心商业机密。利用数据备份工具对关键数据进行异地容灾备份，提高数据的可靠性。通过 CDP 和合成备份技术，最大限度缩短恢复时间，保障生产的连续性。

④ **政府部门数据安全。**政府部门需要保障敏感公民信息和机密文件的安全性。使用数据备份软件对政务系统和电子文档进行定期备份，防止数据丢失。通过访问控制和数据加密，严格管控对备份数据的访问，避免内部人员窃取数据。

⑤ **云服务提供商的数据保护服务。**云服务提供商为租户提供数据备份与恢复服务，作为其托管服务的一部分。利用软件定义的备份基础架构，实现多租户数据隔离和按需备份。通过与云原生技术的集成，提供云工作负载的无缝保护。

⑥ **远程办公数据保护。**企业采用远程办公模式时，员工在家中处理公司的数据。通过桌面和终端数据备份，保护分散在远程办公场所的企业数据。利用云备份和移动备份技术，确保远程员工设备上的关键数据安全。

### 11.5.7　数据销毁工具

数据销毁工具是一种专业的数据安全软硬件产品，可用于安全、彻底、不可逆地销毁存储介质上存储的数据，保障废旧存储设备和存储介质中的敏感数据不被恢复和非法利用。它通过物理粉碎、消磁和数据覆写等方式，实现数据的永久性破坏，使数据无法通过任何手段恢复。

数据销毁的重要性日益凸显。组织在升级 IT 设备时，大量包含敏感信息的废旧硬盘、磁带等介质亟须安全处置。个人闲置、出售或丢弃存储设备时也要防范个人隐私数据泄露。数据销毁工具是保护这些废旧存储介质中数据安全的可靠措施。

数据销毁工具可确保组织遵从相关数据安全法规的要求，安全处置客户隐私数据和内部商业机密数据，避免数据泄露带来的合规风险和商业损失；帮助政府部门保护国家秘密和敏感数据；同时也能防止个人隐私数据被不法分子窃取，造成损失。

**（1）核心功能**

① **物理粉碎功能。**数据销毁工具可对硬盘、光盘和 U 盘和磁带等存储介质进行物理粉碎。通过特制的粉碎刀具，将介质粉碎成指定大小的颗粒，破坏其物理结构，使数据无法恢复。这种破坏性极强的物理粉碎是确保数据被彻底销毁的最有效方式之一。

② **消磁功能。**利用强磁场破坏磁介质上的数据存储特性，实现数据清除。数据销毁工具内置强力消磁装置，可对硬盘等设备实施退磁。经过消磁处理后，磁盘上的数据被破坏，无法恢复。消磁比物理粉碎更加环保，可在一定程度上实现设备的重复利用。

③ **数据覆写功能。**通过反复覆写随机数据，将原有的存储数据彻底替换，达到销毁目的。数据销毁工具支持多种数据覆写算法，可对硬盘等设备上存储的数据实施一次或多次覆写，确保原始数据被不可逆地销毁。覆写通常需要较长时间，但相比物理破坏，可最大程度保留设备的可用性。

④ **可选介质支持。**全面支持不同类型、接口的存储介质，包括机械硬盘、固态硬盘、光盘、

U 盘、磁带、IC 卡和手机卡等各种常见介质。

⑤ **自动化操作。**设备操作简单，销毁过程实现自动化。工具内嵌专用软件，预设销毁策略，并提供进度监测、日志留痕和报告生成等功能，实现一键式自动粉碎 / 消磁 / 覆写，大幅提高销毁的效率，降低人工成本。

**（2）关键技术**

① **物理粉碎技术。**采用特种合金材质制造的高强度粉碎刀具，配合精密传动和控制技术，对各类存储介质实施高效物理粉碎。可根据安全需求，灵活设置粉碎的颗粒度，确保数据被彻底销毁。

② **消磁技术。**利用高性能磁芯材料和线圈绕制工艺，内置高强度消磁装置。凭借精准的磁场控制算法，对存储介质实施强力退磁，穿透力强，可有效破坏深层的数据。

③ **数据覆写技术。**使用业界公认的安全覆写算法，可自定义覆写随机数据的次数。采用底层驱动技术，可突破操作系统的限制，对存储介质上的所有存储单元进行全盘覆写。

④ **快速并行处理技术。**采用高性能的硬件平台，支持对多个存储设备并行粉碎 / 消磁 / 覆写。采用并行控制算法，可实现多设备同步操作，显著提升数据销毁的效率，节省时间成本。

⑤ **自动化控制技术。**通过专用软件，提供灵活的策略配置功能，预设不同介质类型、容量的销毁参数。自动化销毁流程控制，销毁进度实时监测，确保销毁操作被彻底执行。销毁日志自动记录，涵盖设备信息、销毁时间和策略参数等，可为审计提供依据。

⑥ **加密擦除技术。**利用加密擦除算法，利用随机密钥对存储单元数据加密，多次加密覆写后擦除密钥，使数据即使被恢复也无法解密，进一步保障了擦除覆写的安全性，满足了更高的数据保密需求。

⑦ **介质识别与异常处理技术。**设备内置多种接口，利用智能介质识别技术，自动识别存储介质的类型、容量和接口协议等，自动选择匹配的粉碎刀具和销毁策略，降低人工干预程度。异常监测技术可实时判断介质连接的状态，发现读写、销毁异常时自动预警，提高设备的可靠性和容错能力。

**（3）应用场景示例**

① **政府领域。**政府部门在存储设备废弃、升级换代时，必须对其中的数据进行彻底销毁，确保数据不被非法恢复和非法利用。利用数据销毁工具对报废的机密文件存储硬盘、光盘等进行物理粉碎，并全程监控、留痕，严格遵守国家保密规定。

② **金融行业。**银行、证券、保险等金融机构积累了大量客户资金信息、交易记录等敏感数据。在处置废旧 IT 设备、存储介质报废时，使用数据销毁工具对设备进行全面数据清除，保护客户隐私，防止数据泄露，遵从行业数据安全标准，例如 PCI、DSS 等。

③ **医疗和健康行业。**医院的医疗档案、体检报告、药品信息等属于敏感的个人隐私信息。医疗机构采用数据销毁设备，在医疗数据存储介质废弃时对其进行安全销毁处理，并出具销毁证明，严格遵守《医疗卫生机构网络安全管理办法》等要求，防范医疗数据泄露风险。

④ **数据中心和 IT 服务商。**云服务提供商、数据中心运营商通过将数据销毁功能集成到其 IT 设备全生命周期管理流程，对报废的服务器、存储阵列等进行数据清除，避免客户数据泄露，保障其业务信誉与口碑。

⑤ **教育和科研机构。**高校和科研院所经常产生敏感的科研数据和个人信息数据。利用数据销毁工具，对废旧的实验数据存储设备、科研档案库存储器等进行物理粉碎，并监控全过程，防止核心科研成果和个人信息数据被泄露。

⑥ **企业内部。**大中型企业的人力、财务、客户、知识产权等数据非常敏感。企业使用数据销毁工具对废旧计算机、服务器硬盘等进行数据清除。IT 部门集中管理销毁设备，制定严格的销毁流程，并将销毁环节嵌入 IT 设备全生命周期管理，可确保数据安全可控。

⑦ **个人用户。**个人计算机、手机、U 盘中存储着大量个人隐私数据。出售、丢弃或捐赠旧设备时，个人用户可使用数据擦除软件对设备进行数据清除，防止个人信息被他人恢复和窃取，以保护自身隐私。

### 11.5.8 数据库审计系统

数据库审计系统是一种用于监控、记录和分析数据库活动的安全工具。它能够实时监控和审计所有数据库操作，包括对敏感数据的访问行为。通过收集和分析数据库审计日志，安全管理员可以及时发现可疑行为、异常活动和潜在的安全威胁，从而有效保护数据库系统的机密性、完整性和可用性。

数据库审计系统利用代理、日志分析等技术手段，对数据库层面的所有访问行为进行全面监控和记录，涵盖了 SQL 语句执行、数据修改、权限变更等活动。通过与数据库账号、访问对象、敏感数据、应用系统等多维度信息关联分析，数据库审计可以帮助组织建立完善数据安全管理体系。

**（1）核心功能**

① **数据库访问监控。**实时监控所有数据库访问活动，包括登录 / 注销、数据查询、修改等操作，记录访问时间、执行账号、IP、SQL 语句等详细信息，为事后审计提供依据。

② **数据库行为审计。**支持对数据库的各类操作行为进行全面审计，包括 DDL、DML、DCL 等语句执行审计，数据库结构变更审计，高危操作（Drop 表、Truncate 等）审计。

③ **敏感数据保护。**对预先定义的敏感数据表或列进行重点审计，监控敏感数据的访问、修改、导出等行为，及时预警异常操作，防止敏感数据被滥用和泄露。

④ **异常行为检测。**基于机器学习等智能算法，对大量审计日志进行用户行为建模和分析，自动识别异常访问模式、可疑 SQL 注入攻击等威胁行为，降低安全风险。

⑤ **合规审计报表。**提供审计报表和数据可视化功能，满足等级保护、ISO27001、SOX 等各类合规要求，支持自定义报表配置，协助完成内外部安全审计工作。

⑥ **安全管控措施。**提供细粒度安全管控功能，包括风险会话阻断、异常访问告警、数据脱敏、不当 SQL 语句拦截等，及时阻止高风险数据库操作，提升数据防护能力。

⑦ **多数据库支持。**支持主流数据库平台，例如，Oracle、MySQL、SQL Server、Redis、MongoDB 等，提供统一的审计管理界面，降低运维管理难度。

⑧ **分布式审计架构。**采用分布式审计架构，支持大量审计数据的高效采集、存储、查询和分析，满足大规模数据环境下的高性能审计需求。

**（2）关键技术**

① **数据库协议解析技术。**审计系统需要对数据库访问流量进行解析，提取 SQL 语义、执

行账号、访问对象等关键信息。需要实现对不同数据库通信协议（例如 MySQL 协议、Oracle TNS 协议等）的深度解析，保证了审计数据的准确性和全面性。

② **数据库日志解析技术。**除了网络流量解析，审计系统还需要对数据库自身的各类日志（例如 Binlog、Redo Log、审计日志等）进行解析，以补充和验证网络审计数据，实现更全面的审计覆盖。

③ **大数据存储与查询技术。**数据库审计会产生大量的结构化日志数据，需要采用大数据平台（例如 Hadoop、Elasticsearch 等）进行高效存储和查询。通过分布式存储架构、列式存储、倒排索引等技术，实现审计数据的快速写入和查询分析。

④ **机器学习与用户行为分析技术。**应用机器学习技术（例如异常检测、聚类分析等）对数据库访问日志进行分析，建立用户行为基线，实现对异常访问行为的自动识别和预警。通过多维度行为分析，深入挖掘数据库操作背后的使用模式和分析安全威胁。

⑤ **数据脱敏与防泄露技术。**审计系统需要对采集到的敏感数据进行脱敏处理，采用加密、掩码、数据变形等技术，在不影响审计分析的前提下，防止敏感数据泄露。同时支持细粒度数据访问控制和泄露防护措施。

⑥ **SQL 语义分析与风险识别技术。**通过 SQL 语义分析引擎，对审计采集到的 SQL 语句进行深层解析，识别其中的敏感操作、风险语句、注入攻击等安全风险。基于语义分析结果，实现 SQL 执行的合规性校验和风险操作阻断。

⑦ **数据可视化与报表分析技术。**利用数据可视化与报表分析技术，将审计数据转化为直观易读的图形、报表等形式，帮助安全管理员快速理解和分析数据库活动。通过灵活的报表配置功能，满足不同用户的定制化审计报表需求。

⑧ **插件化数据采集架构。**采用插件化数据采集架构，实现对不同类型数据库的灵活支持。通过定制开发采集插件，可快速扩展新的数据库审计能力，降低系统的扩展和维护成本。

**（3）应用场景示例**

① **金融行业合规审计。**金融机构如银行、保险公司等，需要对业务系统中访问客户数据、交易数据的行为进行严格审计，数据库审计系统可持续监控数据库活动，及时发现越权访问、敏感数据泄露等违规行为，满足监管合规性要求。

② **医疗行业数据安全。**医疗机构保存了大量患者的个人信息和健康数据，必须确保这些敏感数据的安全可控。通过数据库审计，医院可以严格管控对患者隐私数据的访问和使用，防止内部人员滥用数据，同时对审计日志进行留存，满足合规要求。

③ **政府机关信息保护。**政府部门的数据库中保存了大量涉及国家安全、社会稳定的敏感信息，是黑客攻击的重点目标。部署数据库审计系统，可及时发现针对政务数据库的渗透攻击，并通过行为分析识别内部人员的可疑操作，避免机密信息外泄。

④ **电商平台业务安全。**电商平台的交易数据、用户数据是业务安全的核心，数据库审计可有效监控内部员工对订单数据、支付数据的访问行为，可基于规则识别异常操作，同时与业务系统联动，阻断风险交易，保障业务连续性。

⑤ **企业数据资产保护。**对于依赖核心数据开展业务的企业，例如，互联网公司、制造业企业等，核心业务数据、知识产权数据是数据安全保护的重点。数据库审计系统作为企业整体

数据安全战略的关键组件，可捕获对核心数据资产的各种访问、转储行为，助力构建全面的数据安全防护体系。

### 11.5.9　数据库防火墙系统

数据库防火墙系统是一种专门针对数据库安全的防御产品。它位于应用程序服务器与数据库服务器之间，可实时监测、分析和控制数据库访问流量，对潜在的威胁行为进行检测和阻断，从而保障数据库的安全。

传统的网络防火墙主要关注网络层面的访问控制和威胁防护，难以深入应用层，无法理解数据库特有的通信协议。而数据库防火墙系统弥补了这一缺陷，在应用层实施安全防护，可识别 SQL 语义，并基于数据库应用和用户行为进行更精细化的安全管控。

数据库防火墙系统利用机器学习、行为分析、规则引擎等多种技术，持续进行流量学习和行为建模，形成动态的安全基线。一旦检测到异常访问和潜在入侵，可实时告警并阻断威胁，避免敏感数据被窃取、篡改或破坏。同时，还可对数据库操作进行细粒度审计，为合规监管提供依据。

**（1）核心功能**

① **访问控制与权限管理。**数据库防火墙系统可对数据库的访问进行细粒度控制，基于“最小权限”原则，根据用户身份、角色、IP、时间等因素分配权限，确保用户只能访问被授权的数据资源，降低内部威胁风险。还可防止权限滥用，及时发现异常的权限变更。

② **SQL 注入攻击防护。**SQL 注入是数据库面临的常见威胁之一。数据库防火墙系统使用语义分析、异常检测等技术，可及时发现 SQL 注入企图，并阻断恶意 SQL 语句，避免数据泄露。既可拦截已知的攻击签名，也能识别变种的注入式攻击。

③ **数据库行为审计。**数据库防火墙系统可详细记录数据库访问日志，涵盖 SQL 语句、会话信息、返回结果等，便于事后审计和问题排查。基于审计日志还可进行大数据分析，深入洞察用户行为模式，及时定位违规操作，满足等保和合规要求。

④ **实时预警与阻断。**数据库防火墙系统支持自定义各类安全策略，实时检测违反策略的高危行为。一旦发现威胁事件，可及时预警，并根据策略自动阻断或限流。告警机制既可联动企业安全管理平台，也支持短信、邮件等通知方式。

⑤ **可视化管理与报表。**数据库防火墙系统通常带有可视化的管理界面，可简化运维管理。管理员可直观地制定安全策略，查看系统运行状态。通过丰富的统计报表，从用户、风险、性能等角度直观呈现数据库安全状况，便于管理者宏观把控。

**（2）关键技术**

① **协议解析与 SQL 语义分析。**数据库防火墙系统需要深入理解数据库特有的通信协议，例如 Oracle 的 TNS 协议、MySQL 的客户端 / 服务器协议等。通过协议解析，提取 SQL 语句等关键信息。在此基础上，利用 SQL 语义分析技术，准确识别 SQL 语句的上下文含义，识别潜在的注入攻击、风险操作等。

② **规则引擎与策略配置。**数据库防火墙系统基于灵活的规则引擎，允许管理员自定义各种安全规则和策略，对应不同的业务场景需求。规则可基于黑白名单、正则表达式、阈值判断

等方式灵活组合，实现对用户权限、SQL 语句、会话行为的精细化管控。

③ **机器学习与用户行为分析。**数据库防火墙系统引入机器学习算法，对大量的 SQL 请求、会话数据进行学习和建模，刻画正常行为基线。基于异常检测模型，可及时发现偏离基线的可疑行为，例如数据批量导出、风险权限变更等，降低误报率。还可通过行为聚类等算法，描绘具体的行为模式，挖掘内部威胁。

④ **流量均衡与会话管理。**数据库防火墙系统部署在应用与数据库之间，需要对大量并发的 SQL 请求进行负载均衡与管理，确保数据低时延、高可用。通过会话管理技术，可准确识别每个事务会话，深入审计会话内的 SQL 序列，从而实现事务完整性审计，缓解慢查询风险。

⑤ **可视化与大数据分析。**数据库防火墙系统通过可视化技术，将安全运营数据直观地呈现，提升管控效率。图形化的策略配置、拓扑展示、统计报表等，便于用户操作和观察。底层则需要大数据分析能力，对大量的 SQL 日志、流量数据进行多维度挖掘，追踪事件源头，优化安全规则，辅助平台智能化升级。

（3）应用场景示例

① **金融行业防范内外部数据威胁。**金融机构（如银行、保险机构等）高度依赖核心数据库系统，存储大量敏感的客户信息、交易数据。数据库防火墙系统可有效监控所有访问数据库的行为，及时发现并阻断针对数据库的内外部攻击，以防止敏感信息泄露。例如，防御 SQL 注入、暴力破解等外部攻击，同时也可识别内部人员的越权访问、批量导出等异常行为。

② **政府机构保障关键数据安全合规。**政府部门的数据库中存储大量涉及国家安全、社会稳定的敏感信息。数据库防火墙可助力政府机构满足等保测评要求，提升关键数据库的安全防护等级。通过细粒度的访问控制、高危操作阻断、详细的审计日志等措施，可全面管控敏感数据资产，营造稳定、可信的电子政务环境。

③ **医疗卫生确保患者隐私数据安全。**医疗机构的数据库中存储大量患者的个人信息与诊疗数据，属于隐私敏感数据，受到严格监管。数据库防火墙系统可帮助医院、诊所等有效管控对患者隐私数据的访问，防止内部人员滥用职权非法获取信息。同时可加强对外来访问的安全控制，避免医疗数据在网络传输过程中被窃取。

④ **企业防范商业机密泄露。**企业的核心数据库往往存储客户信息、商业机密、财务报表等敏感数据，一旦泄露将带来难以估量的损失。数据库防火墙系统可帮助企业最小化商业机密的暴露范围，严格管控核心数据库的访问权限，审计所有对敏感数据的操作，有效防范内部威胁。同时抵御来自竞争对手、黑客组织的外部攻击，为企业创新发展保驾护航。

⑤ **云数据库提供租户隔离与防护。**云计算的普及催生了数据库即服务模式，但多租户混合部署也带来新的安全隐患。云服务商可利用数据库防火墙，为每个租户的数据库实例提供独立的安全防护区域，严格隔离不同租户之间的数据访问，避免越权操作。并可为租户提供灵活的安全策略定制、独立审计等服务，提升云数据库的可信度。

### 11.5.10 DLP 系统

DLP 系统是一种用于识别、监控和保护敏感数据的安全技术与解决方案。它旨在防止机密信息或关键数据的泄露、丢失或未经授权的访问，从而保护组织的数据资产。

DLP 系统通过对数据的深入分析和实时监控，能够及时发现并阻止敏感数据的异常传输和使用行为。它可以识别各种形式的敏感数据，例如，个人身份信息（Personally Identifiable Information，PII）、财务数据、知识产权等结构化数据及非结构化数据。

DLP 系统可以部署在网络、终端和云环境中，全方位地保护数据的安全。它通过与身份管理、访问控制和加密等安全措施的结合，提供了一个全面的数据安全防护框架。

**（1）核心功能**

① **敏感数据识别。**基于预定义的规则和模式，例如，关键字、正则表达式等，识别各种类型的敏感数据。支持自定义敏感数据规则，满足组织特定的安全需求。通过文件解析和内容分析，识别结构化数据和非结构化数据中的敏感信息。

② **数据分类和标记。**根据数据的敏感程度和业务价值，对数据进行分类和标记。支持自动和手动分类，确保数据分类的准确性。通过元数据和标签，便于管理和跟踪敏感数据。

③ **实时监控和警报。**对数据的使用和传输行为进行实时监控，及时发现异常活动。根据预设的安全策略，触发相应的警报和响应措施。提供直观的仪表盘和报告，方便安全团队进行事件调查和分析。

④ **数据使用控制。**基于用户身份、角色和上下文，对敏感数据的访问和使用进行细粒度控制。支持读取、修改、复制、打印等操作的权限管理，防止敏感数据未经授权的和泄露。

⑤ **数据脱敏和加密。**对敏感数据进行脱敏处理，例如掩码、模糊化、替换等，保护数据隐私。支持静态和动态数据加密，确保数据在存储和传输过程中的安全性。

⑥ **事件调查和取证。**提供详细的审计日志和事件时间线，方便事后调查和取证。支持数据取证和合规性报告的生成，满足法规和内部审计要求。与 SIEM 系统集成，实现全面的安全事件管理。

⑦ **策略管理和报告。**提供灵活的策略引擎，支持自定义安全策略的创建和管理。基于角色的管理，方便管理员进行策略分配和更新。生成详细的数据使用和风险报告，支持合规性审计和决策分析。

⑧ **多渠道数据保护。**支持对端点、网络、云环境及移动设备中的数据进行保护。与邮件、文档管理、协作平台等系统集成，实现全面的数据安全控制。提供 API 和 SDK，方便与其他安全工具和应用程序进行集成。

**（2）关键技术**

① **深度数据分析。**利用机器学习和自然语言处理技术，对结构化数据和非结构化数据进行深入分析。通过语义分析和上下文理解，准确识别敏感数据，减少误报。

② **数据指纹识别。**提取数据的唯一指纹特征，例如，哈希值、元数据等，用于敏感数据的识别和跟踪。支持部分匹配和相似度检测，识别经过修改或部分泄露的敏感数据。通过指纹库的维护和更新，及时发现新的敏感数据类型。

③ **内容感知加密。**根据数据的敏感程度和使用场景，自动对数据进行加密处理。支持细粒度的加密策略，例如，字段级加密、部分加密等，平衡安全性和性能。与密钥管理系统集成，确保密钥的安全存储和管理。

④ **用户行为分析（User Behavior Analytics，UBA）**。通过机器学习算法分析用户的数据访问和操作行为，并识别异常活动。建立用户行为基线，实时监测偏离基线的可疑行为。与身份管理系统集成，关联用户身份和行为数据，提高异常检测的准确性。

⑤ **数据流追踪**。追踪敏感数据在组织内部和外部的流转路径和去向。通过数据标记和水印技术，实现数据溯源和审计。与网络和端点监控工具集成，全面掌握数据的移动和使用情况。

⑥ **自然语言处理**。使用自然语言处理技术，理解数据的语义和上下文信息。支持多语言处理，识别不同语言环境下的敏感数据。通过关键字提取、情感分析等技术，发现潜在的数据泄露风险。

⑦ **机器学习和人工智能**。利用机器学习算法，不断优化数据分类和风险评估模型。通过异常检测和行为分析，实现实时的数据泄露预警。运用人工智能技术，自动化数据安全策略的生成和调优。

（3）应用场景示例

① **金融行业**。保护客户的个人身份信息和财务数据，防止数据泄露。满足金融监管要求，例如 PCI DSS、SOX 等，确保合规性。防止内部人员对敏感数据的未经授权访问和滥用。

② **医疗保健行业**。保护患者的个人健康信息。防止医疗数据的非法共享和泄露，保障患者隐私。控制医疗人员对敏感数据的访问，确保数据的合规使用。

③ **政府和公共部门**。保护公民的个人信息和政府敏感数据，防止数据泄露和滥用。满足政府数据安全和法规的要求，确保政府员工对敏感数据的访问和使用符合安全策略。

④ **教育行业**。保护学生的个人信息和教育记录，防止学生数据的非法共享和泄露，保障学生隐私。控制教职员工对敏感数据的访问，确保数据的合规使用。

⑤ **制造业**。保护知识产权和商业机密，防止核心技术和产品信息的泄露。控制供应链合作伙伴对敏感数据的访问，防止数据的非法共享，满足行业标准和法规要求。

⑥ **零售和电子商务**。保护客户的个人信息和支付数据，防止数据泄露。满足 PCI、DSS 等支付卡行业数据安全标准的要求，防止内部人员对客户数据的未经授权访问和滥用。

⑦ **远程工作和协作**。保护远程员工访问和共享的敏感数据，防止数据泄露。对云端协作平台和工具中的数据进行安全控制和监测。确保远程访问和数据共享符合组织的安全策略和法规要求。

⑧ **终端安全管理**。确保接入网络的终端设备安全可信，通过一系列安全加固措施和行为审计手段，有效防止数据泄露。

⑨ **邮件防泄密**。扫描邮件内容，及时发现并处理违规外发行为，降低邮件作为泄密渠道的风险。例如，当员工尝试通过邮件发送包含客户信息的文件时，DLP 系统可以自动拦截并提醒管理员进行审核。

⑩ **云数据安全防护**。随着越来越多地组织将数据迁移到云端，保护云数据免受未经授权的访问和泄露变成了一个刚需。DLP 系统可以部署在云环境中，对云端存储和传输的数据进行实时监控和保护，确保只有经过授权的用户才能访问敏感数据。

⑪ **大数据和数据分析**。在大数据处理和分析过程中，识别和保护敏感数据。对敏感数据进行脱敏和匿名处理，确保数据分析安全合规。控制数据分析师和科学家对敏感数据的访问和

使用。

### 11.5.11　数据安全风险评估系统

数据安全风险评估系统是一种用于识别、分析和评估组织内部数据安全风险的综合性解决方案。该系统通过全面评估组织的 IT 基础设施、数据资产、业务流程及安全策略，可发现潜在的安全漏洞和风险点，并提供相应的风险防范建议和整改措施。

数据安全风险评估系统基于多种安全标准和最佳实践，结合人工智能、大数据分析等前沿技术，对组织的数据安全状况进行量化评分和可视化呈现。通过该系统，组织可以全面了解自身的数据安全水平，找出薄弱环节，并制定针对性的安全防护和应急响应策略，从而有效降低数据泄露、篡改、损毁等安全事件的发生概率，保障数据的机密性、完整性和可用性。

**（1）核心功能**

① **资产发现与管理。**自动发现并盘点组织内部的各类数据资产，包括数据库、文件服务器、终端设备等。对数据资产进行分类分级，识别关键数据资产和敏感数据。持续监测数据资产的变化情况，实现资产全生命周期管理。

② **安全漏洞扫描。**对数据资产进行全面的安全漏洞扫描，发现系统配置缺陷、软件漏洞等安全隐患。支持多种常见漏洞扫描引擎，例如，Nessus、OpenVAS 等，保持漏洞库的持续更新。根据漏洞的严重程度和影响范围，生成漏洞修复建议和补丁方案。

③ **风险评估与量化。**基于行业标准和最佳实践，提供科学的风险评估模型和量化指标体系。从资产价值、漏洞严重程度、威胁可能性等多个维度，综合评估数据安全风险等级。生成直观的风险评估报告和安全分数，帮助管理层掌握整体安全状况。

④ **合规性评估。**内置多种数据安全合规标准，自动评估组织的数据安全合规性，识别不符合项并给出整改建议。生成合规性评估报告，协助组织顺利通过第三方安全审计和认证。

⑤ **风险处置与跟踪。**提供基于风险评估结果的安全加固和风险处置建议。制订风险处置任务和计划，并持续跟踪整改进度和效果。支持多种风险处置策略，如风险规避、风险转移、风险缓解等。

⑥ **风险评估与报告。**系统能够进行全面的数据安全风险评估，识别潜在的威胁和脆弱性，并根据评估结果生成详细的报告。这些报告通常包括风险概述、影响分析、建议措施等内容，帮助组织了解自身的数据安全状况并制定相应的风险处置策略。

**（2）关键技术**

① **大数据分析技术。**采用分布式计算框架（例如，Hadoop、Spark 等）处理大量的安全数据。运用机器学习算法（例如，聚类、分类、异常检测等）挖掘数据中的安全威胁模式。利用图计算、社交网络分析（Social Network Analysis，SNA）等技术揭示数据资产之间的关联关系和风险传播路径。

② **人工智能技术。**应用自然语言处理技术分析非结构化的安全策略文档和日志数据。利用知识图谱技术构建数据安全领域的概念模型和推理规则。结合深度学习算法（例如卷积神经网络、递归神经网络等）进行安全事件的检测和预测。

③ **漏洞扫描技术。**采用多种漏洞扫描引擎（例如，Nessus、OpenVAS 等）实现全面、高

效的漏洞发现。利用漏洞指纹识别、端口扫描、协议分析等技术精准定位漏洞位置。通过动态渗透测试、模糊测试等技术发现潜在的安全漏洞。

④ **UBA与实体行为分析（EBA）**。这些技术通过监控和分析用户或实体（如系统、应用、设备等）的行为模式，以识别和预防潜在的数据泄露、滥用或攻击行为。UBA和EBA能够帮助组织发现异常行为、内部威胁，以及未知的安全风险。

⑤ **多云和混合云环境的安全评估**。随着组织越来越多地采用多云和混合云策略，应评估这些复杂环境中的数据安全风险。需要使用特定的技术，跨多个云平台和本地环境进行统一的安全策略管理和风险评估。

⑥ **供应链安全评估**。供应链中的数据安全已经成为一个关键问题。评估供应链中的数据安全风险，包括供应商、合作伙伴和第三方服务提供商的安全实践，是确保整个业务生态系统安全的重要部分。

⑦ **风险量化技术**。基于贝叶斯算法、马尔可夫链等概率图模型构建风险评估模型。运用层次分析法、德尔菲法等多准则决策方法确定风险因素权重。利用蒙特卡罗模拟、敏感性分析等技术，评估风险的不确定性和变化趋势。

⑧ **安全可视化技术**。运用图形图像处理技术生成直观的安全风险拓扑图和热力图。利用仪表板、报表等可视化组件实现安全状况的实时监控和展示。

**（3）应用场景示例**

① **金融行业**。用于银行、保险、证券等金融机构的数据安全合规和风险管理。保护客户的个人金融信息和交易数据，防范内外部数据泄露和降低欺诈风险。满足监管机构的数据安全检查和报告要求。

② **医疗健康行业**。用于医院、诊所、医疗保险等机构的患者隐私保护和医疗数据安全。防范医疗数据的非法获取和滥用，确保医疗服务的质量和安全。符合医疗数据安全法规的合规要求。

③ **政务机构**。用于政府部门、公共事业单位的敏感数据保护和安全风险防控。加强对涉密数据、个人隐私等敏感数据的访问控制和安全审计。提高政务系统的安全防护能力，维护国家安全和社会稳定。

④ **教育科研领域**。用于高校、科研院所等机构的科研数据保护和知识产权维护。防范科研成果和知识产权的泄露和盗用，促进科技创新和成果转化。加强对学生个人信息的保护，维护教育公平性。

⑤ **电信运营商**。应用于电信运营商的用户数据保护和网络安全风险管理。加强对用户通信记录、位置信息等敏感数据的安全防护。保障通信网络和信息系统的可靠运行，提升用户服务质量和满意度。

⑥ **能源电力行业**。应用于电力、石油、天然气等能源企业的关键基础设施数据安全防护。加强对工控系统、自动化设备等数据资产的安全监测和风险评估。提高能源设施的网络安全水平，保障能源供应和国家能源安全。

⑦ **互联网企业**。应用于互联网企业的用户隐私保护和业务数据安全。评估大数据、云计算、人工智能等新技术应用的数据安全风险。

⑧ **供应链数据安全风险评估**。对依赖供应链的组织来说，数据安全评估系统可以帮助组

织评估供应链中的数据安全风险，包括供应商的数据处理能力、安全防护措施等方面。有助于组织及时发现并应对供应链中的潜在数据安全威胁。

⑨ **组织数据出境安全评估。**当组织需要将数据传输到境外时，应确保这一过程的安全性。数据安全评估系统可以帮助组织评估数据出境过程中的潜在风险，包括数据传输、存储和访问等环节。系统可以根据评估结果为组织提供必要的安全措施建议，以确保数据在出境过程中得到充分保护。

⑩ **个人信息保护影响评估。**根据《个人信息保护法》的要求，处理个人信息的组织需要评估个人信息保护影响。数据安全评估系统可以为此提供全面的支持，包括评估个人信息处理活动的合规性、正当性和透明性，以及识别和处理潜在的个人信息安全风险。

### 11.5.12　IAM 系统

IAM 系统是一种集中管理和控制用户身份验证、授权访问的信息安全系统。它通过提供单点登录、统一用户账号、跨平台认证等功能，简化了用户身份管理，同时增强了系统的安全性。

IAM 系统的主要目标如下。

① 实现用户身份的统一管理，包括账号、口令、证书等多种认证方式。

② 提供基于角色、属性的细粒度权限访问控制。

③ 支持单点登录，简化用户在多个系统间的认证流程。

④ 集中审计用户行为，实现合规性要求。

⑤ 支持开放接口，与各类应用系统集成。

IAM 系统已成为组织 IT 系统的重要基础设施。它使组织能够更好地控制谁、在何时、访问了哪些资源，从而最大限度地降低安全风险，提高管理效率，助力组织业务创新。随着云计算、移动应用、物联网等新技术的广泛应用，IAM 系统也在不断发展，以应对日益复杂的应用环境。

**（1）核心功能**

① **身份管理。**集中管理用户身份信息，包括用户属性、角色、组织关系等。支持多种认证方式组合，例如，口令、数字证书、生物特征等，提高身份验证安全性。提供自助注册、密码重置等功能，减轻管理员工作负担。

② **访问控制。**支持基于角色、属性的细粒度权限管理，控制用户对资源的访问。根据用户属性、环境变量等因素动态调整访问权限，实现更灵活的访问控制。支持权限申请与审批流程，确保授权符合合规性要求。

③ **SSO。**提供单点登录功能，用户通过单一身份验证即可访问所有授权的应用系统。通过身份联邦支持跨域身份验证与信任，以实现不同组织间的 SSO。集中管理用户会话，支持会话超时、强制下线等安全控制。

④ **用户配置。**与 HR、CRM 等系统集成，自动创建、更新、禁用用户账号。在多个系统间同步用户密码，确保一致性与安全性。及时删除或禁用离职、转岗用户的账号，降低安全风险。

⑤ **认证集成。**开放接口，提供标准化身份验证与授权接口，例如安全断言置标语言（Security Assertion Markup Language，SAML）、开放授权协议（Open Authorization，OAuth）、OIDC（OpenID Connect）等。兼容不同应用系统所需的认证协议，保障互操作性。支持移动应

用的身份验证，保护移动应用数据安全。

⑥ **审计与合规**。集中收集所有用户认证、授权日志，便于审计与分析。生成用户行为、授权变更等合规报表，直观呈现合规状态。内置身份分析模型，实时监测并告警异常用户行为。

（2）关键技术

① **身份联邦技术**。SAML 用于在身份提供者与服务提供者间交换身份验证与授权数据。OAuth 允许用户授权第三方应用访问其在其他服务上存储的信息，而无须提供账号密码。OIDC 基于 OAuth 2.0 的身份验证协议，提供了一种标准的方式来验证用户身份。

② **MFA 技术**。智能认证，根据用户行为、设备指纹等因素动态调整认证方式，提供更好的用户体验与安全性；生物特征认证，使用指纹、人脸、虹膜等生物特征进行身份验证，提供更高的安全保障；软令牌 / 硬令牌，采用一次性密码（One Time Password，OTP）技术生成动态口令，作为额外的身份验证因素。

③ **访问控制技术**。RBAC 根据用户的角色来确定其对资源的访问权限。ABAC 根据用户、资源、环境属性的组合来动态判定访问权限。权限流程管理，建模与执行权限申请、审批、回收等流程，支持可视化设计与灵活配置。

④ **目录服务**。轻量目录访问协议（Lightweight Directory Access Protocol，LDAP）用于访问和维护分布式目录信息。虚拟目录将多个异构的目录服务整合为统一的逻辑视图，简化管理。元目录将多个目录服务的数据同步到一个中心仓库，提供全局视图与搜索能力。

⑤ **密钥管理技术**。HSM 提供安全的密钥生成、存储、使用等功能，防止密钥泄露；密钥轮换能够定期更换密钥，降低密钥泄露风险；分布式密钥管理支持多个密钥管理服务器协同工作，可避免单点故障。

⑥ **零信任安全技术**。持续认证是指在会话期间持续对用户身份进行验证，及时发现并应对异常。微隔离将应用系统按最小权限原则划分为多个微服务，减少潜在攻击面。动态风险评估能够实时评估用户行为风险，动态调整信任等级与访问控制策略。

（3）应用场景示例

① **组织内部应用**。IAM 系统可帮助组织确保员工安全地访问内部应用系统，保护组织数据资产不被非法获取或滥用。

② **云服务提供商**。对于提供云服务的提供商来说，IAM 系统是实现多租户隔离、访问控制和安全审计的关键技术之一。

③ **合规性要求高的行业**。对于金融、医疗等行业，需要全面落实数据保护法规，IAM 系统可以帮助这些行业的组织满足合规性要求，降低违规风险。

④ **教育行业**。在教育领域，IAM 系统可以整合学校内部的多个应用系统，例如，教务系统、学生信息系统、图书馆系统等。通过单点登录，师生可以方便地访问这些系统，无须记忆多个用户名和密码。同时，IAM 系统还可以根据师生的角色和权限进行访问控制，确保只有授权人员能够访问敏感数据。

⑤ **政府部门**。政府部门通常需要处理大量的敏感信息，包括公民个人数据、政府文件等。IAM 系统可以帮助政府部门实现对这些信息的严格访问控制，确保只有经过授权的人员才能访问。此外，IAM 系统还可以提供全面的安全审计功能，帮助政府部门监控和追溯用户的访

问行为，确保数据的安全性和合规性。

⑥ **电子商务平台。**在电子商务平台中，IAM 系统可以用于管理用户账号、交易信息和支付数据等敏感信息。通过单点登录和访问控制功能，IAM 系统可以确保用户只能访问自己的账户信息和交易记录，防范未经授权的访问和数据泄露。同时，IAM 系统还可以与电子商务平台的其他安全组件（例如防火墙、入侵检测系统等）集成，提供更全面的安全保障。

### 11.5.13　公钥基础设施

公钥基础设施（Public Key Infrastructure，PKI）是一种基于公钥密码体制，为应用系统提供加密和数字签名等安全服务的技术和规范。它利用公钥密码技术为电子商务等应用提供安全服务，例如，身份认证、数据加密和签名等，在网络安全中起着重要的作用。

PKI 采用公钥密码体制，密钥对包括公钥和私钥。公钥可以公开，而私钥必须安全保管。PKI 通过证书认证中心（Certificate Authority，CA）负责管理和分发数字证书，建立起公钥与用户身份之间的对应关系。数字证书用于验证证书持有者的身份，防止身份伪造。

PKI 的安全性建立在算法和密钥的基础之上。目前广泛使用的公钥密码算法（即非对称加密算法）包括 Rivest-Shamir-Adleman（RSA）、椭圆曲线密码学（Elliptic Curve Cryptography，ECC）等。PKI 需要可信的第三方机构参与，例如，注册机构（Registration Authority，RA）、证书存储库等。通过这些机构的协同工作，PKI 为网络通信和数据处理提供了可信的安全环境，保障了数据的保密性、完整性、身份认证和不可否认性。

**（1）核心功能**

① **数字证书管理。**PKI 的核心是数字证书。CA 负责签发、管理和撤销数字证书。证书包含公钥、身份信息，以及 CA 的数字签名等，用于验证证书持有者身份，建立信任关系。

② **密钥管理。**PKI 提供密钥全生命周期管理，包括密钥生成、存储、备份、更新、归档和销毁等。密钥管理确保密钥的安全性和可用性，防止密钥泄露或被滥用。

③ **身份认证。**PKI 通过数字证书实现身份认证。利用证书中的身份信息和数字签名，可以确认通信双方的真实身份，防止身份伪造和冒充。

④ **数据加密。**利用公钥密码体制，PKI 可以对敏感数据进行加密保护。发送方使用接收方的公钥加密数据，只有持有对应私钥的接收方才能解密，确保数据的机密性。

⑤ **数字签名。**使用私钥对数据进行签名，验证者用公钥验证签名。数字签名确保数据完整性，防止数据被篡改，同时确保不可否认性，防止发送方事后否认。

⑥ **证书验证。**PKI 提供证书验证服务，主要包括验证证书是否由可信 CA 签发、是否伪造、是否过期或被吊销。证书撤销列表（Certificate Revocation List，CRL）是 PKI 系统中的一个结构化数据文件，该文件包含了证书颁发机构已经吊销的证书的序列号及其吊销日期。在线证书状态协议（Online Certificate Status Protocol，OCSP）实现证书实时状态查询。

⑦ **时间戳。**PKI 提供可信时间戳服务，对数据的存在性和完整性提供证明。时间戳防止证据被事后伪造，在电子合同、知识产权保护等方面应用广泛。

⑧ **审计与合规。**PKI 提供安全审计功能，记录证书和密钥的操作日志，满足合规性要求。审计日志用于事后安全事件溯源和取证。

（2）关键技术

① **非对称加密算法**。PKI 采用非对称加密算法，常用的有 RSA 和 ECC。RSA 基于大整数因子分解问题，ECC 基于椭圆曲线离散对数问题。相较于 RSA，ECC 密钥长度更短，计算效率更高。

② **数字签名算法**。常用的数字签名算法有 RSA 和椭圆曲线数字签名算法（Elliptic Curve Digital Signature Algorithm，ECDSA）。签名过程包括摘要算法和非对称加密算法。发送方用摘要算法生成数据摘要，再用私钥加密摘要生成签名。验证方用公钥解密签名，对比摘要值完成验证。

③ **密钥交换协议**。常用 SSL/TLS 进行密钥交换和身份认证。SSL/TLS 使用非对称加密实现密钥交换，用对称加密保护通信数据。密钥交换算法有密钥交换（Diffie-Hellman，DH）、椭圆曲线迪菲—赫尔曼金钥交换（Elliptic Curve Diffie–Hellman key Exchange，ECDH）等，身份认证算法有 RSA、DSA 等。

④ **证书格式标准**。X.509 是 PKI 的证书格式标准。X.509 定义了证书的结构和编码规则，包含版本号、序列号、签名算法、颁发者、有效期、主体、主体公钥等字段。证书撤销列表和在线证书状态协议可用于发布和查询证书状态。

⑤ **加密设备和密码模块**。PKI 使用硬件加密设备（例如 HSM）和软件密码模块保护密钥安全。加密设备提供安全的密钥生成、存储和使用环境，防止密钥被泄露。密码模块遵循 FIPS 140-2 等安全标准，可保证密码操作安全。

⑥ **密钥备份与恢复技术**。密钥备份与恢复技术确保密钥不会意外丢失。常见方案有密钥托管、密钥分割和密钥加密。密钥托管是由可信第三方保管密钥副本；密钥分割是将密钥分成多个部分，由不同的管理员持有；密钥加密是使用另一个密钥加密要备份的密钥。

⑦ **证书注册与审批流程**。PKI 的证书注册和审批流程确保只有合法用户才能获得证书。注册时需要提供身份证明材料，由 RA 审核确认。证书审批由 CA 完成，确保证书内容准确无误。证书续期、吊销、挂失等操作也有严格的审批流程。

⑧ **可信时间戳技术**。可信时间戳由时间戳机构（Time Stamp Authority，TSA）提供。TSA 接收哈希摘要值，添加可信时间信息，并对其签名生成时间戳。时间戳验证可以证明某数据在指定时间之前已经存在，且未被篡改。

（3）应用场景示例

PKI 的应用场景非常广泛，涵盖了大部分需要数据安全保护的领域。

① **电子商务**。PKI 在电子商务中应用广泛。基于 PKI 的 SSL/TLS 为网上支付提供安全保障，保护账户和交易信息。数字证书用于验证商户和银行的身份，防止“钓鱼欺诈”。电子合同和发票使用数字签名技术，保证内容真实有效。

② **电子政务**。PKI 是电子政务安全基础设施的核心。基于 PKI 的电子认证平台为网上办事提供身份认证和授权服务。政务数据使用数字签名和加密技术，防止泄露和篡改。电子公文、档案使用时间戳技术，确保政务数据的真实性和完整性。

③ **企业信息化**。PKI 用于保护企业内外网数据安全。企业使用数字证书对员工身份进行认证和授权，保护内网资源。敏感数据和邮件使用加密和数字签名技术，防止泄露和篡改。VPN

使用 PKI 技术建立安全通信隧道，保护外网通信安全。

④ **移动互联网。**移动终端上的应用程序使用数字证书进行代码签名，防止被恶意篡改。移动支付使用 PKI 技术保护账户和交易安全。移动办公使用 VPN 和数字签名技术，确保远程访问和数据传输安全。

⑤ **物联网。**物联网设备使用数字证书进行身份认证，防止非法接入。设备间通信使用 SSL/TLS 等安全协议，保护数据传输安全。PKI 结合 TPM 等安全芯片，提供设备的可信根。

⑥ **工业互联网。**PKI 用于保护工业控制系统的安全。工业控制设备使用数字证书进行身份认证，防止非法访问和控制。工业控制数据使用加密和数字签名技术，保证数据的机密性和完整性。PKI 结合工业防火墙、安全审计等技术，构建防御体系。

⑦ **供应链管理。**PKI 用于提升供应链的可信度和透明度。区块链结合 PKI 技术，为供应链提供可信数据溯源和防伪能力。货物信息和交易记录使用数字签名确保真实性，使用时间戳确保数据不可篡改。数字证书可用于识别供应链参与方身份。

⑧ **软件分发和代码签名。**软件开发商使用代码签名证书对其软件进行签名，确保软件在分发过程中没有被篡改，并验证软件的来源。用户可以通过验证数字签名来确认软件的完整性和可信度，从而避免安装恶意代码或未经授权的软件。

### 11.5.14 SIEM 系统

SIEM 系统是一种用于实时监控、关联分析和及时响应网络安全威胁的软件产品。它通过收集和聚合来自各种网络设备、安全系统、应用程序的日志数据，并运用规则引擎、统计分析、机器学习等技术对数据进行实时或准实时的处理和关联分析，从大量异构数据中发现可疑行为，检测潜在的网络入侵、恶意代码感染等安全事件，为安全事件的调查取证、事件响应提供数据基础。

SIEM 系统是安全运营中心（Security Operations Center，SOC）的核心系统之一。一方面，它可以帮助组织建立全面的安全事件检测和响应机制，实现对各类安全威胁的实时发现与告警；另一方面，它为安全运营提供了统一的数据分析平台，通过收集全网安全数据，让安全管理人员对组织的安全状况有整体的、可视化的了解，从而制定针对性的安全防护策略。

近年来，随着网络安全形势日益严峻，以及安全合规要求的不断提高，SIEM 系统已成为组织构建整体安全防御体系不可或缺的“利器”，在政府、金融、电信、能源等关键行业得到广泛应用。

**（1）核心功能**

① **日志管理。**收集、存储、解析和管理各种设备、系统、应用的日志数据，支持系统日志、SNMP、API 等多种采集方式，为安全分析提供数据源。

② **安全事件检测。**通过内置或自定义的关联规则，结合黑白名单、威胁情报等手段，对采集到的数据进行实时或准实时的处理和分析，从中识别出各类安全事件，例如，网络入侵、恶意软件感染、异常登录等。

③ **安全告警。**根据预先设定的阈值条件，对检测到的安全事件进行分级分类，触发相应等级的告警通知，例如，短信、邮件、工单等，确保安全事件第一时间被关注和处理。

④ **调查取证**。提供灵活的数据检索与事件回溯功能，支持对原始日志的深度挖掘分析，协助事件原因分析、影响评估、善后处置等调查取证工作。

⑤ **报表管理**。提供各种内置和自定义报表，从不同维度展示设备状态、事件分布、告警处理等信息，满足日常运营和合规审计的需要。

⑥ **自动响应**。针对常见的安全事件，通过与防火墙、WAF 等设备联动，实现阻断、隔离等自动化响应操作，以快速遏制事态扩大。

⑦ **威胁识别**。利用机器学习、行为分析等技术，主动发现隐藏的威胁行为，并通过可视化、图形关联等方式展现威胁全景，协助安全团队开展威胁识别工作。

（2）关键技术

① **大数据处理技术**。面对大量的日志数据，SIEM 系统需要具备高效的大数据处理能力。通常采用分布式架构设计，运用 Hadoop、Spark 等大数据框架和技术，实现对数据的分布存储、并行计算和实时处理。

② **解析与索引技术**。日志数据格式多样，SIEM 系统需要对各种格式的数据进行解析、提取、规范化，并建立高效的索引，以支持快速检索和查询。常见的技术有正则表达式解析、Grok 解析（组合多个预定义的正则表达式）、全文索引等。

③ **关联分析技术**。通过预定义的规则、统计算法等，实现跨平台、跨系统的日志数据关联分析，发现单一数据源难以察觉的复杂安全事件。例如，用户异常行为分析，可通过关联终端日志、网络日志、身份验证日志，全面形成用户行为模式，识别内部威胁。

④ **机器学习**。利用机器学习算法，从大量数据中自动提取特征，构建异常检测模型，发现未知威胁。常见算法包括聚类、分类、神经网络等。通过持续训练和优化，可以不断提高检测的准确性和效率。

⑤ **可视化技术**。综合运用图形图表、仪表盘、报表等多种可视化手段，直观呈现数据分析结果，让安全团队快速洞察当前安全状况。通过实时大屏、自定义仪表盘等，实现对关键指标的监控预警。

⑥ **事件管理工作流**。将检测到的安全事件纳入标准化工作流程，支持事件全生命周期管理。通过事件分派、定级、冻结、关闭等多个处置环节，配合工单系统，确保安全事件得到有序、高效的应急处置。

（3）应用场景示例

① **金融行业**。银行、证券、保险等金融机构往往面临着较高的安全风险（例如网络欺诈、内部威胁等），同时受到严格的合规监管。SIEM 系统可以帮助相关组织快速发现和阻断欺诈交易、异常转账等可疑行为，预防金融犯罪。监控内部员工的敏感操作，防范来自内部的数据安全风险。保障交易系统和客户数据安全，达到监管要求。

② **政府机构**。政府机构拥有大量敏感信息和关键基础设施，是黑客攻击的重点目标。SIEM 系统可以提供对网络、主机、数据库等多层面的安全监控，及时发现针对政务系统的渗透、破坏活动。通过身份验证、访问控制等数据分析，识别内部人员的违规操作，防止敏感信息泄露。

③ **电信运营商**。电信运营商网络规模大、系统复杂、用户众多，传统安全措施难以全面管控。SIEM 系统可以集中管理各地的大量日志，统一安全运营工作。通过大数据关联分析，可实时发

现针对网络和业务的威胁。关注系统权限变更、组态更新等敏感操作，规避误操作风险。

④ **能源行业。**发电、输配电、油气管网等能源基础设施关乎国计民生，其工业控制系统面临网络攻击和异常故障的双重挑战。SIEM 系统专门针对工控场景提供纵深防御，采集工控网络中的流量、协议数据，挖掘通信模式、识别异常行为，帮助发现可疑的指令注入、逻辑构件更改等威胁。同时关注关键设备的性能指标，基于机器学习算法建立异常检测模型，提前预警设备故障。

⑤ **互联网企业。**互联网企业业务系统多、迭代快，虚拟化、云计算、容器化广泛应用，加大了安全运营难度。SIEM 系统支持多云环境，能够采集云平台的管理日志、主机日志、应用日志，纳入统一分析。将离线大数据平台和实时流处理平台相结合，满足数据量大、实时性要求高的场景。通过与 WAF、主机防护等联动编排，实现云网端一体化闭环防御。

⑥ **教育行业。**校园网面临勒索软件、挖矿软件等新型威胁，传统防护手段（例如杀毒软件）难以有效应对。SIEM 系统通过相关软件行为的多维关联分析，在终端异常、域名解析异常、恶意流量等维度实现威胁检测，配合终端管控措施，有效防范此类威胁。同时侧重高危漏洞、"僵尸网络"等风险管理，并控制暴露面。

### 11.5.15 EDR

EDR 是一种通过持续监视和收集终端设备数据，并结合大数据分析、机器学习等技术，对终端安全事件进行检测、调查和响应的端点安全解决方案。EDR 能够主动识别、阻止和缓解针对终端的网络攻击与内部威胁，在事件发生时提供实时可见性，并支持事后的调查分析与应急处置。

在日益复杂的网络环境和日趋频繁的网络攻击面前，传统的终端安全防护手段（例如防病毒软件）已难以满足组织的安全需求。EDR 作为一种更主动的安全防护方式，能够弥补传统终端安全的不足，并且对高级长期威胁（Advanced Persistent Threat，APT）[H54]、零日（Zero-Day）漏洞、内部威胁等困扰企业的安全问题形成有效防护。

**（1）核心功能**

① **资产管理。**自动盘点终端资产，包括软硬件信息、配置、安装程序等。识别未知、未授权、脆弱或可疑的终端，评估安全态势。

② **威胁检测。**通过机器学习等技术建立正常行为基线，实时检测异常行为。针对入侵指标（Indicators of Compromise，IoC）[H55]、威胁情报、攻击模式等多维度分析，识别已知和未知威胁。检测恶意软件、漏洞利用、失陷凭据使用、内部威胁等多类型安全事件。

③ **威胁调查。**提供事件的进程树、执行链、文件轨迹等关联信息，还原事件全貌。通过可视化界面、图形链接分析等呈现复杂的攻击活动，辅助调查分析。支持事件数据横向、纵向关联，发现 APT 等高级威胁。

④ **应急响应。**实时隔离、阻断、清理恶意行为和失陷的终端，遏制风险扩散。支持自定义响应动作，例如，进程终止、文件隔离、断网等。提供应急响应工作流，执行预设的应急处置机制。

⑤ **攻击取证。**记录事件相关的终端进程、操作、文件、网络、注册表等数据。保存全量

数据用于事后深度分析、溯源和法律取证。

⑥ **集中管理。**通过代理（Agent）程序统一管理组织的所有终端，汇总事件数据、态势、统计报表等。支持安全策略、规则、任务的批量下发与管控。

**（2）关键技术**

① **数据采集技术。**驻留代理模型：在终端上安装 Agent 程序，持续收集进程、文件、注册表、网络连接等行为数据和状态数据；无代理模型：通过网络流量镜像、Sysmon（系统监控）等方式，无须安装 Agent 即可获取数据。

② **大数据处理技术。**通过 Kafka 等分布式消息队列汇聚大量终端数据。使用 Spark、Flink 等大数据处理框架对数据进行清洗、存储、计算。

③ **行为分析技术。**UBA 通过建立用户行为基线，检测异常行为模式，发现内部威胁。EBA 通过统计分析、机器学习算法，从进程、文件、网络等维度检测恶意行为。

④ **威胁识别技术。**机器学习：训练异常检测、恶意软件检测、威胁分类等模型，用于发现未知威胁；专家系统：利用攻击模式（ATT&CK）或策略、技术和程序（Tactics Techniques and Procedures，TTPs）等知识库规则，挖掘匹配相关威胁事件。

⑤ **可视化分析技术。**关联分析：通过图形、链接等方式展示事件与终端、用户、资产间的复杂关联；逐层钻取：以时间轴、事件链等形式，呈现攻击活动全景，辅助事件调查溯源。

⑥ **安全编排与自动化响应技术。**通过安全编排自动化与响应（Security Orchestration，Automation and Response，SOAR）将事件处置流程抽象为可自定义的工作流，实现标准化响应。根据处置流程自动执行响应动作，缩短响应时间。

**（3）应用场景示例**

① **金融行业。**大型银行需要集中管理数千个网点，以及数万台终端设备，防范木马、勒索软件、内部威胁等风险。通过 EDR 保护敏感金融数据和交易系统，满足监管合规要求，避免安全事件导致的经济损失和声誉影响。

② **政府机构。**保护各级政府机构办公网络中的计算机、服务器等终端，防范 APT 攻击、数据泄露等威胁。保障政务机密数据安全，维护电子政务系统稳定运行，提升网络安全防护与响应能力。

③ **医疗行业。**保护医院中的医疗设备、工作站等终端，防范恶意软件、勒索软件、内部威胁等风险。保护患者隐私数据和医疗业务数据，确保医疗业务连续性，满足等保合规性要求。

④ **工业制造。**保护工业企业的研发、设计、生产网络中的工作站，防范工业窃密、破坏性攻击。保护工业机密数据，保障工业生产安全与连续性，避免安全事故造成的经济与社会影响。

⑤ **教育行业。**保护校园网中的办公计算机、教学用计算机，防范病毒、木马、非法外联等威胁。保护师生隐私数据，维护教学科研业务的连续性，避免恶意软件影响终端使用体验。

## 11.6 安全技术悖论

尽管许多组织都部署了众多以安全技术为支撑的安全产品，用于保护数据资产，但是仅依赖这些产品并不能充分保障数据安全。

首先，安全产品的保障能力会受到设计和研发环节是否严格遵循安全标准和行业最佳实践的影响。其次，即使是市场上最先进的安全产品，也会有潜在漏洞，这些漏洞有可能被攻击者识别并利用，从而突破安全防护，访问到受保护的数据。事实上，每年的安全评估和渗透测试（例如“护网”行动）总会发现某些安全产品中的安全漏洞，包括身份验证绕过、远程代码执行、注入攻击和敏感信息泄露等问题。一旦这些漏洞被攻击者成功利用，便可能控制受影响的系统，进而访问、篡改甚至删除敏感数据。

除了安全产品本身的安全性，管理和配置问题也十分重要，如果管理不当或配置错误，其保护效果也会大打折扣。例如，管理员未能及时安装安全补丁或更新，或者未能正确设置访问控制和审计日志等。

这就是“安全技术悖论”问题，即如何保证用于数据保护的安全产品自身的安全性。因此，在数据安全治理中，组织不能单纯依赖安全技术或安全产品。相反，组织需要一种综合性方案，将技术、人员和管理等多个方面相结合。具体如下。

① **定期评估和调整安全策略**。随着业务需求和威胁环境的变化，不断审查和更新安全策略。

② **持续的安全培训和意识提升**。确保员工对当前的安全威胁保持高度警觉，并熟悉最佳的安全实践，从而识别和应对可能出现的安全风险。

③ **综合的安全监控和事件响应计划**。需要建立起有效的安全监控机制，以及时发现并响应安全事件。

④ **与专业的安全团队合作**。通过与专业的安全咨询机构或团队合作，可以获取最新的安全信息和专业知识。

通过综合应用这些策略和方法，组织可以更有效地应对“安全技术悖论”带来的挑战，并显著提升数据安全的整体水平。

上述内容与数据安全运营理念相吻合。数据安全运营强调的正是通过综合性方案，将技术、人员和管理等多个层面紧密结合起来，以持续保障数据安全。

在数据安全运营中，技术层面涵盖了各种安全产品和工具的应用，例如，加密技术、访问控制、数据泄露防护等，它们构成数据安全的基础设施。人员层面关注提升员工的安全意识和技能，通过培训、演练等方式来确保员工能够正确应对安全威胁。管理层面则负责制定和执行安全策略、标准和流程，确保整个组织的安全保护工作有序进行。

# 第十二章

# 数据安全运营体系

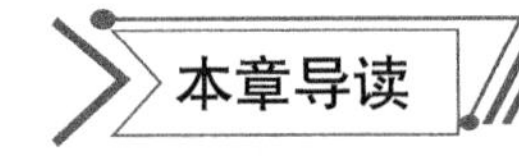


**内容概述：**

本章介绍了数据安全运营的各个方面。首先，阐述了数据安全运营与安全运维的区别，以及基于 PDCA 循环的数据安全运营思路。其次，提出了 IPDRO 数据安全运营框架，并详细说明了框架中识别、防护、监测、响应、优化各个阶段的具体工作内容。最后，本章还深入讨论了数据安全事件与威胁监测、安全事件应急响应、数据安全检查、数据安全报告与沟通、供应链数据安全管理、数据备份与恢复，以及数据安全教育培训等多个方面的内容。

**学习目标：**

1. 理解数据安全运营的内涵，以及与安全运维的区别。
2. 理解基于 PDCA 循环的数据安全运营思路。
3. 运用 IPDRO 框架指导数据安全运营实践。
4. 掌握数据安全监测、应急响应、安全检查、数据备份恢复等措施的实施。
5. 掌握数据安全报告沟通机制的重要性和实施。
6. 理解供应链数据安全管理措施的实施。
7. 了解数据安全教育培训措施的实施。

## 12.1 基于风险的运营体系

### 12.1.1 安全运营与安全运维的区别

在数据安全领域，安全运营与安全运维是两个常被提及但又有所区别的概念。理解这两者之间的差异，有利于构建有效的数据安全运营体系。

安全运营通常指对整个数据安全规划、流程、技术和人员的管理与协调，以确保数据安全的持续性和有效性。安全运营强调从宏观角度对数据安全进行规划、监控和改进，它关注整个数据安全生命周期，包括风险识别、策略制定、事件响应、持续改进等。数据安全运营团队负责确保数据安全策略得到执行，监控潜在的安全威胁，并在必要时协调资源来应对安全事件。

相比之下，安全运维则更侧重于具体的技术和系统层面的操作和维护。安全运维工作主要包括确保数据安全相关的基础设施、系统和应用的稳定运行，以及处理日常的技术问题和故障。

数据安全运维团队负责部署、配置、优化和维护数据安全相关的技术工具，以确保工作正常进行并达到预期的安全效果。此外，团队还需要定期进行系统更新、补丁管理、日志分析等任务，以确保系统的安全性和可靠性。

简而言之，安全运营更注重战略和策略层面的管理，而安全运维则更专注技术和操作层面的细节。在数据安全领域，这两者相辅相成，共同构成一个完整的数据安全运营体系。通过明确安全运营和安全运维的职责和分工，组织可以更有效地管理数据安全风险，确保数据的保密性、完整性和可用性。

### 12.1.2　数据安全运营的作用

数据安全运营的作用不仅体现在对数据的保护上，更在于通过一系列持续、动态的管理活动和技术手段，确保组织数据资产的安全、完整和可用性。具体来说，数据安全运营的作用包括以下 5 个方面。

① **保障数据资产安全**。数据安全运营通过实施严格的数据访问控制、加密措施、数据泄露防护、多因素身份验证、数据脱敏等策略，确保组织敏感数据不被未经授权的人员访问、篡改或泄露。这不仅有助于遵守法律法规和行业标准，还能避免因数据安全问题造成财务损失和声誉损害。

② **提升数据使用效率**。通过数据安全运营，组织可以建立更清晰的数据分类和标签体系，实现数据的精准管理和高效利用。有助于提升数据的使用效率，促进数据驱动的业务决策和创新。

③ **应对复杂威胁环境**。面对日益复杂和多变的网络威胁环境，数据安全运营能够提供实时的威胁监测、分析和响应能力。通过持续的安全评估和风险识别，组织能够及时发现并应对潜在的安全风险，确保数据在面临威胁时能够得到及时保护。

④ **促进合规与风险管理**。数据安全运营有助于组织建立和完善合规与风险管理体系。通过定期的数据安全审计和风险评估，组织可以确保自身的数据处理活动符合相关法律法规的要求，同时降低因数据安全问题引发的法律风险。

⑤ **强化安全文化与意识**。数据安全运营不仅关注技术和流程层面的安全，还强调安全文化的建设和员工安全意识的提升。通过定期的安全培训和教育活动，可以培养员工的安全责任感，形成全员参与的数据安全保护氛围。

## 12.2　数据安全运营总体思路

### 12.2.1　PDCA 循环的概念

PDCA 循环是美国质量管理专家沃尔特 · 安德鲁 · 休哈特（Walter Andrew Shewhart）率先提出的。后来，这一理念被威廉 · 爱德华兹 · 戴明（William Edwards Deming）采纳、宣传，并在他的工作中被广泛推广和应用，所以也被称为戴明环。

这个循环包含4个主要阶段：计划（Plan）、执行（Do）、检查（Check）和处理（Act），这4个阶段首尾相连，形成一个闭环，代表持续改进的过程，PDCA循环如图12-1所示。

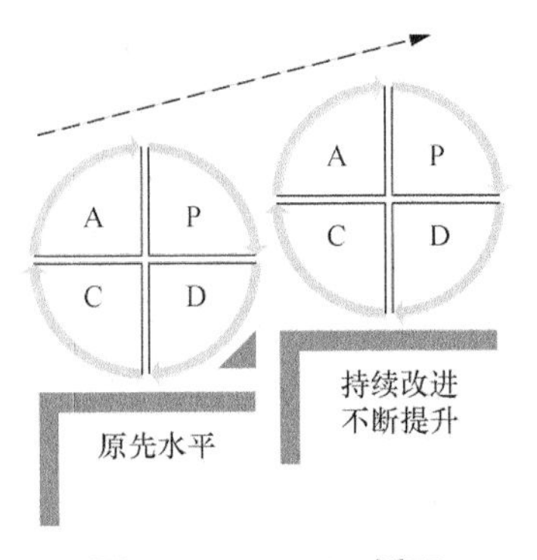


图12-1 PDCA循环

（1）计划（Plan）

在计划阶段，主要任务是确定目标、制订方案和计划。具体内容如下。

① **分析现状：**了解当前情况，识别存在的问题和机会（指改进和成长的潜力）。

② **确定目标：**根据现状分析，设定具体、可衡量、可实现、相关性强且时限明确的目标。

③ **制订计划：**设计实现目标的策略、方法和步骤。

（2）执行（Do）

在执行阶段，主要是按照计划实施行动。具体内容如下。

① **资源准备：**确保有足够的人力、物力、财力和时间等资源来执行计划。

② **实施行动：**按照预设的计划和步骤，开始执行并记录实施过程中的数据和情况。

（3）检查（Check）

在检查阶段，主要是评估执行结果，并与计划中的目标进行对比。具体内容如下。

① **收集数据：**收集与执行过程和结果相关的数据。

② **分析数据：**通过统计和分析收集到的数据，评估执行的效果。

③ **对比目标：**将实际结果与计划中的目标进行对比，确定是否达到预期效果。

（4）处理（Act）

在处理阶段，主要是根据检查结果采取相应措施，并准备进入下一个循环。具体内容如下。

① **标准化成功经验：**对于成功的经验和方法，进行总结并标准化，以便在未来的工作中继续应用。

② **处理遗留问题：**对于未达到预期目标或存在的问题，进行分析并提出改进措施，作为下一个循环的输入。

③ **持续改进：**将处理阶段的结果和经验反馈到下一个PDCA循环的计划阶段，实现持续改进。

PDCA循环是一个迭代的过程，通过不断地计划、执行、检查和处理，组织能够持续改进其产品和服务的质量。这种方法强调了持续改进和学习的过程，以及在实践中不断优化和调整策略的重要性。PDCA循环已被广泛应用于质量管理、项目管理、流程优化等多个领域。

### 12.2.2 基于PDCA循环的运营思路

组织可以基于数据安全治理框架，以PDCA循环作为指导，构建数据安全运营的总体思路，旨在强化数据安全运营体系的核心效能，基于PDCA循环的运营思路如图12-2所示。该思路不仅需要有效衔接组织的管理制度，还需要与安全技术紧密相连，确保数据在流转过程中得到持续、动态且闭环式的管控。

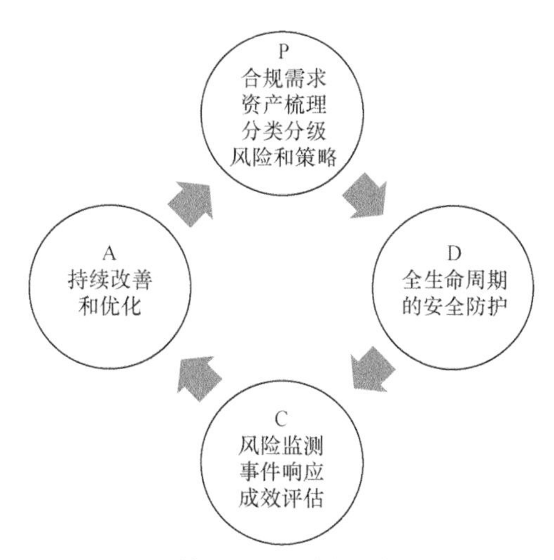


**图12-2　基于PDCA循环的运营思路**

在规划阶段（P），首先对组织应遵守的法律法规和行业标准进行深入解读。结合组织的实际业务情况，持续更新并维护数据资产分类分级知识库和数据安全合规库等。通过这一过程，对数据资产进行全面梳理和分类分级，从而清晰掌握数据资产的整体情况，并评估潜在的风险。针对这些风险，制定满足合规性要求的、动态的分级防护策略。

进入执行阶段（D），根据规划阶段制定的安全策略，针对不同敏感级别的数据对象，构建一套覆盖数据生命周期各个阶段、基于实际需求且具有动态防护能力的管理和技术体系。这一体系旨在确保数据在生命周期的各个阶段都能得到适当的保护。

在检查阶段（C），侧重于风险监测与防护效果评估。通过实时监测数据安全运行状态，能够及时发现并响应处置安全事件。同时，对安全防护效果进行综合评价，以衡量其有效性和符合性。

最后，在处理阶段（A），根据风险监测和防护效果评估的结果，结合业务和内外部的环境变化，对数据安全运营体系进行持续的改善和优化。这一过程不仅提升了体系的适应性和有效性，还为下一轮 PDCA 循环提供了宝贵的经验和迭代动力。

### 12.2.3　基于风险的数据安全运营

基于风险来构建数据安全运营体系是一种务实且高效的方法，它能够帮助组织更加精准地识别和管理数据安全风险，保障业务稳健运行，并适应不断变化的安全环境和合规要求。主要原因包括以下 6 个方面。

① **资源优化分配。**组织的资源是有限的，无论是人力、财力还是技术资源。基于风险来构建数据安全运营体系意味着组织可以优先关注和处理那些对其业务影响最大、发生概率最高的风险。有利于组织更有效地分配资源，确保高风险领域得到充分的关注和控制。

② **业务连续性保障。**通过识别和评估风险，组织可以提前预测和规划潜在的安全事件对业务连续性的影响。基于风险的运营体系不仅关注当前的安全状况，还着眼于未来的威胁和变化，从而帮助组织制订更加稳健的业务连续性计划。

③ **合规性遵循。**随着全球数据安全法规的不断增多，组织面临着越来越严格的合规要求。

基于风险的数据安全运营体系要求组织充分了解并遵守这些法规，确保数据处理活动的合规性，避免因违反法规而导致法律制裁和财务损失。

④ **培育安全文化**。基于风险的数据安全运营体系不仅是技术和流程上的改进，还涉及组织安全文化的培育。通过强调风险意识和风险管理的重要性，组织可以推动员工在日常工作中更加关注数据安全，形成全员参与的安全防护氛围。

⑤ **持续改进和适应性**。风险是不断变化的，新的威胁和漏洞随时可能出现。基于风险的数据安全运营体系要求组织定期重新评估风险状况，并根据评估结果调整安全策略和实践。这种持续优化和快速适应的方法确保组织的数据安全防护能够与时俱进，可有效应对不断变化的安全挑战。

⑥ **决策支持**。基于风险的数据安全运营体系为组织管理层提供了关于数据安全的清晰视图和关键指标。这些信息为管理层的决策提供了依据和支持，例如，投资新的安全技术、调整安全策略或应对特定的安全事件。

数据安全风险评估是数据安全运营体系的基础，旨在全面把握数据处理环境中的安全风险状况。通过定期评估或在特定数据处理场景下触发评估，组织能够及时发现潜在的数据安全威胁、漏洞，以及可能违反法律法规的行为。

在评估过程中，需要综合考虑数据本身、数据处理活动、相关业务背景、已实施的安全措施，以及潜在的数据安全风险等多个维度。评估重点应集中在数据处理者及其处理活动上，特别是那些可能影响数据保密性、完整性和可用性的因素，以及处理活动的合规性。

评估内容应涵盖数据处理者的基本情况、业务背景和信息系统状况，同时还需要识别所处理的数据类型、规模和处理活动的具体形式。此外，对数据处理活动的安全性、数据安全管理策略的完备性、所采用的数据安全技术的有效性、个人信息保护措施的充分性，以及重要数据处理活动的特殊安全要求等方面也应进行深入评估。

在数据安全风险评估过程中，应采用多种方法尽可能识别出潜在的风险，以确保风险评估的全面性和准确性，具体如下。

① **问卷调查与访谈**。通过调查问卷、现场沟通等方式，深入了解相关人员对数据安全的理解程度，以及其是否按照要求进行操作等。

② **文档审核**。对被评估方的数据安全相关管理制度体系进行详细的审核和查验。通过文档审核，可以发现管理制度是否存在漏洞、不完善或与实际运作不符的情况。

③ **配置与策略检查**。验证系统和应用的配置设置是否符合数据安全标准。分析是否存在密码策略设置不当、访问控制不严格或数据加密未启用等问题。

④ **漏洞扫描与渗透测试**。使用手动或自动化工具进行漏洞扫描，识别系统、应用和网络中的安全漏洞；同时进行渗透测试以模拟攻击者行为，评估系统的防御能力。

⑤ **审计日志与事件分析**。审查和分析系统、应用和网络设备的审计日志，重点关注异常行为、未授权访问或潜在的数据泄露迹象。

数据安全风险评估应作为一项持续性活动来开展，其核心在于不断适应被评估对象在政策环境、外部威胁环境、业务目标及安全目标等方面的变化。当这些关键因素发生变化时，组织应重新进行风险评估，以确保数据安全保护的持续性和有效性。

特别是在涉及个人信息处理活动的场景中，组织不仅需要关注常规的数据安全风险，还需要开展个人信息保护影响评估。这一评估的目的是检验个人信息处理的合规性，识别可能对个人信息主体合法权益造成损害的各种风险，并评估为保护个人信息主体所采取的各项防护措施的有效性。

个人信息保护影响评估的范围和深度通常会受到多个因素的影响，组织需要考虑个人信息的类型、敏感程度、数量，涉及的个人信息主体范围和数量，以及能够访问这些个人信息的人员范围等关键因素[1]。

根据《个人信息保护法》中的规定，存在特定情形时，组织应进行事前个人信息保护影响评估，并详细记录处理情况。这些情形包括处理敏感个人信息，利用个人信息进行自动化决策，委托处理个人信息、向其他个人信息处理者提供个人信息、公开个人信息，以及向境外提供个人信息。此外，对于其他可能对个人权益产生重大影响的个人信息处理活动，也需要进行相应的评估。并且，个人信息保护影响评估的内容应涵盖个人信息的处理目的，处理方式是否合法、正当、必要，对个人权益的影响及存在的安全风险，以及所采取的保护措施是否合法、有效并与风险程度相适应等方面。为确保评估的有效性和可追溯性，个人信息保护影响评估报告和个人信息处理活动记录应至少保存三年。

在进行个人信息保护影响评估时，组织还可以参考一系列国家标准和行业标准，例如GB/T 39335—2020《信息安全技术 个人信息安全影响评估指南》、GB/T 35273—2020《信息安全技术 个人信息安全规范》、GB/T 41391—2022《信息安全技术 移动互联网应用程序（App）收集个人信息基本要求》、GB/T 39725—2020《信息安全技术 健康医疗数据安全指南》、JR/T 0171—2020《个人金融信息保护技术规范》等。这些标准为组织提供了在实施个人信息保护影响评估时的指导和依据，有助于确保评估的全面性和准确性。

## 12.3 数据安全运营框架

### 12.3.1 概述IPDRR框架

IPDRR框架是美国国家标准与技术研究院（NIST）制定的网络安全框架（Cybersecurity Framework，CSF），旨在为增强网络安全防御能力的组织提供指导。

IPDRR框架包括风险识别（Identify）、安全防护（Protect）、安全检测（Detect）、安全响应（Response）和安全恢复（Recovery）这五大能力。该框架实现了网络安全“事前、事中、事后”的全过程覆盖，可帮助组织主动识别、预防、发现、响应网络安全风险。

### 12.3.2 数据安全运营框架

为了确保管理制度和技术体系的有效实施，组织需要制定明确的数据安全运营体系。这一体系不仅为制度和技术的落地提供了支撑，还能保障确保数据安全的持续性和动态性。

数据安全运营体系的核心内容由两大部分组成[1]。

首先，是基于定期或特定数据处理场景（例如，数据跨境传输、数据交易等）的数据安全风险评估机制。这一机制旨在识别和评估在这些特定场景下数据可能面临的安全风险，从而为组织提供有针对性的风险防范措施。

其次，是常态化的持续运营工作。组织需要综合考虑“数据资产、安全策略、安全事件、安全风险”等关键因素[1]。通过对这些因素的分析和评估，明确自身在数据安全管理方面的优势和不足，进而确定需要改进和优化的领域。这种持续性的自我评估和改进过程，有助于组织不断完善和提高其数据安全管理的完整性和成熟度。

根据数据安全运营的特点，参考 NIST CSF 思路，本书提出 IPDRO 数据安全运营框架，内容涵盖数据安全运营的 5 个主要阶段，IPDRO 数据安全运营框架如图 12-3 所示。

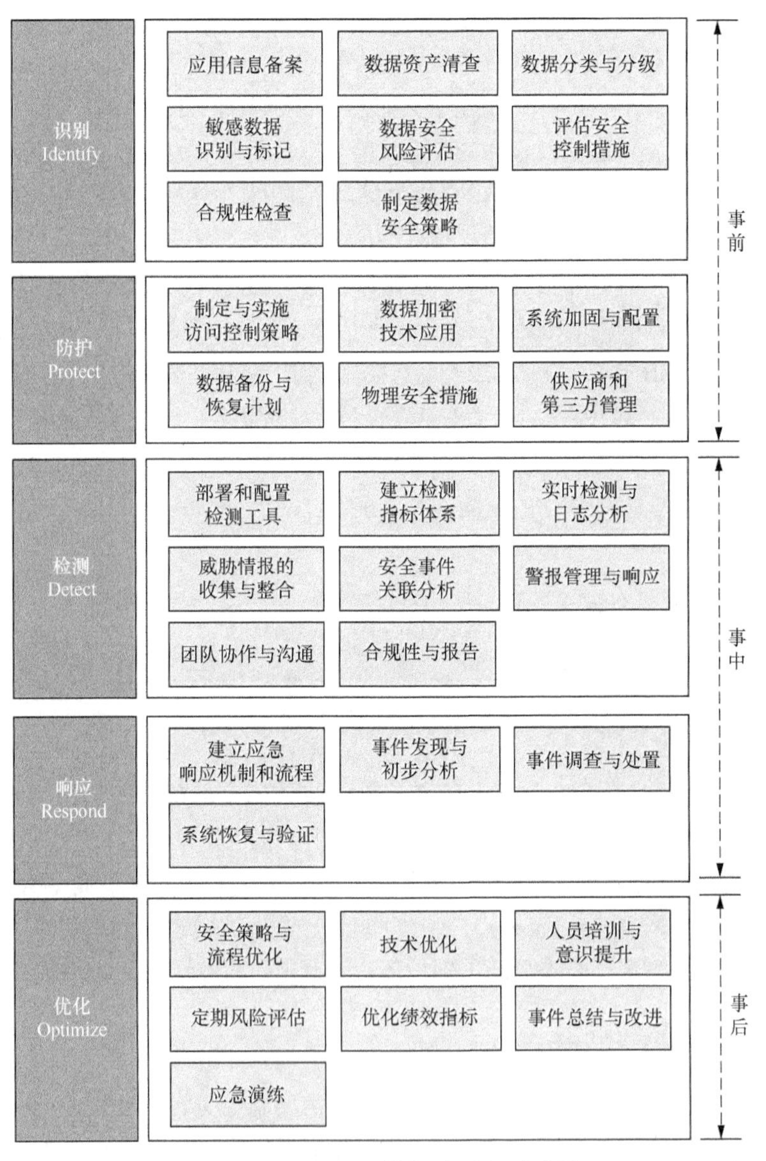


图12-3　IPDRO数据安全运营框架

1. 识别（Identify）

识别阶段的核心是明确数据资产的重要性和价值，以及潜在的威胁和风险。在这一阶段，需要对数据进行分类和分级，确定哪些数据是敏感的、需要被重点保护的，以及这些数据可能面临的威胁类型。同时，还需要评估现有的安全控制措施是否足够，进而识别出可能存在的安全漏洞和隐患。

为了有效进行识别，组织可以采用多种技术和方法，例如，数据发现工具、数据分类技术、风险评估方法等。这些工具和方法可以帮助组织更全面地了解数据资产的情况，为后续的防护、检测和响应提供基础。具体工作内容如下。

① **应用信息备案。**建立应用信息备案清单，并通过人工核实和完善备案信息，确保清单的准确性和完整性。应用信息可能包括但不限于应用程序的名称、版本、开发商、用途、关键配置、使用的数据资产、相关的账号和权限，以及其他重要的元数据和运行信息等。

② **数据资产清查。**利用数据发现工具对组织的数据进行扫描，形成数据资产清单。确定数据的存储位置、数据量和数据格式等关键信息。对其业务和数据流程进行详细梳理，了解数据的来源、流向、处理方式和存储位置，有助于组织更全面地了解其数据资产。

③ **数据分类与分级。**根据数据的性质、用途和敏感性等，对数据进行分类，例如，个人信息、财务信息、业务信息等。对数据进行分级，例如，从机密性角度明确哪些数据是机密、秘密、内部或公开的，以确定保护级别。

④ **敏感数据识别与标记。**利用数据分类技术和敏感数据识别工具，自动识别并标记敏感数据。

⑤ **数据安全风险评估。**分析每类数据可能面临的威胁，例如，内部泄露、外部攻击、误操作等，评估每种威胁发生的可能性和潜在的损失。综合考虑数据的价值和潜在的损失，对数据进行风险评级。

⑥ **评估安全控制措施。**审查现有的数据安全策略、流程和措施。通过安全审计和漏洞扫描，识别现有安全控制中的弱点和漏洞，评估现有安全措施的充分性和有效性。

⑦ **合规性检查。**根据所在国家或地区的法律法规要求，检查数据活动是否合规。识别是否存在违反数据安全、隐私保护等相关法规的风险。

⑧ **制定数据安全策略。**基于数据分类、分级和风险评估的结果，制定或更新数据安全策略。确保策略中明确规定了数据的处理、存储、传输和销毁等各个环节的安全要求。

2. 防护（Protect）

防护阶段的目标是根据识别阶段的结果，采取相应的安全措施来保护数据资产。这些措施包括访问控制、加密技术、加固配置、安全审计等。在这一阶段，需要确保只有授权的用户能够访问敏感数据，同时防止数据在传输、存储和处理等过程中被窃取或篡改。具体工作内容如下。

① **制定与实施访问控制策略。**实施有效的访问控制策略（例如 RBAC），确保只有具备相应权限的用户才能访问特定数据。实施多因素身份验证，提高账户安全性。定期进行权限审查，防止权限扩大或失控。

② **数据加密技术应用。**对敏感数据进行加密，使用 AES、RSA 等加密算法。在数据

传输过程中使用 SSL/TLS 加密通信，确保数据的保密性和完整性。考虑实施透明数据加密（Transparent Data Encryption，TDE），使应用程序无须修改即可使用加密功能，从而在保障数据安全的同时，降低开发和维护成本。

③ **系统加固与配置。**定期对操作系统、数据库、网络设备、应用程序等进行安全加固，修复已知漏洞。配置防火墙规则，限制不必要的网络访问。禁用不必要的服务和端口，减少攻击面。

④ **数据备份与恢复计划。**制订并定期测试数据备份和恢复计划，以防数据丢失或损坏。确保备份数据的安全性。

⑤ **物理安全措施。**对数据中心和关键设施实施物理访问控制，例如，门禁系统、监控摄像、火灾监测等。确保数据存储设备的物理安全。

⑥ **供应商和第三方管理。**对涉及数据处理的供应商和第三方进行安全审查。确保与第三方签订的数据处理协议中包含严格的安全和隐私保护措施。对供应商和第三方人员的行为进行严格的访问控制。

3. 检测（Detect）

检测阶段的任务是实时监控和分析数据的安全状态，以及时发现潜在的安全事件。在这一阶段，需要部署各种安全监测工具，例如入侵检测系统（HIDS、NIDS）、流量分析工具、日志分析系统等。这些工具可以帮助组织实时捕获和分析网络流量、系统日志等数据，从而发现异常行为或潜在攻击。

为了提高检测的效率和准确性，还需要组建专门的检测团队，并定期进行技能培训和演练。同时，还需要与防护阶段紧密配合，确保检测结果能够及时反馈到防护措施中，实现动态调整和优化。具体工作内容如下。

① **部署和配置检测工具。**选择并部署合适的入侵检测系统（例如 HIDS、NIDS），确保它们能够实时监控网络流量和系统行为，捕捉各种异常活动。配置流量分析工具，对网络数据包进行深度分析，以便检测潜在的数据泄露或恶意活动。设置日志分析系统，集中收集、存储和分析来自各个系统和应用的日志数据，从而识别可疑模式或攻击现象。

② **建立检测指标体系。**定义 KPI 和安全指标，用于衡量和评估数据安全状态。设定合理的阈值和警报机制，以便在出现异常情况时能够迅速响应。

③ **实时检测与日志分析。**考虑对网络流量、系统状态、用户行为等进行“7×24 小时”实时监控，识别并记录任何不寻常或可疑的活动。利用大数据分析和机器学习技术对日志数据进行深度挖掘，发现潜在的安全威胁和攻击模式。

④ **威胁情报的收集与整合。**积极收集外部威胁情报，例如，黑客组织活动、新型攻击手法、漏洞信息等。整合内部安全日志、网络流量数据等，与外部情报相结合，形成全面的威胁感知。

⑤ **安全事件关联分析。**将来自不同安全设备和系统的日志、告警等信息进行关联分析，以提高事件检测的准确性和效率。利用 SIEM 系统或类似平台，实现自动化的事件关联和响应。

⑥ **警报管理与响应。**建立警报分类和优先级系统，确保重要警报得到及时响应。设定自动化响应机制，对低级警报进行自动处理，减轻人工干预。

⑦ **团队协作与沟通。**组建专门的检测团队，负责实时监控、警报响应和数据分析。定期召开团队会议，分享检测结果、分析威胁趋势，并讨论改进措施。

⑧ **合规性与报告**。确保检测活动符合相关法律法规和行业标准的要求。生成定期的安全报告，供管理层和相关利益相关者审查。

4. 响应（Respond）

响应阶段是在发现安全事件后采取的行动，包括事件调查、处置和恢复等。在这一阶段，需要迅速响应并控制事态的发展，防止损失扩大。同时，还需要对事件进行深入分析，找出根本原因并采取措施避免类似事件再次发生。

需要建立完善的应急响应机制和流程，并配备专业的应急响应团队。此外，还需要定期进行应急演练和培训，提高团队的响应能力和水平。具体工作内容如下。

① **建立应急响应机制和流程**。明确发现安全事件后的标准操作流程，包括初步判断、上报、分析、处置、恢复和总结等步骤。组建由安全专家、系统管理员、网络管理员等组成的应急响应小组，负责具体响应工作。确保在紧急情况下，团队成员能够迅速、准确地沟通，包括建立紧急联络渠道和定期沟通会议等。

② **事件发现与初步分析**。通过 SIEM 系统或其他监控工具实时检测异常行为。对触发警报的事件进行初步分析，判断其是否为误报。

③ **事件调查与处置**。对确认的安全事件进行深入调查，收集相关日志、文件和其他证据，确定事件的影响范围和严重程度。隔离被攻击的系统或网络区域，防止攻击扩散到其他部分。如果系统中存在恶意软件，需要采取专业的清除工具和技术将其彻底清除。对被篡改或删除的数据进行恢复，并确保有最新的数据备份可供使用。

④ **系统恢复与验证**。在确保安全的前提下，逐步恢复受影响的系统或服务。在系统恢复后，进行全面的安全检查，确保没有残留的安全隐患。

5. 优化（Optimize）

优化阶段则是在响应的基础上进行的持续改进过程。需要根据实际情况和经验教训不断优化安全策略和措施，不断提高数据安全的整体水平和效率。具体工作内容如下。

① **安全策略与流程优化**。定期评估现有数据安全策略的时效性和有效性，根据实际威胁环境和业务需求进行调整。更新安全策略以反映最新的法律法规和行业标准。分析安全事件的响应流程，识别瓶颈和延误，优化决策树以缩短响应时间。简化复杂流程，减少不必要的步骤，提高决策效率。

② **技术优化**。定期评估和更新安全工具，确保其具备最新的威胁检测和防御能力。升级或更换失效的安全系统，以应对新兴的安全威胁。集成不同的安全工具和解决方案，实现信息共享和协同工作。利用自动化脚本或工具减少人工操作，提升运营效率。

③ **人员培训与意识提升**。定期组织数据安全培训，提高员工的安全意识和操作技能。根据新的威胁趋势更新培训内容。

④ **定期风险评估**。定期重新评估数据安全风险，识别新的威胁和漏洞。根据风险评估结果调整安全策略和防护措施。定期落实最新的数据安全法律法规和行业标准。进行内部审计，检查数据处理的合规性。

⑤ **优化绩效指标**。定期评估数据安全运营的效果，收集和分析安全事件数据，以识别潜在的安全问题。根据上述信息调整和优化 KPI 和安全指标。

⑥ **事件总结与改进。**详细记录事件处理过程，分析事件原因和处置效果。根据事件总结，提出针对性的改进措施，例如，更新安全策略、加强监控手段、提升员工安全意识等。

⑦ **应急演练。**定期组织应急演练，模拟真实的安全事件，检验应急响应流程和团队协作能力。确保其与实际业务需求和威胁环境相匹配，根据演练结果调整应急预案和响应流程。对应急响应团队成员进行定期培训，提高应急响应团队的专业技能和响应速度。

## 12.4 实施安全威胁与事件监测

### 12.4.1 数据安全威胁类型

数据安全威胁是指任何可能对组织持有数据资产造成损害或危害的潜在因素。常见的数据安全威胁如下。

① **黑客攻击。**黑客攻击是指利用系统、网络、应用程序中的漏洞非法入侵，窃取、篡改、破坏组织的数据。

② **恶意软件攻击。**恶意软件（例如病毒、蠕虫、木马和间谍软件）旨在破坏、窃取或监视计算机系统和数据。这些程序通常通过电子邮件附件、恶意链接或受感染的软件进入目标系统，进而窃取敏感数据或破坏数据文件。

③ **DDoS 攻击。**分布式拒绝服务（Distributed Denial of Service，DDoS）攻击[H56]通过大量感染的计算机或设备协同发起请求，淹没目标服务器或网络的流量，导致其无法正常工作。这种攻击可能导致业务中断、数据丢失和财务损失。

④ **社会工程学攻击。**攻击者利用员工人性上的弱点，通过欺骗、伪装等手段窃取数据，例如，钓鱼邮件、伪装身份、利诱威胁等。

⑤ **内部威胁。**来自组织内部的威胁，包括员工、合作伙伴和供应商。这些威胁可能是有意的，例如，员工故意泄露机密信息、超越权限访问数据、离职带走敏感数据等，也可能是无意的，例如员工疏忽、误操作导致数据泄露等。

⑥ **供应链攻击。**攻击者试图通过操纵或入侵供应链的环节来获取对目标组织的访问权限。这包括在供应链中植入恶意软件、劫持更新或篡改物理设备等。

⑦ **云安全问题。**云计算的广泛应用也带来了云安全问题。云存储和云服务的泄露或被攻击可能导致数据泄露问题。

⑧ **物理安全威胁。**内外部人员未经授权物理接触设备、存储介质，盗取、破坏数据。自然灾害（火灾、台风、地震等）导致的数据丢失。

⑨ **移动设备安全问题。**移动设备（笔记本计算机、U 盘等）丢失、被盗，导致存储的敏感数据外泄。不安全的远程接入，导致攻击者未授权访问内部系统和数据。

### 12.4.2 数据安全事件分类

数据安全事件是指数据在处理、存储、传输等过程中，由于各种原因导致的数据泄露、被篡改、丢失或非法访问等威胁数据安全的事件。这些事件可能由外部攻击、内部人员的不当操作或系统故障等多种因素导致。

**（1）数据安全事件分类**

① **数据泄露事件。** 指未经授权的数据被访问、披露或传输给非授权的个人或组织。这类事件通常涉及暴露敏感信息，例如，个人身份信息、组织商业秘密等。

② **数据篡改事件。** 指数据在未经授权的情况下被修改或添加，导致数据的完整性受到破坏。这类事件可能由恶意攻击者或内部人员的误操作引起。

③ **数据丢失事件。** 指数据因硬件故障、自然灾害、人为误操作等原因造成的永久性或临时性丢失。这类事件对业务连续性和数据可恢复性构成严重威胁。

④ **非法访问事件。** 指未经授权的个人或实体对数据资源进行访问或尝试访问。这类事件可能涉及对系统或应用程序的未授权访问尝试。

⑤ **数据滥用事件。** 指合法获取的数据被用于未经授权的目的，例如，数据窃取后的勒索、个人信息的不当利用等。

⑥ **其他数据安全事件。** 除了上述几类常见事件，还可能存在其他类型的数据安全事件，例如，数据误删除、数据错误传输等。这些事件同样可能对组织数据安全造成威胁。

**（2）分类的依据**

上述数据安全事件的分类主要基于以下 3 个方面的依据。

① **威胁来源和意图。** 应考虑数据面临的威胁来源，是外部攻击者还是内部人员，以及它们的意图是什么。例如，数据泄露事件往往与外部攻击者的窃取行为或内部人员的非法泄露有关；而数据篡改则可能源于恶意修改数据的意图。

② **数据状态和影响。** 数据安全事件还可以根据数据的状态和所受影响进行分类。例如，数据丢失事件关注的是数据的可用性和完整性；非法访问事件则侧重于数据的保密性。

③ **事件性质和后果。** 事件的性质和后果也是分类的重要依据。例如，数据滥用事件涉及数据在合法获取后被用于非法或不当目的，这通常与对数据的不当处理和使用有关；而其他数据安全事件可能包括一系列不同性质和后果的事件，需要根据具体情况进行分类。

通过对不同类型事件的识别和分类，组织可以更有针对性地制订预防策略、响应计划和恢复措施，从而最大限度地减少数据安全事件对业务的影响。

此外，随着技术的发展和威胁环境的变化，数据安全事件的分类也需要不断更新和调整，以适应新的挑战和需求。因此，组织在进行数据安全事件分类时，还应保持灵活性和前瞻性，随时准备应对新的安全威胁和事件类型。

### 12.4.3 监测事件和威胁的方法

数据安全事件和威胁的监测是确保组织数据安全的重要手段之一。通过及时发现和处理潜在的安全风险，可以有效减少数据安全事件的发生。

数据安全事件和威胁的监测需要综合运用多种方法和技术，并根据组织的具体需求和环境进行定制化部署。常用的监测方法和技术如下。

**（1）基于签名的监测**

“签名”是指用于识别特定模式、行为或威胁的独特标记或特征集，可以基于已知的攻击模式、恶意代码行为、网络异常流量等创建。签名技术常见于入侵检测系统和防病毒软件中，帮助组织安全系统快速准确地识别出潜在威胁，从而迅速做出响应。

这种方法依赖于已知的攻击模式和特征，通过比对网络流量、系统日志等数据与预定义的签名库，来识别潜在的安全威胁。其优点是准确性高，误报率低，且实施相对容易；但缺点是难以应对未知威胁和变种攻击。基于签名的监测更适用于监测已知的攻击和恶意软件。

**（2）基于异常和行为的监测**

异常监测通过分析正常情况下的系统行为和网络流量，建立行为基准线，并实时监测偏离基准线的异常行为。这种方法能够发现未知威胁，但对基准线的建立和维护要求较高，需要持续学习和优化，以降低误报率。

行为监测通过分析用户、应用程序和系统的行为模式来识别潜在的安全事件。例如，通过分析用户的登录时间、登录地点、访问资源等行为，可以发现异常的登录行为或数据访问模式。

基于异常行为的监测更适用于发现未知威胁和异常行为，但实施难度相对较高，需要为每个受监控的系统或网络建立专属的行为基准线，并持续优化。

**（3）蜜罐技术**

蜜罐技术本质上是一种对攻击方进行诱捕的技术，通过布置一些作为“诱饵”的主机、网络服务或者信息系统，诱捕攻击者并收集有关其攻击行为的信息。蜜罐可以部署在网络中的关键位置，以监测针对这些位置的潜在攻击行为。例如，可以部署一个模拟存储敏感数据的服务器作为蜜罐，一旦攻击者尝试访问或入侵该服务器，就会触发警报并记录攻击者的行为。

**（4）流量分析**

通过对网络流量进行深度包检测（Deep Packet Inspection，DPI）和统计分析，可以发现异常流量模式、恶意代码通信等安全威胁。流量分析可以帮助安全团队及时发现并应对网络攻击。例如，通过分析网络流量中的数据包内容和通信模式，可以识别出恶意软件和命令与控制（Command and Control，C&C）服务器之间的通信。

**（5）文件完整性监测**

通过定期检查关键系统文件和应用程序的完整性，可以发现任何未经授权的修改或篡改行为。文件完整性监测通常使用哈希值或数字签名来验证文件的完整性。例如，可以定期计算关键系统文件的哈希值，并与初始值进行比较，以检测文件是否被篡改。

**（6）日志分析**

日志分析涉及收集、聚合和分析来自各种系统和应用程序的日志数据，以识别潜在的安全事件和威胁。通过日志分析，安全团队可以了解系统的历史行为，发现异常活动，并及时采取应对措施。例如，分析身份验证日志可以发现暴力破解或异常登录行为；分析 Web 服务器日志可以发现 SQL 注入或 XSS 攻击。

### 12.4.4 部署监测工具

数据安全事件与威胁的监测工具可以持续监控组织的网络、系统和应用程序等，及时发现可疑活动和潜在威胁，例如恶意软件、未经授权的访问尝试等。当检测到安全事件时，监测工具可以自动触发警报，并提供详细的事件信息，帮助安全团队快速了解情况，采取适当的应对措施，最大程度地减少各类数据安全事件的发生。

**（1）监测工具的选择原则**

在选择数据安全监测工具时，组织应遵循以下原则。

① **全面性**。监测工具应能够覆盖组织所有的关键数据资产，包括数据库、文件服务器、云存储等。

② **实时性**。监测工具应具备实时监测能力，以便及时发现并应对安全威胁。

③ **可扩展性**。随着组织业务的发展和数据量的增长，监测工具应能够方便地进行扩展和升级。

④ **易用性**。监测工具的用户界面应使用友好，操作简便，以降低使用难度和培训成本。

⑤ **兼容性**。监测工具应与组织现有的 IT 基础设施和安全架构相兼容，避免引入新的安全风险。

**（2）监测工具的部署步骤**

为了充分发挥数据安全监测工具的作用，组织需要考虑遵循以下部署步骤。

① **需求分析**。首先，组织需要全面评估自身的数据安全需求。这包括识别关键数据资产，了解数据的存储位置、访问方式，以及面临的主要威胁，有助于确定监测的重点领域，选择适合的监测工具。

② **工具选型**。根据需求分析的结果，组织需要评估和选择合适的监测工具。选型时应考虑工具的功能、性能、可扩展性、与现有系统的兼容性，以及供应商的支持能力等因素。常见的数据安全监测工具包括 SIEM 系统、IDS/IPS、数据库活动监控（Database Activity Monitoring，DAM）等。

③ **环境准备**。选定监测工具后，组织需要为其配置必要的硬件和软件环境。这可能涉及准备和配置服务器、存储设备、网络设备等。同时，还需要确保监测工具能够访问目标系统和数据源，并具备足够的性能和容量来处理大量的监测数据。

④ **安装与配置**。按照监测工具提供的安装指南，在准备好的环境中进行工具的安装和部署。安装完成后，需要根据组织的具体需求和环境，对监测工具进行详细配置，例如设置监测规则、调整检测阈值、配置告警方式等。

⑤ **集成与测试**。为了发挥监测工具的最大效力，需要将其与组织现有的安全基础设施进行集成，例如防火墙、身份验证系统等。集成后，还需要进行全面的功能和性能测试，以验证监测工具是否能够按照预期工作，并优化其配置。

⑥ **上线运行**。测试完成并确认监测工具正常运行后，就可以将其正式投入生产环境中使用。监测工具上线后，将实时收集和分析大量的安全数据，识别潜在的威胁和异常行为，并根据预设的规则触发相应的告警和响应措施。

⑦ **持续维护**。为了确保监测工具始终以最佳状态运行，组织需要制订详细的运维计划，定期对工具进行维护和更新。这包括及时安装补丁和升级、优化监测规则和阈值、定期审查和分析监测日志等。同时，还需要持续评估工具的性能和效果，并根据变化的威胁形势和业务需求进行必要的调整和改进。

### 12.4.5 实时监测与日志分析

为了有效地保护敏感数据，及时发现和应对潜在的安全事件，组织需要建立全面的实时监测和日志分析机制。这不仅有助于第一时间识别可疑活动，还能为事后调查和取证提供可靠的数据支持。

**（1）实时监测**

实时监测是通过对数据传输、存储和处理过程中的关键节点进行持续监测，使组织能够在威胁演变为实际损害之前及时发现异常行为。

实时监测通常依赖于专业的安全设备和软件，例如IDS/IPS、网络流量监控工具、DLP系统等。这些工具利用预定义的规则、模式匹配和机器学习算法来识别可疑活动。实时监测的重点领域如下。

① **网络流量异常监测。**监测进出组织网络的数据流，识别异常的流量模式，例如突发的大规模数据传输，可能表明正在发生数据泄露。

② **可疑用户行为分析。**跟踪用户与敏感数据的交互，发现偏离正常工作模式的行为，例如非常规的访问请求、异常登录尝试等。

③ **已知威胁模式匹配。**利用不断更新的威胁情报，识别与已知攻击手法相吻合的行为，例如SQL注入、XSS等常见的Web应用程序攻击。

④ **端点异常检测。**监测终端设备（例如员工计算机、移动设备等）的状态和行为，发现可能表明感染恶意软件的迹象。

除了识别潜在威胁，实时监测还能帮助组织快速确定事件影响范围、控制损害，并启动预定义的应急响应流程。

**（2）日志分析**

系统、应用程序和安全设备等生成的日志文件中记录了发生过的各种事件。通过分析这些历史数据，安全团队可以深入了解攻击者的活动轨迹、识别安全弱点，并优化防御策略。

日志分析的主要任务如下。

① **安全事件调查。**发生安全事件后，日志应能提供事件发生的时间、地点、涉及系统等关键信息，帮助安全团队还原事件经过、确定影响范围。

② **识别威胁。**通过在日志中搜寻可疑信息，安全团队可以发现此前未被实时监测机制识别的威胁。

③ **用户行为分析。**日志揭示用户与IT系统的交互历史，有助于制定正常的行为基线，以便识别异常活动。

④ **安全态势感知。**汇总分析各种日志数据，可以洞察组织整体的安全态势，发现需要优先处置的薄弱环节。

为了应对分析大量日志数据带来的挑战，组织需要部署集中化的日志管理平台，并使用大数据分析、机器学习等技术，从繁杂的数据中自动提取有价值的安全信息。

**（3）结合实时监测与日志分析**

实时监测与日志分析是相辅相成的，实时监测提供了入侵检测、异常发现等及时防御能力，而日志分析则擅长揭示更大背景下的安全趋势，为检测机制的优化提供线索。

两者的结合使用能够增加组织的安全防护纵深。例如，实时监测发现可疑事件后，可以自动触发对相关日志的深入分析，加速对安全事件的定位和处置。而通过日志分析识别的新型攻击特征，又可以用来优化实时监测系统的策略、提升检测精度。

需要强调的是，实时监测和日志分析的有效性，很大程度上取决于相关系统的正确部署和配置。组织需要确保监控范围覆盖所有的关键 IT 资产、日志记录粒度满足分析需求，并且监控规则、分析模型能够紧跟最新的威胁形势持续优化。同时，还要加强日志的安全防护，防止攻击者通过篡改或删除日志掩盖其活动踪迹。

### 12.4.6　威胁情报搜集与分析

为了有效应对各类数据安全威胁，组织需要及时获取和分析相关的威胁情报。威胁情报是指通过收集、处理、分析各种渠道获得的与潜在或已知安全威胁相关的信息，并以此作为安全事件监测、防范和响应的依据。全面、准确的威胁情报不仅可以帮助组织预防各类数据安全事件，还能在事件发生时为快速响应和处置提供数据支撑。

**（1）搜集威胁情报**

搜集威胁情报的目的是尽可能广泛、全面地获取与潜在安全威胁相关的各类信息。这些信息可能散布在多个来源中，因此需要综合利用多种搜集手段。主要的威胁情报来源如下。

① **开源情报**。开源情报是指通过公开、合法渠道获取的情报信息，主要来自互联网上各类公开信息源，例如社交媒体、网络论坛、博客、新闻报道、安全研究报告等。部分攻击者会在一些平台上讨论或分享攻击工具、漏洞、攻击技术和策略，留下攻击活动的痕迹。因此，持续监测和分析这些渠道，可以发现潜在的威胁信号，洞察攻击者的意图和能力。典型的开源情报搜集技术有关键词搜索、内容爬取、自然语言处理等。

② **商业威胁情报服务**。有些安全公司会提供收费的情报服务，通过其独有的情报源和分析能力，为客户定制威胁情报报告、数据订阅、API 接口等服务，及时告警重大威胁事件。这类服务的内容通常包括恶意软件分析报告、网络钓鱼和欺诈情报、漏洞利用情报、知名 APT 组织和黑客组织动向分析等。购买商业情报服务可以很大程度上弥补组织自身情报能力的不足。

③ **内部威胁数据**。对组织内部网络和系统中各类安全设备、日志审计平台等产生的数据进行收集和关联分析，也是威胁情报的重要来源。例如，IDS/IPS、SIEM 系统、EDR 平台等，可以从大量告警日志中发现可疑行为，关联分析安全事件，得出可用的威胁情报。内部数据的优势是能够反映组织所面临的真实威胁状况。

④ **威胁情报共享**。组织间通过情报共享机制交换威胁情报（存在较大困难），可以极大拓展情报覆盖的广度和深度。跨行业、跨组织的合作尤为重要，能够有效应对某些行业或领域内普遍面临的共性威胁。通过共享可以获得其他组织提供的可用情报，例如攻击者的 IP 地址、恶意域名、病毒文件哈希、攻击指标等。

**（2）分析威胁情报**

搜集到的原始情报数据需要经过分析才能转化为可用的信息。威胁情报的分析工作如下。

① **数据清洗和整合**。原始情报数据通常包含大量冗余信息。数据清洗和整合的目的是去除重复、不准确或无关的信息，将不同来源、格式的数据整合到一个统一的平台中，以便后续分析。

② **上下文分析**。单纯的情报数据往往难以解释其真正的含义和影响。上下文分析就是将情报数据放入其产生的环境和背景中进行分析，以理解威胁的动机、能力和目标。例如，一个IP地址的恶意活动情况，就需要结合其地理位置、所属组织、历史活动记录等上下文信息来综合判断。

③ **关联分析**。将不同来源、不同类型的情报进行关联分析，能够发现单个情报难以察觉的复杂威胁。关联分析的目标是找出可能的攻击模式、攻击者身份，以及攻击目标之间的联系。例如，将一个恶意域名与某个已知的APT组织关联起来，可以推测其背后的攻击动机和目标。

④ **趋势分析**。网络威胁的形式和手段不断演变。通过对一段时间内的历史情报数据进行分析，可以发现威胁的发展趋势，并预测未来可能出现的新型攻击模式。这种预测性分析对于组织制定前瞻性防御策略非常有价值。

⑤ **影响评估**。并非所有的威胁都会对组织造成同样的影响。影响评估就是分析特定威胁对组织的潜在影响，包括数据泄露、业务中断、经济损失、声誉损害等不同维度。通过影响评估，组织可以确定应对不同威胁的优先级，合理分配安全资源。

**（3）应用威胁情报**

组织需要将威胁情报转化为可操作的防御措施，并融入组织的安全运营中。情报运用的主要形式如下。

① **识别威胁**。根据威胁情报提供的威胁指标和攻击手法，在组织业务环境中主动排查潜在的威胁，并在威胁造成实质损害前将其消除。

② **支持风险评估**。威胁情报是组织进行风险评估的重要信息。通过将威胁情报与组织的业务、技术现状相结合，可以更准确地评估组织面临的主要安全风险。

③ **调整安全策略**。组织可以根据数据安全威胁情报分析结果，及时调整现有的安全策略，或制定更加严格、有针对性的新策略和标准。例如发现新的漏洞或攻击手法后，应及时修改相关的防护规则和访问控制策略等。

④ **安全事件响应**。当组织遭遇数据安全事件时，威胁情报可以帮助安全团队快速确定攻击来源、使用的攻击手法、影响范围等关键信息，从而制定有针对性的响应措施，防止事态蔓延。例如根据情报信息对可疑IP、域名进行快速阻断，防止数据被进一步窃取。

⑤ **提升安全意识**。组织还可以将数据安全威胁情报作为培训内容的来源，通过案例分析、情景模拟等方式，提高员工的安全意识，使其熟悉各种潜在威胁及应对措施。例如针对钓鱼邮件等常见手法进行专项培训，提高员工识别风险和处置此类威胁的能力。

⑥ **优化安全架构**。基于数据安全威胁情报发现的安全漏洞、薄弱环节和潜在风险，组织可以持续优化自身的安全架构和防御体系。一方面要及时修复已知漏洞，另一方面要针对威胁情报中出现的新型攻击手法，部署相应的检测和防护措施，不断提高组织的安全能力。

## 12.5 实施安全事件应急响应

### 12.5.1 制订应急响应计划

数据安全应急响应计划是组织在面临数据安全事件时，为了最大程度地减少损失、维护业务连续性和声誉而制定的指南。该计划应涵盖事前准备、事中响应和事后恢复等阶段，并明确规定各部门和个人的职责。以下是制订数据安全应急响应计划的主要步骤和内容。

**（1）确定保护目标与适用范围**

明确计划旨在保护的关键数据资产（例如客户信息、财务数据、知识产权等）和核心业务流程。定义计划适用的安全事件类型（例如数据泄露、勒索软件攻击、内部人员盗用等）和潜在威胁场景。

**（2）开展风险评估与影响分析**

识别可能发生的数据安全风险，评估其发生的可能性及对业务连续性、财务状况、法律合规性和组织声誉的潜在影响。根据评估结果确定应急响应的优先级，合理分配人力、财力和技术资源。

**（3）制定分阶段响应流程**

① **事件报告**。建立事件报告渠道和机制，明确报告的时间要求、方式和负责人。

② **初步分析**。规定事件初步分析的流程，包括确认事件真实性、评估影响范围和危害程度等。

③ **决策与执行**。明确事件处置决策的权限和流程，详细规定响应行动的步骤、方法和注意事项。

④ **恢复与总结**。规定恢复受影响的系统和数据的流程，以及事件总结和经验教训的提炼方法。

针对每个阶段，明确参与者的角色和职责，并建立必要的沟通协调机制。

**（4）成立应急响应团队并明确职责**

指定应急响应负责人，成立由IT、安全、业务、法务等部门组成的联合响应团队。明确每个团队成员的职责，并评估其技能和知识是否匹配所需任务。必要时，可引入外部专家或服务提供商，以弥补组织内部能力的不足。

**（5）配备必要的技术工具与资源**

评估可能需要的技术工具，例如日志分析、数据恢复、数字取证、恶意代码分析等。准备充足的备件、备份介质和冗余设备，以支持受影响系统快速恢复。预留必要的财务资源，以支付可能产生的服务费用、赔偿金和罚款等。

**（6）制订内外部通信协调计划**

建立与内部相关部门沟通的机制，包括及时通报高层管理者的方式。准备好与外部机构（例如执法部门、监管机构、合作伙伴等）沟通的方式和内容。制定统一的对外声明口径和新闻发布流程，由指定的发言人负责与媒体和公众沟通。

**（7）定期测试、评估和更新计划**

每年至少进行一次应急演练，检验计划的可行性、有效性和参与者的熟练程度。总结演练和实际事件中暴露出的问题，并据此更新和优化计划。持续关注数据安全形势、法律法规更新和业务变化，适时调整应急策略。

**（8）开展全员安全意识培训**

将应急响应培训纳入全员安全意识教育中，使员工了解应急预案、报告渠道等。针对应急响应团队开展专门的技能培训，并通过演练提高其应急处置能力。营造全员重视数据安全的文化氛围，使应急响应能够快速、有序地展开。

### 12.5.2 组建应急响应团队

数据安全应急响应团队是组织内部应对数据安全事件的专业团队，其主要职责是在数据安全事件发生时，能够迅速做出反应，控制事态发展，最大程度减少事件对组织造成的损失和影响。

**（1）团队组建**

① **人员选拔。**应急响应团队的成员应具备丰富的网络安全、数据安全、系统管理等领域的专业知识和实践经验。在选拔团队成员时，除了考虑其专业技能，还应重点考察其责任心、沟通协调能力，以及在高压环境下的工作能力。

② **团队规模。**应急响应团队的规模应根据组织的规模、业务特点及面临的安全风险等因素来确定。应急响应团队规模应能满足日常安全运营和应急响应的需要，但又不宜过于庞大，避免影响团队的灵活性和效率。

③ **角色分配。**应急响应团队内部应设置明确的角色分工，每个角色都应有明确的职责和任务，以便在应急响应过程中各司其职、密切配合。

**（2）培训与演练**

① **专业知识培训。**组织应定期为应急响应团队提供专业培训，培训内容涵盖网络安全、数据恢复、恶意代码分析、安全工具使用等方面，以提升团队成员的专业技能和实战能力。

② **安全意识教育。**组织应加强对团队成员的安全意识教育，提高其对潜在安全风险的敏感性和警觉性。

③ **模拟演练。**定期开展应急演练是组织提高团队应急响应能力的重要手段。演练场景应尽可能贴近实际情况，覆盖常见的数据安全事件类型，例如数据泄露、勒索软件攻击、网络入侵等。在演练过程中，还应重点检验应急响应团队内部以及与其他部门之间的沟通协作机制是否顺畅。演练结束后，应认真总结经验教训，并针对暴露出的问题制定切实可行的整改措施。

**（3）内外部协作**

数据安全事件的应对往往需要多部门、多团队的协同配合。因此，应急响应团队平时就应与组织内其他相关部门（例如 IT、法务、公关部门等）建立紧密的工作联系，明确各自的职责边界和协作流程，以便在应急响应时能够得到支持和配合。此外，应急响应团队还应与外部机构（例如网信部门、执法机构、安全厂商等）保持沟通，建立信息共享和应急联动的机制，以进一步提升应急处置能力。

### 12.5.3 识别、报告与分析

当组织面临数据安全事件时，需要迅速准确地识别事件的性质、范围和影响。

（1）事件识别

事件识别是指通过各种监控手段，及时发现数据环境中发生的异常或可疑活动。这一过程要求安全团队具备对正常业务活动的深入理解，以便区分正常行为与异常行为。常见的事件识别手段如下。

① **监控与检测**。利用部署在网络、主机、应用等层面的安全监控工具，例如IDS/IPS、SIEM系统等，实时收集和分析大量的安全日志和网络流量数据，检测潜在的非授权访问、恶意代码执行、敏感数据泄露等安全事件。

② **日志审计**。通过对系统、应用、数据库等各类日志的定期审计和关联分析，发现异常登录、权限提升、非法访问、数据篡改等安全风险。日志审计需要遵循相关的法律法规和行业标准。

③ **威胁情报集成**。通过订阅和集成外部威胁情报源，例如国家互联网应急中心、安全厂商、行业组织等发布的威胁情报信息，识别针对组织的定向攻击和新型威胁活动。威胁情报的有效使用需要建立完善的威胁情报管理流程和技术架构。

④ **安全意识与报告**。提高全员的安全意识，并鼓励员工主动识别和报告可疑的安全事件。建立畅通的安全事件报告渠道和奖励机制。

（2）初步分析

初步分析是在识别事件的基础上，对安全事件进行快速评估，确定事件的严重程度、紧迫程度和潜在影响范围。这一阶段的分析结果将为后续的响应决策提供重要依据。初步分析的主要任务如下。

① **事件分类**。参考行业标准和最佳实践，例如MITRE ATT&CK框架，根据事件的攻击手段、目的、对象等特征，将安全事件分为不同类型，例如网络入侵、数据泄露、恶意代码感染、DDoS攻击、社会工程等。准确的事件分类有助于快速确定应急处置的方向和措施。

② **影响评估**。全面评估事件对组织的业务运行、数据保密性、完整性和可用性的影响程度，以及可能引发的法律风险、金融损失和声誉损害。影响评估需要考虑事件的影响范围、数据的敏感程度、合规要求等多方面因素，并根据组织的风险容忍度确定可接受的影响水平。

③ **优先级判定**。根据事件的严重性、紧急性和影响程度，参考组织的安全事件分级标准，确定响应的优先级，确保高优先级事件能够得到及时有效的处理。合理的优先级判定需要平衡安全风险与业务运营，避免过度响应或响应不足。

④ **调查取证**。对可能涉及法律责任或合规问题的安全事件，需要启动调查取证程序，以法律允许的方式，保全和分析相关的数字证据，并形成完整的调查取证报告，为后续的法律诉讼或合规审查提供支撑。

（3）事后深入分析

在初步分析的基础上，深入分析是对复杂安全事件开展的系统性分析工作，目的是查明事件的根本原因、影响范围、损失程度等，为事件定性定级、开展溯源打击、修复漏洞、优化防御等后续工作提供依据。深入分析一般在事后进行，由专业的安全分析人员负责，需要投入大量的时间和技术资源。主要分析手段如下。

① **攻击时间线分析**。通过对多源异构数据的综合分析，还原安全事件的完整攻击时间线，

明确攻击者的活动路径、使用工具、关键节点等，找出攻击的突破口和扩散途径，为响应处置提供线索和方向。

② **数字取证分析**。利用专业的数字取证工具，对受影响的信息系统进行全面的内存分析、文件系统分析、网络数据包分析等，发现攻击者留下的痕迹，确定数据泄露的时间、方式和数量等关键信息。

③ **漏洞复现与验证**。在安全的环境中，对导致安全事件发生的漏洞进行复现和验证，明确漏洞的成因、利用方法和影响范围。以此为基础提出针对性的漏洞修复方案和安全加固措施。

④ **关联分析与追踪溯源**。将安全事件与历史数据、威胁情报等进行关联分析，识别与本次事件相关的其他安全事件和可疑活动，扩大事件影响范围的边界。同时，通过与互联网服务提供商（Internet Service Provider，ISP）、安全厂商、执法部门等外部机构合作，对攻击源头进行追踪溯源，为后续的法律行动提供支持。

**（4）结果报告**

事件分析的最终成果是形成完整、客观、准确的分析报告，供组织的管理层、安全团队、法律合规部门等参考和决策。一份完整的事件分析报告应包括以下主要内容。

① **事件概述**。简要描述事件的基本情况，包括事件的发生时间、持续时间、发现方式、影响范围、初步定性定级等。

② **详细过程**。按照时间顺序，详细描述事件的发生经过、涉及的信息系统和数据、采取的应急措施及其效果等。

③ **原因分析**。深入分析导致安全事件发生的根本原因，包括涉及的脆弱点、风险点、管理缺陷等，并给出证据支撑。

④ **影响评估**。量化评估事件对组织的各方面影响，包括业务中断、数据损失、经济损失、法律风险、声誉损害等。

⑤ **改进建议**。针对事件暴露出的问题和薄弱环节，提出切实可行的整改措施和长期改进计划，包括补救控制、完善制度、优化架构、提升能力等方面。

⑥ **附录**。包括事件的详细时间线、关键证据材料、调查取证报告、第三方评估意见等支持性文件。

事件分析报告需要经过严格的审核和保密流程，保证报告的质量和合规性，并控制报告的分发范围和接收人。定期开展事后复盘和经验总结，持续改进组织的安全事件分析能力。

### 12.5.4 遏制、根除与恢复

**（1）遏制事件影响**

在数据安全事件发生后，迅速采取遏制措施是防止事件扩大、减少损失的关键。遏制策略的核心在于快速识别攻击来源和途径，并切断其与目标系统的联系。例如，一旦发现恶意流量来源于特定 IP 地址，应立即通过防火墙等安全设备阻断该 IP 的访问权限；当检测到勒索软件攻击时，应立即断开受感染主机的网络连接，防止恶意软件进一步传播和数据加密。同时，对于已经受到感染或攻击的系统，应立即隔离，防止病毒或恶意代码进一步传播。具体内容如下。

① **快速识别与隔离**。利用 IDS、SIEM 系统等，实时监测网络流量和系统日志，通过预先

定义的规则和异常行为模式，迅速识别潜在的安全威胁和可疑活动。部署 EDR 工具，实时监控终端设备的行为和状态，及时发现可疑进程、文件操作或网络连接，并自动隔离受感染的主机。一旦发现可疑活动，应立即隔离受感染的系统或网络区域，限制其与其他系统的通信，防止攻击者进一步渗透或横向移动。隔离措施可包括断开网络连接、关闭特定端口、限制账户权限等。

② **切断攻击路径。**分析攻击流量和来源，识别攻击者使用的入口点和攻击方法。利用网络安全设备（例如防火墙、IPS 等）迅速调整访问控制规则，封锁来自恶意 IP 地址的访问或关闭被利用的端口和服务。对于已知的攻击向量，例如特定的漏洞利用或恶意代码传播方式，及时部署相应的安全补丁或更新签名，加强边界防护和入侵防御能力。审查和加固外围安全设施，例如 VPN 网关、远程访问服务器等，确保它们配置安全，并及时修复发现的脆弱点。

③ **限制内部传播。**在网络内部实施分段和隔离策略，将关键业务系统、数据资产与其他网络区域分离，以减少潜在的安全事件影响范围。细化网络访问控制，基于最小权限原则，严格限制用户和应用程序对敏感资源的访问。关闭不必要的网络通信和共享服务，防止恶意代码在内部网络中传播。部署微隔离技术，通过软件定义边界（Software-Defined Perimeter，SDP）或零信任网络访问（Zero-Trust Network Access，ZTNA）等方案，实现更细粒度的访问控制和隔离，进一步降低内部传播风险。

④ **保持业务连续性。**在实施遏制措施的同时，确保关键业务功能的持续运行和数据的可访问性。优先考虑对业务影响最小的遏制方案，并在必要时启动预先制定的应急预案和恢复流程。

⑤ **监控与验证。**持续监控隔离区域和整个网络的安全状况，通过部署网络和主机层面的监控工具，实时收集和分析系统日志、网络流量等数据，及时发现可疑活动和异常行为。使用高级威胁情报和分析平台，通过机器学习、行为分析等技术，识别潜在的 APT 攻击和隐蔽的威胁行为，并持续跟踪攻击活动，评估遏制措施的有效性。

⑥ **与法律和监管机构合作。**在遏制过程中，全面收集和保护与安全事件相关的证据和日志，例如网络流量数据、系统日志、恶意代码样本等，以支持后续的调查和取证工作。与执法机构和相关监管部门保持沟通，及时报告重大安全事件，并根据其指导和要求，提供必要的协助和配合。

**（2）根除安全隐患**

根除是指彻底清除系统中的恶意代码、后门程序及攻击者留下的其他痕迹，确保系统恢复到安全、稳定的状态。需要专业的安全团队进行深入的系统分析和清理工作，应用各种安全工具和技术，例如反恶意软件工具、内存分析技术等，全面识别和消除潜在的安全威胁。具体内容如下。

① **深度分析与识别。**使用专业的恶意代码分析工具，例如 IDA Pro、OllyDbg 等，对系统中的可疑文件、进程和网络活动进行深入分析，识别潜在的恶意代码和后门程序。结合已知的攻击模式和签名，例如 APT、勒索软件等，提高恶意代码识别的准确性和效率。利用内存取证技术，例如 Volatility、Rekall 等工具，检测并识别驻留在内存中的恶意软件和攻击痕迹，确保不遗漏任何潜在威胁。

② **隔离与清除。**一旦识别出恶意代码，应立即将其隔离，以防止其继续执行恶意操作或

传播到其他系统。使用专门的清除工具或手动方式（例如删除注册表项、清理系统文件等）来彻底清除恶意代码。在清除过程中，应确保对系统关键文件和配置进行备份，以防意外情况导致数据丢失。可以使用系统还原点、磁盘镜像等技术进行备份。

③ **系统完整性检查。**在清除恶意代码后，执行系统完整性检查，验证所有关键系统文件和配置是否已恢复到安全状态。使用文件哈希比较工具，将当前系统文件与原始安全基线进行比较，识别可疑的更改。分析系统日志、审计记录等，查找可能被攻击者修改或删除的痕迹，确保系统的完整性和可信度。

④ **补丁和更新。**及时安装操作系统、应用软件、数据库等所有组件的最新安全补丁，修复已知漏洞，增强系统安全性。更新安全工具的病毒库、规则库和特征库，提高对新型威胁的检测和防御能力。

⑤ **重新配置安全策略。**重新审查和配置系统的安全策略，包括访问控制、身份验证、数据加密、日志审计等，确保符合最佳安全实践和行业标准。加强对系统访问权限的管理，遵循最小权限原则，仅授予用户完成其工作所需的最低权限，减少潜在的攻击面。实施MFA，增加远程访问的安全性。

⑥ **记录和报告。**详细记录根除过程中的所有步骤和发现，包括分析的结果、采取的行动、遇到的问题，以及解决方案等。生成全面、准确的技术报告和管理报告，说明事件的影响范围、根本原因、应对措施和改进建议等，供组织内部和外部（例如监管机构）使用。

**（3）恢复系统与服务**

恢复的目标是在信息系统被清理干净后，将其恢复到正常、安全的状态，确保业务连续性和数据完整性。具体内容如下。

① **数据恢复。**评估数据丢失或损坏的程度，并确定恢复的目标和优先级。根据数据的重要性和时效性，制定合适的恢复策略。通常可以从备份中恢复受影响的文件、数据库或整个系统镜像，以确保数据的完整性和可用性。在恢复过程中，需要验证数据的完整性和一致性，防止被篡改或损坏的数据被用于恢复系统。可以使用校验、哈希值等技术来验证数据的准确性。同时，为了防止数据在传输过程中被拦截或篡改，应使用安全的传输协议。

② **系统恢复。**根据系统备份或快照，将受影响的系统恢复到已知的安全状态。这可能涉及修复或替换受损的系统文件、配置和组件，以确保系统正常运行。同时，需要重新安装或更新必要的软件、补丁和安全代理，以增强系统安全性。在系统恢复过程中，应遵循最小权限原则，只授予必要的访问权限，减少潜在的安全风险。此外，还应对系统进行全面的安全配置，例如禁用不必要的服务、端口，加强身份验证和访问控制等。

③ **网络恢复。**恢复网络连接和通信，确保内部和外部网络的正常访问。这可能涉及重新配置网络安全设备，以提供适当的保护。同时，需要验证网络设备和配置的更改，确保网络安全策略的正确实施。可以使用网络监控和分析工具，实时检测和响应潜在的安全威胁。

④ **业务恢复。**数据安全事件可能对业务连续性产生重大影响，因此业务恢复也是恢复措施的重点。安全团队需要与业务部门密切合作，确保关键业务系统和应用程序的可用性。这可能涉及验证业务流程和交易的正常运行，以确保业务没有中断或造成数据丢失。同时，需要监控业务性能指标，及时响应和解决各种潜在问题。为了最大限度地减少业务中断，可以制

定业务连续性计划（Business Continuity Plan，BCP）和灾难恢复计划（Disaster Recovery Plan，DRP），明确定义关键业务流程、恢复时间目标（Recovery Time Objective，RTO）和恢复点目标（Recovery Point Objective，RPO）等。

⑤ **安全加固**。在恢复过程中，还需要加强系统的安全配置和防护措施，以防止类似事件的再次发生。这可能涉及采用多因素身份验证、细粒度的访问控制和数据加密等技术，增强系统的安全性。同时，应建立持续的漏洞管理流程，定期进行安全评估和渗透测试，以识别和修复潜在的安全漏洞。

⑥ **文档记录与审计**。在各个恢复阶段，需要详细记录所有步骤、决策和结果，这不仅有助于事后审查和改进，也是满足合规性要求的必要条件。应生成恢复报告，包括恢复的时间线、遇到的问题和采取的解决措施等。对恢复过程进行审计和审查，以评估恢复策略的有效性和改进空间。审计过程应由独立的第三方执行，以确保客观性和公正性。审计结果应与管理层和相关利益相关者共享，并作为未来应急响应计划改进的输入。

### 12.5.5 总结与改进

总结与改进是指从过往安全事件中吸取经验教训，优化现有的安全策略和措施，以预防类似事件再次发生，并提升组织的整体安全防御能力。

**（1）事后总结的必要性**

事后总结是对整个应急响应过程进行全面回顾与反思的过程。通过深入分析事件的根本原因、影响范围、处理过程及最终结果，可以系统评估应急响应的有效性和存在的不足。这不仅有助于深入理解当前的安全状况，同时也为日后安全策略的优化迭代奠定了基础。事后总结可以从以下方面帮助组织。

① 识别安全漏洞和薄弱环节，为安全加固提供方向。

② 评估应急响应机制的完备性和有效性，发现其中需要改进的地方。

③ 总结经验教训，为未来类似事件的处置提供参考。

④ 提升组织内部的安全意识和安全文化。

**（2）总结内容要点**

事后总结应全面覆盖事件应对的各个方面，主要包括以下内容。

① **事件概述**。详细描述事件的性质（例如数据泄露、系统入侵等）、发生时间、影响范围（例如涉及系统、数据、用户等）、危害程度等关键信息。

② **事件原因分析**。深入调查事件发生的根本原因，例如软件漏洞、配置错误、人为失误、管理疏漏等，并分析原因之间的关联。

③ **响应过程评估**。详细记录从事件发现到最终解决的完整响应过程，包括事件报告、响应团队组建、采取的关键措施、重要决策节点、与外部单位的协调沟通等。评估每一步行动的及时性、有效性，识别响应过程中的优势与不足。

④ **问题与挑战总结**。全面梳理响应过程中遇到的问题和挑战，例如资源不足、决策延误、技术障碍、沟通协调难度等，分析问题产生的主客观原因。

⑤ **效果评估**。从遏制事件蔓延、降低事件影响、数据恢复、系统修复等方面，客观评估

响应措施的有效性。通过量化的指标（例如停机时长、数据恢复率等）和定性的描述，全面反映应急处置的效果。

⑥ **经验教训**。总结此次事件应对过程中值得借鉴和警醒的经验教训，例如应急预案的缺陷、技术防护的漏洞、人员能力的欠缺等，为后续改进提供重要信息。

**（3）改进措施制定**

在全面总结的基础上，针对暴露出的种种问题和不足，制定切实可行的改进措施。

① **应急响应机制优化**。根据实际应对中发现的问题，例如流程缺失、决策效率低下、分工不明确等，应有针对性地修订和完善应急响应预案及相关制度，提高应急响应的规范性和高效性。

② **安全技术加固**。对在事件中暴露出的技术漏洞和薄弱点，制定系统性的安全加固方案，例如漏洞修复、补丁升级、安全设备升级、访问控制优化、安全配置加固等，全面提升技术防御能力。

③ **团队能力提升**。针对应急响应团队在事件处置中表现出的不足，例如技术能力欠缺、应变经验不足、协同配合不畅等，制订有针对性的培训和演练计划，通过理论学习、案例分析、实战演练等多种形式，持续提升团队的综合应对能力。

④ **外部协作机制完善**。针对事件应对中涉及的外部单位，例如网络服务提供商、安全服务商、执法机构等，评估现有协作机制的不足，通过加强日常沟通、建立信息共享平台、定期联合演练等措施，构建高效顺畅的协作网络，形成联防联控的良好局面。

⑤ **数据安全管理强化**。从数据全生命周期的视角出发，重新评估数据安全管理体系，针对数据收集、传输、存储、处理、销毁等各个环节，优化安全控制措施，提高数据分类分级的精细度，加强敏感数据的脱敏和加密保护，实现最小化数据安全风险。

⑥ **安全意识教育常态化**。应充分认识到“人是安全的第一道防线”，因此要将安全意识教育常态化，通过多种形式（例如在线学习、案例警示、定期考核等），提高全员的安全意识和安全技能。

**（4）持续改进机制建立**

事后总结和改进不是一蹴而就的，而应作为一项长期持续的工作。为确保改进措施落到实处并发挥成效，应构建持续改进和回顾机制。

① **改进计划落实跟踪**。对改进措施的落实情况进行持续跟踪，明确责任部门和完成时限，定期汇报进展，确保按期保质完成。

② **改进成效评估**。在改进措施实施一段时间后，评估其成效，通过内部审计、渗透测试、风险评估等方式，客观评价安全防护能力的提升情况，识别仍需要改进的地方。

③ **知识沉淀与分享**。将事件总结和改进过程中产生的各类文档、工具、脚本等，作为组织的知识资产进行系统管理，定期组织内部分享，促进知识传承和经验复用。

④ **外部交流学习**。积极参与行业内的安全会议、论坛等，与其他组织分享经验，学习先进实践，用开放的心态促进自身的进步与成长。

**（5）文档记录与知识管理**

事后总结和改进过程中形成的相关文档，应进行规范化的记录和管理，主要包括以下内容。

① **事件分析报告。**详细记录事件的原因、影响、经过、处置情况等，作为案例资料留存。

② **应急响应文档。**包括应急预案、流程规范、操作手册等，应根据改进情况进行更新和优化。

③ **技术文档。**涵盖事件分析工具、数据恢复脚本、安全加固配置等，便于后续复用和优化。

④ **会议记录。**例如总结会、评审会等的会议纪要，记录关键决策和改进计划。

这些文档应妥善保管，并建立便捷的检索和调用机制。同时，要加强文档内容的标准化和规范化，确保内容的准确性、一致性和可理解性，促进组织内部的知识流动与共享。

## 12.6　实施数据安全检查

### 12.6.1　制订检查计划

数据安全的定期检查是为了确保数据安全策略、标准和措施得以有效执行。构建一个全面、合理且切实可行的定期检查计划，有助于组织及时发现潜在的安全风险，并采取相应措施进行防范和应对。

**（1）制订检查计划的基本原则**

① **全面性原则。**检查计划应覆盖组织的所有关键数据资产，包括但不限于数据库、文件服务器、云存储、移动设备、备份系统等。同时，检查内容应涵盖数据的整个生命周期，例如数据采集、传输、存储、处理、交换和销毁等。

② **风险导向原则。**检查计划应基于组织的数据安全风险评估结果，针对高风险领域和关键数据资产进行重点检查。风险评估应考虑数据的敏感性、价值、面临的威胁和脆弱性等因素。

③ **周期性原则。**检查计划应根据数据的重要性和变动频率设定合理的检查周期，例如每周、每月或每季度进行一次。对于高风险或频繁变动的数据资产，可适当增加检查频率。

④ **灵活性原则。**检查计划应具备一定的灵活性，以便在出现突发事件、新的安全威胁或法律法规要求变更时能够进行及时调整。同时，检查方法和技术也应与时俱进，适应不断变化的安全形势。

⑤ **可操作性原则。**检查计划应明确具体的检查步骤、方法、工具和责任人，确保计划的顺利执行。检查方法应将人工检查和自动化检测相结合，提高检查的效率和准确性。

**（2）制订检查计划的主要步骤**

① **确定检查目标。**明确检查计划的目的和预期成果，例如发现潜在的安全漏洞、验证安全控制的有效性、评估合规性等。目标应具体、可衡量、可达成、相关性强并有明确时限要求（SMART 原则）。

② **识别关键数据资产。**通过对组织的数据资产进行全面梳理和分类，识别出需要重点保护的关键数据资产。这一过程应与组织的数据分类分级策略相结合。

③ **评估风险等级。**根据数据的敏感性、重要性、面临的威胁和脆弱性等因素，对数据资产进行风险等级评估，风险等级评估结果应作为制订检查计划的重要输入。这一过程应与组织

的数据安全风险评估策略相结合。

④ **确定检查频率和深度。**根据风险等级评估结果，可为不同等级的数据资产设定相应的检查频率和检查深度。高风险数据资产应进行更频繁和更深入的检查。

⑤ **制定检查清单。**针对各项检查内容制定详细的检查清单，包括检查项、检查标准、检查方法、使用工具等。检查清单应覆盖数据安全的各个方面，例如访问控制、加密保护、日志审计、备份恢复等。

⑥ **分配检查责任。**明确各项检查任务的责任部门和个人，确保计划的顺利执行和问题的及时上报。可根据部门职能和个人专业知识进行任务分配。

⑦ **建立跟踪机制。**设立有效的跟踪机制，对检查计划的执行情况进行持续监控和评估，确保计划的有效性和可持续性。跟踪机制应包括定期汇报、问题跟进、绩效考核等。

⑧ **开展检查培训。**针对检查人员开展必要的培训，使其掌握检查的目的、内容、方法和注意事项。培训应强调检查的客观性、独立性和保密性。

**（3）注意事项**

① **全员参与。**数据安全检查不应仅限于安全部门，而应鼓励组织内各部门和全体员工的参与。通过培训和宣传等形式提高员工的数据安全意识，明确员工的职责和义务。

② **独立性。**为确保检查的客观性和公正性，检查人员应独立于被检查对象，并直接向组织高层管理者汇报。必要时可引入第三方专业机构进行独立评估。

③ **保密性。**检查过程中可能接触到敏感数据和隐私信息，检查人员应严格遵守保密原则，避免泄露机密信息。与检查相关的所有文档和记录应妥善保管。

④ **持续改进。**检查结果应作为持续改进组织数据安全的重要输入。对于检查中发现的问题和不足，应及时制订整改计划并跟踪实施，形成闭环管理。

⑤ **资源保障。**组织应为数据安全检查提供必要的人力、财力和技术资源，确保检查工作的顺利开展。同时，要平衡检查的投入产出比，避免过度检查带来的资源浪费。

⑥ **法规遵循。**检查计划的制订和执行应符合相关法律法规和行业标准的要求。

### 12.6.2 检查方法

数据安全检查可以采用多种方法，以全面评估企业的数据安全状况。常用的检查方法如下。

**（1）文档审查**

审查数据安全策略、标准、程序和指南等文档，确保其完整性、一致性和可操作性。检查文档的版本控制、审批流程和分发机制，确保使用的是最新版本。评估文档的内容是否符合法律法规和行业标准的要求。

**（2）访谈**

与关键岗位人员、数据管理员、IT 人员等进行面对面或电话访谈，了解其对数据安全策略和程序的理解和执行情况。询问员工在数据安全方面遇到的问题和挑战，以及他们的改进建议。评估员工的数据安全意识和培训效果。

**（3）现场检查**

对数据存储、处理和传输的场所进行现场检查，例如服务器机房、研发中心、办公区域等。

检查物理安全措施的落实情况，例如访问控制、环境监测、备用电源等。观察员工的操作行为，识别可能出现的数据安全风险。

**（4）技术测试**

对信息系统和网络进行漏洞扫描和渗透测试，发现潜在的安全漏洞。评估数据加密、访问控制、日志审计等技术措施的有效性。测试数据备份和恢复机制，确保数据的可用性和完整性。

**（5）数据分析**

收集和分析与数据安全相关的指标和日志，例如访问记录、异常事件等。使用大数据分析技术，识别数据使用的异常模式和潜在威胁。评估数据分类分级和权限管理的有效性，识别过度授权或权限滥用的情况。

**（6）第三方审计**

聘请独立的第三方审计机构，对数据安全进行专业评估。审计机构可以提供客观、公正的审计意见，并识别内部人员可能忽略的问题。第三方审计也有助于提高客户和监管机构对企业数据安全的信任。

**（7）社会工程测试**

模拟社会工程攻击，例如钓鱼邮件、电话诈骗等，测试员工的安全意识和应对能力。识别员工可能泄露数据或破坏数据安全的行为，例如随意分享密码、未经授权访问数据等。针对测试结果，为员工提供有针对性的安全意识培训和教育。

在实施数据安全检查时，应根据组织的具体情况和需求，选择适当的检查方法。通常需要综合运用多种方法，以全面评估数据安全状况。检查过程中发现的问题和改进机会，应形成检查结果报告，并制订整改计划和跟踪机制，以持续提升组织的数据安全管理水平。

### 12.6.3 处置发现的问题

结束数据安全检查后，需要对检查结果进行准确、全面的报告（参见第 12.7 节），以及根据报告结果采取适当的处置措施，以确保数据安全检查工作有效闭环。

**（1）问题分类与优先级确定**

根据问题的严重程度、紧急性，以及对业务的影响程度，可将问题分为高、中、低 3 个等级（或更多等级），并确定优先处理的顺序。优先级的确定应综合考虑问题的技术风险、法律合规风险及潜在的经济损失等因素，以便优先处理高风险和影响大的问题。

**（2）问题处置流程**

① **核实问题**。对报告中发现的问题进行确认，通过复现或调查等方式，确保问题描述的准确性和完整性。

② **根因分析**。对问题进行深入分析，找出问题发生的根本原因，以便制定有针对性的解决方案。

③ **分配责任**。明确问题的责任归属，指定具体的负责人和处置团队，确保问题能够得到及时有效的解决。

④ **制定方案**。针对每个安全问题，详细制定包含临时应急响应和长期安全加固措施的解决方案。方案应明确含有处置步骤、所需资源、预期效果及完成时限等内容。

⑤ **方案评审**。组织相关人员对处置方案进行评审，确保方案的可行性、有效性，以及与整体安全策略的一致性。

⑥ **执行方案**。按照处置方案执行操作，并记录执行的过程。

⑦ **总结与改进**。对处置过程进行总结，梳理经验教训，并对安全管理体系进行必要的改进和完善。

**（3）监督与跟踪**

① **监督实施**。对问题处置过程进行持续监督，通过定期检查和汇报等方式，确保各项措施得到切实执行，避免处置工作流于形式。

② **跟踪验证**。定期对已处置的问题进行跟踪验证，监控问题是否存在复发或产生新的安全风险的可能。跟踪验证可以通过使用自动化监控工具或人工巡检等方式进行。

③ **持续改进**。根据处置实践中发现的问题和不足，持续优化处置流程和安全管理体系，提高组织的整体数据安全防护能力。

**（4）注意事项**

① **遵循合规性要求**。在制定和实施问题处置策略时，需要充分考虑相关法律法规和行业标准的合规性要求，确保处置措施符合外部监管要求。对于特定行业，可能存在更严格的数据安全合规要求，需要予以重点关注。

② **平衡安全与业务需求**。处置措施的实施可能会对业务运营产生一定影响，需要在安全防护和业务运营之间寻求平衡。在制定处置方案时，应充分评估对业务连续性的影响，并设计出兼顾安全和业务的最优方案。

③ **加强内部协作和沟通**。数据安全问题的处置通常需要多个部门的协同配合，需要建立有效的跨部门沟通和协作机制。明确各部门的职责分工和负责人，定期召开协调会议，确保处置工作有序开展。

④ **重视培训和意识提升**。处置措施的有效实施，离不开员工的支持和配合。应加强全员安全意识教育，针对处置措施开展专项培训，提高员工的安全技能和责任意识，营造良好的数据安全文化氛围。

⑤ **注重应急准备**。在处置过程中可能遇到预料之外的情况，需要提前做好应急准备。制订完善的数据安全应急预案，明确应急组织架构、流程和关键决策机制，并定期开展应急演练，提高组织的应急处置能力。

## 12.7 实施数据安全报告和沟通

### 12.7.1 定期报告机制

定期报告机制用于确保组织内部和外部的利益相关方对数据安全状况有全面的了解。该机制要求定期生成和提交关于数据安全状况、风险、事件、漏洞及其处理进展的详细报告。这些报告不仅为管理层提供决策支持，也是组织与监管机构、合作伙伴和客户沟通的重要手段。

（1）报告频率与周期

定期报告的频率应根据组织的数据安全需求、风险级别和监管要求来确定。常见的报告周期包括月度、季度和年度。对于关键业务领域或高风险数据，可能需要更频繁的报告，例如每周或每日。在确定报告频率时，应综合考虑以下因素。

① **数据的敏感程度。**包含敏感信息（例如个人隐私、商业机密等）的数据需要更频繁地监控和报告。

② **系统的重要性。**对关键业务系统或基础设施的安全状况需要更加密切地关注。

③ **法律法规要求。**某些行业（例如金融、通信、能源等）的监管要求可能对报告频率有明确规定。

④ **风险评估结果。**高风险领域或者风险评估中发现的薄弱环节需要更频繁地审查和报告。

（2）报告内容

常见的报告内容如下。

① **数据安全事件概述。**包括事件类型、发生时间、影响范围和严重程度。

② **漏洞和风险评估。**识别新发现的安全漏洞，评估现有风险的变化情况。风险评估应包括对数据机密性、完整性和可用性的潜在影响分析。

③ **应对措施。**详细描述对已发生事件和已知漏洞的应对措施及其效果。应对措施应包括短期补救方案和长期改进计划。

④ **合规性检查。**对照相关法律法规和行业标准，检查数据安全实践的合规性。组织应定期对照新发布的或更新的法规和标准进行合规性检查，确保数据安全实践始终符合最新的法律要求。

⑤ **绩效指标。**关键的安全绩效指标，例如事件响应时间、漏洞修复率等，以量化安全措施的有效性。

⑥ **培训成效。**总结数据安全培训活动的开展情况，评估员工的安全意识水平和专业岗位能力，并提出改进建议。

⑦ **改进建议。**基于当前状况和未来趋势，提出数据安全策略、流程和技术方面的改进建议。改进建议应具有可操作性，并有明确改进的优先级。

（3）报告流程

① **数据收集。**从各个数据源（例如安全设备日志、审计记录、事件检测系统等）收集必要的数据。这些数据应包括安全日志、用户活动记录、系统配置信息等，以确保报告的全面性和准确性。数据收集应遵循合法、合规的原则，避免侵犯个人隐私。

② **数据分析。**对收集到的数据进行处理和分析，以识别安全事件、漏洞和趋势。数据分析应采用专业的安全分析工具和方法，以确保结果的准确性和可靠性。分析过程中应特别关注异常活动和潜在威胁。

③ **报告编写。**按照预设的模板和结构，编写详细、准确的报告。报告的语言应清晰、专业，避免使用过于专业的术语，以确保各利益相关方都能理解。

④ **审核与审批。**报告应经过安全团队和相关部门的审核，确保信息的准确性和完整性，然后提交给高层管理者审批。审核过程应着重检查报告的客观性、一致性和可操作性。

⑤ **分发与沟通。**经批准的报告应分发给内部利益相关方，并根据需要与外部的利益相关

方进行沟通。与外部机构沟通时，应注意保护敏感信息，遵守保密协议。

⑥ **存档与追溯。**所有报告都应妥善存档，以便将来参考和追溯。存档应遵循安全、合规的原则，防止未经授权的访问或泄露。

**（4）报告的保密性**

数据安全报告通常包含敏感信息，例如系统脆弱性、安全控制措施等。这些信息如果被攻击者获取，可能被用于发起网络攻击。因此，在报告的生成、分发和存储过程中，必须采取严格的保密措施（脱敏后可降低要求）。

① 报告的传输应使用加密通道，例如，HTTPS、SFTP、SMTPS、VPN 等，防止数据在传输过程中被窃取。

② 报告的存储应采用加密技术，例如目录加密或文件加密，防止未经授权的访问。

③ 报告的访问权限应基于知其所需原则进行严格控制，只有相关的利益相关方才能访问。

④ 与外部机构共享报告时，应签署保密协议，明确双方的保密义务和责任。

### 12.7.2 报告内容框架

数据安全报告的内容会直接影响报告的有效性和可读性。为了编写一份全面、专业的数据安全报告，可以参考和选用以下框架中的内容。

**（1）报告概述**

① **报告目的。**明确报告的编写目的，例如汇报数据安全状况、提供风险评估结果、汇报安全事件处置等，并说明报告对组织数据安全管理的意义。

② **报告范围。**界定报告所涵盖的时间段、业务领域、数据类型、系统和网络边界等范围，确保读者了解报告的适用范围。

③ **目标受众。**指明报告的主要读者，例如高层管理者、IT 部门、安全团队、法律合规部门、监管机构等，并根据受众调整报告的详细程度和专业术语的使用。

**（2）数据安全现状分析**

① **数据资产盘点。**全面列举组织内关键数据资产的种类、数量、存储位置、访问权限、敏感程度等，并说明这些数据对组织的重要性。

② **风险评估结果。**详细呈现数据安全风险评估的过程和结果，包括威胁识别、脆弱性分析、风险等级评定和影响评估，并使用量化指标和可视化图表帮助读者理解。

③ **合规性分析。**对照相关法律法规和行业标准，分析组织数据安全的合规性，指出其中的不足之处并给出相应的合规建议。

**（3）安全事件与处置**

① **事件概述。**详细记录发生的数据安全事件的时间、地点、涉及的数据、受影响的系统和用户等关键信息，并分析事件的原因和影响范围。

② **处置过程。**按时间顺序详细描述安全事件的发现、报告、分析、遏制、根除和恢复过程，并说明采取的技术和管理措施，以及涉及的人员和部门。

③ **处置结果。**客观评估安全事件处置的效果，包括数据恢复情况、漏洞修补进度、事件调查和责任追究结果等，总结经验教训并提出改进建议。

**（4）改进建议与计划**

① **短期改进措施。**针对现状分析和安全事件中发现的问题，提出切实可行的短期改进措施，例如补丁管理、访问控制、数据加密、安全意识培训等。

② **长期安全规划。**结合组织的发展战略、业务需求和行业趋势，制订长期的数据安全规划，包括安全架构优化、数据生命周期管理、安全运营中心建设等。

③ **资源需求与预算。**明确实施改进措施和安全规划所需的人力、技术工具、外部服务等资源，并给出详细的分阶段预算计划，便于高层管理者审批。

**（5）结论与管理建议**

① **主要发现与挑战。**高度概括报告的主要发现，总结组织在数据安全方面取得的进展和面临的关键挑战，以高层管理者更容易理解的方式呈现。

② **管理建议。**针对数据安全管理提出务实建议，例如调整安全战略、优化资源配置、加强跨部门协作等，帮助高层管理者作出决策。

③ **后续行动计划。**明确报告后需要采取的具体行动，包括措施实施、进度跟踪、效果评估等，并指定负责人和时间表。

**（6）附录与参考**

① **关键数据与图表。**提供报告分析所依赖的关键数据和图表，例如风险评估矩阵、事件时间轴、合规性对比表等，方便读者深入了解。

② **专业术语解释。**对报告中使用的专业术语和缩略词进行解释，避免读者理解困难。

③ **参考资料。**列出报告中引用的法律法规、标准、白皮书、研究报告等参考资料的出处，以增强报告的可信度。

### 12.7.3　报告编写规范

数据安全报告旨在向内部管理层和外部利益相关方提供关于组织数据安全状况的全面、准确和及时的信息。为了确保报告的有效性，需要遵循以下编写规范。

**（1）报告内容要求**

① **准确性。**报告中的数据和信息应准确无误、来源可靠，避免误导读者。数据应经过严格的验证和交叉检查，确保其准确性。在引用外部数据时，应注明数据来源，并评估其可靠性。

② **完整性。**报告应涵盖所有关键的数据安全领域，包括但不限于数据资产管理、数据分类分级、数据泄露事件、访问控制、加密状态、合规性、安全审计、风险评估、安全意识培训等。报告应全面反映组织的数据安全现状，不应有重大遗漏。

③ **及时性。**报告应反映最新的数据安全状况，包括最新的威胁情报、安全事件和应对措施。报告的发布频率应根据组织的需求和外部环境的变化而定，应确保信息的时效性。

④ **清晰性。**报告应使用简洁明了的语言，避免专业术语的滥用，确保无技术基础的读者也能理解。必要时，可以使用图表、示例等辅助说明，提高报告的可读性。

⑤ **客观性。**报告应以客观、中立的态度呈现数据安全状况，避免主观判断和偏见。在分析问题和提出建议时，应基于事实和数据，而非个人观点。

**（2）编写流程规范**

① **确定目标读者。**在开始编写报告之前，应明确报告的目标读者，包括内部管理层、董事会、监管机构、客户等。不同的读者可能有不同的信息需求和技术背景，因此报告应根据目标读者的特点进行调整。

② **收集信息。**应从各个相关部门和系统中收集数据安全相关的信息，包括安全策略、流程文档、技术配置、审计日志、事件记录等。在收集信息时，应注意信息的完整性、准确性和及时性。

③ **分析信息。**对收集到的信息进行整理、分析和解读，提取关键信息和指标。分析应基于数据事实，避免主观臆断。可以使用数据可视化工具（例如图表、仪表盘等），帮助读者更好地理解数据。

④ **撰写初稿。**根据报告结构规范，撰写报告初稿。在撰写过程中，应不断修改和完善，确保报告的逻辑性和一致性。

⑤ **征求意见。**将初稿分发给相关部门和专家征求意见，确保报告的准确性、全面性和可读性。征求意见可以通过会议、电子邮件等方式进行。

⑥ **终稿审定。**根据反馈意见修改报告，形成终稿，并提交给上级机构或领导审定。在审定过程中，应对报告进行全面的质量检查，确保其满足内容、结构和格式要求。

**（3）注意事项**

① **保护敏感信息。**在编写报告时，应注意保护敏感信息，例如个人隐私数据、商业秘密等，避免泄露给未经授权的人员。必要时，应对敏感信息进行脱敏处理，或者限制报告的访问权限。

② **遵循法律法规。**报告内容应符合相关法律法规的要求，特别是关于数据保护和隐私的法律法规，例如《网络安全法》《数据安全法》《个人信息保护法》等。在跨境数据传输、数据本地化等方面，应特别注意合规性，例如《数据出境安全评估办法》等。

③ **与其他报告协调。**数据安全报告应与组织的其他报告相协调，例如 IT 运营报告、风险管理报告、内部审计报告等。不同报告之间应避免信息冲突或重复，形成完整、一致的信息视图。

④ **培训与沟通。**编写数据安全报告只是数据安全治理的其中一个环节，更重要的是报告结果的传达和应用。组织应对相关人员进行报告解读和使用的培训，确保报告的价值得到充分发挥。同时，应建立有效的沟通机制，鼓励不同部门和利益相关方基于报告进行交流和协作。

### 12.7.4 报告审核与审批

报告审核与审批流程可用于确保数据安全报告准确、完整和合规。这一流程不仅涉及对报告内容的细致审查，还包括对报告编制过程、方法、结论，以及所提建议的全面评估。一个有效的审核与审批流程应能够最大限度地保证数据安全报告的质量，为组织的数据安全决策提供可靠依据。

**（1）审核流程**

报告审核流程通常包括以下 4 个步骤。

① **初步审核。**由报告编制人员自行审核，主要检查报告内容是否齐全、格式是否规范、数据是否准确等。这一步骤可以及早发现并纠正报告中的明显错误和遗漏。

② **技术审核。**由数据安全技术专家负责，重点审核报告中涉及的技术细节、安全配置、漏洞分析、安全事件分析、风险评估等技术层面的准确性和专业性。技术审核需要由具有相关领域专业知识和实践经验的人员进行，以保证报告的技术可靠性。

③ **管理审核。**由数据安全管理部门负责人进行审核，主要评估报告的管理意义、所提建议的可行性，以及对组织数据安全策略的影响。管理审核关注报告对组织数据安全管理的指导作用，确保报告与组织的整体数据安全战略相一致。

④ **合规审核。**由法律与合规部门负责，审核报告是否符合外部法律法规以及内部数据安全策略的要求。合规审核对于防范法律风险、维护组织声誉具有重要意义。

**（2）审批流程**

审批流程是在审核流程基础上的更高层级的决策过程，通常包括以下内容。

① **部门审批。**数据安全管理部门根据审核意见对报告进行审批，决定是否接受报告内容及其建议。部门审批确保了报告在技术和管理层面的可行性。

② **高层审批。**对于涉及组织重大数据安全事项的报告，需要提交至组织高层管理层（例如首席信息安全官、首席信息官、首席执行官等）进行最终审批。高层管理者将综合考虑报告内容、组织整体战略及法律法规等因素作出决策。高层管理者审批体现了组织对数据安全的重视，并为报告的实施提供了必要的资源和支持。

**（3）审核与审批标准**

为确保审核与审批流程的客观性和一致性，组织应制定明确的审核与审批标准，包括以下内容。

① **准确性标准。**报告中的数据和信息应真实、准确，无误导性内容。涉及技术细节的描述应准确无误。

② **完整性标准。**报告应全面反映数据安全状况，不遗漏重要信息。报告需要覆盖数据安全的各个关键领域，例如安全治理、风险管理、事件响应、合规等。

③ **合规性标准。**报告应符合相关法律法规和组织内部数据安全策略的要求。任何违反合规要求的情况都应在报告中明确指出。

④ **可行性标准。**报告提出的建议应具有实际可行性，能够为组织数据安全改进提供有效指导。建议应考虑组织的技术能力、资源限制、运营需求等实际情况。

⑤ **风险导向标准。**报告应突出数据安全风险，并提供相应的风险应对措施。风险分析和评估是报告的重要组成部分。

⑥ **持续改进标准。**报告不仅要揭示当前存在的数据安全问题，还需要为组织的持续改进提供长期规划和路线图。

**（4）流程优化与改进**

组织应对报告审核与审批流程进行定期评估和优化，以提高流程的效率和有效性。可能的优化措施包括以下内容。

① 简化流程步骤，减少不必要的审核环节，提高报告编制和审核的时效性。

② 明确各个审核环节的职责分工和时间要求，避免职责重叠或拖延进度。

③ 建立技术和管理并重的审核团队，保证审核的全面性和专业性。

④ 采用自动化工具（例如工作审批系统、报告生成工具等）辅助报告编制和审核，减少人工操作的失误风险。

⑤ 定期对审核与审批人员进行培训，提升其专业技能和风险意识。

⑥ 建立事后审计机制，对已发布报告的质量进行抽查评估，持续改进报告编制和审核流程。

除了上述优化措施，组织还应关注流程中可能出现的瓶颈和问题，例如审批流程过于集中、审核标准模糊等，及时进行调整优化，确保流程能够持续满足组织数据安全治理的需求。

### 12.7.5 报告存档与追溯

报告的存档与追溯是为了确保数据安全事件得到妥善处理、安全策略能够持续优化，以及合规性得以维持。

**（1）存档的重要性**

数据安全报告存档后不仅能够作为历史记录供未来回溯和参考，还有助于组织深入了解并分析过往的数据安全事件及相应的应对措施。同时，这些存档报告还能为安全策略的进一步修订和完善提供重要依据。此外，在面临法律诉讼或合规审计时，存档的报告可以作为重要的证据材料。

**（2）存档流程**

① **报告分类与标识。**首先，需要对不同类型的数据安全报告进行分类，例如事件报告、风险评估报告、合规性报告等。每份报告应被赋予唯一的标识符，以便于存档和检索。标识符可以包括报告类型、生成日期、责任人等关键信息。

② **元数据和索引。**在存档报告时，应提取并记录报告的关键元数据，例如标题、作者、创建日期、关键词等，方便后续的检索和分析。同时，还应对报告内容建立索引，以支持全文检索和关键信息快速定位。

③ **敏感信息脱敏。**在存档前，应考虑对报告中的敏感信息进行脱敏处理，防止未经授权的信息泄露。脱敏方法包括文件加密（目标相同）、部分隐藏、数据替换等，应根据数据的敏感程度和法规要求选择适当的脱敏措施。

④ **存储介质与期限。**根据组织的策略要求和法规标准，应选择合适的存储介质以及设定合理的存储期限。存储介质的选择需要综合考虑数据安全性、可访问性、成本等因素。对于不同重要程度的数据，可以设置不同的存储期限，以平衡数据价值和存储成本。

⑤ **备份与容灾。**为确保存档报告的安全性和可用性，应实施定期备份和容灾策略，防止数据丢失或损坏。备份可以采用本地备份、异地备份等多种方式，并定期进行备份的有效性验证。

**（3）追溯机制**

① **索引与检索。**建立有效的索引与检索系统，使得在需要时能够快速定位并获取存档的报告。索引应覆盖报告的关键元数据和全文内容，并支持多种检索方式，例如关键词检索、组合条件检索等。

② **版本管理。**因为报告的内容可能会不断更新和修订，所以需要对报告的不同版本进行管理。版本管理可以记录每次修改的时间、修改人、修改内容等，以确保能够追溯到报告的历

史版本，同时也便于进行版本比较和回滚操作。

③ **审计日志。**记录所有对存档报告的访问和操作行为，包括查看、修改、删除等，以确保报告的安全性和完整性。审计日志应该详细记录操作时间、操作人、操作内容等，并定期进行审计和分析，以便及时发现和处置异常行为。

④ **事件关联分析。**利用存档的报告进行事件关联分析，可以帮助组织发现潜在的安全威胁和攻击模式。通过对多个事件报告的横向分析，可以识别出事件之间的关联性和规律性，从而更加全面地评估安全风险，并制定针对性的防范措施。

### 12.7.6　内部沟通与协作机制

内部沟通与协作是数据安全运营体系中不可或缺的一环，它确保了数据安全信息在组织内部的高效传递和处理。一个健全的内部沟通与协作机制能够加强各部门之间的联动，提升整体的数据安全防护能力，还能形成全员参与、齐抓共管的数据安全良好局面，为组织的数据安全保驾护航。

为了建立有效的内部沟通与协作机制，组织需要考虑以下 5 个方面。

**（1）建立多样化的沟通渠道**

组织应建立多种形式的沟通渠道，包括但不限于定期的会议、电子邮件、即时通信工具、内部论坛等，以确保信息能够及时、准确地传达给相关人员。此外，为了应对紧急情况，还应建立紧急沟通渠道，例如热线电话、紧急联络人等。

在建立沟通渠道时，需要考虑不同部门和不同岗位人员的需求与习惯。例如，技术人员可能更倾向于使用即时通信工具讨论技术和解决问题，而管理层则可能更青睐于通过定期会议和邮件沟通。因此，沟通渠道的设置应兼顾各方需求，提供多样化的选择。

**（2）制定明确的协作流程**

为了提高协作效率，组织应制定明确的协作流程，这包括确定协作的触发条件、参与人员、协作方式、处理时限，以及协作结果的反馈等。通过流程化的管理，可以减少协作过程中的混乱和冲突，确保各项数据安全工作能够有序进行。

在制定协作流程时，需要充分考虑数据安全事件的特点和处理要求。例如，对于一般性的数据安全咨询和建议，可以采用较为简单的协作流程；而对于重大数据安全事件或漏洞，则需要启动更为严格和复杂的流程，确保问题能够得到及时有效的处置。

**（3）明确角色与职责**

在内部沟通与协作机制中，应明确各参与方的角色和职责。例如，数据安全管理部门负责提供数据安全策略和指导，技术团队负责具体的数据安全技术实施和应急响应，业务部门则需要在日常工作中遵守数据安全规定并及时报告潜在的数据安全风险。

除了明确各部门的职责，还需要指定关键岗位的数据安全联络人。这些联络人应具备一定的数据安全知识和沟通协调能力，负责与数据安全管理部门保持密切联系，及时传达其各自部门的数据安全需求和反馈，同时也要负责在其各自部门内部推广和宣传数据安全意识和最佳实践。

**（4）开展培训与意识提升**

为确保内部沟通与协作机制的有效运行，组织应定期对员工开展数据安全培训和意识提升活动。培训内容应包括数据安全基本概念、相关法律法规、组织数据安全制度、沟通协作技巧等。培训形式可以多样化，例如在线学习平台、数据安全宣传周、数据安全知识竞赛、案例分享会等。

在开展培训和意识提升活动时，应注重针对性和实效性。针对不同部门和不同岗位，应设计不同的培训内容和形式。同时，要通过实际案例和演练，帮助员工将所学的知识运用到实际工作中。培训效果需要进行定期评估，可以通过考试、调查等方式了解员工的知识掌握和意识提升情况，并根据反馈不断改进培训方案。

**（5）持续监督与改进**

建立内部沟通与协作机制后，还需要对其运行情况进行持续监督和评估。可以通过定期审计、抽查等方式，检查各部门是否严格遵守相关制度和流程、沟通渠道是否保持畅通、协作效率是否得到提升等。对于发现的问题，要及时采取整改措施。

此外，还应建立收集各部门的反馈和建议的相关机制。鼓励员工就内部沟通与协作中的不足与问题提出意见，或者分享先进经验。相关部门要对合理的建议进行认真研究，并将优秀案例进行推广。通过持续的自我评估和改进，不断提升内部沟通与协作的水平，更好地支撑组织的数据安全目标。

### 12.7.7 外部沟通与信息披露

外部沟通与信息披露是确保组织透明度和建立信任关系的重要环节。有效的外部沟通能够提升组织的品牌形象，同时也有助于与合作伙伴、监管机构及公众之间建立稳固的沟通桥梁。

**（1）制定外部沟通策略**

组织应制定明确的外部沟通策略，包括确定沟通对象、沟通频率、沟通内容和沟通方式。沟通对象可能包括但不限于客户、供应商、合作伙伴、行业组织、监管机构、大众媒体和社会公众等。沟通频率和内容应根据沟通对象的需求和组织的实际情况制定。沟通方式可以包括正式的文件交换、定期的会议交流、新闻发布、社交媒体互动等。组织应指定专门的团队或人员负责外部沟通工作，确保信息的一致性和及时性。

**（2）遵循信息披露原则**

在进行信息披露时，组织应遵循真实性、准确性、完整性、及时性和公平性的原则。披露的信息应真实反映组织的数据安全状况，准确无误地传达相关信息，不得遗漏重要内容，及时响应外部关切，并确保所有利益相关方能够公平地获取信息。同时，组织应注意保护敏感信息和个人隐私，在信息披露时进行必要的脱敏处理，避免带来不必要的风险。

**（3）建立应急响应机制**

当组织面临外部数据安全事件时（例如数据泄露、网络攻击等），应立即启动应急响应机制，并及时与外部的利益相关方进行沟通。沟通内容应包括事件的基本情况、可能造成的影响、组织已经采取的措施，以及未来的改进计划等。同时，组织应保持与监管机构的密切沟通，遵循相关法规和指导要求，积极配合调查和处理工作。在应对危机时，组织应展现诚信、负责的态度，通过及时、透明的沟通赢得公众的理解和支持。

**（4）加强合作与信息共享**

组织应积极寻求与行业组织、监管机构，以及其他组织的合作与信息共享机会。通过参与行业交流活动、加入信息共享组织、签订合作协议等方式，合力提升整个行业的数据安全水平。共享的信息可以包括威胁情报、最佳实践、技术方案等，其有助于帮助企业及早发现和应对潜在的安全风险。此外，组织还可以通过与高校、研究机构等的合作，推动数据安全领域的技术创新和人才培养。

**（5）开展公众教育与意识提升**

作为社会责任的一部分，组织应积极参与公众数据安全教育和意识提升活动。通过举办科普讲座、发放教育材料、参与公益活动等方式，帮助公众了解数据安全的重要性，提高自我保护意识，养成良好的数据安全习惯。组织可以利用自身的专业优势和资源，为公众提供实用的安全工具和服务，例如免费安全软件、在线培训课程等。同时，组织也应积极倡导数据使用和共享文化，推动形成全社会共同维护数据安全的良好氛围。

## 12.8　实施供应链数据安全管理

在数据安全的语境下，“供应链”特指数据在采集、传输、存储、处理、交换、销毁等各个环节中所涉及的所有相关方，以及它们所构成的数据流转链条。这其中可能包括数据源、收集设备、传输网络、存储设施、处理平台、应用程序、服务提供商等诸多元素。

每一个环节的参与方，无论是组织内部的 IT 系统，还是外部的软件开发商、设备供应商、云服务商等，都是数据供应链的一部分。各方的数据安全管理水平，对数据的采集、访问、使用的合规性，以及与其他环节的衔接配合，都会影响到整条供应链的安全。

数据供应链贯穿数据的整个生命周期，覆盖从数据最初产生到最终销毁的所有阶段。随着大数据、云计算、物联网等技术的发展，数据供应链变得更加复杂和动态，数据可能会在更多主体之间流转和共享，因此需要采取横向边界防护和纵向层级防御相结合的方式，对供应链的各个环节进行端到端的风险管控。只有协同联动、共同努力，构建可信可控的数据供应链，才能使组织在数字时代的复杂网络空间中，有效地保障数据安全，促进数据要素有序流通并释放价值。

### 12.8.1　供应链数据安全风险评估

供应链数据安全风险评估旨在识别、分析和评估供应链中各个环节可能存在的数据安全隐患，并制定相应的风险管理措施，以保护组织的敏感信息和业务连续性。

**（1）风险评估流程**

① **确定评估范围。**明确评估的对象和范围，包括供应链中的所有关键节点、数据交换过程，以及过程中涉及的技术和服务提供商。这一步需要全面了解组织的供应链结构和数据流向。

② **收集相关信息。**收集与供应链数据安全相关的所有信息，例如合作伙伴的安全实践、数据保护策略、历史安全事件记录、合同条款等。还应考虑收集行业内的威胁情报，以便更好地识别潜在风险。

③ **建立评估标准。**根据适用的法律法规、行业标准和最佳实践，建立一套全面的评估标准和基准线，用于衡量供应链各环节的数据安全成熟度和合规性。

④ **识别潜在风险。**通过访谈、文档审查、问卷调查、现场检查、渗透测试等方式，全面识别供应链中存在的数据安全风险，例如未授权访问、数据泄露、恶意代码感染、供应商破产、自然灾害等。

⑤ **分析风险影响。**对识别出的风险进行定性和定量分析，评估其发生的可能性及对组织的潜在影响，包括财务损失、声誉损害、法律责任等。可以使用风险矩阵等工具，直观地展示风险的严重程度。

⑥ **确定风险优先级。**根据风险分析结果，对风险进行优先级排序，确定需要应优先处理的高风险项。这一步需要考虑组织的风险偏好和可接受的残余风险水平。

⑦ **制订风险处置计划。**针对每个风险项，制定相应的风险处置策略和具体措施，包括风险降低、风险规避、风险转移和风险接受。风险降低措施可以包括技术控制、流程改进、安全意识培训等。

⑧ **持续监控和评审。**建立持续的风险监控机制，定期评审供应链数据安全状况，并根据内外部环境变化及时更新风险评估结果和处置计划。

⑨ **编写评估报告。**将风险评估的过程、发现的风险点、分析结果和处置计划详细记录在评估报告中，并向组织管理层和相关利益方通报评估结果，以支持风险管理决策和资源分配。

**（2）风险评估的关键因素**

① **合规性要求。**确保供应链中的所有活动都符合相关的数据保护法规以及行业特定的安全标准和最佳实践。组织应定期审查供应商的合规性状况，并要求其提供相关的认证或审计报告。

② **供应商信誉。**全面评估供应商的背景和资质，包括财务状况、历史表现、安全记录、市场声誉等，以确保其可靠性、稳定性和安全管理能力。组织应建立供应商尽职调查流程，对高风险供应商进行更深入的背景调查。

③ **技术安全性。**对供应链中使用的技术、产品和服务进行全面的安全性审查，包括数据加密、访问控制、身份验证、漏洞管理、安全配置等方面。组织应要求供应商提供第三方安全测试报告，并定期进行安全审计和渗透测试，以及时发现和修复潜在的安全漏洞。

④ **物理安全。**如果供应链涉及敏感数据的物理传输和存储（例如硬盘、磁带等），组织需要评估相关的物理安全措施，例如安全的仓库、运输途中的加密和监控、访问控制等，以确保整个物理传输和存储过程的安全性，避免数据的丢失、盗窃或未经授权的访问。

⑤ **应急响应能力。**评估供应商在应对安全事件时的响应速度、效率和有效性，以确保在发生数据泄露、攻击或其他安全事件时能够及时采取协调一致的应对措施，最大限度地减少对业务连续性和声誉的影响。组织应与供应商建立明确的安全事件沟通、响应和升级机制，并定期开展应急演练。

⑥ **数据流映射。**全面了解和记录数据在供应链中的流转过程，包括数据的采集、传输、存储、处理和销毁等环节，识别每个环节的安全风险和责任边界。

⑦ **访问控制。**评估供应商的访问控制措施是否符合最小权限原则，确保只有授权人员才能访问敏感数据，并对所有访问活动进行记录和审计。

⑧ **安全意识和培训。**评估供应商员工的安全意识和技能水平，确保其接受过适当的安全培训，了解相关的安全策略、程序和最佳实践，能够有效地应对潜在的安全威胁。

⑨ **持续监控。**建立持续的风险监控机制，定期对供应商进行安全审计和合规性评估，及时发现和解决新出现的安全问题，确保供应链数据安全持续优化。

### 12.8.2 合作伙伴数据安全要求

组织在开展业务时，会与众多的合作伙伴进行合作，例如业务外包商、服务提供商以及技术供应商等。这些合作伙伴在提供其服务或产品时，可能会接触到组织的敏感数据。因此，需要对合作伙伴提出明确的数据安全要求，以确保组织的数据安全。

**（1）数据保护策略与协议**

确保所有合作伙伴都遵循相应的数据保护策略，并签订数据保护协议。这些策略和协议应明确数据生命周期各个阶段的安全要求，以及合作伙伴在数据安全方面的责任和义务。协议中还应包括数据泄露通知、安全事件响应、违约赔偿等条款，以保障组织的权益。

**（2）访问控制与身份验证**

合作伙伴在访问组织数据时，应通过严格的身份验证和访问控制机制。这包括使用多因素认证（例如密码、令牌、生物特征等）、强密码策略（例如密码复杂度要求、定期更换等）和RBAC等措施，确保只有授权人员能够访问所需的敏感数据，并且遵循最小权限原则。

**（3）数据加密与安全传输**

合作伙伴应使用加密技术来保护传输和存储过程中的敏感数据，这包括使用安全的传输协议（例如TLS/SSL、IPSec等）对传输中的数据进行加密，以及使用加密算法对存储的数据进行加密。此外，还应使用安全的密钥管理机制，确保密钥的机密性和完整性。

**（4）数据审计与监控**

定期对合作伙伴的数据处理活动进行审计和监控，确保其遵守数据保护策略和协议。这包括审查合作伙伴的数据安全实践、日志记录，以及任何潜在的数据泄露事件。审计可以通过现场检查、远程审计等方式进行，并形成审计报告供高层管理者审阅。持续的监控应基于SIEM系统等工具，实时监测和响应异常活动。

**（5）人员安全培训与意识提升**

合作伙伴应定期为其员工提供数据安全培训和意识提升活动，确保员工了解并遵循数据保护的最佳实践。培训内容应包括数据安全策略、安全操作规程、常见的安全威胁（例如社会工程、恶意软件等）及应对措施。通过案例分析、情景演练等互动式培训，提高员工的安全意识和技能。此外，还应开展数据安全宣传活动，营造重视数据安全的企业文化。

**（6）事件响应与通知**

合作伙伴应制订完善的安全事件响应计划，明确事件分类、响应流程、职责分工和升级机制等。在发生数据泄露或其他安全事件时，合作伙伴应迅速启动应急预案，采取控制措施，同时按照约定的时限和方式通知组织。事后，合作伙伴应配合组织开展事件调查和损失评估，并持续改进安全防护措施，防止类似事件再次发生。

### 12.8.3 数据共享与交换安全

在组织与供应链相关方或合作伙伴进行数据共享与交换时，除了需要实施一系列安全控制措施以保护数据的安全性，还需要考虑以下 7 个方面。

① **建立数据共享协议**。在进行数据共享与交换前，双方应签订明确的数据共享协议，规定数据的所有权、使用范围、保密要求、违约责任等，为后续数据安全管理提供法律依据。

② **数据脱敏**。对于一些敏感数据，例如个人隐私信息、商业机密等，在共享和交换前应进行脱敏处理。

③ **采用安全传输协议**。数据在网络传输过程中面临较大的安全风险，因此应采用安全传输协议，例如 TLS/SSL，并使用可靠的加密算法，确保数据在传输过程中不被窃取、篡改。

④ **接口安全防护**。对外开放的数据共享接口可能成为攻击者的目标。应采取必要的安全防护措施，例如身份验证、参数校验、频率限制等，以防止未授权访问和 DDoS 攻击。

⑤ **供应商安全评估**。在与外部供应商进行数据共享与交换前，应对其进行全面的安全评估，了解其安全能力和历史表现，必要时可通过第三方机构开展评估。

⑥ **数据备份与恢复**。为应对可能出现的数据损毁、丢失等意外情况，应对共享和交换的数据进行定期备份，并制定完善的数据恢复策略和应急预案。

⑦ **安全意识培训**。加强对内部人员和外部合作伙伴的安全意识培训，普及数据安全知识，提高其应对数据安全事件的能力。

### 12.8.4 供应链数据安全监控

供应链和合作伙伴作为组织数据生态系统的重要组成部分，其安全状况直接影响到组织的数据安全。因此，需要对供应链和合作伙伴实施持续、全面的数据安全监控。

**（1）监控目的与原则**

监控的主要目的是及时发现供应链和合作伙伴存在的数据安全风险，评估这些风险对组织数据安全的潜在影响，并采取相应措施进行防范和应对。监控工作应遵循全面性、实时性、动态性和风险导向等原则，确保监控结果的有效性和准确性。

**（2）监控内容与方法**

① **数据安全风险评估与监控**。定期对供应链和合作伙伴进行数据安全风险评估，识别潜在的数据安全威胁，例如数据过度收集、未经授权访问、数据跨境传输等。根据评估结果，制订相应的风险缓解措施和监控计划，确保风险得到有效控制。

② **合规性监控**。确保供应链和合作伙伴遵守数据保护、隐私保护的相关法律法规，以及组织内部的数据安全策略和标准。通过定期审计和合规性检查，确保合规性要求得到有效执行。应特别关注个人敏感信息和关键业务数据的合规性。

③ **数据安全事件响应监控**。建立数据安全事件响应机制，对供应链和合作伙伴发生的数据泄露、数据篡改、数据丢失等安全事件进行快速响应和处理。监控安全事件的报告、调查、处置和恢复过程，确保事件得到有效处置并防止类似事件再次发生。

**（3）监控工具与技术**

为实现有效的数据安全监控，组织应利用适合的安全工具和技术，例如 DLP 系统、企业数字资产管理（Digital Asset Management，DAM）系统、数据水印工具、大数据安全分析平台等。这些工具和技术可以帮助组织实时监测数据的异常访问和泄露情况，识别高风险数据资产。

**（4）监控流程与机制**

组织应建立完善的数据安全监控流程和机制，包括监控策略的制定、监控指标的设置、监控任务的分配、监控数据的收集与分析、数据安全事件的报告与处理等环节，并建立数据安全事件分级分类标准和应急响应预案。同时，建立跨部门的协作机制，确保监控工作的高效运行和信息的及时共享。

**（5）人员与培训**

数据安全监控工作的成功实施离不开专业的人员和持续的培训。组织应配备具有数据安全知识和技能的专业人员负责监督工作，例如数据安全分析师、数据安全工程师等。定期提供数据安全意识培训和技能培训，提高员工对数据安全重要性的认识和应对数据安全事件的能力。

### 12.8.5　供应链安全协同

由于供应链涉及多个外部利益相关方和复杂的交互流程，任何环节出现安全事件都可能对组织造成严重的影响。因此，需要建立有效的协同机制。

协同机制是指组织与供应链和合作伙伴之间在应对安全事件时的协调配合方式。有效的协同机制可以确保各方在紧急情况下能快速、准确地共享信息，共同应对挑战。在构建协同机制时，应综合考虑以下因素。

① **信息共享。**建立安全信息共享平台或渠道，确保各方能够及时获取与供应链安全相关的信息，例如威胁情报、安全漏洞等。信息共享应基于明确的分类标准和授权机制，以防止敏感信息的过度披露。

② **联合演练。**定期组织供应链合作伙伴参与联合应急演练，测试应急响应计划的可行性和有效性，提高各方的协作能力。联合演练应尽可能地模拟真实场景，并涵盖技术、业务、法律等不同层面的应急响应方案。

③ **责任共担。**明确各方在供应链安全中的责任和义务，共同承担风险，形成紧密的安全共同体。这要求组织在供应商选择、合同签署等环节就明确将安全责任纳入考虑，并建立奖惩机制以保障各方切实履行其安全义务。

④ **技术支持与培训。**考虑为供应链合作伙伴提供必要的技术支持和安全培训，以提高其自身的安全防护能力和应急响应水平。这可以包括提供安全监测与防护工具、开展安全培训和认证、建立安全咨询与指导机制等。

⑤ **合规性管理。**确保供应链合作伙伴遵守相关的安全标准和法律法规要求。组织应建立完善的供应商合规评估和审计机制，定期检查其安全管控措施的有效性，并要求其及时整改存在的问题。

⑥ **应急沟通协议。**与关键供应商签署正式的应急沟通协议，明确双方在安全事件发生时的沟通渠道、信息交换方式、响应时限等，确保应急响应的高效协同。

## 12.9　实施数据备份与恢复

在数据安全运营体系中，数据备份与恢复是保障数据可用性和业务连续性的关键措施。通过合理的数据备份策略，可以确保在数据丢失或损坏时能够迅速恢复业务，最小化业务中断时间。

### 12.9.1 数据备份策略

**（1）确定备份周期**

① **根据数据的重要性和变化频率设定备份周期。**确定备份周期是数据备份策略的关键，需要深入分析数据的重要性和变化频率。一般而言，数据的重要性越高，其备份频率也应当越高，以确保在数据丢失或损坏时能够及时恢复。同时，数据的变化频率也是决定备份周期的重要因素。对于频繁变化的数据，需要更短的备份周期以降低数据丢失的风险。

例如，对于组织的核心业务数据，由于其重要性和变化频率高，通常需要每天甚至每小时进行备份。而对于一些静态的、不常变化的数据，例如历史记录或归档文件，备份频率为每周或每月即可。

② **业务需求与备份周期的关联性分析。**业务需求是决定备份周期的另一个重要因素。不同的业务部门对数据的需求和依赖程度不同，因此对数据备份的需求也有所不同。例如，销售部门可能需要实时备份客户数据以确保业务的连续性，而人力资源部门可能对员工档案的备份频率要求较低。

因此，在确定备份周期时，需要与各业务部门进行深入沟通，了解其数据需求和业务特点后，结合数据的重要性和变化频率来制定合理的备份策略。

③ **备份窗口的选择与优化。**备份窗口是指进行数据备份的时间段。在选择备份窗口时，需要考虑数据的使用情况、网络带宽、存储设备的性能，以及备份任务对系统的影响等因素。为减少对业务的影响，通常会选择在业务低峰期完成备份操作。

同时，还需要对备份窗口进行优化，通过采用增量备份或差异备份等策略来减少备份所需的时间和存储空间。此外，还可以利用数据压缩和加密技术来提高备份效率和数据安全性。但是，压缩和加密操作可能会增加备份时间和 CPU 负载，因此需要权衡效率、安全性和硬件资源占用之间的平衡。

**（2）备份类型选择**

在传统的备份类型中，根据备份时复制的数据量及备份策略的不同，可以分为完全备份、增量备份、差异备份和混合备份策略。

① **完全备份。**完全备份是指每次备份时都完整地复制整个数据集。这种备份类型的好处是恢复时只需要一个恢复备份集，操作简单且恢复速度快。然而，其缺点也很明显，每次备份都需要大量时间和存储空间，备份效率低。完全备份通常适用于数据量较小、变化不频繁或对数据恢复时间有严格要求的情况。

② **增量备份。**增量备份是指仅备份自上次备份以来发生变化的数据。与完全备份相比，增量备份能够显著减少备份所需的时间和存储空间。然而，恢复数据时需要按照顺序应用多个备份集，如果其中某个备份集损坏或丢失，可能导致数据无法完整恢复。因此，增量备份适用于数据量较大且变化频繁，但对恢复时间要求较低的情况。

③ **差异备份。**差异备份是介于完全备份和增量备份之间的一种折中方案。其备份自上次完全备份以来发生变化的数据，而不是仅备份自上次备份（无论是完全备份还是增量备份）以

来变化的数据。这意味着恢复数据只需要应用一个完全备份集和一个最新的差异备份集，简化了恢复过程并降低了数据丢失的风险。差异备份适用于数据量适中、变化较频繁且对数据恢复时间有一定要求的情况。

④ **混合备份策略。**在实际应用中，为了平衡备份效率和恢复速度的需求，通常会采用混合备份策略。例如，可以每周进行一次完全备份，每天进行一次增量备份或差异备份。这样既能保证数据的完整性和可恢复性，又能降低备份成本和提高备份效率。混合备份策略的设计与实施需要根据具体的业务需求和资源条件进行定制和优化。

上述传统的备份方法，提供了基础的数据保护手段。然而，随着数据量的爆发式增长和对业务连续性的高要求，这些传统备份类型在某些场景下不能满足数据备份需求。随着技术的发展、创新和突破，一些更为先进的备份技术应运而生，为组织的数据备份提供了更多选择和可能性。

① **持续数据保护。**持续数据保护（Continuous Data Protection，CDP）是一种能够实时捕获数据变化并进行备份的技术。与传统备份类型不同，CDP 能够持续地、实时地备份数据，大幅降低了数据丢失的风险。它通常用于对数据丢失容忍度极低的场景，例如金融交易系统或关键业务应用。

② **块级增量备份。**块级增量备份技术能够识别文件系统中发生变化的数据块，并仅备份这些变化的数据块，而不是备份整个文件。这种方法可以显著减少备份所需的时间和存储空间，同时保持较高的恢复速度。

③ **去重备份。**数据去重技术可以在备份过程中识别并去除重复的数据块或文件，从而节省存储空间和网络带宽。这种技术在处理大量重复数据时效率较高，例如在虚拟机镜像或大型数据库中加以利用。

④ **云原生备份。**随着云计算的普及，云原生备份成为一种新的趋势。这种备份类型利用云服务的弹性、可扩展性和高可用性特点，将数据备份到云端，从而实现了异地容灾和数据的高可用性。然而，使用云原生备份时需要考虑数据的隐私性、合规性，以及网络带宽和时延等因素，应确保备份和恢复操作的可靠性和安全性。

⑤ **快照技术。**快照技术可以创建数据在某一时间点的即时、只读副本，而不需要中断正在运行的应用或服务。快照技术常用于虚拟化存储区域网络（Virtual Storage Area Network，VSAN）中，可以快速恢复数据到特定时间点。

在选择备份类型时，组织应根据其业务需求、数据重要性、RTO 和 RPO 等因素进行综合评估。RPO 表示能够容忍的数据丢失量，RTO 则表示从故障发生到系统恢复的最长时间。组织应根据业务需求和技术条件，合理设定 RPO 和 RTO，并据此选择适当的备份和恢复技术。

此外，为了确保备份数据的安全性和可用性，还需要对备份数据进行加密、压缩、完整性校验和可恢复性测试等处理。这些措施能够防止未经授权的访问和篡改，减少对存储空间的占用，确保备份数据的完整性和可用性。最后，还需要定期审查和更新备份策略，以确保备份方案始终与组织的业务需求保持一致。

**（3）存储管理**

存储管理是数据备份策略中的重要内容，它包括备份数据的物理存储、安全性保障，以及数据可恢复性的验证。有效的存储管理不仅能确保数据的可靠性，还能在数据恢复时提供快速、准确的数据访问。

① **备份数据存储位置的选择与安全性。**在选择备份数据的存储位置时，需要考虑多种因素。首先是地理位置，应选择远离主数据中心且物理环境安全的地区，以防自然灾害或人为破坏影响数据的安全。其次，存储设施的物理和逻辑安全性也是关键因素，应采用严格的访问控制、监控和审计措施。最后，还需要考虑网络连接的稳定性和带宽，以确保备份数据的及时传输和恢复。选择合适的地理位置不仅可以避免自然灾害的潜在影响，还能减少人为因素对数据安全的威胁。

② **备份数据的加密与压缩技术。**为确保备份数据的安全性和隐私，应使用加密技术来保护存储的备份数据。加密技术不仅可以在数据传输过程中使用，还可以对静态存储的数据进行加密，以防止未经授权的访问。同时，考虑到备份数据可能占用大量存储空间，可以采用压缩技术来减少存储空间需求，降低存储成本。在选择加密和压缩技术时，应权衡性能、安全性和可用性之间的关系。

③ **备份数据的完整性校验与可恢复性测试。**为确保备份数据的完整性和可用性，应定期进行完整性校验，这通常涉及使用校验或哈希值来验证数据的完整性。此外，还应执行可恢复性测试，通过模拟数据丢失或损坏的情况，从备份中恢复数据，以验证备份数据的可恢复性和恢复流程的有效性。这些测试不仅应定期执行，也应在备份策略或存储环境发生更改后执行。

④ **存储介质的生命周期管理。**存储介质（例如硬盘、磁带等）有其自身的生命周期，应建立相应的管理流程，包括存储介质的采购、使用、更换和报废等各个环节。对于性能下降的存储介质，应及时更换，以确保备份数据的长期保存和可靠性。

⑤ **备份数据的版本控制。**随着时间的推移，数据可能会经历多次备份。为避免混淆和确保恢复时使用的是正确版本的数据，应实施严格的版本控制策略。每次备份都应标记备份时间、版本号及其他相关信息，以便在需要时能够准确识别和恢复指定版本的数据。

⑥ **备份数据的异地容灾。**为提高数据备份的可靠性和应对区域性灾难的能力，应考虑实施异地容灾策略，这意味着在地理位置相距较远的两个或多个地点分别存储备份数据。这样，即使一个地点遭受灾难性事件，其他地点的备份数据仍然可用，从而确保了业务的连续性。

⑦ **备份存储的容量规划与管理。**备份数据的增长可能超出预期，因此应定期进行存储容量规划。这包括监控当前存储使用情况、预测未来增长趋势，以及根据需要扩展存储容量。同时，还应实施有效的存储管理策略，例如数据去重、压缩和归档等，以优化存储空间的使用并降低成本。

⑧ **备份存储的性能监控与调优。**备份存储系统的性能直接影响备份和恢复操作的效率。因此，应建立性能监控机制，定期收集和分析存储系统的性能指标（例如吞吐量、延迟、IOPS[1] 等）。根据监控结果，可以识别性能瓶颈并采取相应的调优措施，例如优化存储配置、调整备份策略或升级存储硬件等。

---

1. IOPS（Input/Output Operations Per Second，每秒进行读写操作的次数）。

### 12.9.2　数据恢复流程

**（1）前期准备工作**

① **故障诊断与影响评估。**故障诊断是数据恢复工作的第一步。这涉及对数据丢失、损坏或不可访问的根本原因进行深入分析。通过日志分析、系统检查和第三方工具，可确定故障的具体性质，例如硬件故障、软件错误、恶意攻击或人为操作失误等。影响评估则是为了评估故障对业务运营的具体影响，包括受影响的数据范围、业务中断的严重程度，以及可能的合规影响。影响评估的结果将为后续的恢复策略制定和资源分配提供重要依据。

② **准备恢复所需资源。**数据恢复需要相应的资源支持。在人员方面，应组建一个由数据管理员、系统管理员、安全专家等组成的恢复团队，确保团队成员具备必要的技能和经验。在设备方面，应确保备有足够的备份存储介质、恢复服务器，以及稳定的网络连接等。同时，还需要准备必要的软件工具，例如数据恢复软件、数据库管理系统等。时间是恢复过程的关键因素，应根据故障的性质和业务的需求，预估数据恢复所需的时间，并据此调整工作进度。

③ **制订恢复计划。**基于故障诊断和影响评估的结果，制订详细的恢复计划。恢复计划应包括明确的恢复目标、恢复步骤、所需资源、预期时间表和风险防范措施等内容。在制订恢复计划时，应充分考虑数据的优先级和业务连续性需求，确保关键数据和系统能够优先恢复。同时，还应制订应急预案，以应对恢复过程中可能出现的意外情况。

④ **沟通协作。**数据恢复是一项复杂工作，需要多方的协作和配合。在准备阶段，应与所有利益相关方（例如业务部门、技术支持团队、管理层等）进行充分沟通，确保各方了解恢复计划并做好准备工作。同时，还应建立清晰的沟通渠道和汇报机制，以便在恢复过程中及时传递信息和协调工作。

⑤ **恢复环境的搭建与验证。**在进行实际的数据恢复之前，需要搭建一个与生产环境尽可能相似的恢复环境。这个环境应包括必要的硬件设备、操作系统、数据库、应用程序等，以确保恢复过程中的兼容性。恢复环境搭建完成后，需要进行全面的验证测试，包括数据可访问性、系统功能、网络连通性、存储可用性、系统性能等方面，确保环境配置正确且可用。

⑥ **恢复策略与文档准备。**在准备工作中，应明确恢复策略，包括要恢复的数据类型、RPO和RTO等。同时，应准备相关的恢复文档，例如恢复操作手册、故障处理指南、应急预案等，以供团队成员参考和遵循。

⑦ **权限与访问控制。**在恢复过程中，应严格控制相关人员对数据备份的访问权限、恢复环境的操作权限和数据访问审计等，确保数据的安全性。通过事先配置好权限与访问控制，并进行必要的审计和监控，可以最大限度地降低数据泄露或非授权访问的风险。

⑧ **恢复演练与培训。**为了提高恢复数据团队的应急响应能力，需要进行定期的恢复演练和培训。通过模拟真实的故障场景，恢复数据团队成员可以熟悉恢复流程、掌握恢复工具的使用方法，并在演练中发现潜在的问题和改进点。同时，还应对恢复数据团队成员进行必要的理论培训，介绍数据恢复的基本概念、常见故障类型及其处理方法等。通过演练与培训，可以不断提升团队的数据恢复能力和应急响应水平。

⑨ **恢复所需软硬件开发工具的准备。**数据恢复通常需要借助专业的软硬件开发工具。在

准备阶段，应全面评估数据恢复所需的软硬件开发工具，包括数据恢复软件、备份介质、存储设备、操作系统、数据库管理系统等。需要检查这些软硬件开发工具的版本、兼容性、许可证等，并提前进行必要的安装、配置和测试，确保它们能够在恢复过程中正常使用。

⑩ **外部支持与合作。**在某些情况下，组织内部团队可能难以独立完成数据恢复工作，需要寻求外部资源的专业支持。这些外部资源可能包括备份软件供应商、存储设备厂商、数据恢复服务提供商等。在准备阶段，应评估是否需要外部资源支持，并提前与潜在的合作伙伴建立联系，了解其服务内容、技术能力、响应时间等。必要时还需要签订相关的 SLA，明确双方的权责和义务。

**（2）恢复操作步骤**

为确保数据恢复操作的规范性、有序性和高效性，应制定并遵循清晰的恢复操作步骤。以下是一个典型的数据恢复操作流程。

① **启动恢复程序。**在正式开始恢复操作之前，需要获得相关管理层或负责人的授权，并向所有利益相关方通报恢复工作的启动。同时，还需要再次确认恢复计划的可行性，并检查所需的人员、设备、工具等是否已准备就绪。

② **准备恢复环境。**根据恢复计划，选择合适的恢复站点，例如主数据中心、备份数据中心或云恢复环境等。确保恢复所需的硬件设备（例如服务器、存储设备、网络设备等）已准备就绪并处于良好状态。根据备份数据的配置信息，对恢复环境进行必要的配置，例如操作系统、数据库、应用程序等。

③ **执行恢复操作。**从备份存储位置中检索需要恢复的数据。根据备份类型和备份策略，选择合适的备份集进行恢复。按照备份软件或工具的操作指南，执行数据恢复操作，确保恢复过程中的数据完整性和一致性。持续监控恢复操作的进度和状态，确保数据成功恢复到指定位置。

④ **恢复过程的监控与审计。**在恢复操作过程中，实施严格的监控和审计措施。使用专业的监控工具来实时跟踪恢复操作的进度和性能，确保恢复操作在规定的时间内完成。同时，详细记录所有恢复操作的日志，包括操作时间、操作人员、操作类型等信息，以便后续审计和问题追溯。

⑤ **处理异常情况。**在恢复过程中，密切关注各种可能出现的异常情况，例如数据恢复失败、恢复速度过慢、数据不一致等。一旦发现异常情况，应立即采取应急措施，例如中止恢复操作、回滚到上一个正确的状态、使用备份数据集等。同时，详细记录异常情况及其处理过程，以便后续分析和改进。

⑥ **验证恢复结果。**对恢复后的数据进行全面验证是确保恢复质量的关键。验证工作包括 3 个方面。**数据完整性验证：**检查恢复后的数据是否与原始数据完全一致，确保没有发生数据丢失或损坏，可以使用校验和、哈希值等技术，对原始数据和恢复数据进行比对。**数据一致性验证：**检查恢复后的数据在逻辑上是否保持一致，例如数据之间的关联关系、约束条件等是否正确，可以通过数据库完整性检查、应用程序测试等方式进行验证。**数据可用性验证：**检查恢复后的数据是否可以被正常访问和使用，通过对恢复后的系统进行功能测试，确保业务应用程序能够正常读取、写入和处理数据。

⑦ **恢复后的安全加固。**数据恢复完成后，对恢复环境进行必要的安全加固和优化。根据

最新的安全标准和最佳实践，对操作系统、数据库、网络等进行安全配置和补丁更新，以修复可能存在的漏洞，提高系统的安全性。同时，还需要重新审视和优化数据备份策略和恢复流程，吸取此次数据恢复的经验教训，不断完善数据保护和恢复机制。

⑧ **恢复操作的性能评估**。对恢复操作的性能进行评估，有助于发现恢复过程中的瓶颈和问题，为后续优化提供依据。性能评估的内容包括 3 个方面。**恢复速度评估**：统计数据恢复操作的总体耗时，计算平均恢复速度，判断是否满足 RTO 的要求。**资源消耗评估**：统计恢复操作过程中的 CPU、内存、输入 / 输出等资源消耗情况，分析是否存在资源瓶颈或浪费。**恢复成功率评估**：统计本次及历史上数据恢复操作的成功率，分析失败原因，制定改进措施。

⑨ **恢复报告**。在完成数据恢复工作后，应及时总结此次恢复的经验教训，并形成正式的恢复报告。恢复报告应包括故障原因分析、恢复操作的详细过程、恢复结果验证、遇到的问题及解决方案等内容。在总结会议上，与所有相关人员共享恢复报告，并讨论后续的优化和改进措施。

⑩ **恢复演练与持续改进**。数据恢复工作需要定期进行演练和改进。根据实际恢复操作中发现的问题和不足，不断优化恢复策略、流程和技术。定期开展数据恢复演练，模拟各种故障场景，检验恢复机制的可靠性和有效性。通过持续的演练与改进，不断提升组织的数据恢复能力。

## 12.10　实施数据安全教育和培训

### 12.10.1　数据安全意识培养

尽管组织可以依赖有效的技术和完善的制度来保障数据安全，但是“人”始终是这些安全措施中最关键且最不可控的因素。因此，培养员工的数据安全意识，使其能够主动维护数据安全，是组织数据安全治理的一项核心任务。

**（1）数据安全意识的重要性**

数据安全意识是指员工在处理和保护组织数据时，对潜在安全风险的认知和警觉性。具备良好数据安全意识的员工，应能够识别并避免可能导致数据泄露、篡改或丢失的行为，从而显著降低组织面临的安全风险。

培养数据安全意识的重要性在于以下 3 点。

① 减少因人为因素引发的数据安全事故。

② 提高员工对数据安全策略的遵循程度。

③ 增强组织整体的数据安全防护能力。

**（2）培养数据安全意识的内容**

① **数据安全基础知识**。包括数据安全的基本概念、原则和方法，以及常见的数据安全风险和威胁等。这些知识是员工理解数据安全问题的基础。

② **数据安全政策法规**。介绍国家和行业相关的数据安全法律法规、标准和规范，使员工了解数据安全方面的法律要求和合规性。

③ **数据安全操作流程**。向员工普及组织在数据安全方面的操作流程和规范，例如数据访问

控制、数据加密、数据备份恢复等，以确保员工在日常工作中的正确操作并维护数据安全。

④ **数据安全案例分析**。通过剖析真实的数据安全案例，分析原因、过程和影响，使员工从中吸取教训，提高对数据安全问题的警觉性。

**（3）培养数据安全意识的方法**

① **定期培训**。定期开设数据安全培训课程，邀请专家或组织内部人员进行授课，确保员工能够及时掌握最新的数据安全知识和技能。

② **宣传教育**。通过组织内部网站、公告板、电子邮件等多种渠道，定期发布与数据安全相关的宣传材料和教育内容，提高员工对数据安全问题的关注度。

③ **模拟演练**。组织模拟数据安全事件的演练活动，让员工在模拟场景中亲身体验数据安全问题的紧迫性和重要性，提升应对实际事件的能力。

④ **激励机制**。建立数据安全意识培养的激励机制，例如设立奖励制度、晋升机制等，鼓励员工积极参与数据安全意识培养活动并付诸实践。

### 12.10.2 数据安全技能培训

数据安全技能培训是针对组织内部员工开展的，以提高其数据安全技能水平为目的的专业培训。它不同于数据安全意识培养，更注重实践操作技能的提升，包括但不限于数据资产梳理、分类分级、数据加密、数据脱敏、访问控制、安全审计等技能。

**（1）培训目标**

提升员工的数据安全操作技能和应急响应能力。确保员工能够熟练运用数据安全技术工具和方法。培养员工在数据生命周期中实施安全保护的能力。

**（2）培训内容示例**

① **数据加密技术**。培训员工掌握数据加密的基本原理、常用加密算法，以及加密工具的使用。

② **数据脱敏技术**。讲解数据脱敏的概念、方法，使员工能够妥善处理敏感数据。

③ **数据访问控制**。培养员工根据角色和职责设置数据访问权限的能力，确保数据的合法访问。

④ **安全审计与监控**。培训员工进行数据安全审计、日志分析和异常行为监控。

⑤ **应急响应与恢复**。提高员工在数据安全事故发生时的应急响应能力和数据恢复能力。

**（3）培训方法**

① **理论授课**。邀请专业讲师系统讲解数据安全技能的理论知识。

② **实践操作**。组织员工进行实际操作练习，例如在模拟环境中进行数据操作。

③ **案例分析**。分析真实的数据安全案例，提升员工的问题解决能力。

④ **小组讨论**。鼓励员工通过小组讨论交流学习心得和实践经验。

**（4）培训效果评估**

① **技能测试**。通过技能测试评估员工对培训内容的掌握程度。

② **操作演练**。组织员工进行模拟演练，检验其在实际操作中的应用能力。

③ **培训反馈调查**。收集员工对培训效果的反馈意见，以便持续改进培训内容和方法。

### 12.10.3　专项培训与认证

专项培训通常针对特定的技术、工具或流程进行深入讲解和实践操作，旨在培养员工在特定领域内的专业知识和技能。而认证则是对员工所掌握知识和技能的一种正式认可，通常情况下，通过认证的员工往往具备更高的专业素养和更强的实践能力。

**（1）专项培训的内容与形式**

专项培训的内容应紧密围绕组织数据安全的实际需求，例如以下 3 项内容。

① **数据安全法规与标准培训。**确保员工了解和遵守相关的法律法规和行业标准。

② **数据加密技术培训。**培训员工如何正确使用对称加密（例如 AES）和非对称加密（例如 RSA）等技术，并讲解加密算法的基本原理和应用场景。

③ **数据泄露应急响应培训。**培训员工在数据泄露事件发生时能够迅速、有效地进行应急响应。

培训形式可以采用线上课程、线下研讨会、实践操作演练等多种方式，以满足不同员工的学习需求和习惯。

**（2）认证程序与标准**

认证程序应严格、公正，确保通过认证的员工具备相应的专业素养和实践能力。认证标准应与业界认可的标准一致，同时结合组织的实际情况进行适当调整。

认证程序通常包括以下 4 个步骤。

① **申请与资格审查。**员工提交认证申请，并提供个人信息、工作经验等证明材料。

② **培训与自学。**员工参加专项培训，并通过自学等方式掌握所需的知识和技能。

③ **考试与评估。**员工参加认证考试，考试内容应涵盖理论知识和实践操作。考试形式可以是闭卷考试、开卷考试，也可以是实践操作考试等。

④ **认证授予。**通过考试的员工将获得相应的认证证书，证明其具备相应的专业素养和实践能力。

### 12.10.4　培训效果评估与改进

评估培训效果与持续改进的目的是确保培训的高质量以及提升员工的专业能力。有效的评估不仅能够衡量培训目标的实现程度，还能为未来的培训计划提供有价值的反馈和改进方向。

**（1）评估培训效果的方法**

① **考试与测试。**通过组织笔试、线上测试或实际操作考试，评估员工对数据安全知识和技能的掌握情况。

② **问卷调查。**向参训员工发放问卷，收集其对培训内容、方式、讲师等方面的意见和建议。

③ **访谈与反馈。**通过与员工面对面访谈或设置反馈渠道，深入了解员工对培训的满意度、困难点和学习需求。

④ **绩效观察。**在培训后的一段时间内，观察员工的工作表现，评估培训成果在实际工作中的应用情况。

**（2）评估标准**

评估标准应围绕培训目标设定，包括但不限于以下 4 个方面。

① **知识掌握程度。**员工对数据安全基础知识、原则和最佳实践的理解和应用能力。

② **技能提升情况。**员工在数据处理、保护、监测等方面的技能提升情况。

③ **态度与意识变化。**员工对数据安全的重视程度、合规意识和行为改变情况。

④ **工作绩效改进。**培训后员工在工作中安全事件减少、工作效率提高的详细情况。

**（3）改进措施**

根据评估结果，应采取相应的改进措施。

① **内容优化。**针对员工的反馈和评估结果，调整培训内容，增加或删除相关知识点。

② **方法创新。**尝试新的培训方式，例如角色扮演、模拟演练等，提高培训的互动性和实用性。

③ **培训讲师。**对讲师进行定期培训和评估，提升其教学能力和专业素养。

④ **后续跟进。**设置定期复习和进阶培训课程，巩固员工的知识和技能，满足员工持续的学习需求。

### 12.10.5 持续教育与更新

在数据安全领域，没有永恒的安全，只有持续的安全。这一理念同样适用于数据安全的教育和培训。随着信息技术的飞速发展，新的安全威胁和漏洞层出不穷，数据安全面临的挑战日益严峻。因此，组织应重视数据安全的持续教育与更新，确保员工始终保持敏锐的安全意识和过硬的技术能力。

**持续教育与更新是数据安全技能培训的延伸和拓展。**组织不应将数据安全技能培训视为一次性活动，而应将其纳入组织的日常管理体系中，形成制度化的培训机制。通过定期举办复训、研讨会、技术交流会等多种形式的活动，及时向员工传达最新的安全理念、技术和方法，帮助员工巩固和拓展数据安全技能。

**专项培训与认证也需要持续更新。**随着数据安全领域的不断发展和变化，原有的培训和认证内容可能会逐渐过时。因此，组织应定期更新专项培训与认证的内容，确保其始终与行业的最新发展保持同步。同时，组织还应鼓励员工积极参与新的培训和认证，以不断提升自身的专业素养和实践能力。

**组织还应营造一种鼓励员工自主学习和实践的文化氛围。**通过设立奖励机制、提供学习资源等方式，激发员工的学习热情和创新精神，推动其在日常工作中不断积累经验、探索新的安全技术和方法。

**组织内部的知识共享和交流平台是实现持续教育与更新的重要途径。**组织可以鼓励员工在内部平台分享最新的数据安全知识、技术和实践经验，促进组织内部的知识更新和共享。这不仅可以提升员工的数据安全素养，还有助于培养组织的创新能力和竞争优势。

# 第十三章

# 治理成效评估和持续改进

**本章导读**

**内容概述：**

本章介绍了数据安全治理成效评估的概念、原则、流程和具体方法。重点讨论了评估准备工作、文档和信息收集、现场评估与访谈、评估治理的有效性、发现和解决存在的问题，以及持续改进计划在内的多个环节。最后，介绍了数据安全治理成效评估报告的通用格式。

**学习目标：**

1. 理解数据安全治理成效评估的目的、意义和基本原则。
2. 掌握如何准备评估工作，包括组建评估团队、确定评估指标和标准、确定评估的目标和范围等。
3. 掌握评估准备、文档和信息收集、现场评估与访谈等关键环节的实施方法。
4. 理解如何从治理框架、组织结构、管理制度等多个方面评估数据安全治理的有效性。
5. 了解并识别评估中发现的问题，制定相应的解决方案。
6. 理解并制订持续改进计划，推动数据安全治理水平不断提升。
7. 了解数据安全治理成效评估报告的通用格式。

## 13.1 概述数据安全治理成效评估

### 13.1.1 评估目的与意义

数据安全治理成效评估是组织数据安全治理中的一个重要环节。它的核心目的在于系统地检查、衡量和改进组织的数据安全治理实践，确保这些实践能够有效保护组织的敏感数据和关键信息资产。评估不仅应关注当前的安全状态，还应着眼于识别潜在的风险和漏洞，以及为未来的安全策略提供指导。

具体来说，数据安全治理成效评估的目的包括以下 5 点。

① **了解现状**。通过评估，组织可以获得对当前数据安全治理水平、策略执行情况、技术防护措施、人员安全意识等方面的全面了解。

② **识别风险**。评估有助于发现数据安全方面存在的风险、漏洞和不足之处，这些风险可能来自技术、管理、人员或外部环境等多个方面。

③ **指导决策**。评估结果为组织提供了关于优化和改进数据安全治理策略和实践的决策

依据。

④ **合规性验证。**对于需要遵守特定数据保护法律法规或标准的组织来说，评估是验证其合规性的重要手段。

⑤ **增强信任。**对外部利益相关方（例如客户、合作伙伴、监管机构）来说，一个经过独立评估并证明有效的数据安全治理体系能够增强其对组织的信任。

数据安全治理成效评估的意义则体现在以下 4 个方面。

① **提升数据安全水平。**通过评估和改进，组织可以不断提升其数据安全防护能力，减少数据泄露、篡改或丢失等安全事件的发生概率。

② **优化资源配置。**评估结果可以帮助组织更加合理地分配有限的资源（例如人力、财力、技术资源），确保这些资源能够用在最需要的地方。

③ **促进持续改进。**评估不应是一次性活动，而应是一个持续性过程。定期的评估有助于组织不断发现新的问题和挑战并制定相应的改进措施。

④ **增强组织韧性。**面对不断变化的外部威胁和内部挑战，一个经过评估并不断优化的数据安全治理体系能够帮助组织更加迅速、有效地应对这些变化，进而提升组织的风险应对能力。

### 13.1.2 评估的基本原则

在评估组织数据安全治理成效时，为确保评估结果的客观性、准确性和有效性，应遵循以下基本原则。

**（1）全面性原则**

评估工作应覆盖组织数据安全治理的所有关键领域，包括但不限于组织结构、战略制度、风险管理、技术控制、人员培训等方面，确保全面评估数据安全治理的各个方面。

**（2）客观性原则**

应在评估过程中收集客观、可验证的数据和证据，避免主观臆断和偏见，确保评估结果的真实性和可信度。

**（3）一致性原则**

评估方法和标准应在整个评估过程中保持一致，以对不同领域和部门的评估结果进行比较和分析。

**（4）保密性原则**

评估过程中涉及的所有敏感信息和数据应严格保密，仅对参与评估的人员和授权人员公开，以防止信息泄露和被不当使用。

**（5）合规性原则**

评估活动应遵守相关法律法规和标准的要求，确保评估过程和评估结果的合规性。

**（6）透明性原则**

评估过程应透明，评估方法和标准应明确公开，评估结果应向相关利益方进行适当披露，以增强信任和理解。

**（7）持续改进原则**

评估不仅是对当前治理状态的检验，还应作为持续改进的契机，组织应通过定期评估和反馈机制，不断优化和提升数据安全治理水平。

**（8）广泛参与原则**

应在评估过程中广泛征求各相关部门和人员的意见和建议，确保评估结果的全面性和代表性，同时提升员工对数据安全治理的意识和参与度。

遵循以上基本原则，可以确保组织数据安全治理成效评估的有效实施，为组织数据安全提供坚实的保障。

### 13.1.3　常用评估方法

在数据安全治理成效评估中，采用合适的评估方法是确保评估结果的准确性和有效性的关键。可通过单独或组合使用以下 7 种常用评估方法，全面评估组织数据安全治理水平。

**（1）问卷调查法**

评估人员可以设计包含数据安全治理关键问题的问卷，分发给相关人员填写，收集其对组织数据安全实践、策略、培训和意识等方面的反馈。这种方法可以快速收集大量有效信息，但需要注意问卷设计的科学性和合理性，以及确保填写者的代表性。

**（2）访谈法**

评估人员可以与关键人员（例如数据安全官、IT 经理、业务部门负责人等）进行面对面或电话访谈，深入了解组织的数据安全治理现状、挑战和改进需求。访谈法可以获得较为详细和深入的信息，但可能会受到访谈者主观判断的影响。

**（3）现场观察法**

评估人员可以亲自访问组织的工作场所，观察数据安全实践的执行情况，例如物理安全措施、员工行为、技术部署等。现场观察法可以直接观察到实际情况，但可能会受到观察时间和范围的限制。

**（4）文档审查法**

评估人员可以对组织的数据安全策略、流程、培训计划、审计报告等文档进行详细审查，以评估其完整性、合规性和有效性。文档审查法可以全面了解组织书面的数据安全治理框架，但需要关注文档的更新与实际情况的一致性。

**（5）技术测试法**

评估人员可以通过技术手段对组织的数据安全控制措施进行测试和验证，例如，漏洞扫描、渗透测试、恶意代码检测等。技术测试法可以客观评估技术层面的安全性，但需要确保测试过程不影响组织的正常运营。

**（6）风险评估法**

评估人员可以基于风险评估框架和方法，对组织面临的数据安全风险进行识别、分析和量化，以确定风险的级别和优先级。风险评估法可以帮助组织了解自身风险状况，为制定针对性的改进措施提供依据。

**（7）基准比较法**

评估人员可以将组织的数据安全治理实践与行业最佳实践或标准进行比较，以识别差距并明确改进方向。基准比较法可以帮助组织了解自身在行业中的位置，并借鉴其他组织的成功经验。

在选择评估方法时，应考虑组织的规模、业务特点、数据安全需求和资源投入等因素。同时，为了确保评估结果的客观性和准确性，可以结合多种方法进行综合评估，并定期对评估方法进行更新和优化。

### 13.1.4 评估流程

数据安全治理成效评估流程如图 13-1 所示。

**图13–1 数据安全治理成效评估流程**

## 13.2 评估准备工作

### 13.2.1 组建评估团队

在进行数据安全治理成效评估时，一个专业、高效且技能多元的评估团队是确保评估质量和效果的关键。因此，组建一个合适的评估团队是评估准备环节的重要工作。

**（1）确定团队组成**

评估团队应由来自不同背景和专业的成员组成，以确保能够全面、多角度地审视数据安全治理的各个方面。通常，评估团队至少应包括以下 5 类角色。

① **团队领导 / 项目经理**负责整体评估项目的规划、协调和管理。

② **数据安全专家**具备深厚的数据安全知识和实践经验，能够深入分析和评估治理框架、策略和技术措施的有效性。

③ **IT 审计员**擅长审计和评估 IT 系统和流程，确保其符合既定的标准和最佳实践。

④ **业务代表**了解组织的业务需求和流程，确保评估工作能够紧密结合业务实际。

⑤ **法律顾问**可以提供法律合规方面的指导，确保评估工作符合相关法律法规的要求。

**（2）明确团队成员职责**

每个团队成员都应明确自己的职责和工作范围，以确保评估工作能够有序、高效地进行。在分配职责时，应充分考虑每个成员的专业能力和特长，以发挥其优势。

**（3）提供必要的培训和支持**

在评估开始之前，应为团队成员提供必要的培训和支持，以确保其具备完成评估任务所需的知识和技能。这可以包括数据安全治理的基础知识、评估方法和工具的使用，以及相关法律法规的解读等。

**（4）建立有效的沟通机制**

评估团队应建立有效的沟通机制，以确保信息在团队内部能够及时、准确地传递。这可以包括定期的会议、电子邮件通信、使用协作工具等。

**（5）确保资源的充足**

组织应为评估团队提供充足的资源支持，包括时间、资金、必要的技术和工具等。这可以确保评估团队能够专注于评估工作，而不会因为资源的限制而影响评估的质量和效果。

### 13.2.2 确定评估的目标、范围与指标

在组建评估团队之后，需要明确评估目标、划定评估范围、设定评估指标和标准，以确保评估工作的有效性和可操作性。

首先需要确定评估目标。评估目标应与组织数据安全治理的核心任务紧密相关，至少应包括以下 4 个方面。

① **验证安全控制有效性**。通过评估已实施的技术防护措施的有效性、验证管理制度和流程的执行效果，确认数据安全保护能力的充分性。

② **识别潜在安全风险**。通过评估发现数据安全管理中的薄弱环节，识别潜在的安全威胁和隐患，预判可能出现的安全问题。

③ **合规性检查**。确认组织的数据安全实践是否符合法律法规要求、满足行业标准规范，并有效落实内部政策制度。

④ **提升安全意识**。通过评估过程中的交流和反馈，加强员工安全意识，强化责任意识，培养安全文化。

在明确评估目标的基础上，需要合理划定评估范围并建立相应的指标体系。评估范围应当全面覆盖数据安全治理的各个关键领域，包括组织结构和管理体系、数据安全政策与流程、技术防护措施、合规性与风险管理、人员培训与教育等方面。

① **组织结构和管理体系**。重点评估组织架构的合理性、管理职责的明确性以及管理体系的完整性，关键指标包括数据安全管理岗位设置合理度、关键岗位人员配备率和管理体系文件完整度等。

② **数据安全政策与流程**。主要检查政策的完备性和适用性，以及流程的规范性和执行情况，关键指标包括政策制度覆盖率、流程执行符合性和文件更新及时性等。

③ **技术防护措施**。重点评估数据加密、访问控制、监控审计等措施的实施情况，关键指标包括技术防护措施覆盖率、系统漏洞修复及时率和安全事件检测准确率等。

④ **合规性与风险管理**。主要检查组织在数据安全合规性方面的表现，以及风险评估和应对措施的落实情况，关键指标包括合规要求满足率、风险评估完成率和风险处置有效率等。

⑤ **人员培训与教育**。重点评估培训计划的实施情况、内容的针对性和培训效果，关键指标包括培训覆盖率、考核通过率和安全意识提升度等。

评估标准是判断评估指标达成情况的具体衡量基准，其制定需要满足 3 个基本要求。

首先是战略一致性，评估标准应该与组织的整体战略目标相一致，既要符合组织的发展战略，又要支持业务发展需求，同时匹配安全保护要求。

其次是灵活可扩展性，评估标准应具有一定的灵活性和可扩展性，能够适应不断变化的业务环境，跟进技术发展趋势，支持持续改进需要。

最后是明确可操作性，评估标准应该具有明确的定义和可操作的衡量方法，使指标便于量化衡量，易于实施评估。

具体而言，评估标准可分为定量标准和定性标准两大类。

定量标准主要针对可以量化的指标，例如关键岗位人员配备率应不低于 95%，政策制度覆盖率应达到 100%，技术防护措施覆盖率应不低于 95%，培训覆盖率应达到 100% 等。

定性标准则主要用于难以量化的评估指标，例如组织架构设置应做到职责清晰、权责对等，政策制度质量应确保逻辑严密、可操作性强，风险管理应能及时识别并有效处置风险等。

通过建立完整的评估目标、范围、指标和标准体系，可以确保评估工作既有明确的目标导向，又能全面覆盖关键领域，同时具备可操作性和可衡量性，为后续的评估实施提供清晰的指导。

## 13.3 文档和信息收集

### 13.3.1 收集相关文档和记录

在评估过程中，评估团队需要收集与数据安全治理相关的文档和记录，因为这些文档和记录通常包含了组织在数据安全方面的实践、策略、程序、历史事件，以及改进措施的详细信息。这些详尽的资料是评估团队作出评估结论的依据之一，同时也能帮助评估团队全面把握组织的安全状况、已实施的控制策略和潜在的风险点。

文档和记录的类别包括以下 7 种。

**（1）治理框架和策略文件**

数据安全治理框架、政策、制度、标准和程序等文件描述了组织的数据安全策略、目标、原则和方法。

**（2）风险评估和管理报告**

组织进行的数据安全风险评估的结果、风险处理计划、风险管理活动的记录。

**（3）合规性证明和审计报告**

如果组织需要遵循特定的数据安全法律法规或标准，则应收集相关的合规性证明、审计报告和合规性活动的记录。在收集合规性证明和审计报告时，应确保组织的实践和流程严格遵循对应法律法规和标准的要求，以证明组织数据活动的合规性。

**（4）安全事件记录**

通过分析历史安全事件的记录、分析报告和应对措施，评估团队可以更好地了解组织对安全事件的响应能力和处理事件的流程。

**（5）配置参数和日志**

技术控制措施的配置详情、系统运行日志及安全审计日志等数据，能够提供关于系统安全状态的重要线索，并帮助组织识别潜在的安全威胁。

**（6）培训和意识提升活动材料**

关于数据安全培训的材料、培训记录和员工安全意识提升活动的文档，反映了组织在提升人员安全意识方面的努力和成果。

**（7）供应商和服务商合同**

如果组织依赖于第三方供应商或服务商来处理或存储数据，则应收集相关的合同、SLA 和安全责任说明等文件。

评估团队在收集文档和记录时，应确保其时效性、完整性，且与评估目标和范围相符。此外，评估团队还应妥善保管这些敏感信息，以防止未经授权的访问和泄露。收集的文档和记录可作为后续数据分析、实践分析及历史事件回顾的基础，从而帮助评估团队形成一个全面、客观的数据安全治理成效评估视图。

### 13.3.2　回顾历史安全事件

通过对过去发生的安全事件进行深入分析，组织可以从中吸取经验与教训，识别其中存在的安全漏洞和不足之处，并确定未来安全策略的制定方向。

在进行历史安全事件回顾时，首先需要收集和整理相关的安全事件记录。这些记录应包括事件发生的时间、地点、涉及的数据类型、影响范围、事件原因、应对措施，以及事件处理的结果等信息。评估团队对这些记录进行详细分析，可以了解组织在过去面临的主要安全威胁和攻击手段，以及组织在应对这些威胁时的应对措施和效果。

其次，评估团队需要对历史安全事件进行分类和归纳。根据事件的性质、影响程度和发生频率等因素，将安全事件划分为不同的类别，例如数据泄露、恶意攻击、系统故障等。通过对各类事件的统计和分析，可以识别组织在数据安全方面存在的薄弱环节和常见问题，为后续的改进工作提供明确的方向。

再次，评估团队还需要分析造成历史安全事件的根本原因。针对每一起安全事件，深入剖析其发生的原因和背后的根本原因，例如，技术漏洞、管理缺陷、人为失误等。通过分析根本原因，可以找到问题的根源，以避免类似事件再次发生，并提升组织的整体安全水平。

最后，评估团队基于历史安全事件的回顾和分析结果，分析相应的改进措施和建议。组织应针对发现的问题和不足之处，提出具体的解决方案和改进措施，例如，加强技术防护、完善管理制度、提高人员安全意识等。同时，还需要对改进措施的实施效果进行跟踪和评估，确保问题得到有效解决并持续提升组织的数据安全治理能力。

## 13.4　现场评估与访谈

在现场评估阶段，与关键部门和人员进行访谈是获取第一手资料、理解实际操作与流程的重要环节。通过访谈，评估团队能够对组织的数据安全治理实践有深入认知，识别潜在的风险和提出改进方案。

### 13.4.1 关键部门和人员访谈

访谈应针对那些对数据安全治理负有直接责任或具有关键影响的部门和人员，例如，数据安全部门、IT 运维团队、业务部门的数据所有者和管理者等。访谈的目的是收集其对当前数据安全治理状况的看法、面临的挑战和改进建议。

在访谈前，评估团队应准备访谈指南，包括访谈目的、问题列表和预期的输出。访谈问题应涵盖对数据安全治理框架和战略的理解、职责和责任的明确性、数据安全培训和意识、日常操作中的数据安全实践、数据安全事件及其应对措施等方面。

在访谈过程中，评估团队应采用开放式问题，鼓励受访者详细阐述其观点和经验。同时，评估者应注意倾听和记录，确保捕捉到所有重要的信息和观点。

在访谈后，评估团队应整理和分析访谈内容，识别共性问题和突出问题并提出相应的改进建议。这些信息将作为成效评估报告的一部分，为后续的改进计划提供支持。

此外，访谈不仅是收集信息的过程，也是建立信任和沟通渠道的机会。评估团队应以尊重和专业的态度进行访谈，确保受访者感到舒适并愿意分享观点和经验。

通过访谈关键部门和人员，评估团队能够获得对组织数据安全治理状况的深入理解。同时，访谈过程中收集的信息和建议也将成为组织持续改进数据安全治理的重要输入。

### 13.4.2 实际操作观察

实际操作观察是指对组织内部数据安全治理实践的直接观察，以验证策略、流程和控制措施是否得到有效执行。评估团队应深入一线，观察组织数据安全治理实践的日常操作，从而获取第一手资料，并记录可能存在的问题。

在进行实际操作观察时，评估团队至少应关注以下 5 个方面。

**（1）数据访问和处理流程**

评估团队应观察员工在日常工作中对数据的访问、处理、存储和传输等流程，包括检查是否有未经授权的访问行为，以及数据是否在安全的环境中被正确处理。

**（2）安全控制措施实施**

评估团队应验证安全技术措施（例如数据加密、访问控制、数据脱敏等）是否得到正确实施。同时，还需要观察物理安全措施，例如数据中心的安全门禁、监控摄像头和防火系统等的安放情况。

**（3）员工行为和安全意识**

评估团队应观察员工对数据安全策略和流程的遵循情况，以及其对潜在安全风险的反应。这有助于评估团队了解员工的安全意识水平，并发现潜在的安全培训需求。

**（4）应急响应和恢复流程**

在条件允许的情况下，评估团队应观察组织对模拟安全事件的响应和恢复能力。这包括检查安全事件的发现、报告、分析、响应和恢复流程的效率和有效性。

**（5）合规性检查**

评估团队应确保组织的实际操作符合相关的法律法规和行业安全 / 技术标准要求。这可能涉及对个人信息保护、数据跨境传输、技术标准等方面的合规性验证。

评估团队在进行实际操作观察时应保持客观和公正的态度，记录所有观察到的现象和行为，并在必要时拍摄照片或录制视频作为证据。观察结果应与访谈结果和其他评估数据相结合，形成全面的评估结论。同时，评估团队还应注意保护被评估组织和员工的敏感信息或隐私。

在观察过程中，评估团队可能会发现一些不符合预期或标准的情况。这些情况应被详细记录，并在后续的成效评估报告中进行分析和讨论。对于发现的严重问题或潜在风险，评估团队应及时向组织管理层报告。

### 13.4.3　记录问题和建议

在现场评估与访谈过程中，评估团队需要及时准确地记录问题和建议，这不仅为后续的改进工作提供了基础，也确保了评估结果的有效性和可信度。

**（1）问题记录**

在访谈和观察中，评估团队可能会发现各种潜在或实际的数据安全问题。这些问题可能涉及以下 5 个方面。

① 治理框架和策略的不完善或执行不力。

② 组织结构和职责的不清晰或不合理。

③ 风险管理和合规性的缺失或不足。

④ 技术保护措施的不足或失效。

⑤ 人员培训和意识的缺乏或不足。

对于发现的每个问题，评估团队都应详细记录，包括问题的描述、发现的场景、可能的影响范围、严重性等级等。这些信息对后续的改进和优化提供支持。

**（2）建议记录**

除了记录问题，评估团队还应基于其专业知识和经验，为被评估组织提供改进建议。这些建议可能涉及策略调整、流程优化、技术更新、培训加强等方面。

每个建议都应明确、具体，并附带解释和建议的实施步骤。例如，如果发现了技术保护措施的不足，评估团队可以建议组织引入新的安全技术或更新现有的系统。同时，评估团队还应提供关于如何选择和部署这些技术的指导。

**（3）记录和沟通方式**

为了确保问题和建议的准确记录和有效沟通，评估团队应使用统一、标准的记录表格或工具。这有助于信息整理和后续跟踪。

此外，评估团队还应定期与被评估组织的代表进行沟通，讨论评估发现和改进建议。这不仅可以确保信息的准确性，还可以促进双方的合作和了解。

记录问题和建议是现场评估与访谈过程中的重要环节，通过详细、准确的记录和有效的沟通，评估团队可以为被评估组织提供有针对性的改进指导，从而推动组织的数据安全治理水平持续提升。

## 13.5 评估治理的有效性

### 13.5.1 评估治理框架和策略

数据安全治理框架是组织内数据安全治理的基础，它为数据安全的实践提供了指导和支持。数据安全策略则是具体执行层面的规范，它明确了组织在数据安全方面的立场、原则和要求。

评估数据安全治理框架时，通常应包括以下 3 个方面。

**（1）框架的完整性和适应性**

评估团队应评估治理框架是否涵盖了数据安全的所有关键领域，例如组织结构、职责划分、管理制度、安全技术、风险防范、合规要求等。同时，还要考察治理框架是否能够根据组织内外部环境的变化进行灵活的调整和优化。

**（2）指导原则和价值观**

评估团队应分析治理框架所倡导的核心价值观和指导原则是否与组织的战略目标和文化相一致。这些原则和价值观应引导组织在数据安全方面做出正确的决策和行动。

**（3）决策机制和流程**

评估团队应评估组织的数据安全治理框架中是否建立了科学、高效的决策机制和流程，以确保组织在数据安全方面的重大决策是经过充分的讨论和合理权衡后做出的。

在评估数据安全策略时，通常应包括以下 3 个方面。

**（1）策略的明确性和可操作性**

数据安全策略应明确指出组织在数据安全方面的具体要求和期望，包括但不限于数据分类、访问控制、加密措施、数据备份与恢复等。同时，策略还应具备可操作性，让员工能够清楚地了解并遵循这些要求。

**（2）更新和维护机制**

随着技术的发展和业务环境的变化，数据安全策略需要不断地进行更新和维护。评估时还应关注组织是否建立了健全的策略更新与维护机制，以确保策略始终与当前的安全威胁和业务需求保持契合。

**（3）培训和宣传**

有效的策略需要得到员工的广泛认可和支持。因此，评估团队还应考察组织是否开展了充分的培训和宣传活动，以提高员工对数据安全策略的认可度和遵从性。

通过全面评估治理框架和策略的各个方面，组织可以更加清晰地了解自身在数据安全治理方面的优势和不足，为后续的改进工作提供有力的支持。

### 13.5.2 评估组织结构和职责

对组织结构和职责的评估是为了确保组织内部有明确的职责划分、有效的沟通机制和适应业务需求的安全组织架构。

评估组织结构和职责时，通常应包括以下三大方面。

**（1）组织结构评估**

评估团队需要评估当前的组织结构是否能够支持数据安全治理的实施。这包括审查各个层级（决策层、管理层、执行层和监督层）是否都有明确的负责人和职责。评估团队还应检查组织是否设立了专门的数据安全治理委员会或类似机构，以及其运作效率和决策能力。

此外，组织结构的灵活性也是评估的一个方面。随着业务的发展和市场的变化，组织应能迅速适应新的安全挑战和需求，因此评估团队应考虑组织结构是否具有足够的弹性和可扩展性。

**（2）职责划分评估**

职责划分的评估旨在确保每个参与数据安全治理的个人或团队明确自己的责任，并且确保责任的分配是合理的。评估内容包括以下 3 个方面。

① 检查是否有清晰的职责说明文档，包括职位描述、责任范围和预期成果。

② 分析各个职责之间是否存在重叠或模糊地带，这可能导致工作效率低下或推卸责任。

③ 确认是否有有效的职责交接和替补计划，以应对员工离职或突发事件。

**（3）沟通机制评估**

一个有效的数据安全治理体系依赖于各部门和各层级之间的顺畅沟通。因此，评估团队评估组织结构和职责时，还应重点关注沟通机制。

① 评估组织内部是否有定期的沟通会议和报告制度，用于分享安全信息、讨论安全议题和跟踪安全措施的实施情况。

② 检查沟通渠道是否多元化且可靠，应确保安全信息和指令能够迅速、准确地传达给每个相关人员。

③ 分析过往的沟通记录，以评估沟通效率和问题解决的速度。

最后，评估团队应详细记录评估结果，并提出具体的改进建议。这些建议可能包括调整组织结构、重新分配职责、加强沟通机制等，以提高组织在数据安全治理方面的效能和响应速度。

### 13.5.3 评估风险管理和合规

在数据安全治理工作中，风险管理和合规性是两个核心要素，它们直接关系到组织数据安全的稳健性和持续合规。

**（1）风险管理评估**

风险管理是组织在识别、分析、评价和响应数据安全风险时采取的一系列活动。评估团队在评估风险管理的有效性时，应关注以下 4 个方面。

① **风险识别流程的完备性。**组织是否建立了全面且定期更新的风险识别机制，以及该机制是否覆盖了所有关键数据资产和业务流程。

② **风险评估方法的合理性。**组织使用的风险评估方法（例如定性、定量或半定量等）是否适合组织业务需求和风险承受能力。

③ **风险处置策略的有效性。**组织是否根据风险评估结果制定了相应的风险处置策略，并且这些策略在实际应用中是否有效。

④ **风险监控和重新评估的持续性。**组织是否建立了定期的风险监控和重新评估机制，以确保风险管理的持续性和适应性。

**（2）合规性评估**

合规性评估旨在评估组织的数据安全治理实践是否符合相关法律法规、行业标准和组织内部的策略和规定。在评估合规性时，评估团队应关注以下 4 个方面。

① **法律法规和标准的遵循。**组织的数据处理活动是否遵守了适用的数据保护法律法规和行业标准。

② **内部策略的执行情况。**组织内部制定的数据安全策略、流程和标准是否得到了有效执行。

③ **合规审计和记录保存。**组织是否进行了定期的合规审计，并保留了必要的合规证据和记录。

④ **合规培训和意识提升活动。**组织是否为其员工提供了充足的合规培训和意识提升活动，以确保员工了解并遵循合规要求。

### 13.5.4 评估数据分类分级

通过对数据进行分类分级，组织能够更精确地识别和保护敏感及重要数据，从而合理分配安全资源，确保数据的机密性、完整性和可用性。评估数据分类分级的有效性，旨在验证这一环节是否达到了预期的安全管理效果，是否有助于提升整体的数据安全治理水平。

评估团队在评估数据分类分级时，通常应包括以下 7 个方面。

**（1）分类分级的准确性**

评估数据分类是否准确反映了数据的性质、用途和价值。检查数据分级是否合理地对数据进行敏感度和重要性的区分。验证数据分类分级标准是否与实际业务需求和安全要求相匹配。

**（2）分类分级标准的实施情况**

考察组织内部员工对数据分类分级标准的了解和遵循程度。评估是否有明确的流程和机制来确保新数据按照既定标准进行分类分级。分析在数据生命周期管理中，分类分级信息是否得到了持续更新和维护。

**（3）分类分级对安全控制的影响**

检查数据分类分级结果是否被有效地用于确定相应的安全控制措施（例如访问控制、数据加密等）。评估根据数据级别而实施的不同安全策略是否有效降低了数据泄露和滥用的风险。分析分类分级在数据保护策略制定中的实际应用效果。

**（4）技术实施的效率和效果**

考察用于数据分类分级的技术工具和方法的效率及准确性。评估技术实施是否对业务流程产生了不必要的干扰或延误。分析技术工具在发现未分类数据或错误分类数据时的告警和响应机制。

**（5）分类分级的持续改进**

评估组织在数据安全分类分级实践中是否具备持续改进的机制。检查组织是否定期审查和更新分类分级标准，以适应业务变化和新的安全威胁。分析组织在应对数据分类分级挑战时的灵活性和响应速度。

**（6）员工培训和意识**

考察组织是否为员工提供了充分的数据分类分级培训。评估员工对数据分类分级重要性的理解和实际操作的熟练程度。分析员工在日常工作中能否有效执行数据分类分级的相关策略和流程。

**（7）满足合规性要求**

验证数据分类分级是否符合相关法律法规和标准的要求。

### 13.5.5　评估管理制度

管理制度是整个组织的数据安全活动有序、有效执行的保障。评估团队在评估管理制度时，通常应包括以下 3 个方面。

**（1）审查管理制度文档**

应详细审查组织现有的数据安全管理制度文档，包括但不限于数据分类与标记制度、访问控制制度、传输安全制度、存储与备份制度、数据销毁与安全处置制度等。评估的目的在于验证这些管理制度是否完善、是否覆盖了数据安全的所有关键方面，以及是否符合相关法律法规的要求。

**（2）核实制度执行情况**

对于每一项管理制度，需要核实其执行情况。这包括检查相关的操作记录、审计日志，以及员工的日常工作行为等，以确保这些制度不是只停留在纸面上，而是在实际操作中得到了切实执行。

**（3）制度更新与维护**

需要关注管理制度的更新与维护情况。随着组织业务的发展和数据安全威胁的变化，管理制度也需要相应地进行调整和优化。应检查组织是否有定期的制度审查与更新机制，并确保这些机制有效运作。

评估团队应根据评估结果提出改进建议。这些建议可包括完善管理制度内容、提高制度执行力度、增加或优化数据安全技术措施，以及建立或改进制度更新与维护机制等。评估团队应与组织的相关部门密切合作，确保这些建议得到有效实施，从而持续提升组织的数据安全治理水平。

### 13.5.6　评估技术保护措施

评估团队对技术保护措施的评估包括但不限于以下 9 个方面。

**（1）数据加密和脱敏**

评估是否对敏感数据进行了适当的加密和脱敏处理、加密算法的强度和安全性、密钥的管理机制是否完善，以及数据脱敏的覆盖范围和有效性。

**（2）访问控制和身份验证**

评估是否实施了适当的访问控制策略、身份验证机制的可靠性和安全性、权限管理的颗粒度和灵活度、特权账户的管控措施是否实施到位。

**（3）数据备份和恢复**

评估数据备份策略的完整性和有效性、备份数据的存储安全性、数据恢复机制的可靠性和效率、灾难恢复演练的频率和效果。

**（4）DLP 系统**

评估 DLP 系统的部署覆盖范围、DLP 规则和策略的有效性、DLP 系统的检测和阻断能力，以及 DLP 系统的误报率和漏报率。

**（5）SIEM 系统**

评估 SIEM 系统的数据采集和整合能力、安全事件的检测和告警机制、安全事件的分析和响应流程、SIEM 系统的可扩展性和性能。

**（6）漏洞管理和补丁更新**

评估漏洞扫描的频率和全面性、漏洞修复的及时性和有效性、补丁管理流程的规范性和自动化程度、紧急漏洞的应急处置机制。

**（7）匹配业务需求**

技术保护措施应与组织的业务需求相匹配，既要确保数据的安全性，又不能过度限制业务的正常开展。因此，技术保护措施需要符合组织的业务特点和需求。

**（8）符合法律法规和行业标准**

组织在实施技术保护措施时，应严格遵守与数据处理和保护相关的法律法规、行业标准等。需要验证技术保护措施的合规性。

**（9）持续更新和改进**

随着技术的发展和数据威胁环境的变化，组织需要不断更新和改进技术保护措施。因此，在评估过程中应关注组织是否有持续更新和改进技术保护措施的计划，以及具体的实施情况。

针对评估过程中发现的问题和不足，评估团队应提出具体的改进建议或应对方案。

### 13.5.7 评估数据安全运营

数据安全运营是确保组织数据安全保护持续有效的重要环节。对数据安全运营的评估，旨在发现运营过程中的问题、提高效率、确保安全策略得到正确执行，并持续改进。评估团队评估数据安全运营的有效性时，至少应包括以下 5 个方面。

**（1）安全运营策略和流程**

评估组织是否建立了明确的数据安全运营策略和流程。这些策略和流程应涵盖数据分类、访问控制、监控和响应等方面。同时，还需要评估这些策略和流程的合理性和有效性，确保其能够适应组织的实际运营环境，并能够有效应对各种安全风险。

**（2）安全监控和响应能力**

安全监控和响应能力是数据安全运营的核心。评估团队应关注组织是否建立了完善的安全监控机制，能否及时发现安全事件，以及响应速度和处理效果。此外，还应评估组织的安全日志管理、威胁情报收集和应用等方面，以全面了解组织的安全运营水平。

**（3）运营团队和专业技能**

数据安全运营需要专业的团队和技能支持。评估团队应关注运营团队的组织结构、人员配置、培训情况和技能水平。同时，还需要了解组织与外部安全专家的合作情况，以便在必要时获得专业支持。

**（4）技术工具和应用**

技术工具和应用是数据安全运营的重要支撑。评估团队应关注组织使用的安全技术和工具，例如IDS/IPS、DLP、终端安全管理等。需要评估这些技术和工具的适用性、性能和更新情况，以确保其能够满足组织实际运营需求。

**（5）运营效果与持续改进**

需要评估数据安全运营的效果和持续改进的能力。通过定期审查和分析安全事件及漏洞的发现和修复情况、员工安全意识提升等方面的数据，评估团队可以了解安全运营的实际效果。同时，需要评估组织是否具备完善的持续改进机制，能够根据运营中发现的问题及时调整策略和流程，优化技术配置，提高运营效率。

### 13.5.8 评估人员培训和意识水平

在数据安全治理成效评估中，人员的培训和意识水平是一个重要的方面。员工是数据安全防护体系中的重要组成，因此，应确保员工具备足够的知识和技能来履行其数据保护职责。

首先，评估团队应审查组织的数据安全培训计划，以了解其内容、频率和目标受众。培训计划应涵盖数据安全策略、最佳实践、合规要求，以及安全事件响应程序等关键主题。此外，培训计划应定期更新，并针对不同职能和层级的员工提供定制化的培训内容。

其次，评估团队应通过访谈和问卷调查等方式，了解员工对数据安全的认知与态度。这包括员工对组织数据安全策略的理解程度、在日常工作中遇到的数据安全问题、解决方式与经验。这些信息将有助于评估团队识别员工在数据安全方面可能存在的知识盲点或不当行为。

在评估过程中，评估团队还需要关注员工对敏感数据的处理和保护意识。员工应能够识别不同类型的敏感数据，并了解与之相关的合规要求和风险，还应明确如何在各种场景下正确、安全地处理和存储这些数据。

最后，评估团队应根据评估过程中的发现制定具体的改进建议。这些建议可能包括增强培训计划的内容或频率、提供额外的学习资源或工具、改善员工沟通和反馈机制等。

## 13.6 发现和解决存在的问题

### 13.6.1 问题识别和分类

问题识别和分类旨在准确发现治理实践中存在的缺陷、不足和风险，为后续的问题解决和持续改进提供明确的方向和依据。

问题识别应全面覆盖治理框架的各个方面，包括但不限于策略制定、组织结构、风险管理、技术保护、人员培训、管理制度和安全运营等。评估团队应深入分析收集的数据、文档记录、现场访谈结果和实际操作观察情况，系统地识别存在的问题。

问题分类是按照一定逻辑和标准对识别的问题进行归类的过程。合理的分类有助于对问题进行优先级排序，以此制定针对性的解决方案，并有效跟踪问题的解决进度。常见的问题分类维度包括问题的性质（例如技术性、管理性、操作性等）、影响范围（例如局部性、全局性等）、紧急程度（例如立即解决、短期解决、长期改进等），以及解决难易程度（例如简单、一般、复杂等）。

在进行问题识别和分类时，评估团队应保持客观、公正的态度，确保问题的准确性和完整性。同时，还应与相关部门和人员进行充分沟通，确保对问题的理解和分类达成共识，为后续的问题解决和持续改进奠定良好的基础。

### 13.6.2　问题优先级排序

一旦问题被识别和分类，后续的重要步骤就是对这些问题进行优先级排序。问题优先级排序的目的是确保对组织数据安全影响最大、风险最高的问题能够优先被解决，从而优化资源配置，提高治理效率。在进行问题优先级排序时，应考虑以下 6 个因素。

**（1）潜在影响**

评估每个问题可能对组织数据安全、业务连续性、合规性和声誉造成的潜在影响。潜在影响越大，通常问题的优先级越高。

**（2）发生概率**

分析每个问题发生的可能性。对于发生概率高且影响严重的问题，应给予更高的优先级。

**（3）可利用性和难易程度**

考虑安全威胁利用该问题的难易程度。应优先处理容易被利用且导致严重后果的问题。

**（4）修复成本和复杂性**

估算解决每个问题所需的资源、时间和技术难度。如果某些问题的解决方案成本过高或技术上难以实现，则需要重新评估其优先级。

**（5）法规合规要求**

确保优先处理违反法律法规或行业标准的问题，以避免潜在的法律风险和处罚。

**（6）业务连续性需求**

对于影响关键业务流程的问题，应给予更高的处理优先级，以确保业务的连续性和稳定性。

此外，组织还应建立机制，以便在新问题出现时或现有问题的处理优先级发生变化时，能够动态地更新问题优先级列表。这种灵活性有利于组织持续地进行数据安全治理，保证组织能够快速适应不断变化的威胁环境和业务需求。

### 13.6.3　制定解决方案

在完成问题识别、分类和优先级排序后，下一步是为已识别的问题制定具体的解决方案，要求针对每个问题提出明确、可行且有效的措施。

**（1）综合性解决方案**

评估团队制定解决方案时，首先应考虑综合性治理措施。这意味着不仅要针对单个问题提出解决方案，还要考虑到各个问题之间的关联和影响，以及对整个数据安全治理体系的影响。综合性解决方案能够确保各个问题之间的协调处理，从而避免陷入顾此失彼的困境。

**（2）技术措施和非技术措施**

解决方案应包括技术措施和非技术措施。技术措施主要涉及数据安全技术的部署和配置，例如加密技术、访问控制、DLP 等。非技术措施则主要涉及人员、管理和策略等方面，例如加强员工的安全意识培训、完善管理制度和策略等。

**（3）短期和长期解决方案**

针对识别出的问题，评估团队需要分别制定短期和长期的解决方案。短期解决方案主要是为了快速应对当前的问题，降低风险，确保数据安全的稳定性。长期解决方案则是为了从根本上解决问题，提升数据安全治理的整体水平。

**（4）成本和效益分析**

在制定解决方案时，评估团队还需要进行成本和效益分析。这主要是为了评估解决方案的实施成本以及预期的效益，确保解决方案在经济上是可行的。同时，成本和效益分析也有助于对解决方案的优先级进行调整。

**（5）解决方案的审批和实施**

评估团队制定的解决方案需要经过相关领导和专家的审批，确保其符合组织的战略目标和实际需求。审批通过后，即可开始实施解决方案。实施过程中需要密切关注解决方案的实施进度和效果，及时调整解决方案以确保问题得到高效解决。

### 13.6.4　实施问题解决方案

在实施问题解决方案阶段，组织应确保所有相关部门和人员理解并遵循既定的改进计划。此阶段的核心活动包括解决方案的资源分配、执行、监控与调整。

**（1）资源分配**

根据解决方案的问题优先级和复杂性，组织为各个项目分配适当的资源，包括人力、财力、时间和技术资源。设立专项小组或指派专人负责具体解决方案的实施，确保责任明确，便于追踪进度和成果。

**（2）执行解决方案**

按照制订的时间表和工作计划逐步推进解决方案的实施。对于技术措施，可能涉及新工具的采购、部署和配置，或是现有系统的升级和优化。对于非技术措施，例如制度和流程的改进，应确保所有相关人员得到充分的培训和沟通，理解并遵循新的规定。

**（3）监控与调整**

在实施过程中，需要定期监控解决方案的实施进度和效果，以及可能出现的新问题或挑战，并根据实际情况及时调整实施策略，例如重新分配资源、调整实施步骤或引入外部专家支持。需要确保所有利益相关方保持信息同步，及时沟通解决方案的最新实施进展。

**（4）记录和报告**

详细记录解决方案的实施过程，包括遇到的问题、采取的措施和取得的效果。定期向组织管理层报告实施进度，以便获取必要的支持和决策指导。在解决方案实施结束后，总结并归档整个过程的文档，为下一轮的持续改进提供参考和依据。

## 13.7 持续改进计划

### 13.7.1 改进计划制订

完成数据安全治理成效评估后，组织需要制订一个明确的改进计划。该计划旨在解决当前存在的各类问题，提升数据安全治理水平，并确保组织能够适应不断变化的数据安全威胁和环境。改进计划的制订应遵循以下 6 个步骤。

**（1）确定改进目标**

根据评估结果，明确针对性的改进目标。这些目标应该是具体的、可衡量的和可实现的，以便于后续对改进成效进行跟踪和评估。

**（2）制订改进措施**

针对每个改进目标，制订具体的改进措施，需要保证措施具有可操作性和实效性。这些措施可包括修订制度、优化流程、提升技术防护能力、加强人员培训等。

**（3）分配资源和责任**

为实施改进措施分配必要的资源，例如资金、人力和时间。同时，明确各项措施的责任人和执行团队，以确保计划的顺利推进。

**（4）制订时间表**

为改进措施制订详细的时间表，包括开始时间、结束时间和关键时间节点，这有助于监控进度并确保计划按时完成。

**（5）风险评估与应对**

分析改进措施可能带来的新风险，并制订相应的应对策略，这有助于降低改进过程中的不确定性，确保计划的成功实施。

**（6）获得高层支持**

高层领导的支持对于计划的成功实施至关重要。应向组织的高层领导汇报改进计划，并获得其支持和认可。

在制订改进计划时，需要注意以下 3 个事项。

**（1）灵活性**

由于数据安全环境不断变化，改进计划需要具有一定的灵活性，以便适应新的威胁和挑战。

**（2）持续改进**

改进计划不仅应能解决当前问题，还应保证持续改进和优化，为组织的数据安全治理和长期发展奠定坚实基础。

**（3）沟通与协作**

在制订和实施改进计划过程中，应加强各部门和人员之间的沟通与协作，共同推动数据安全治理水平的提升。

### 13.7.2 实施改进措施

实施改进措施是将前期识别的问题和制订的改进计划转变为实际操作，以确保数据安全治理水平的有效提升。改进措施的实施应遵循以下 5 个步骤。

**（1）明确实施目标**

根据改进计划，明确改进措施的具体目标，确保每个改进措施都有明确的预期成果。

**（2）责任分配与沟通**

将改进措施的责任明确分配给相关部门和人员，并进行充分沟通，确保各方对改进措施的理解和支持。

**（3）资源准备与调配**

为改进措施的实施提供必要的资源支持，例如资金、技术、人员等，确保实施过程不受资源限制。

**（4）实施过程监控**

在实施改进措施的过程中，进行持续的监控和管理，确保改进措施按照既定计划执行，并及时处理在实施过程中出现的问题。

**（5）变更管理与记录**

对实施过程中的变更事项进行严格控制和管理，确保改进措施的有效性不受变更影响。同时，对实施过程进行详细记录，以为后续的验证和跟踪提供依据。

在改进措施实施过程中，需要注意以下 3 个事项。

**（1）避免改进措施冲突或重复工作**

确保改进措施与现有策略、流程和技术相互协调一致，避免出现冲突或重复工作。

**（2）员工培训和教育**

重视员工培训和教育等工作，提高员工对改进措施的理解和执行能力。

**（3）定期回顾和更新**

定期回顾和更新改进计划，确保其与当前的数据安全治理需求保持一致。

### 13.7.3 效果验证与跟踪

效果验证与跟踪的目的是确保改进措施有效实施并达到预期目标。这一环节要求对已实施的改进措施进行定期的检查、评估和调整，以确保其持续有效并能够适应不断变化的数据安全环境。

效果验证是通过收集和分析相关数据来确认改进措施是否有效。这包括监控关键指标的变化，例如数据泄露事件的频次、类型和严重程度，以及员工对数据安全策略和流程的理解和遵循情况。通过对比改进措施实施前后的数据，可以初步判断改进措施是否产生了积极的影响。

跟踪是持续改进计划中的另一个重要方面。它要求定期回顾和评估改进措施的实施情况，以确保其持续有效并进行及时调整。跟踪可以通过定期召开评估会议、收集员工反馈、监控安全事件和审计日志等方式进行。在跟踪过程中，如果发现某些改进措施未达到预期效果或出现新的问题，需要及时调整策略并重新制订改进计划。

为了确保效果验证与跟踪的有效实施，还需要建立相应的机制和流程。例如，由专门的数据安全治理团队，或指定专人负责改进措施的监督和评估工作。同时，还需要制订详细的工作计划和时间表，明确各项任务的责任人、完成时间和预期成果。

效果验证与跟踪是一个持续不断的过程。随着数据安全环境的不断变化，需要定期回顾和更新改进计划，以确保其始终与组织的实际需求和目标保持一致。通过持续的效果验证与跟踪，组织可以不断优化其数据安全治理体系，提高数据保护的能力和水平。

### 13.7.4 持续学习与适应

持续学习与适应的目的是确保组织数据安全能力不断提升。由于技术日新月异、威胁层出不穷和法律法规及标准的不断更新，组织应敏锐洞察外部环境的变化，并及时调整数据安全治理策略、措施和工具的使用。

为了实现持续学习与适应，组织应建立一种学习型文化，鼓励员工不断探索新的知识、技能和最佳实践。这包括定期参加专业培训、分享会、研讨会等活动，以及与同行业、专业机构和研究人员的交流合作。通过这些活动，组织可以及时了解最新的数据安全趋势、技术和解决方案，并将其应用到自身的数据安全治理实践中。

此外，组织还应建立一套机制，用于收集、分析和利用各种信息。这包括内部运营数据、安全事件报告、用户反馈、外部情报等。通过对这些信息的深入分析，组织可以发现潜在的安全风险、识别改进的机会，并制订相应的应对措施。

同时，组织应保持对数据安全治理框架和相关标准的关注，确保其治理实践始终与最新的法律法规要求和行业最佳实践保持一致。当外部环境发生变化时，组织应及时调整其治理策略、目标、指标和措施，以确保其数据安全治理的有效性和适应性。

最后，持续学习与适应还要求组织在数据安全治理实践中保持灵活性和创新性。面对复杂多变的数据安全挑战，组织应勇于尝试新的方法、技术和工具，不断探索适合自身特点的数据安全治理路径。通过不断的实践、学习和创新，逐步提升数据安全治理能力，为长期稳定发展提供有力保障。

### 13.7.5 新一轮评估准备

在完成一轮数据安全治理成效评估，并实施了相应的改进措施后，组织需要准备新一轮的评估。通过持续的改进循环，组织能够不断优化其数据安全治理能力和成效。新一轮评估的准备工作主要包括以下 7 个方面。

**（1）回顾与总结**

在开始新一轮评估之前，需要回顾上一轮评估的结果、改进措施的实施情况和所取得的成效。这有助于确定哪些领域已得到改善，哪些领域仍需要进一步关注。

**（2）更新评估指标和标准**

随着数据安全威胁的变化、技术的进步，以及相关法律法规的更新，评估指标和标准也需要相应地进行调整。组织应确保所使用的评估标准与当前的最佳实践、行业标准和法律法规保持一致。

**（3）确定新的评估重点**

基于上一轮评估的结果和组织的业务发展情况，确定新一轮评估的重点领域。这些重点领域可能是之前评估中发现的薄弱环节，也可能是随着业务变化而新出现的数据安全风险。

（4）优化评估方法

根据上一轮评估的经验总结，优化评估方法，包括改进数据收集和分析的技术、调整访谈策略，以及优化现场观察的流程等。这一步骤的目的是提高评估的效率和准确性。

（5）资源准备

评估团队应确保具备必要的资源来执行新一轮评估，包括足够的时间、适当的预算、必要的技术工具、来自管理层的支持。此外，评估团队还需要接受新的培训，以应对评估过程中可能出现的新挑战。

（6）制订时间表

为新一轮评估制订详细的时间表，包括评估的各个阶段、关键节点、预期的完成日期。这有助于确保评估工作能够按计划进行，并及时向相关利益相关方报告进展。

（7）沟通与协调

与组织内部的关键部门和利益相关方进行沟通，解释新一轮评估的目的、方法和预期结果。确保其理解评估的重要性，并在评估过程中提供必要的支持和协助。

## 13.8　编写成效评估报告

数据安全治理成效评估报告是成效评估工作的重要成果之一，它全面、客观地反映了评估过程中的发现、分析和改进建议。编写成效评估报告需要遵循一定的结构和内容要求，要确保其清晰、准确、具有可操作性。成效评估报告的结构通常包括以下 6 个部分。

（1）引言

简要介绍评估的背景、目的和范围。简述评估的方法和过程。

（2）评估结果概述

提供评估结果的总体描述，包括在治理框架、策略、组织结构、风险管理、技术保护、员工培训、管理制度和数据安全运营等方面的主要发现。

（3）详细评估结果

针对每个评估领域，详细描述评估结果，包括优秀的方面、存在的问题或不足，以及相应的风险。需要提供具体的数据和证据以支撑评估结果。

（4）问题分析与改进建议

对发现的问题进行深入分析，找出问题的根源和可能的影响。提出具体的改进建议，包括策略调整、流程优化、技术升级、培训加强等方面，需要对建议的可行性和预期效果进行评估。

（5）持续改进计划

根据评估结果和改进建议，制订具体的持续改进计划。明确改进目标、时间表、责任人和所需资源等。

（6）结论

总结评估的主要发现和结论，强调数据安全治理的重要性和持续改进的必要性等。

在编写成效评估报告时，需要注意以下 5 个事项。

（1）准确性和客观性

报告中的信息应准确可靠，分析应客观公正，避免主观臆断和误导性陈述。

（2）清晰和简洁

报告应使用清晰简洁的语言，避免冗余和复杂的句子结构，以便读者能够快速理解报告的主要内容。

（3）图表和可视化

适当使用图表、表格和可视化工具来展示数据和评估结果，提高报告的可读性和直观性。

（4）保密性

若报告中含有敏感信息，应遵守相关的保密规定和要求，确保信息的安全性和保密性。

（5）审查和校对

综合评估报告应该经过仔细的审查和校对，确保其内容完整、格式规范，符合专业标准。

# 第十四章

# 场景化数据安全治理策略

本章导读

**内容概述：**

本章从数据安全治理的角度，分析了典型业务场景的特点、面临的主要安全风险，并给出了相应的数据安全治理策略。包括个人敏感数据处理、政府和公共数据处理、数据共享与交易、内部共享和集成、供应链、云计算、远程办公、物联网、大数据处理、人工智能和机器学习、跨境传输和存储，以及区块链。

通过对每个场景的剖析和探讨，呈现不同场景在数据安全治理重点和实施路径上的差异，但其中也有许多共性的治理措施值得借鉴。

**学习目标：**

1. 了解典型数据业务场景的特征和面临的主要数据安全风险。
2. 掌握不同业务场景的数据安全治理策略。
3. 理解场景化数据安全治理的意义。
4. 提升场景化数据安全治理的能力。

## 14.1 场景化数据安全治理的意义

当前，各行各业都在加速数字化转型的进程。伴随着大量数据的采集、存储、流通和应用，数据安全风险日益凸显。为了最大化数据价值，同时规避数据泄露、滥用等风险，组织需要建立全面、有效的数据安全治理体系。

然而，不同的业务场景面临着不同的数据安全威胁和挑战。虽然业界已经提出了一些通用的数据安全治理框架和最佳实践，但在实际应用中，组织仍需要充分考虑不同场景的特点，量身定制出有针对性的安全策略。只有这样，才能更好地平衡业务创新与风险管控，实现数据“安全可用、合规有序”的目标。

另外，不同场景间的数据安全风险和治理措施往往不是孤立的，而是相互交织的状态。例如，大数据、人工智能、物联网、云计算等新兴技术相互融合，为组织带来前所未有的机遇，同时也引入了新的安全隐患；数据共享、交易和跨境传输进一步模糊了数据安全的边界，对传统的管控模式提出了挑战。

因此，场景化的数据安全治理绝非简单地对每个场景“画地为牢”，而是要在整体性与针对性、原则性与灵活性之间寻求平衡，协同推进，形成一张严密、持续进化的数据安全防护网。

## 14.2 个人敏感数据处理场景

**（1）业务场景描述**

随着数字化进程的加速，个人敏感数据的安全性和隐私保护变得尤为重要。组织不仅需要确保数据的保密性、完整性和可用性，还需要遵守相关法律法规，以避免数据泄露和滥用带来的法律风险和声誉损失。

组织在业务活动中，通常会涉及个人敏感数据的处理。个人敏感数据包括但不限于以下5项。

① PII，例如姓名、身份证号、护照号、驾照证等。

② 个人健康数据，例如病历、医保记录、基因数据等。

③ 个人财务数据，例如银行账户、信用记录、资产状况等 。

④ 个人互联网记录，例如浏览历史、位置数据、社交媒体资料等。

⑤ 个人背景数据，例如教育背景、工作经历、社会关系等。

在数字经济时代，个人敏感数据已成为组织的核心数据资产之一。各行业在提供产品或服务的过程中，往往需要收集、利用个人敏感数据来优化用户体验、提升核心竞争力。与此同时，个人敏感数据一旦被泄露或滥用，将给个人隐私和权益带来很高的安全风险，也会给组织造成声誉损害，并带来法律问题。这就要求组织在处理个人敏感数据的过程中，严格遵循合规要求，采取有效的数据安全防护措施，在发挥数据价值的同时，确保数据的安全性，保障个人的数据主体权益。

个人敏感数据处理已成为组织数据安全治理的重点领域。组织需要系统地评估个人敏感数据所面临的安全威胁，制定全面的防护策略，并落实到数据处理各环节的管控措施，以促进数据安全与业务发展的平衡。

**（2）场景风险示例**

① **数据泄露风险。**黑客攻击导致敏感数据泄露、系统漏洞被利用造成数据泄露、内部人员误操作致使数据泄露、设备丢失或被盗引起数据泄露。

② **违规操作风险。**未经用户同意收集和使用个人数据、超出约定目的使用个人数据、未按要求匿名化或脱敏个人数据、未采取有效措施防止数据泄露。

③ **访问控制风险。**未严格限制敏感数据的访问权限、特权用户账号被滥用导致越权访问、身份验证机制不完善，无法准确鉴别用户身份、未实施有效的访问行为监控和审计。

④ **数据完整性风险。**攻击者恶意篡改或销毁敏感数据、系统故障导致数据丢失或损坏、人为错误造成的数据修改和删除、缺乏完整性校验机制，无法及时发现数据异常。

⑤ **数据保留风险。**敏感数据长期未被使用但仍被保留、数据留存期限超过法律或协议约定，以及个人或监管要求删除数据，但未及时执行或缺乏有效的数据销毁机制，导致废弃数据被恢复。

⑥ **供应链安全风险。**上游供应商的安全措施实施不到位造成我方数据泄露；第三方服务商擅自收集和使用个人数据、委外开发时，合作方违规使用代码和数据在数据跨境传输中，违反对方国家的数据保护法律法规。

（3）安全策略示例

① **数据分类分级管理。**识别和梳理组织内部的个人敏感数据，根据数据的敏感程度进行分类分级，针对不同类别和级别的数据采取差异化的防护措施。

② **数据加密保护。**采用符合行业标准和最佳实践的加密算法对静态存储的敏感数据进行加密，例如文件、数据库等；对传输中的敏感数据进行加密，例如超文本传输安全协议（Hypertext Transfer Protocol Secure，HTTPS）、VPN 等，防止密钥被泄露或滥用。

③ **严格的访问控制。**遵循最小权限原则，根据岗位需求分配数据访问权限、实施强认证机制等，部署数据访问行为监控和日志审计，及时发现异常行为，定期复核和调整用户权限，确保权限的适当性。

④ **数据脱敏处理。**在非生产环境中使用经脱敏处理的测试数据，根据实际需求，采用适当的脱敏方式，例如掩码、加密、假名化等，严格评估和控制脱敏数据的重标识风险。

⑤ **隐私保护管理。**制定隐私策略，明确个人数据收集、使用、共享等规则，实施数据主体权利保障机制，例如访问、更正、删除等，开展数据保护影响评估，识别和降低隐私风险，与用户签署数据处理协议，明确双方的权利和义务。

⑥ **供应商安全管理。**对第三方供应商开展数据安全尽职调查，与供应商签署数据安全协议，明确安全要求和责任边界，持续监控供应商的数据安全表现，开展定期审计、敏感数据共享时，采取数据脱敏、加密等防护措施。

⑦ **数据安全意识培养。**开展全员数据安全意识教育，普及数据安全知识，针对重点岗位开展专项安全培训提升安全技能，通过宣传、演练等多种形式营造数据安全文化氛围。

⑧ **安全事件应急响应。**成立应急响应团队，明确角色和职责，制订数据泄露应急预案，规范处置流程，与外部机构建立联动机制，及时获得技术和法律支持，定期开展应急演练，持续优化应急响应能力。

（4）案例分析

某知名零售企业拥有庞大的线上线下销售渠道，积累了大量的客户数据，包括个人身份信息、消费记录、偏好画像等高度敏感的数据资产。这些数据为企业的精准营销和业务增长提供了宝贵的支撑。该企业在一次例行的安全检查中，发现后台数据库遭到黑客的入侵。经过分析得出，攻击者利用网站的一个未修复的高危漏洞，成功渗透内网并窃取了大量客户数据。泄露的数据不仅包括姓名、地址、电话等个人信息，还涉及信用卡账号、交易记录等财务数据。

该企业存在的安全风险主要包括以下内容。

① 网站漏洞修复不及时，攻击者借此突破边界防线。

② 敏感数据未进行加密存储，一旦泄露就被明文窃取。

③ 数据访问控制不严格，内部人员可任意接触和导出敏感数据。

④ 缺乏有效的安全监控机制，对攻击行为发现不及时。

⑤ 员工数据安全意识淡薄，管理层重视程度不够。

针对上述问题，建议采取以下应对措施。

① 成立专门的数据安全治理委员会，统筹数据安全工作。

② 全面梳理个人敏感数据资产，开展数据分类分级管控。

③ 识别和修复所有的信息系统漏洞，强化关键系统的纵深防御能力。

④ 实施敏感数据静态加密和传输加密，并严管密钥。

⑤ 采用 DLP 系统，实时监控和防护敏感数据泄露。

⑥ 严格限制敏感数据的访问权限，并开展用户行为的安全分析。

⑦ 开展全员数据安全意识教育，提升员工的安全技能。

⑧ 定期开展数据安全风险评估和审计，持续优化数据安全治理体系。

## 14.3 政府和公共数据处理场景

**（1）业务场景描述**

政府和公共数据通常会涉及国家机密、商业秘密、个人隐私等敏感信息，具有极高的保密性要求。同时，相关数据还服务于民生保障、公共管理、经济调控、突发事件应对等众多关键领域，因此对数据的完整性、可用性也提出了较高的要求。

随着数字政府建设的不断深入，海量的结构化、半结构化和非结构化数据给数据的管理和安全防护带来巨大挑战。而分布式存储、云计算、大数据、人工智能和物联网等新技术在政务领域的广泛应用，也使得数据共享开放和脱敏使用成为大势所趋。

此外，政府和公共数据的权属较为复杂，涉及党政机关、企事业单位、社会组织、公民个人等多元主体，不同主体对数据的控制力、影响力差异较大，极易引发“数据孤岛”问题和责任界定困境。政务数据还面临着跨部门、跨地域、跨层级的汇聚融合和共享交换，这对身份验证、访问控制、全生命周期管理等方面提出了更高的合规性要求。

总体来看，政府和公共数据处理场景是一个风险系数高、管理难度大、合规性要求严格的业务场景。该场景必须以国家安全和公民利益为出发点，遵循依法依规、安全可控、优化服务的基本原则，综合运用法律、管理、技术等多种手段，建立健全的数据全生命周期安全防护体系，切实保障数据安全。各政府机构和公共服务提供者还应注重数据安全意识的培养，加强内外部人员教育培训，提升全员安全素养和应急处置能力。

**（2）场景风险示例**

① **数据泄露风险**。政府和公共部门掌握着大量敏感数据，这些数据的泄露可能危及国家安全、社会稳定和公民权益。泄露原因可能包括黑客入侵、内部人员窃取、设备丢失和错误操作等。

② **数据篡改风险**。攻击者可能通过非法手段访问政务系统，篡改或伪造关键数据，从而误导决策、破坏公信力。即便篡改被及时发现，也可能造成恶劣影响。

③ **数据滥用风险**。一些政府和公共部门可能为追求管理效能或经济利益，在数据使用上超出必要范围，侵犯公民隐私权和其他合法权益。例如，未经同意收集使用个人信息、过度索

取与服务无关的数据、违法违规使用数据等。

④ **数据聚合风险**。政府和公共部门的数据在汇聚整合后，不敏感的数据经关联演算后可能变成敏感数据。就像多块拼图组合在一起时，就可以还原出完整清晰的图像。如果控制不好跨部门、跨层级的数据共享交换，也可能加剧这一风险。

⑤ **合规性风险**。政府和公共部门处理数据必须严格遵守法律法规，例如《数据安全法》《个人信息保护法》《网络安全法》等。违规操作不仅面临行政或刑事处罚，还可能导致公信力受损。

⑥ **数据质量风险**。政务数据的准确性、完整性、时效性等直接关乎政务的开展和公共服务。数据采集、传输、存储、处理等环节一旦出现差错，可能带来严重的后果。

⑦ **供应链风险**。政府和公共部门信息系统的软硬件、技术服务外包等涉及复杂供应链，任何一个环节都可能成为数据安全的薄弱点，包括APT攻击、后门植入等隐蔽性强的风险点。

⑧ **数据销毁不当风险**。涉密数据、重要档案、数据备份等销毁处置不当时，会成为数据泄露的重灾区。政府和公共部门必须建立数据销毁全程管控机制，防止数据二次泄露。

⑨ **灾备与业务连续性风险**。自然灾害、恶意破坏等意外事件可能导致政务数据损毁，从而无法支撑政务运转。构建安全可靠的容灾备份体系是政府和公共部门的重要职责。

**（3）安全策略示例**

① **数据分级分类**。政府和公共数据具有不同的敏感度和重要性，应参照国家标准和规范，对数据进行科学分级分类，并制定差异化的管控措施。例如，根据公开属性可分为主动公开、依申请公开、内部使用和不予公开等，根据敏感程度可分为公开数据、内部数据、敏感数据和机密数据等。

② **最小权限原则**。严格遵循知其所需（Need To Know）原则，根据不同角色、职责和场景设定数据访问权限，做到权限最小化。切实落实权责对等，避免数据访问权限过度集中。对关键数据要启用双人复核、多方会审等机制。

③ **全生命周期管控**。对数据从产生到销毁的全生命周期实施全程管控，明确各环节的安全要求。建立数据的可追溯机制，保证数据来源可查、去向可追、责任可究。

④ **隐私保护与脱敏**。遵循合法、正当、必要的原则收集个人信息，并明确数据主体的权利。政府部门作为数据控制者应制定隐私政策，采用脱敏、加密等技术措施保护个人隐私。公共数据开放共享时，应评估个人信息的暴露风险，必要时应做差分隐私处理。

⑤ **供应链安全管理**。选择数据服务供应商时应当从数据安全的角度设置门槛，要求数据服务供应商具备相应的资质、技术实力和合规性证明。与数据服务供应商签署严密的数据安全协议，明确双方的安全责任。定期开展供应链风险评估，对承载敏感数据的供应环节实施监管。

⑥ **数据备份与容灾**。针对关键数据资产，制定备份策略并落实到位，根据数据的重要性设置本地备份、异地备份、多副本备份等不同备份策略。组织开展容灾演练，检验灾备系统的可用性。同时，要加强数据备份介质的安全管理，严防备份数据泄露。

⑦ **数据安全审计**。建立数据安全审计机制，利用大数据分析、人工智能等技术手段，对数据活动进行全程记录、重点监测和及时预警，有效识别错误操作、违规操作和可疑行为等风险事件。基于审计日志开展数据安全违规问责。

⑧ **数据交换安全评估**。政府和公共部门间的数据共享交换应当建立统一管理、规范操作、

履职必要和安全可控的工作机制。遵循“谁共享、谁负责”“谁接收、谁负责”的原则，从制度、流程和技术层面规范共享行为，并开展数据交换的安全评估。

⑨ **数据去标识化**。对外公开数据、开展大数据分析等，一般需要对数据进行去标识化处理。去标识化后的数据要严格评估重标识的风险，应及时销毁高风险的数据集。

**（4）案例分析**

某国政府的人事管理部门负责管理全国公务员系统。该部门发现其人事档案数据库遭到黑客入侵，涉及大量公务人员和相关人员的敏感信息，这是该国政府遭受的最严重的网络攻击事件之一。

本次事件暴露出的数据安全问题主要包括以下内容。

① **数据泄露**。此次事件泄露的数据包括指纹记录、身份证号码等高度敏感数据，一旦被不法分子利用，可能导致身份盗用、诈骗等风险。

② **网络安全技术不足**。据分析，此次攻击很可能源于外部组织，攻击者通过漏洞获得系统访问权限并窃取数据。这反映出该部门在系统加固、漏洞修复等安全防护方面存在薄弱环节。

③ **供应链管理**。有报道称事件可能与该部门某承包商的安全管理不善有关，该承包商负责相关信息系统的开发工作。这反映出该部门在供应商管理方面也存在风险隐患。

④ **安全管理**。事后调查显示，该部门未能及时发现并阻断攻击，未部署必要的安全监控工具，日志记录不完善，导致难以实施事后追溯。种种迹象表明该部门的安全管理体系存在诸多不足。

⑤ **负面影响**。作为政府的核心人事管理部门，此次事件对公务人员个人、政府公信力和国家安全等方面都造成重大负面影响，处置不当可能引发连锁反应。

针对上述问题，建议采取以下应对措施。

① 成立专门的应急小组，全面接管安全应急工作，并及时向公众通报事件进展，减少负面影响。

② 全面评估现有系统和网络的安全状况，制定整改方案，包括及时安装安全补丁、升级安全软 / 硬件、优化系统架构等。

③ 加强供应链管理，修订供应商准入标准和评估机制，要求其遵守必要的网络安全要求，定期开展风险评估。

④ 完善数据安全治理体系，建立数据安全管理专门机构，优化数据分类分级、加密脱敏、访问控制等管理和技术机制。

⑤ 加强网络安全人才队伍建设，引进技术力量，建立外部专家顾问团队，与业界保持交流合作。

⑥ 开展网络安全教育培训，提高公务人员的网络安全意识和技能，营造良好的数据安全生态。

## 14.4 数据共享和交易场景

**（1）业务场景描述**

在数据共享和交易场景中，组织出于业务发展、合作研究、商业分析等目的，需要与外部机构（例如合作伙伴、研究机构、数据交易平台等）进行数据共享或交易。这些被共享或交易的数据通常包含大量敏感信息或商业机密，例如用户个人信息、财务数据等。

在这一场景下，数据在组织内部，以及组织与外部机构之间频繁流动。为开展数据业务，相关人员需要对数据进行采集、存储、传输、分析和交易等一系列处理。数据会在不同系统、不同地域之间迁移，并最终交付至数据需求方。

整个业务过程涉及多方参与者，数据流转环节众多，相应的数据安全风险也大幅提升。若缺乏必要的安全管控措施，可能引发数据泄露、非法访问和滥用等问题，给组织的声誉和经济利益带来重大损失。同时，组织还会面临违反法律法规的处罚。

因此，在数据共享和交易场景中，需要构建完善、有效的数据安全治理体系。组织需要结合自身业务特点，制定严格的数据分类分级、数据脱敏、访问控制和审计等安全策略，并辅以可靠的技术手段，全面加强对数据全生命周期的管理，确保共享交易数据的机密性、完整性与可用性，规避各类数据安全风险。

**（2）场景风险示例**

① **未授权访问风险。**外部攻击者利用系统漏洞非法获取共享数据，内部人员滥用访问权限窃取或泄露敏感数据，数据接收方超出约定范围使用数据或将数据转售给第三方。

② **数据泄露风险。**在数据传输过程中，网络通信安全措施不足可导致数据被窃取。数据存储环境的访问控制缺失，可导致存储介质被盗或数据被非法复制。疏于对废弃设备的管理，可致使残留数据被恢复和非法利用。

③ **数据完整性风险。**不具备校验机制，无法确保交换数据在传输过程中不被篡改。接收方系统故障或人为操作失误，会造成数据损坏或丢失。缺乏异常检测和事后审计，难以发现和追溯数据完整性事件。

④ **隐私合规风险。**共享数据中包含未脱敏的个人隐私信息，或脱敏措施不当。未充分评估数据共享对个人隐私的影响，或未向用户告知并获得其授权同意。违反国家、地区或行业的隐私保护法律法规，面临合规处罚。

⑤ **数据资产管理风险。**对共享数据缺乏统一管理，难以全面评估数据资产价值和制定相应的安全策略。未签署数据共享协议，在数据所有权、使用范围、责任界定等方面存在模糊地带。对数据的生命周期缺乏管理，无法确保共享数据及时、彻底删除，残留数据成为安全隐患。

⑥ **数据使用监管风险。**对高风险、高价值数据的使用缺乏持续监管，滥用风险加剧。未建立有效的问责和溯源机制，发生数据安全事件时无法追究相关方责任。内外部审计频率低，难以及时发现违规行为和安全漏洞。

**（3）安全策略示例**

① **数据分类分级和访问控制。**依据数据的敏感程度、业务价值等因素，对数据进行科学分级分类，并设置相应的访问控制策略；采用“最小权限”原则限制对敏感数据的访问，杜绝权限滥用；实施强认证手段，严格审批授权流程，并及时收回离职人员的权限。

② **数据加密和脱敏。**利用加密技术保护静态和动态数据，选择安全强度高、性能开销低的加密算法；对敏感数据进行脱敏或匿名化处理，在确保数据可用性的同时满足隐私合规要求；采用端到端加密、加密传输协议等方式提升数据在传输过程中的安全性。

③ **数据完整性保护**。部署数据完整性校验机制，使用哈希函数、数字签名等技术验证数据的完整性；确保数据备份和冗余，制定数据恢复策略，最大限度地减少数据损坏或丢失的影响。

④ **数据溯源记录**。实施数据溯源和不可否认机制，记录数据生命周期中各环节的操作日志，以便于事后审计。

⑤ **隐私合规管理**。开展个人信息保护影响评估，识别和评估数据活动对个人隐私的影响；严格遵循相关法律法规要求，落实个人信息收集、共享等环节的告知和授权同意机制；明确数据主体的权利，提供便捷的权利行使渠道，做好用户隐私投诉应对工作。

⑥ **供应商和第三方管理**。选择有一定安全资质的合作伙伴，对其员工开展必要的安全背景审查；与合作方签署保密协议和数据共享协议，明确数据安全责任边界；对供应商开展数据安全尽职调查和供应链风险评估，必要时实施现场安全审计。

⑦ **数据安全监测和应急响应**。部署 DLP、SIEM 系统、威胁情报等安全监测措施，及时感知和告警数据安全风险；制订详尽的数据安全应急预案，定期开展数据安全演练，提升数据安全事件的发现和处置能力；设立数据安全应急小组，明确安全事件处置流程和披露机制，最大限度地降低安全事件的影响。

⑧ **数据安全意识培养**。编制数据分享和使用规范，开展针对性的数据安全意识培训，强化员工的安全责任意识；将数据安全要求纳入绩效考核体系，并设置数据安全 KPI，将其与员工职业发展相关联；营造数据安全文化氛围，提升全员数据安全意识和防范技能。

**（4）案例分析**

某家大型互联网公司，为拓展新业务，拟与一家金融科技公司开展数据合作，双方约定共享部分用户数据以进行联合数据分析和产品创新，但是未对数据共享过程做严格的安全控制。

通过分析，该公司发现此合作项目存在以下数据安全问题。

① **脱敏不当导致隐私泄露风险**。涉及用户姓名、手机号码、身份证号码等个人信息，但在数据脱敏时仅采用简单的去标识化方法。事后经安全测试发现，这些数据仍存在较高的重标识风险，一旦发生数据泄露，可能造成严重的用户信息泄露事件。

② **未充分评估数据滥用**。双方签署的数据共享协议对共享数据的使用范围、用途限制不够清晰和严格，存在数据被金融科技公司超出约定范围使用或转售给第三方的隐患。一旦发生数据滥用，不仅将损害用户的利益，还可能使公司陷入法律纠纷。

③ **缺乏有效的监管和审计机制**。由于未部署必要的技术监测设施，且缺乏常态化的数据使用审计，公司难以掌握数据共享后的实际使用情况，无法及时感知和处置数据安全风险。

针对上述问题，该公司采取了以下应对措施。

① **优化数据脱敏方案**。该公司安全团队与法务团队密切配合，参考国内外数据脱敏标准，重新制定了一套数据脱敏方案。该方案综合采用数据屏蔽、加密、差分隐私等多种技术，从根本上降低了数据被重标识的风险，最大限度地保护了用户的隐私安全。

② **明确数据使用边界**。重新修订了数据共享协议，借鉴同行业数据共享协议范本，对数据使用用途、期限、地理范围等关键要素进行了详细约定。同时，该公司要求合作方配备数据保护官（Data Protection Officer，DPO）并出具合规承诺函，强化合作方数据安全主体责任，用法律手段约束其数据使用行为。

③ **强化数据安全监管。**建立了数据安全监测平台和联合数据安全委员会两大监管机制。其中，技术团队部署了数据脱敏复检工具、数据防泄露系统，以及AI驱动的行为分析引擎，实现对脱敏数据、用户行为、数据流向的实时监测与审计。委员会成员则由双方管理层、业务部门、安全团队和法务团队等多元主体构成，负责制订共享数据的分级分类、使用规范和应急预案等，每季度开展一次数据合规自查。

④ **加强供应商尽调与审计。**作为数据提供方，该公司开展了严格的供应商数据安全尽职调查。通过现场访谈、审阅制度文档、测试技术能力等方式，全面评估了金融科技公司的数据安全管理成熟度。同时，该公司定期派遣安全专家对其开展数据安全现场审计，重点关注其数据使用的合规性，并提供整改指导。

## 14.5 内部共享和集成场景

**（1）业务场景描述**

组织内部数据共享和集成是一种常见的业务场景，涉及组织内不同部门、业务单元之间的数据交换与整合，例如以下5个方面。

① 销售部门需要获取CRM系统中的客户信息，用于制订营销计划和销售策略；同时也需要向财务部门提供销售业绩数据，供其进行财务分析与报告。

② 人力资源部门需要访问HR系统中的数据，用于人事管理与绩效考核；同时也需要将员工数据提供给薪酬福利系统，以执行工资发放等业务流程。

③ 供应链管理部门需要将采购系统与仓储系统的数据进行集成，实现采购、库存和订单等信息的实时同步，提高供应链运营效率。

④ 组织需要将业务系统，例如ERP、制造执行系统（Manufacturing Execution System，MES）等与财务系统进行数据集成，实现业务财务一体化，提升管理决策水平。

⑤ 不同业务部门需要共享产品信息、物料数据等主数据[H57]，确保业务的协同及数据的一致性。

内部数据共享和集成有助于打破组织内的“数据孤岛”，促进跨部门协作，提高数据利用率，为管理决策提供数据支撑。但与此同时，这一场景也面临着数据泄露、非授权访问、数据滥用等安全风险。因此，组织需要采取必要的数据安全治理措施，在促进内部数据共享的同时，确保数据安全。

**（2）场景风险示例**

① **数据泄露。**在数据共享和集成过程中，如果没有采取适当的安全措施，敏感数据可能会被未经授权的人员访问或泄露。

② **数据篡改。**在数据传输或存储过程中，数据可能会被恶意修改或破坏，导致数据失去原始性和完整性。

③ **数据不一致。**在数据集成过程中，数据源、数据格式或数据更新频率的差异，可能会导致数据不一致的问题。

④ **权限管理不当。**如果权限设置不合理或管理不善，可能会导致数据被错误地共享或访

问，从而引发安全风险。例如，内部数据共享和集成缺乏细粒度的访问控制，可能导致用户访问到其职责范围之外的敏感数据。

⑤ **数据滥用。**内部人员出于某些目的，违规使用数据，例如将客户资料作为营销线索售卖给第三方，或者利用内幕信息牟取私利等。

⑥ **脱敏不足。**共享数据时，没有进行充分的数据脱敏或者匿名化处理，导致一些敏感信息（例如身份证号码、手机号码等）被暴露。

⑦ **僵尸账号。**离职员工或者废弃系统的登录账号没有被及时清理，可能被不法分子利用，非法获取数据。

⑧ **缺乏行为审计。**对用户访问、导出等敏感数据的操作缺乏详细的行为日志记录和审计，一旦发生数据安全事件，难以追溯事件过程和定位责任人。

⑨ **影子 IT（Shadow IT）**[H58]。一些部门或个人为方便工作，在未经许可的情况下接入外部系统或使用未经认证的工具处理数据，生成新的攻击面。

⑩ **数据备份失窃。**数据备份介质（例如光盘、移动硬盘等）丢失或被窃取，会导致大量数据泄露。

**（3）安全策略示例**

① **实施最小权限原则。**根据业务需求和用户角色，遵循最小权限原则分配数据访问权限。即仅授予用户完成其工作所需的最小数据访问权限，避免过度授权。

② **动态访问控制。**除了基于角色的静态权限分配，还可引入基于数据风险级别、访问环境、行为模式等因素的动态授权机制，实现更精细化的访问控制。

③ **数据分类分级和标签化管理。**数据分类分级和标签化是实现精细化权限管理的基础。实施数据审计和监控措施可及时发现和处理数据安全风险。

④ **数据脱敏。**对于涉及隐私或商业机密的敏感数据，在共享前应进行脱敏处理，例如，掩码、加密、数据替换和差分隐私等，降低数据泄露风险。

⑤ **数据溯源管理。**记录数据从产生、传输到使用等各环节的流转全过程，确保数据可追溯、可审计，发生数据安全事件时能够第一时间定位源头。

⑥ **数据共享和集成规范。**确保不同系统和平台之间的数据交换和集成的一致性和准确性。

⑦ **数据使用授权和责任承诺。**与数据使用方签署数据共享协议，明确数据用途、范围和责任等，并要求其签署数据安全责任承诺书，提高违规使用数据的违约成本。

⑧ **定期进行数据备份与恢复演练。**确保在发生意外情况时能够及时恢复数据。

⑨ **应急预案与响应机制。**制订数据泄露应急预案，成立应急响应小组，明确各岗位职责和处置流程，并定期开展数据泄露应急演练，提高应急处置能力。

⑩ **员工安全意识培训。**定期开展数据安全意识培训，教育员工树立数据安全责任意识，学习掌握各类数据的收集、传输、存储、处理的安全要求和应对措施。

⑪ **合规性要求。**满足国家法律法规《数据安全法》《个人信息保护法》等对数据生命周期各环节的合规性要求。

**（4）案例分析**

某大型金融机构为提升客户服务质量和营销效率，打通各业务线的客户数据，建立统一的客户信息视图，实现 360° 客户画像。该项目涉及银行、信用卡、理财、保险等多个部门的客户数据共享与整合。实施该项目后，该金融机构发现存在以下潜在的数据安全风险。

① 各业务线使用不同的客户编码，在数据集成过程中如果匹配错误，可能导致将 A 客户的信息错误合并到 B 客户，造成客户信息泄露。

② 客户财务信息（例如资产状况、信贷记录等）属于高度敏感信息，如果在共享过程中未经脱敏直接使用，可能被内部员工滥用或泄露。

③ 该项目需要委托第三方数据公司进行客户数据清洗、标准化等工作，如果对方安全措施不到位，也可能导致客户信息泄露。

④ 内部人员可能出于营销需要滥用客户信息，例如过度频繁地给客户打电话、发短信，或者将客户信息出售给第三方，侵犯客户权益。

为防范上述风险，该金融机构采取了以下应对措施。

① **制定数据共享安全规范**。明确各类数据的共享范围、用途、脱敏要求和使用流程等，要求各部门严格遵守。

② **实施数据安全分级分类**。根据客户信息的敏感程度分为核心、敏感、内部和公开等级别，并对应采取不同的脱敏措施，例如数据加密、部分隐藏和访问控制等。

③ **数据脱敏**。对涉及客户隐私的字段（例如身份证号码、手机号码、家庭住址等）进行掩码脱敏；对涉及商业机密的数据（例如资产、信贷额度等）采用数据加密或差分隐私处理后再共享。

④ **最小粒度授权**。严格遵循最小权限原则，根据不同员工的数据使用需求，设置查询、导出等数据权限，且定期回收权限。

⑤ **可信第三方托管**。要求第三方数据公司在可信环境中进行数据清洗，返回脱敏后的结果数据，避免原始敏感数据泄露。与第三方数据公司签署严格的数据安全协议，明确责任界定。

⑥ **数据使用监控与审计**。详细记录数据访问日志，重点监控查询高敏数据、批量导出数据、访问敏感客户数据等行为，及时预警异常行为。

⑦ **数据泄露应急演练**。制订数据泄露应急预案，梳理可能发生数据安全事件的场景，明确应急处置流程，定期开展数据泄露应急演练。

⑧ **员工数据安全意识培训**。强化员工保护客户信息的意识，学习掌握各类信息的收集、传输、存储和使用的操作规范，树立数据安全人人有责的意识。

## 14.6　供应链场景

**（1）业务场景描述**

在高度互联的商业环境中，供应链已成为组织运营的核心内容之一。一个典型的供应链场景涉及原材料采购、生产制造、库存管理、产品分销和最终销售等多个环节。在这一过程中，大量敏感数据在供应链参与方之间传递和处理，包括但不限于以下内容。

① **供应商信息**。供应商名称、联系方式、银行账户等。

② **采购信息**。原材料价格、采购量、交货日期等。

③ **生产信息。**生产计划、工艺流程、产品规格等。

④ **库存信息。**库存水平、仓储位置、出入库记录等。

⑤ **物流信息。**运输路线、承运商详细信息、货物跟踪信息等。

⑥ **销售信息。**客户资料、订单细节、销售预测等。

这些数据事关供应链的高效运转，同时也面临着诸多安全风险。数据在传输、存储和处理过程中可能遭到未经授权的访问、篡改或泄露。此外，随着供应链的全球化，跨境数据传输使得确保合规性和保护数据主权变得更具挑战性。

因此，在供应链场景下，组织需要制定全面的数据安全治理策略，涵盖数据分类分级、访问控制、加密保护、风险评估和合规审计等多个方面，以确保供应链数据的机密性、完整性和可用性，助力业务稳健运行。

**（2）场景风险示例**

① **数据泄露风险。**供应链涉及众多参与方，敏感数据在传输和共享过程中面临被窃取或泄露的风险。这些数据可能包括商业机密、知识产权和财务信息等。数据泄露不仅会导致经济损失，还可能影响组织的声誉和竞争力。常见的数据泄露途径包括黑客入侵、内部人员泄密和未加密传输等。

② **数据完整性风险。**业务决策依赖供应链数据的准确性和完整性。然而，在复杂的数据交互过程中，数据可能因传输错误、系统故障或人为篡改等因素而受到破坏。这可能导致库存不准确、生产计划混乱和货物配送延误等问题，影响供应链效率和客户满意度。

③ **供应链中断风险。**供应链管理高度依赖信息系统。一旦关键系统遭受网络攻击或其他安全事件，可能导致业务中断，例如无法及时下达采购订单、生产线停工和货物滞留等。这不仅影响自身运营，还可能产生连锁反应，对整个供应链网络造成重大影响。

④ **合规性风险。**随着各国数据保护法规日益严格，供应链参与方需要确保跨境数据传输和存储的合规性。违反数据安全法规可能面临巨额罚款和法律诉讼。此外，一些国家对关键技术和敏感数据实施出口管制，这给全球化供应链带来了合规挑战。

⑤ **第三方风险。**现代供应链高度依赖外部合作伙伴，例如 IT 供应商、物流服务商和云服务提供商等。这扩大了潜在的攻击面，恶意方可能利用第三方合作伙伴的安全漏洞作为切入点，危害整个供应链的数据安全。同时，合作伙伴的不当数据处理行为也可能导致数据泄露或违规。

⑥ **内部威胁。**组织内部人员（例如采购、仓储、销售等岗位人员）可能出于经济利益或其他动机，故意泄露或出售敏感数据。内部威胁往往更难以察觉和防范，因为这些人员拥有合法的数据访问权限。

**（3）安全策略示例**

① **加强访问控制和身份验证。**严格限制供应链数据的访问权限，确保只有获得授权的人员才能访问，采用多因素身份验证提高安全性，例如结合使用用户名 / 密码、智能卡 /USB KEY、生物特征等两种或多种因素，提高身份鉴别的安全性。

② **最小权限原则。**采用最小权限原则，可确保用户只能访问完成工作所需的数据。定期审查和调整用户权限，及时撤销离职人员或者角色变更人员的访问权限。对于特权用户（例如系统管理员），应实施更严格的控制和监督机制。

③ **数据加密和完整性校验。**针对敏感数据进行加密处理，在传输和存储过程中使用哈希算法等技术确保数据完整性。

④ **数据分类分级。**根据数据的敏感程度和业务价值，对供应链数据进行分类分级，例如公开数据、内部数据和保密数据等。针对不同级别的数据，制定差异化的安全防护措施，优先保护关键数据资产。

⑤ **数据脱敏。**对一些敏感数据进行脱敏处理，例如掩码、加密和随机化等，以降低数据泄露的风险。例如，在与外部合作伙伴共享数据时，可以隐藏客户的真实姓名和联系方式。

⑥ **合作伙伴安全管理。**对供应链合作伙伴进行安全尽职调查，评估其数据安全能力和成熟度。在合同中明确数据安全责任和义务，要求遵循数据保护标准和最佳实践。定期对供应链合作伙伴进行安全审计和评估，以验证其安全控制措施的有效性。

⑦ **数据备份与恢复。**制定数据备份策略，定期对关键数据进行备份。备份数据应存储在安全的位置，并采取加密措施来防止非法访问。定期测试数据恢复流程，确保在发生数据损毁或丢失时能够及时恢复业务运营。

⑧ **安全事件响应。**建立安全事件响应机制，明确响应流程、职责分工和升级路径。一旦发生数据泄露等安全事件，应及时采取措施控制影响范围，并向相关方（例如客户、监管机构）通报情况。事后，要对事件原因进行深入调查，并采取纠正措施防止类似事件再次发生。

⑨ **合规性审计。**定期开展内部合规性审计，评估供应链管控措施是否符合法律法规要求和行业标准。重点评估跨境数据传输情况。必要时，可聘请第三方专业机构进行独立审计，以发现潜在的合规风险。

⑩ **员工安全意识培训。**定期开展数据安全意识培训，提高员工对数据保护重要性的认识。培训内容包括数据处理政策、安全操作规程、社会工程攻击识别和密码安全等。通过案例分析和实践演练，提高员工在日常工作中识别和应对数据安全风险的能力。

**（4）案例分析**

某知名零售企业遭遇了一起重大数据泄露事件。黑客通过该企业的一家暖通空调供应商的系统漏洞，成功入侵该企业的内部网络，最终窃取了大量客户的信用卡和借记卡信息。此次事件给该企业造成重大的经济损失和声誉损害。通过事后复盘，该企业发现自身存在以下数据安全问题。

① **供应链安全风险。**对第三方供应商的系统脆弱性缺乏足够的评估和监控，为黑客提供了“可乘之机”。

② **网络隔离不足。**内部网络未能有效隔离销售点系统和内部业务系统，使得黑客能够通过供应商系统作为“跳板”实施进一步入侵。

③ **事件检测和响应不及时。**未能及时发现和阻止可疑活动，黑客长时间驻留网络进行数据窃取而未被发现。

为防范再次发生类似事件，该企业采取了以下整改措施。

① **加强供应商安全管理。**该企业意识到需要对供应商的网络安全状况进行更严格的审查和监督。开始要求供应商遵循更高的安全标准，定期进行安全评估和渗透测试，及时修复发现的漏洞。对于需要访问敏感系统的供应商，还要求其遵循双因素身份验证等额外的安全控制

措施。

② **提升网络隔离。**该企业对内部网络架构进行了重新规划和分段，确保销售点系统与其他 IT 系统在物理和逻辑上隔离，并对网络流量进行更严格的监控和过滤。

③ **优化安全监测和响应。**该企业增加了安全预算，部署 IPS 与 SIEM 系统，提高识别可疑活动和告警的能力。同时建立全天值守的安全运营中心，强化安全事件的实时监测、分析、处置和取证等能力。

④ **开展员工安全意识教育。**该企业意识到员工是网络安全的第一道防线，开展了大规模的员工网络安全意识培训，鼓励员工及时报告可疑行为，提高员工识别异常访问、网络钓鱼和社会工程等攻击方式的能力。

## 14.7 云计算场景

（1）业务场景描述

在云计算场景（公有云）中，组织将其 IT 基础设施、应用系统和数据资源部署到云服务提供商的平台上。通过使用云服务提供商提供的计算、存储、网络和数据库等各类云服务，组织可以根据业务需求灵活配置和调整资源，实现弹性扩展和快速应对业务变化。

在这种场景下，组织的业务数据被存储在云服务提供商的数据中心里，通过跨地域、跨区域的分布式存储提高了数据可靠性和可用性。各类数据处理和分析工作，例如大数据分析、机器学习等，可通过云服务器、云数据库等资源来完成。员工可以在任何时间、任何地点，通过网络访问云上的组织数据和应用。

选择云计算的组织，往往希望通过云服务获得业务敏捷性、快速创新能力、降低成本、轻量化运维等优势。但同时，云计算也会带来新的安全风险和挑战，例如云数据库泄露、未授权访问、供应链安全、云服务商锁定风险等。因此，在享受云计算红利的同时，组织也应采取适当的云安全管控措施，确保其数据资产和业务连续性不会受到侵害。

（2）场景风险示例

① **数据泄露和未授权访问。**云平台上数据的集中存储和多租户环境，增加了数据泄露和未授权访问的风险。攻击者可能利用云平台的漏洞、API 的不安全设计、不当的访问控制配置等，实现对云上敏感数据的窃取和非法访问。此外，云服务提供商内部管理不完善，也可能导致组织数据被其员工窃取或误删。

② **数据主权和合规性风险。**使用云服务意味着数据存储和处理的物理位置可能分布在世界各地。不同国家和地区在数据主权和隐私保护方面有不同的法律法规要求，给跨境云服务的合规性带来挑战。当组织数据存储在其他国家时，可能面临数据审查、政府调取等合规风险。

③ **供应链安全风险。**云服务的提供依赖于复杂的供应链，包括云服务提供商自身及其上游的软硬件、服务提供商等。任何环节的安全问题，例如恶意代码植入、产品漏洞等，都可能被攻击者利用，危及云服务的安全性和业务连续性。

④ **业务连续性和可用性风险**。组织将关键业务系统和数据托管在云平台上，一旦发生云服务宕机或中断，可能对组织的业务连续性带来严重影响。DDoS、软/硬件故障、自然灾害等，都是云服务面临的可用性威胁。此外，对云服务的过度依赖，也可能带来云服务提供商锁定（Cloud Vendor Lock-in）[H59]的风险。

⑤ **不安全的云端开发**。云平台为组织应用开发提供了便利，但如果开发过程缺乏安全管控，则可能引入新的风险。例如，使用了有漏洞的开源组件、将敏感信息硬编码在程序中、缺少充分的安全测试等，都可能成为云上应用的安全隐患。外包开发管控不当，也可能造成知识产权、源代码等泄露。

⑥ **身份验证和访问控制管理不善**。云端身份验证和访问控制的复杂性，增加了管理不善的风险。如果组织缺乏对云上账号和访问权限的有效管控，则可能出现权限滥用、身份盗用等问题，甚至导致数据泄露。分布在多个软件即服务（Software as a Service，SaaS）应用中的用户身份，如果缺乏统一管理也将增加认证环节的风险。

**（3）安全策略示例**

① **数据分类分级和生命周期管理**。在使用云服务前，组织应全面评估数据资产，根据数据的敏感程度和业务的重要性进行分类分级，并明确各类数据在云端的处理、存储、传输和销毁要求。建立数据生命周期管理机制，确保云上数据从产生到最终销毁的全生命周期都得到妥善保护。

② **云服务提供商选择和供应链管理**。选择重视数据安全和合规的云服务提供商，评估其数据安全管理成熟度，了解数据存储地点、数据备份及恢复能力和事故响应机制等。签署符合行业标准的SLA，明确云服务提供商的安全责任。同时评估云服务提供商的上游供应链安全管理能力，确保其供应链中的软/硬件、服务等也满足安全要求。

③ **云上数据加密和访问控制**。组织对云端存储的敏感数据进行加密。密钥由组织自己管理，防止云服务提供商非法访问数据。对云端数据的访问要实施严格的身份验证和访问控制，遵循最小特权原则，及时移除不必要的访问权限。使用多因素认证、单点登录等措施，提升云端身份安全。

④ **云安全监控和事件响应**。组织可在云平台上部署安全监控和防护措施，例如防病毒、IDS、Web应用防火墙（Web Application Firewall，WAF）等，及时发现和阻断外部攻击。建立云安全事件响应机制，制订应急预案，并定期开展演练。与云服务提供商建立事件通报和协作机制，确保安全事件得到快速处置。

⑤ **云上敏感数据处理**。组织可采用隐私保护技术，例如匿名化、差分隐私、安全多方计算和可信计算环境等技术，确保敏感数据在使用和分析过程中不会泄露隐私。避免在云端处理或存储未经脱敏的高敏感数据。

⑥ **云安全审计和合规**。定期开展云安全审计，评估云上数据安全状况，及时发现和整改问题。与云服务提供商协作完成合规审计。

⑦ **员工安全意识培养**。提升员工的云安全意识，定期开展数据安全和隐私保护培训，包括云端数据处理规范、身份凭据保护等。明确惩戒制度，震慑违规和泄密行为。

⑧ **云迁移和云退出**。制订详细的云迁移计划，包括注重数据的可移植性、制订数据迁移

方案、制订应急回退预案等，确保迁移过程的数据安全。对退出使用的云服务，要彻底删除残留数据，防止数据泄露。评估云服务提供商的数据销毁证明的可信度。

**（4）案例分析**

某大型金融企业为了提升业务敏捷性、降低 IT 成本，决定将部分非核心业务系统迁移到云平台，并使用 SaaS 开展新业务。由于金融行业的特殊性，该企业在使用公有云平台之后可能出现以下潜在的数据安全风险。

① **数据泄露风险。**该企业将敏感数据存储在云端，存在数据泄露的风险。攻击者可能利用云平台漏洞、不当配置或者内部威胁等途径，窃取云上敏感数据，给企业声誉和客户隐私带来损害。

② **合规性风险。**金融企业需要遵守严格的数据合规性要求，例如《银行业金融机构数据治理指引》等。该企业将数据迁移到云端，可能存在数据存储地不合规、跨境数据传输限制等合规问题，面临监管处罚的风险。

③ **供应链风险。**云服务依赖于复杂的供应链，云服务提供商的上游软硬件等任一环节出现安全问题，都可能殃及云平台的安全性和可靠性，影响金融业务的连续性。

④ **云安全事件风险。**云端的安全事件，例如 DDoS、勒索软件等，可能影响云服务的可用性，导致业务中断。此外，云上复杂的攻击面也带来了安全管理的挑战，需要专业的技术和人员投入。

针对上述风险，建议采取以下应对措施。

① **防范数据泄露。**应选择安全、合规的云服务提供商，评估其数据保护能力，签署严格的 SLA；对云上敏感数据进行加密，密钥由企业保管；实施严格的云端身份验证和权限管控，并启用日志审计。

② **确保合规性。**应了解金融行业数据合规要求，选用符合要求的云服务提供商和数据中心；开展数据安全评估，确保跨境数据传输合规；对云上数据处理遵循最小化原则，避免过度收集个人信息。

③ **防范供应链风险。**应评估云服务提供商的供应链安全管理成熟度，了解其上游供应商的安全状况；要求云服务提供商提供业务连续性和灾备措施，定期开展演练。

④ **应对云安全事件。**应成立云安全运营团队，部署云端安全监控和防护措施；制订云安全事件应急预案，并定期开展演练；与云服务提供商建立安全事件通报和响应机制，快速处置安全事件。

## 14.8 远程办公场景

**（1）业务场景描述**

在远程办公场景下，员工可通过各种设备（例如个人计算机、笔记本计算机、平板计算机和智能手机等）和网络连接（例如家庭 Wi-Fi、公共 Wi-Fi 等）远程访问组织的 IT 系统和数据资源。员工需要访问和处理包括客户信息、财务数据、商业机密和知识产权等在内的敏感数据，并使用协作工具（例如电子邮件、即时通信软件等）与同事和合作伙伴进行沟通和文件共享。

在这种情况下，组织对数据的控制力度会降低，因为数据不再仅限于组织内部的 IT 环境，而是分散在员工的个人设备和外部网络中。此外，员工在家中或其他非办公场所工作时，可能面临更多的干扰，会导致数据安全意识的降低和风险的增加。

远程办公场景对组织的数据安全治理提出了更高的要求，需要采取适当的技术和管理措施，以确保数据的机密性、完整性和可用性，同时也要平衡员工的工作灵活性和便利性。组织需要制定全面的数据安全战略和规程，对员工进行必要的安全意识教育和培训，并部署相应的安全技术和工具，例如虚拟专用网络（VPN）、多因素身份验证、数据加密和访问控制等，以保护数据在远程办公环境下的安全。

（2）场景风险示例

**① 不安全的网络环境。**员工在家中或公共场所使用未受组织管控的网络（例如家庭 Wi-Fi、公共 Wi-Fi），这些网络可能缺乏足够的安全措施，容易受到中间人攻击、窃听和数据拦截等网络威胁。

**② 设备安全性不足。**员工使用个人设备（例如手机、个人计算机、平板计算机等）处理工作数据，这些设备可能缺乏必要的安全配置（例如操作系统补丁、杀毒软件等），存在被恶意软件感染、数据泄露或未经授权访问的风险。

**③ 数据访问和传输风险。**远程访问组织内部系统和数据时，如果没有使用安全的通信协议（例如 VPN、SSL/TLS 等）对数据传输进行加密保护，敏感数据可能在网络传输过程中被窃取或篡改。

**④ 身份验证和访问控制不足。**在远程办公环境下，对用户身份的验证和对数据访问的控制面临更大的挑战。如果缺乏可靠的身份验证机制（例如多因素认证）和细粒度的访问控制策略，可能导致未经授权的用户访问敏感数据。

**⑤ 云服务和协作工具的安全隐患。**远程办公可能会依赖云服务（例如云存储、云办公套件等）和在线协作工具（例如视频会议、即时通信等），这些服务的安全漏洞（例如数据泄露、未授权访问等）将直接影响组织数据的安全。

**⑥ 员工安全意识不足。**在远程办公环境中，员工的安全意识和行为将直接影响数据安全。如果员工缺乏足够的安全意识和培训，可能会因疏忽或错误操作（例如随意连接不安全 Wi-Fi、点击钓鱼链接、泄露账号密码等）发生数据安全事故。

**⑦ 影子 IT 风险。**员工在远程办公时，可能为了方便而使用未经组织批准和管控的 IT 服务或工具，这些服务或工具可能不符合组织的安全标准，易导致数据泄露。

（3）安全策略示例

**① 实施零信任安全模型。**组织可采用“永不信任，始终验证”的原则，对所有的用户、设备和网络连接进行持续的身份验证、授权和安全监测。通过微隔离、最小权限访问、实时风险评估等技术，组织可实现对数据的精细化访问控制和动态安全防护。

**② 部署安全的远程访问解决方案。**组织可使用 VPN、ZTNA 等安全的远程访问技术，对远程用户和组织网络之间的通信进行加密保护，并基于身份和设备状态等因素实施动态的访问控制策略。

③ **加强终端设备的安全管理。**组织可为员工配备组织所有和管控的办公设备（例如企业笔记本计算机、手机等），或对员工自带设备实施严格的安全管理策略（例如设备注册、合规检查、数据隔离等）。定期对所有终端设备进行漏洞扫描、安全补丁更新和恶意软件防护。

④ **实施强认证和细粒度的访问控制。**组织可采用多因素身份验证（MFA）技术，结合用户名密码、一次性密码（OTP）、生物识别等多种身份验证手段，提高用户身份确认的安全性。还可基于用户身份、角色和设备状态等因素，实施细粒度的数据访问控制策略。

⑤ **加密敏感数据的存储和传输。**组织可对存储在终端设备、云服务或其他存储介质中的敏感数据进行加密保护，防止数据被非法访问或泄露。还可采用安全的通信协议（例如 SSL/TLS、IPsec 等）针对敏感数据传输过程进行加密，保证数据的机密性和完整性。

⑥ **选择安全可靠的云服务和协作工具。**组织可优先选用安全性高、声誉佳的云服务提供商和协作软件供应商，确保其安全措施完善（例如数据加密、访问控制、安全审计等）、隐私保护到位，遵从相关法律法规和行业标准。还可与供应商签订严格的 SLA，明确安全责任界限。

⑦ **提高员工的安全意识和技能。**组织可定期开展员工网络安全宣传教育和培训，普及远程办公场景下的数据安全风险和防范措施，提高员工的安全意识。还可通过实战演练、模拟测试等方式，提升员工应对网络钓鱼、社会工程等安全威胁的技能。

⑧ **制订数据安全事件响应预案。**组织可建立完善的数据安全事件响应机制和预案，明确安全事件的发现、报告、分析、处置和恢复等流程，并定期开展应急演练。一旦发生数据安全事件，组织能够及时、有序地开展应急处置，最大限度地减少对业务运营的影响。

⑨ **开展数据安全合规性评估。**组织可定期开展数据安全合规性评估和审计，全面评估远程办公场景下的数据安全风险和控制措施的有效性，识别合规差距并持续改进，确保遵从国家法律法规、行业标准及最佳实践。

**（4）案例分析**

某知名科技公司在 2020 年大规模采用了远程办公的工作模式。作为一家全球领先的企业，该公司拥有大量的敏感数据和知识产权，在支持员工远程办公的同时，也面临着巨大的数据安全挑战。

具体的数据安全风险包括以下内容。

① 大量员工通过不受控的家庭网络和个人设备访问公司资源，增加了数据泄露和网络攻击的风险。

② 员工在家办公期间，可能使用不安全的云服务和协作工具分享和存储敏感数据，导致数据泄露。

③ 在远程办公环境下，公司对员工的身份验证和访问控制更加困难，可能导致未经授权的访问。

为防范上述风险，该公司采取了以下应对措施。

① 快速扩展了其安全远程访问解决方案的并发容量，包括 VPN、多因素身份验证（MFA）和访问策略，确保只有受信任的用户和设备才能访问公司资源。

② 加强对员工个人设备的管理，通过移动设备管理（MDM）工具对设备进行安全配置、补丁更新和恶意软件防护，同时实施设备合规性检查和数据隔离策略。

③ 大力推广使用安全的协作工具，满足员工远程办公的沟通和协作需求，同时防止敏感数据通过不安全的第三方工具泄露。

④ 利用安全分析和威胁情报能力，实时监测针对远程办公员工的网络钓鱼、恶意软件等安全威胁，并及时采取应对措施。

⑤ 加强对员工的安全意识教育和培训，提供在线学习资源和实践指南，帮助员工了解远程办公的数据安全风险和最佳实践。

⑥ 与第三方安全服务提供商合作，定期开展远程办公环境下的数据安全评估和渗透测试，持续识别和修复安全漏洞。

## 14.9　物联网场景

**（1）业务场景描述**

物联网场景是指通过互联网将大量智能设备相互连接，形成一个智能化、网络化的系统，实现设备之间的信息交换和通信，从而达到智能感知、监测和控制等目标的应用场景。

在物联网场景中，各类智能设备通过内嵌通信模块接入互联网，采集真实世界的数据。这些大量的异构数据经由各种通信网络传输汇聚到边缘网关、数据中心或云平台，进行存储、分析、挖掘和智能处理，形成对物理世界的数字呈现。处理后的结果数据再返回到现实世界，对各类设备进行监测、预测性维护和自动化控制，从而实现智能优化和决策。

目前，物联网应用领域广泛，涵盖了工业制造、能源电力、智慧城市、车联网、智能家居、可穿戴设备和农业环境等多个领域。通过物联网技术，组织可提升生产和生活的自动化、智能化水平，优化资源配置，提高效率，创造新的商业模式和价值。

物联网将虚拟世界与现实世界连接起来，通过大量数据的收集和智能处理，为人们智能化的工作和生活提供支撑。随着 5G、人工智能等技术的发展和融合应用，物联网成为数字时代的关键基础设施之一。

**（2）场景风险示例**

① **设备安全风险。**物联网设备受制于成本因素，普遍安全防护能力较弱，容易受到恶意软件感染、未授权接入等攻击，沦为“僵尸网络”的一部分；由于缺乏可靠的身份验证和访问控制机制，攻击者可非法访问和操纵设备；设备中的软件和固件也会存在安全漏洞，且补丁更新不及时，易被黑客利用发起攻击。

② **通信安全风险。**物联网设备间通信缺乏加密保护，数据在传输过程中容易被窃听、篡改；当设备与云平台或应用端通信链路受到中间人攻击时，可能导致敏感数据泄露；使用不安全的通信协议易使系统受到协议漏洞的攻击。

③ **数据隐私泄露风险。**物联网设备收集的视频、音频和位置等隐私数据，在使用和共享过程中未经用户授权或告知而被滥用；数据传输、存储环节缺乏必要的加密、脱敏等保护，易

导致用户隐私数据泄露；基于用户数据进行用户画像、行为分析，但未采取有效的数据去标识化措施，会侵犯用户权益。

④ **数据完整性风险。**通过篡改传输中的指令数据，对物联网设备进行错误控制，会影响系统正常运行；对云端存储的历史数据进行恶意篡改，会破坏数据的完整性和可信度。

⑤ **数据可用性风险。**对物联网关键设备实施拒绝服务攻击，会导致其无法正常采集数据，影响业务连续性；物联网数据被勒索软件加密，无法访问和使用，会严重影响业务运转。

⑥ **数据共享滥用风险。**未经用户授权，非法共享、转售用户数据牟利；内部员工权限管理不当，私自复制、泄露用户数据。

⑦ **数据处置不当风险。**当物联网设备报废、转售时，未彻底删除设备中存储的用户数据；云端冗余备份数据长期堆积，对过期数据缺乏有效的销毁机制，会增加数据泄露风险。

⑧ **数据跨境传输风险。**大量物联网数据跨国传输，可能违反不同国家和地区的数据保护法律法规；数据存储在不同国家，当执法部门要求调取数据时，会涉及法律冲突和主权问题。

（3）安全策略示例

① **设备安全加固。**对物联网设备进行安全加固，关闭非必要的端口和服务，修复已知安全漏洞；在设备中内置可信平台模块（Trusted Platform Module，TPM）芯片，对设备唯一标识、密钥等敏感数据进行硬件隔离保护；对设备的操作系统和应用进行安全强化，增加安全启动、内存保护和访问控制等安全特性。

② **身份验证与访问控制。**对接入网络的物联网设备进行严格的身份验证，确保只有合法的设备才能接入；基于数字证书等机制，对设备发起的请求进行身份确认和完整性校验；实施细粒度的访问控制，严格限制对物联网设备、数据和功能的访问权限，遵循最小权限原则。

③ **全程数据加密保护。**对设备采集的原始数据进行加密存储；利用 SSL/TLS 等安全通信协议，对设备间、设备与平台间的通信数据进行加密传输；对云端存储的数据进行加密，并采用安全可靠的密钥管理机制。

④ **数据脱敏与隐私保护。**采用数据脱敏技术，对设备采集的与用户身份相关联的敏感数据，以及应用系统中的用户注册信息等进行掩码、加密、假名化处理；告知用户数据收集的目的、使用方式、保存期限等，并提供用户个人数据的访问、纠正、删除等权利；对用户画像、行为分析等数据进行去标识化处理，避免泄露用户身份。

⑤ **数据备份与恢复。**制订物联网数据的备份策略和恢复预案，定期对关键数据进行异地备份；利用区块链等技术，保证关键数据的存储和使用过程可追溯、不易篡改；建立数据容灾机制，确保在灾难发生时数据可及时被恢复，保障业务连续性。

⑥ **数据安全审计。**部署数据安全审计系统，对物联网平台的数据访问、使用等行为进行全程记录和审计；监控和识别异常的数据访问和使用行为，及时预警和阻断非法操作；妥善保存审计日志，确保在安全事件发生时可溯源。

⑦ **供应链安全管理。**建立物联网设备和服务的安全评估机制，对接入的设备厂商进行背景审查和安全审计；与设备提供商签署安全协议，明确数据安全责任界定和违约处理；持续关注并评估供应链安全风险，及时更换不符合安全要求的设备和服务。

⑧ **安全事件响应。**制订完善的安全事件响应预案，明确安全事件分类分级和处置流程；组

建安全事件应急响应团队，定期开展应急演练，提高安全事件发现和处置能力；与外部机构建立安全事件通报和联动机制，快速获得安全威胁情报和处置方案。

⑨ **安全意识培养。**加强员工安全意识培训，包括数据安全操作规程、密码管理、社会工程防范等；开展数据安全宣传周等活动，普及数据安全知识，提高全员数据安全意识。

⑩ **合规性管理。**遵循物联网相关的数据安全法律法规，满足国家标准和行业标准的合规要求；聘请独立第三方机构开展数据安全合规评估，识别合规风险和整改措施；披露数据安全相关信息，接受政府监管部门和客户的监督。

**（4）案例分析**

安全机构发现国内某知名视频监控设备制造商旗下产品存在诸多数据安全风险。

① 该制造商的摄像头、录像机等视频监控设备被曝存在多个严重的安全漏洞，影响大量设备。其中最严重的漏洞是默认密码和弱口令问题，攻击者通过猜测或暴力破解登录密码，可未授权就能访问设备，窃取视频数据。

② 部分设备固件存在后门漏洞，攻击者可绕过身份验证，远程发起命令，控制设备运行。

③ 设备通信缺乏加密保护，在公网传输的视频数据存在被窃听和被篡改的风险。

针对上述风险，建议采取以下应对措施。

① 发布安全公告，提示客户及时修改默认密码，根据强密码规则设置高强度密码。

② 提供安全补丁，修复已发现的安全漏洞，并通过远程下载技术自动将更新推送到客户设备。

③在新固件中强制要求首次使用时修改默认密码，增加密码复杂度校验，并定期提醒客户更换密码。同时增加设备身份验证机制，确保只有获得客户授权的客户端应用才能访问设备。

④ 使用 TLS 加密视频传输通道，并对关键控制指令进行数字签名保护，防止视频数据泄露和指令被伪造。

⑤ 与执法机构合作，打击利用视频设备漏洞开展的违法犯罪行为。

## 14.10 大数据处理场景

**（1）业务场景描述**

在大数据处理的业务场景中，组织需要应对多样化的海量数据，这些数据通常具有以下特征：Volume（大量）、Velocity（产生和处理速度快）、Variety（种类多）、Value（价值密度低），简称“4V”。大数据的来源广泛，既包括组织的业务系统、日志文件和网络设备等，也包括外部的社交媒体、政府公开数据和合作伙伴数据等。

大数据处理的流程通常可分为以下环节。

① 数据采集：从各种源头搜集、导入原始数据。

② 数据存储：将采集到的原始数据存入分布式存储系统中，例如 Hadoop HDFS、NoSQL 数据库等。

③ 数据清洗：对原始数据进行去噪、去重、格式转换和字段提取等预处理操作，提高数据

的质量。

④ 数据分析：使用统计分析、机器学习和数据挖掘等技术，从大数据中发掘有价值的信息和规律。

⑤ 数据可视化：通过图表、地图和仪表盘等可视化手段，直观展现分析结果，为决策提供依据。

组织开展大数据处理的目的在于充分挖掘和利用数据价值，服务于业务经营与管理的各个环节，具体如下。

① 优化生产制造、供应链管理等核心业务流程。

② 了解客户行为，制定个性化营销和服务策略。

③ 监控设备和系统运行状态，实现预测性维护。

④ 防范欺诈、洗钱等金融风险，确保交易安全。

⑤ 支撑企业战略决策，寻找新的业务增长点。

**（2）场景风险示例**

① **数据泄露风险。**敏感数据在采集、存储、处理和传输等环节可能被非法截获，尤其是在使用公有云、外包服务时；内部员工或外部合作方可能滥用数据访问权限，盗取数据用于个人利益；大数据平台自身的漏洞也可能被攻击者利用，导致数据大规模泄露。

② **隐私保护挑战。**在缺乏用户知情同意的情况下，过度收集个人信息；将个人数据用于初始收集目的之外的场景，违背了使用目的限制原则；未采取有效的数据脱敏措施就进行数据共享、交易或发布；通过数据挖掘、用户画像等方式推断出更多的隐私信息。

③ **数据完整性风险。**攻击者可能恶意篡改数据，会影响数据分析结果的可靠性；数据处理缺乏校验和审计机制，错误数据未被及时发现和纠正；元数据与实际数据不一致，会影响数据的可追溯性。

④ **访问控制和权限管理难度。**对海量、异构数据资产缺乏统一的安全标签和分类，难以实施细粒度权限控制；缺乏数据访问和操作的实时监控，特权账号滥用风险大；对外开放数据API或服务时，未严格校验第三方的身份和权限。

⑤ **数据共享与开放安全。**数据供应方与数据使用方缺乏可信数据共享机制和协议；共享数据可能被二次共享、转售，无法管控数据流向；开放数据集中可能包含个人敏感信息，但匿名处理不足。

⑥ **数据处理算法安全。**算法和模型可能存在漏洞，被恶意利用操纵结果；对机器学习模型的对抗攻击，会影响输出的可信度；算法可能存在歧视性，会产生不公平或有偏见的决策。

**（3）安全策略示例**

① **数据分类分级管理。**依据数据的敏感程度、业务重要性等进行分类分级，并设置对应的安全标签；针对不同类级的数据，采取差异化的安全防护措施，实现精细化管控；定期评估和调整数据的分类分级，确保与业务环境和数据处理活动相匹配。

② **数据完整性校验。**在数据处理过程中，实施数据完整性校验机制，确保数据的准确性和完整性。通过哈希函数等技术手段检测数据是否被篡改。

③ **细化的访问控制和权限管理。**建立细化的访问控制和权限管理系统，根据用户的角色

和职责分配相应的数据访问权限。实施最小权限原则，避免数据被非法访问或滥用。

④ **数据脱敏处理。**根据使用场景和用户角色，对敏感数据进行脱敏或部分脱敏，降低隐私泄露风险；常用的数据脱敏技术包括数据加密、数据掩码、数据替换和数据聚合等；平衡数据可用性与数据保护，避免过度脱敏影响数据分析价值。

⑤ **数据使用全程管控。**建立数据地图，明确数据资产、数据流转路径和使用目的等元数据信息；采用数据溯源分析技术，实现数据使用全链路可视、可追溯和可审计；部署 DLP 系统，对敏感数据的使用行为进行实时监测和阻断。

⑥ **数据跨境传输合规。**针对数据出境场景，确保遵守数据本地化要求和国际通行规则；与数据接收方签署合规协议，明确数据访问、使用、存储和销毁等要求，并对其数据保护能力进行尽职调查，定期评估合规状况。

⑦ **供应商与第三方管理。**与大数据平台供应商签署保密协议，明确双方在数据保护方面的责任和义务；对供应商物理、技术和管理等方面的安全能力进行评估和考核；当合作终止时，确保供应商依约删除数据，避免数据二次泄露。

⑧ **数据安全应急响应。**制订数据泄露、损毁和丢失等安全事件的应急预案，定期组织应急演练；及时发现和报告安全事件，启动应急响应流程，控制事态进一步恶化。善后处置工作包括事后评估、改进方案制定和责任人问责等。

⑨ **数据安全审计。**由第三方机构或内审团队定期开展数据安全审计，客观评估数据安全内部控制能力的成熟度；重点关注高风险环节，例如敏感数据处理、特权账号使用和外包服务管理等；针对审计中发现的问题与不足，制订整改计划并落实到位，持续改进数据安全治理水平。

⑩ **人员培训和教育。**加强对大数据处理相关人员的安全培训和教育，提高他们的安全意识和技能水平，确保相关人员能够正确处理敏感数据并遵守相关安全规定。

**（4）案例分析**

某大型互联网公司积累了大量的用户数据，包括用户属性、行为和社交关系等信息。依托大数据分析能力，该公司得以洞察用户需求，优化产品功能，支撑精准营销。然而，在数据规模快速扩张、业务创新层出不穷的过程中，该公司愈发意识到大数据带来的安全隐患和合规挑战。

经过排查，发现存在以下数据安全风险。

① 由于数据高度集中，一旦核心数据库被入侵，可能导致大量用户信息被泄露，给该公司的声誉和财务方面造成巨大损失。

② 部分业务（例如广告投放、金融服务等）要求较高的用户画像精度，但个人信息过度使用可能侵犯用户权益，引发合规风险。

③ 为追求业务价值最大化，一些部门自行收集和使用用户数据，却忽视了数据全生命周期的安全管理，存在监管盲区。

④ 当与第三方开发者分享数据接口时，缺乏用户数据访问和使用的严格管控，一定程度上增加了数据泄露的风险。

为防范上述风险，该公司计划采取以下应对措施。

① 对数据集进行分布存储，避免敏感信息过度集中。采用同态加密、安全多方计算等隐私保护技术，实现数据“可用不可见”。

② 成立数据合规机构，评估新业务、新场景下的数据使用合规性。制定数据收集、使用的“白名单”，严格控制不必要的敏感数据采集。

③ 构建统一的数据安全治理框架和管理平台，将分散的数据纳入统一视图和策略控制之下。通过数据溯源分析，还原数据流转的全景图。

④ 当对外开放数据接口时，采取应用授权、数据加密传输和访问日志审计等手段，防止开发者非授权使用数据。定期开展数据安全培训，提高其保护意识。

⑤ 引入第三方安全机构，开展数据安全评估。编制数据泄露应急响应预案，明确安全事件下的补救和通报机制。

## 14.11 人工智能和机器学习场景

（1）业务场景描述

人工智能（AI）和机器学习（ML）已成为许多新兴应用的关键技术，能够从海量且复杂的数据中提取信息，优化业务流程，加速科技创新。在AI/ML应用场景中，通常需要处理和分析大规模的结构化数据（例如数据库表、日志文件等）和非结构化数据（例如文本、图像和音视频等），这些数据可能来自组织内部的业务系统，也可能来自外部的公开数据集或者用户上传的内容。

数据是AI/ML的核心驱动力，模型训练需要大量的历史数据，数据的质量和规模直接决定了模型的性能。实时预测推理也需要持续的数据供给。数据安全应贯穿AI/ML的全生命周期。原始数据在采集、传输、存储、清洗、标注、分析和使用等各个环节，都可能面临数据完整性、安全性、合规性等方面的风险和挑战。

随着AI/ML在金融、医疗、交通、教育和工业等重要领域的深入应用，相关数据中通常包含了大量的个人隐私信息、商业机密和知识产权等敏感内容。AI/ML模型训练用的数据集，以及模型生成的新数据，都有可能泄露这些敏感信息。如果缺乏有效的数据安全治理，轻则影响组织声誉，重则触犯法律法规。

（2）场景风险示例

① **数据泄露风险。**AI/ML应用都需要采集和汇聚大量数据，包括用户行为、交易记录等隐私敏感数据。如果组织对数据访问和使用缺乏严格管控，内部人员或外部攻击者可能窃取数据并利用，给个人隐私和组织利益带来损害。

② **针对模型的攻击。**对抗性样本或恶意输入可能导致模型错误输出，进而影响决策的安全性。

③ **模型可解释性不足。**一些复杂的ML模型是“黑箱”，缺乏可解释性，存在潜在风险。如果模型针对个人做出不利决策，受影响者无法获知原因，无法行使质疑或申诉的权利，存在合规风险。

④ **算法偏见和不公平性。**如果训练数据包含偏见，模型可能会输出不公平的决策。

⑤ **供应链安全问题。**很多组织需要与第三方供应商合作开展 AI/ML 项目，共享原始数据或者使用外包服务。但如果供应商的安全管理能力不足，可能发生数据泄露。对 API 的不当调用，以及跨境数据传输也会增加安全风险。

⑥ **知识产权风险。**ML 模型和相关算法可能是组织的重要资产，需要被保护免受未经授权的访问和复制。

⑦ **训练数据的版权风险。**组织如果使用从公开网络爬取的数据来训练模型，可能侵犯他人对数据的著作权。一些数据集的许可协议禁止将其用于商业用途，需要慎重对待。

⑧ **恶意利用。**聊天机器人、虚拟助手等对外开放的 AI 应用，如果缺乏恶意内容鉴别和输入过滤措施，可能被恶意用户利用传播虚假信息、违禁品广告等。

（3）安全策略示例

① **数据分类分级与风险评估。**对组织内不同类型的数据进行系统梳理，根据数据的敏感程度、价值等进行分类分级，并评估其所面临的安全风险，制定差异化的防护策略。AI/ML 所需的数据应被标注为高敏感级别，严格控制访问权限。

② **访问控制和审计。**实施严格的访问控制策略，确保只有授权人员能够访问敏感数据和模型。同时，保持审计日志以追踪使用数据的情况。

③ **数据使用最小化。**模型训练应遵循数据最小化原则，仅使用必要的数据字段和数据量，减少不必要的数据采集和存储，降低数据泄露的风险。例如，在不影响模型效果的前提下，可使用采样数据子集而非全量数据集。

④ **数据质量验证。**在将数据用于训练之前，实施数据清洗和验证过程，以确保数据的准确性和完整性。

⑤ **对抗性训练和模型加固。**使用对抗性样本对模型进行训练，以增强其对抗恶意输入的能力。

⑥ **算法公平性审查。**定期评估模型以检测并纠正任何潜在的偏见或不公平性。

⑦ **可信 AI 框架。**从数据采集、模型设计到应用部署，贯彻可信 AI 原则，重点关注数据和模型的可解释性、公平性和透明度等，确保 AI 系统符合道德与社会规范。

⑧ **知识产权保护。**使用专利、版权和商业秘密法律手段来保护算法和模型。

⑨ **供应链安全管理。**如果涉及与第三方合作，需要全面评估其数据安全管理能力，通过合同条款明确数据安全责任。敏感数据与第三方共享前，需要进行脱敏或匿名化处理。与供应商的数据交互应通过加密传输，并持续监控异常行为。

⑩ **AI 治理委员会。**建立跨部门的 AI 治理委员会，由数据专家、法务团队和业务代表等组成，负责制定数据的道德准则，评估重大 AI 项目的数据安全风险，推动落实各项管控措施。

⑪ **安全审计与持续监控。**开展常态化的安全审计，利用自动化工具持续监控数据访问行为、数据流动轨迹，及时发现异常情况并触发告警，降低数据安全事件的影响。

⑫ **安全意识培训。**加强从业人员的数据安全意识教育，树立大数据时代的数据伦理观，提高对 AI/ML 系统和相关数据安全风险的认知，学习相关的安全开发和安全使用的知识。

（4）案例分析

某知名AI研究机构发布了一款大型语言模型，它能够进行高质量的文本生成。为研究这一功能可能带来的安全风险，该机构的研究人员特意设计了一系列恶意任务的提示词（Prompt），测试该模型的反应。

研究发现，经过精心设计的Prompt，该模型能够生成非常有欺骗性和危害性的文本内容，例如虚假新闻、有偏见的言论和恶意软件代码等。并且，这些Prompt不需要专业知识就能被设计出来。这表明，这款AI模型存在被恶意利用的风险。

为了防范此类风险，该机构采取了以下应对措施。

① 不直接开放模型，而是提供基于API的访问，由机构来审核第三方应用，控制模型的使用范围。

② 制定了详尽的API使用条款，禁止用于生成有害、歧视和侵权等内容。违反规定者将被吊销API访问权。

③ 为API设置内容过滤器，对输入的Prompt进行审核，不允许输入带有恶意或危险倾向的内容。

④ 与安全研究者合作，持续对模型进行对抗性测试，主动发现可能被滥用的风险点，并及时修补。

⑤ 依据负责任的AI原则，采取适度的透明度实践，与社会各界就模型的影响进行公开的讨论。

⑥ 呼吁整个AI行业重视大模型的安全性，要求从业者恪守职业操守，避免使用不当的AI工具。

## 14.12 跨境传输和存储场景

（1）业务场景描述

随着全球化进程的不断深入，组织的业务活动日益突破地域和国家边界的限制。为了满足跨国运营、战略合作、资源优化配置和市场开拓等业务发展的需求，组织需要开展大量的数据跨境传输活动，将业务数据、用户信息和知识产权等从一个国家或地区传输到另一个国家或地区进行处理、存储、分析和利用。同时，为了提升IT基础设施的灵活性、可扩展性和成本效益，开展全球业务的组织会选择将数据存储在海外多个地点的数据中心或云平台上。这就形成数据跨境流动、多地域数据托管和全球化数据共享的复杂场景。

在这一过程中，不同国家和地区都对数据跨境传输和存储提出了严格的合规性要求，例如我国的《网络安全法》《数据安全法》、欧盟的《通用数据保护条例》、美国的《澄清境外合法使用数据法案》等。组织需要深入分析数据跨境涉及的多个司法管辖区的监管要求，并采取相应的安全和合规措施，例如数据去标识化、数据传输加密、第三方安全评估和标准合同条款签订等，确保数据跨境活动符合法律规定。

此外，由于数据在多个国家、多个系统间流转，可能经过互联网传输或由海外机构负责处理，此时，数据被泄露、篡改和滥用等安全风险将显著提高。组织需要从技术、管理和法律等多个维度构建数据跨境安全保障体系，全面识别数据跨境活动中的风险点，并制定有针对性的安全防护和风险应对方案，最大限度地降低数据跨境过程中的安全隐患。

**（2）场景风险示例**

① **合规风险。**不同国家和地区在个人信息保护方面都有各自的法律法规。组织将数据传输到其他国家和地区时，必须充分了解和遵守数据目的地的相关法律，否则可能面临违法违规处罚的风险。例如，未经用户单独同意擅自跨境传输个人信息、未按要求进行数据安全评估、超出必要限度收集个人信息等。

② **数据窃取篡改风险。**数据在通过互联网跨境传输时，存在被不法分子通过网络攻击手段拦截、窃听和篡改的风险，会威胁数据的机密性、完整性和可用性。攻击者可能窃取数据进行非法利用，或者恶意篡改数据破坏业务运转。

③ **境外数据中心的安全风险。**数据存储在海外数据中心，一方面可能遭遇当地的自然灾害、基础设施故障等风险，影响数据中心的物理安全。另一方面，境外数据中心自身安全防护能力可能无法达到组织的要求，存在数据泄露或被非授权访问的风险。尤其是一些组织选择将数据存储在多个国家的分布式数据中心，更是增加了数据泄露风险。

④ **数据主权风险。**一些国家基于国家安全等原因，要求对数据行使主权，例如要求存储在当地的数据中心、提供政府调取数据的渠道，或者限制数据跨境传输。组织如果违反此类法律法规，可能面临数据无法转移、业务中断的风险，以及可能泄露用户隐私数据给第三方的风险（例如要求强制转交）。

⑤ **数据资产管理的风险。**当组织需要管理分散在全球各地的数据资产时，如何统筹不同区域的数据，实现有效的数据同步、备份、访问和追踪溯源等，是一大挑战。管理不善可能导致数据冗余、不一致和访问混乱等问题，增加数据被错误修改、丢失和泄露的风险。组织需要制定完善的跨境数据治理策略，从组织、制度和流程等方面规范数据跨境行为。

**（3）安全策略示例**

① **数据跨境合规与隐私影响评估。**组织应当在开展数据跨境传输和存储活动前，全面评估所涉及国家和地区的法律法规要求，识别可能存在的合规风险与责任，并制定切实可行的合规路径。同时，组织还应当评估数据跨境对个人隐私权益的影响，并采取相应的保护措施。具体而言，组织可聘请法律和隐私保护专家开展尽职调查，出具合规分析报告、确立数据跨境传输的法律依据、向监管机构进行备案或申报、签署标准合同条款和定期开展数据保护影响评估等。

② **采用端到端的数据加密传输。**对于跨境传输的数据，组织应采用可靠的加密算法（例如 AES、SM4 等）进行加密保护，防止数据在传输过程中被窃取或篡改。传输加密应覆盖从源端到目的端的全过程，可使用安全传输协议。对于存储在境外的静态数据，也应使用加密技术保护（例如存储加密、数据库透明加密等）。此外，还可以通过数据脱敏、数据水印等技术，进一步降低数据泄露的风险。

③ **构建身份与访问控制机制。**组织应当建立集中统一的身份验证和访问控制平台，对所有跨境访问的用户和设备进行一致的鉴别、授权和审计。访问控制策略应遵循最小特权原则，

按需授权。认证机制应采用多因素认证方式，结合密码、数字证书和生物特征等。特别是对于敏感数据的访问，应进行重点保护，例如审批控制、行为监控等。

④ **选择安全可靠的境外服务商**。对于组织选择将数据存储在境外云平台或数据中心的场景，应审慎评估境外服务商的资质、技术实力和安全管控能力，选择口碑良好、重视安全合规的境外服务商进行合作。要通过合同条款和 SLA 明确云服务提供商的安全责任。同时，要评估数据中心所在地的地理位置、自然条件和基础设施保障能力，尽量选择风险等级低的区域。数据备份应采用异地容灾，避免出现单点故障。

⑤ **制订数据安全事件应急预案**。组织应充分评估数据跨境可能带来的安全事件风险（例如数据泄露、勒索攻击和服务中断等），制订完善的安全事件应急预案，明确应急组织体系、处置流程和恢复策略等，并定期开展应急演练，检验应急预案的有效性。一旦发生数据安全事件，要启动应急预案，及时止损，降低负面影响。同时，要及时向监管机构、数据主体等通报情况，履行通知义务。

⑥ **开展数据安全审计与监测**。组织应建立数据跨境活动的安全审计机制，定期对相关部门开展数据安全合规检查，评估内控制度的有效性，发现并整改违规行为和薄弱环节。可借助数据安全监测平台，实时监控数据跨境过程，及时发现异常行为，启动预警和应急处置。

**（4）案例分析**

一家全球知名的电商平台在欧洲、亚洲和北美洲均设有运营中心，需要频繁跨境传输客户数据、交易信息和商品数据等，以支持其全球化的业务运营。然而，数据跨境传输和存储带来了一系列安全风险，例如数据泄露、非法访问、篡改和丢失等。同时，不同国家和地区的数据保护法规也增加了数据跨境传输的复杂性。

为防范上述风险，该电商平台采取了以下应对措施。

① **评估法规遵从性**。该平台评估了涉及数据传输的所有国家和地区的数据保护法规，例如欧盟的《通用数据保护条例》、中国的《数据安全法》和《个人信息保护法》等。通过设立专门的法务团队和数据保护官，确保该平台的数据处理活动严格遵守这些法律法规。

② **数据加密与完整性保护**。在数据传输过程中，该平台实施了端到端的数据加密技术。通过使用可靠的加密算法，确保数据在跨境传输时不会被窃取或篡改。同时，该平台采用数字签名和时间戳技术，验证数据的完整性和真实性。

③ **访问控制与身份验证**。该平台针对每个地区的数据中心，都部署了多因素身份验证系统和基于角色的访问控制机制。只有经过严格授权的人员才能访问敏感数据，降低了内部泄露的风险。

④ **数据备份与灾难恢复**。该平台建立了完善的数据备份和灾难恢复计划。在多个地理位置分散的数据中心存储数据备份，以确保在自然灾害或人为错误导致数据丢失时，能够迅速恢复业务运营。

⑤ **持续的安全监控与审计**。该平台通过部署 SIEM 系统，实时监控数据传输和存储过程中的异常行为。定期进行安全审计，评估现有安全措施的有效性，并根据审计结果及时调整安全策略。

⑥ **跨境数据传输协议**。该平台与数据接收方签订详细的数据跨境传输协议，明确双方的

权利和义务。协议中规定了数据的用途、保留期限、安全措施及违约责任等条款，以确保数据在跨境传输过程中的合法性和安全性。

## 14.13　区块链场景

（1）业务场景描述

由于区块链技术具有“去中心化”、数据不易篡改及全程可追溯的特性，越来越多的组织开始将区块链技术融入各种业务流程中，例如供应链管理、金融服务、数字身份认证、知识产权保护、投票系统和医疗健康等领域。

在供应链管理中，区块链技术可以提高整个供应链的透明度，实现产品溯源和真伪验证，防止假冒伪劣产品的流通。在金融服务领域，区块链技术可应用于跨境支付、证券交易和保险等场景，提高交易效率并降低成本。在数字身份认证方面，区块链技术可以提供更安全可靠的身份验证机制。在知识产权保护方面，区块链不易篡改的特性可以用于版权登记和追踪。

同时，随着区块链智能合约技术的出现，区块链上可以自动执行预设条件的合约，实现合约内容和执行过程的公开透明，广泛应用于金融衍生品交易、房地产交易和保险理赔等场景。

但是，区块链应用跨组织、跨地域的特性，使其安全治理也更加复杂。需要制定统一的区块链数据安全治理标准，明确各参与方的权责，建立健全数据分级分类及访问控制体系，确保区块链生态的安全、可信与合规。

（2）场景风险示例

① **数据泄露风险**。区块链上的数据虽然具有不易篡改性，但如果节点或客户端出现安全漏洞，私钥管理不善或被窃取，攻击者仍可能通过非法手段获取链上数据，导致数据泄露。同时，区块链数据的“永久存储”特性，也使得一旦发生数据泄露，后果将更加严重。

② **隐私泄露风险** 。区块链的公开透明特性虽然提高了交易的可信度，但如果在上链过程中，未对交易方的身份信息、交易内容等隐私数据进行脱敏或加密，就可能导致商业机密、用户隐私等敏感信息暴露，引发隐私泄露。

③ **智能合约安全风险**。作为区块链上的自动化执行程序，智能合约的代码质量、安全性直接关系到其操控的数字资产安全。如果智能合约存在漏洞，或因编码错误导致与预期不符，黑客可对其发起攻击、窃取资产、篡改数据和拒绝服务等。

④ **数据完整性风险**。虽然区块链数据具有不易篡改性，但仍需要警惕数据在上链前的完整性。如果上链数据在输入环节就存在错误，仍可能导致链上数据完整性受损。

⑤ **跨链数据安全风险**。随着跨链技术的发展，未来会有更多跨链数据交互的场景。而由于各区块链的安全机制、共识算法有所不同，跨链数据在交换过程中可能因衔接不当导致安全问题。

⑥ **区块链治理风险**。区块链治理机制的不健全，例如管理权限混乱、升级机制缺失和争议仲裁不明等，也可能导致在系统运行中数据被随意篡改或删除、隐私保护措施被绕过等风险。

（3）安全策略示例

① **加强私钥安全管理。**私钥是访问区块链账户和数据的凭证，因此对它的安全管理是重点工作。可采用安全的私钥存储方案，例如 HSM 等，并建立私钥全生命周期管理机制。在重要场景引入多重签名机制，提高私钥的冗余度。制订私钥备份、恢复和更换等应急预案，定期开展私钥安全审计。

② **采用隐私保护技术。**针对隐私泄露风险，可在数据上链前，采用零知识证明（Zero-Knowledge Proof）[H60]、同态加密等隐私保护技术，实现数据可用不可见，在确保区块链功能的同时保护隐私安全。针对特定合规场景，可采用许可链或将部分敏感数据脱链存储等策略。

③ **加强智能合约安全。**针对智能合约安全风险，应从代码安全、权限控制等方面加强管理。建立智能合约全生命周期安全管理规范，从设计、开发和测试到应用的各环节加固安全。上线前必须开展专业的安全审计，发现高危漏洞必须整改到位才能发布。同时，智能合约中要合理设置暂停、熔断和升级等安全功能。

④ **确保上链数据真实可信。**为保障区块链数据完整性，应采取可靠数据源、数据验证等手段，确保只有真实可信的数据才被记录到区块链。可采用可信硬件、物联网设备等客观数据源，引入链外信任锚。对上链数据制定完善性、合规性标准，形成数据准入规范。

⑤ **构建跨链数据安全传输机制。**对于跨链数据交互场景，应遵循统一的跨链数据交换标准，采取一致的隐私保护、访问控制等安全策略。针对跨链数据的来源要进行验真，传输过程采取加密措施，确保只有授权方才能解密访问。同时，宜选择安全性更高的跨链通信协议，例如 Wormhole、Cosmos IBC 等。

⑥ **完善区块链安全治理机制。**从政策法规、行业标准和组织制度等方面，健全区块链数据治理机制。明确各参与方的职责边界，制定统一的数据分级、脱敏、审计和销毁等管理规范。建立区块链数据合规评估机制，对接国家有关安全合规要求。

（4）案例分析

某大型电商平台为提升跨境电商供应链的效率，计划基于区块链技术搭建一个供应链金融区块链平台，实现订单、物流和资金流等信息的上链存证，提高业务的透明度和可信度。

但在建设过程中，该平台也遇到了诸多数据安全风险与挑战：首先，电商平台涉及大量商家和消费者的隐私数据，这些数据一旦上链，存在隐私泄露风险；其次，供应链各环节参与方众多，每一方都有可能成为安全薄弱点，导致未授权访问、数据泄露等风险。此外，在智能合约的设计开发中，也可能引入安全漏洞，带来经济损失。

为防范上述风险，该电商平台采取了以下应对措施。

① 采用联盟链和 RBAC 的架构设计，精细化管控各参与方的权限。并采用支持隐私保护的区块链平台，例如 FISCO BCOS 等，在治理层面就提供了一定的安全保障。

② 建立了完善的隐私数据治理机制。制定数据分级分类标准，对用户身份信息、交易内容等敏感数据进行脱敏处理后再上链，甚至将部分数据置于链外存储。此外还采用了零知识证明、同态加密等密码学隐私保护技术，确保用户隐私安全。

③ 加强对接入平台各节点的安全管控。统一接入规范和流程，对节点的身份认证、通信加密等提出强制性要求。同时引入第三方安全服务，定期对各节点进行安全审计和渗透测试，

及时发现和修复安全隐患。

④ 重视智能合约安全，搭建了智能合约安全开发、测试和审核的规范流程。引入形式化验证等方法，验证智能合约的关键业务逻辑。上线前必须通过第三方专业机构的安全审计，审计范围覆盖功能测试、代码审计和模型验证等各方面，将智能合约的漏洞消灭在上线前。

⑤ 在私钥保护方面，采用 HSM 对关键用户的私钥进行安全托管，并采用多重签名机制提高资金转移等关键操作的安全性。制定了私钥的备份、恢复和撤销等管理机制，并定期更换私钥。

⑥ 整个供应链金融平台还引入了区块链安全监控系统，对链上数据的状态、智能合约事件和异常交易等进行实时监测预警，并建立了应急响应机制，一旦发现风险可快速冻结资金、暂停业务。

第十五章

# 行业案例分析

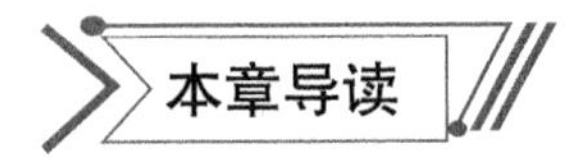


**内容概述：**

本章通过分析电信行业和金融行业的数据安全治理案例，讨论了不同行业在数据安全治理实践中的共性问题和个性化解决方案。内容涵盖了行业背景、面临的挑战、数据安全治理需求等方面。

**学习目标：**

1. 了解电信行业和金融行业在数据安全治理方面的行业背景、面临的主要挑战和痛点。
2. 理解数据安全治理在合规层面和业务层面的典型需求。
3. 提升对组织数据安全治理实践的分析和思考能力。

## 15.1 电信行业数据安全治理背景

### 15.1.1 行业背景

电信运营商是网络强国、数字中国、智慧社会的主力军，在数字化经济快速发展的背景下，电信运营商通过大数据应用、数据要素市场等新兴商业模式实现数据价值的最大化。但是，这一过程也伴随着数据安全的挑战。由于电信运营商的数据具有较高的价值，其面临着被篡改、窃取、泄露、勒索等多种典型的数据安全威胁[1]。

为应对这些挑战，电信运营商在数据安全领域有着大量投入和实践。近年来，三家电信运营商（中国电信、中国移动、中国联通）在技术、人才和资金等方面持续加强数据安全保障能力。在数据安全工作的制度建立、体系完善、技术创新和运营优化等方面积累了丰富的经验[1]。

然而，随着技术的不断发展和数据安全威胁的日益复杂化，电信运营商在数据安全治理方面仍面临诸多挑战。因此，持续加强数据安全治理体系建设，提升数据安全保障能力仍是电信运营商未来工作的重点。

### 15.1.2 面临的挑战

**（1）趋严的法律法规**

近年来，我国数据安全法律法规体系不断完善，《网络安全法》《数据安全法》和《个人信息保护法》等法律法规的相继发布，为数据安全治理提供了坚实的法律基础。同时，针对电信行业和互联网行业的数据安全监管要求也日益趋严，随着《电信和互联网用户个人信息保护规定》《电信网和互联网数据安全风险评估规范》《基础电信企业重要数据识别指南》《基础电信企业数据分类分级方法》《电信和互联网行业数据安全标准体系建设指南》等一系列行业标准规范的发布，进一步明确了电信运营商在数据安全方面的责任和义务。

然而，面对众多且仍在不断更新的法律法规和行业标准，电信运营商如何确保合规性、有效落实各项要求，成为其数据安全治理的首要难题[1]。这不仅需要电信运营商具备深度解读法律条款的能力，还需要建立一套完善的数据安全合规管理体系，确保各项操作符合法律法规的要求。

（2）复杂的数据分类分级

作为通信服务提供方，电信运营商掌握着海量的数据资源，这些数据不仅体量庞大、种类繁多，而且分散在各个业务平台和网络系统中，使得数据分类分级管理工作异常复杂和困难。此外，随着数据的开放共享和价值释放成为行业重要趋势，未来数据资源的内部循环与外部流通将越来越普遍。这将给电信运营商的数据形态、内容和应用场景带来新的变化，进一步提升数据资产管理的复杂性[1]。

为了应对这些挑战，电信运营商需要建立一套科学、合理的数据分类分级管理体系，针对不同类别、不同重要级别的数据进行有效管理和保护。同时，电信运营商还需要加强技术研发和创新，利用有效的技术手段提高数据分类分级的准确性和效率。

（3）待革新的防护思路

传统的数据安全防护主要聚焦数据本身，采用基于边界防护的安全防护模式，旨在确保数据的可用性、保密性、完整性和不可否认性[1]。然而，该模式忽视了数据在传输、存储、处理和交换等全生命周期内的安全管理和技术控制。在传统保护框架下，安全防护手段往往以网络设备、服务器、操作系统或数据库，以及相关应用程序为保护对象，采用单点部署、分散使用和独立扩展的方式。这种方式使得安全设备之间形成“孤岛”，无法实现安全联动，同时也缺乏安全态势的感知和应急处置能力。

然而，在数字时代，数据的价值在于其自由流通，以推动社会发展。数据需要跨部门、跨区域、跨应用传输、流通和共享[1]。在这过程中，业务信息或个人信息等敏感数据的泄露将为组织及其用户带来严重的经济损失和名誉损害。因此，传统的静态数据安全防护方式已无法满足数据动态流通环境下的安全需求。

为了应对这一挑战，电信运营商需要转变防护思路，从数据全生命周期出发，建立融合数据识别（敏感数据的发现和分类）、风险监测、访问控制和安全审计等环节的数据安全全生命周期防护体系。通过加强数据传输、存储、处理等环节的安全管理和技术控制，确保数据在自由流通的同时保障安全。

（4）不断发展的业务形态

随着5G、人工智能、云计算等新一代信息技术的快速发展，电信运营商正在从单一通信类业务向综合信息服务转型。在这一过程中，云网（云计算、通信网络）/算网（算力网络）融合技术成为关键驱动力，推动网络、业务和计算的深度融合与重构。然而，这种融合技术也带来新的数据安全风险[1]。

首先，基础设施的云化（迁移到云计算环境）增加数据暴露面，从而加大了存储、计算和网络虚拟化等方面的安全防护压力。其次，终端设备类型的复杂性使统一的安全防护措施难以实施。此外，边缘计算节点能够获取并存储大量用户的原始敏感数据，但其安全防护措施往往受限。最后，难以控制算力网络中的数据流转路径和目标算力节点的安全状态，进一步加剧了数据安全风险[1]。

为了应对这些挑战，电信运营商需要采取一系列措施来加强数据安全防护。例如，建立完善的数据安全管理制度和流程；加强技术研发和科技创新，提升安全防护能力；加强与产业链各方的合作与信息共享；加强用户教育和引导等。这些措施可以有效降低新型业务形态带来的数据安全风险，保障电信运营商及其用户的合法权益。

**（5）不成熟的安全服务**

就国内环境而言，数据安全服务领域尚处于发展的初级阶段，这意味着相关的技术、产品及服务供给水平均有待进一步提高[1]。具体到产品层面，虽然数据库安全、数据脱敏及数据防泄露等数据汇聚存储领域的安全产品已经取得相对成熟的发展，但在数据流通共享和应用环节的数据安全产品方面，仍处于起步和探索阶段。这不仅表现在尚未构建和完善相应产品及服务的评价体系，更体现在市场上安全产品能力的参差不齐。

从技术层面来看，数据安全的核心技术存在明显不足，其成熟度水平有待进一步提升。例如，目前数据溯源、数据水印及隐私计算等技术仍不能完全满足实际应用的需求，甚至会带来新的安全风险[1]，这无疑加剧了数据安全治理的复杂性。

此外，人才短缺也是制约数据安全治理发展的重要因素[1]。特别是随着隐私计算等新兴安全技术的兴起，这些技术涵盖了AI、密码学和数据科学等多学科内容，技术门槛高，使得应用中的人才短缺现象更普遍。这种人才短缺不仅影响了数据安全治理的实施成效，更可能对其长远发展构成潜在威胁。

### 15.1.3 数据安全治理需求示例

**（1）合规层面的需求**

根据《网络安全法》《数据安全法》《个人信息保护法》《工业和信息化领域数据安全管理办法（试行）》《基础电信组织专业公司网络与信息安全工作考核要点与评分标准》等主要法律法规及行业标准的要求，电信运营商数据作为重要数据处理者以及个人信息处理者[1]，需要满足严格的数据安全合规要求。

电信运营商具体的合规需求包括但不限于以下6项。

**① 数据分类与分级管理。**电信运营商应定期梳理所持有的数据，依据相关法律法规和标准，识别并分类重要数据和核心数据，进而形成详细的数据目录。这一步骤是确保数据得到适当保护的基础。

**② 数据全生命周期安全管理。**从数据的采集、传输、存储、处理、交换到销毁，每一个环节都需要建立相应的安全管理制度和操作规程。此外，需要明确数据安全负责人、管理机构

及关键岗位的职责，确保内部有完善的登记和审批机制。

③ **数据安全监测与预警**。电信运营商应实施持续的数据安全风险监测，及时发现并处理潜在的安全隐患，确保数据始终处于安全状态。

④ **数据安全风险评估**。至少每年进行一次全面的数据安全风险评估，可以通过自行评估或委托第三方专业机构来完成。应根据评估结果及时整改，并向相关监管部门报告。

⑤ **数据出境安全管理**。对于在境内收集和产生的个人信息和敏感数据，应确保其在境内存储。若确有必要向境外传输的，应依法进行出境前的安全评估工作。

⑥ **个人信息保护**。电信运营商有义务对其收集的用户个人信息进行严格保护，并应建立完善的个人信息保护制度，确保用户的隐私权益不受侵害。

**（2）业务层面的需求**

在当前的数字时代，电信运营商面临着海量数据处理与保护的挑战。为确保业务数据的安全、合规与高效地使用，电信运营商需要考虑以下安全需求。

① **自动化分类分级**。尽管电信运营商基本已建立数据分类分级清单及管理制度，但在实际应用中仍存在技术落地的难题[1]。面对PB（1024TB）级别的庞大数据体量和每日新增的万亿级数据，单纯依赖人工梳理已无法满足数据安全管理的需求。因此，电信运营商需要构建以自动化为主、以人工为辅的数据分类分级机制，快速、准确地梳理数据资产，识别重要与核心数据，并明确保护重点。这将有助于提升数据分类分级的效率和准确性，实现差异化的数据安全管理。

② **保护数据汇聚存储设施平台**。电信运营商的数据汇聚存储设施涉及多个环节和广泛区域，包括终端、通信管道、大数据中心及业务支撑系统等[1]。这些设施的安全运行是保障数据安全和业务连续性的前提。然而，管理不到位、新技术融合带来的安全挑战，以及虚拟化环境的安全威胁等问题，都增加了数据安全防护的难度。因此，强化这些设施的安全防护能力，确保数据的保密性、完整性和可用性，是迫切需要解决的安全需求之一。

③ **数据流通环节的安全治理能力**。随着数据要素市场建设的推进，电信运营商的数据在内部、组织间及组织与个人间的流通日益频繁[1]。在此过程中，数据泄露、篡改、非法获取和利用等安全风险显著增加。为应对这些挑战，电信运营商需要建立全面的数据流动监测与泄露风险分析机制，以有效监控和应对流通共享过程中的安全风险。同时，电信运营商可采用访问控制、数据脱敏等防护措施，来确保数据共享和开放过程的安全性。此外，针对数据所有权与控制权分离的情况，电信运营商可构建隐私计算技术体系以实现安全流通共享。

## 15.2 电信运营商案例分析

**注** 电信运营商案例分析的内容，请参见附录G.1。

## 15.3 金融行业数据安全治理背景

### 15.3.1 行业背景

随着数字经济迅猛发展，数据已成为推动全球经济增长、重塑竞争格局的核心要素。特别是在金融领域，数据的价值日益凸显，成为驱动金融业务创新和转型升级的关键动力。因此，金融机构纷纷将数据应用作为战略重点，以期在激烈的市场竞争中占据先机。

金融机构在利用数据推动业务发展的同时，也面临着严峻的数据安全挑战。数据泄露、滥用等风险不仅可能损害客户权益，还可能对金融机构的声誉和业务发展造成重大影响。因此，建立健全的数据安全治理体系，确保数据的合规性、安全性和可控性，已成为金融机构亟待解决的重要问题。

### 15.3.2 面临的挑战

**（1）合规性要求的复杂性**

金融机构在数据安全治理实践中，应严格遵守国家及金融行业的相关法律法规和标准规范，确保数据的合规使用和保护。

当前，国家及金融行业监管机构（例如中国人民银行、中国银行保险监督管理委员会、中国证券监督管理委员会等）提出了同维度但不同侧重点的监管合规要求。这些要求不仅数量众多，而且不断更新和增加。在多法并轨、多头治理[1]的背景下，金融机构需要应对众多法律法规的合规要求，构建符合所有相关监管标准的数据安全治理体系，这无疑是一项艰巨的任务。

**（2）权责不清与人员配置不足**

除了大型银行和头部券商，许多金融机构在数据安全组织架构和统筹管理方面存在明显不足[1]。安全部门的人员投入存在缺口，且传统安全人员主要关注硬件、网络等基础设施安全，数据安全专业能力相对薄弱。这导致数据安全人员在分配和定岗定责方面面临困难。同时，由于数据的流动性和业务驱动性，数据安全保护需要跨团队协同合作，但当前金融机构在数据安全团队的职责划分上尚不明确，进一步加大了数据安全工作的推进难度。

**（3）流程不严谨与制度不完善[1]**

随着《数据安全法》的实施，金融机构已开始建立相关制度。然而，许多金融机构的数据安全管理制度在工作流程规范和执行严谨性方面仍存在不足。这导致即使技术上已经部署了相关防护措施，也无法真正发挥效用，造成安全手段流于形式。例如，部分金融机构虽然采取了数据脱敏技术，但由于缺乏详细的数据脱敏流程规范，无法将这些措施有效地融入工作流程中。当生产数据流转到测试环境时，仍然处于未脱敏状态，从而增加数据失控的风险。在数字经济时代，频繁的数据流动如果没有严谨的流程进行保障，可能会引发个人隐私泄露、商业秘密暴露，甚至威胁到国家和公众的数据安全。

**（4）数据分类分级落地困难**

金融行业数据量巨大、结构多样[1]，这导致对数据进行细粒度分类和分级的难度很大。随着业务的不断拓展和系统的持续升级，如何快速且准确地对新增数据进行分类分级，同时保持分类分级标准的一致性和可持续性，是金融机构亟待解决的问题。此外，在数据跨系统、跨平台交互时，如何确保分类分级信息的一致性和防护策略的有效性，也是一大技术挑战。

**（5）复杂交互场景下风险增加**

金融机构与监管部门、第三方服务提供商等多方进行数据交互的场景众多[1]，这些交互不仅促进了金融业务的快速发展，同时也带来了数据安全风险。接口管理的复杂性、未全面纳入管控范围，以及接口更新迭代过程中可能出现的安全漏洞等，都增加了数据泄露和滥用的风险。

**（6）内部流转边界模糊与追溯困境**

金融机构内部数据流转涉及多个部门和流程，但往往缺乏有效的边界控制和监控手段[1]。即使在采取了工单流程、访问控制等措施的情况下，仍然存在数据泄露的风险。此外，内部数据流转的灰色地带和不明晰的边界也使数据泄露事件发生后，难以进行有效的溯源和责任追究。

**（7）单点防护与流动风险不匹配**

当前，金融机构在数据安全防护方面虽然已经采取了一些措施，但这些措施大多是基于单点的防护方式，缺乏整体性和协调性[1]。数据的流动性和易传播性要求安全防护策略能够在各个流转节点上实现协调联动，避免出现安全策略的空白地带和不一致。因此，如何从单点防护向体系化防护转型，实现数据全场景下的联动防护，也是金融机构亟待解决的问题之一。

**（8）静态防护滞后业务变化**

随着金融业务的不断创新和调整，相关数据也呈现高度的动态性。同时，外部的数据安全监管要求也在持续演进。单纯依赖相对静态的数据安全防护体系，会导致难以及时响应业务和监管的变化。这种滞后不仅可能使新增或调整的数据资产面临识别不及时的风险，还可能导致安全风险监测的不准确和安全防护的不足。

**（9）安全运营缺失整体性**

金融业务涉及大量且多样化的数据资源，这些数据不仅数量庞大、类型繁多，而且分布广泛、更新迅速。这使得形成清晰、统一的数据资产管理台账变得具备挑战性。同时，由于金融数据的应用场景复杂且缺乏统一的识别和管理标准[1]，进一步加剧了数据安全运营的复杂性。

此外，随着业务系统的不断更新和扩展，以及数据资产安全性和重要性的日益提升，金融机构内部的数据安全运营显得不系统和不全面。这主要体现在缺乏持续性的整体数据运营规则梳理与优化，以及数据安全在金融机构信息科技体系管理中的边缘化地位。

近年来，数据泄露、篡改、误用等安全问题频发[1]，凸显了金融机构在数据安全运营方面的短板。特别是在数据采集、传输、存储、处理和交换等关键环节中，金融机构普遍缺乏能够有效覆盖数据全生命周期的系统化安全风险发现能力和防控能力。这不仅威胁到金融机构自身的业务连续性和声誉，也可能对广大客户的利益造成严重损害。

### 15.3.3　数据安全治理需求示例

随着我国构建和完善数据要素流通市场机制，并加速数字经济布局，金融行业面临着数据安全治理的重大挑战与机遇。在此背景下，金融行业正在积极探索数据安全治理的最佳实践[1]，旨在提高金融数据的安全流通效率，促进数据价值最大化释放，并为金融数字化转型提供坚实的制度保障、战略指导和实施路径。

（1）合规层面的安全需求

① **加强数据资产管理。**为确保金融机构具备高效的数据安全治理能力，首先需要明确“数据”与“数据资产”之间的概念差异，并进行详细的数据资产识别，包括：盘点数据资产，以了解数据的流向和存储位置；梳理数据溯源，掌握数据之间的依赖关系；编制数据地图，提供数据全景视图；执行数据分类分级，确定不同数据的安全保护级别。这些措施共同构成金融数据资产的规范化管理基础，为后续的数据安全治理提供了必要的前提和支撑。

② **提升数据安全合规性。**在金融数据的流转过程中，尤其是在涉及敏感数据时，如何快速准确地识别并施加必要的管控措施，是衡量一个金融机构数据安全治理水平的关键指标[1]。为实现这一目标，金融机构采用加密、脱敏等安全技术来保护数据；同时，通过访问控制和溯源监测等手段来防范数据的不当使用和泄露。此外，为了提升数据安全合规水平，金融机构需要采取多种手段，其中包括定期进行数据安全检查、评估和审计等。通过这些措施，可以及时发现和修复潜在的安全风险，从而进一步夯实数字金融的安全基础。

（2）业务层面的安全需求

① **优化数据流通与价值。**金融数据作为数字经济的重要组成部分，其价值在于流通和应用。然而，数据的自由流通需要在一个完善的制度框架、可靠的技术能力、有利的市场环境和充分的法律保障下才能实现。考虑到金融数据的敏感性，金融机构在数据的采集、传输、存储、处理和交换等环节中，需要特别关注数据资产的确权、价值分配和保护等问题。通过综合应用银行、证券、保险、信用、政府和企业等多领域的数据[1]，金融机构可以更好地提升数据对金融服务的赋能作用，进而推动普惠金融的高质量发展。

② **支撑金融业数字化转型。**在全面数字化转型的背景下，金融机构需要加速技术创新与融合应用，构建和提升其数据基础设施和能力平台[1]。这包括对全域数据进行“一站式”采集、存储、处理、分析和挖掘的能力建设，以及提供数据集成、开发、资产管理和服务等一系列功能。通过这些措施，金融机构可以构筑起坚实的数字金融能力底座，从而更快地融合服务各类产业场景，有力支撑其数字化转型战略的实施。

## 15.4 证券公司案例分析

注 证券公司案例分析的内容，请参见附录 G.2。

# 第十六章

# 趋势与发展

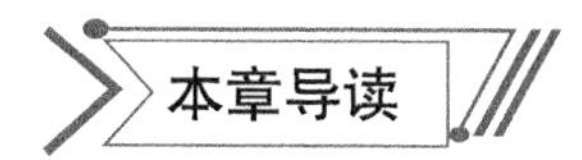

**内容概述：**

本章从新形势下的数据安全治理出发，探讨了当前面临的新兴威胁、法规政策发展及挑战，接下来分析了跨行业协作中的数据共享机制、供应链安全与风险管理等新问题。还介绍了人工智能、区块链、零信任网络访问等新兴技术在数据安全治理中的应用，以及云计算、边缘计算、物联网、工业控制系统等新兴领域面临的安全问题。随后从业务角度阐述了数据安全在组织竞争力、信任建设中的重要作用，以及如何平衡数据驱动的商业实践与合规要求，并分析了数据安全事件对组织价值的影响。最后展望了数据安全治理未来发展面临的长期挑战，以及智能化、自动化、精细化等创新方向和实践思路。

**学习目标：**

1. 了解新形势下数据安全面临的威胁演变、法规政策发展动向等挑战，掌握应对措施。
2. 了解跨行业数据共享、供应链安全等场景下的数据安全治理新问题。
3. 了解人工智能、区块链、零信任网络访问等新兴技术在数据安全中的应用，了解云计算、物联网、工业控制系统等新兴领域的安全考量。
4. 理解数据安全对组织竞争力、信任建设的重要意义，理解如何平衡数据驱动的商业实践与安全合规。
5. 了解数据安全治理的长期挑战与发展趋势。

## 16.1 新形势下的数据安全治理

### 16.1.1 数据安全治理现状与挑战

#### （1）新兴威胁的出现与演变

近年来，组织的数据安全正遭遇空前的威胁与挑战，新兴威胁不断出现并快速演变，给数据安全治理带来了各种困难。这些新兴威胁涵盖了多个方面，不仅包括外部攻击，还包括内部风险，以及由新技术应用带来的未知威胁。

**首先，高级长期威胁（APT）和勒索软件攻击等外部威胁日益猖獗。**APT 攻击往往针对特定目标，长期潜伏，难以被发现，给组织的数据安全带来了极大的威胁。勒索软件攻击则通过加密组织的重要数据，勒索高额赎金，严重影响组织的正常运营和声誉。这些外部攻击手段不断更新，要求组织也不断提升安全防护能力。

**其次，内部威胁也是组织数据安全不容忽视的问题。**员工误操作、恶意泄露或内部人员与外部攻击者勾结等情况都可能导致敏感数据泄露。同时，随着远程办公和云计算的普及，组织数据变得更加分散，访问控制和管理难度加大，也增加了内部风险。

**此外，新技术应用带来的未知威胁也给组织的数据安全治理带来了新挑战。**随着大数据、物联网等技术的广泛应用，数据规模不断扩大，流动性增强，安全风险也随之增加。同时，部分新技术（例如人工智能、区块链等）虽然为数据安全提供了新的解决方案，但也带来了新的安全挑战和攻击。

面对这些新兴威胁和挑战，组织需要采取一系列措施来加强数据安全治理。首先，组织需要建立完善的安全防护体系，包括网络层、应用层和数据层等多个层面，以抵御外部攻击和内部风险。其次，组织需要加强员工安全意识培训和管理制度建设，提高员工对敏感数据的保护意识，减少内部风险。最后，组织需要积极跟踪新技术的发展动态和安全风险，及时调整安全策略和防护措施，确保数据安全的持续稳定与切实有效。

总之，组织数据安全治理面临新兴威胁的不断出现和演变的问题，需要保持高度警惕并采取有效措施来应对。只有不断完善数据安全治理防护体系，加强员工安全意识培训和管理制度建设，积极跟踪新技术发展动态并调整安全策略，才能确保组织数据安全的稳定有效和可持续性。

**（2）全球数据安全法规与政策发展**

随着数字时代的深入发展，数据已成为全球经济增长和创新驱动的核心要素。然而，伴随着数据的快速增长和广泛应用，数据安全问题也日益凸显，成为各国政府、组织和社会公众共同关注的焦点。在这一背景下，全球数据安全法规与政策的发展呈现出前所未有的活跃态势。

欧盟作为数据保护的先行者，通过《通用数据保护条例》（GDPR）为全球数据安全治理树立了标杆。GDPR 的实施不仅加强了对个人数据的保护，还推动了组织数据安全治理的透明度和责任制的提升。GDPR 严格的监管和处罚机制，使得任何违反数据保护法规的行为将承担相应的法律责任。GDPR 的影响力已超越欧洲范围，成为全球数据安全法规的重要参考。

美国虽然在联邦层面尚未出台统一的数据安全类法规，但各州已在积极行动，例如《加州消费者隐私法案》（CCPA）。CCPA 赋予了消费者对其个人数据的更多控制权，包括访问、删除和选择不出售其个人数据的权利。此外，针对特定行业的联邦法规，例如《健康保险可移植性和责任法案》（HIPAA）和《金融服务现代化法案》（GLBA）等，也在不断完善和强化数据保护措施。

近年来，我国政府在数据安全立法方面也取得了显著进展。通过颁布《数据安全法》《个人信息保护法》，我国建立了一套全面的数据安全和隐私保护法律框架。这些法律不仅规范了数据的采集、处理和交换等行为，还明确了数据安全责任制和数据跨境流动的合规要求。我国数据安全法规体系正在不断完善，并与国际接轨。

然而，全球数据安全法规与政策的发展仍面临诸多挑战。一是，不同国家和地区在法律体系、文化传统和经济发展水平上的差异，导致数据保护标准的不一致性和数据跨境流动的复杂性。二是，随着技术的不断进步和新兴威胁的出现，现有法规与政策往往难以覆盖所有的数据安全问题，因此需要不断更新和修订。

对于组织而言，了解并遵守全球数据安全法规与政策是确保跨境业务持续稳健发展的关键。组织需要建立专门的数据安全治理团队，持续关注全球法规动态和技术发展趋势，制定符合监管要求的数据安全治理策略和标准。同时，组织还应加强与政府、行业组织和社会各界的沟通与合作，考虑参与推动全球数据安全治理体系的完善和发展。通过共同努力，建立一个更加安全、可信和繁荣的数字世界。

**（3）地区冲突与数据跨境流动问题**

在全球化日益加强的今天，数据流动已不仅限于单一国家或地区内，而是呈现出跨境、跨洲的特点。不同国家或地区之间的政治、经济、文化差异，导致在数据安全治理上的立场、法规和政策存在明显区别。

一是地区冲突可能直接导致数据流动受阻。例如，当两个或多个国家之间关系紧张时，它们可能会采取限制或封锁对方数据流动的措施，以作为政治或经济谈判的筹码。这种“数据封锁”不仅影响跨国组织的正常运营，还可能对全球供应链、金融市场等产生连锁反应。

二是世界各国在数据隐私保护、数据主权和数据安全等方面的法律法规不尽相同。例如，欧盟《通用数据保护条例》（GDPR）对数据跨境处理提出了严格要求，而美国《云法案》则强调了数据控制者的责任，我国《数据安全法》《个人信息保护法》也对重要数据和核心数据的跨境传输做出明确规定。这些法律差异使得组织在数据跨境传输、存储和处理时会面临合规风险。

三是地区冲突还可能影响国际数据安全合作的深度和广度。在全球性数据安全威胁面前，各国本应加强合作、共同应对，但地区冲突可能使某些国家在数据安全合作中采取保守甚至敌对态度，从而削弱了全球数据安全治理的整体效能。

四是地区冲突还可能通过影响技术标准、认证体系等方式，间接影响数据跨境流动的安全性。例如，某些国家可能会推动采用符合自身利益的技术标准，或者通过认证体系来限制国外技术在本国市场的应用，从而影响数据跨境流动的技术环境和安全水平。地区冲突也可能加剧数据安全隐患。一些国家可能出于政治目的，对外国组织的数据和基础设施实施攻击或制裁，这加剧了组织所面临的数据安全风险。

综上所述，地区冲突与数据跨境流动问题已成为当前数据安全治理领域不可忽视的重要挑战。为应对这些挑战，组织需要密切关注国际政治经济形势变化，深入了解不同国家或地区的数据安全法律法规和政策要求，同时加强与国际合作伙伴的沟通与协作，共同推动构建更加开放、包容和安全的全球数据安全治理体系。

### 16.1.2 组织面临的数据安全治理新问题

**（1）跨行业协作与数据共享机制**

跨行业协作（例如业务流程外包、联合研发等）常常涉及多家组织、多个部门和多种数据类型，不同参与方都可能拥有自己独特的数据安全策略。在这种情况下，如何确保数据的一致性、完整性和安全性成为亟待解决的问题。组织不仅需要在技术上实现数据的互操作和无缝流动，还需要在制度和管理层面上建立起完善的数据共享机制。

数据共享机制需要考虑到数据所有权、使用权和经营权等多个维度：在数据所有权方面，应明确数据的归属，防止因数据归属不清而产生的法律纠纷；在数据使用权方面，应规定哪些组织或个人有权访问、使用和修改数据，以及它们应承担的责任和义务；在数据经营权方面，应制定合理的数据经营策略，确保数据的经济价值得到最大化发挥，同时不损害数据的安全性和合规性。

此外，跨行业协作还常常伴随着敏感数据的流动。敏感数据一旦泄露或被滥用，可能会对组织、个人甚至国家安全造成严重威胁。因此，在建立数据共享机制的同时，还需要加强对敏感数据的保护和管理，确保它们只在必要的情况下被共享，且共享过程中得到充分的保护。

为了解决这些问题，组织需要与合作伙伴共同制定详细的数据共享协议和标准，明确各方的责任和义务。同时，组织还需要建立专门的数据共享平台或机构来负责数据的采集、存储、处理和交换等工作，确保数据在整个协作过程中的安全、可靠和高效流动。

在技术方面，组织可以利用有效的加密技术、访问控制技术、数据脱敏技术等来保护跨行业协作中的数据。同时，组织还可以借助区块链等分布式账本技术来建立可信任的数据共享环境，确保数据的完整性和不易篡改性。这些技术手段的应用可以在很大程度上降低跨行业协作中的数据安全风险。

然而，仅有技术手段是远远不够的。组织还需要从制度和管理层面上完善和创新。例如，可以建立数据共享监督机制来监督数据的共享过程和使用情况；可以设立专门的数据共享争议解决机构来处理因数据共享而产生的纠纷；可以加强与政府部门和相关行业的沟通与合作，共同推动跨行业数据共享标准的制定和实施等。这些举措的实施可以为跨行业协作中的数据安全提供有力的保障和支持。

**（2）供应链安全与风险管理**

目前，在全球化的背景下，组织的生产、服务和运营高度依赖复杂的供应链体系，包括各类外部供应商、合作伙伴及第三方服务提供商。这种复杂的供应链网络环境扩大了组织的攻击面，给数据安全防护带来了新挑战。

供应链中的数据安全问题不仅可能来自数据处理、传输和存储等环节，而且与供应链中多个参与主体的安全状况密切相关。任何一个薄弱环节都可能导致数据泄露、篡改甚至勒索等安全事件。此外，随着智慧供应链[H61]的快速发展，自动化和大规模信息处理在提高效率的同时，也带来了软、硬件安全性能的新挑战。

为应对这些挑战，组织应采纳全方位的供应链安全风险管理策略。第一，评估和审查供应商和合作伙伴是关键。这包括对所有外部利益相关方的安全评估，确保它们符合最低的安全标准。第二，组织需要采取措施保护在供应链中传输和存储的数据。第三，还需要严格的第三方访问管理策略，应遵循最小权限原则，控制对内部系统和数据的访问权限。第四，实时监控供应链的各个环节是快速发现和响应安全事件的重要手段。组织还应制定完善的合同条款、明确安全责任，并与供应商共同制订应急响应预案。第五，随着全球化的推进，数据跨境流动也给供应链安全带来了新的风险。组织需要关注国际和当地的法规要求，制定适应全球业务的数据安全制度。第六，新技术（例如区块链）可能为供应链数据安全带来新的解决方案。区块链的

"去中心化"、透明性和可验证性等特性可以增强数据的可信性和不易篡改性，有助于维护供应链中数据的完整性和安全性。然而，在引入这些技术时，组织还需要评估其对现有业务流程的影响、技术适应性及法规符合性。

总之，组织在面对供应链数据安全与风险管理时，应制定科学全面的策略，并结合有效的技术手段来提高防护能力，以此有效降低来自供应链的数据安全风险。

## 16.2 技术革新与数据安全治理

### 16.2.1 创新技术在数据安全中的应用

**(1)人工智能与大数据在数据安全中的角色**

随着信息技术的飞速发展，人工智能与大数据已成为组织数据安全治理中不可或缺的力量。它们在提升数据安全性、优化决策流程和增强态势感知等方面发挥着日益重要的作用。

人工智能在数据安全领域的应用主要体现在以下 4 个方面。

① **威胁检测与响应。**人工智能能够快速分析海量数据，通过模式识别和机器学习技术识别出异常行为和潜在威胁。这种智能化的检测方式不仅提高了检测的准确性和效率，还能及时发现未知威胁，从而增强组织的安全防护能力。

② **用户和实体行为分析（UEBA）。**通过对用户、主机、应用等实体的行为模式进行建模和分析，人工智能可以迅速发现异常行为，并及时采取相应措施，帮助组织更好地应对内部威胁和风险。

③ **智能决策与自动化响应。**人工智能可以对安全事件进行评估和决策，实现自动化响应流程。这不仅能够提高响应速度、降低人为干预，还能减少因人为因素导致的误判和漏判。

④ **预测性分析。**通过对历史数据和环境信息的分析，人工智能可以预测未来可能发生的安全事件，并为组织提供针对性的防护建议。这种主动防御方式有助于组织提前应对潜在威胁，降低安全风险。

大数据在数据安全领域的应用则主要体现在以下 4 个方面。

① **日志及流量分析。**通过分析网络流量、系统日志、安全日志等大量数据，组织可以全面感知自身的安全态势，及时发现潜在的安全问题。

② **态势感知。**将各种安全相关数据进行关联分析，组织可以全面评估自身的风险状况，为制定针对性的安全策略提供依据。

③ **威胁情报。**通过收集内外部数据源，并应用大数据分析技术挖掘隐藏的威胁信息，组织可以更加精确地了解当前面临的威胁环境，从而采取更加有效的防护措施。

④ **用户行为分析。**通过分析用户在多个应用、系统中的行为数据，组织可以发现异常和不当行为，及时采取措施防止数据泄露或滥用。

人工智能与大数据在数据安全中的角色是多方面的，它们相互配合使用可以明显提升组织数据安全治理的效能和水平。

然而，人工智能与大数据在数据安全中的应用也面临一些挑战，例如个人隐私保护、算法模型的可靠性和安全性等问题。为了克服这些挑战，组织需要制定合理的数据管理策略，加强技术研发和人才培养，确保技术的有效应用和持续改进。

（2）区块链技术的数据安全保障

区块链技术最初被设计用于加密货币领域，但其“去中心化”、不易篡改特性为数据的安全存储与传输提供了新的解决方案。区块链技术通过分布式账本记录，确保数据的完整性和真实性，使在没有中心化信任机构的情况下，依然可以实现数据的安全交换和价值转移。

在数据安全治理中，区块链技术的应用主要体现在以下 4 个方面。

① **数据溯源与验证**。区块链的链式数据结构能够完整记录数据的生成、传输和变更历史，提供不易篡改的数据溯源信息。区块链可用于确保食品溯源、在线交易、供应链管理和知识产权等敏感信息的真实性。

② **访问控制与授权**。结合智能合约技术，区块链可以实现精细化的数据访问控制和授权机制。智能合约可以定义数据的访问规则和使用条件，只有在满足特定条件时，利益相关方才能访问或使用数据。

③ **跨组织协作**。区块链的“去中心化”特性使不同组织之间可以在无须建立复杂信任关系的情况下进行数据安全协作。这在金融、全球贸易和电子政务等领域有着广泛的应用前景。

④ **隐私保护**。区块链上的交易数据虽然对所有节点可见，但通过采用零知识证明、同态加密等密码学技术，可以在保证数据可验证性的同时，实现对用户隐私的保护。

然而，区块链技术的应用也面临着可扩展性、性能损耗、合规性等方面的挑战。因此，在数据安全治理实践中，组织需要综合考虑业务需求、技术成熟度和监管要求，合理选择和部署区块链技术，以最大程度地发挥其数据安全保障的作用。

（3）零信任网络访问的实践

零信任网络访问（ZTNA）是一种新兴的网络安全模型，其核心理念是“永不信任，始终验证”。这一原则强调，无论用户身处何处，使用何种设备，都需要进行严格的身份验证和权限审查，才能访问组织的数据和应用。随着网络威胁的不断演变和组织对灵活工作需求的增加，ZTNA 逐渐成为组织数据安全治理中不可或缺的一环。

在 ZTNA 的实践应用中，组织可以采取以下 3 个关键步骤。

① **实施严格的身份验证和授权机制**。这包括使用多因素身份验证，确保只有经过授权的用户才能访问组织资源。同时，根据最小权限原则，为用户分配必要的访问权限，避免权限滥用和潜在的数据泄露风险。

② **采用 SDP 技术来控制对资源的访问**。SDP 允许组织根据用户的身份、设备状态和位置等上下文信息，动态地创建安全访问通道。这样，组织可以突破传统网络边界的局限，实现更细粒度的访问控制。

③ **ZTNA 还支持对设备和应用程序的安全检查**。这包括验证设备的完整性和安全状态，以及确保应用程序不存在恶意代码或安全漏洞。通过这些检查，组织可以进一步降低潜在的安全风险。

通过实践 ZTNA，组织能够获得诸多安全收益：首先，它提高了数据的安全性，通过严格的身份验证和访问控制，减少了数据泄露和未经授权访问的风险；其次，ZTNA 增强了组织的灵活性和可扩展性，支持远程工作和多分支机构协作，同时易于扩展以满足业务增长的需求；最后，ZTNA 还有助于组织满足合规性要求，通过详细的审计日志和报告功能，帮助组织证明其遵守了相关法规和政策。

然而，实施 ZTNA 也面临一些挑战。例如，与现有系统的集成可能需要时间和资源投入，用户可能需要接受额外的培训和教育以适应新的访问方式。此外，对安全策略进行持续的管理和维护也是一项重要任务。因此，组织在采纳 ZTNA 时应开展全面的评估和规划工作，确保平稳过渡并获得预期的投资收益率（Return On Investment，ROI）。

### 16.2.2 新兴技术领域的数据安全挑战

**（1）云计算与边缘计算的安全考虑**

随着组织对灵活性和可扩展性需求的不断提升，云计算和边缘计算已成为现代 IT 架构的重要组成部分。然而，这些技术也带来了新的安全挑战，组织在采用时应谨慎考虑。

对于云计算而言，数据的安全存储和处理是首要问题。由于数据在云端集中存储，一旦云服务提供商的安全措施不到位，或遭受攻击，可能导致大规模的数据泄露。此外，不同云服务之间的数据迁移和共享也可能引发安全性和合规性问题。因此，在选择云服务时，组织应对其安全性进行全面且细致的评估，并确保云服务提供商具备必要的安全认证和防护措施。

边缘计算则将计算和数据存储推向网络的边缘，靠近用户和设备。这种分布式架构虽然提高了响应速度和数据处理能力，但也增加了安全管理的复杂性。由于边缘设备通常分布广泛，且很多设备可能缺乏足够的安全防护，因此它们更容易成为攻击目标。此外，边缘计算中的数据传输和同步也可能面临加密和认证等安全挑战。

为了应对这些挑战，组织需要采取一系列安全措施。首先，对于云计算，组织应实施严格的数据访问控制和加密策略，确保只有授权人员能够访问敏感数据。同时，组织还应定期对云服务提供商的服务进行安全审计和风险评估，确保其满足组织的安全要求。对于边缘计算，组织需要加强对边缘设备的安全管理和监控，及时发现和应对潜在的安全威胁。此外，组织还应采用强加密和认证技术来保护数据传输和同步的安全。

总之，云计算和边缘计算为组织带来了新的业务价值，但同时也伴随着新的安全挑战。组织应充分认识到这些挑战，并采取有效的安全措施来确保数据的安全性和合规性。

**（2）物联网和工业控制系统的防护**

随着物联网（IoT）的迅速普及和工业控制系统（Industrial Control Systems，ICS）的数字化转型，给组织带来了更严峻的数据安全挑战。这些系统不仅连接了大量的设备和传感器，还涉及大量敏感数据的收集、传输和处理，使得数据安全问题成为组织不可忽视的风险。

物联网设备以其数量庞大、类型多样和分布广泛的特点，使得安全防护工作异常复杂。这些设备往往缺乏足够的安全设计，尤其是在设备软件更新方面存在明显的不足。旧设备可能由于不再接收安全更新而成为攻击者的易攻目标。此外，物联网生态系统的复杂性和异构性也增加了安全管理的难度，使得统一的安全策略和标准难以实施。

为了有效应对物联网带来的安全挑战，组织需要采取以下一系列措施。

① 进行全面的资产盘点和持续监控，确保所有物联网设备都被纳入安全管理范围。

② 实施严格的身份访问管理和控制，确保只有授权的设备和用户才能访问网络和数据。

③ 及时修补已知的安全漏洞，保持设备和软件的最新状态。

④ 强调安全配置的基线要求，确保物联网设备的默认安全配置。

⑤ 采用加密和其他技术手段来保护数据的保密性、完整性和可用性。

⑥ 提高员工的安全意识，通过培训和教育让他们了解物联网设备的安全风险和防护措施。

工业控制系统作为关键基础设施的重要组成部分，其安全性直接关系到工厂生产、电力供应、交通运输、通信和其他重要领域的稳定运行。然而，传统工业控制系统在设计时往往更注重可靠性和实时性，而忽视了安全性。随着越来越多的遗留应用（旧系统）连接到互联网进行远程监控和控制，攻击面急剧扩张，安全风险也随之增加。

为了加强工业控制系统的安全防护，组织需要采取以下措施。

① 进行深入的安全风险评估，识别潜在的威胁和脆弱性。

② 引入最新的安全架构和标准，例如微隔离、零信任等，提升系统的整体安全性。

③ 对控制网络实施严格访问控制，采用纵深防御体系来确保系统隔离，防止未经授权的访问、网络入侵和恶意代码等。

④ 应用专门的安全硬件和软件（指强化安全），提供额外的安全保护。

⑤ 建立完善的安全事件监控、报告和响应机制，以便在发生安全事件时能够迅速做出反应。

总之，物联网和工业控制系统的安全防护是一个复杂而紧迫的任务。组织应深刻认识到这些新兴技术带来的安全挑战，并采取有效的措施来保护自己的系统和数据安全。通过持续的投资和创新，组织可以不断提升自身的安全防护能力。

## 16.3 业务发展与数据安全

### 16.3.1 数据安全与组织发展策略

**（1）数据安全在组织竞争力中的作用**

在数字化浪潮席卷全球的当下，数据已成为组织竞争与发展的核心要素。数据安全不仅关乎组织的合规性和风险管理，更在多个层面深刻影响着组织的竞争力。

**首先，数据安全是保护组织核心商业信息的基础。**从战略规划、市场调研到客户数据、知识产权，这些关键信息构成组织的竞争优势和商业价值。一旦数据安全受到威胁，组织可能面临重大的经济损失，甚至会有业务停滞的风险。因此，确保数据安全对于维护组织的正常运营和持续发展具有重要意义。

**其次，数据安全有助于赢得用户和公众的信任。**随着消费者对个人信息保护和隐私权益的日益关注，组织的数据安全能力已成为衡量其诚信度和社会责任的重要指标。一个能够妥善保护用户数据的组织，将更容易获得消费者的认可和信任，进而在激烈的市场竞争中脱颖而出。

**再次，数据安全还能推动组织创新和发展。**在数字化转型的背景下，组织需要不断探索新的数据驱动型的业务模式和服务。而一个安全的数据环境，将为组织提供更多的创新空间，使其能够放心地开发新产品、优化服务流程，从而提升用户体验和市场竞争力。同时，数据安全与组织发展策略紧密相连。随着业务规模的扩大和市场环境的变化，组织需要不断调整和优化其数据安全策略，以适应新的发展需求。这意味着数据安全已经成为组织制定和执行发展策略中不可或缺的一部分。

**最后，数据安全还能增强组织的韧性和危机应对能力。**面对网络攻击、数据泄露等突发事件，一个完善的数据安全体系将帮助组织迅速应对、减少损失，从而尽快恢复正常运营。这种高效的危机应对能力，无疑是组织在复杂多变的商业环境中保持竞争力的重要保障。

综上所述，数据安全在提升组织竞争力中发挥着重要的作用。从保护核心商业信息到赢得用户信任，从推动创新发展到增强组织韧性，数据安全已成为当代组织不可或缺的核心竞争力之一。因此，组织应高度重视数据安全建设，将其纳入整体发展战略中，并持续投入资源以提升自身的数据安全保障能力。

**（2）数据资产管理与交易模式创新**

在数字化转型的时代背景下，数据已成为组织核心的生产要素之一。有效的数据资产管理不仅能够保障数据的安全与质量，还能促进组织决策的科学性和业务的持续增长。同时，随着数字经济的崛起，数据交易模式的创新也成为释放数据价值、推动组织发展的重要手段。

组织需要构建全面且系统的数据资产管理体系，以确保数据的准确性、完整性、可靠性和时效性。这一体系应涵盖数据的采集、传输、存储、处理、交换和销毁等环节。

组织的数据资产管理至少包括以下 4 个方面的内容。

① 明确数据所有权和责任主体，建立数据资产清单，实现数据的分类分级管理。

② 制定严格的数据质量管理标准和流程，确保数据的准确性和一致性。

③ 实施有效的数据安全和隐私保护措施，包括加密、访问控制和数据脱敏等，防止数据泄露和滥用。

④ 运用大数据、人工智能等技术对数据进行深入挖掘和分析，以发现数据的潜在价值和关联信息。

随着全球数据交易市场的不断发展，组织需要积极探索新的数据交易模式，以实现数据资产的货币化和价值的最大化。在这个过程中，需要关注以下 3 个方面。

① 利用区块链等技术建立安全、透明的数据交易平台，确保数据交易的可信度和可追溯性。智能合约的应用可以进一步降低交易成本，提高交易效率。

② 探索数据资产的定价机制和交易规则，建立公平、合理的数据交易市场。这需要考虑数据的类型、质量和稀缺性等因素，并参考类似资产的定价方法。

③ 加强与合作伙伴与行业联盟的合作，共同推动数据交易标准和规范的制定与完善。这有助于减少市场摩擦，促进数据交易顺畅进行。

在推动数据资产管理和交易模式创新的过程中，组织需要时刻关注数据安全和交易风险的平衡。一方面，要确保数据的保密性、完整性和可用性，防止数据泄露和被恶意利用；另一方面，要合理评估和控制交易风险，避免因数据交易而产生法律纠纷和经济损失。为此，组织需要建立完善的风险管理体系和应急响应机制，以应对可能出现的安全事件和风险挑战。

**（3）数据安全驱动的产品和服务创新**

随着信息技术的不断变革，数据已成为推动组织价值创新的重要因素。在数字时代，组织越来越依赖数据资产来推动产品和服务的创新。然而，数据的价值和潜力只有在确保数据安全的前提下才能得以充分释放。因此，数据安全已经从单纯的技术和合规问题，转变为塑造组织竞争优势、推动创新发展的关键要素。

**首先，数据安全的技术创新在产品和服务中扮演重要的角色。**组织需要将数据安全和隐私保护作为核心需求，融入产品和服务的整个生命周期中。从设计之初就应考虑数据安全和隐私保护，确保安全性和隐私保护作为产品和服务的基本属性，而不是采取事后补救的措施。这种前瞻性的设计思维有助于组织在激烈的市场竞争中占据优势地位。

**其次，通过严密的数据安全管理和创新应用，组织可以创造全新的商业模式并提供差异化的业务服务。**例如，金融机构利用可靠的数据安全技术，为用户提供移动支付、网上银行等便捷、安全的服务体验。这种以数据安全为导向的创新不仅提升了用户体验，还为组织开辟了新的收入来源和竞争优势。

**再次，利用数据驱动产品和服务创新也面临着挑战。**随着数据的价值日益凸显，黑客和网络犯罪分子对这一领域的关注度也在不断提升，组织的数据安全压力随之增大。为了应对这些挑战，组织需要不断探索新的数据安全技术和管理策略，为创新提供持续的动力和支持。

**最后，数据安全已经成为组织产品和服务创新的核心驱动力。**只有将数据安全融入产品和服务的全生命周期，并不断提升数据安全能力，组织才能真正释放数据价值，开发出更加安全和创新的产品与服务。在这个过程中，组织不仅需要关注技术和合规问题，还需要将数据安全纳入战略规划，用以驱动产品和服务的创新，为业务发展开辟更加广阔的未来。

### 16.3.2 数据安全与商业实践的平衡

**（1）个人信息保护与组织信任建设**

随着数字化转型的加速，数据已经成为组织运营和发展的核心资产之一。然而，近年来频发的个人信息泄露和隐私侵犯事件，严重损害了公众对一些组织的信任。因此，平衡个人信息保护与组织商业实践，建立和维护组织的信任，已成为组织业务可持续发展的关键因素之一。

**首先，组织应将个人信息保护视为核心价值观和组织文化的重要组成部分，并将其贯穿整个业务流程。**这要求组织建立完善的个人信息保护政策、流程和技术措施，并加强对员工的培训，提高他们的个人信息保护意识。同时，建立第三方审计和监督机制，确保个人信息保护策略的有效执行。

**其次，组织需要尊重数据主体的自主权，遵循最小够用原则收集数据，为用户提供透明的数据收集目的和使用方式选择，扩大用户的知情权和增强自主决策能力。**对于敏感数据，组织更应获得数据主体的明确同意。这种对用户隐私的尊重有助于赢得用户的信赖，并为组织塑造积极的社会形象。

在技术层面，组织应采用有效的隐私保护技术，例如数据脱敏、差分隐私等，保护数据存储和使用的安全。同时，关注新兴技术（例如联邦学习等）在保护个人信息方面的应用场景。建立数据安全事件响应与处置机制，及时发现和解决隐私泄露和滥用风险，防范相关风险。

除了采取内部措施，组织还应主动与利益相关方沟通，增进对个人信息保护举措的理解和认同。考虑通过个人信息保护认证，展示组织的诚信和责任担当。这种透明和开放的做法有助于增强组织信任，为组织赢得更多合作机会，获得更多的市场份额。

**最后，组织需要在个人信息保护和商业实践之间找到平衡点。**在保护个人信息的同时，还需要保持商业活动的活力和数据驱动的效益。这需要组织在制定个人信息保护策略时充分考虑业务需求和市场环境，以及法律法规和监管要求的变化。通过不断调整和优化策略，实现个人信息保护与商业实践的平衡。

总之，个人信息保护是组织建立和维护公众信任的重要前提。组织需要采取多种措施来加强个人信息保护，包括完善内部战略、提高员工意识、采用可靠技术、与利益相关方沟通和获得认证等。同时，在平衡个人信息保护和商业实践时，组织需要充分考虑多方面因素，不断调整和优化策略。

**（2）数据安全合规与可持续业务发展**

在数字经济中，组织不仅要面对激烈的市场竞争，还需要在日益复杂的数据法规和政策环境中确保合规性。数据安全合规不仅是遵守法律的要求，更是组织实现可持续业务发展的关键。它涉及数据全生命周期的各个环节，要求组织在利用数据推动业务发展的同时，保护数据安全和用户隐私。

数据安全合规对组织的可持续发展有着深远的影响。一方面，数据安全合规能够帮助组织树立良好的企业形象和信誉，从而赢得市场和用户信任。在数据泄露事件频发的今天，用户对数据安全的关注度日益提高，一个能够妥善管理用户数据的组织更容易获得用户的青睐。另一方面，数据安全合规可以降低组织因违反法律法规而面临的处罚、法律纠纷和声誉损失等风险。这些风险不仅可能导致巨大的经济损失，还可能威胁组织的生存。

为了实现数据安全合规与可持续业务发展的平衡，组织需要从多维度考虑并着手实施。

**首先，组织应建立完善的数据安全治理体系，明确数据的所有权、使用权和责任归属。**通过制定详细的数据使用制度，规范数据的收集、使用和共享行为，确保所有操作都符合法律法规的要求。

**其次，组织需要加强对员工的合规培训，提高员工的数据安全意识和合规意识。**员工是组织数据处理的直接参与者，他们的行为直接关系到组织的数据安全合规性。因此，组织应定期对员工进行合规教育和培训，确保他们了解并遵守相关的数据法规政策。

**再次，组织还应积极参与行业的交流和合作，**通过参与制定行业标准、分享最佳实践、开展联合研究等方式，共同提升整个行业的数据安全合规水平，为业务的可持续发展创造更有利的行业环境。

**最后，数据安全合规并不是一个静态的目标，而是一个持续的过程。**随着技术的不断发展和法律法规的不断完善，组织需要不断地调整自己的数据安全合规策略，以适应新的环境和挑战。如此，组织才能在保护数据安全和用户隐私的同时，实现自身的可持续发展。

**（3）数据安全的组织价值影响**

针对目前的安全形势，数据安全不仅是一项技术挑战，更是组织价值创造和保护的关键因素。数据安全对组织价值的影响体现在多个层面。

**首先，从财务角度来看，数据安全事件可能导致重大的经济损失。**这些损失包括数据泄露后形成的直接成本（例如修复系统漏洞、赔偿受影响的客户和承担法律责任等），以及间接成本（例如品牌声誉受损导致的用户流失和市场份额下降等）。因此，维护数据安全可以直接保护组织的资产和收入。

**其次，数据安全关系组织声誉和信任建设。**在用户日益关注个人隐私和数据保护的背景下，组织能否妥善保护用户的数据已成为衡量其可信度和责任感的重要标准。一个有着良好数据安全记录的组织更容易赢得用户和合作伙伴的信任，从而在竞争激烈的市场中占据优势。

**再次，数据安全还影响着组织的创新能力和市场竞争力。**随着数字化转型的深入，数据已成为组织创新的核心资源。确保数据的安全性和完整性，不仅有助于保护组织的知识产权和商业秘密，还能促进组织内部的数据驱动决策和产品创新。此外，在跨境经营和全球合作中，符合国际数据安全标准的组织往往能够获得更多的市场准入机会和合作优势。

**最后，数据安全对组织价值产生深远且广泛的影响。**为了实现数据安全与商业实践的平衡，组织需要采取一种综合性策略，将数据安全融入组织的整体战略、运营和文化中。这包括建立健全的数据安全治理体系、投资可靠的安全技术、培养员工的安全意识，以及积极参与数据安全相关的国际合作和标准制定。

然而，过于严格的数据安全保护措施可能会对组织的业务运作和创新产生一定的限制。因此，组织需要在探索和实施数据安全策略的同时，探索数据利用和数据保护之间的平衡，透过灵活但高效的数据安全框架，使数据驱动的商业价值实现最大化。

## 16.4 长期挑战和创新方向

### 16.4.1 长期发展中的挑战与应对

随着数据在现代组织中的价值和重要性日益凸显，数据安全治理在长期发展中面临着多方面的挑战。

**首先，技术的不断演进带来了新兴的安全威胁。**科技创新与突破在提高数据安全性的同时，也可能暴露出新的攻击面和漏洞。例如，人工智能、云计算和区块链等技术的广泛应用，虽然为数据安全提供了新的解决方案，但同时也伴随着潜在的安全风险。因此，组织需要保持警惕，及时跟进和应对新技术带来的安全挑战。

**其次，组织在复杂环境下需要确保数据安全合规性。**随着数据安全和隐私法规的不断更新，以及地区冲突的不断变化，数据跨境流动的合规要求变得更加严格和复杂。组织需要建立灵活有效的合规管理体系，密切关注法规政策的变化，并与利益相关方密切合作，确保符合各项法律法规的要求。

**最后，数据安全人才和资源的短缺也是未来发展中需要解决的问题。**由于数据安全领域的专业性较强，具备相关技能和经验的人才相对稀缺。组织需要在人才培养、薪酬激励等方面加大投入，积极吸引和留住优秀的数据安全人才。同时，组织还可以考虑通过外包或合作等方式，获取所需的专业资源和服务，以暂时缓解人才短缺带来的压力。

除了以上挑战，组织还需要应对持续的网络攻击威胁并致力于提升用户的安全意识。随着网络攻击的日益精准和专业，黑客组织不断升级攻击手段和方式，对组织数据安全构成严重威胁。因此，组织需要加强建设网络安全防护体系，采用高效的检测、防护和响应机制，确保数据的安全性。同时，组织还需要注重培养员工的安全意识，加强管理和教育，避免人为操作失误或权限滥用导致的安全风险。

为了应对这些长期挑战，组织需要采取一系列应对措施：首先，组织需要建立完善的数据安全治理体系，明确数据安全责任和管理流程，确保数据的安全性；其次，组织需要加强技术研发和创新，不断提升数据安全技术的防御能力，及时应对新技术带来的安全威胁；最后，组织还需要加强与合作伙伴、行业协会、监管部门的沟通与协作，共同应对数据安全领域的挑战和问题。

综上所述，组织在数据安全治理的长期发展中面临着多个方面的挑战。为了应对这些挑战并保障数据的安全性和可持续发展，组织需要保持警惕并持续跟进技术发展趋势、法规政策变化和人才培养等方面的工作。通过采取有效的应对措施和建立完善的数据安全治理体系，为组织的长期稳定发展提供有力保障。

### 16.4.2　数据安全治理的创新方向

随着技术的不断演进和业务需求的变化，数据安全治理正朝着更加智能化、集成化、自动化和精细化的方向发展。以下 7 个方面是一些值得关注的创新方向。

① **智能化决策与自动化风险管理。**借助人工智能和机器学习技术，数据安全治理将实现智能化决策支持。通过自动化识别和评估风险，提供智能化的风险应对方案，大幅提高治理效率和有效性。同时，自动化风险管理将覆盖风险评估、风险缓解措施执行等环节，减轻人工操作的压力。

② **统一安全管理平台与集成化方法。**构建统一的安全管理平台，集成各种安全产品、工具和服务，实现跨系统、跨平台的安全监控、威胁检测和应急响应。这种集成化方法有助于简化安全运营流程，全面提升安全防护能力。

③ **零信任架构与细粒度保护。**推进零信任架构和安全体系建设，通过身份验证、访问控制、微隔离等手段，为数据和系统提供全方位、细粒度的保护。通过强调“永不信任，始终验证”的原则，有效应对内部威胁和横向渗透攻击。

④ **数据安全智能运营与情报支持。**采用大数据分析、用户行为分析、威胁智能分析等技术，实现安全数据的收集、处理、分析和可视化等智能化运营功能。为安全决策者提供全面精准的情报支持，帮助组织更好地应对安全挑战。

⑤ **精细化与个性化的治理手段。**随着机器学习和人工智能的发展，数据安全治理将更加精细化和个性化。通过模型分析和预判员工行为与行为模式等，实现对潜在内部风险的精准控制。

⑥ **全员参与和多层面防护。**数据安全治理的最终目标之一是实现全员参与，建立起员工、

部门、组织多层面的数据安全防护网。通过培训和提升意识，确保所有人都有责任和能力维护组织的数据安全。

⑦ **跨界融合与创新实践。**数据安全将打破传统安全的界限，跨越业务、管理、技术、人员和法规等多个领域。通过跨界融合与持续迭代，探索出更全面且高效的数据安全治理策略。另外，融合人工智能大模型、区块链、5G等新兴技术，也能为数据安全治理带来新的可能性。

# 术语解释

| 序号 | 术语 | 解释 |
| --- | --- | --- |
| H1 | 数字基础设施 | 数字基础设施是以数据创新为驱动、以通信网络为基础、以数据算力设施为核心的基础设施体系。数字基础设施主要涉及5G、数据中心、云计算、人工智能、物联网、区块链等新一代信息通信技术，以及基于此类技术形成的各类数字平台，服务人们工作、生活的方方面面 |
| H2 | 数字革命 | 数字革命也称数字化革命，是指计算机技术、互联网技术和数字技术的飞速发展，对社会经济、文化和生活方式产生深远影响的过程。这场革命始于20世纪后半叶，至今仍在持续进行中 |
| H3 | 第四次工业革命 | 详见《第四次工业革命》（*The Fourth Industrial Revolution*）。蒸汽机的发明驱动了第一次工业革命，流水线作业和电力的使用引发了第二次工业革命，半导体、计算机、互联网的发明和应用催生了第三次工业革命。在社会和技术指数级进步的推动下，第四次工业革命的核心是智能化与信息化，进而形成一个高度灵活、人性化、数字化的产品生产与服务模式。它将数字技术、物理技术和生物技术进行有机融合 |
| H4 | 个人信息 | 详见GB/T 35273—2017《信息安全技术 个人信息安全规范》。个人信息包括姓名、出生日期、身份证号码、个人生物识别信息、住址、联系方式、通信记录和内容、账号和密码、财产信息、征信信息、行踪轨迹、住宿信息、健康生理信息、交易信息等 |
| H5 | 信息茧房 | 信息茧房（Information Cocoon）是指互联网用户在长期使用搜索引擎、社交媒体等网络服务时，由于算法推荐机制的作用，逐渐形成的封闭信息环境。在这种信息环境中，用户倾向于接触与自己已有观点相似的信息，而很少接触到不同观点或新的信息，从而强化了自身的认知偏差，限制了思维的广度和深度 |
| H6 | 软件开发工具包 | 详见TC260-PG-20205A《网络安全标准实践指南——移动互联网应用程序（App）使用软件开发工具包（SDK）安全指引》。软件开发工具包（Software Development Kit，SDK）是协助软件开发的相关二进制文件、文档、范例和工具的集合 |
| H7 | 勒索软件 | 勒索软件（Ransomware）是一种恶意软件，会加密或锁定受害者的数据或设备，并要求受害者向攻击者支付赎金。最早的勒索软件攻击只要求通过支付赎金换取解密密钥。组织通过定期或连续的数据备份，可以降低此类攻击的影响，并且通常可以避免支付赎金的情况。但近年来，勒索软件攻击已经演变为双重勒索（威胁及泄露窃取的数据）和三重勒索攻击（威胁及进一步攻击组织或合作伙伴），大幅增加组织面临的风险 |
| H8 | 墨菲定律 | 详见《组织行为学（第16版）》。墨菲定律（Murphy's Law）是一种经验法则或启发式原则，是指“如果某件事有可能出错，那么它最终一定会出错”，即在复杂的系统中，即使小概率事件最终也会发生。在管理学中，墨菲定律被用来强调在项目规划和风险管理中需要考虑各种可能的失败情况 |

续表

| 序号 | 术语 | 解释 |
| --- | --- | --- |
| H9 | 信息安全三要素 | 信息安全三要素（简称CIA）包含以下3个方面。<br>保密性（Confidentiality）：确保信息在存储、使用和传输过程中不会泄露给非授权用户或实体。例如，通过加密技术来保护数据不被未授权的第三方获取。<br>完整性（Integrity）：确保信息在存储、使用和传输过程中不会被非授权篡改，防止授权用户或实体不恰当修改信息，保持信息内部和外部的一致性。例如，通过数字签名和校验算法来保证数据的完整性。<br>可用性（Availability）：确保授权用户或实体对信息及资源的正常使用不会被异常拒绝，允许其可靠且及时地访问信息及资源。例如，通过备份和冗余设计来保证服务的持续可用 |
| H10 | 利益相关方 | 利益相关方相对于某一特定的组织，是指与该组织有利益或利害关系的一组群体，该群体中任一组织或个人的利益均与该组织的业绩有关。利益相关方可以是组织内部的，例如组织内的销售部门的相关方包括组织内的各部门及其各级员工，也可以是组织外部的，例如银行、社会组织、合作伙伴和政府部门等 |
| H11 | 制度化 | 制度化是指群体和组织的社会生活从特殊的、不固定的方式向被普遍认可的固定化模式的转化过程。制度化管理是企业成长应经历的一个阶段，是企业实现法治的具体表现。这种管理方式以制度为标准，把制度看作企业的法律 |
| H12 | 元数据 | 元数据（Metadata），又称中介数据、中继数据，是描述数据的数据，主要是描述数据属性（Property）的信息，用来支持指示存储位置、历史数据、资源查找、文件记录等功能。数据反映了真实世界的对象、事件、活动和关系，而元数据则反映了数据的结构、特征、关系和管理等。<br>例如一张关于某公司员工信息的表格，数据可能包括员工的姓名、年龄、性别和职位等。而描述这些数据的元数据可能包括以下内容。<br>数据来源：人力资源部。数据格式：CSV或Excel表格。数据字段：姓名（字符串类型）、年龄（整数类型）、性别（字符串类型，限定为“男”或“女”）、职位（字符串类型）。数据创建时间：20××年××月××日。数据最后修改时间：20××年××月××日。数据质量：经过验证，准确度高 |
| H13 | 关键信息基础设施 | 详见《关键信息基础设施安全保护条例》。关键信息基础设施是指公共通信和信息服务、能源、交通、水利、金融、公共服务、电子政务、国防科技工业等重要行业和领域的，以及其他一旦遭到破坏、丧失功能或者数据泄露，可能严重危害国家安全、国计民生、公共利益的重要网络设施和信息系统等 |
| H14 | 合规 | 详见《中央企业合规管理办法》。合规是指企业经营管理行为和员工履职行为符合国家法律法规、监管规定、行业准则和国际条约、规则，以及企业章程、相关规章制度等要求 |
| H15 | 木桶原理 | 木桶原理是指系统的安全性取决于最薄弱的环节。就像一个木桶的容量是由最短的那块木板决定的一样，无论其他木板有多高，木桶最多能装到最短的那块木板的高度。在数据安全体系中，这意味着即使系统的其他部分都非常安全，只要有一个环节存在弱点，数据的安全性就会受到威胁。木桶原理强调，在数据建设和维护过程中，应全面审视所有潜在的风险点，并采取相应的防护措施来确保数据的安全性 |
| H16 | 区块链 | 区块链（Blockchain）是一种块链式存储的分布式账本，它结合了分布式存储、点对点传输、共识机制和密码学等技术，通过不断增长的数据块链（Blocks）记录交易和信息，确保数据的安全性和透明性。区块链的特点包括“去中心化”、不易篡改、透明、安全和可编程性。每个数据块都链接到前一个数据块，形成连续的链，保障了交易历史的完整性。智能合约技术使区块链可编程，支持更广泛的应用 |
| H17 | 大数据“杀熟” | 大数据“杀熟”是指同样的商品或服务，不同客户看到的价格不同 |

续表

| 序号 | 术语 | 解释 |
| --- | --- | --- |
| H18 | 算法歧视 | 算法歧视是人工智能自动化决策中，由数据分析导致对特定群体系统的、可重复的、不公正的对待。算法歧视正在多个人工智能技术应用领域出现，对受害群体及整个社会有着不利的多重影响。2022 年 3 月 17 日，中央网络安全和信息化委员会办公室表示将严厉打击算法违法违规行为，督促整改算法不合理应用带来的算法歧视等影响网民生产生活的问题 |
| H19 | 差分隐私 | 差分隐私（Differential Privacy，DP）是一种隐私保护技术，它的核心思想是在数据分析过程中引入可控的噪声，以此来平衡数据可用性和个体隐私之间的关系。这种方法通过在数据集中引入随机性噪声，使从数据集中获取的信息变得模糊，从而保护了个人的隐私 |
| H20 | 同态加密 | 同态加密（Homomorphic Encryption，HE）是一种特殊的加密方法，允许对密文进行处理，得到的仍然是加密结果。具体来说，对密文直接进行处理，跟对明文进行处理后再对处理结果加密，得到的结果相同。这种特性源于代数领域，一般包括加法同态、乘法同态、减法同态和除法同态 4 种类型。同时满足加法同态和乘法同态，则意味着是代数同态，即全同态（Full Homomorphic）。同时满足 4 种同态性，可被称为算数同态 |
| H21 | 数据匿名处理技术 | 数据匿名处理技术旨在保护个人或组织的隐私，防止敏感信息泄露。它通过移除或更改（泛化、屏蔽、搅动等）数据中的敏感信息来实现这一点，使数据使用者无法从数据中识别出特定的个人或组织 |
| H22 | 安全多方计算 | 安全多方计算（Secure Multi-Party Computation，MPC）是一种允许多个参与者共同计算一个函数，而无须暴露各自输入信息的计算模型。这种计算模型可以应用于各种场景，例如数字签名、电子拍卖和秘密共享等 |
| H23 | 联邦学习 | 联邦学习（Federated Learning，FL）是一种分布式机器学习技术，它允许多个客户端（例如移动设备或整个组织）在中央服务器（例如服务提供商）的协调下共同训练模型，同时保持训练数据的“去中心化”和分散性。这种方法的目的是通过对保存在大量终端的分布式数据开展训练，学习一个高质量的中心化机器学习模型，从而解决“数据孤岛”问题 |
| H24 | 安全左移 | 详见《DevSecOps 敏捷安全》。安全左移（Shift Left Security）的概念源于软件开发和运维领域。安全左移的核心思想是在软件开发的早期阶段就引入安全措施，而不是等到完成软件开发后再进行安全检查和修复。总体来说，安全左移是一种预防性的安全策略，它强调在软件开发过程的早期阶段就考虑和解决安全问题，以降低修复成本、提高软件质量，并最终保护企业的网络安全和数据安全 |
| H25 | 虚拟团队 | 虚拟团队是指在不同地域、空间的个人通过各种各样的信息技术来开展合作。团队成员可能来自同一个组织，也可能来自多个组织，甚至成员之间可能从未见过面 |
| H26 | 威胁建模 | 威胁建模是一种系统地识别、分析和应对信息系统潜在安全威胁的方法。它通常在信息系统设计和开发的早期阶段进行，目的是尽早发现和消除安全漏洞，降低安全风险 |
| H27 | 数据流图 | 数据流图（Data Flow Diagram，DFD）是一种图形化工具，主要用于描述系统中的数据流和数据处理过程。它通过图形化方式，展示了数据在系统中的流动和处理过程，帮助理解和分析系统的结构和行为 |
| H28 | 持续自适应风险和信任评估 | 持续自适应风险和信任评估（Continuous Adaptive Risk and Trust Assessment，CARTA）是一种持续进行的安全策略和方法，它强调动态评估与分析风险和信任。其核心思想是放弃传统的、静态的安全处置方式（允许 / 阻断），转而采用一种更加灵活和智能的方法来评估用户行为和管理风险。它并不追求完美的安全，也不要求零风险或 100% 信任，而是在风险与信任之间寻求一种动态平衡。在实施 CARTA 策略时，组织需要持续监控和分析其环境中的各种因素，包括用户行为、系统状态和外部威胁情报等。通过收集和分析这些数据，组织能够更准确地评估其面临的风险，并根据实际情况调整其安全策略。这种自适应方法使组织能够更快速地响应变化，并更有效地保护其关键资产和数据 |

续表

| 序号 | 术语 | 解释 |
| --- | --- | --- |
| H29 | 令牌化 | 令牌化是用一系列非敏感、随机生成的元素（称为“令牌”或“标记”）来替换敏感或私有数据元素的过程。这样做的目的是隐藏原始数据集的内容，以保护数据的安全性和隐私性。在令牌化的过程中，原始的敏感数据（例如信用卡号码、银行账户信息等）被替换为唯一的、非敏感的令牌。这些令牌在系统中作为原始数据的占位符被使用，而真实的敏感数据则被安全地存储在其他地方。令牌与实际敏感数据之间的联系是保密的，通常需要通过安全的密钥管理系统来维护。这意味着即使令牌被泄露，攻击者也无法轻易地将其还原为原始的敏感数据。令牌化不仅用于数字环境，其概念还可以追溯到早期的有形标记化实践，例如地铁代币等 |
| H30 | 数据退役 | 详见《DAMA 数据管理知识体系指南》。数据退役是对历史数据的管理。根据法律法规、业务、技术等方面的需求对历史数据的保留和销毁，执行历史数据的归档、迁移和销毁工作，确保组织对历史数据的管理符合外部监管机构和内部业务用户的需求，而非仅满足信息技术的需求。数据退役之后需要制定数据恢复检查机制，定期检查退役数据的状态，确保数据在需要时可恢复 |
| H31 | 上位法 | 上位法是指在法律体系中效力较高、位阶较高的法律。通常来说，上位法对于下位法有决定性的影响，下位法应符合上位法的规定，并且不能与之相抵触。如果两者之间出现矛盾，那么最终以上位法为准 |
| H32 | 重要数据 | 详见《信息安全技术　重要数据处理安全要求》（征求意见稿）。重要数据（Key Data）是指特定领域、特定群体、特定区域或达到一定精度和规模的数据，一旦被泄露或篡改、损毁，可能直接危害国家安全、经济运行、社会稳定、公共健康和安全 |
| H33 | 去标识化 | 详见《个人信息保护法》。去标识化（De-identification）是指个人信息经过处理，使其在不借助额外信息的情况下无法识别特定自然人的过程。需要注意的是，去标识化的数据仍保留与原始数据的对应关系，一定条件下可以被重新识别 |
| H34 | 匿名化 | 详见《个人信息保护法》。匿名化（Anonymization）是指个人信息经过处理无法识别特定自然人且不能复原的过程。匿名化后的数据与原始数据的对应关系被彻底切断，相比去标识化更彻底，但同时也损失了更多的数据价值 |
| H35 | 最小权限原则 | 最小权限原则（Principle of Least Privilege）是要求计算环境中的特定抽象层的每个模块（例如进程、用户或者计算机程序）只能访问当下所必需的信息或者资源。它赋予每一个合法动作最小的权限，主要是为了保护数据以及功能避免受到错误或者恶意行为的破坏。最小权限原则也称为最少权限原则 |
| H36 | 合理性 | 详见《信息安全技术 数据安全风险评估方法》（征求意见稿）。数据处理活动的合理性（Rationality）是指数据处理遵守法律、行政法规的要求，尊重社会公德和职业道德，符合网络安全和数据安全常识道理 |
| H37 | 可变利益实体架构 | VIE 架构，全称为 Variable Interest Entities，即“可变利益实体”，也被称为“协议控制”，是组织出于规避国内某些对于外资的限制性规定，通过一系列复杂的协议安排来实现对实际运营公司的控制及财务的合并，而非通过股权控制的方式。然而，这种架构也存在一定的风险，例如政策风险、税务风险和控制权风险，以及数据安全风险等 |
| H38 | 知其所需 | 知其所需（Need To Know）原则强制要求授予用户仅访问执行工作所需数据或资源的权限。主要目的是保持信息的机密性，因为如果想保守秘密，那么最好的办法就是不要告诉任何人 |
| H39 | 服务等级协定 | 服务等级协定（Service Level Agreement，SLA）是一种外包和技术供应商合同，其中概述供应商承诺向客户提供的服务等级。该协议概述了正常运行时间、交付时间、响应时间和问题解决时间等指标。SLA 还详细说明了未满足要求时的操作过程，例如提供额外支持或定价折扣。SLA 通常是在客户和服务提供商之间达成协议，但同一公司内的不同业务部门也可以相互签订 SLA |

续表

| 序号 | 术语 | 解释 |
| --- | --- | --- |
| H40 | 数据脱敏 | 数据脱敏（Data Masking）指对某些敏感信息通过脱敏规则进行数据的变形，实现敏感隐私数据的可靠保护。这样就可以在开发、测试和其他非生产环境，以及外包环境中安全地使用脱敏后的真实数据集。数据脱敏又分为静态数据脱敏（SDM）和动态数据脱敏（DDM） |
| H41 | Syslog | Syslog 常被称为系统日志或系统记录，是一种在本地或通过网络传递日志消息的标准 |
| H42 | CSV | 逗号分隔值（Comma-Separated Values，CSV）是一种纯文本文件。以逗号或制表符等分隔符来存储文本或数字 |
| H43 | W3C | W3C 是一个国际标准化组织，它定义了一种通用的 Web 服务器日志文件格式 |
| H44 | 数据库管理系统 | 数据库通常离不开完备的数据库软件，也就是数据库管理系统（DataBase Management System，DBMS）。DBMS 充当数据库与其用户或程序之间的接口，允许用户检索、更新和管理信息的组织和优化方式。此外，DBMS 还有助于监督和控制数据库，提供各种管理操作，例如性能监视、调优、备份和恢复。常见的 DBMS 有 Oracle Database、MySQL、Microsoft SQL Server、Microsoft Access 等 |
| H45 | 最小必要原则 | 详见《个人信息保护法》。最小必要原则可理解为处理个人信息应当具有明确、合理的目的，并应当与处理目的直接相关，采取对个人权益影响最小的方式。收集个人信息，应当限于实现处理目的的最小范围，不得过度收集个人信息 |
| H46 | 职责分离 | 职责分离（Segregation of Duties，SoD）是指遵循不相容职责相分离的原则，实现合理的组织分工。企业各业务部门及业务操作人员之间责任和权限的相互分离机制。例如，一个公司的授权、签发、核准、执行和记录工作，不应由一个人担任。否则会增加发生差错和舞弊的可能性，或者增加了发生差错或舞弊以后进行掩饰的可能性 |
| H47 | XML | 可扩展标记语言（Extensible Markup Language，XML）是一种类似于 HTML，但是没有使用预定义标记的语言。因此，可以根据自己的设计需求定义专属的标记 |
| H48 | 公共传播 | 公共传播（Public Communication）是指政府、企业及其他各类组织，通过各种方式与公众进行信息传输和意见交流的过程。公共传播是信息在当代社会的一种传递方式，包括新闻传播（广播、电视、报纸、杂志等）和舆论传播（口头议论、道德评议等），也包括多媒体音/视频和网络媒体等最新传播形式 |
| H49 | 热数据 | 热数据是指在最近一段时间内（例如几天、几周或几个月）被频繁访问（例如每天多次）的数据，通常需要快速的读写响应，且是在线类数据 |
| H50 | 冷数据 | 冷数据是指不经常被访问（例如每月少于几次）的数据，对访问速度要求相对较低，通常是离线类数据 |
| H51 | 多租户 | 多租户（Multi-tenancy）是一种软件架构模式，它允许单一实例的应用程序为多个组织或客户提供服务，软件即服务（SaaS）就是一种多租户架构。每个组织或客户被称为一个“租户”，在多租户系统中，所有租户共享相同的底层基础设施和应用程序代码库，但彼此的数据和配置是隔离的 |
| H52 | 安全域 | 安全域（Security Zone），又称安全区域，是由一组具有相同安全保护需求并互相信任的系统组成的逻辑区域 |
| H53 | 重标识 | 详见 GB/T 37964—2019《信息安全技术 个人信息去标识化指南》。攻击者可利用数据关联性分析和概率推理等技术手段，尝试揭示已被匿名处理的数据主体的真实身份。即将已经去标识化的数据集重新与原始数据主体建立联系，这一过程称为“重标识”或“重标识攻击”。“重标识风险”则是指攻击者成功执行重标识攻击的可能性。即便数据集已经采用了去标识化技术进行隐私保护预处理，也仍然面临着重标识的潜在风险 |

续表

| 序号 | 术语 | 解释 |
| --- | --- | --- |
| H54 | 高级长期威胁 | 高级长期威胁（Advanced Persistent Threat，APT）是隐匿而持久的网络入侵过程，由攻击者精心策划，针对特定目标。通常出于商业或政治动机，入侵特定组织或国家，并要求在长时间内保持高隐蔽性。APT 包含高级、长期和威胁 3 个要素：高级是指 APT 攻击需要比传统攻击更高的定制程度和复杂程度，需要花费大量时间和资源来研究确定系统内部的漏洞；长期是指持续监控目标，对目标保有长期的访问权；威胁是指人为参与策划的攻击，攻击的是高价值目标，攻击成功后会对目标造成重大的经济损失或政治影响 |
| H55 | 入侵指标 | 入侵指标（Indicators of Compromise，IoC）是关于网络入侵和攻击活动的信息，可以帮助安全团队确定是否发生了攻击。这些数据包括攻击细节，例如使用的恶意软件类型、涉及的 IP 地址和其他技术细节。<br>有几种不同类型的 IoC 可用于检测安全事件，具体如下。<br>基于网络的 IoC，例如恶意 IP 地址、域名或 URL，还可以包括网络流量模式、异常端口活动、与已知恶意主机的网络连接或数据外渗模式。<br>基于主机的 IoC，与工作站或服务器上的活动有关。文件名或哈希值、注册表项或在主机上执行的可疑进程都是基于主机的 IoC 的例子。<br>基于文件的 IoC，包括恶意软件或脚本等恶意文件。<br>行为 IoC，涵盖 4 类可疑行为，包括奇怪的用户行为、登录模式、网络流量模式和身份验证尝试 |
| H56 | 分布式拒绝服务 | 分布式拒绝服务（Distributed Denial of Service，DDoS）攻击是通过大规模互联网流量淹没目标服务器或其周边基础设施，以破坏目标服务器、服务或网络正常流量的恶意行为。DDoS 攻击利用多台受控计算机系统作为攻击流量来源以达到攻击效果。利用的机器可以包括计算机，也可以包括其他联网资源（例如 IoT 设备）。攻击者可以通过向每台机器发送远程指令来发动攻击，导致目标服务器或网络不堪重负，从而造成对正常流量的拒绝服务。由于参与攻击的都是合法的互联网设备，因而可能很难区分攻击流量与正常流量。总体而言，DDoS 攻击好比高速公路发生交通堵塞，妨碍常规车辆抵达预定目的地 |
| H57 | 主数据 | 详见《主数据管理实践白皮书（2.0）》。主数据是指满足组织跨部门业务协同需要的、反映核心业务实体状态属性的基础信息。主数据不是组织内所有的数据，只是有必要在各个系统间共享的数据才是主数据，例如大部分的交易数据、账单数据等都不是主数据，而像描述核心业务实体的数据，例如客户、供应商、账户、组织机构、人员和物料的基本信息等都是主数据。主数据是组织内能够跨业务、重复使用的高价值数据。主数据在进行统一管理之前经常存在于多个异构或同构的系统中 |
| H58 | 影子 IT | 影子 IT（Shadow IT）是指 IT 系统、解决方案、软件和应用程序在企业 IT 部门不知情或未批准的情况下使用。在云计算和 SaaS 的推动下，影子 IT 成为一个重要的问题 |
| H59 | 云服务提供商锁定 | 云服务提供商锁定（Cloud Vendor Lock-in）是指客户在使用云服务时，由于多种原因，高度依赖于某一特定的云服务提供商，以至于在尝试切换到其他提供商时面临高昂的成本或技术障碍，从而被“锁定”在当前的服务提供商上 |
| H60 | 零知识证明 | 零知识证明（Zero-Knowledge Proof）是指一种密码学工具，允许互不信任的通信双方之间证明某个命题的有效性，同时不泄露任何额外信息。零知识证明实质上是一种涉及两方或更多方的协议，即两方或更多方完成一项任务所需采取的一系列步骤。证明者向验证者证明并使其相信自己知道或拥有某一消息，但证明过程不能向验证者泄露任何关于被证明消息的信息 |
| H61 | 智慧供应链 | 智慧供应链是结合物联网技术和现代供应链管理的理论、方法和技术，在企业中和企业间构建的，实现供应链的智能化、网络化和自动化的技术与管理综合集成系统 |

# 参考文献


[1] 中关村网络安全与信息化产业联盟数据安全治理专业委员会.数据安全治理白皮书 5.0[R/OL].2023-05-19.

[2] 中关村网络安全与信息化产业联盟数据安全治理委员会.数据安全治理白皮书1.0[R/OL].2018-10-15.

[3] 中国信息通信研究院云计算与大数据研究所.数据安全治理实践指南 2.0[R/OL].2023-01-28.

[4] 北京天空卫士网络安全技术有限公司.数据安全治理自动化技术框架（DSAG）[R/OL].2022-09-12.

[5] 腾讯科技（深圳）有限公司，中国信息通信研究院云计算与大数据研究所. 数据安全治理与实践白皮书[R/OL].2023-06-26.

[6] 中国信息通信研究院.数据要素白皮书（2022年）[R/OL].2023-01-07.

[7] 全国信息安全标准化技术委员会. 信息安全技术 数据安全能力成熟度模型:GB/T 37988—2019[S].北京：中国标准出版社，2019.

[8] 施俊侃.强化数据治理背景下企业的数据合规体系建设（下）[EB/OL].2021-07-22.

[9] 全国信息安全标准化技术委员会. 信息安全技术 信息安全风险评估方法:GB/T 20984—2022[S].北京：中国标准出版社，2022.

[10] 全国信息安全标准化技术委员会信息安全技术. 数据安全风险评估方法（征求意见稿）[EB/OL]2023-08-20.

[11] 全国信息安全标准化技术委员会.网络安全标准实践指南——网络数据安全风险评估实施指引TC260-PG-20231A[S].2023.

[12] 国家市场监督管理总局.互联网平台分类分级指南（征求意见稿）[EB/OL].2021-10-29。

[13] 全国信息安全标准化技术委员会. 信息安全技术 网络数据分类分级要求（征求意见稿）[EB/OL].2022-09-14.

[14] 全国信息安全标准化技术委员会.网络安全标准实践指南——网络数据分类分级指引TC260-PG-20212A[S].2021-12-31.

[15] 全国信息安全标准化技术委员会.信息安全技术 个人信息安全规范:GB/T 35273—2020[S].北京：中国标准出版社，2020.

# 致　谢

在编写本书的过程中，我深感荣幸能够引用并参考多方机构、公司和专家的公开文档和研究成果（参见附录）。正是这些宝贵的资料，为我提供了丰富的知识资源和编写灵感，使得本书得以顺利成形。

首先，我要感谢中关村网络安全与信息化产业联盟数据安全治理专业委员会编写的《数据安全治理白皮书 5.0》，以及中国信息通信研究院云计算与大数据研究所发布的《数据安全治理实践指南 2.0》，为本书提供了重要的框架和思路指导。

同时，感谢腾讯科技（深圳）有限公司和中国信息通信研究院云计算与大数据研究所共同编写的《数据安全治理与实践白皮书》，为本书的编写提供了诸多参考。

此外，全国信息安全标准化技术委员会秘书处发布的《网络安全标准实践指南——网络数据安全风险评估实施指引》也为本书提供了参考内容。

在编写过程中，我还参考了 GB/T 37988—2019《信息安全技术　数据安全能力成熟度模型》、GB/T 20984—2022《信息安全技术　信息安全风险评估方法》等国家标准，以及《信息安全技术　数据安全风险评估方法》（征求意见稿）等最新研究成果的公开资料，这些文献为确保本书内容的合理性提供了有力支持。

最后，我要向所有无私分享，让我能够站在巨人的肩膀上，更好地理解数据安全治理知识的单位及个人表示衷心的感谢！

沈亚军

2024 年 9 月

# 附　录

关注微信公众号“信通社区”，在公众号内回复“数据安全治理实践”，即可获取附录 A-G 内容（电子版）。